L'électricité au Siècle des lumières

Nollet, Franklin & les autres

Acteurs de la Science

Fondée par Richard Moreau,
professeur honoraire à l'Université de Paris XII
Dirigée par Claude Brezinski,
professeur émérite à l'Université de Lille

La collection Acteurs de la Science est consacrée à des études sur les acteurs de l'épopée scientifique moderne ; à des inédits et à des réimpressions de mémoires scientifiques anciens ; à des textes consacrés en leur temps à de grands savants par leurs pairs ; à des évaluations sur les découvertes les plus marquantes et la pratique de la Science.

Dernières parutions

Jean PERDIJON, *Les physiciens sont-ils des intellectuels ? Petit traité (illustré) de culture physique*, 2016.
Francis WEILL, *Folie du monde et vertige des religions : mémoires d'un vieux médecin,* 2016.
Jean Dominique BOURZAT, *Une dynastie de serruriers à la cour de Versailles. Les Gamain*, 2016.
François TRON, *Maladies auto-immunes. Quand notre système de défense nous trahit*, 2015
Roger TEYSSOU, *Orfila. Le doyen magnifique et les grands procès criminels au XIXè siècle. El decano magnifico*, 2015
Gilles GROS, *Histoire et épistémologie de l'anatomie et de la physiologie en art dentaire, de l'Antiquité à la fin du XXe siècle*, 2015
Simon BERENHOLC, *L'Homme social, à son corps dépendant. Analogies comportementales entre les cellules biologiques et les sociétés humaines*, 2015.
Robert LOCQUENEUX, *Baromètres, machines pneumatiques & thermomètres, Chez & autour de Pascal, d'Amontons & de Réaumur,* 2015.
Pierre de FELICE, *Mille ans d'astronomie et de géophysique. D'Aristote au Haut Moyen Age,* 2014.
Charles BLONDEL, *La psychanalyse*, 2014.
Philippe LHERMINIER, *La valeur de l'espèce. La biodiversité en questions*, 2014.
Roger TEYSSOU, *Freud, le médecin imaginaire... d'un malade imaginé*, 2014.
Robert LOCQUENEUX, *Sur la nature du feu aux siècles classiques. Réflexions des physiciens & des chimistes*, 2014.

Robert Locqueneux

L'électricité au Siècle des lumières

Nollet, Franklin & les autres

L'HARMATTAN

Du même auteur

Histoire de la Physique, Paris, Collection "Que sais-je ?", Presses Universitaires de France, 1987.
* Traduction allemande d'Andreas Kleinert, «*Kurze Geschichte der Physik*» (édition revue et augmentée), Göttingen, Vanderhoeck et Ruprech à 1989
* Traduction portugaise de Cascais Franco «*Historia da Fisica*» (édition revue et augmentée), aux éditions Europa-America (Portugal), 1989
Préhistoire et histoire de la thermodynamique classique, une histoire de la Chaleur, Paris, Société française d'histoire des sciences et des techniques, diffusion Blanchard, 1996.
André-Marie Ampère, encyclopédiste et métaphysicien, en collaboration avec Myriam Scheidecker, Les Ullis, EDP Sciences, 2008.
Henri Bouasse, un regard sur l'enseignement et la recherche, Paris, diffusion librairie scientifique et technique Albert Blanchard, 2008.
Henri Bouasse, réflexions sur les méthodes et l'histoire de la physique,
Paris, L'Harmattan, 2009.
Histoire des idées en physique, Paris, Société française d'histoire des sciences et des techniques & Vuibert, 2009.
Histoire de la thermodynamique classique, de Sadi Carnot à Gibbs, Paris, Belin, 2009.
Science classique & théologie, Paris, Vuibert. Adapt-SNES, 2010.
Sur la nature du feu aux siècles classiques, réflexions des physiciens & des chimistes,
Paris, L'Harmattan, 2014
Baromètres, machines pneumatiques & thermomètres, Chez & autour de Pascal, d'Amontons & de Réaumur,
Paris, L'Harmattan, 2015

5-7, rue de l'École-Polytechnique ; 75005 Paris
http://www.harmattan.fr
diffusion.harmattan@wanadoo.fr
harmattan1@wanadoo.fr
ISBN : 978-2-343-08189-2
EAN : 9782343081892

« Il est peu de matières de physique plus difficiles à expliquer que celle de l'électricité. Sa nature & ses causes sont si cachées, ses effets si nombreux & si variés, qu'il n'est pas surprenant que les hypothèses les plus probables soient encore éloignées d'expliquer exactement tous les phénomènes ».

Jallabert, *Expériences sur l'électricité avec quelques conjectures sur la cause de ses effets*, 1749.

Préambule

Des conditions matérielles de la recherche en physique expérimentale

Mécénat et sociétés savantes

La recherche en physique expérimentale exige l'installation d'un cabinet de physique et la constitution d'une bibliothèque, lesquelles s'avèrent très coûteuses [1]. Elle est pratiquée par des grands bourgeois et quelques nobles fortunés, des membres de la noblesse de robe surtout, ou par de modestes savants qui bénéficient des largesses d'un mécène. On rencontre aussi chez les amateurs de sciences, qui parfois mettent la main à la pâte, des grands commis de l'Etat qui financent leurs recherches personnelles, Peiresc, Etienne Pascal, le père de Blaise, (lequel se plaint que ses expériences barométriques ont écorné son budget). Des savants fortunés, Robert Boyle en Angleterre et, au siècle suivant, Dufay et Réaumur en France, montent et dirigent leurs propres laboratoires. Ceux qui fondent et dirigent des sociétés savantes, des académies, ont des ressources diverses, le père Mersenne bénéficie des richesses de l'Oratoire, l'abbé Bourdelot, médecin du prince de Condé bénéficie du mécénat du prince, Habert de Montmor est maître des Requêtes, il possède en 1660, l'une des six pompes à air fabriquées par Boyle, il pratique un mécénat privé en hébergeant parfois des savants moins fortunés, et en mettant à leur disposition sa bibliothèque et ses instruments scientifiques [2] ; Gassendi a vécu chez lui de 1653 à sa mort en 1655. [Son hôtel particulier, dans le quartier du Marais à Paris, témoigne de sa magnificence]. Certains ont des fonctions dans l'administration de leur pays qui leur assurent des revenus très élevés : Newton est nommé maître de la monnaie en 1697, Lavoisier est fermier général, il dirige le cercle de l'Arsenal ; sous l'Empire, Berthollet et Laplace, qui sont ses héritiers spirituels, sont membres du sénat et dirigent tous deux la Société d'Arcueil.

Ces petites sociétés savantes, qui se sont constituées à travers l'Europe dès le XVIIe siècle, sont les lieux de sociabilité de savants adeptes des sciences nouvelles ; le plus souvent celles-ci recherchent le parrainage des princes, elles ont pour ce faire un illustre exemple des bienfaits d'un tel parrainage : en 1576, Tycho Brahé obtint du roi du Danemark la disposition d'une île et les crédits nécessaires à la construction d'un observatoire et à

---

[1] Robert Halleux, « Observatoires, Laboratoires et Cabinets », in *La science classique, XVIe – XVIIIe siècle Dictionnaire critique*, édité par Michel Blay et Robert Halleux, Paris, Flammarion, 1998.

[2] Simone Mazauric, *Fontenelle et l'invention de l'histoire des sciences à l'aube des Lumières*, Paris Fayard, 2007, p. 31.

l'achat d'instruments d'observations ainsi qu'une pension. Tycho Brahé construisit le château d'Uraniborg qui est tout à la fois une maison d'habitation pour sa famille et pour ses assistants, un observatoire, un laboratoire de chimie, des ateliers pour fabriquer des instruments ; une imprimerie y sera installée en 1584. Ainsi les savants de ce temps connurent-ils quel pouvait être un parfait instrument de recherche, bien plus concret que la Maison de Salomon que Francis Bacon coucha sur le papier en 1627. Ces sociétés savantes ne sont pas nées de rien, elles eurent des antécédents, des académies avaient été fondées dès la fin du XVe siècle en Italie, elles promouvaient les idéaux de la Renaissance dans les arts et les lettres ; à la fin du XVIe siècle, quelques-unes d'entre elles se tourneront vers la philosophie naturelle[3]. Mais la première académie qui rompt avec la tradition en promouvant une nouvelle philosophie naturelle fondée sur l'observation (elle prétend scruter avec un œil de lynx) et l'expérimentation et qui bannisse de ses préoccupations la théologie et la réflexion politique, est l'*Accademia dei Lincei* (l'*Académie du Lynx*). Celle-ci fut fondée en 1603, à Rome, par le prince Federico Cesi ; installée dans son palais, elle est équipée d'une bibliothèque, d'un laboratoire et d'un cabinet de curiosité, elle accueille Giambattista Della Porta et Galilée, à l'occasion de son passage à Rome, et publie les *Lettres sur les taches solaires* en 1613 et *L'essayeur* en 1623. Etablie du fait du prince, cette académie disparaît en même temps que lui, en 1630. Le programme de cette académie est encyclopédique, son intention générale est anti-scolastique. L'*Accademia del Cimento* (l'*Académie de l'expérience*) est créée à Florence en 1657, elle est protégée par le grand-duc de Toscane, Ferdinand II, y siègeront Viviani, l'un des derniers élèves de Galilée, ainsi que Borelli, Redi, Stenon, pour ne citer que quelques-uns de ceux qui ont laissé un nom dans l'histoire.

La Royal Society de Londres

A partir de 1645 un groupe de savants se réunit à Londres au *Gresham College*, un second groupe lui succède qui, à Oxford, se réunit au *Wadham*

---

3 Les académies italiennes vouées aux sciences nouvelles s'intègrent dans un ensemble d'académies qui ont été fondées dès la fin du XVe siècle - on en dénombre plusieurs centaines – ces académies sont des sociétés d'érudits qui ne se satisfont pas de l'enseignement scolastique du temps et qui veulent faire renaître les divers courants de la pensée antique nouvellement redécouverts. La première d'entre elles n'est à l'origine qu'un cercle d'amis qui se réunissent plus ou moins régulièrement et de manière informelle autour du philosophe néoplatonicien Marcile Ficin, ce dernier, ayant suscité l'intérêt de Cosme de Médicis ; sa petite société y trouva les moyens matériels de développer son érudition et pris le nom d'académie en référence à l'Académie de Platon en 1462. Les premières académies qui s'ouvrirent alors témoignent de l'intérêt des intellectuels florentins pour l'humanisme platonicien. A la fin du XVIe siècle, un jeune mathématicien aux débuts prometteurs, Galilée fit deux conférences dans l'une de ces académies, l'*Academia Fiorentina* : dans les pas de Dante, en s'appuyant sur les travaux d'Archimède, il détermina la configuration et les dimensions de l'Enfer. (Galilée, *Leçons sur l'Enfer de Dante* (1587-1588), traduction de Lucette Degryse, postface de Jean-Marc Lévy-Leblond, Paris, Fayard, 2008).

College, ces deux groupes, qui entretiennent des relations suivies avec le père Mersenne et l'Académie de Montmor eurent comme principal organisateur un homme d'église, le Dr John Wilkins qui orienta ces groupes dans la voie d'une science expérimentale et mécaniste. Vers 1658, le second groupe revient à Londres et, peut-être avec d'autres cercles, fait renaître le groupe qui se réunissait au *Gresham College* ; il fonde en 1660 la *Royal Society*. Celle-ci sera officialisée par une charte royale deux ans plus tard, sans que cela ne se traduise par un financement royal ; la *Royal Society* vivra toujours du mécénat privé. Newton présida la *Royal Society* de 1703 à sa mort, en 1727. Parmi les cercles savants, notons un cercle d'Oxford, le *Invisible College*, qui compta Boyle parmi ses membres [4].

La vie académique parisienne et la fondation de l'Académie royale des sciences

La vie académique prend forme à Paris en 1617 avec les débuts du Cabinet des frères Dupuy où se côtoient catholiques, protestants et libertins, Descartes la fréquente lors de ses passages à Paris. Installé à Paris dans un couvent de la place Royale, le père minime Marin Mersenne reçoit dans sa cellule tout ce que la France et le reste de l'Europe compte de savants de passage à Paris, citons Hobbes, &c. La cellule du père Mersenne devient l'un des lieux privilégiés de l'élaboration de la science classique ; Mersenne est le principal correspondant de Descartes et un proche de Gassendi et des Pascal, père et fils, il est lui-même un physicien dont les travaux sur l'acoustique feront autorité au-delà de son siècle. L'académie du père Mersenne lui survivra, reprise par son ami François Le Pailleur, elle ne disparaît qu'à la mort de ce dernier en 1654. L'abbé Bourdelot, le médecin du prince de Condé, crée son académie en 1640. Citons encore les réunions que le maître des requêtes Habert de Montmort organise à partir de 1653, des réunions autour de Gassendi lorsqu'il est son hôte ; à partir de 1657 les réunions chez Montmort prendront une forme plus institutionnelle ; mais ces réunions ne survivront pas aux disputes véhémentes de ses membres, elles seront interrompues en 1664 ; Melchisédec Thévenot tenta d'en constituer une autre qui n'eût que quelques mois d'existence. Montmort avait doté son académie de très nombreux instruments d'observation ; des scientifiques de renom ont fréquenté cette académie : Roberval, Sorbière, Girard Desargues, Jacques Rohault et d'autres ; elle l'a été par Jean Chapelain lequel entretenait une correspondance suivie avec Bouilliau et Huygens et collabora à la création de l'Académie royale des sciences, l'attachement des membres de cette académie aux exigences de la recherche expérimentale l'ouvre à l'influence de la philosophie de Bacon. Toutes ces académies sont en rupture

4 Simone Mazauric, *Histoire des sciences à l'époque moderne*, Paris, Armand Colin, 2009 ; p. 180. Voir aussi : Robert Lenoble, Yvon Belaval, « La révolution scientifique du XVIIe siècle », in *La science moderne*, dir. par René Taton, Paris PUF, 1958 ; p. 195-216, p. 198, 199.

avec la physique aristotélicienne et promeuvent la nouvelle science expérimentale et mécaniste laquelle peut avoir une teinture cartésienne ou gassendiste.

Au milieu de toutes ces académies [5], sans les supplanter, l'Académie royale des sciences est fondée en 1666, par la volonté du pouvoir royal. Jean Baptiste du Hamel, son secrétaire la présente comme l'héritière directe de l'académie du père Mersenne et de celle de Montmor puis de Thévenot, peut-être à cause de leur rayonnement à l'étranger. Quoique créée deux ans après la fin de l'académie de Montmor, l'Académie royale des sciences n'accueillit pas l'ensemble de ses membres et s'ouvrit à beaucoup d'autres, dont des étrangers : Christian Huygens, Jean-Dominique Cassini. L'Académie des sciences satisfait au besoin de la recherche scientifique grâce au mécénat de la cour. Celui-ci avait été officiellement réclamé par Samuel Sorbière, le secrétaire de l'académie de Montmor auprès de Colbert en avril 1664. La fondation de l'Académie des sciences se fit en toute discrétion, les obligations et les buts de cette compagnie ne furent pas précisés sinon une tâche d'expertise des inventions qui demandent un privilège royal, le règlement distingue deux catégories d'académiciens, ceux qui tiennent les premières places et ceux *d'une classe inférieure et qui n'y étoient que pour écouter et pour exécuter ce qui avoit été résolu par la compagnie* [6]. Parmi les premiers membres, des savants étrangers furent recrutés Christian Huygens, dès 1666, Jean-Dominique Cassini, en 1669, ceux-ci percevaient les pensions les plus importantes : 6 000 livres pour le premier, 9 000 livres pour le second, alors que la pension des « régnicoles » varie entre 1 200 et 2 000 livres [7]. La fondation de l'Académie s'accompagne de la construction d'un observatoire, d'un laboratoire, d'une bibliothèque, elle s'accompagne aussi du financement des missions en France et à l'étranger. Pour que la création de cette institution change le statut des savants, d'amateur en professionnel, il ne manquait que le paiement régulier des pensions, mais Colbert tenait à préserver le dynamisme des académiciens en leur refusant le confort d'une pension annuelle [8]. Les travaux des membres de cette académie seront alors publiés dans un journal dont le premier numéro paraît en 1665, le *Journal des savants*, lequel n'est nullement son journal officiel, ce qu'il apparaîtra bientôt, bien qu'il se propose de faire savoir ce qui se passe dans la république des lettres, tant en France qu'hors de France.

---

[5] Françoise Waquet, « Les cercles savants », Christiane Demeulenaere-Doyère, « Académies », in *La science classique*, *op. cit.*

[6] Cité par Simone Mazauric, *Fontenelle et l'invention de l'histoire des sciences à l'aube des Lumières*, Paris, Fayard, 2007 ; p. 47.

[7] *Ib.*, p. 49.

[8] *Ib.*, p. 55.

L'Académie royale des sciences est refondée en 1699 ; elle reçoit un règlement : *Ladite Académie sera toujours composée de quatre sortes d'Académiciens, les Honoraires, les Pensionnaires, les Associés et les Elèves ; la première Classe est composée de dix personnes, et les trois autres chacune de vingt ; et nul ne sera admis dans aucune de ces quatre Classes, que par le choix ou l'agrément de sa Majesté*[9]. Les honoraires, *recommandables par leur intelligence dans les Mathématiques ou dans la Physique, desquels l'un sera Président* seront recrutés dans la haute noblesse, ils n'ont nulle obligation de travaux académiques ; ils sont le lien entre le pouvoir royal et l'Académie. *Les Pensionnaires seront tous établis à Paris ; trois Géomètres, trois Astronomes, trois Méchaniciens, trois Anatomistes, trois Chimistes, trois Botanistes, un Secrétaire et un Trésorier.* [...] *Les Associés seront en pareil nombre, douze desquels ne pourront être que Régnicoles, deux appliqués à la Géométrie, deux à l'Astronomie, deux aux Méchaniques, deux à l'Anatomie, deux à la Botanique. Les huit autres pourront être Etrangers, et s'appliquer à celles d'entre ces diverses Sciences pour lesquelles ils auront plus d'inclination et de talent. Les Elèves seront tous établis à Paris, chacun d'eux appliqué au genre de Science dont fera profession l'Académicien Pensionnaire auquel il sera attaché* [...]. De ce règlement, nous ne retiendrons que quelques articles, qui rendent compte de la pratique académique de la recherche en France. Un article fixe le rôle du trésorier et nous renseigne sur les moyens de recherche théorique et expérimentale qui sont mises à la disposition des académiciens : *Le Trésorier aura en sa garde tous les Livres, Meubles, Instrumens, Machines ou autres curiosités appartenant à l'Académie : lorsqu'il entrera en Charge, le Président les lui remettra par Inventaire ; et au mois de Décembre de chaque année, ledit Président récolera ledit Inventaire pour l'augmenter de ce qui aura été ajouté durant toute l'année.* D'autres articles précisent le rôle du Secrétaire dans l'enregistrement et le contrôle des résultats des expériences pratiquées à l'Académie : *Toutes les observations que les Académiciens apporteront aux Assemblées, seront par eux laissées, le jour même, par écrit, entre les mains du Secrétaire, pour y avoir recours dans l'occasion. Toutes les expériences qui seront rapportées par quelques Académiciens, seront vérifiées par lui dans les Assemblées, s'il est possible, ou du moins elles le seront en particulier en présence de quelques Académiciens.* En outre, l'Académie assure un contrôle des expériences qui ont été faites ailleurs : *L'Académie fera de nouveau les expériences considérables qui se seront faites partout ailleurs, et marquera dans ses Registres la conformité ou la différence des siennes à celles dont il étoit question.* A la recherche scientifique, s'ajoute le contrôle des inventions : *l'Académie examinera, si le Roi l'ordonne, toutes les machines pour*

---

9 Fontenelle, « Histoire du renouvellement de l'Académie royale des sciences en 1699 », in *Œuvres complètes*, tome 6, Paris, Fayard, 1994 ; p. 55-69, pour cette citation et les suivantes.

lesquelles on sollicitera des privilèges auprès de Sa Majesté. Elle certifiera si elles sont nouvelles et utiles ; et les Inventeurs de celles qui seront approuvées, seront tenus de lui en laisser un modèle. On devine par là que le pouvoir royal attend de l'Académie une recherche qui privilégie l'utilité plus que les sciences fondamentales. Assurer toutes ces fonctions a un coût : *Pour aider les Académiciens dans leurs études, et leur faciliter les moyens de perfectionner leur science, le Roi continuera de fournir aux frais nécessaires pour les diverses expériences et recherches que chaque Académicien pourra faire.* Un article fixe encore une autre obligation au secrétaire perpétuel : *Le Secrétaire sera exact à recueillir en substance tout ce qui aura été proposé, agité, examiné et résolu dans la Compagnie, à l'écrire sur son Registre, par rapport à chaque jour d'Assemblée, et à y insérer les Traités dont aura été fait lecture. Il signera tous les Actes qui en seront délivrés, soit à ceux de la Compagnie, soit aux autres qui auront intérêt d'en avoir ; et à la fin de Décembre de chaque année, il donnera au Public un Extrait de ses Registres, ou une Histoire raisonnée de ce qui se sera fait de plus remarquable dans l'Académie.* Ainsi naît l'histoire des sciences pour que la science contribue au prestige du royaume, naturellement cette histoire serait bien incomplète, et peu compréhensible, si le secrétaire de l'académie la limitait aux découvertes faites dans le royaume ; il convient d'ailleurs de prendre en compte les travaux des savants étrangers qui ont été élus Associés. Ce règlement de l'Académie, rendu public le 4 février 1699, hésite encore entre une stratégie de divulgation et une stratégie de confinement des résultats des recherches auprès des académiciens. La stratégie de divulgation sera clairement adoptée deux mois plus tard : *Le 23 de mars il a esté arresté dans l'assemblée qui si quelqu'un fait quelque nouvelle découverte dans la Physique ou dans les Mathématiques, apres qu'il l'aura communiquée à la Compagnie on pourra la faire imprimer ou mettre dans le journal, nommer la personne qui aura fait la découverte et marquer qu'il l'a communiquée à des personnes qui s'assemblent expres a la recherche des choses naturelles ou exprimer cela d'une autre manière dont on demeurera d'accord dans l'assemblée* [10]. Ainsi l'Académie pourra-t-elle prendre en compte les travaux des savants étrangers qui ont été élus Associés : Leibniz et Newton ont été élus cette même année. Trois secrétaires se sont succédés dans le temps du premier mémoire de Dufay au dernier ouvrage de Nollet sur l'électricité : Fontenelle jusqu'en décembre 1740, Dortous de Mairan de janvier 1741 à août 1743 et Grandjean de Fouchy de septembre 1743 à juillet 1776 ; ainsi Fontenelle et Grandjean de Fouchy ont-ils été historiens de l'électricité, Dortous de Mairan n'en eut guère l'occasion. Naturellement, l'Académie eut la tâche d'écarter les charlatans et de condamner les fausses sciences : l'astrologie, une certaine pratique de la chimie, etc. mais elle ne pouvait

---

10 Cité par Simone Mazauric, *Fontenelle et l'invention de l'histoire des sciences à l'aube des Lumières*, *op. cit.*, p. 68.

trancher dans les querelles, elles furent nombreuses en ce temps là, qui opposaient d'authentiques savants : cartésiens, newtoniens et leibniziens, mais pas seulement ; on ne s'étonnera pas que Fontenelle, le secrétaire perpétuel de l'académie, qui a tout au long de ses jours conservé ses convictions cartésiennes, tienne la balance égale entre Descartes et Newton lorsqu'il fait l'éloge de ce dernier, qui avait tout naturellement été élu membre associé de l'Académie des sciences dès 1699 [11]. Certainement, Fontenelle ne dut cependant pas faire un grand effort sur lui-même pour adopter une attitude pyrrhonienne en science. Il est en effet convaincu que les sciences n'en sont qu'à leur naissance et qu'un long travail de recherche reste à accomplir et que *seules les Académies peuvent assurer leurs progrès : [...] nous sommes obligés à ne regarder presentement les Sciences que comme étant au berceau, du moins la Physique. Aussi l'Académie n'en est-elle encore qu'à faire une ample provision d'observations & de faits bien avérés, qui pourront être un jour les fondemens d'un sistême ; car il faut que la phisique sistématique attende à élever des Edifices ; que la phisique experimentale soit en état de lui fournir les matériaux necessaires. Pour cet amas de materiaux, il n'y a que les Compagnies protegées par le Prince, qui puissent réüssir à le faire & à le préparer. Ny les lumieres, ni les soins, ni la vie, ni les facultés d'un Particulier n'y suffiroient. Il faut un trop grand nombre d'experiences, il en faut de trop d'especes differentes, il faut trop repeter les mêmes, il les faut varier de trop de manieres, il faut les suivre trop long-temps avec un même esprit. La cause du moindre effet est presque toujours enveloppée sous tant de plis & de replis, qu'à moins qu'on ne les ait tous démêlés avec un extrême soin, on ne doit pas prétendre qu'elle vienne à se manifester.*

Jusqu'à présent l'Académie des Sciences ne prend la Nature que par petites parcelles. Nul Système général, de peur de tomber dans l'inconvénient des Systèmes précipités, dont l'impatience de l'Esprit humain ne s'accommode que trop bien, et qui étant une fois établis, s'opposent aux vérités qui surviennent. Aujourd'hui on s'assure d'un fait, demain d'un autre qui n'y a nul rapport. On ne laisse pas de hasarder des conjectures sur les causes, mais ce sont des conjectures. Ainsi les Recueils que l'Académie présente tous les ans au Public, ne sont composés que de morceaux détachés, et indépendants les uns des autres, dont chaque Particulier qui en est l'Auteur, garantit les faits et les expériences, et dont l'Académie n'approuve les raisonnements qu'avec toutes les restrictions d'un sage Pyrrhonisme [12].

---

11 Roger Hahn, *L'anatomie d'une institution scientifique, L'Académie des sciences de Paris, 1666-1803*, Paris, Editions des archives contemporaines, 1993 ; p. 42-48.

12 Fontenelle, « Préface sur l'utilité des mathématiques et de la physique et sur les travaux de l'Académie des sciences », in *Œuvres complètes*, tome 6, Paris, Fayard, 1994 ; p. 48-50.

Notons que l'Académie ne peut, au contraire de l'Université, prendre parti dans les diverses querelles en philosophie naturelle ; en 1674, l'Université n'a-t-elle pas projeté de présenter une requête au Parlement de Paris pour interdire l'enseignement de la philosophie de Descartes, certes, elle y renoncera devant le ridicule, à cette occasion Boileau a écrit *L'arrêt burlesque*, qu'il s'est empressé de communiquer à Lamoignon, le premier président du parlement de Paris [13].

Nous avons dit qu'en Angleterre, la *Royal Society* n'était pas étrangère aux universités et que la physique expérimentale y avait été accueillie ; nous verrons qu'en Hollande, la physique expérimentale s'est développée au sein des universités : à Leyde, à Utrech... En France, la situation est différente, les universités restèrent plus longtemps qu'ailleurs attachées à la philosophie scolastique et à un enseignement des mathématiques : géométrie, arithmétique, musique et astronomie qui exclut toute référence aux mathématiques appliquées (mécanique, optique...) ; ce sont les jésuites qui, les premiers, introduisirent ces mathématiques pratiques dans leur enseignement. Curieusement, c'est un cartésien, Jacques Rohault qui introduira la physique expérimentale dans les collèges de l'université [14].

De l'enseignement de la physique expérimentale et des instruments scientifiques

En Angleterre

En Angleterre, et en Hollande, des enseignements de la physique expérimentale sont créés dans les dernières décennies du XVIIe siècle [15] ; les premières chaires sont créées dans les universités d'Oxford et de Cambridge sous l'influence des membres fondateurs de la *Royal Society*. A Cambridge, Robert Boyle, assisté de Robert Hooke, réalise des expériences sur l'air et sur le vide qui suscitèrent un grand intérêt chez les physiciens du reste de l'Europe. John Keill fut *le premier à enseigner publiquement la philosophie naturelle d'une manière mathématique et assistée de l'expérience* [16]. Il commença ses causeries à Oxford en 1700 ; trois ans plus tard, William Whiston l'imita à Cambridge, puis, quelques années plus tard, à Londres, où il travailla avec Francis Hauksbee, qui était alors Fellow à la *Royal Society*, la collaboration de Whiston et de Haukbee fut étroite : les cours du premier étaient illustrés par les expériences du second. Après un début de carrière à Oxford, Jean Théophile Désaguliers enseigna la philosophie expérimentale à

---

13 Racine, *Œuvres complètes*, tome 1, Paris, Gallimard, La pléiade, 1950 ; p. 50.

14 Bruno Belhoste, « Lieux d'enseignement », in *La science classique*, *op. cit.*

15 Gerard L'E. Turner, « Eduquer par la voie de l'expérience », in *L'art d'enseigner la physique, Les appareils de démonstration de Jean-Antoine Nollet*, sous la direction de Lewis Pyenson et Jean-François Gauvin, Sillery (Québec), les éditions du Septentrion, 2002, p.1-10.

16 Désaguliers, *A Course of Experimental Philosophy*, Londres, 1734-1744, vol. 1, p. viii.

Londres ; ses Cours, publiés à Londres en 1734 et 1744, furent traduits en français et en hollandais.

En Hollande

Les physiciens hollandais ont été à l'école de ceux de la *Royal Society*. En 1674, à son retour d'un séjour en Angleterre, Burchardus de Volder, professeur de physique à l'Université de Leyde, installe un cabinet de physique, le *Theatrum Physicum*, dans son université ; dans ses cours sur l'air et le vide, il fait des expériences sur une pompe à vide fabriquée par un fabricant d'objets liturgiques en bronze qu'il a converti à la fabrication d'instruments scientifiques, ce dernier Samuel van Musschenbroek est le père de Jan qui fut lui aussi un fabricant d'instruments scientifiques fort célèbre et de Peter, un physicien dont la renommée s'est étendue à toute l'Europe savante.

En 1715, 'S Gravesande, juriste et diplomate, est envoyé à Londres en qualité de secrétaire d'ambassade, passionné de sciences, il assiste au cours de Whiston et aux expériences de Hauksbee, il rencontre Newton, devient un de ses familiers, devient membre de la Royal Society et fait diverses expériences avec Desaguliers. En 1717, 'S Gravesande est nommé professeur de mathématiques et d'astronomie à l'université de Leyde, il y enseigne aussi la physique et publiera ses cours en 1720 et 1721, *Elemens de physique ou introduction à la philosophie de Newton* [17]. Le succès des leçons de 'S Gravesande doit sans doute beaucoup à sa collaboration avec Jan van Musschenbroek qui lui fabriqua des instruments de grande qualité, réciproquement, la publication de ses leçons de physique apporta un grand nombre de commandes d'instruments et chacun y trouva son compte. Ajoutons que Peter, le frère cadet de Jan, étudia la physique sous la direction de 'S Gravesande à Leyde et qu'il y obtint son doctorat en 1719. Avant cela, Peter von Musschenbroek avait soutenu une thèse de médecine, il avait auparavant suivi les cours de médecine de Boerhaave, puis était allé à Londres où il avait travaillé sous la direction de Désaguliers. Après son séjour en Angleterre, et une fois sa thèse de philosophie soutenue, il a accepté une chaire de philosophie et de mathématiques à Duisbourg en Prusse, puis, en 1723, à Utrech. Acquis aux idées de 'S Gravesande sur la physique expérimentale, il y monte à grand frais un vaste laboratoire de physique doté de nombreux instruments qui sont, pour certains d'entre eux d'un grand prix. En 1720 et 1721, il publie en latin les deux volumes des *Eléments de physique ou introduction à la philosophie de Newton* ; il en publiera une édition augmentée en 1734. Enfin, en 1740, il succède à 'S Gravesande à l'Université de Leyde, revenant là où il avait fait ses études. Sur l'intérêt que rencontre la physique en Hollande, nous en avons le

[17] 'S Gravesande, *Elemens de physique ou introduction à la philosophie de Newton*, 2 volumes, traduction de Roland de Virloys, Paris, Charles-Antoine Jombert, 1747.

témoignage de Pierre van Musschenbroek dans la préface de *l'Essai de physique*.

La Physique n'a jamais été tant cultivée qu'aujourd'hui en Hollande, où l'on trouve un grand nombre de personnes qui s'y appliquent, & qui en font leurs délices. Nous remarquons en effet que cette Science y fait tous les jours de nouveaux progrès ; & qu'elle se répand insensiblement dans la plupart des professions. Elle n'est plus comme autrefois l'apanage d'un petit nombre de Philosophes, mais elle fleurit, & est en vogue chez la plûpart des Sçavans. Le Marchand même en fait une partie de ses occupations, & l'Artisan, qui en entend parler tous les jours, commence aussi à y prendre goût. Enfin elle se fait connoître par tout, & il n'y a presque plus personne de quelque état ou condition qu'il soit, qui ne cherche & ne se fasse un plaisir de se familiariser avec elle.

On a formé dans quelques-unes des principales Villes des Societés, où l'on s'occupe à faire des expériences à l'aide d'un grand nombre d'instrumens de grand prix, & où l'on passe agréablement son temps à la recherche des proprietés & des opérations de toute sorte de Corps. On voit sur-tout fleurir à Amsterdam une semblable Societé, où Mr. Martens explique avec beaucoup d'applaudissement ce qu'il y a de plus curieux & de plus récréatif dans la Physique. Il s'en trouve une à Middelbourg, où Mr. L. Stocke, Docteur en Médecine, ne se distingue pas moins par les soins qu'il donne pour l'avancement de cette Science. Divers autres Sçavans s'assemblent aussi à Haarlem & à Schiedam dans la même vuë, de sorte qu'on peut dire que la Physique expérimentale est cultivée aujourd'hui avec beaucoup d'ardeur & un soin tout particulier par un grand nombre de personnes [18].

En France

Dans son ouvrage, *Expériences de physique*, Polinière *donne une description de ses instruments et des expériences de physique [qu'il fait] depuis fort longtemps à Paris dans les collèges de l'université, dans celui des RR. PP. Jésuites, et ailleurs* [19]. L'abbé Nollet juge lui aussi que, *la méthode expérimentale s'est faite gouter de bonne heure [en France] et nous n'avons point à nous plaindre que l'expérience ait été parmi nous d'un usage, ni moins fréquent, ni moins heureux que chez nos voisins* [20]. Cependant, à l'aube des Lumières, au temps où Polinière et Rohault enseignent la physique expérimentale, cet enseignement n'atteint pas le

---

18 Pierre van Musschenbroek, *Essai de physique*, traduction de Pierre Massuet, Leyden, Samuel Luchtmans, 1751, préface.

19 Pierre Poliniere, *Expériences de physique*, 1709, 5e édition, édition posthume revûë, corrigée, et augmentée sur les manuscrits de l'auteur, Paris, Clouzier, 1741 ; tome 1, avertissement.

20 J.-A. Nollet, *Programme ou idée générale d'un cours de physique expérimentale*, *op. cit.* ; préface, p. v.

niveau de celui qui est professé à Londres, à Utrech ou à Leyde. Cette situation allait bientôt changer, des physiciens français, à l'exemple des physiciens hollandais, firent le voyage de Londres, Nollet, tout comme eux, fit ce voyage, et en revint membre de la Société royale, ces physiciens prirent le chemin de la Hollande, et Nollet le prit lui aussi. Aussi, sur la méthode expérimentale, n'y a-t-il rien dans ce que ces physiciens, et les Encyclopédistes après eux, ont écrit qui ne soit conforme à l'esprit des maîtres anglais et hollandais [21]. Nollet raconte : *C'est principalement à [la] bienveillance [de M. Du Fay] que je dois les deux voyages que la Cour m'a fait faire en Angleterre et en Hollande, pour m'y pratiquer des correspondances, et pour prendre une connoissance plus exacte et plus certaine de la méthode, des procédés, et des Instrumens nécessaires à mes vües. Je dois convenir ici que les entretiens que j'ai eu avec Messieurs Desaguilliers, 'S Gravesande, et Musschenbroek m'ont beaucoup aidé. Ces conversations familières m'ont valu des éclaircissemens qu'on ne trouve point, et que l'on ne doit pas attendre de rencontrer dans les Livres. J'ai vû et démonté des Machines que la plus exacte description ne peut rendre qu'imparfaitement à ceux qui ont dessein de les imiter ; j'ai fait mon profit de ce qu'une longue expérience avoit fait connoître, pour éviter des inconvéniens dans lesquels je serois peut-être tombé, & je n'ai jamais mieux senti que depuis mon retour, l'utilité de ces voyages, & l'obligation que j'ai à ceux qui me les ont fait faire* [22]. La place des instruments scientifiques est primordiale dans l'œuvre de l'abbé Nollet, lors de son séjour à Leyde, l'abbé en conçut une grande admiration pour un fabriquant d'instruments qui n'est autre que le frère du physicien Musschenbroek : *M. Jean Musschenbroek, étoit le frère du célèbre Professeur de Leyde, qui portoit ce nom : la Physique expérimentale doit beaucoup à l'un & à l'autre : le premier, avec une dextérité peu commune, & des notions de Mathématiques, qui le distinguoient d'un simple artiste, lui a procuré d'excellents instrumens ; le second, comme l'on sait, l'a enrichie de plusieurs ouvrages généralement goûtés des Sçavants* [23]. Lorsque, après ses voyages de Londres et des Pays-Bas, entre 1734 et 1738, Nollet eut le dessein d'établir des Cours de Physique expérimentale et voulu faire une grande provision d'instruments, il constata que *l'usage qu'on en faisoit, même dans les Collèges, étoit si peu étendu, que les Ouvriers, bien loin de s'appliquer à les perfectionner,*

---

[21] P. Brunet, *Les physiciens hollandais et la méthode expérimentale en France au XVIIIe siècle*, Paris, Blanchard, 1926 ; *L'introduction des théories de Newton en France au XVIIIe siècle* (1931), Genève, Slatkine Reprints, 1970.

[22] J.-A. Nollet, *Programme ou idée générale d'un cours de physique expérimentale*, *op. cit.* ; préface, p. xvj-xvij.

[23] J.-A. Nollet, *Essai sur l'électricité des corps*, Paris, H. L. Guerin & L. F. Delatour, 1753, p. 206, note.

n'étoient pas même dans l'habitude de les construire[24]. Cette situation allait changer : *J'ai pris moi-même la lime & le ciseau, j'ai formé & conduit des ouvriers pour m'aider ; j'ai intéressé la curiosité de plusieurs Seigneurs qui ont placés de mes Ouvrages dans leurs Cabinets ; j'ai levé une espece de contribution volontaire ; en un mot, je ne le dissimule pas, j'ai fait deux ou trois instrumens d'une même espece afin qu'il pût m'en rester un*[25].

Après la publication des *Leçons de physique expérimentale*, il écrira un ouvrage sur l'art des expériences [26] pour les amateurs de physique désireux de monter un laboratoire pour l'enseignement ou la recherche en physique ; des amateurs qui, selon lui, ne peuvent se dispenser de posséder des instruments scientifiques. C'est grâce à Nollet, que la physique expérimentale acquit en France une notoriété égale et peut-être supérieure à celles de la Société royale de Londres et des maîtres hollandais de Leyde.

Sur les dépenses occasionnées par l'installation d'un cabinet de physique, nous pouvons nous référer au témoignage qu'en donne Voltaire dans sa correspondance, celui-ci et Mme du Châtelet en ont installé un au château de Cirey à la fin des années 1730. Sa correspondance avec l'abbé Moussinot, chanoine de Saint-Merri et son homme d'affaire à Paris, nous renseigne sur ses dépenses : Ainsi, le 18 mai 1738, Voltaire fait-il une estimation de cette installation : *[...] il faudra peut-être 9 ou 10 mille francs [ou livre tournois] pour l'abbé Nollet et pour le cabinet de physique. Nous sommes [poursuit-il] dans un siècle où on ne peut être savant sans argent*[27]. Le 17 juin 1738 : *Je vous supplie de donner douze cents livres à M. Nollet à compte des instruments de physique qu'il fournira à votre ordre* et le 3 juillet : *A l'égard de M. l'abbé Nollet, quand je vous ai prié de lui donner douze cents livres, et de le payer comptant outre cela, il n'y avait nulle équivoque, car je voulais lui donner douze cents livres d'avance, et lui donner de plus le prix de tout ce qui sera prêt, et que je compte qu'il m'enverra au commencement du mois d'août par M. Cousin. [...] Je serais d'ailleurs très fâché qu'il me fît un envoi si tôt. Je ne veux rien recevoir qu'avec M. Cousin et j'espère recevoir beaucoup. Donnez-lui donc les 1 200 livres tournois mon cher ami, et suppliez-le de ma part de tenir prêt pour la fin de juillet un envoi de plus de quatre mille livres s'il se peut. J'attends un petit mémoire de sa part. Faites-lui je vous prie les compliments les plus sincères.* L'affaire lui tient à cœur, Voltaire y revient le 11 juillet : *Vous*

---

24 J.-A. Nollet, *Programme ou idée générale d'un cours de physique expérimentale*, *op. cit.* ; préface, p. jx.

25 *Ib.* ; préface, p. xix.

26 J.-A. Nollet, *L'art des expériences ou avis aux amateurs de la physique*, 3 volumes, Paris, Durand, 1770.

27 Voltaire, *Correspondance*, 1 (décembre 1704–décembre 1738) édition Théodore Besterman, Gallimard, 1977. Les citations sont respectivement aux pages : 1138, 1159, 1179-1180 et 1187-1188.

m'aurez fait un très sensible plaisir mon cher Abbé si vous avez donné les 1 200 livres tournois à M. Nollet avec ces grâces qui accompagnent les plaisirs que vous faites. Je vous prie de lui offrir cent louis s'il en a besoin. Ce n'est point un homme ordinaire avec qui il faille compter. C'est un philosophe, c'est un homme d'un vrai mérite qui seul peut me fournir mon cabinet de physique et il est beaucoup plus aisé de trouver de l'argent qu'un homme comme lui. L'abbé Nollet me ruine, aurait-il confié à l'un de ses amis.

Empirisme & mécanisme, les nouvelles approches de la philosophie naturelle

Physique & métaphysique anglaises

Bacon, de l'instrument d'un nouveau savoir [28]

L'œuvre de Bacon ne rencontra pas un grand intérêt en son temps, elle en suscita un beaucoup plus grand au Siècle des lumières ; on considère alors qu'il est un de ceux qui ont le plus contribué à l'avancement des sciences. Si l'on en croit d'Alembert [qui montre ici qu'il était un piètre historien des sciences [29]], Francis Bacon, *né dans le sein de la nuit la plus profonde, sentit que la philosophie n'était pas encore, quoique bien des gens sans doute se flattassent d'y exceller ; car plus un siècle est grossier, plus il se croit instruit de tout ce qu'il peut savoir* [30]. Dans le *Novum Organum,* il *fait connaître la nécessité de la physique expérimentale, à laquelle on ne pensait point encore. Ennemi des systèmes, il n'envisage la philosophie que comme cette partie de nos connaissances, qui doit contribuer à nous rendre meilleurs ou plus heureux : il semble la borner à la science des choses utiles, et recommande partout l'étude de la nature.*

L'auteur de l'article *Baconisme ou philosophie de Bacon* dans l'*Encyclopédie*, l'abbé Jean Pestré, résume ainsi quelques-uns des

---

28 Francis Bacon est né en 1561, au début du règne d'Elisabeth, il fut avocat, membre des Communes, conseiller de la reine, puis du roi Jacques Ier, garde des Sceaux enfin Lord Grand Chancelier et baron de Verulam en 1618, il perdit ses fonctions à la suite d'une accusation de concussion en 1621. Il meurt en 1626. Philosophe, il publie *Du profit et de l'avancement des sciences divines et humaines* en 1605, le *Novum Organum* en 1620, la *Nouvelle Atlantide* en 1626… (Jean-Marie Pousseur, *Bacon, inventer la science*, Paris, Belin, 1988).

29 Que Francis Bacon n'est pas le premier à cultiver la méthode expérimentale en physique, il n'est pour s'en convaincre qu'à se référer à quelques auteurs médiévaux : citons, parce qu'il a ouvert la voie, Ibn al-Haytham qui rédigea un traité d'optique entre 1015 et 1021 ; citons encore, parce que l'objet de son étude, l'aimant, est proche du nôtre, Pierre de Maricourt – de lui, nous savons qu'il était ingénieur militaire en 1269 - qui commence son étude de l'aimant par la description de phénomènes expérimentaux, poursuit en proposant une théorie qui expliquent ces phénomènes, y ajoute une expérience nouvelle qui confirme sa théorie et termine sur des applications. (P. Radelet-de-Grave, D. Speiser, « Le De Magnete de Pierre de Maricourt, traduction et commentaire », *Revue d'histoire des sciences*, 1975, 28-3, p. 193-234).

30 D'Alembert, *Discours préliminaire de l'Encyclopédie*, 1759, Paris, Vrin, 1984 ; p. 92, 93, pour cette citation et la suivante.

aphorismes du *Novum Organum* qui touchent à la pratique de la physique expérimentale :

Il y a deux chemins qui peuvent conduire à la vérité. Par l'un on s'éleve de l'expérience à des axiomes très-généraux, ce chemin est déjà connu : par l'autre on s'éleve de l'expérience à des axiomes qui deviennent généraux par degrès, jusqu'à ce qu'on parvienne à des choses très-générales. Ce chemin est encore en friche ; parce que les hommes se dégoûtent de l'expérience, & veulent aller tout d'un coup aux axiomes généraux, pour se reposer.

Ces deux chemins commencent tous deux à l'expérience & aux choses particulières ; mais ils sont d'ailleurs bien différens : par l'un on ne fait qu'effleurer l'expérience ; par l'autre on s'y arrête : par le premier on établit dès le second pas, des principes généraux & abstraits ; par le second, on s'éleve par degrés aux choses universelles, &c.

Il ne s'est encore trouvé personne, qui ait eu assez de force & de constance, pour s'imposer la loi d'effacer entierement de son esprit les théories & les notions communes qui y étoient entrées avec le tems ; de faire de son ame une table rase, s'il est permis de parler ainsi ; & de revenir sur ses pas pour examiner de nouveau toutes les connoissances particulieres qu'on croit avoir acquises. On peut dire de notre raison, qu'elle est obscurcie & comme accablée par un amas confus & indigeste de notions, que nous devons en partie à notre crédulité pour bien des choses qu'on nous a dites, au hasard qui nous en a beaucoup appris, & aux préjugés dont nous avons été imbus dans notre enfance... Il faut se flatter qu'on réussira dans la découverte de la vérité, & qu'on hâtera les progrès de l'esprit, pourvû que, quittant les notions abstraites, les spéculations Métaphysiques, on ait recours à l'analyse, qu'on décompose les idées particulieres, qu'on s'aide de l'expérience, & qu'on apporte à l'étude un jugement mûr, un esprit droit & libre de tout préjugé... On ne doit esperer de voir renaître les Arts & les Sciences, qu'autant qu'on refondra entierement ses premieres idées, & que l'expérience sera le flambeau qui nous guidera dans les routes obscures de la vérité. Personne jusqu'ici, que nous sachions, n'a dit que cette réforme de nos idées eût été entreprise, ou même qu'on y eût pensé[31]. De ces aphorismes de Bacon, les hommes des Lumières en déduisent que Bacon croyait que toutes nos connaissances viennent des sens, et ceux-ci se ralliaient à ce précepte. Mais, à la lecture, Bacon se révèle moins baconien que ne l'ont fait les philosophes des Lumières qui se réfèrent à lui pour fonder leur empirisme. L'empirisme de Bacon enveloppe une critique de la perception des sens : l'œil comme l'entendement informe et déforme : *Les idoles de la race* [les connaissances humaines] *ont leur fondement dans la nature humaine elle-même, dans la race, dans la souche des hommes. C'est*

[31] Abbé Jean Pestré, article « Baconisme ou philosophie de Bacon », *Encyclopédie*, tome 2, 1752.

à tort en effet qu'on affirme que les sens humains sont la mesure des choses ; bien au contraire, toutes les perceptions des sens comme de l'esprit, ont proportion à l'homme, non à l'univers. Et l'entendement humain ressemble à un miroir déformant qui, exposé aux rayons des choses, mêle sa propre nature à la nature des choses, qu'il fausse et brouille [32].

Aussi ne faut-il pas s'étonner si les observations de Galilée recueillent à la fois l'admiration et le scepticisme de Bacon [33]. Selon Bacon, les lentilles de Galilée sont des aides à la vue qui lui permettent de percevoir à plus longue distance et permettent une exploration du monde, *pour autant qu'on puisse ajouter une foi entière à ce genre de démonstration.* Ainsi accueille-t-il avec suspicion l'assistance de ces lentilles qui permettent d'ouvrir et entretenir *un commerce plus rapproché avec les corps célestes* [34]. Mais la raison principale qui, à ses yeux, rend suspecte l'invention de Galilée, comme celle des lentilles qui révèlent les parties invisibles des corps, c'est que *l'expérience s'achève avec ces quelques inventions et qu'on n'a pas su inventer par ce moyen une infinité d'autres choses également dignes d'examen.* En effet, les lunettes de Galilée ne permettent pas de scruter la nature des objets célestes dans ces objets eux-mêmes ; et ces objets échappent à l'expérimentation qui seule permettrait de juger de leur substance et de leurs qualités. Par ailleurs, au regard de Bacon, les observations astronomiques ne conduisent qu'à des constructions mathématiques, celle de Ptolémée et celle de Copernic qui se valent toutes. Quant aux lentilles, par leur puissance, elles permettent de discerner dans les pucerons ou les mouches, les formes et les contours précis de leur corps ainsi que leurs mouvements auparavant imperceptibles, mais elles ne peuvent dévoiler la structure de la matière aussi cela ruine-t-il, au regard de Bacon, l'utilité de l'invention.

Dès 1594, Bacon réclame au pouvoir royal quatre établissements pour servir au progrès de la philosophie :

1) Le rassemblement de la bibliothèque la plus complète et la plus générale, recueillant tous les écrits du passé comme des temps modernes, manuscrits et imprimés de toutes langues ;

2) Un jardin spacieux et merveilleux, où seraient réunies les plantes de tous les climats, à l'état sauvage ou cultivé. En y adjoignant des bâtiments pour recevoir tous les animaux et tous les oiseaux ; et aussi deux pièces d'eau douce et d'eau salée pour toutes les variétés de poissons ;

---

[32] Francis Bacon, *Novum Organum*, Introduction, traduction et notes par Michel Malherbe et Jean-Marie Pousseur, Paris, PUF, 1986 ; I, 41.

[33] Philippe Hamou, *La mutation du visible*, tome 2, Villeneuve d'Ascq, Presses universitaires du Septentrion, 1999, p. 35-40.

[34] Bacon, *Novum Organum, op. cit.*, II, 39, pour cette citation et la suivante.

3) Un bel et immense cabinet pour recevoir tout ce que, par l'habileté de l'art ou les machines, la main de l'homme a produit d'exceptionnel en fait de matière, de forme, ou de mouvement, et tout ce que la chance et le travail de la nature ont produit, qui mérite d'être conservé ;

4) Enfin un laboratoire aussi fourni en moulins, instruments, fourneaux, mobilier, que pourrait l'être un palais conçu pour la pierre philosophale [35].

La maison de Salomon, que Bacon décrit dans la *Nouvelle Atlantide*, illustre ce rêve. Bacon revient ainsi sur les réclamations pour l'avancement des sciences qu'il a déjà posées dans l'ouvrage *Du profit et de l'avancement des sciences divines et humaines* [ici comme chez Pascal, les sciences humaines sont les sciences à la mesure de l'intellect humain] publié en 1605 et dédié au roi [36] ; il y ajoute d'autres réclamations sur la réforme des universités trop spécialisées, sur la formation et le recrutement de professeurs et d'écrivains qui, mieux payés, puissent se consacrer entièrement à leur science. Les vœux de Bacon resteront lettres mortes ; leur redécouverte un siècle plus tard donnera l'illusion qu'ils ont influencé les pouvoirs politiques pour la création des académies italiennes, de l'Académie des sciences de Paris ou de la *Royal Society* de Londres [37].

L'entendement humain selon John Locke

Les œuvres philosophiques de John Locke [38], *Lettre sur la tolérance, Deux traités du gouvernement civil, L'essai concernant l'entendement humain* furent une source d'inspiration pour les hommes des Lumières. Pour Descartes, la physique se fonde sur une métaphysique selon laquelle toutes nos connaissances découlent de vérités mathématiques, qui sont des lois de la nature, que Dieu a imprimées en nous ; dans l'*Essai concernant l'entendement humain*, publié en 1690, Locke s'oppose à cet innéisme cartésien, il affirme : *L'entendement ne me paraît avoir absolument aucune idée, qui ne lui vienne de l'une de ces deux sources : les objets extérieurs fournissent à l'esprit les idées des qualités sensibles, c'est-à-dire toutes ces différentes perceptions que ces qualités produisent en nous et l'esprit fournit*

[35] Cité par Jean-Marie Pousseur, *Bacon, inventer la science*, *op. cit.*, p. 60, 61.

[36] Francis Bacon, *Du progrès et de la promotion des savoirs*, avant-propos, traduction et notes par Michèle Le Doeuff, Paris, Gallimard, 1991.

[37] Simone Mazauric, *Histoire des sciences à l'époque moderne*, Paris, Armand Colin, 2009 ; chapitre 12.

[38] John Locke (1632-1704), fit des études de médecine et fut le médecin d'un Lord anglais, il fit des études de physique et, pendant quelques années fit parti du cercle de physique de Robert Boyle et participa aux travaux de ce physicien, il fut un temps secrétaire de mission diplomatique auprès de l'électeur de Brandebourg, mais ce sont ses œuvres philosophiques : *Lettre sur la tolérance (1689), Deux traités du gouvernement civil (1690), L'essai concernant l'entendement humain* qui le rendirent célèbre et en firent le principal inspirateur des idées des Lumières. Notons qu'il séjourna en France 1672-1679, puis en Hollande jusqu'en 1688.

à l'entendement les idées de ces propres opérations [39]. Locke considère que les qualités qui se rencontrent dans les corps sont de deux sortes. Il suppose qu'il y a dans les corps des qualités qu'il nomme *«originales et premières»* et que celles-ci *sont entièrement inséparables du corps en quelque état qu'il soit, de sorte qu'il les conserve toujours, quelques altérations et quelques changements que le corps vienne à souffrir.* Ainsi Locke considère-t-il que si un corps est divisé *jusqu'à ce que ces parties deviennent insensibles, toutes ces qualités resteront toujours dans chacune des parties* ; ces qualités sont *la solidité, l'étendue, la figure, le nombre, le mouvement, ou le repos.* [40] Il suppose aussi dans les corps des qualités qu'il nomme secondes, celles-ci n'y sont *autre chose que la puissance de produire diverses sensations en nous par le moyen de leurs qualités premières, c'est-à-dire, par la grosseur, figure, contexture et mouvement de leurs parties insensibles, comme sont les couleurs, les sons, les goûts, etc.* [41] De là, Locke peut juger que *les idées des premières qualités ressemblent à ces qualités, et celles des secondes ne leur ressemblent en aucune manière* [42]. On devine que la métaphysique de Locke ne sera pas sans incidence sur la physique, tel cet exemple qui touche à notre sujet : Dans l'article de la *Cyclopaedia* sur la chaleur, article repris en 1753 par d'Alembert pour l'*Encyclopédie*, Chambers assimile la chaleur à l'action du feu et, influencé par la "métaphysique" de Locke, part de la sensation pour définir la chaleur : *La chaleur est proprement une sensation excitée en nous par l'action du feu, ou bien c'est l'effet que fait le feu sur nos organes. D'où il s'ensuit que ce que nous appellons chaleur est une perception particulière ou une modification de notre âme, et non pas une chose qui existe formellement dans le corps qui donne lieu à cette sensation. La chaleur (dit Mr Locke), n'est pas plus dans le feu qui brûle le doigt, que la douleur n'est dans l'aiguille qui le pique : en effet la chaleur dans le corps qui la donne, n'est autre chose que le mouvement ; la chaleur dans l'âme qui la sent, n'est qu'une sensation particulière ou une disposition de l'âme* [43].

Coste, le traducteur de Locke, remarque que *dans Descartes, dans les ouvrages du P. Malebranche, dans la physique de Rohault, en un mot dans tous les traités de Physique composés par des Cartésiens* [44], l'explication des

---

[39] Locke, *Essai concernant l'entendement humain où l'on montre quelle est l'étendue de nos connoissances certaines, et la manière dont nous y parvenons* (1690) traduction de Coste, 1729, reproduction de la cinquième édition revue et corrigée, 1755, Paris, Vrin, 1972 ; livre II, chapitre 1, § 5.

[40] *Ib.*, livre II, chapitre 8, § 9.

[41] *Ib.*, livre II, chapitre 8, § 10.

[42] *Ib.*, livre II, chapitre 8, § 15.

[43] D'Alembert, "chaleur", *Encyclopédie de Diderot et d'Alembert.*

[44] Locke, *Essai concernant l'entendement humain,* livre II, chapitre 8, § 15.

qualités sensibles est fondée sur les mêmes principes que chez Locke. Que les qualités sensibles soient fondées exactement sur les mêmes principes chez Descartes et chez Locke ne doit pas faire oublier que ces principes s'inscrivent dans des métaphysiques fort différentes et l'empirisme de Locke s'oppose à l'innéisme cartésien. En outre Locke n'est pas mécaniste, puisqu'il pense que, quand bien même nous pourrions percevoir ces particules insaisissables à nos sens, qui composent la matière, notre entendement ne pourrait rendre compte du lien entre leurs agencements, leurs mouvements et nos sensations. Les idées complexes, associations d'idées simples, sont vraies ou fausses selon que notre expérience nous donne à observer ou non des associations correspondantes de phénomènes. Les relations constantes entre les idées ne peuvent elles-mêmes être vraies que si elles correspondent à des connexions elles-mêmes observables entre les phénomènes. Entre les idées et les choses, entre la relation des idées entre elles et la connexion des phénomènes entre eux, il doit y avoir une convenance, une adéquation, que seule l'expérience sensible peut justifier. Ainsi la connaissance du monde matériel est faite des relations constantes, perçues par l'esprit, entre les idées, elle se fonde sur la perception d'une relation entre les phénomènes. Selon Locke, c'est l'expérience et non la raison qui nous apprend que ce corps jaune, pesant et fusible que nous nommons *Or* est malléable, fixe et a la capacité d'être dissous dans l'*eau régale* ; et, les raisonnements qui découlent de ces idées ne peuvent nous servir à découvrir les autres propriétés de ce corps. Locke ne voudrait pourtant pas qu'on croit qu'il méprise l'étude de la nature : *Je conviens sans peine que la contemplation de ses Ouvrages nous donne sujet d'admirer, d'adorer & de glorifier leur Auteur*[45]*, & que si cette étude est dirigée comme il faut, elle peut être d'une [...] grande utilité au Genre Humain [...]*[46]. Mais Locke nous met en garde contre les hypothèses et les faux principes : *Sur la connoissance des Corps nous devons nous contenter de tirer ce que nous pouvons des expériences particulières, puisque nous ne saurions former un Système complet sur la découverte de leurs essences réelles, & rassembler en un tas la nature & les propriétés de toute l'Espèce. Lorsque nos recherches roulent sur une coëxistence ou une impossibilité de coëxister que nous ne saurions découvrir par la considération de nos idées, il faut que l'Expérience, les Observations & l'Histoire Naturelle nous fassent entrer dans le détail, & par le secours de nos Sens dans la connoissance des Substances Corporelles. Nous devons, dis-je, acquérir la connoissance des Corps par le moyen de nos Sens, diversement occupés à observer leurs qualités, & les différentes manières dont ils opèrent l'un sur*

[45] Sur ce thème, Locke ne fait pas exception en son temps, voir par exemple, mon ouvrage : *Science classique & théologie*, Paris, Vuibert, Adapt-SNES, 2010.

[46] Locke, *Essai concernant l'entendement humain,* livre IV, chapitre 12, § 12, 13, pour cette citation et la suivante.

l'autre. [...] Ce n'est pas que pour expliquer des Phénomènes de la Nature nous ne puissions nous servir de quelque Hypothèse probable, quelle qu'elle soit ; car les Hypothèses qui sont bien faites, sont au-moins d'un grand secours à la mémoire, & nous conduisent quelquefois à de nouvelles découvertes. Ce que je veux dire, c'est que nous n'en devons embrasser aucune trop promptement (ce que l'esprit de l'Homme est fort porté à faire, parce qu'il voudroit toujours pénétrer dans les causes des choses, & avoir des Principes sur lesquels il pût s'appuyer) jusqu'à ce que nous ayons exactement examiné les cas particuliers, & fait plusieurs expériences dans la chose que nous voudrions expliquer par le secours de notre Hypothèse, & que nous ayons vu si elle conviendra à tous ces cas ; si nos Principes s'étendent à tous les Phénomènes de la Nature, & ne sont pas aussi incompatibles avec l'un, qu'ils semblent propres à expliquer l'autre. Et enfin nous devons prendre garde, que le nom de Principe ne nous fasse illusion, & ne nous impose en nous faisant recevoir comme une vérité incontestable ce qui n'est tout au plus qu'une conjecture fort incertaine, telles que sont la plupart des Hypothèses qu'on fait dans la Physique.

Force est de constater que les gassendistes et les cartésiens n'ont pas les mêmes préventions en ce qui concerne les limites de l'entendement humain, aussi les atomes de Gassendi et les tourbillons de Descartes ont encore de beaux jours devant eux au Siècle des lumières pourvu qu'ils se fondent sur l'observation et l'expérience ; la philosophie naturelle de Gassendi peut être reprise sans changer de base, celle de Descartes en en changeant, ce que fit Rohault. Faisons un retour dans le passé ; de plus d'un demi-siècle avec Gassendi et de près de vingt ans avec Jacques Rohault

La physique en France entre Gassendi et Descartes

Pierre Gassendi, un atomisme fondé sur l'observation et l'expérience

L'étude des opinions des différentes sectes philosophiques a conduit Gassendi [47] à la suspension du jugement recommandée par les pyrrhoniens. *En effet, après m'être bien pénétré de la distance immense qui sépare l'esprit humain du Génie de la Nature, que pouvais-je penser sinon que les causes profondes des effets naturels échappent complètement à la portée de*

[47] Pierre Gassendi est né en 1592, très tôt ce provençal fut saisi par la passion des astres, l'astronomie était alors à la mode, il s'y adonna. Gassendi fit de brillantes études au Collège de Digne et y fut nommé sur concours professeur de rhétorique, une fonction qu'il exerça entre 1612 et 1614 ; il poursuivit des études de théologie, de grec et d'hébreu à la faculté d'Aix, il reçut la prêtrise, fut nommé chanoine théologal de la Cathédrale de Digne et, pendant six ans, enseigna la philosophie à la faculté d'Aix. Il passa la plus grande partie de sa vie à Digne mais fit quelques séjours à Paris où il se lia avec le père Mersenne et fréquenta des cercles savants ; il fit un séjour en Hollande et entra en polémique avec Descartes ; il eut une correspondance avec Galilée dont il adopta les idées. Ses ouvrages contre Aristote et contre Descartes le rendirent aussi célèbre que Descartes. Ses travaux qui reprennent et diffusent les idées de "l'impie Epicure" auraient pu faire soupçonner d'athéisme le "pieux chanoine de Digne" ; c'est contre de tels soupçons que veulent le prémunir la plupart de ses contemporains lorsqu'ils présentent ses idées. Gassendi meurt en 1655.

nos regards ? Alors j'eus pitié et j'eus honte de la sottise et de l'orgueil de ces Dogmatiques qui se vantent d'avoir conquis la science des choses naturelles et en font si gravement étalage. Et pourtant ne leur faudrait-il pas rester raides et muets comme les rochers du Marpesse, si seulement on les pressait d'expliquer sérieusement par quelle industrie et par quels moyens ont été constitués les membres et les organes d'un simple ciron, qui est pourtant si peu de chose dans l'œuvre de la Mère Nature ? Bien plus raisonnables assurément sont les Philosophes cités plus haut [les pyrrhoniens], qui, pour démontrer à la fois la vanité et l'incertitude de la science humaine, se mettaient donc en état de pouvoir en même temps tout combattre et tout soutenir [48].

Il s'ensuit que, selon Gassendi, il n'existe qu'une seule voie de la connaissance : la science expérimentale ou selon l'apparence : *puisqu'il n'y a pas un homme qui ait pénétré du regard la nature intime de la moindre chose, nous pouvons conclure que ce n'est pas un désir conforme à la nature que celui qui fait souhaiter de la voir à découvert. [...] , on peut admettre [cependant] que les conditions de la science existent, mais toutefois d'une science expérimentale et, si je puis dire, fondée sur les apparences. C'est qu'en effet notre Intellect n'a de science ou de connaissance qu'en expérimentant sur de nombreuses apparences* [49].

Mais il convient de considérer que le pyrrhonisme de Gassendi (pyrrhonisme au regard des sciences et non au regard de la révélation – la foi du « pieux chanoine de Digne » n'a jamais été mise en doute) est limité et si, selon Gassendi, tout n'est pas connaissable, certains principes lui semblent intangibles :

Et puisque parmi ceux qui philosophent, il en est qui n'avancent rien de certain sur la vérité et doutent de tout, d'autres au contraire qui pensent que tout est connaissable et lancent des affirmations sans discernement, le sage, celui qui entreprend de philosopher réellement, semble devoir non pas certes se montrer catégoriquement en tout, mais défendre cependant quelques principes peu nombreux sur lesquels il ne faut pas hésiter. En effet, chaque fois qu'on se trouve devant des faits pouvant se produire de nombreuses manières, comme les éclipses, le lever et le coucher des astres, et tous les autres phénomènes célestes, alors approuver une seule explication en désapprouvant toutes les autres est assurément ridicule. En revanche, quand il s'agit de choses dont l'existence et les modalités n'admettent pas l'alternative, comme les propositions "Rien ne naît de rien", "L'univers consiste en matière et en vide", "Les principes des choses sont insécables",

---

[48] Gassendi, *Dissertations en forme de paradoxes contre les aristotéliciens*, 1624, traduction de Bernard Rochot, Paris, Vrin, 1959 ; livre 1, préface, p. 6.

[49] *Ib.*, livre 2, (1624, publié en 1659), p. 504.

et d'autres de ce genre, alors il est également tout à fait absurde de ne pas y adhérer fermement [50].

Que Gassendi s'appuie sur l'observation la plus précise et sur des expériences bien conduites pour déterminer la figure des atomes du sel commun, cette lettre à Peiresc du 6 juillet 1635, le montre parfaitement :

Je me remets aussi de vous escrire plus amplement touchant la formation des sels, n'en ayant pas encore faict toutes les expériences que je désire d'en faire. Seulement ne puis-je pas me tenir de vous dire que je justifie tousjours quelqu'une de mes anciennes resveries touchant les principes de la philosophie d'Épicure. Je recognoy particulièrement que ces gros solides, soient cubiques, soient octohédriques, ou autres, sont tous composez d'autres moindres, de mesme figure, et ceux-cy d'autres moindres jusques à la résolution en de si menus, qu'ils sont presque insensibles et toujours figurez de mesme, dont je conclus que ceux-cy se vont encore résolvant jusques aux atomes, qui par quelque sorte de nécessité doivent être de mesme figure. La composition le démonstre, par la façon dont j'observe qu'ils grossissent depuis qu'ils sont devenus comme des cirons. J'ay tasché d'observer exactement ce que vous avez pensé du mouvement de ces corps vers les plus prochains solides lors de leur formation, mais rien ne m'a encore pu reussir pour le justifier. Car la distinction et formation de ces corps ne se fait pas toute à la fois, mais seulement à mesure que l'humidité s'évapore, si bien qu'il y va d'un assez long espace de temps despuis la formation des premiers jusques à celle des derniers. Or, dez le commencement plusieurs se forment en superficie mesme de l'eau, et ceux-là surnagent jusques à ce qu'ils sont devenus si gros que la masse de l'eau ne les pouvant plus supporter quoyque beaucoup espessie ils fondent en bas. Sur ces entrefaites-là j'ay appliqué des solides à une toile d'arraignée près de la surface de l'eau et les ay rapprochez à mesure que l'eau s'abbaissoit, mais jamais aucun corps ne s'y est attaché. J'en ay faict surnager à l'eau, en telle sorte qu'il y eut de ces corps très proches latéralement, pour voir s'il y en auroit quelqu'un qui s'y voulust aller joindre, mais jamais point, ains [mais] tousjours tous sont allés perpendiculairement vers le fonds, mesme ceux qui estoient proches des costés des vases, au lieu d'aller s'attacher ausdits costés comme plus voisins s'en sont tousjours allés à plomb de mesme. Il est bien vray qu'il en demeure tousjours aux costés ou aux petits bastons qui nagent au-dessus, mais ce sont ceux qui sont formez là mesme de l'eau qui y adhère pour sa glutinosité et qui s'y desseichant y laisse le corps dont elle estoit grossie. Oultre ce qu'il demeure aux mesme costés de ceux qui tombent tandis qu'il y a encore de l'eau, si lesdits costés sont disposés

---

50 Gassendi, *Traité de la philosophie d'Epicure*, 1649, [traduction de la lettre-préface, du chapitre introductif et de la troisième partie (éthique) par Etienne Wolff, in *Libertins du XVIIe siècle*, tome 1, la Pléiade, Gallimard, 1998 ; chapitre introductif, p. 606, 607.

non pas à plomb comme noz bouteilles garnies, mais en rond ou en autre sens, comme noz platz et noz escuelles [51].

Les raisonnements de Gassendi supposent que les figures cubiques du sel qui s'observent se retrouvent de même au dessous de la portée des sens, et que lors de la résolution des grands corps en moindres, ceux-ci gardent la même figure et ceux-ci en moindres encore sans changer de figure. Gassendi est intimement convaincu qu'il s'ensuit que ces derniers se résolvent jusqu'aux atomes qui doivent être de même figure. Il va sans dire que les atomes de Gassendi ont une étendue insécable et une figure ; en outre ils ont une troisième propriété, *savoir la pesanteur ou l'élan par lequel chaque atome libre et non entravé par un assemblage avec d'autres serait entraîné dans un mouvement d'une rapidité supérieure à ce que nous pouvons concevoir* [52].

Ainsi les atomes sont-ils en mouvement ou en repos, sans qu'il soit nécessaire de supposer une quelconque conservation de leur mouvement ni aucune sorte d'attraction entre eux. Les atomes de Gassendi ont diverses figures : des atomes pointus font les choses piquantes ou amères, des atomes ronds, les choses fluides et douces ; Bernier rapporte que Gassendi conçoit qu'il y a une grande diversité de figures qu'on doit donner aux atomes : *puisqu'on est obligé d'en admettre de rondes, d'oblondes, d'enfoncées, de plates, de bossues, de crochues, de pointues, de polies, de raboteuses, de rameuses, de veluës, de tetrahedriques, d'hexahedriques, etc. tant regulieres qu'irregulieres ; mais que toutes ces diversitez, ou especes differentes de figures ne sont pas pour cela absolument infinies* [53]. Cette diversité de figures permet d'expliquer divers effets particuliers de la nature.

Jacques Rohault, une physique cartésienne fondée sur l'expérience et la raison

En 1671, Rohault publie un *Traité de Physique* [54], qui eut un grand succès au siècle suivant [55]. En effet, l'ouvrage aura de nombreuses éditions,

---

51 Bernard Rochot, *Les travaux de Gassendi sur Épicure et sur l'atomisme, 1619-1658*, Paris, Vrin, 1944 ; p. 66, 67.

52 *Ib.*, p. 106. (Citation traduite par Rochot).

53 Bernier, *Abrégé de la philosophie de Gassendi*, Lyon, 1684, Paris, Fayard, 1992, tome 2, livre 1, chapitre 9, p. 113, 114.

54 Jacques Rohault, *Traité de physique*, 1671, 2 tomes, Paris, Guillaume Desprez, 1705.

55 Jacques Rohault naît à Amiens en 1620. Il fait ses études de philosophie à Paris en même temps qu'il s'initie seul aux mathématiques et, par délassement, se tourne vers les arts et les machines, il fréquente alors les boutiques de toutes sortes d'ouvriers et perfectionna quelques outils. Il lit les philosophes anciens et modernes et devient l'un des plus zélés sectateurs de Descartes, ce qui lui vaut l'amitié de Clerselier, le traducteur et l'éditeur de la correspondance de Descartes. Afin de répandre la philosophie de Descartes, il fait des conférences publiques qui rencontrent un vif succès. Sa méthode consiste à présenter quelques propositions, à les prouver par le raisonnement et à les confirmer par des expériences lesquelles rencontrent alors l'intérêt d'un large public. Rohault publie son *Traité de physique* en 1671, aux dires de

traduit en latin, il sera publié à Genève, à Amsterdam, à Leyde. A Londres, la traduction latine en est faite, en 1702, par un disciple de Newton, Samuel Clarke ; là où le newtionianisme était dans toute sa gloire, cette traduction eut un grand succès si l'on en juge par ses nombreuses rééditions et le fait qu'elle fut traduite en anglais par John Clarke [56].

Si la Physique de Rohault rencontre un tel succès au temps de l'empirisme et du newtonianisme triomphants, c'est parce qu'elle joint l'expérience aux raisonnements, et, comme l'affirme Rohault : *je ne me sentois pas assez amateur de mes raisonnemens pour negliger les expériences, ni assez attaché aux expériences, pour ne pas laisser aller mes raisonnemens au-delà de ce qu'elles découvrent* [57]. Dans la préface de son *Traité*, Rohault affirme que les expériences sont nécessaires pour l'établissement de la physique et que, dans la recherche des choses naturelles, il faut nécessairement allier le raisonnement à l'expérience : car écarter la raison pour donner tout au sens serait *renfermer nos connoissances dans des bornes bien étroites, puisque les expériences ne peuvent servir qu'à nous faire connoître les choses grossieres et sensibles.* Les réflexions de Rohault sur l'expérience l'amènent à distinguer trois sortes d'expériences : *La première, à proprement parler, n'est qu'un simple usage des sens, comme lorsque par hasard & sans dessein, jettant les yeux sur les choses qui sont alentour de nous, nous ne faisons que les regarder, sans penser à*

Saverien, *les premières éditions furent promptement enlevées, & on la traduisit en différentes langues.* (Saverien, *Histoire des philosophes modernes*, 1773 ; tome 6, p. 13, 14). Il était encore lu lorsque Saverien écrit la biographie de Rohault, en 1773. C'est dans une traduction latine douteuse de cet ouvrage que la physique est enseignée à Cambridge au début des années 1690, c'est là que Samuel Clarke l'a apprise. Il en publie une nouvelle traduction latine avec des commentaires en 1697. Sectateur de Newton, Clarke est connu des historiens pour sa traduction latine du *Traité d'optique* de Newton qu'il publie en 1706 et pour sa correspondance avec Leibniz publiée en 1717. La philosophie de Rohault - et à travers elle, celle de Descartes - fut l'objet d'attaques des aristotéliciens, la Sorbonne considérant que cette doctrine était contraire à la religion, c'était alors la meilleure façon de récuser une théorie scientifique. Rohault prit la plume pour répondre à ses attaques et écrivit les *Entretiens sur la philosophie, afin de concilier le cartésianisme aux dogmes du mystère eucharistique et de l'immortalité de l'âme.* (Robert Locqueneux, *Science classique et théologie*, Paris, Vuibert et Adapt, 2010, p. 171-175), de nombreuses copies de cet ouvrage furent diffusées avant qu'il ne soit imprimé. Rohault meurt en 1675, ayant reçu les derniers Sacrements au déplaisir de nombreux sorbonnards.

[56] Samuel Clarke (Norwich 1675-Leicestershire 1729), théologien et clergyman anglican, c'est un ami de Newton, il est souvent considéré comme antitrinitaire, comme Newton. Entre 1704 et 1706, il a écrit le *Traité de l'existence de Dieu et de la religion naturelle et révélée*, l'ouvrage fut traduit par Petrus Ricotier et publié à Amsterdam en 1721. Il a traduit en latin et publié en 1697 le traité de physique de Rohault. Il est surtout connu pour sa controverse avec Leibniz sur les principes de la philosophie naturelle publiée en 1717. Son frère John Clarke a publié son œuvre en 1738. Cette œuvre a eu une très grande influence sur la pensée des Lumières en France.

[57] Rohault, *Traité de physique, op. cit.*, préface (non paginée), pour cette citation et les suivantes.

appliquer ce que nous voyons à aucun usage. La seconde sorte est, lorsque de propos déliberé, mais sans savoir ni prévoir ce qui pourra arriver, l'on fait épreuve de quelque chose ; Comme lorsqu'à l'exemple des Chymistes, l'on prend avec choix tantôt un sujet, & tantôt un autre, & que l'on fait sur chacun d'eux toutes les tentatives dont l'on se peut aviser, retenant avec soin ce que l'on a vû réussir à chaque fois, & la maniere par laquelle on est parvenu à un certain effet, afin de pouvoir une autre fois employer les mêmes moyens, pour parvenir à la même fin. C'est encore faire des experiences de cette seconde maniere, quand pour connoître les secrets des Arts on va chez divers Ouvriers, comme dans les Verreries, & chez ceux qui composent les Emaux, chez les Teinturiers, les Orfévres, & ceux qui manient les différents métaux, pour observer comment ils préparent leurs matieres, & comme ensuite chacun d'eux travaille sur celles qui leur sont particulieres. Enfin, les experiences de la troisiéme sorte sont celles que le raisonnement prévient, & qui servent à justifier ensuite s'il est faux, ou s'il est juste ; Ce qui arrive, lorsqu'après avoir consideré les effets ordinaires d'un certain sujet, & formé une certaine idée de sa nature, c'est-à-dire, de ce qui est en lui qui le rend incapable de ces effets, nous venons par raisonnement à connoître que si ce que nous croyons de sa nature est veritable, il faut necessairement qu'en le disposant d'une certaine maniere, il en arrive un nouvel effet, auquel nous n'avions pas encore pensé ; & que pour éprouver ce raisonnement, nous faisons sur ce sujet ce que nous avions cru capable de lui faire produire cet effet.

Or il est très-évident, que cette troisiéme sorte d'experience est particulierement utile aux Philosophes, parce qu'elle leur peut faire découvrir la verité ou la fausseté des opinions qu'ils ont conçûes. Et quant aux deux autres, bien qu'elles ne soient pas si nobles, on ne les doit pas neanmoins rejetter comme inutiles aux Physiciens : Car outre qu'elles étendent toûjours leurs connoissances, elles servent aussi à leur donner occasion de faire les premieres conjectures touchant la nature des sujets sur lesquels ils s'occupent, & à les empêcher de tomber dans quelques pensées fausses, où ils auroient pu tomber sans cela ; On se seroit par exemple, bien gardé de conclure generalement que le froid resserre & condense, si auparavant, par hazard, ou autrement, on avoit connu qu'il y a des choses qui se dilatent par le froid.

Sur la place des mathématiques en physique, outre qu'elles se substituent à la logique parce qu'elles exercent mieux l'esprit aux démonstrations et, ainsi, l'exercent bien mieux à discerner le vrai d'avec le faux ; *l'utilité la plus naturelle que les Physiciens peuvent tirer en particulier des Mathématiques, est qu'elles les accoutument à la consideration des figures, & les rendent plus propres à en connoître les différentes propriétés. [...] encore que d'elles-mêmes elles n'agissent pas, il est certain neanmoins que leur differences rendent les corps que l'on met en action, capables de certains effets qu'ils n'auroient pu produire sans cela.*

Ainsi un couteau étant aiguisé, devient capable de couper autrement qu'il n'auroit fait ; & les divers outils des ouvriers deviennent, par leurs differentes figures, propres à produire les differens ouvrages que l'on fait par leur moyen. Or si la figure des corps que leur grosseur soumet à nos sens, sert tant aux effets qu'ils produisent, la raison veut que l'on croye que les parties les plus imperceptibles de la matiere, ayant chacune leurs figures, sont aussi capables de certains effets à proportion de leur grosseur, semblables à ceux que nous voyons être produits par les corps les plus grossiers.

Ainsi l'empirisme de Rohault se concilie-t-il commodément avec le mécanisme, ici, comme après lui, chez Locke, les qualités secondes des corps perceptibles peuvent être ramenées aux qualités premières des parties imperceptibles de la matière ; ce qui distingue Rohault des physiciens anglais c'est le choix qu'il fait de la physique cartésienne pour décrire ces parties imperceptibles de la matière ; mais de Descartes il a oublié les vérités mathématiques, éternelles et immuables, que Dieu aurait imprimées en nous. Selon Mouy : *Ce succès s'explique et, en définitive, il est justifié. La physique de Rohault était bien la physique cartésienne, avec, en plus, une collaboration étroite du raisonnement et de l'expérience. Le prodigieux roman mécaniste que Descartes avait raconté dans les Principes ne se déroulait, certes, plus selon le scénario qu'il avait imaginé. Mais la description du monde actuel à laquelle il aboutissait se retrouvait identique dans la Physique du disciple, à ce qu'elle était dans la grande œuvre du maître. L'imagination de Rohault, qui voit les corpuscules s'engrener, se rompre, changer de figure, rouler, tourner, se précipiter, s'accrocher, se quitter, est tout à fait la même que celle de Descartes. Nous connaissons les « éléments » et « les corps mêlés et composés » aussi bien que « les divers métiers de nos artisans ». Cette prise que le cartésianisme a sur l'imagination, la physique de Rohault la conserve* [58].

La philosophie de Newton

De l'empirisme chez Newton.

De l'aube du XVIIIe siècle au temps des Lumières, la littérature scientifique colporte l'image d'un Newton empiriste. Dans la préface de la première édition des *Principia*, en 1686, Newton [59] annonce qu'en ayant pour objet non les arts mécaniques mais l'avancement de la philosophie

[58] Paul Mouy, *Le développement de la physique cartésienne, 1646-1712*, 1934, New-York, ARNO Press, 1981.

[59] Isaac Newton est né en 1642, l'année de la mort de Galilée. En 1661, il est admis au Trinity College de Cambridge et c'est là même qu'il sera professeur. Il publie en 1687 les *Principes mathématiques de la philosophie naturelle*, dans lesquels il détermine la loi d'attraction universelle, et son *Traité d'optique* en 1704, près de quarante ans après le commencement de ses premiers travaux en la matière. Newton emprunte à Gassendi les atomes et le vide, mais alors que Gassendi explique toute chose par le mouvement et la figure des atomes, Newton y ajoute des actions à distance.

naturelle, il ne s'est pas borné à ne considérer que les puissances qui regardent les arts manuels mais *celles que la nature employe dans ses opérations, nous traitons principalement de la pesanteur, la légéreté, la force électrique, la résistance des fluides & les autres forces de cette espèce, soit attractives, soit répulsives*[60]. Aussi Newton considère-t-il que toute la difficulté de la philosophie naturelle consiste *à trouver les forces qu'employe la nature, par les Phénomenes du mouvement que nous connoissons, & à démontrer ensuite, par là, les autres Phénomenes.* Newton a déterminé les forces avec lesquelles les corps tendent vers le Soleil et les Planètes ; après quoi, à l'aide des mêmes propositions mathématiques, il déduit de ces forces, les mouvements des Planètes, des Comètes, de la Lune et de la mer. Ainsi Newton a-t-il expliqué les phénomènes célestes et ceux de la mer par la force de la gravitation, une force dont il ignore la cause et qui *vient de quelque cause qui pénétre jusqu'au centre du Soleil & des planètes, sans rien perdre de son activité ; elle n'agit point selon la grandeur des superficies [...] mais selon la quantité de la matière ; & son action s'étend de toutes parts à des distances immenses, en décroissant toujours dans la raison doublées des distances*[61].

Newton nous dit : *je n'ai assigné nulle part la cause de cette gravitation*, ce qui est vrai, lorsqu'il s'en tient à la philosophie naturelle, mais dans le *Traité d'optique*, il en recherche la cause en théologie. En s'en tenant à la philosophie naturelle, Newton nous en dit plus sur les limites qu'impose la philosophie à la recherche des causes : *Je n'ai pû encore parvenir à déduire des phénomènes la raison de ces propriétés de la gravité, & je n'imagine point d'hypothèses. Car tout ce qui ne se déduit point des phénomènes est une hypothèse : & les hypothèses, soit métaphysiques, soit physiques, soit mécaniques, soit celles des qualités occultes, ne doivent pas être reçues dans la philosophie expérimentale. Dans cette philosophie, on tire les propositions des phénomenes, & on les rend ensuite générales par induction. C'est ainsi que l'impénétrabilité, la mobilité, la force des corps, les loix du mouvement, & celles de la gravité ont été connues. Et il suffit que la gravité existe, qu'elle agisse selon les loix que nous avons exposées, & qu'elle puisse expliquer tous les mouvemens des corps célestes & ceux de la mer.*

Les limites de l'empirisme newtonien

Dans les questions ajoutées au *Traité d'Optique* en 1717, les questions 17 à 24, Newton introduit *un milieu beaucoup plus subtil que l'air et qui reste dans le vide après qu'on en a pompé l'air*[62]. Cela commence à la

---

60 Newton, *Principes mathématiques de la philosophie naturelle*, trad. de Mme du Chastellet, 1756, Paris, Jacques Gabay, 1990 ; p. xvj, pour cette citation et la suivante.

61 *Ib.*, tome 2, livre III, p. 178, 179, pour cette citation et la suivante.

62 Newton, *Traité d'optique*, 1704, trad. de Coste, 1722, Paris, Gauthier-Villars, 1955 ; p. 416-418, pour cette citation et les suivantes.

question 17, Newton se demande si lorsqu'un rayon de lumière tombe sur la surface réfléchissante ou réfringente et qu'il y est réfléchi ou rompu, il n'y a pas d'ondes de vibrations ou de trémoussements qui *soient par là excitées au point d'Incidence dans le Milieu rompant ou reflechissant ; qu'elles continuent à s'élever en cet endroit ; & que tout autant qu'il s'en éleve, elles soient continuées de là à de grandes distances ?* Ce qui suscite cette question chez Newton, c'est l'idée d'une analogie possible de la lumière avec, d'une part, des ondes qui se répandent en cercles concentriques sur la surface d'un étang si l'on y jette une pierre, d'autre part des vibrations excitées dans l'air par une percussion et qui *continuent aussi un peu de temps à se mouvoir en Spheres concentriques depuis l'endroit de la percussion jusqu'à de grandes distances.* A partir de là, la question se pose de l'existence d'un milieu éthéré qui serait répandu partout : dans l'eau, le verre, le cristal, les autres corps denses et compacts et dans les espaces vides. Ce qui plaide en faveur de cette hypothèse, ou ce qui la fonde, si l'on considère la forme interrogative de la question 18 pour une simple close de style, ce sont les expériences suivantes : *Si après avoir suspendu dans deux larges & longs Vases de Verre cylindriques renversés, deux petits Thermometres, de sorte qu'ils ne touchent point les Vases ; & qu'après avoir tiré l'Air d'un de ces Vases, on les transporte tous deux d'un lieu froid dans un lieu chaud : le Thermometre qui est dans le Vuide, deviendra aussi chaud, & presque aussi-tôt que le Thermometre qui n'est pas dans le Vuide. Si l'on rapporte ensuite les deux Vases dans le lieu froid, le Thermometre qui est dans le Vuide, se refroidira presqu'aussi-tôt que l'autre. La chaleur du lieu chaud n'est-elle pas communiquée à travers le Vuide par les vibrations d'un Milieu beaucoup plus subtil que l'Air, lequel Milieu reste dans le Vuide après qu'on en a pompé l'Air ? Et ce Milieu n'est-il pas le même que le Milieu qui rompt & reflechit la Lumiere, & par les vibrations duquel la Lumiere échauffe les Corps [...] ? Ce Milieu n'est-il pas excessivement plus rare & plus subtil que l'Air, & excessivement plus élastique & plus actif ? Ne penetre-t-il pas facilement tous les Corps ? & par sa force élastique ne se répand-t-il point dans tous les Cieux ?*

Dans la question 22, Newton donne les propriétés que doit avoir ce milieu éthéré dont la résistance est si petite qu'elle ne cause aucune altération sensible dans les mouvements des planètes en dix mille ans. Ici encore Newton recourt à l'expérience pour écarter les doutes qui peuvent être émis sur l'existence d'un milieu aussi rare, ici les expériences évoquées sont du domaine de l'électricité et du magnétisme : *Si quelqu'un s'avisoit de me demander comment un Milieu peut être si rare ; qu'il me dise aussi comment la friction peut faire évaporer d'un Corps électrique une exhalaison si rare & si subtile, (quoique si puissante) qu'elle ne cause aucune diminution sensible dans le poids du Corps électrique ; & que se répandant dans une Sphere de plus de deux pieds de diametre, (& quelques fois même de plus de six pieds) elle soit pourtant capable d'agiter & d'élever une feüille de Cuivre ou d'Or, à plus d'un pied de distance du Corps électrique. Qu'il me dise encore comment la Matiere magnetique peut être si rare & si subtile, que sortant d'un Aimant elle passe au travers d'une Plaque de Verre, sans aucune résistance ou diminution de ses forces, & si puissante pourtant qu'elle fasse tourner une Aiguille aimantée au-delà du Verre*[63]. Voici un argument que nous retrouverons chez Nollet lorsqu'il veut établir la perméabilité du verre à la matière électrique contre Franklin, mais, trente-cinq ans plus tard, c'est Franklin, et non Nollet, qui passe pour le plus newtonien des deux ; mais cette remarque n'est-elle pas quelque peu prématurée ici ?

La physique au Siècle des lumières

Des professions de foi empiriste des physiciens anglais

Dans la préface de ses *Expériences physico-méchaniques sur différents sujets*, Hauksbee[64] fait sa profession de foi ; pour lui, seule une approche empiriste de la recherche en physique est féconde, et la démarche de Newton l'est : *Tous les sçavans conviennent que ce n'est point en imaginant des hypothèses vaines & capables de faire illusion, pour en former un enchaînement de suppositions frivoles qui font la matière d'un Roman Physique ; mais en établissant une suite bien liée de démonstrations & de conséquences, fondées sur des faits incontestables & sur des expériences faites avec soins & avec sagacité, que l'on parvient à enrichir la Physique & à étendre les limites de cette Science. C'est en suivant cette sage méthode, que d'habiles Physiciens ont fait en très-peu de tems, dans diverses parties de Physique, des découvertes auxquelles on n'auroit jamais soupçonné que l'esprit humain pût atteindre. [...] Le Chevalier Newton a été animé par le même esprit de recherches. C'est en se formant le plan méthodique de consulter la nature elle-même, qu'il est parvenu à établir la théorie de la lumiere & des couleurs en les décomposant. On voit ce grand homme s'avancer par une suite de démonstrations, appuyées sur des observations incontestables, & enfin parcourir & terminer une carriere qu'il ne faisoit que d'ouvrir. Par la maniere dont il a saisit son objet & sa découverte, il a mis au rang des Sciences certaines, la partie de l'Optique qui concerne la nature de la lumiere & des couleurs, sur laquelle on n'avoit pas avant lui des idées bien développées. [...] M. Newton a aussi développé les loix générales de l'attraction & de la répulsion qui maîtrisent souverainement*

---

63 *Ib.*, p. 423.

64 Hauksbee entre brusquement dans la littérature de son temps. Il fait ses débuts à la Royal Society le 5 décembre 1703, le jour même où Newton préside pour la première fois une réunion de cette société. Il y est introduit par Newton pour y exercer les fonctions de conservateur, fabricant d'instruments et démonstrateur d'expériences alors qu'y sont restaurées les démonstrations hebdomadaires d'expériences. Le 30 novembre 1705, il est élu Fellow of the Royal Society. Il meurt fin mai ou début juin 1713. (Roderick W. Home, « Francis Hauksbee's Theory of Electricity », *Archive for History of Exact Sciences*, vol. 4, number 3, 1967, p. 203-217.

toute la matiere. Il les a heureusement réduites en une théorie admirable, par le moyen de laquelle il est parvenu à établir le véritable systême de la nature, & à saisir la cause du Méchanisme général qui fait mouvoir l'univers [65].

Desaguliers [66] est dans les mêmes sentiments, il y mêle la nécessité des mathématiques et une condamnation du roman philosophique de Descartes : *Toutes les connoissances que nous avons de la nature sont appuyées sur les faits : une Physique denuée d'observations & d'expériences n'est qu'une science de mots & un jargon inintelligible. Mais il faut necessairement appeler à notre secours la Géométrie & l'Arithmétique, si nous ne voulons pas nous borner à l'Histoire naturelle & à la Physique conjecturale. En effet, comme les effets composés dependent d'un grand nombre de causes, on pourroit méconnoître la cause principale, si l'on n'étoit pas en état de mesurer la quantité des effets que chacune produit, de les comparer ensemble, & de distinguer les uns des autres, pour découvrir leur cause totale, & pour trouver le resultat de la réunion de ces différentes causes. Lorsque le Roman philosophique de M. Descartes eut renversé la Physique d'Aristote, par l'élegance de son style & par l'explication plausible des phénomenes de la nature, on ne tira pas un grand avantage de ce changement. Une nouvelle Secte de Philosophes prit la place de quelques Pedans qui cachoient leur ignorance sous des termes pompeux & sous des expressions barbares : mais ces Philosophes indolens s'attacherent à un genre de Philosophie qui ne demande aucune connoissance des Mathématiques ; & s'appuyant sur quelques principes dont ils n'examinoient pas la réalité, & qui ne pouvoient pas s'accorder ensemble, ils se flattoient d'être en état d'expliquer méchaniquement toutes les apparences par le seul mouvement des particules de la matiere. Ils allerent si loin, qu'ils prétendirent expliquer des phénomenes, que peut-être Descartes n'auroit pas cru lui-même pouvoir expliquer ; car sa Physique n'auroit pas été à l'épreuve de la Géometrie qu'il connoissoit parfaitement.*

---

65 Hauksbee, *Expériences physico-méchaniques sur différents sujets*, Paris, Veuve Cavelier, 1754 ; tome 1, Préface de l'auteur, p. clx-clxiij.

66 Jean Théophile [John Theophilus] Desaguliers est né à La Rochelle en mars 1683 ; il est le fils d'un pasteur protestant émigré à Londres. Il fit des études de droit à Oxford ; passionné de physique, il assista Newton dans ses travaux et devint son ami, il succédera à Hauksbee comme démonstrateur à la Royal Society en 1713 ; il sera ordonné prêtre anglican en 1717. Il publie un cours de physique expérimentale à Londres en 1719, l'ouvrage sera traduit en français par le père Esprit Pezenas. Il obtient la chaire de science de l'Université d'Oxford en 1712, s'installe à Londres l'année suivante. Il n'est docteur en droit qu'en 1718. Il participe à différents projets de construction d'instruments scientifiques (pompes hydrauliques, machines à vapeur, etc.) et d'édifices publics (le pont de Westminster...). En 1742, il obtient le prix de l'académie de Bordeaux pour une dissertation sur l'électricité des corps. Il meurt à Londres en février 1744. La postérité a surtout retenu de lui qu'il fut le grand maître de la franc-maçonnerie anglaise et son réformateur.

C'est au Chevalier Newton, qui a le premier appliqué la Géométrie à la Philosophie, que nous sommes redevables de la déroute de cette armée de Goths & de Vendales, qui ravageoient le monde philosophique. Il l'a enrichi d'un plus grand nombre de grandes découvertes, que n'avoient fait avant lui tous les philosophes ensemble : & il a jetté des fondemens si solides pour acquerir de nouvelles connoissances, que même après sa mort on puise dans ses Ouvrages des lumieres qui enrichissent la Physique. Avant lui on ne formoit que de vaines conjectures sur la cause du mouvement des Comètes & des Planétes autour du Soleil ; mais aujourd'hui il a trouvé cette cause dans les loix universelles de l'attraction (dont il a prouvé l'existence d'une manière incontestable) & il a fait voir que les irregularités apparentes de la Lune, qui s'étoient toujours refusées au calcul des Astronomes, ne sont précisément que des conséquence necessaires de l'action du Soleil & de la Terre sur cette Planéte, selon differentes positions. [...] Notre Philosophe incomparable nous a découvert & démontré la vraye nature de la lumiere & des couleurs qui étoient entierement cachées aux plus habiles Naturalistes ; car pendant qu'ils cherchoient tous l'origine des couleurs dans le mêlange de l'ombre & de la lumiere, Newton a fait voir qu'elles étoient renfermées dans les rayons du soleil & dans la lumiere même ; & que la surface des corps colorés ne servoit qu'à séparer les rayons qui forment les differentes couleurs, en absorbant les uns & réfléchissant les autres à notre œil, d'une maniere propre à produire les differentes sensations d'où dépend l'agréable varieté des objets colorés [67].

Il est remarquable que dans cette préface Desaguliers ne justifie pas la loi d'attraction universelle en la fondant sur les lois de Kepler, lesquelles découlent d'observations astronomiques mais qu'il la justifie en mettant en évidence qu'elle permet de rendre compte de différents phénomènes : les irrégularités apparentes de la lune, la vraie figure de la terre et le flux et reflux de la mer. Il importe peu que ces éloges de Newton manquent d'objectivité, nous assistons à un mythe fondateur. Notons enfin que ce sont les recherches de Newton sur la nature de la lumière et des couleurs, recherches dont il rend compte au début du *Traité d'Optique*, que se réfèrent tous ceux qui veulent en faire un physicien plus empiriste qu'il ne l'est. Les exposés de l'œuvre de Newton commencent toujours par là. Dans les *Eléments de la philosophie de Newton*, Voltaire, qui fut le principal propagandiste du newtonianisme en France, ne s'y prend pas autrement. Après un exposé de métaphysique qui emprunte beaucoup à Locke et à Newton et discrédite Descartes et Leibniz ; et après une réfutation des théories de la lumière de Descartes et de Malebranche, Voltaire commence l'exposé de la physique de Newton par ses travaux sur la nature de la lumière.

---

67 Desaguliers, *Cours de physique expérimentale*, traduit par R. P. Pezenas, Paris, Jacques Rollin et Charles-Antoine Jombert, 1751 ; tome 1, Préface, p. iij-iv.

Suivre Newton, se réclamer de sa méthode pour défendre ses idées, c'est ce que font tous les physiciens du temps, prenons ici l'exemple d'un auteur que nous retrouverons plus loin, William Watson. Pour lui, lorsqu'il s'agit de prouver par des expériences faites avec un soin infini, des propositions qui s'écartent de celles qui sont généralement admises, il se réclame d'une maxime que Newton a établie dans son *Optique* : *Dans les recherches, dit-il, des choses difficiles, soit dans les mathématiques ou dans la philosophie naturelle, il faut toujours faire passer la méthode analytique avant la synthétique ou méthode de composition. Cette analyse consiste à faire des Expériences & des Observations, à en tirer des conclusions générales par induction, & à n'admettre d'objections contre ces conclusions, qu'autant qu'elles sont fondées sur d'autres Expériences ou Vérités incontestables : car on ne doit avoir aucun égard pour les hypothèses dans la Philosophie expérimentale. Et quoiqu'on ne puisse pas dire, que les argumens tirés par induction des Expériences & des Observations ayent la force des démonstrations ou des conclusions générales ; il faut néanmoins convenir, que c'est la meilleure maniere d'argumenter dans ces sortes de choses, & qui doit être regardée comme d'autant plus forte que l'induction est plus générale – C'est par cette voye d'analyse, que nous pouvons procéder des composés à leurs ingrédiens, & des mouvemens aux forces qui les produisent, & généralement des effets à leurs causes, & des causes particulières aux plus générales, jusqu'à ce que l'argument finisse dans les plus générales de toutes* [68].

La physique en Hollande

Lors d'un voyage diplomatique à Londres, nous l'avons déjà dit, 'S Gravesande [69] s'initia à la science anglaise, à son retour, il fut nommé professeur de mathématiques et d'astronomie à l'université de Leyde et y enseigna aussi la physique [70].

En 1717, le discours inaugural de son enseignement, *Sur l'Utilité des Mathématiques dans toutes les Sciences, & particulièrement dans la Physique ; & sur les Secours que fournit la Physique pour perfectionner l'Astronomie*, a été l'occasion de présenter sa manière de penser le rôle de l'observation des phénomènes et de leur mathématisation en physique même

---

68 Watson, *Expériences et observations pour servir à l'explication de la nature et des propriétés de l'électricité*, p. 135, 136.

69 Willem Jacob 'S Gravesande est né à Bois-le-Duc dans le Brabant en 1688. Il a reçu une formation de juriste et de diplomate et c'est en qualité de secrétaire d'ambassade qu'en 1715, il accompagne à Londres les députés des Etats généraux des Provinces-Unies lors de l'avènement de Georges 1er. C'est alors qu'il se convertit à la physique newtonienne. Deux ans plus tard, Boerhaave le nomme professeur de mathématiques et d'astronomie à l'Université de Leyde. Il meurt à Leyde en 1742.

70 Pierre Brunet, *Les physiciens hollandais et la méthode expérimentale en France au XVIIIe siècle*, Paris, Albert Blanchard, 1926.

là où l'expérimentation n'est pas possible, telle est l'observation du mouvement des planètes ; ce sont les *Principes mathématiques de la philosophie naturelle* de Newton qui sont au centre de ce propos de 'S Gravesande : *La Physique nous apprend quelles sont les causes des Phénomènes naturels ; c'est-à-dire, elle recherche quelles sont les Loix auxquelles le Créateur a trouvé à propos de soumettre l'Univers, & suivant lesquelles il a voulu que se fissent les mouvemens qui opèrent tous les changemens qui y arrivent ; elle explique comment ces Phénomènes en découlent. Ces Loix dépendent de la volonté de l'Etre Suprème, qui ne nous les a point revelées, ainsi c'est dans les Phénomènes que nous devons en puiser la connoissance* [71]. Ainsi est-ce parce que Dieu a posé librement les lois auxquelles il a soumis l'Univers, que seule la méthode expérimentale nous permet de les découvrir ; ce qui discrédite la méthode cartésienne en ce qu'elle use d'hypothèses : *Substituer à cette méthode des hypothèses, & en faire la base de son système, c'est vouloir se précipiter dans l'erreur, & s'écarter de la route que doit suivre un véritable Physicien. Ce sont les Mathématiques qui peuvent nous y faire marcher surement, & qui nous y offrent des objets bien plus dignes de notre attention que ces fictions, qui portent toujours l'empreinte du génie étroit qui les a imaginées. C'est un hasard s'il arrive qu'elles nous fassent découvrir la vérité ; au lieu qu'une connoissance, qui est le résultat d'un examen attentif des opérations de la Nature, nous fait voir par-tout un ordre admirable, & ne nous laisse aucun doute sur l'existence d'une Cause première souverainement sage & intelligente, qui a produit cet Univers* [72].

'S Gravesande n'est pas seulement empiriste, il est aussi mécaniste, d'où cette profession de foi : *Dans la Physique tout s'exécute par le mouvement : car il n'est pas possible qu'il arrive dans les corps aucun changement qui nous soit sensible, sans qu'il ait pour cause quelque mouvement, ou sans qu'il en produise en agissant soit sur la masse totale de ces corps, soit sur les particules dont ils sont composés. Or le mouvement est une quantité, il peut être augmenté ou diminué ; par conséquent tout ce qui y a rapport, c'est-à-dire toute la Physique, doit être traitée mathématiquement. Les lois suivant lesquelles le Créateur a voulu que les mouvemens se fissent, sont donc la base de nos raisonnemens mathématiques en matière de Physique.*

---

71 'S Gravesande, « Discours sur l'Utilité des Mathématiques dans toutes les Sciences, & particulièrement dans la Physique ; & sur les Secours que fournit la Physique pour perfectionner l'Astronomie », 22 juin 1717, *Œuvres philosophiques et mathématiques*, rassemblées et publiées par Jean Nic. Seb. Allamand, 2e partie, Amsterdam, Marc Michel Rey, 1774 ; p. 311-328, p. 319-324, pour cette citation et les suivantes.

72 Les références au Créateur sont habituelles dans les préfaces des traités de physique de ce siècle et 'S Gravesande ne fait pas exception, dans ce même discours il fait une référence appuyée à un ouvrage au titre évocateur : *L'Existence de Dieu démontrée par les Merveilles de la Nature*, de Bernard Nieuwentyt. Sur ce thème, on peut lire mon ouvrage : *Science classique & théologie*, Paris, Vuibert. Adapt-SNES, 2010.

Mais il n'est pas toujours facile de découvrir ces Loix : ce seroit une témérité que de prétendre les connoitre toutes ; la plupart sont encore cachées pour nous. C'est uniquement par l'examen des Phénomènes que nous pouvons parvenir à leur connoissance, qui nous sert ensuite à expliquer d'autres Phénomènes qui en dépendent. Or pour réussir en cela, il faut observer d'un œil attentif toutes les opérations de la Nature, nous n'en devons négliger aucune, pas même celles qui nous paroissent être de très petite conséquence. Lorsque la Nature n'offre rien à nos recherches, il est souvent nécessaire d'avoir recours à l'art, pour parvenir à la connoissance de ce qu'elle semble vouloir nous cacher ; c'est ainsi, par exemple, que nous avons découvert plusieurs propriétés de l'air, qui ne se manifestoient par aucun effet naturel. Ainsi, selon 'S Gravesande, pour découvrir de quelle manière la Nature agit, il faut connaître les lois générales du mouvement, et celles-ci ne peuvent l'être sans le secours des mathématiques.

Mais il est temps d'introduire *le célèbre Newton, ce grand mathématicien & le restaurateur de la véritable Philosophie, [celui-ci] nous en a donné un exemple frappant, dans les conclusions qu'il a tirées touchant le vuide, des expériences faites sur les oscillations des pendules en différents milieux, & sur la chute des corps dans ces mêmes milieux. Il est le premier qui a rejetté de la Physique toutes les hypothèses, & qui n'y a rien admis que ce qu'on pouvoit démontrer mathématiquement être une suite des phénomènes. Il a été si attentif à ne fonder cette science que sur des principes vrais, que par là il a découvert un très grand nombre de beaux phénomènes, qui avoient échappé à la pénétration de tous les Philosophes, & dont l'idée ne leur étoit pas même venue dans l'esprit. Il a appliqué les raisonnemens mathématiques à des sujets qu'on n'avoit pas soupçonnés, avant lui, en être susceptibles.* Après une telle introduction, 'S Gravesande montre comment, chez Newton, l'attraction et les lois suivant lesquelles elle agit sur tous les corps ont été déduites mathématiquement des phénomènes, tels que les observations astronomiques nous les font connaître. De cette évocation des recherches de Newton qui, s'appuyant sur les lois que Kepler a tirées de l'observation, en a déduit les lois d'attraction, 'S Gravesande conclut : *C'est des phénomènes qu'on déduit mathématiquement cette Attraction, & les loix suivant lesquelles elle agit sur tous les corps. Mais jusqu'à présent nous en ignorons la cause, & nous ne connoissons rien qui puisse nous servir à l'expliquer. L'attribuer au mouvement d'une matière subtile qui agit sur la surface des corps, & qui est la seule cause physique qu'on puisse admettre ici, c'est ne point expliquer le fait ; car jamais on ne pourra comprendre qu'une telle matière doit donner aux corps une impulsion proportionnelle à leur quantité de matière. Cette Gravitation est donc pour nous une Loi de la Nature, & c'est elle qui doit nous fournir l'explication des phénomènes que nous offrent les mouvemens célestes. Je n'ose pas assurer que cette Gravitation dépend immédiatement de la Volonté de Dieu, & même cela ne me paroit point vraisemblable ; mais aussi je ne conçois rien qui puisse en être la cause : & par conséquent je ne crois pas que je doive pousser plus loin mes recherches là-dessus. J'imiterai l'exemple du grand Homme, au sublime génie duquel nous devons cette découverte : en traitant la Physique céleste, il n'a jamais rien affirmé sur la cause de la Gravitation.*

Les français à l'école des physiciens d'Angleterre & de Hollande.

Voltaire fut le principal artisan de la suprématie de Locke et de Newton en France avec la publication des *Lettres philosophiques* en 1734 et des *Eléments de la philosophie de Newton* en 1741. Les physiciens des Lumières se veulent les héritiers de Newton et de Locke ; traduisant une opinion commune à son époque, d'Alembert affirme dans le *Discours préliminaire de l'Encyclopédie* : *On peut dire qu'il [John Locke] créa la métaphysique à peu près comme Newton avait créé la physique* [73]. Au dualisme cartésien de la matière, c'est-à-dire de l'étendue, et de l'esprit, se substitue le dualisme de la matière et de l'idée, telle que Locke le définit. Alors que le système du monde cartésien prétend atteindre l'essence des choses de la nature en dévoilant l'agencement géométrique de leurs parties, le Siècle des lumières, adoptant l'empirisme de Locke, rejette l'ontologisme cartésien pour ne s'attacher qu'au rapport entre les apparences des choses et les idées. Les liens entre la physique et la métaphysique existent toujours, mais la métaphysique est devenue une théorie de l'entendement humain, une théorie de la connaissance. Chez Locke, la connaissance a sa source dans les seules données de l'expérience, elle procède de l'analyse des phénomènes. Le siècle ne nie pas la nécessité d'un système du monde qui reste l'idéal à atteindre, mais une systématisation comme celle de Newton ne peut venir qu'après de patientes analyses : celles de Galilée sur la chute des graves, de Kepler sur la révolution des planètes.

L'interprétation donnée alors de la "philosophie naturelle" de Newton caractérise bien la pensée du siècle : Newton a élaboré une physique incomplète puisque l'état mécanique initial du système solaire est une disposition libre du créateur en vue d'une fin et que l'attraction universelle n'est explicable qu'en théologie puisque, selon Newton, l'espace est l'organe des sens de Dieu (le *sensorium dei*), l'organe par lequel Il agit sur toutes choses. Les philosophes du Siècle des lumières admettent, pour la plupart, le geste initial d'un dieu horloger, qui les dispense du concours ordinaire de Dieu ; mais ils ne cherchent pas l'explication de l'attraction dans la théologie. Ils font de l'attraction, ou une simple donnée de l'expérience, ou une qualité première ou seconde des corps, ou une propriété irréductible de la matière. Enfin l'accent est mis sur l'empirisme de Newton.

---

[73] D'Alembert, *Discours préliminaire de l'Encyclopédie*, publié par Picavet, Paris, Vrin, 1984 ; p. 103.

Nicolas Desmarest : Réflexions sur les expériences d'Hauksbee

Avant l'exposé de la contribution de Hauksbee à l'électricité et des commentaires de Newton, il est utile d'évoquer le *Discours historique et raisonné sur les principes et sur les expériences de M. Hauksbee* que Desmarest [74] a publié en 1754 ; un discours qui s'inspire de l'œuvre de Hauksbee mais qui vient après que Voltaire et Maupertuis aient fait triompher le newtonianisme en France, un an après le *Discours sur la physique expérimentale* de l'abbé Nollet. Dans son *Discours*, Desmarest développe la distinction entre la physique expérimentale et la physique systématique, c'est-à-dire la physique de Boyle, de Hauksbee ou de Newton et la physique cartésienne.

La Physique expérimentale s'attache à nous faire connoître les phénomènes de la Nature, & à nous en dévoiler les causes par l'observation réfléchie & attentive des faits & de leurs circonstances les plus décisives. Bien loin de consister dans une connoissance stérile des choses possibles, elle s'occupe de la discussion des faits réels & qui peuvent servir à notre instruction ou à nos besoins. Nous ne pouvons être trop attentif à la distinguer de la Physique systématique : celle-ci au lieu de lui être utile, retarde ses progrès, parce qu'elle confond le plus souvent des assemblages d'idées abstraites avec des vérités de fait. Ne nous flattons pas : faire des systèmes, c'est combiner le plus souvent ce que la nature nous daigne montrer, avec ce que notre imagination croit devoir y suppléer, sans doute pour se dédommager de l'ignorance du vrai, en se forgeant une brillante chimère qui lui en tienne lieu [75].

Mais la physique expérimentale ne peut se réduire à une simple collection de faits, *il faut donc s'appliquer à saisir leurs rapports mutuels, à démêler leurs combinaisons réciproques, à se ménager par des analogies bien déduites & bien suivies, des ouvertures favorables pour avancer à de nouvelles découvertes. Ces démarches toujours sages, toujours mesurées, sont celles d'un esprit systématique, que nous ne voulons pas confondre avec l'esprit de système* [76]. Il convient de savoir ce que Desmarest entend par esprit systématique et esprit de système : le premier *sçait rapprocher [...] des faits épars, pour en former un tout ; il découvre & assigne la liaison des phénomènes, en faisant toujours marcher le raisonnement de pair avec*

74 Nicolas Desmarest (1725-1815) n'est pas physicien mais géologue, il a publié les *Conjonctures physico-méchaniques sur la propagation des secousses dans les tremblements de terre et sur la disposition des lieux qui en ont ressenti les effets* en 1756, contribué à l'*Atlas encyclopédique de géographie physique* qui parut en 1787, et écrit un ouvrage sur l'*Ancienne jonction de l'Angleterre et de la France, ou le détroit du Pas de Calais, sa formation par la rupture de l'isthme, sa topologie et sa constitution géologique*, qui ne parut qu'en 1875.

75 Desmarest, « Discours sur les expériences de M. Hauksbee », in Hauksbee, *Expériences physico-méchaniques sur différents sujets*, *op. cit.*, tome 1, p. xxj, xxij.

76 *Ib.*, p. xxij.

l'expérience. Bien loin donc de préférer ses décisions à celles de la nature, il ne croit réel que ce qu'il a vu, que ce qu'il a discuté & même évalué. Plein de sagacité, & de défiance, il étudie, il recherche, il médite, & nous présente des faits détaillés, des observations intéressantes, ou du moins des doutes raisonnables. L'esprit de système s'annonce d'abord sous les apparences du désir sincere de consulter la nature, de plier aux circonstances des faits, les idées dont il s'est prévenu, & qu'il n'ose donner que pour des suppositions plausibles. Mais en conséquence des illusions qu'il se fait à lui-même, il s'imagine qu'il est beau de finir par une hypothèse, & qu'au défaut des causes sensibles, il faut avoir recours à des agents cachés ; il s'attache donc à ce qui peut, dans les phénomènes, servir ses prétentions. Il apperçoit à demi quelques analogies ; il les étend, il les généralise. Voilà les premiers pas de l'esprit de système. Mais lorsqu'il a pris forme, il ne voit plus rien que par son entremise[77]. Selon Desmarest, c'est en examinant une infinité de phénomènes et en s'en tenant aux faits que Newton admit l'attraction de cohésion, la tendance à se réunir des petites particules des corps. Et, parce que la cause du mouvement de ces petits corps est cachée, *le mot attraction marque le fait sensible* et ce mot *ne doit donc pas plus allarmer que celui de pesanteur, qui exprime la tendance des corps vers le centre de la terre*[78]. Ainsi s'arrêter à l'attraction pour rendre compte d'un certain nombre de phénomènes, c'est en rester aux faits ; et les attractionnaires, heureux dans les détails, déterminent des lois, des proportions, des analogies, et, selon Desmarest, *c'est en quoi consiste pour tous [...] le vrai méchanisme de la nature*[79]. Ce programme est celui de Hauksbee qui adopta les attractions de Newton comme des faits, et, comme lui, sans chercher à deviner leur nature, fit des expériences, en sachant que *les phénomènes pouvoient seuls découvrir les lois auxquelles les attractions étoient soumises. Il varia les observations pour en saisir la marche ; & ce fut dans ces vûes qu'il suivit avec zéle ses Expériences des Tubes Capillaires*[80]. Desmarest cite une loi que Hauksbee a établie, *les hauteurs d'une même liqueur en divers tubes capillaires, sont en raison inverse des diamètres des tubes*[81], et que les impulsionnaires n'auraient pu trouver puisqu'ils auraient épuisé leur imagination par la recherche d'un tissus d'hypothèses romanesques. Outre les phénomènes capillaires, Hauksbee a abordé les différents faits que l'on range sous la loi de l'attraction ; ici encore, Desmarest oppose à cette pratique de la physique, celle des cartésiens qui refusent l'introduction de l'attraction en soutenant l'impulsion exclusivement à tout autre agent et qui,

77 *Ib.*, p. xxij, xxiij.

78 *Ib.*, p. xxvj.

79 *Ib.*, p. xxxij.

80 *Ib.*, p. xxxviij, xxxix.

81 *Ib.*, p. xxij, xxiij.

bâtissant des systèmes inutiles, nuisent au progrès de la physique expérimentale.

Ainsi la physique systématique est celle que pratiquent les cartésiens qui, n'admettant pas l'action à distance, ou la nient, ou tentent de l'interpréter, par des actions de contact et pour se faire introduisent des fluides subtils qui – de notre point de vue - ne sont ni plus ni moins hypothétiques que ceux que Newton et ses sectateurs à sa suite, introduisent en diverses circonstances. C'est donc exclusivement l'acceptation de l'action à distance comme un fait d'expérience qui vous classe un physicien au rang des physiciens qui tiennent à l'expérience et son refus qui en classe un autre dans les rangs de ceux qui cultivent l'esprit de système, que ceux-ci pratiquent l'expérience ne leur compte pour rien ; on oubliera que Descartes, lui-même se souciait fort de l'expérience et de l'observation des phénomènes.

Après les arguments puisés contre Descartes dans la philosophie naturelle, conformément à l'esprit du temps, Desmarest en recherche d'autres en théologie naturelle[82]. Il démontre que, contrairement à la physique de Newton, la physique cartésienne se fonde sur une idée erronée de Dieu. En s'opposant à l'attraction et en voulant rendre compte de tous les phénomènes par des actions de contact, des impulsions, *[les cartésiens] s'imaginèrent appercevoir dans une Métaphysique brillante, que l'Auteur de la nature devoit agir par les voies les plus simples & les plus générales. D'après cette considération, qui les séduisoit, ils prétendirent qu'il falloit rapporter tous les phénomènes à un seul principe. Dieu, selon eux, après avoir dessiné les différentes figures, les diverses formes des corps, leur a donné un premier ébranlement. Toutes les révolutions successives des phénomènes que nous présente la nature, ne sont qu'une suite de cette impulsion. On subordonna tout à cette cause. Si une boule en rencontre une autre, elle lui communique du mouvement ; mais cette boule en a reçu par la rencontre d'un autre corps : & ils remontroient ainsi jusqu'au premier ébranlement qui étoit un effet immédiat de la volonté de Dieu. Tout le méchanisme de la nature étoit, selon eux, un mouvement d'Horlogerie, dépendant d'un seul mobile. Ils ne virent pas que ces beaux plans n'étoient que chimériques, ou que leur réalité ne pouvoit être que soupçonnée, & qu'il étoit impossible par le secours de la Métaphysique seule, de la mettre en évidence. Ils ne penserent pas que nous ne pouvons démêler les principes primitifs qu'à l'aide de l'expérience : que Dieu manifeste ses desseins par des faits sensibles, & que vouloir les deviner autrement, c'est s'exposer à être autant au-dessous du vrai, que l'esprit de l'homme est inférieur à l'Etre*

82 Robert Locqueneux, *Science classique et théologie*, Vuibert-Adapt, 2010.

suprême[83]. Selon Desmarest, la physique systématique, celle de Descartes, suppose que Dieu n'a pu choisir librement les lois de la nature, que, dans l'univers, seul le premier ébranlement est un effet immédiat de la volonté de Dieu ; contrastant avec cette physique, la physique expérimentale, en s'arrêtant à diverses sortes d'attractions considérées comme des faits, garantit la liberté de Dieu : *On ne peut contester à l'Auteur de la nature le droit de pouvoir établir plus d'un principe primitif, ou de restreindre dans certaines limites ceux qu'il établit. Il a donc été libre d'assujettir les corps à des loix communes ; mais il ne l'a pas moins été d'assujettir certains corps à des loix particulieres, ou qui n'ont d'effet que dans des circonstances fort bornées*[84]. Cette manière de concevoir le Créateur s'accorde avec la pratique de l'expérience, chez les physiciens qui s'interdisent de penser qu'il soit possible d'englober tous les résultats d'expériences en une théorie générale, c'est ainsi qu'est perçue la physique expérimentale chez Hauksbee. Mieux, selon Desmarest, cette croyance en un Dieu qui a établi librement les lois de la nature justifie la pratique expérimentale des anglais au temps de Newton, celle que leur ont empruntée les hollandais et de nombreux physiciens français dans les années 1740 et 1750 : *Le plus ou le moins d'étendue dans l'empire des loix de la nature, nous est donc indifférent : notre fonction est de les découvrir & de les suivre. M. Newton pouvoit supposer autant d'especes d'attractions que les effets en indiquoient, sans que cette distinction nuisit à leur connoissance. Mais s'il arrive à mesure que nous avançons dans nos recherches, que des loix que nous avions considérées comme isolées & particulieres, vont se réunir sous une loi plus étendue, & par cette réunion, rendent la théorie plus générale : nous sommes toujours dans la route, si nous ne nous sommes pas écartés des faits, & si nous les avons scrupuleusement observés.*

L'empirisme dans les « Leçons de physique expérimentale » de Nollet

Nous verrons dans les recherches sur l'électricité de l'abbé Nollet, le poids des observations dans l'élaboration des principes de cette science. Ainsi l'abbé dresse-t-il la liste des principaux phénomènes de l'électricité : l'attraction, la répulsion des corps légers au voisinage des corps devenus électriques, une impression semblable à des toiles d'araignées flottantes en l'air et qui peut dégénérer en une piqûre quelquefois capable de percer la peau, dans de certaines circonstances, une odeur d'ail ou de phosphore qui se fait sentir autour du corps électrique tant que dure l'électricité, des rayons en forme d'aigrettes lumineuses que darde par quelques endroits le corps devenu électrique, et qui se réunissent en un seul trait de lumière très vive lorsqu'on leur oppose un autre corps, surtout s'il est animé ou métallique,

83 Desmarest, « Discours sur les expériences de M. Hauksbee », in Hauksbee, *Expériences physico-méchaniques sur différents sujets*, *op. cit.*, tome 1, p. xxix, xxx.

84 *Ib.*, p. xxxv, pour cette citation et la suivante.

enfin l'inflammation des vapeurs et des liqueurs inflammables qu'on approche de ces émanations lumineuses, etc. Dans ces observations, Nollet reconnaît les qualités d'une matière électrique ; que cette matière puisse éclairer, brûler, éclater avec bruit, etc. Nollet reconnaît les qualités du feu proprement dit ; et parce qu'il est convaincu qu'en physique, les explications se font toujours à moins de frais qu'il est possible, il admet le feu pour cause de ces phénomènes. Nous verrons que, de fil en aiguille, Nollet élabore une théorie qui pense-t-il n'est qu'une conséquence nécessaire, presque évidente des phénomènes.

Apprendre à observer et à raisonner en physique

A en juger des succès mondains des cours de physique de l'abbé, on pourrait croire que ceux-ci ne sont que des œuvres de vulgarisation scientifique : *On ne voit à sa porte que des carroses, de pairs et de jolies femmes [y ajoutant] voilà de la bonne philosophie qui va faire fortune à Paris, Dieu veuille que cela dure* [85], écrit Madame Du Châtelet à Algarotti, l'auteur du *Newtonianisme pour les dames.* Alors que, dans ses *Leçons de physique expérimentale*, l'abbé Nollet ne vise rien moins qu'à apprendre la manière de raisonner en physicien, d'observer les phénomènes physiques, de monter des expériences, de les analyser, bref il vise à former des physiciens. Il conviendra d'analyser la différence de présentation des travaux de recherche et de son cours sur l'électricité. D'ailleurs sur ce point, Nollet nous en facilite la tâche : *L'accueil favorable que le Public a bien voulu faire à cet Essai, m'a fait mettre au jour, mes Recherches sur les causes particulières des Phénomènes Électr. Cela n'empêchera pas que je ne reprenne cette matière dans le 6 vol. [de mes Leçons de Physique] pour l'ajuster à la méthode de mes Leçons. Non-seulement cela me donnera lieu de la rendre plus complette, en embrassant ce qui aura paru de nouveau en ce genre jusqu'alors : mais j'espère encore qu'en rassemblant sous un petit nombre de chefs, cette multitude presque infinie de faits qui accable, & faisant voir la liaison qu'ils ont entre eux, & la similitude qui regne entre la plûpart, je ferai disparoître une partie de ce merveilleux, qui jette dans les esprits une sorte de découragement, & qui les tient trop-long-temps éloignés de la recherche & de la connoissance des causes* [86].

L'abbé présente des cours de physique dépouvus de formalisation mathématique, ce qu'il semble déplorer en optique, puisque l'optique géométrique est en son temps suffisamment avancée pour être déjà mathématisée [87], alors qu'il n'en est guère de même d'autres parties de la

---

85 *Les lettres de la marquise Du Châtelet*, publiées par T. Besterman, 2 tomes, Genève, Institut et musée Voltaire, 1958 ; tome 1, Lettre à Algarotti du 20 avril 1736, lettre 63, p. 112.

86 Nollet, *Essai sur l'électricité des corps*, 1746, 4e édition, 1755 ; p. xvij, xviij, note a.

87 R. Locqueneux, « La physique expérimentale vers 1740 ; expériences, systèmes et hypothèses », in *Cirey dans la vie intellectuelle, La réception de Newton en France*, présenté par F. De Gandt, Oxford, Voltaire Foundation, 2001, p. 90-111 ; p. 108, 109.

physique. En effet, Nollet considère qu'une fois les principes acquis, leur maniement est du domaine de la géométrie et peut dispenser du recours à l'expérience : *Un Géomètre qui sçait par expérience, 1°, que la lumière se meut toujours en ligne droite dans un milieu homogène ; 2°, qu'à la rencontre des miroirs elle fait l'angle de la réflexion égal à celui de son incidence, peut se passer des moyens que je vais employer pour expliquer les principaux phénomènes de la Catoptrique : tous les cas que j'ai à parcourir et à examiner sont autant de problèmes dont la solution sera pour lui plus facile, plus sûre, plus précise et plus étendue que tout ce qu'on peut attendre des Expériences, où l'imperfection et l'embaras des machines se fait toujours sentir. Je n'offre donc cette partie de mon Ouvrage qu'aux lecteurs qui ne peuvent se passer des preuves sensibles, ou qui seront curieux d'apprendre, jusqu'à quel point l'Expérience peut servir à confirmer la théorie* [88]. Ainsi l'électricité est-elle une partie de la physique qu'il serait prématuré de vouloir mathématiser, Nollet n'y songe même pas. Cependant, il convient de souligner que Nollet considère que l'algèbre et la géométrie s'introduisent heureusement dans différentes parties de la physique : *partout où elles peuvent s'appliquer elles y portent l'exactitude et la précision qui leur sont propres, elles répandent la lumière dans l'esprit, elles le font raisonner juste ; avec leur secours il chemine plus vîte, et plus sûrement, et peut aller plus loin ; il faut de nécessité se mettre en état de suivre les Auteurs qui marchent à la lueur de ce flambeau* [89].

Physique expérimentale & physique mathématique selon l'abbé Nollet

Des réflexions de l'abbé Nollet sur l'optique on peut tirer un enseignement général : à quelles conditions la géométrie peut-elle s'appliquer à la physique ? Dans ses *Leçons de physique expérimentale*, Nollet commence l'étude de l'optique par la recherche de la nature de la lumière. Il appelle cette science, l'optique en général, laquelle *comprend tout ce qui concerne la lumière et ses différentes modifications* [90]. Nollet aborde ensuite l'étude des mouvements de la lumière : l'optique proprement dite ou science de la lumière directe, la catoptrique ou science de la lumière réfléchie et la dioptrique ou science de la lumière réfractée. Dans ces trois sciences, les lois physiques fondées sur l'expérience importent plus que leur interprétation. Ainsi en est-il de la loi générale de la catoptrique : *Un rayon de lumière ne peut tomber sur la surface d'un miroir que de deux façons, ou perpendiculairement [...] ou bien obliquement... C'est à l'expérience à nous dire ce qui doit arriver dans l'un et dans l'autre cas : nous ne pouvons pas*

---

88 J.-A. Nollet, *Leçons de physique expérimentale*, 6 volumes, Paris, H.-L. Guerin et L. F. Delatour, 1743-1748 ; tome 5, 1755 ; 2de édition, 1758, p. 168, note a.

89 J.-A. Nollet, *Programme ou idée générale d'un cours de physique expérimentale*, *op. cit.* ; préface, p. liij-liv.

90 J.-A. Nollet, *Leçons de physique expérimentale*, *op. cit.* ; tome 5, p. 57.

deviner ; parce que ne connaissant point a priori le degré d'élasticité qui appartient ni au rayon qui choque, ni à la surface qui est choquée, nous ne sçaurions prévoir au juste comment se fera la réflexion[91]. Nollet met alors en œuvre des expériences où l'on fait tomber un rayon solaire plus ou moins obliquement sur un miroir et où l'on détermine à chaque fois la position du rayon réfléchi ; il en conclut qu'on peut embrasser les résultats de ces observations dans une proposition générale : *La lumière lorsqu'elle est réfléchie, fait toujours l'angle de sa réflexion égal à celui de son incidence*[92]. Que Nollet puisse expliquer la réflexion de la lumière par des causes mécaniques en supposant l'existence d'un milieu luminifère élastique n'est pas le fait le plus important. En effet, après avoir déduit de l'expérience les lois de la catoptrique, Nollet affirme qu'en regardant *les résultats qu'on vient de voir comme des Lois ou comme des principes tirés immédiatement de l'Expérience, il est possible de se dispenser d'en chercher les raisons, sans que cela fît tort aux vérités que l'on a dessein d'en déduire*[93]. Une fois établie par l'expérience la loi générale de la catoptrique, Nollet considère que *les autres n'en sont que des applications, et quiconque sçauroit bien manier ce principe seroit en état de prévoir tous les effets des miroirs, de quelques figures qu'on les supposât, et d'en rendre raison*[94]. Ainsi, selon l'expression de Condillac : *Tout consiste donc en physique à expliquer des faits par des faits*[95].

Quant au maniement des principes, il est du domaine de la géométrie et peut dispenser du recours à l'expérience : *Un Géomètre qui sçait par expérience, 1°, que la lumière se meut toujours en ligne droite dans un milieu homogène ; 2°, qu'à la rencontre des miroirs elle fait l'angle de la réflexion égal à celui de son incidence, peut se passer des moyens que je vais employer pour expliquer les principaux phénomènes de la Catoptrique : tous les cas que j'ai à parcourir et à examiner sont autant de problèmes dont la solution sera pour lui plus facile, plus sûre, plus précise et plus étendue que tout ce qu'on peut attendre des Expériences, où l'imperfection et l'embaras des machines se fait toujours sentir. Je n'offre donc cette partie de mon Ouvrage qu'aux lecteurs qui ne peuvent se passer des preuves sensibles, ou qui seront curieux d'apprendre, jusqu'à quel point l'Expérience peut servir à confirmer la théorie*[96]. Peut-être s'agit-il moins ici d'un regret que du désir de souligner à la fois la délicatesse des expériences d'optique et la

---

91 *Ib.*, p. 160, 161.

92 *Ib.*, p. 164.

93 *Ib.*, p. 255.

94 *Ib.*, p. 168.

95 E.-B. Condillac, *Traité des systèmes*, 1749, Paris, Fayard, 1991 ; p. 257.

96 J.-A. Nollet, *Leçons de physique expérimentale*, *op. cit.* ; tome 5, p. 168, note a.

simplicité des lois de la nature révélée par la mise en œuvre de la théorisation mathématisée d'une science.

Moreau inv. et Sculp.

Frontispice des *Leçons de physique expérimentale* de l'Abbé Nollet

Arrêtons nous un bref instant sur l'exposé de la catoptrique par Nollet : Nollet présente alors diverses expériences : si des rayons ou parallèles, ou divergents ou convergents sont réfléchis par des miroirs ou plans, ou convexes, ou concaves, ou cylindriques ; après que les effets aient été constatés, les explications qui suivent sont ici des raisons géométriques [97]. Il clôt cette longue et minutieuse étude expérimentale en rappelant que l'on peut calculer et prévoir la position des rayons sans en venir à l'expérience, et sans avoir à en connaître les raisons : *Les miroirs, tant cylindriques que côniques, sont ordinairement convexes : on en pourroit faire de concaves, & on expliqueroit de même leurs effets, en démêlant ce qui dépend des propriétés du miroir droit, d'avec ce qui appartient au miroir sphérique concave, dont nous avons parlé ci-dessus ; & en général, comme les miroirs mixtes ne peuvent être composés que de lignes droites dans un sens, & de lignes courbes dans l'autre, quand bien même ces courbes ne seroient pas des arcs de cercle, en partant de ce premier principe, que la lumiére se réfléchit faisant son angle de réflexion égal à celui de son incidence, on viendroit toujours à bout de voir l'influence, ou la part que ces courbes pourroient avoir dans l'effet total* [98].

Le Siècle des lumières, entre scepticisme et nécessité des hypothèses [99]

Les physiciens du temps manifestent une méfiance sincère contre les systèmes de physique, selon Nollet, *Cette science n'est plus comme autrefois un vain assemblage de raisonnements non fondés, ou de systèmes chimériques, les conjonctures sont mises au rang qui leur convient, on ne*

---

[97] A ce point de l'exposé, il convient encore d'esquisser ce qui distingue alors les mathématiques de la physique. Du point de vue empiriste du Siècle des lumières, les idées propres aux mathématiques pures ou aux mathématiques mixtes procèdent de l'observation des corps naturels de la même manière qu'en procèdent les idées propres à la physique ou à l'histoire naturelle. Dans le discours préliminaire de l'*Encyclopédie*, d'Alembert donne le chemin qui, selon lui, nous amène aux idées propres aux mathématiques pures et aux mathématiques mixtes : supposons que par des opérations et des abstractions successives de notre esprit, nous dépouillons la matière de presque toutes ses qualités sensibles, pour n'en conserver que l'impénétrabilité, alors cette propriété, qui fait que chaque corps exclut tout autre du lieu qu'il occupe, nous conduit à l'idée de l'étendue figurée des corps qui est *en quelque manière [leur] fantôme* et à l'idée de l'étendue indéfinie où nous imaginons que les corps sont placés. En ne retenant des corps que l'étendue figurée, nous avons l'objet de la géométrie ; l'examen que nous faisons de l'étendue figurée et des rapports des différentes parties dont les corps géométriques sont formés, conduit à l'idée de nombre et à leur science, l'arithmétique, puis à l'étude de ces rapports eux-mêmes, c'est-à-dire à l'algèbre. Après avoir atteint cette science de la grandeur en général, qui est *le terme le plus éloigné où la contemplation des propriétés de la matière puisse nous conduire*, d'Alembert rend à l'étendue figurée, son impénétrabilité laquelle entraîne l'action des corps les uns sur les autres d'où se déduisent les lois de l'équilibre et du mouvement, objet de la mécanique à laquelle on ajoute les mouvements causés par des forces inconnues pourvu que l'expérience nous ait donnée la loi suivant laquelle ces forces agissent (D'Alembert, *Discours préliminaire de l'Encyclopédie* (1759), repris de l'édition de 1763, Paris, Vrin, 1984 ; p. 24-29). Ainsi selon le degré d'abstraction opéré sur les corps de la nature, les objets qui en résultent relèvent des mathématiques pures ou mixtes ou bien de la physique.

[98] J.-A. Nollet, *Leçons de physique expérimentale*, *op. cit.*, p. 243, 244.

[99] Robert Locqueneux, « La physique expérimentale vers 1740 », *Cirey dans la vie intellectuelle, La réception de Newton en France*, présenté par François De Gandt, Oxford, Voltaire Foundation, 2001 ; p. 90-111.

croit plus que ce que l'on voit, et la raison ne prononce que sur le rapport et le témoignage de l'expérience [100]. Cette physique est perçue aussi comme l'aboutissement d'une longue tradition qui trouverait sa source chez Galilée, ou bien plus loin chez Archimède [101]. Le cartésianisme a paru rompre le fil de cette tradition expérimentale. Il faut en finir avec les romans cartésiens. Les adversaires des hypothèses cartésiennes craignent surtout cette promptitude de l'esprit humain à expliquer l'invisible par le familier, les choses qui se dérobent aux sens par celles que nous avons sous les yeux. Au temps du cartésianisme triomphant, Fontenelle pouvait écrire *nous avons découvert par l'usage [...] ce que peuvent les poids, les ressorts, les leviers ; nous ne faisons agir la nature que par des leviers, des poids et des ressorts* [102]. Sous la plume de l'abbé Pluche, l'apologie de la physique expérimentale va de pair avec l'exposé des méprises de tous les « systèmes de physique » qui sont autant d'édifices imaginaires par lesquels depuis les anciens jusqu'à Newton on a tenté de rendre raison de la marche des cieux. Dans son *Histoire du ciel* parue en 1738, Pluche veut convaincre ses lecteurs *qu'il n'y a que du temps à perdre pour nous à remuer les atômes de Gassendi, ou à faire pirouetter les corps anguleux de Descartes.* Pluche loue Newton qui *avouant modestement que nous ne connoissons point le fond de la nature, ne prétend qu'éclaircir un point de fait, et en assigner la cause sans la concevoir ni l'éclaircir* [103]. Mais il constate avec regret que Newton fabrique un système où l'attraction a raison de tout ; en effet, chez lui, ce seul point s'étend à toute la nature. Et, selon Pluche, les *attractionnaires* en sont réduits à varier les attractions comme les effets : *Ici c'est une attraction qui agit de toute la profondeur de la masse. Là c'est une attraction qui n'agit que de la plus légère superficie des corps. Qu'ils soient minces ou épais, certaine attraction y est la même, tandis qu'une autre attraction varie comme l'épaisseur des corps* [104]. S'il éprouve plus de sympathie pour les attractions de Newton, l'abbé Pluche constate que les newtoniens retombent *dans la même obscurité et la même inutilité [que les anciens], en établissant autant d'attractions d'une espèce particulière que nous voyons d'effets particuliers* [105]. Cette critique des physiques systématiques faite par Pluche est une référence obligée pour Nollet qui écrit dans la préface des *Leçons de physique expérimentale* : *Je rapporterois volontiers ici ce qu'ont pensé Descartes et Newton à cet égard, si je n'avois été prevenu par un auteur*

---

[100] Nollet, *Programme*, préface, *op. cit.*, p. iv.

[101] R. Côtes, *Leçons de physique expérimentale sur l'équilibre des liqueurs, et sur la nature et les propriétés de l'air*, Paris, David fils, 1743 ; préface, p. ix.

[102] Fontenelle, *De l'origine des fables*, 1687, *Œuvres complètes*, tome 3, Paris 1989, p. 189.

[103] Pluche, *Histoire du ciel*, 2e édition, Paris, Vve Estienne, 1740, tome 2, p. 576.

[104] *Ib.*, p. 586.

[105] *Ib.*, p. 311,312.

dont l'ouvrage [l'Histoire du ciel] est entre les mains de tout le monde [106], elle le restera pour les auteurs de l'Encyclopédie. Mme Du Châtelet se pose en conciliatrice et tente de redonner une place légitime aux hypothèses : *Descartes [...] mit tout le monde savant dans le goût des hypothèses ; et l'on ne fut pas longtemps sans tomber dans celui des fictions. Ainsi les livres de Philosophie qui doivent être un recueil de vérités, furent remplis de fables et de rêveries. D'autres sont tombés dans l'excès contraire : dégoutés des suppositions, et des erreurs dont ils trouvaient les livres de philosophie remplis, ils se sont élevés contre les hypothèses et ont tâché de les rendre suspectes et ridicules* [107]. Elle critique ceux qui, pour rendre raison des phénomènes, ont dû accumuler les hypothèses et n'ont pas reculé à imaginer *des particules crochues, branchues et canelées [...] créant [ainsi] des monstres qu'il falloit ensuite combattre comme des réalités* [108]. Cependant *ceux qui veulent bannir les hypothèses de la philosophie, entendent mal les intérêts des sciences*, puisqu'elles sont le fil qui nous a conduit aux plus grandes découvertes : si nous connaissons les véritables orbites des planètes, c'est grâce aux hypothèses successivement essayées depuis Ptolémée. Mme Du Châtelet propose ensuite quelques marques distinctives des bonnes hypothèses : *on ne peut faire une bonne hypothèse que lorsqu'on est bien assuré des faits qu'on veut expliquer, et qu'on connaît le plus grand nombre des circonstances qui les accompagnent, et qu'enfin l'hypothèse n'est vraie et ne mérite d'être adoptée que lorsqu'elle rend raison de toutes ces circonstances*. Sur l'importance des hypothèses, Nollet pense de même : si la physique générale est fondée sur l'observation et sur l'expérimentation, celles-ci ne peuvent être dépourvues de présupposés. Il appuie sa conviction sur l'autorité de Newton : *Je demande [...] si Newton n'avoit point une hypothèse dans la tête lorsqu'il mettoit les rayons solaires à toutes sortes d'épreuves ; et s'il n'avoit pas conçu que les couleurs pouvoient être des propriétés de la lumière, lorsque le prisme à la main, il cherchoit à s'en assurer ?* [109]. Dortous de Mairan, le secrétaire perpétuel de l'Académie des sciences, est dans les mêmes sentiments ; pour lui, *le vrai Philosophe [...] n'ignore pas qu'on s'égarera infailliblement avec l'esprit systématique sans le secours des faits et des expériences, et si l'on ne cherche la Nature dans la Nature même ; mais il sçait aussi que les expériences demeurent imparfaites, équivoques, solitaires et infructueuses, si cet esprit également exercé dans la méditation et dans le calme, ne les éclaire, ni ne les anime, et*

---

[106] Nollet, *Leçons*, *op. cit.*, tome 1, p. xxii.

[107] Mme Du Châtelet, *Institutions de physique*, *op. cit.*, § 55.

[108] *Ib.* § 70, 71, pour cette citation et les suivantes.

[109] Nollet, *Discours, op. cit.*, p. lxvii, lxviii.

ne les étend presqu'à l'infini par les nouvelles vûes qu'il est capable de faire naître [110].

Une sorte de voie moyenne se dessine. La nécessité d'interpréter les phénomènes oblige les physiciens à n'avancer que dans le vraisemblable et beaucoup d'entre eux, parmi les plus influents, refusèrent d'opter pour Descartes ou pour Newton, ils prirent une attitude éclectique. Ainsi, selon Dortous de Mairan, on trouve à l'Académie *non le cartésianisme, mais l'esprit de Descartes, l'amour des expériences et toute l'ardeur que ce philosophe fit paraître pour s'en procurer le secours [...] en un mot l'esprit de doute et de discussion qui caractérise son immortelle méthode [... on y voit] Descartes préféré par les uns, Newton par les autres, et le plus souvent Descartes associé à Newton, à Leibnitz, à Aristote même, et à tous les grands génies dont les méditations et les veilles ont enrichi l'esprit humain de quelques nouvelles connaissances* [111]. Mme Du Châtelet illustre parfaitement cette attitude. Dans la pièce sur la nature et la propagation du feu qu'elle a envoyée à l'Académie des sciences, elle n'entend pas renoncer à s'inspirer du *Traité du feu* de Boerhaave parce qu'il serait plus archaïque ou passé de mode, plus conforme aux philosophies naturelles du passé qu'à la physique newtonienne [112]. Elle entend préserver sa liberté face aux systèmes.

Dans l'*Encyclopédie*, l'auteur de l'article "*Philosophie*" déplore l'esprit systématique qui *bâtit des plans et forme des systèmes de l'univers, auxquels il veut ensuite ajuster de gré ou de force les phénomènes, [et qui] nuit au progrès de la vérité.* Il juge encore que : *Ce qu'il y a de certain, c'est que rien n'est plus louable que le parti qu'a pris l'Académie des sciences, de voir, d'observer, de coucher dans ses registres les observations & les expériences, & de laisser à la postérité le soin de faire un systeme complet, lorsqu'il y aura assez de matériaux pour cela ; mais ce tems est encore bien éloigné, si tant est qu'il arrive jamais* [113].

De fait les physiciens balancent entre scepticisme et nécessité des hypothèses et beaucoup cultiveront l'éclectisme en physique alors que d'autres, tel Condillac, rêveront d'un système qui ne serait fondé que sur des

---

110 J. J. Dortous de Mairan, Eloge de M. l'abbé de Molières, *Histoire de l'Académie des sciences pour l'année 1742* (1745), p. 203.

111 J. J. Dortous de Mairan, Eloge de Pourfour du Petit, *Histoire de l'Académie des sciences pour l'année 1741* (1744), p. 174.

112 Bernard Joly, « Voltaire chimiste : l'influence des théories de Boerhaave sur sa doctrine du feu », *Revue du nord*, 77, 1995, p. 817-843 ; « Les théories du feu de Voltaire et de Mme Du Châtelet », in *Cirey dans la vie intellectuelle*, *op. cit.*, p. 212-237.

113 César Chesneau Dumarsais, « Philosophie », *Encyclopédie*, tome 12, 1765 ; l'article est extrait des *Nouvelles libertés de penser* publiées à Amsterdam en 1743 ; Dumarsais, né en 1676, est décédé en 1756.

faits ; seuls certains "sectateurs" de Newton sont à l'abri du doute, convaincus qu'il ne feint pas d'hypothèses.

Le traité du feu de Boerhaave

Nous verrons que les recherches de l'abbé Nollet sur la nature de l'électricité le conduisent à affirmer que le feu, la lumière et l'électricité peuvent être un même fluide diversement modifié, une théorie séduisante pour les physiciens des Lumières : l'idée qui domine en ce siècle suppose que le monde est envahi partout par la matière subtile du feu ; cette idée trouve son fondement dans l'œuvre de Boerhaave [114].

Sur la nature du feu, l'ouvrage qui fait référence est le *Traité du feu* que Boerhaave [115] a placé dans ses *Elémens de Chymie*, lesquels, publiés en latin en 1732 et en français en 1754, furent appréciés à l'égal de l'*Optique* de Newton [116]. Dans les "Réflexions sur la nature du feu" qui sont jointes à la traduction française des *Elémens de Chymie* de Boerhaave, publiée en 1754, l'éditeur résume ainsi la théorie du feu de Boerhaave : *Boerhaave le regarde [le feu] comme un corps qui a été créé tel dès le commencement, qui ne peut être altéré en sa nature, ni en ses propriétés, qui ne peut être produit de nouveau par aucun autre corps, & qui ne peut être changé en aucun autre, ni cesser d'être Feu. Il prétend que ce Feu est également répandu partout, & qu'il existe en quantité égale dans toutes les parties de l'espace ; mais qu'il est parfaitement caché & imperceptible, & ne se découvre que par certains effets qu'il produit, & qui tombent sous nos sens* [117]. Ajoutons y, pour que le tableau soit complet, que la matière du feu est impénétrable, impondérable, d'une subtilité supérieure à tous les autres corps et d'une très grande simplicité. Dans son *Traité du feu*, Boerhaave affirme d'entrée que ceux qui cherchent à connaître la nature du feu doivent agir comme s'ils n'en avaient aucune idée ; que cette précaution n'est nulle part plus nécessaire parce que les éléments du feu se rencontrent partout dans les corps les plus solides et dans le vide de Torricelli, et que de là vient qu'il est extrêmement difficile de

---

114 R. Locqueneux, *Sur la nature du feu aux siècles classiques*, Paris L'Harmattan, 2014 ; p. 139-156 et 175-182.

115 Hermann Boerhaave est né à Voorhout près de Leyde en 1668. Après une thèse de philosophie soutenue à Leyde en 1689, il se tourne vers la médecine, la botanique et la chimie ; il soutient sa thèse de médecine en 1693 à Harderwijk dans le Gueldre. Il enseigne ensuite la médecine à Leyde, ses cours deviennent vite célèbres et attirent des étudiants de toute l'Europe. Il est nommé professeur titulaire de médecine en 1709 et, peu après, l'Université le charge d'enseigner la botanique. En 1714, il obtient la chaire de médecine clinique. Sa santé déclinant, il se démet de ses fonctions en 1730. Deux ans plus tôt, il avait été élu à l'Académie royale des sciences de Paris, et, cette année-là, il le fut à la *Royal Society* de Londres. Outre ses *Elémens de Chymie* qu'il a publiés en 1732, Boerhaave a publié des ouvrages de médecine et de botanique qui furent traduits par La Mettrie. Boerhaave meurt à Leyde en 1738.

116 Boerhaave, *Traité du feu*, in *Elemens de Chymie*, tomes 2 & 3.

117 *Ib.*, tome 2 ; p. iij.

distinguer l'action particulière du feu de celles d'autres causes qui concourent avec lui à la production de quelques effets naturels [118]. Mais la prévention de Boerhaave contre les hypothèses s'arrête là puisqu'il considère tout aussitôt qu'une difficulté à laquelle se heurtent les physiciens dans leur recherche sur la nature du feu : *C'est la subtilité des parties qui le composent. [Puisque] les parties du Feu sont si fines, & si petites, que non-seulement elles surpassent à cet égard tout ce qu'on a connu jusqu'à présent, mais que même elles pénétrent dans les corps les plus solides & les plus petits qui soient jamais tombés sous nos sens* [119]. Ainsi Boerhaave présuppose-t-il que le feu n'est pas un mouvement mais une substance présente dans tous les corps. Pour découvrir ce que peut être le feu en présumant le moins possible ce que peut être sa nature, Boerhaave entreprend *de rechercher un signe, une marque par laquelle chacun reconnoît s'il y a du Feu ou non, dans un endroit* ; pour cela, il faut *un signe qui soit tellement particulier au Feu seul, qu'il ne puisse lui être commun avec aucune autre chose* ; il faut que ce signe *soit si inséparable du Feu, qu'il puisse jamais se faire qu'il y ait du Feu en quelque part. [...] Enfin il faut absolument que ce signe tombe sous nos sens, qu'il les affecte aisément en quel degré le Feu augmente, diminue ou subsiste dans quelque espace ou dans quelque Corps que ce soit.* Boerhaave pense que la découverte d'une telle marque sera *un moyen pour faire des expériences physiques, qui nous conduirons à de nouvelles découvertes sur le Feu, qui restera toujours à la vérité, hors de la portée de nos sens [...].* Pour découvrir cette marque particulière, Boerhaave commence par examiner les différentes marques par lesquelles les hommes s'accordent à reconnaître la présence du feu : la chaleur, elle n'est qu'une *simple sensation de nôtre âme* donc imprécise et subjective et ne permet pas de déterminer la quantité de feu ; la lumière mais *(des) expériences nous apprennent que le feu le plus violent ne se manifeste par aucune lumière et que la lumière la plus vive ne produit pas seulement la moindre chaleur*, telle la lumière du clair de lune ; la couleur, elle *n'est autre chose que la lumière même.* Il reste pour prouver la présence du feu : les fusions, les ébullitions, les combustions, les compositions et décompositions chimiques ; mais comment déterminer la nature du feu en se fondant sur des effets qui sont si variés et imprévisibles ? Le feu ne montre-t-il pas des effets opposés les uns aux autres : *en effet, si le feu a la force de désunir certains corps, il en rejoint d'autres.* La véritable marque du feu, le signe de sa présence, Boerhaave la trouve dans la raréfaction des corps, leur

---

118 B. Joly souligne qu'en formulant cette méthode, Boerhaave fait une hypothèse implicite : le feu est une substance qui existe dans tous les corps. (B. Joly, "Voltaire Chimiste : l'influence des théories de Boerhaave sur sa doctrine du feu", *Revue du Nord*, 77, 1995, p. 817-843 ; p. 834).

119 Boerhaave, *Traité du feu*, tome 2 ; p. 4, 5, 7, 8, 12, 19, 20, 38, 53, 113, 137, 140, 141, 150, 169, 172, 179, 268-271, 276, 281, 282, 289, 330, pour les passages cités.

dilatation. Il tient *pour accordé : que, dans tous les phénomènes où cette raréfaction a lieu, il y une quantité proportionnée de feu qui en est la cause* et pense qu'il a là un moyen pour découvrir la nature du feu. *Pour parvenir à connoître les propriétés les plus cachées du Feu* , Boerhaave entreprend une longue série d'expériences en commençant par les plus aisées pour passer ensuite à de plus difficiles et de moins communes : il constate d'abord que *le Feu étend en tout sens les corps les plus durs, aussi long-tems qu'il est renfermé dans ces Corps*, que l*e froid, par lequel on entend l'absence du Feu, resserre dans toutes leurs dimensions les Corps les plus durs, aussi long-tems qu'il agit sur eux* et il fait de semblables constats sur l'air commun, l'esprit de vin rectifié, l'huile éthérée, l'huile bouillante, le mercure et en tire cette conséquence que le feu est une *chose qui, quoique inconnue d'ailleurs, a en soi la propriété de pénétrer tous les corps, tant solides que fluides, et de les dilater*. Il tient ainsi un moyen de déterminer les plus petites augmentations et diminutions du feu par l'observation des moindres variations de volume d'une liqueur légère dans un verre scellé hermétiquement. Est-ce à dire que l'indication du thermomètre est fonction de la quantité de chaleur contenue dans la liqueur thermométrique ? Sur le point de conclure en ce sens Boerhaave hésite et reprend son investigation, sa conclusion sera toute autre. Il constate que par le frottement, on peut tirer beaucoup de feu des corps les plus froids. Et puisqu'il ne peut admettre que le frottement crée le feu, il doit admettre que le feu est toujours présent dans chaque partie de l'espace : en appliquant un thermomètre à un verre vide d'air, ou à un morceau d'or, le plus solide des corps connus, il découvre dans l'un et l'autre le même degré de chaleur et de froid du moins s'ils sont restés longtemps en un même lieu ; ce qui contredit *l'expérience (commune) qui nous apprend clairement que le fer est plus froid en hyver que la plume.* Enfin Boerhaave prend acte qu'il n'a observé jusqu'ici dans la nature aucun corps qui attire et amasse la chaleur : aucun aimant du feu. De ces trois catégories de faits, Boerhaave déduit que le feu n'est pas seulement présent dans chaque partie de l'espace mais qu'il est encore également distribué dans tous les corps, dans les plus raréfiés aussi bien que dans les plus solides. Boerhaave acquiert alors le sentiment qu'il est très vraisemblable *que le Feu est contenu dans le vuide & dans les pores des Corps les plus solides, comme dans des espèces de vases où il se meut, & où il agit toujours ; & que par conséquent il est continuellement occupé à certaines opérations, dont l'effet principal est d'écarter les unes des autres les particules élémentaires de ces Corps, & de se faciliter par-là à lui-même le moyen de se dilater plus également. Cependant il n'est pas moins certain que ces mêmes Elémens corporels de la matière, font continuellement des efforts pour se joindre plus étroitement les uns aux autres, pour diminuer les espaces vuides qui se trouvent entr'eux, & par-là même pour chasser le Feu qui y est contenu, lorsqu'ils peuvent l'emporter sur la force avec laquelle il tâche de se dilater. Il y a donc toujours une action & une réaction entre le Feu renfermé dans* *les pores & entre les Elémens des Corps ; celui-là travaille continuellement à séparer ces Elémens les uns des autres, & ceux-ci s'efforcent toujours à se réunir de plus en plus. Ainsi l'on pourroit regarder tout le systême des Corps, que l'Etre suprême a trouvé à propos de placer dans l'immensité de l'espace, comme composé d'un Feu qui sépare tous les autres Corps, & d'une matiere qui n'est pas le Feu, & qui s'oppose continuellement à la séparation de ses Elémens. Par conséquent ces deux principes, l'un de dilatation, & l'autre d'attraction ou d'association, dominent par-tout, & sont la cause d'une infinité d'effets corporels.*

En se fondant sur l'analogie de la cloche de métal qui ébranle l'air lorsqu'on la frappe, Boerhaave considère que *si l'on frotte, avec force et avec vîtesse l'un contre l'autre deux corps denses, durs & fort élastiques, toutes leurs parties sont à chaque moment étroitement comprimées, & parce qu'elles sont roides, elles résistent fortement à cette compression : delà vient que dans chaque partie il y a un mouvement de contraction & de dilatation très prompt & très fort.* Il est donc évident, selon Boerhaave, que le feu qui est renfermé dans les pores des corps y est comprimé et relâché avec violence et parce qu'il paraît être le plus élastique de tous les corps il est vraisemblable que le mouvement augmente prodigieusement sa force et son mouvement. Ainsi le feu est une substance : *[qui] une fois créée subsiste toujours & cela en même quantité, mais que par toutes ses actions il souffre divers changemens à l'égard de son mouvement, de son repos, de sa réunion, de sa dispersion et de sa direction, de sorte que tantôt il paroît, & tantôt il disparoît à nos sens*, nous donnant ainsi tantôt la sensation du chaud et tantôt celle du froid. Selon cette théorie, un corps inflammable, ne diffère pas d'un autre, parce qu'il contient une plus grande quantité de feu, mais seulement parce que ses parties propres sont de nature à se prêter plus aisément à l'action du feu, quand elles viendront à être excitées. Ainsi ces diverses expériences ont montré, selon Boerhaave, que le feu a la propriété de raréfier, de mouvoir et de pénétrer tous les corps, Boerhaave présente ensuite des expériences qui montrent que *le feu rassemblé dans un espace ou dans un Corps, de sorte qu'il devienne perceptible à nos sens, [...] commence [aussitôt] à se mouvoir lui-même, à s'étendre de tout côté en s'éloignant du centre de l'espace ou du Corps dans lequel il est.* De là, Boerhaave passe naturellement au soleil qui se présente à nous *comme un corps qui a un pouvoir suffisant pour produire cet effet* ; ce que montre Boerhaave c'est que le soleil détermine le mouvement du feu suivant des lignes parallèles. Il passe ensuite aux expériences qui produisent une accumulation du feu : les corps noirs qui retiennent la lumière du feu ou la lumière qui donne la chaleur ; à celles qui rassemblent le feu *déterminé par le soleil* au foyer d'un miroir concave ou d'un verre parfaitement transparent, poli et sphérique. De ces expériences, Boerhaave en retire le sentiment que ce feu n'émane peut-être pas du corps du soleil : *J'ai beaucoup hésité si j'oserois publier un sentiment qui m'a roulé longtems dans l'esprit : je vais enfin le hazarder. Il est assez vraisemblable, qu'il n'émane du Corps du Soleil aucune matiere ignée, à laquelle on doive attribuer cette action du Feu, que nous observons sur notre Terre ; mais que le Soleil a simplement le pouvoir de diriger en lignes droites & parallèles le Feu qui existoit auparavant dans l'endroit où il agit, & cela sans lui rien ajouter. Ainsi ce seroit toujours la même quantité de Feu, qui dirigée une fois en lignes parallèles, & réunie ensuite par la réflexion, ou la réfraction, acquiert par cette réunion une nouvelle force, & produit tous les effets dont nous avons parlé. Avant que d'aller plus loin, je vais tacher d'éclaircir par un exemple à la portée de chacun, ce sentiment que les préjugés rendront obscur pour bien des gens. Aiez un cube du cuivre creux, & dont l'une des faces soit de trois pieds quarrés ; il faut qu'un de ses côtés soit ouvert, & que tous les autres soient exactement fermés. Placez ce cube de façon que son côté ouvert soit directement opposé au Soleil, mais couvert d'un papier blanc : mettez dans sa cavité un Thermomètre de Fahrenheit, sensible au moindre changement de chaleur. Aussi longtems que le papier empèche le Soleil d'éclairer la cavité de ce cube, cette cavité sera très froide, si la saison est telle. Mais enlevez tout d'un coup le papier, au moment même toute la capacité intérieure du cube est éclairée par le Soleil, & aussi-tôt il s'y produit une chaleur qui fait monter la liqueur du Thermomètre. Les Philosophes nous disent que le Feu qui produit cette chaleur a été détaché du Corps du Soleil, & est parvenu jusqu'à nous avec une vitesse inconcevable. Quant à moi, il me semble que le Soleil n'a rien fait en cela que ce qu'il faisoit auparavant & que ce qu'il fait toujours ; je veux dire qu'il détermine toujours en lignes droites tout ce que nous appellons Feu, lorsqu'il ne rencontre aucun corps opaque qui interrompe son action. Ainsi le Feu qui est dans ce cube, est le même qu'il était lorsque le papier le couvroit. Alors il agissoit également sur les six côtés qui le renfermoient ; mais le papier une fois ôté, tout le changement qui lui est survenu, c'est qu'il est déterminé vers le côté opposé à celui qui est ouvert, suivant une direction en lignes droites. Par conséquent il échaufe également tout cet espace, & particulièrement ce dernier côté, uniquement par une suite de sa direction, sans aucune addition de nouvelle matière, qui agisse sur le Thermomètre. Supposons encore le Miroir de Villette, opposé directement au Soleil en plein midi, mais couvert d'un voile bien blanc ; il n'y aura pas plus de Feu dans sa cavité, derriere ce voile qu'ailleurs. Enlevez ce voile, au même instant le Feu qui étoit sans aucune détermination particulière dans cette cavité, est poussé suivant des lignes parallèles sur la surface concave & reflèchissante du Miroir, & il se réunit ensuite en un Foïer où il produit un Feu terrible, qui n'est point émané du Corps du Soleil, & qui même n'est ni en plus grande ni en plus petite quantité qu'auparavant : seulement il est mu suivant une direction différente. Ceci doit aussi s'entendre des Verres qui réunissent les raïons par la réfraction. Par conséquent, il pourroit se faire, suivant cette supposition, que le Feu produit par le frottement, & celui qu'on excite par un Miroir ou par une Lentille, ne dépendit en aucune façon du Soleil par rapport à sa matière.*

Enfin Boerhaave aborde les expériences qui montrent que le véritable feu joint à un corps solide *peut y rester uni pendant assez long-tems : par conséquent il ne disparoît pas dans les Corps en un moment, comme cela arrive dans les foyers [des miroirs concaves et des lentilles sphériques]* ; en effet il constate que ce feu manifeste sa présence dans le corps auquel il est uni ; puisque, comme le feu élémentaire, il agit sur le thermomètre, il enflamme diverses matières combustibles, mais l'alcool, qui, de tous les corps, s'allume le plus aisément, supporte ce feu sans s'enflammer, Boerhaave y voit un paradoxe qu'il renonce à expliquer. Boerhaave entreprend alors de rechercher de quelle espèce est ce feu, *et comme la pesanteur est une des principales et des plus communes propriétés qu'on a découvertes dans les Corps, [il va] tacher de découvrir si ce Feu ajoute aux Corps fixes un poids sensible.* Pour ce faire, il place une barre de fer chauffée au rouge sur le plateau d'une balance qu'il équilibre ; et laissant le tout en l'état jusqu'à ce que le fer soit entièrement refroidi, il constate que l'équilibre s'y conserve. Avec cette expérience, Boerhaave est amené : *à concevoir le Feu, adhérent par exemple à une boule de fer rouge, comme un Fluide qui environne ce Corps de tout côté, qui est dispersé dans toute sa substance, & dont toutes les parties s'y meuvent librement & indifféremment. Car si nous concevions qu'elles ont quelque détermination particulière vers un endroit plutôt que vers un autre, il paroît qu'il faudroit en conclure qu'un Corps échauffé devroit être rendu plus pesant ou plus léger qu'il n'étoit auparavant.*

Boerhaave se risque à avancer ses propres certitudes sur la nature du feu. Boerhaave commence par passer en revue les propriétés qui montrent que le feu élémentaire est corporel. (1) Le feu élémentaire est étendu : plonger lentement et sans la secouer une boule solide d'argent presque rougie au feu dans l'eau, *le feu de cette boule se répandra insensiblement dans tous les espaces mesurables de cette eau ; il échauffera d'abord le plus les parties voisines, & ensuite les autres à proportion de leur éloignement, & de cette maniere il s'étendra véritablement. Les Thermomètres placés dans cette eau à différentes distances de la boule, indiqueront les divers degrés du feu répandu dans cette eau, ou dans l'espace qu'elle occupe ; cela prouve donc que le feu se mêle avec les corps, ou avec l'espace, & que par conséquent il est véritablement étendu* [120]. (2) Ce feu est susceptible de mouvement et de repos, le phénomène qui vient d'être évoqué montre qu'il peut se mouvoir. (3) Ce feu résiste aux corps, c'est-à-dire qu'il est impénétrable, ce qui signifie que, comme tous les corps, il éprouve une *repercussion* lorsqu'il tend à s'emparer d'une place déjà occupée par un autre : *Il meut, & il change*

120 *Ib.*, tome 3 ; p. 193, 195, 196, 198-201, 203-207, 210-212, 214, 215, 222, pour les passages cités.

tous les corps, même les plus solides, de sorte que jusques ici on en connoît aucun à qui il ne cause quelque changement dans ses parties solides, & à qui il ne communique un mouvement, capable de le transporter avec impétuosité dans un autre endroit. Il y a plus ; si nous considérons que le véritable feu pur & élémentaire dirigé & tombant sur certains corps, en est repoussé, ou refléchi de façon qu'il rejaillit du côté opposé avec une telle violence qu'il meut tout ce qui est en son chemin, alors nous voyons dans le feu une vraie repercussion, & nous trouvons qu'à cet égard il est de même nature que les corps. Boerhaave illustre son propos en considérant les effets des rayons de feu, déterminés par l'action du soleil, au foyer des miroirs ardents.

Boerhaave passe ensuite en revue les caractères qui singularisent le feu par rapport aux autres corps ; en premier, il considère qu'au contraire des autres corps, le feu est impondérable : *Quand je refléchis avec attention sur toute l'histoire du feu, je suis fort porté à croire qu'il ne tend pas plus vers le centre de le Terre, que vers tout autre point ; qu'il n'a par lui-même aucune détermination particulaire, ni aucune affection pour un lieu, ou pour un corps, plutôt que pour un autre. On peut le déterminer sans aucune résistance indifféremment de tout côté. Il existe partout. Si aucune cause étrangére ne l'en empêche, il se répand dans tout l'Univers, & même partout en égale quantité, & avec la même force.* Boerhaave pense aussi que le feu a une subtilité supérieure à celle de tous les autres corps, et que cette subtilité est due au fait que les corpuscules du feu sont les plus petits qui nous soient connus, qu'ils sont aussi très solides, c'est-à-dire qu'ils sont des êtres étendus et parfaitement impénétrables, et très polis : *[Si les éléments du feu] sont véritablement corporels, il faut nécessairement qu'ils soient très-subtils ; puisqu'ils s'insinuent très-aisément dans tous les corps, même les plus denses, & que traversant toute leur masse, ils agissent dans toutes leurs parties pénétrables. Si l'on avoit une très-grande boule d'or massif, & qu'on l'exposât pendant assez longtems à l'action du feu, elle pourroit être pénétrée par ce feu, de façon que toute sa substance en deviendroit rouge ; & si alors on la partageoit en deux hémisphères, on trouveroit de la lumière, de la chaleur, & toutes les autres propriétés connues du feu, dans chaque point de sa substance intérieure. Ces élémens sont même si subtils, que nous ne connaissons aucun corps, qui soit assez compact, assez exempt de pores, assez dense & assez épais, pour ne pas accorder un libre passage au feu. Nous pouvons empêcher tous les autres corps qui sont connus, de passer en aucune maniere par les pores de certains corps. Nous voyons tous les jours, par exemple, que l'air, l'eau, les esprits, les sels, les huiles, & toute autre sorte de corps, ne sauroient entrer dans une phiole scellée hermétiquement, ou en sortir lorsqu'une fois ils y ont été renfermés : le feu seul y entre & en sort très-librement : lui seul en entrant & en sortant produit tous les effets qui lui sont propres. Je conviens à la vérité que la cause de la gravité, & la force magnétique passe aussi à travers tous les corps, en conservant toute leur activité. Mais il n'est pas décidé que leur action dépende d'une émanation de corpuscules, & non pas de quelque autre cause qui nous est inconnue. J'avoue encore que la cause de la gravité, & la vertu magnétique, traversent, en un moment, & presque sans y employer aucun tems, tous les corps, & cela en conservant toute leur force ; au lieu que le feu a besoin d'un tems assez long pour traverser des corps bien épais. Mais cela nous prouve plus clairement encore que le feu est corporel, & nous porte à croire qu'il n'en est pas de même des deux autres choses dont il s'agit. Voilà pourquoi j'ai dit que les élémens du feu, sont les plus petits de tous les corps qui nous sont connus, & que tous les hommes regardent comme de véritables corps.* Voilà aussi ce qui s'inscrit en faux contre les thèses cartésiennes de la gravité et de la vertu magnétique.

Ayant ainsi prouvé la prodigieuse subtilité du feu, Boerhaave pense que celle-ci paraîtra encore infiniment plus grande, s'il est vrai que la matière de la lumière & des couleurs est la même que celle du feu. *Car si l'on a une chambre parfaitement obscure, & qui ne reçoive de lumiére que par un seul petit trou, pratiqué dans un des côtés ; & qu'un homme qui a les yeux bien disposés, après avoir été quelque tems dans les ténèbres, se place dans la partie obscure de la chambre, vis-à-vis de ce trou ; il verra très distinctement tous les objets posés au dehors, par le moyen des rayons de feu déterminés & distincts, qui partent de chacun des points visibles de tous ces différens objets, & qui passent tous par ce petit trou, sans aucune confusion. Or si l'on refléchit sur le nombre de points qui se voyent dans tout cet espace, où la vûe peut alors s'étendre ; si l'on considere que chacun de ces points n'est apperçû que par les rayons qu'il renvoye ; on aura l'idée d'une subtilité qui épouvante l'imagination. Si l'on réunit avec un verre convexe tous ces rayons, & qu'on les fasse ensuite tomber sur un papier blanc, placé à une distance convenable au-dedans de la chambre, on verra tous les objets, représentés assez en grand & très distinctement sur ce papier, c'est-à-dire, que tous les rayons tomberont dessus, & que par conséquent tout ce feu, qui suivant la supposition part en si grande quantité de tant d'objets différens, peut se réunir assez pour passer librement par une si petite ouverture. Cela suffit donc pour nous démontrer que les élémens du feu sont infiniment plus subtils que tout ce que nous pouvons concevoir.*

Mais la petitesse des corpuscules du feu n'est pas la seule cause de la subtilité du feu, il faut encore, nous l'avons dit, que ces corpuscules soient très solides et très polis. Il importe ici de savoir qu'elle est, selon Boerhaave, la structure d'un corps solide : *un solide, dans le sens le plus absolu, est parfaitement impénétrable dans toute son étendue, & dans chacun de ses points. Si donc une masse étendue est composée de diverses particules véritablement solides, mais tellement jointes ensemble qu'elles laissent entr'elles de petits espaces vuides, qui ne renferment rien de solide ; il paroît alors clairement que cette masse est en partie corps, & qu'en partie elle contient du vuide. Il paroît aussi de là que les plus petits élemens de tous les corps doivent être très-solides, mais que quand ils viennent à se joindre pour former une seule masse, ils ne se touchent pas dans tous leurs points, & qu'ainsi ils laissent plusieurs vuides dans le corps qu'ils composent. Toute masse composée sera, par conséquent, toujours pleine de pores, & par-là même moins solide que les plus petits élémens dont elle est formée, considérés séparément ; aussi pourra-t'elle plus facilement être séparée ou divisée en parties.*

Boerhaave peut en déduire qu'elle doit être la structure des corpuscules du feu pour qu'elle rende compte des effets du feu : *comme il a été démontré que le feu est composé de corpuscules très-petits ; s'il y a des pores dans ces corpuscules, ils seront en très-petite quantité, & ces corpuscules seront les plus solides de tous ceux qui sont connus* ainsi le feu sera-t-il immuable, incapable de souffrir aucun changement dans sa figure et aura-t-il *à un très-haut dégré le pouvoir de diviser les autres corps, parce qu'il peut toujours entrer dans leurs pores, y déployer sa force, séparer les parties & les filamens liés ensemble, & réduire ainsi une masse en ses élémens [...].* Boerhaave croit encore que *[les] éléments corporels, très-petits et très-solides du feu ont une surface très-unie ou très-polie* c'est-à-dire qu'elle est telle que le feu puisse passer partout sans que rien l'embarrasse : ainsi *lorsque nous voyons que les rayons de feu, qui entrent en si grande quantité, & cependant si distincts, dans une chambre obscure, passent par un petit trou, sans se mêler & sans s'embarrasser les uns dans les autres ; pouvons nous , dis-je, convenir que les points dans lesquels ils se touchent, ne doivent être extrêmement unis & polis, pour qu'ils ne s'accrochent pas les uns aux autres.*

Ensuite, en considérant la réflexion et la réfraction de la lumière, Boerhaave est porté à croire que *les plus petites parties constituantes du feu, sont des petites sphères très-polies.* Boerhaave conclut alors à la parfaite simplicité du feu, en cela Boerhaave entend que chacune des particules du feu est précisément de même nature que le tout, que chacune d'entre elles ressemble à toutes les autres ; *qu'elles sont peut-être toutes de petites sphères solides*, puisqu'il n'y a point dans la nature de corpuscules plus petits que le feu, *celui-ci ne sauroit être composé d'autres parties hétérogènes plus petites.* Boerhaave doit convenir que *la doctrine du grand Newton ne s'accorde pas avec cette absolue simplicité du feu : Cet illustre philosophe [...] a trouvé par l'analyse qu'il a faite des rayons de feu, qu'un seul de ces rayons pouvoit se séparer en sept autres distincts, & tout à-fait différens, non-seulement par les couleurs, mais par la maniere dont ils se réfléchissent, aussi bien que par leur réfrangibilité ; [...] Le même Newton a découvert une autre différence dans les côtés opposés d'un seul de ces rayons simples : en observant les phénomenes de la réfraction, qui se fait par le crystal d'Islande, il a remarqué qu'il y avoit dans un des côtés d'un tel rayon, une propriété différente de celle qui se trouvoit dans l'autre côté.*

Prenant acte de ces faits, Boerhaave conclut simplement que : *Nous sommes obligés d'avouer que le feu est à la vérité le plus simple de tous les corps qui nous sont connus, mais de façon pourtant qu'on y remarque une diversité très-sensible à plusieurs égards.* Continuant son examen des propriétés du feu, Boerhaave relève qu'il se caractérise par une mobilité extrême et que nous sommes presque sûrs qu'il n'est jamais dans un parfait repos ; Boerhaave examine les effets de cette mobilité sur les changements d'état de l'eau, des métaux..., il en vient ensuite aux observations de Roemer à partir desquelles il a déterminé la vitesse de la lumière : mais cette vitesse est-elle celle d'un feu qui émane du soleil, ce qui semble être le sentiment de Roemer et des newtoniens ou bien celle de l'action du feu lumineux, quelle que soit cette action, qui se communique dans un espace plein ? Voilà deux sentiments entre lesquels Boerhaave ne veut pas se déterminer, bien qu'il soit aisé de savoir lequel à son assentiment. Boerhaave achève son propos en affirmant qu'aucune observation ne montre que les corps qui sont soumis à l'action du feu puissent se convertir en feu élémentaire, ni que le feu ne puisse se multiplier lui-même : que *jamais il ne naît, il n'est reproduit, & il n'est ressuscité ; seulement il lui arrive de se manifester là, où auparavant il n'étoit pas sensible.*

Constatons pour finir que Boerhaave n'oppose pas la physique expérimentale aux différentes "physiques à système", mais que, pour rendre raison des phénomènes, il adopte une attitude éclectique et emprunte aux différents systèmes de physique. Ainsi Boerhaave a-t-il le sentiment que la lumière est un feu déterminé par le soleil mais qui n'en émane peut-être pas. Voilà certes une opinion que les newtoniens ne peuvent partager. En outre, cette image que Boerhaave se fait du feu, n'est-elle pas proche de celle que s'en fait Descartes, sans que l'on puisse l'enrôler sous cette bannière ? Le feu de Boerhaave n'a-t-il pas quelques traits communs avec la "matière fluide et très agitée" de Malebranche ? Par ailleurs, Boerhaave a une idée de la matière pondérable proche de celle de Newton et, comme lui, il ne croit pas que la gravitation et la force magnétique soient les effets du mouvement de matières subtiles. Ajoutons pour finir que, malgré la grande autorité de Boerhaave, l'idée que la matière du feu est uniformément répandue partout fut souvent reçue avec suspicion. Mais ce sont les travaux de Joseph Black, professeur de chimie à l'université d'Edimbourg, qui récusèrent le plus sûrement cette idée de Boerhaave.

Chapitre 1
L'*Histoire de l'électricité* selon Dufay

Portrait de Dufay (1698-1739) par Fontenelle

Les Cisternay étaient nobles et faisaient profession des armes depuis la fin du quinzième siècle. Son aïeul paternel, nous dit Fontenelle, mourut Capitaine des Gardes du frère du grand Condé, et, quoique homme de guerre, *il s'entêta de la Chymie, dans le dessein à la vérité de parvenir au grand œuvre. Il travailla beaucoup, dépensa beaucoup, avec le succès ordinaire*[121]. Le père, lieutenant aux Gardes, perdit une jambe au bombardement de Bruxelles en 1695 et fut obligé à renoncer au service ; aimant les Lettres, il se constitua une bibliothèque qui, au dire de Fontenelle, était bien choisie et bien assortie, et *alloit bien à la valeur de 25 000 écus*. Il fut l'ami des plus illustres savants et *mieux fournis que la plupart d'entr'eux des Instrumens de leur Profession, [...]*. Notre futur académicien fut dans son plus jeune âge initié aux sciences et au métier des armes. *Le succès de l'éducation fut à souhait. Dès l'âge de quatorze ans, en 1712, il entra Lieutenant dans le Régiment de Picardie ; et à la Guerre d'Espagne, en 1718, il se trouva aux Sièges de Saint-Sébastien et de Fontarabie, où il se fit de la réputation dans son métier, et, ce qui devoit encore arriver plus sûrement, des amis, [...]*. C'est dans ces temps-là qu'il se mit à étudier la chimie, et grâce à ses travaux, il entre à l'Académie des sciences en 1723, le capitaine des gardes obtînt une place d'adjoint en chimie et en 1733, une place de pensionnaire ; ainsi est-il le seul de sa caste à avoir intégré l'Académie au titre de savant. Il abandonna la carrière des armes et ne fut bientôt plus qu'académicien. *Il le fut si pleinement, [nous dit Fontenelle], qu'outre la Chymie, qui étoit la Science dont il tiroit son titre particulier, il embrassa encore les cinq autres qui composent avec elle l'objet total de l'Académie, l'Anatomie, la Botanique, la Géométrie, l'Astronomie, la Méchanique. [...] Il est jusqu'à présent le seul qui nous ait donné dans tous les six genres des Mémoires que l'Académie a jugés dignes d'être présentés au Public*. Dufay[122] est une notable exception dans la classe des

---

121 Fontenelle, « Eloge de M. du Fay », *Histoire de l'Académie royale des sciences*, [*HARS*], 1739, p. 73-83 ; *Œuvres complètes*, tome VII, Paris, Fayard, 1996 ; p. 317-329, pour cette citation et les suivantes.

122 Deux orthographes sont en usage après la mort de Dufay. Sous la plume de Fontenelle, le secrétaire perpétuel de l'Académie des sciences, dans l'histoire de la dite Académie, on lit : M. du Fay ; Nollet écrit M. du Fay dans ces Mémoires de l'Académie des sciences et M. Dufay dans ses livres. & Grandjean de Fouchy, l'un des successeurs de Fontenelle au

pensionnaires de l'Académie des sciences, ceux-ci sont très généralement issus de la noblesse de robe ou de la haute bourgeoisie d'office, quelques uns sont issus de milieux modestes, tel l'abbé Nollet, leurs rapports au pouvoir royal s'en trouvent embarrassés, comme nous le laisse entendre Fontenelle, toujours lui ; il nous en parle à l'occasion de la restauration du Jardin royal qui fut confié à Dufay : *Mais toute l'activité possible ne lui auroit pas suffi pour exécuter, en si peu de temps, tous ses desseins sur le Jardin, en n'y employant que les fonds destinés naturellement à cet établissement ; il falloit obtenir, et obtenir souvent, des graces extraordinaires de la Cour. Heureusement il étoit fort connu des Ministres ; il avoit beaucoup d'accès chez eux, et une espèce de liberté et de familiarité à laquelle un homme de guerre ou un homme du monde parviendra plus aisément qu'un simple Académicien. De plus, il savoit se conduire avec les Ministres, préparer de loin ses demandes, ne les faire qu'à propos, et lorsqu'elles étoient presque déjà faites, essuyer de bonne grace les premiers refus, toujours à-peu-près infaillibles, ne revenir à la charge que dans des momens bien sereins, bien exempts de nuages ; enfin, il avoit le don de plaire, et c'est déjà une grande avance pour persuader ; mais ils savoient aussi qu'ils n'avoient rien à craindre de tout son art, qui ne tendoit qu'à des fins utiles au Public, et glorieuses pour eux-mêmes.*

Ainsi, cet éloge de Dufay par Fontenelle [123] est-il l'une des meilleures sources de renseignements sur les difficultés des relations entre savants et aristocrates [124]. Dès 1732, Dufay avait été nommé intendant du Jardin du roi et avec Messieurs de Jussieu il avait entreprit de le relever de l'état de quasi-abandon qui était alors le sien ; à cette occasion, il avait, entreprit un voyage

---

secrétariat de l'Académie, et qui, à ce titre, rend compte des travaux de Nollet dans l'histoire de l'Académie écrit M. du Fay, mais écrit M. Dufay dans l'Eloge de M. l'Abbé Nollet. Nous, qui n'écrivons pas dans les *Mémoires de l'Académie royale des sciences*, [*MARS*] nous écrirons : Dufay

123 Bernard le Bovier de Fontenelle est né à Rouen en février 1657, il est le neveu de Pierre et de Thomas Corneille. Il fut poète, auteur dramatique et moraliste ; dans la querelle des anciens et des modernes, il prit le parti de ces derniers, s'attira l'hostilité de Racine et Boileau qui causèrent quatre fois son échec à l'Académie française, où il ne fut élu qu'en avril 1691. A partir de 1699 et pendant plus de 40 ans, il fut le secrétaire perpétuel de l'Académie royale des sciences et, en cette qualité, il rédigea : *l'Histoire de l'Académie royale des Sciences* de 1666 à 1699 qui fut publiée en 1733, et annuellement *l'Histoire de l'Académie royale des Sciences* ainsi que les *Eloges des académiciens* entre 1699 et 1739 ; ainsi peut-il être considéré comme l'inventeur de l'histoire des sciences. Il est l'auteur des *Entretiens sur la pluralité des mondes* dont la première édition est de 1686, des *Eléments de la géométrie de l'infini*, publiés en 1727. Cette œuvre abondante ne l'empêchait pas de tenir le premier rang dans les salons mondains : le salon de la duchesse du Maine, chez la marquise de Lambert, chez Mme de Tencin, chez Marie-Thérèse Geoffrin et chez Mme du Deffand. Il meurt en janvier 1752. (Alain Niderst, *Fontenelle*, Paris, Plon, 1991 ; Simone Mazauric, *Fontenelle et l'invention de l'histoire des sciences à l'aube des Lumières*, Paris, Fayard, 2007).

124 Simone Mazauric, *Fontenelle et l'invention de l'histoire des sciences à l'aube des Lumières*, *op. cit.*, p. 162-164.

en Angleterre et un en Hollande avec le cadet des Jussieu pour y prendre des idées et y établir un commerce de plantes. Fontenelle ajoute qu'il risquait aussi sa propre fortune dans cette restauration : *Il étoit quelquefois obligé d'aller au-delà des sommes qu'on lui avoit accordées, et n'hésitoit pas à s'engager dans des avances assez considérables. Sa confiance n'a pas été trompée par ceux qu'elle regardoit, mais elle pouvoit l'être par des événemens imprévus. Il risquoit, mais pour ce jardin qui lui étoit si cher.* Dufay lèguera au Jardin Royal *une collection de pierres précieuses, qui fera [écrit Fontenelle] partie d'un grand Cabinet d'Histoire Naturelle, dont il étoit presque le premier auteur, tant il lui avoit procuré par ses soins d'augmentations et d'embellissemens.* Et sentant sa mort prochaine, il écrivit à M. de Maurepas une lettre pour lui recommander Buffon pour lui succéder dans l'intendance du Jardin royal.

L'*Histoire de l'électricité* selon Dufay, "le premier mémoire sur l'électricité"

Entre 1733 et 1737, Dufay présente huit mémoires sur l'électricité à l'Académie des sciences. L'exposé de ses recherches commence par un mémoire consacré à l'histoire de l'électricité. Dufay ne veut pas faire une histoire complète de l'électricité mais comme il le dit : *Si je voulois parler ici de tous ceux qui ont traité de l'Electricité, il me faudroit citer tous les Auteurs qui ont écrit sur la Physique ; il y en a peu qui ne se soient arrêtés à ce phénomene, & qui n'ayent tâché d'en trouver l'explication chacun dans son systeme ; d'autres se sont appliqués à éxaminer plus particulièrement cette propriété, & à faire des expériences sur les différentes matières qui en sont susceptibles, que sur les circonstances particulières à chaque corps électrique. Pour ne m'arrêter qu'à ceux qui ont écrit sur ce sujet avec le plus d'intelligence, ou qui y ont fait quelque découverte considérable, & sur l'exactitude desquels on peut le plus compter, je commencerai par Gilbert [...]*[125].

Les travaux de Gilbert

D'entrée, Dufay aborde les travaux de Gilbert *qui a ajoûté au nombre des corps électriques une infinité de matières dans lesquelles cette vertu n'avoit point été reconnuë. Comme il y en a dans lesquelles elle est très-foible, il a imaginé, pour la rendre sensible, de se servir d'une Aiguille, de quelque métal que ce soit, suspenduë sur un pivot comme une Aiguille aimantée ; si l'on approche d'un des bouts de cette aiguille un corps électrique, il l'attire plus ou moins fortement suivant la force de son électricité. Il a reconnu, par ce moyen, que non seulement l'Ambre & le Jayet [le jais] ont cette propriété, mais qu'elle est commune à la plupart des Pierres précieuses, [...] ; qu'on la trouve aussi dans le verre, [...].* Suit une

125 Dufay, « Premier mémoire sur l'électricité, histoire de l'électricité », *Mémoires de l'Académie royale des sciences*, [*MARS*], 1733, p. 23-34 ; p. 23, 24 pour cette citation et les suivantes.

liste de corps qui sont plus ou moins susceptibles d'électricité et une liste de ceux qui ne le sont nullement, parmi lesquels il cite les bois les plus durs, les métaux et l'aimant. Il remarque enfin que *tous les corps électriques n'ont aucune vertu s'ils ne sont frottés, & qu'il ne suffit pas qu'ils soient échauffés, soit par le feu, par le soleil ou autrement [...].*

La machine électrique de Guericke

Selon Dufay, les expériences que Guerike fit sur un globe de soufre *auroient dû porter beaucoup plus loin les connoissances que l'on avoit sur l'Electricité, mais il ne paroît pas qu'on se soit appliqué à les suivre, puisqu'il n'en est point mention dans les Auteurs qui depuis ont traité la même matière avec le plus de détail.* Voici comment Dufay résume ces recherches dans ce premier mémoire sur l'électricité : *On fait tourner sur son axe, par le moyen d'une manivelle, une boule de Soufre grosse comme la tête d'un enfant. Cette boule étant mûë avec rapidité, si on applique la main dessus, elle devient électrique, & attire les corps légers qui lui sont présentés ; si on la détache de la machine sur laquelle elle a du être posée pour la faire tourner, & qu'on la tienne à la main par l'axe, non seulement elle attire une plume, mais elle la repousse ensuite, & ne l'attire plus de nouveau que la plume n'ait touché quelque autre corps ; il remarque que la plume chassée par le globe attire tout ce qu'elle rencontre, ou va s'y appliquer, si elle ne peut pas l'attirer vers elle, mais que la flamme d'une chandelle la chasse & la repousse vers le globe : il ajoûte que la partie, ou le côté de la plume qui a été attirée & repoussée par le globe est toûjours le même qui s'y applique, en sorte qu'elle se retourne si on présente le globe à sa partie opposée. Si l'on suspend un fil au dessus du globe, en sorte qu'il ne le touche point, & qu'on approche le doigt du bout inférieur de ce fil, on verra le fil s'éloigner du doigt. Il a aussi remarqué que la vertu électrique du globe se transmettoit par le moyen d'un fil jusqu'à la distance d'une aulne, & que lorsque le globe avoit été rendu électrique par la rotation, & la main appliquée dessus, il conservoit sa vertu pendant plusieurs heures. Tenant l'axe de ce globe ainsi frotté dans une position verticale, il promenoit une plume par toute la chambre sans qu'elle s'appliquât au globe* [126]. Dufay remarque alors qu'on peut voir *dans le récit abrégé de ces expériences la base & le principe de toutes celles qui ont été faites depuis avec le tube & le globe de verre, & qu'on ne peut s'empêcher d'être surpris qu'elles ayent demeuré si long-temps dans l'oubli, ou du moins qu'on ne se soit pas avisé de les répéter, & de tâcher de les porter plus loin.*

La contribution de Boyle à l'étude de l'électricité

Des travaux de Boyle sur l'électricité, Dufay retient, outre des observations qui complètent celles que firent ses prédécesseurs, deux observations importantes : *l'une est que la vertu électrique se conserve dans*

---

[126] *Ib.*, p. 25-28, pour cette citation et les suivantes.

le vuide, & l'autre qu'elle se communique aux différentes matières par l'approche des corps électriques. Voici son expérience. Il a pris un morceau d'Ambre dont la vertu avoit été puissamment excitée en le chauffant d'abord, & le frottant ensuite ; il a approché ce morceau d'Ambre des barbes les plus déliées d'une petite plume de duvet, en sorte qu'elles y demeuroient attachées. La plume & l'Ambre étant dans cet état, il approcha le doigt des barbes de la plume les plus éloignées de l'Ambre, & s'apperçût qu'elles tendoient à s'appliquer à son doigt, & s'y appliquoient effectivement lorsqu'il l'en approchoit assés près : craignant que cela ne vint de quelque vertu électrique particulière à son doigt, ou à son ongle, il en approcha différents corps, comme du Bois, du Fer, du Marbre, & tous sans exception firent le même effet, c'est-à-dire, que les barbes de la plume les plus éloignées de l'Ambre s'inclinèrent vers ces corps, & s'y appliquèrent. Voilà donc [remarque du Fay] une nouvelle propriété reconnuë dans les corps électriques, non seulement ils attirent les corps légers, mais ils communiquent encore cette vertu à tous les corps solides qui se rencontrent dans leur tourbillon. Dufay ajoute que *Cette découverte ne fut pas alors poussée plus loin, il falloit des corps qui possedassent cette vertu dans un degré plus éminent, & quoique le Verre fût déjà mis au nombre des électriques, on ne sçavoit pas à beaucoup prés jusqu'à quel point il pouvoit le devenir.*

Dufay passe très vite sur les travaux expérimentaux de l'Académie de Florence : *On trouve encore dans le Recueil des Expériences faites par l'Académie de Florence, plusieurs bonnes observations sur les corps électriques, tant sur ceux qui sont incapables d'acquerir cette propriété, que sur plusieurs circonstances concernant la vertu de l'Ambre. Ce seroit nous engager dans un trop long travail que de rapporter toutes ces observations, nous nous contenterons d'indiquer les principales. On y voit que l'Ambre n'attire point la flamme, qu'il attire la fumée, que le froid ne détruit point sa vertu, qu'il n'en acquiert point s'il est frotté sur des corps lisses & polis, comme le Verre, le Crystal, l'Yvoire, &c.*

Les expériences sur l'électricité de Hauksbee

Dufay s'arrête ensuite sur les recherches faites en Angleterre par Hauksbee et Gray, lesquelles sont le point de départ de ses propres travaux. Fontenelle note à ce propos que *l'on voit combien les Anglois dominent dans cette petite Troupe.* Il y ajoute que : *M. du Fay est venu le dernier, qui a profité des travaux de ses prédécesseurs, les a ou vérifiés en les répétant, ou rendus plus faciles à imiter, en a fait des combinaisons qu'ils n'avoient pas faites, & a pénétré encore plus avant dans la nature de l'Electricité, ainsi qu'il y étoit obligé pour n'être venu qu'après eux*[127]. Le compte rendu de Dufay sur les expériences et les observations sur l'électricité faites par

127 Fontenelle, « Sur l'Electricité », *HARS*, 1733, p. 4-17.

Hauksbee se suffit à lui-même, il nous paraît que nous ne pourrions y soustraire le moindre évènement[128].

On trouve dans les Transactions philosophiques N.°308 & 309, plusieurs expériences faites par M. Hauksbeé, touchant l'électricité du Verre ; le même Auteur ayant continué les recherches, a considérablement augmenté le nombre de ses expériences, & le détail s'en trouve en divers endroits des Transactions philosophiques : il a ensuite rassemblé dans un seul ouvrage toutes ses découvertes, tant sur l'Electricité que sur la Lumiére, & sur la différence de ces phénomènes dans le Vuide ou dans le Plein ; c'est dans ce livre imprimé à Londres en 1709, en Anglois, & traduit en Italien en 1716, que nous avons pris ce que nous allons rapporter en peu de mots pour continuer l'idée que nous avons commencé de donner des progrès de cette découverte. M. Hauksbeé remarqua qu'un tuyau de verre long d'environ 30 pouces, gros d'un pouce, ou un pouce & demi, & bouché par une de ses extrémités, étant frotté avec la main, du papier, de la laine, de la toile, &c. devenoit si fort électrique, qu'il attiroit d'un pied de distance des feuilles de métal, qu'ensuite il les repoussoit avec force, & leur donnoit en tous sens divers mouvements très-singuliers. On a vû dans le récit des expériences de Magdebourg des effets tout pareils, produits par le globe de Soufre. Il remarqua de plus que la différente température de l'air apportoit un grand changement à tous ces effets, qui étoient bien plus considérables quand l'air étoit pur & serein ; il observa que cette vertu étoit presque entièrement détruite, lorsque le tube étoit vuide d'air & se rétablissoit lorsqu'on l'y laissoit rentrer ; que lorsque le tuyau étoit frotté, & qu'on en approchoit les doigts, ou quelque autre corps sans le toucher, on entendoit un petillement dans la surface du tuyau, & que si on le mettoit proche le visage, on sentoit comme une espece de voile délié ou de toile d'araignée qui venoit frapper le visage. Ces expériences faites dans l'obscurité, étoient accompagnées de circonstances très singuliéres, car tandis qu'on frottoit le tuyau, on en voyoit sortir une lumiére considérable, & même des étincelles qui accompagnoient ces pétillements dont nous venons de parler ; lorsque le tube étoit vuide d'air, cette lumière étoit plus vive en dedans, mais elle ne sortoit pas au dehors, & ne s'attachoit pas aux corps voisins, comme lorsqu'il étoit rempli d'air. Voilà les principales expériences qu'il fit avec le tuyau ; on pourra consulter le Livre, si on en veut un plus grand détail, & on y trouvera plusieurs circonstances curieuses. M. Hauksbeé prit ensuite un vaisseau de verre sphérique ; & disposé de sorte qu'on le pût faire tourner sur son axe par le moyen d'une grande rouë, & d'une machine qu'il décrit, & qu'il est très-aisé de se représenter ; l'un des pivots sur lesquels tournoit le globe, étoit un robinet qui s'ajustoit sur la Machine pneumatique pour en pouvoir pomper l'air quand il jugeoit à propos. Ce vaisseau étant ainsi

128 Une table de conversion d'unités est placée à la fin du livre.

disposé, & tournant très-rapidement sur son axe, devenoit lumineux intérieurement lorsqu'il étoit vuide d'air, & qu'on appliquoit la main dessus, mais lorsqu'il étoit rempli d'air, l'effet étoit bien plus singulier, car la lumiére s'élançoit au dehors, & s'attachoit aux corps voisins en forme d'étincelles, ou de petites particules de Phosphore. A l'egard de la vertu électrique de ce globe, voici de quelle maniére il imagina de la rendre extrêmement sensible ; il fit un demi-cercle de fer qui entouroit le globe à environ un pied de distance de sa surface ; il avoit attaché à ce demi-cercle des fils de laine qui n'étoient pas tout-à-fait assés longs pour atteindre la surface du vaisseau. Venant ensuite à faire tourner ce globe rapidement sur son axe, & posant la main dessus, en sorte que cela occasionnoit un frottement très-considérable, les fils qui auparavant pendoient librement, étoient alors attirés tous ensemble par la surface du vaisseau sphérique, & sembloient tendre vers son centre. Cette même direction ou tendance des fils subsistoit 4 ou 5 minutes après que le mouvement du globe étoit cessé, & qu'on avoit retiré la main de dessus. Si le frottement avoit été fait sur l'équateur du globe, les fils tendoient au centre ; au contraire s'il avoit été fait vers un des poles, le point de tendance se trouvoit dans l'axe mais plus proche de ce pole que de l'autre. La direction de ces fils étoit dérangée, lorsqu'on approchoit de leur extrémité le doigt, ou quelque autre corps, & ils en étoient attirés ou repoussés très-sensiblement. On a vû dans ce que nous avons rapporté des expériences de Magdebourg, quelque chose de tout-à-fait semblable, lorsqu'on approche le doigt des fils qui sont attirés par la boule de Soufre, mais l'effet est beaucoup plus sensible dans l'expérience présente, au moyen de la disposition des fils sur un cercle de bois ou de fer. M. Hauksbeé ayant introduit dans ce même globe un axe garni dans son milieu d'un cylindre de bois ou de liège, à la surface duquel étoient attachés de pareils fils, un peu trop courts pour atteindre la surface intérieure du globe ; ces fils s'écartoient en rayons, lorsque par la rotation du globe & la main appliquée dessus, on avoit excité sa vertu électrique, ainsi ces fils tendoient alors du centre à la circonférence, au lieu que dans l'expérience précédente, lorsqu'ils étoient placées au dehors du vaisseau, ils paroissoient tendre de la circonférence vers son centre. On troubloit de même cette direction, & on la dérangeoit lorsqu'on approchoit le doigt de la surface extérieure du globe sans cependant la toucher, ce qui est bien singulier, car l'épaisseur du verre semble devoir ôter toute communication entre ces fils qui sont renfermés en dedans & le doigt qu'on ne fait qu'en approcher par dehors. Le même dérangement étoit causé en soufflant simplement avec la bouche à la distance de deux ou trois pieds du globe. On trouve encore dans le même ouvrage un grand nombre d'observations tant sur l'électricité du Verre, que sur celle de la Gomme lacque, de Soufre, de la Poix, de la Colophonne ; mais comme nous avons rapporté les principales, & que les autres n'en sont que des suites, dont les variétés résultent du changement de quelques circonstances, nous nous en tiendrons à celles dont nous venons de parler, & nous passerons aux autres découvertes qui se sont faites depuis sur la nature de l'électricité[129].

Les expériences et observations sur l'électricité faites par Stephen Gray avant 1733

La plus grande partie des travaux de Hawksbee sur la lumière et l'électricité parurent en 1709 sous le titre de *Physico-mechanical Experiments on various subjects toaching light and electricity producible on the attrition of bodies*, Gray commence à publier ces travaux les plus marquants sur l'électricité en 1729, vingt ans plus tard. En 1720, Gray a publié un mémoire dans les *Philosophical Transactions* [130] allongeant la liste des corps qui acquièrent la vertu électrique par le frottement : *tels sont les plumes, les cheveux, des échevaux de soye, le poil des animaux, [...] du papier, des copeaux de bois, du cuir, [...]* [131]. Gray remarque aussi que *la plûpart de ces corps étant frottés dans l'obscurité, rendent de la lumiére, & même que la lumiére en sort, & s'attache aux doigts.* Dufay note que ces observations *ne donnent aucunes connoissances particuliéres sur la nature de la vertu électrique.* En 1729, Gray publie dans la même revue, une série d'articles [132] relatant des expériences que Dufay juge surprenantes et propres à susciter les conjectures des plus hardies. Dufay limite son propos à celles qui sont les plus abouties : *Il s'est servi d'un tube de verre long de 3 pieds, & d'un peu plus d'un pouce de diametre ; ce tube étoit bouché par chacune de ses extrémités avec un bouchon de liège, il s'avisa d'abord d'ajuster dans le bouchon de l'extrémité la plus éloignée de la main, lorsqu'il tenoit le tuyau, une baguette fort longue ; l'extrémité de cette baguette entroit dans une boule d'yvoire percée, alors le tuyau étant rendu électrique par le frottement, la vertu se communiqua à la boule, en sorte qu'elle avoit, de même que le tuyau, la vertu d'attirer & de repousser les feuilles d'or, le duvet, &c. Ayant porté la longueur de cette baguette, formée de plusieurs pièces, jusqu'à 32 pieds, & ne pouvant à cause de l'embarras de l'expérience, la porter plus loin, il s'avisa d'y substituer une corde, & ayant monté sur un lieu élevé, il vit que l'électricité se continuoit de même*

---

129 Dufay, « Premier mémoire sur l'électricité », *op. cit.*, p. 28, 29.

130 *Two letters to Mortimer Sec. R. S. concerning Accounts of his Experiments concerning Electricity*, 1732. [en langage actuel, découverte de la conduction électrique, des charges induites ou de l'électrisation par influence].

131 Dufay, « Premier mémoire sur l'électricité », *op. cit.*, p. 31, pour cette citation et la suivante.

132 Stephen Gray (1670-1736), "A Letter to Cromwell Mortimer, M. D. Secr. *R. S.* containing several Experiments concerning Electricity", *Philosophical Transactions of the Royal Society*, [*Phil. Trans.*] 1731-1732, 37, p.18-44; "A Letter from Mr. Stephen Gray to Dr. Mortimer, Secr. R. S. containing a farther Account of his Experiment concerning Electricity", *Phil. Trans.*, 1731-1732, 37, p.285-291. "Two letters from Mr. Stephen Gray, F. R. S. to C. Mortimer, M. D. Secr. R. S. concerning farther Accounts of his Experiments concerning Electricity", *Phil. Trans.*, 1731-1732, 37, p.397-407.

par le moyen de la corde, & à 52 pieds de distance, la boule faisoit les mêmes effets que le tuyau ; il vint enfin à poser la corde horisontalement, & après avoir levé un grand nombre de difficultés qui se rencontroient à chaque instant, il la soûtint d'espace en espace sur une soye déliée, & l'étendant tantôt en ligne droite, tantôt lui faisant faire plusieurs allées & venuës, tours & détours, il parvint à lui donner la longueur de 886 pieds Anglois, la boule suspenduë à l'extrémité de cette corde, & à une si grande distance du tuyau, étoit encore sensiblement électrique, & auroit peut-être pû être portée beaucoup plus loin sans avoir perdu toute sa vertu ; & afin qu'on ne soupçonnât pas que la boule d'yvoire eût quelque propriété particuliére, il a suspendu au bout de la corde différents corps, comme du bois, du plomb, du liège, des feuilles, une pierre d'aimant, une boule de savon, un fer rouge, un poulet, une mappemonde, un parasol, &c. & chacun de ces corps a contracté la vertu électrique aussi parfaitement que l'yvoire. M. Gray a remarqué de plus qu'il n'est pas nécessaire que le tube touche immédiatement le bout de la ficelle, ou de la perche, pour que la vertu passe à l'autre extrémité, il suffit de l'en approcher lorsqu'il a été frotté & rendu électrique ; il a fait à ce sujet plusieurs expériences très-curieuses avec diverses matiéres, & entre autres avec un Enfant de huit à dix ans suspendu sur deux cordes dans une situation à peu-près horisontale ; mettant alors le tuyau proche des pieds de l'enfant, sa tête, ses cheveux, son visage devenoient électriques, ce qui arrivoit de même aux pieds, lorsque l'on approchoit le tube proche de la tête de l'enfant. Les mêmes expériences ont été faites à peu-près avec les mêmes circonstances en se servant d'un Cylindre de verre solide, d'environ un pied de long, & de près d'un pouce de diametre, mais l'effet n'en étoit pas ordinairement si considérable. [...] En faisant toutes ces expériences, on réussit bien mieux, & l'électricité est beaucoup plus sensible, & agit de plus loin, si l'on pose les feuilles d'or, plumes, ou autres corps legers, sur une espece de petit gueridon élevé d'un pied, ou un pied & demi, que sur la table ou le plancher[133] ; ce qui vient sans doute de ce que les écoulements électriques, de quelque nature qu'ils soient, s'étendent le long de la table, & qu'il y en a une moindre partie qui exerce son action sur les feuilles. C'est par la même raison que si, dans l'expérience que nous avons rapportée, on se sert de cordes ou de bois pour soûtenir la corde qui porte l'électricité du tube à la boule, cette vertu n'y parvient point ; elle s'attache à cet appui, & il semble que cette détermination à un corps plûtôt qu'à un autre, dépende du volume des corps qu'elle rencontre. Il arrive la même chose, & la vertu de la boule est arrêtée

133 « Plancher. Il se dit également de la partie basse et de la partie haute d'une chambre, d'une salle, *etc.* Dans le premier sens on dit, *Plancher parqueté*, *Plancher carrelé* [...] », *Dictionnaire de l'Académie*, 1762.

de même si l'on pose sur la ligne de communication le doigt, un bâton, ou quelque autre corps capable de détourner les écoulements électriques[134].

Dufay termine son exposé des travaux de Gray par un mémoire de 1732, dans lequel celui-ci fait voir que l'eau peut devenir électrique : *Voici de quelle maniére se fait cette expérience. On remplit d'eau une petite écuelle de bois, ou une soucoupe de porcelaine, on la pose sur un de ces petits guéridons, ou sur un verre à boire bien sec, & un peu chauffé ; pour lors ayant frotté ce tube, on l'approche de la soucoupe, le passant par-dessus & par les côtés deux ou trois fois, sans néantmoins y toucher, cela suffit pour communiquer une vertu électrique très-sensible à l'écuelle, ou la soucoupe, & à l'eau qui y est contenuë, ce que l'on reconnoît en approchant un cheveu, ou un fil délié dans une situation horisontale de la surface de l'eau, on voit alors ce fil s'en approcher jusqu'à ce qu'il y soit plongé. Cette expérience m'a réussi de la maniére que je viens de la décrire, & avec autant de facilité, de la maniére suivante. J'avois ajusté au bout de mon tuyau un bouchon de liége auquel étoit attaché un bout de corde, le tuyau étant rendu électrique par le frottement, j'ai plongé l'extrémité de la corde dans la soucoupe remplie d'eau, & posée sur un verre chauffé, ce qui a communiqué la vertu à la surface de l'eau, de même que par l'opération précédente, & il est vraisemblable qu'il en seroit de même de toutes les liqueurs, mais il est à observer que cette vertu est moins considérable dans l'eau que dans les corps solides.* Ainsi, pour la première fois, à la fin de ce premier mémoire, Dufay parle-t-il d'une expérience de Gray qu'il a reprise et d'une autre qu'il a faite en en variant les conditions. Dufay y ajoute que *M. Gray rapporte aussi dans le même endroit que l'eau est attirée par ce tube, mais que cela avoit déjà été observé par Otto de Guerike & plusieurs autres Physiciens à l'égard du Soufre, de la Gomme lacque & de l'Ambre ; il ajoûte que lorsque l'expérience se fait dans l'obscurité, on voit sortir de la petite élévation d'eau qui se forme à l'approche du corps électrique, une espece de lumiére accompagnée d'une petit bruit.*

Complétons cette histoire de l'électricité sur quelques points[135].

Sur le De Magnete de Gilbert

En abordant le *De Magnete* de Gilbert, Dufay nous laisse dans l'ignorance des circonstances qui l'ont amené à s'intéresser à l'électricité ; il privilégie l'élargissement de la liste des corps électriques et délaisse les conditions climatiques qui favorisent et celles qui contrarient l'apparition des

134 Dufay, « Premier mémoire sur l'électricité », *op. cit.*, p. 32-35, pour cette citation et les suivantes.

135 Robert Halleux, « Magnétisme et phénomènes apparentés » in *La science classique, Dictionnaire critique, op. cit.*, Michel Blay et Robert Halleux éd., p. 591-601.

phénomènes électriques. En 1600, Gilbert [136] publie le *De Magnete*, [Du magnétisme et des corps magnétiques et du grand aimant de la Terre] [137] dans lequel il joint à cause du rapport qu'elle semblait avoir avec son sujet principal, l'étude de l'attraction du fer par la pierre de magnétite, celle de divers corps légers, tels les brins de paille par l'ambre frotté. Pour rendre cette attraction, qu'il nomme "électrique", plus sensible il l'observe grâce son action sur une aiguille métallique très légère suspendue sur un pivot, le "versorium", comme on le fait pour l'aiguille aimantée. Comme nous l'avons déjà dit, si l'on approche d'un des bouts de cette aiguille un corps électrique, il l'attire plus ou moins fortement suivant la force de son électricité. Dufay résume ainsi les observations de Gilbert qui ont considérablement étendu le nombre des corps électriques, qui, jusqu'à lui, se limitait à l'ambre et au jayet [le jais] : *[Gilbert] a reconnu, par ce moyen, que non seulement l'Ambre & le Jayet ont cette propriété, mais qu'elle est commune à la plûpart des Pierres précieuses, comme le Diamant, le Saphir, le Rubis, l'Opale, l'Amethiste, l'Aigue-marine, le Crystal de roche ; qu'on la trouve aussi dans le Verre, la Belemnite, le Soufre, le Mastic, la Gomme lacque, la Résine cuite, l'Arsenic, le Sel gemme, le Talc, l'Alun de roche. Toutes ces différentes matiéres lui ont paru attirer non seulement la paille, mais tous les corps légers, comme le bois, les feuilles, les métaux, soit en limaille ou en feuille, les pierres, & même les liqueurs comme l'eau & l'huile* [138]. En outre, il constate que les corps qui ne possédent que faiblement cette propriété ne la posséde que lorsque l'air était clair et exempt d'humidité ; il considère que l'air n'est pas affecté par l'attraction électrique parce que la flamme d'une chandelle eut été troublée si l'air lui eut donné le plus petit mouvement. Il considère aussi que la flamme, les corps embrasés et toutes les matières extrêmement raréfiées n'étaient pas sujettes à cette attraction. Gilbert a encore observé que le frottement le plus efficace est vif et léger, que les effets étaient plus forts lorsque l'air était sec et que le vent soufflait du nord ou de l'est et qu'alors les corps électriques agissaient encore dix minutes après avoir été excités ; il a aussi observé qu'un air humide ou un vent de sud anéantit presque l'effet électrique [Gilbert expérimente à Londres] et que l'humidité due à la respiration l'anéantit tout autant. Gilbert donna aussi une liste de substances qui n'acquièrent, en aucun cas, la propriété d'attirer les corps légers : les perles, le corail, l'albâtre, le porphyre, la silice, le marbre, l'ivoire, les os, les bois durs, les métaux, etc. En présentant à une goutte d'eau arrondie posée sur une surface sèche,

---

136 William Gilbert naît le 24 mai 1544 à Colchester en Angleterre. Il est nommé médecin d'Elisabeth 1re en 1601, laquelle meurt en 1603 ; puis, pour peu de temps, celui de Jacques 1er. Il meurt de la peste bubonique à Londres le 10 décembre 1603.

137 William Gilbert, *De magnete magnetisque corporibus et de magno magnete tellure*, 1660 ; traduction anglaise : *On the Magnet*, Price, Dereck J. (ed.), New-York, 1958.

138 Dufay, « Premier mémoire sur l'électricité », *op. cit.*, p. 23-35 ; p. 23, 24.

un corps électrisé, Gilbert remarque que la goutte s'allonge en forme de cône du côté du corps électrisé. En présentant ce même corps à une flamme, celle-ci n'en fut pas perturbée, il en conclut que l'électricité n'exerce aucun effet sur l'air.

Gilbert interprète les phénomènes électriques en supposant que le frottement de certains corps donne naissance à des effluves qui produisent l'attraction d'autres corps [139]. Il imagine que l'attraction électrique est produite de la même manière que l'attraction de cohésion, ayant observé que deux gouttes d'eau au contact se précipitent l'une vers l'autre ; il suppose que les corps électriques sont virtuellement en contact avec les corps sur lesquels ils agissent par leurs émanations excitées par le frottement [140].

Dans cette étude des phénomènes magnétiques et électriques, Gilbert met aussi en évidence ce qui les distingue les uns des autres : il constate que le frottement est nécessaire pour exciter la vertu électrique alors qu'il n'est nullement nécessaire à l'aimant, il montre que l'humidité dissipe l'électricité alors qu'elle n'a aucune action sur l'aimant ; l'aimant n'agit que sur les corps ferreux, alors que l'électricité agit sur des corps très différents les uns des autres ; l'aimant peut attirer des corps très pesants alors que l'électricité n'attire que des corps très légers, enfin les corps magnétiques se portent mutuellement l'un vers l'autre tandis que les corps électrisés agissent seuls et attirent à eux en ligne droite les corps non électrisés ; enfin il observe que dans le magnétisme il y a attraction et répulsion alors qu'il ne voit dans l'électricité que des attractions.

Sur la contribution d'Otto de Guericke à l'électricité

Deux inventions du bourgmestre de Magdebourg [141], [142] ont leur place dans une histoire de l'électricité, celle bien connu de la machine pneumatique, qui permet de réaliser un espace vide d'air, en fait, un espace où l'air est raréfié et l'invention de la première machine électrique. Mais ces

---

139 Ferdinand Hoeffer, *Histoire de la physique et de la chimie*, Paris, Hachette, 1872 ; Chapitre 4, p. 247.

140 Joseph Priestley, *The History and Present State of Electricity, with Original Experimens*, Londres, 1767 ; *Histoire de l'électricité*, traduction et notes de Brisson, 3 volumes, Paris, Herissant, 1771 ; tome 1, p. 7, 8.

141 Otto de Guericke est né à Magdebourg en 1602, il fit des études de droit à Leipzig, à Helmstadt et à Iéna entre 1617 et 1623. Il étudia ensuite les mathématiques et la mécanique à Leyde puis voyagea en France et en Allemagne avant de revenir dans sa ville natale. Il y était lorsqu'elle fut mise à sac en 1631, par les troupes impériales. Il faillit y perdre la vie, fut fait prisonnier par les Impériaux et libéré contre une rançon. Plus tard, entré au service de la Suède, il fut nommé ingénieur en chef des fortifications d'Erfurth. Son engagement terminé, il revint à Magdebourg et en devint le bourgmestre en 1646, il le fut pendant 35 ans A plus de 80 ans, il abandonna sa fonction, alla vivre auprès de son fils à Hambourg et y mourut en 1686. (Johann Christian Poggendorff , *Histoire de la physique*, traduction de E. Bibart et G. de la Quesnerie, 1883, Paris, Jacques Gabay, 1993 ; p. 257-264).

142 Ferdinand Hoeffer, *Histoire de la physique et de la chimie*, *op. cit.* ; Chapitre 4, p. 247.

inventions furent faites dans un but précis, trancher la question du vide dans la nature et rendre compte du système du monde par de nouvelles méthodes de démonstration fondées sur la raison et l'expérience. Les *Experimenta nova* [143] publiées en 1672 ont comme objet le système du monde, le livre 1 de cet ouvrage soulève les questions du repos ou du mouvement de la Terre et de l'existence du vide extraterrestre aussi s'ouvre-t-il sur une revue des systèmes du monde de Moïse à Copernic. Le livre 2 traite du vide, de l'espace intermédiaire entre les corps du monde, de l'espace fini ou infini, de l'éternité... Au livre 3, Guericke fait la démonstration expérimentale de l'existence du vide et à cet effet construit la machine pneumatique, ainsi peut-il poser la question du vide dans la nature et traiter de la lumière, du son et de la gravitation dans le vide ; au livre 4, il traite des qualités du monde et parmi celles-ci des différents aspects des astres très éloignés ou proches. Pour cela, il invente une image de la Terre, qui par son mouvement journalier entraîne la lune et la retient toujours dans le tourbillon de sa vertu attractive, cette image – ce modèle réduit – de la terre, c'est une boule de soufre qui attire ou repousse les corps légers, lorsqu'il la fait tourner en la frottant ; telle est la machine électrique inventée par Guericke ; voici un contexte que peu d'historiens soulignent mais que n'a pas oublié de relever Desmarest, un observateur attentif des recherches sur l'électricité. *Otto de Guerick regardoit sa boule de soufre qui attiroit & repoussoit les corps légers, lorsqu'il la tournoit, comme une image de la terre, qui par son mouvement journalier entraîne la lune & la retient toûjours dans le tourbillon de sa vertu attractive. Mais il rapporte plus bas une expérience qui semble détruire cette prétention. Car il observe que lorsqu'il faisoit tourner la boule de soufre sur son axe, elle ne pouvoit pas entraîner autour d'elle le duvet qu'elle attiroit, & lui faire décrire un cercle entier ; il retomboit à terre avant que d'avoir décrit un demi-cercle* [144]. Guericke continue son ouvrage en rendant compte du mouvement de la Lune et des comètes autour de la Terre, et le termine en parlant du système solaire et des étoiles fixes. Toutes préoccupations qui dépassent largement le cadre de l'invention de la boule de soufre et de son action sur une plume, même considérée comme un modèle réduit de la Terre et de la Lune.

Nous l'avons dit, ce sont ses méditations sur le vide qui conduisirent le bourgmestre de Magdebourg à l'invention de la machine pneumatique. Il semble que, jusqu'en 1654, Guericke a ignoré les travaux de Torricelli sur l'élasticité de l'air, et qu'il a tenté de réaliser un engin propre à produire un

[143] Otto von Guericke, *Experimenta nova (ut vocantur) Magdeburgica de Vacuo Spatio*, Amsterdam, 1672.

[144] Desmarest, in Hauksbee, *Expériences physico-méchaniques sur divers sujets*, 2 tomes, traduit de l'anglais par M. de Brémond, revues & mises à jour, avec un « Discours Préliminaires, des Remarques & des Notes » par M. Desmarest, 2 volumes, Paris, Veuve Cavelier, 1754 ; tome 1, p. 319.

espace vide afin de trancher la question du plein et du vide agitée par les philosophes anciens et modernes. Afin de s'assurer si le vide peut réellement exister, il fit fabriquer un ballon de cuivre susceptible d'être ouvert ou fermé en bas à l'aide d'un robinet ; à la partie inférieure, il adapta une pompe pour faire sortir l'air du ballon, le corps en métal était recourbé afin que le piston soit tiré plus commodément par trois hommes. Au premier essai, alors que la pompe était actionnée par deux hommes et que l'on pouvait espérer que tout l'air avait été pompé, le ballon se contracta avec fracas à la grande terreur de tous les assistants : on aurait dit un linge chiffonné avec la main. Il convenait de recommencer la tentative avec des vases plus résistants : il put alors faire sortir un peu d'air du ballon, car lorsqu'il l'ouvrit l'air s'y précipita en sifflant. Lorsque Guericke fit ses premières expériences, il n'avait aucune idée de l'élasticité de l'air ; il pensait que l'air suivait le piston en vertu de sa pesanteur et, dans cette pensée, il disposait la pompe au bas de la boule, plus tard il s'affranchit de cette contrainte. La machine pneumatique était inventée, il convenait de la perfectionner, elle créait un vide incomplet, les robinets et le piston étaient peu hermétiques et il fallait trois hommes pour manœuvrer cet appareil incommode. Jusqu'en 1663, Guericke s'employa à perfectionner sa machine, il plaça le corps de pompe verticalement et relia le piston à un levier qui permettait de le tirer plus aisément ; mais, avant 1663, c'est Robert Boyle qui apporta à la pompe pneumatique les perfectionnements qui en firent véritablement un bon instrument de laboratoire, qu'il utilisa dans un grand nombre de recherches ingénieuses. Boyle eut connaissance de la machine pneumatique par Gaspar Schott, Jésuite de Würzbourg. Celui-ci était en correspondance avec Guericke, et, avec son autorisation, il décrivit le nouvel instrument dans sa *Mechanica hydraulico-pneumatica*, publiée en 1657. Guericke acquit ainsi une idée exacte du vide obtenu avec sa machine : *La division de l'air ne se fait pas comme celle d'une matière solide. Celle-ci peut se réduire en parcelles excessivement petites, ainsi que l'espace qu'elle occupe ; tandis que la moindre parcelle d'air, qui reste dans le récipient, remplit celui-ci tout entier : il n'y a de diminué que son élasticité* [145]. Constatons que dans son histoire de l'électricité, Dufay ne mentionne pas le contexte des expériences de Guericke, ne s'en tenant qu'à une description rapide de la machine électrique et à un compte rendu d'expériences. Notons qu'en 1675, l'abbé Jean Picard, observa, dans l'obscurité, qu'une lueur bleuâtre dans un tube barométrique accompagne le mouvement violent du mercure. Mais à l'époque, ce n'était là qu'un fait isolé, qui ne se rattachait à rien.

Sur les travaux de Boyle qui touche à l'électricité

En 1657, Robert Boyle avec la collaboration de Robert Hooke, entreprit le perfectionnement de la pompe pneumatique nouvellement inventée et qui

---

[145] Cité par Ferdinand Hoefer, *Histoire de la physique et de la chimie*, *op. cit.*, p. 39.

est d'un grand usage en électricité [146]. Nous l'avons dit la machine pneumatique inventée par Otto de Guéricke en 1654 fut perfectionnée par Boyle quelques années après. La machine de Boyle comprend : 1°. une pompe de cuivre avec son piston ; 2°. une platine de cuivre couverte d'un cuir mouillé, sur laquelle on pose un récipient de verre fait en forme de voûte ; 3°. un robinet placé dans un petit canal qui sépare la pompe d'avec la platine ; ce robinet est tellement percé, que tantôt il ouvre une communication entre le récipient et le corps de la pompe, et tantôt entre le corps de la pompe et l'air extérieur. Lorsque l'on veut faire le vide, l'on ouvre la communication entre l'intérieur du récipient et l'intérieur de la pompe ; l'on abaisse le piston, alors une partie de l'air contenu dans le récipient descend dans le corps de la pompe, d'où il est aisé de le faire sortir en faisant communiquer l'intérieur de la pompe avec l'air extérieur et en relevant le piston. On recommence la même opération, jusqu'à ce qu'on ait fait le vide qui n'est jamais absolu, mais seulement relatif [147]. Il entreprit alors diverses recherches sur l'élasticité de l'air, on disait alors le ressort de l'air, qu'il publia en décembre 1659 : *New experiments physico-mechanical touching the spring of the air.* Selon Boyle, cette élasticité, ce ressort de l'air, *peut s'expliquer en concevant que l'air au voisinage de la Terre est une accumulation de corpuscules reposant l'un sur l'autre, à l'image d'une toison de laine. Car celle-ci consiste en de nombreux poils fins et flexibles, dont chacun peut, comme un ressort, être facilement courbé ou comprimé, mais qui tend à se redresser de soi-même. Ainsi, bien que ces poils et ces corpuscules d'air auxquels nous les assimilons cèdent aisément à une pression extérieure, chacun d'entre eux est doué, du fait de sa structure, d'un pouvoir ou principe de libre dilatation* [148].

Boyle réalisa une série d'expériences sur l'électricité qui aboutit à la publication du *De mechanica electricitatis productione* à Genève en

146 Boyle est le fils cadet du comte de Cork, il naquit en 1626, fut élevé dans des principes puritains et y conformera sa vie ; il fut instruit en partie chez lui, en partie au collège d'Eton ; en 1638 son père l'envoya sur le continent pour compléter son éducation : il visita la Suisse, l'Italie et le sud de la France, il était à Florence, dit-on, lorsque Galilée mourut. En 1644, à la mort de son père, il rentre en Angleterre, il jouit alors d'une grande fortune. Il se consacre alors à la philosophie et à la théologie ; son installation à Oxford, en 1654, va l'amener à s'intéresser aux sciences naturelles, il se joint à un groupe de personnes curieuses de philosophie expérimentale, qu'il nomme dans ses lettres le "collège invisible" et continua à en faire partie lorsque ce collège se fixera à Londres ; ce groupe a souvent été considéré comme le précurseur de la très officielle *Royal Society*. Boyle restera encore longtemps à Oxford et ne se fixera à Londres qu'en 1668 ; il mourut en 1691, à 65 ans, célibataire il consacra tout son temps à ses études religieuses et à ses recherches en physique. (Michael Hunter, « Boyle », *La science classique, XVIe-XVIIIe siècle, op. cit.*, p. 207-215.)

147 Aimé-Henri Paulian, *Dictionnaire de physique*, 5 volumes, Avignon, J. J. Niel, 9e édition, 1789 ; article : Pneumatique.

148 Cité par René Dugas, *La mécanique au XVIIe siècle*, Neuchâtel, Edition du griffon, 1954 ; p. 336.

1694 [149]. Il fit quelques ajouts au catalogue des substances électriques et remarqua quelques circonstances dans l'électrisation des corps qui avaient échappé à ses devanciers. Il constata qu'on augmentait l'électricité de tous les corps susceptibles d'en acquérir par frottement, en les nettoyant et les chauffant avant de les frotter : *Moyennant quoi il vint à bout de faire mouvoir une aiguille d'acier, suspendue librement, avec un corps électrique, pas plus gros qu'un pois, trois minutes après qu'il eut cessé de le frotter* [150]. Il constata que les corps électriques devaient avoir des surfaces très polies, mais il en exceptait pourtant un diamant qui, bien que sa surface fut très raboteuse, avait une vertu électrique supérieure à celle de tous les corps polis qu'il avait rencontrés. Il observa encore que tous les corps électrisés attiraient indistinctement toutes sortes de corps qu'ils soient ou non électriques, ainsi l'ambre frotté attire-t-il la poussière d'ambre ou la fumée, aussi ne manqua-t-il pas de noter que l'aimant n'agit que sur une seule espèce de matière, ce qui établit une nette distinction entre phénomènes électriques et magnétiques. Boyle fut le premier à faire des expériences d'électricité dans le vide d'une machine pneumatique, il prouva que les attractions électriques pouvaient avoir lieu dans le vide comme dans l'air ; *il suspendit un morceau d'ambre frotté au-dessus d'un corps léger dans un récipient ; & il vit que, lorsqu'on eut fait le vuide, & que l'ambre fut descendu auprès du corps léger, ce dernier fut attiré, comme s'il eût été en plein air* [151]. Il vit une étincelle électrique sur un diamant qu'il avait frotté avec une certaine étoffe [152]. Il vit aussi qu'une plume d'édredon, après avoir été attirée par un corps électrisé, s'attache aux doigts et à d'autres corps dont on l'approche ensuite ; mais il ne pensa pas que le phénomène puisse être expliqué en introduisant des répulsions électriques. Pour expliquer l'attraction électrique, Boyle considère que le corps électrique lance une émanation visqueuse qui se saisit des petits corps qu'elle rencontre sur son chemin, et les rapporte avec elle dans son retour au corps d'où elle était partie. Constatons que l'empirisme rigoureux de Boyle s'accommode d'une interprétation mécaniste des phénomènes électriques.

Sur la contribution de Hauksbee à l'électricité

On sait peu de chose de la vie de Francis Hauksbee, on ignore sa date de naissance, fut-il un élève de Boyle ? le préparateur de Newton ? Desmarest écrit : *M. Hauksbee s'annonça vers 1704 & 1705 comme un Physicien d'une dextérité très-grande dans le manuel des opérations, & d'une exactitude scrupuleuse dans la discussion des phénomènes. Il peut être regardé comme le premier, qui à Londres, ait exposé aux yeux d'une nation sérieuse &*

149 Robert Boyle, *De mechanica electricitatis productione*, Genève, 1694. (1670).

150 Priestley, *op. cit.*, tome 1, p. 10.

151 *Ib.*, p. 11.

152 Hoefer, *op. cit.*, p. 249.

capable des meilleures choses, les phénomènes de la Physique expérimentale. Il fit en public des expériences sur l'Electricité, sur l'Hydrostatique & sur l'Air. [...] Il fit part de ces expériences à la Société Royale, dont il étoit membre. Depuis l'année 1704, il remplit exactement le Recueil des Transactions Philosophiques, de l'exposition de ses découvertes : & il les multiplia tellement qu'en 1709, il fut en état de former de leur collection, un volume in-4°. Ce recueil parut très-bien rempli ; il fut traduit en Italien, & imprimé à Florence en 1716. [...] M. Hauksbee termina sa carriere en 1715, du moins nous ne le voyons plus figurer dans les Transactions ; & on peut soupçonner avec fondement que la vie d'un Physicien aussi industrieux, n'a pas eu un terme plus étendu que ses travaux. Quelques années après sa mort [en 1719] on réunit dans un seul volume ce qui composoit l'Edition de 1709, & les Mémoires contenus dans les Transactions Philosophiques, depuis 1709 jusqu'en 1715 [153].

C'est cet ouvrage que traduit François de Brémond et que publie Desmarest en 1754. Celui-ci souligne que dans ce recueil d'expériences, Hauksbee *ne s'étoit point attaché à y mettre un certain arrangement dépendant des matières, & qu'il paroît avoir suivi l'ordre des années où les Expériences avoient été faites.* Ainsi peut-on trouver dans cet ouvrage : *[qu'] une Expérience sur le Son se trouve suivie & précédée de plusieurs autres sur l'Electricité, sur les Tubes Capillaires.* Un tel désordre traduit le désir qu'ont les savants anglais de s'en tenir aux faits sans chercher à les ordonner. Une mise en ordre des faits individuels ne peut se faire sans que ne s'esquisse une théorie physique c'est-à-dire sans renoncer à une pratique strictement empiriste de la recherche en physique. [Voir le préambule] C'est une telle mise en ordre que va entreprendre Desmarest, car, de son point de vue, si nous, français, avons sur nos voisins anglais quelques avantages, *c'est par l'ordre & l'arrangement que nous donnons à nos pensées, & aux sujets que nous traitons.* Desmarest a donc entrepris de rassembler sous différentes classes générales, les expériences qui concernent un même sujet : la pesanteur, l'air, la lumière électrique, l'électricité, les phosphores, les tubes capillaires, le son, l'eau, etc. Dans chacun de ces chapitres, Desmarest a distingué par articles : *chaque Expérience particuliere, ou les différens points de vue sous lesquels M. Hauksbee a envisagé l'objet principal.* Il s'ensuit naturellement qu'émerge en chacune de ces classes générales, une esquisse de théorie physique que Hauksbee n'y a pas mise, ce dont Desmarest a pleinement conscience : *Par cette disposition, dit-il, des détails auparavant isolés sont rapprochés heureusement, & se placent en bon ordre dans l'esprit du Lecteur : chaque fait se trouvant lié avec ce qui précède & ce qui suit, y jette nécessairement du jour ; & le tout ensemble se prête une*

---

153 Desmarest, « Discours sur les expériences de M. Hauksbee », in Hauksbee, *Expériences physico-méchaniques sur différents sujets, op. cit.* ; tome 1, p. xl- xlv, pour cette citation et les suivantes.

lumiere réciproque. Avec l'édition française des *Expériences physico-méchaniques* de Hauksbee nous avons un texte à deux voix, la traduction des mémoires dans les *Transactions Philosophiques* par Brémont est accompagnée des notes et commentaires de Desmarest qui les remettent dans une perspective historique après les travaux de Gray, Dufay et Nollet, pour ne citer que les plus marquants.

Citons à nouveau Dufay : *M. Hauksbeé remarqua qu'un tuyau de verre long d'environ 30 pouces, gros d'un pouce, ou un pouce & demi, & bouché par une de ses extrémités, étant frotté avec la main, du papier, de la laine, de la toile, &c. devenoit si fort électrique, qu'il attiroit d'un pied de distance des feuilles de métal, qu'ensuite il les repoussoit avec force, & leur donnoit en tous sens divers mouvements très-singuliers.* Nous constatons que, dans le compte rendu de ce phénomène, Dufay a pour tâche d'effacer tout ce qui impliquerait une quelconque esquisse d'interprétation ; il constate simplement que le tube devenu fort électrique attire et ensuite repousse des feuilles de métal. Par contraste, le compte rendu qu'en fait Hauksbee implique une interprétation, citons la traduction qu'en fait M. de Brémond : *Je fis faire un tube ou cylindre creux de cristal, d'environ, un pouce de diamètre & trente pouces de longueurs ; je le frottait assez fort avec du papier, jusqu'à ce qu'il eut acquis un certain degré de chaleur ; je l'approchai ensuite de quelques morceaux de clinquant, lesquels furent à peine dans la sphère d'activité des émanations qui sortaient du tube, qu'ils commencerent à se mettre dans un grand mouvement, & qu'ils firent voir les phénomènes suivans. Ils s'élançoient par sauts vers le tube, à une distance fort considérable ; j'ai trouvé que cette distance étoit quelquefois de douze pouces & plus. Tantôt ils s'appliquoient au tube & s'attachoient fortement à sa surface sans remuer, & d'autres fois ils en étoient repoussés avec une grande force jusqu'à la distance de 7 à 8 pouces ; & non-seulement ils étoient chassés subitement & précipitamment, lorsqu'ils étoient parvenus à la surface du tube, mais encore avant qu'ils l'eussent touchée ; car le mouvement qui les portoit vers le tube étoit suivi d'une répulsion subite, qui les précipitoit en bas avec une grande vitesse. Ce qui augmente encore le merveilleux du phénomène, c'est que ce jeu alternatif d'attractions & de répulsions se répétoit plusieurs fois. Les puissances attractives & répulsives (quelles qu'elles soient) s'exerçoient, pour ainsi dire tour à tour, l'une élevoit & l'autre abaissoit alternativement ces corps légers ; & ces agitations se faisoient à différentes reprises* [154].

Ainsi, si, pour rendre compte de cette expérience, Dufay n'a besoin que de constater l'existence des attractions et répulsions des feuilles de métal ; Haubsbee, constatant l'existence de puissances attractives et répulsives dont il ignore ce qu'elles sont, considère que le phénomène observé révèle, de

---

154 Hauksbee, *Expériences physico-méchaniques sur différents sujets, op. cit.*, tome 1, p. 252-254.

toute évidence, l'existence d'émanations (*des effluvia*) qui sortent du tube. En observant que les mouvements des morceaux de clinquant varient selon le temps qu'il fait, que l'humidité est leur grand ennemi, Hauksbee pense que : *quand l'air est embarrassé de vapeurs humides & aqueuses, ou d'autres plus grossieres & plus solides qui se sont élevées de la terre, il n'y a pas de doute que la résistance que ces effluvia déliés trouvent alors dans leur chemin, ne soit plus grande que quand l'air est serein & qu'il n'y a aucun obstacle à leur passage ; car ces effluvia, quelques subtiles qu'on les puissent imaginer, sont corps & matiere, & par conséquent sont assujettis à la loi commune des corps, qui est de trouver une résistance quelle qu'elle soit, dans la solidité & la densité du milieu. Et il est probable que quand l'air est humide, les parties aqueuses tombent & se condensent sur la surface du tube, & de cette maniere bouchent & obstruent le passage de cette matiere qui en sortoit auparavant avec impétuosité* [155].

Il reste à prouver que c'est la résistance éprouvée par les *effluvia*, qui contrarie la danse des morceaux de clinquant, pour ce faire, Hauksbee interpose un morceau de mousseline fine entre le tube et les feuilles de clinquant, *j'eus beau [dit-il] exciter l'électricité du tube par le plus grand frottement, les effluvia que j'en fit sortir, ne purent faire la moindre impression sur ces feuilles de clinquant, quoique le tube fût très-près d'elles ; cependant si on retiroit la mousseline, les effluvia agissoient promptement, avec tant de vivacité sur le clinquant, qu'ils lui imprimoient le mouvement d'attraction à trois ou quatre reprises. On doit, à ce que je crois, attribuer ce phénomène à la difficulté du passage de ces effluvia, à travers les fils fins de la mousseline, soit que ces fils arrêtent & retiennent entièrement ou qu'ils émoussent & diminuent assez la force des écoulemens actifs qui sortent du tube par le frottement, pour qu'ils n'agitent plus & ne mettent plus en mouvement les petits corps qui sont exposés à leur action* [156]. Voilà qui introduit sans tambour ni trompette, et comme une évidence, l'hypothèse de la nature matérielle de l'électricité dans le récit de quelques expériences ; une hypothèse que ne retient pas le récit de Dufay, il ne s'en tient dans son *Histoire de l'électricité* qu'aux observations des différents acteurs de cette histoire.

Consulter l'*Histoire de l'électricité* de Joseph Priestley ne nous apprendrait rien de plus que la lecture des *Expériences physico-méchaniques...* de Hauksbee s'il ne terminait ce chapitre en relatant les dernières expériences de Hauksbee, des expériences dans lesquelles *il essaya de tirer des métaux des apparences électriques, & par les raisons qu'il donne de son défaut de succès dans ces essais*. Et, citant Hauksbee, Priestley écrit : *D'après ces expériences, dit-il, je puis conclure en assurance, que s'il*

---

155 *Ib.*, tome 1, p. 258, 259.

156 *Ib.*, tome 1, p. 264, 265.

est possible d'exciter dans un corps d'airain quelque qualité électrique, telle que de la lumiere, dans les circonstances qu'on vient de rapporter (c'est-à-dire en le faisant tourner et en le frottant) le frottement des différents corps dont je me suis servi pour cet effet, s'est trouvé trop foible pour la forcer de paroître ; & en effet, en considérant combien les parties des métaux sont serrées, & avec quelle fermeté elles sont adhérentes, entrelassées, & s'attirent les unes les autres, un foible degré de frottement n'est pas suffisant pour mettre leurs parties dans un mouvement capable de produire une qualité électrique ; & dans les circonstances dont on a parlé, je regarde comme telle l'apparence de la lumiere dans un pareil milieu [157]. Voilà qui suffit à montrer que l'on ne trouve pas sous la plume de Hauksbee la distinction entre corps électrique et non électrique.

En résumé nous pouvons retenir que Hauksbee publie en 1705 une étude sur l'électricité produite par le frottement des corps. Dès la première expérience, il montre que lorsqu'on approche un tube creux de cristal violemment frotté de morceaux de clinquant, ceux-ci se mettent en grand mouvement dès qu'ils se trouvent à proximité des émanations qui sortent du tube [158] ; Hauksbee voit dans l'agitation du clinquant l'action d'effluves matérielles fort subtiles, une matière semblable à celle qu'on trouve dans et autour des aimants chez Descartes et non les effets d'actions à distance comme on en trouve sous la plume de Newton. Bien sur, cela ne suffit pas pour en faire un cartésien convaincu, en effet Newton laisse de côté les actions à distance et lui aussi recourt à des effluves matérielles ou à des matières fort subtiles pour interpréter certains phénomènes, dont les phénomènes électriques, ce que nous verrons plus loin dans ce chapitre. Ajoutons que Hauksbee a perfectionné la machine pneumatique de Guericke et inventé une machine électrique en 1709, ces instruments vont permettre d'étudier la *lumière barométrique* dans l'air raréfié.

Les instruments et les expériences de Hauksbee sur l'électricité

La machine électrique de Hauksbee

En frottant avec les mains une boule de soufre qu'on fait tourner sur son axe, Guericke donnait à cette sphère une vertu électrique. Au début du dix-huitième siècle, Hawksbee substitue au globe de soufre un globe de verre creux. Il obtient alors une machine beaucoup plus puissante que celle de Guericke. Dans ses premières expériences sur l'électricité, Hauksbee frotte, comme tout le monde des tubes de verre ou de cristal, mais bientôt il leur substitue des globes de verre, en effet avec eux, les effets sont plus

---

157 Joseph Priestley, *Histoire de l'électricité*, *op. cit.*, tome 1, p. 44, 45 [la citation in Hauksbee, *Expériences physico-méchaniques sur différents sujets*, *op. cit.*, tome 1, p. 249-251].

158 Electricité et non, comme on le dit partout, électrostatique, rien n'est moins statique que les phénomènes électriques qui sont étudiés au XVIIIe siècle, des phénomènes plein de bruit et de fureur.

considérables *parce que dans les globes, le frottement continuel entretient toujours leur électricité dans le même degré de force, & empêche qu'elle n'éprouve, comme celle du tube, des diminutions & des déchets successifs*[159], ce que remarque Desmarest, l'éditeur de l'œuvre de Hauksbee.

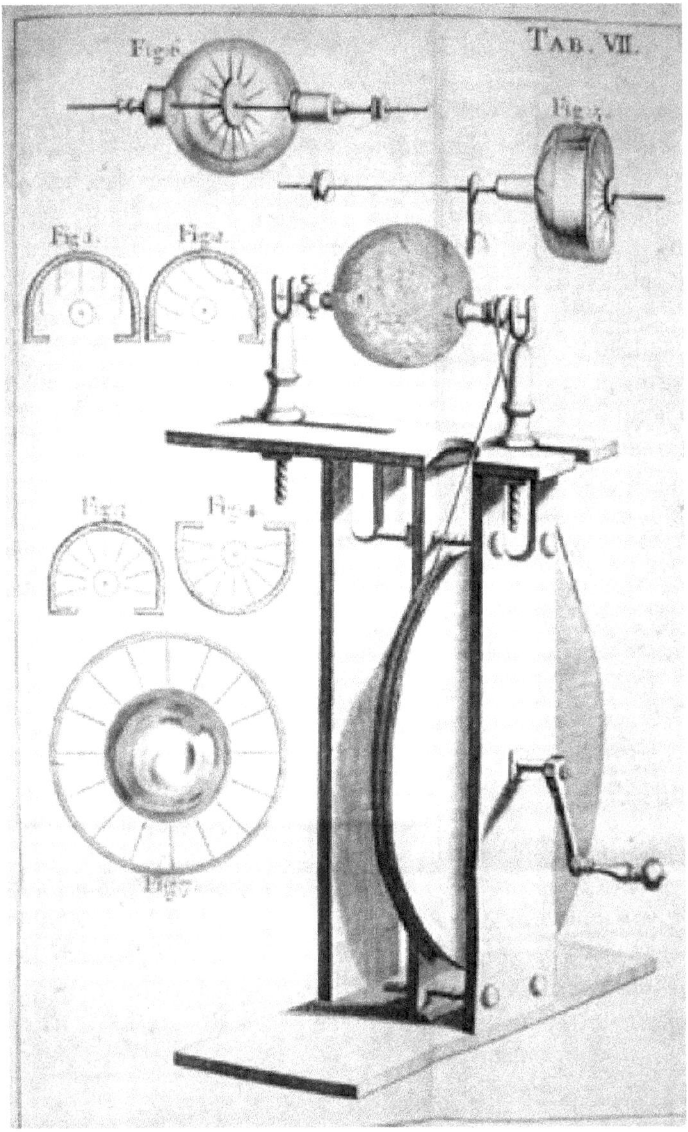

159 *Ib.*, p. 303.

Lorsque Hauksbee fait tourner rapidement le globe sur son axe horizontal, ce mouvement violent agite l'air et cette agitation de l'air, qui tourne en même temps que le globe, fait voltiger ces fils, irrégulièrement. Haukbee applique alors la main à la partie inférieure du globe qui tourne très vite et ajoute le frottement à l'action du mouvement, *les fils changerent aussi-tôt de direction & se porterent tous en même tems vers le centre du cercle dans le plan duquel le fil de fer étoit placé. Le souffle, occasionné par ce mouvement violent, ne troubla point leur position, & ils conserverent toujours leur direction vers le centre, comme s'il n'y avoit point eu de tourbillon d'air qui circulât autour d'eux*[160]. Citons les expériences qui montrent l'action d'un globe frotté sur des fils de laine : lesquels paraissent attirés vers le centre du globe en rotation. *(voir la Tab 7 jointe, fig. 3, 4 & 7).* Hauksbee prend un fil de fer courbé en demi-cercle, il l'assujettit de façon telle, que placé verticalement au dessus du globe, il en environne la moitié du grand cercle vertical. Il attache à ce fil de fer plusieurs fils de laine d'une longueur telle que, pendant en bas, ils n'approchent du globe que de la distance d'un pouce, abandonnés à eux-mêmes ces fils pendent dans une situation parallèle.

Une machine pneumatique de Hauksbee

[Cette] Machine Pneumatique [...] a deux corps de Pompe de cuivre A. A. A. A. [...]. En faisant tourner la Manivelle BB. Les Pistons montent et descendent alternativement. Cette Manivelle est attachée à l'extrémité d'un fuseau qui sert d'axe à une lanterne dont les dents, lorsqu'elle est en mouvement, s'engrainent avec celles des Crics, C. C. C. C. qui sont dans le prolongement de ces Pistons, & qui font alternativement monter un de ces Pistons lorsque l'autre descend. Quand, par ce méchanisme, on fait jouer ainsi les Pistons, les Soupapes de vessie molle qui sont attachées sur la partie supérieure de chaque Piston, & au bas des corps de Pompe, s'ouvrent alternativement pour épuiser & donner une issue libre à l'air contenu dans le récipient placé sur la platine de la Machine. Lorsqu'on a épuisé presque tout l'air renfermé dans le récipient, le poids de l'air extérieur agit avec tant de force sur le Piston qui descend, qu'il ne faut gueres d'autre effort pour lever l'autre Piston, que celui qui est nécessaire pour vaincre le frottement des parties. Ainsi l'on voit par-là que cette Machine Pneumatique est bien plus commode que toutes les autres, dans lesquelles plus on a épuisé une grand quantité d'air, plus la difficulté de pomper ce qui reste d'air dans le récipient, devient considérable. Au contraire cet inconvénient qui est

160 *Ib.*, tome 1, p. 305-309, pour cette citation et les suivantes.

commun, se change dans notre machine en une facilité & un avantage dont on sent toute l'importance[161].

Expérience sur la lumière produite par le frottement dans le vide

Hauksbee monte une expérience pour produire de la lumière en frottant de l'ambre sur de la laine dans le vide ; l'expérience a été réalisée avec la machine pneumatique décrite ici. Reprenons la machine pneumatique qui vient d'être décrite et considérons la machine électrique qui lui est adjointe.

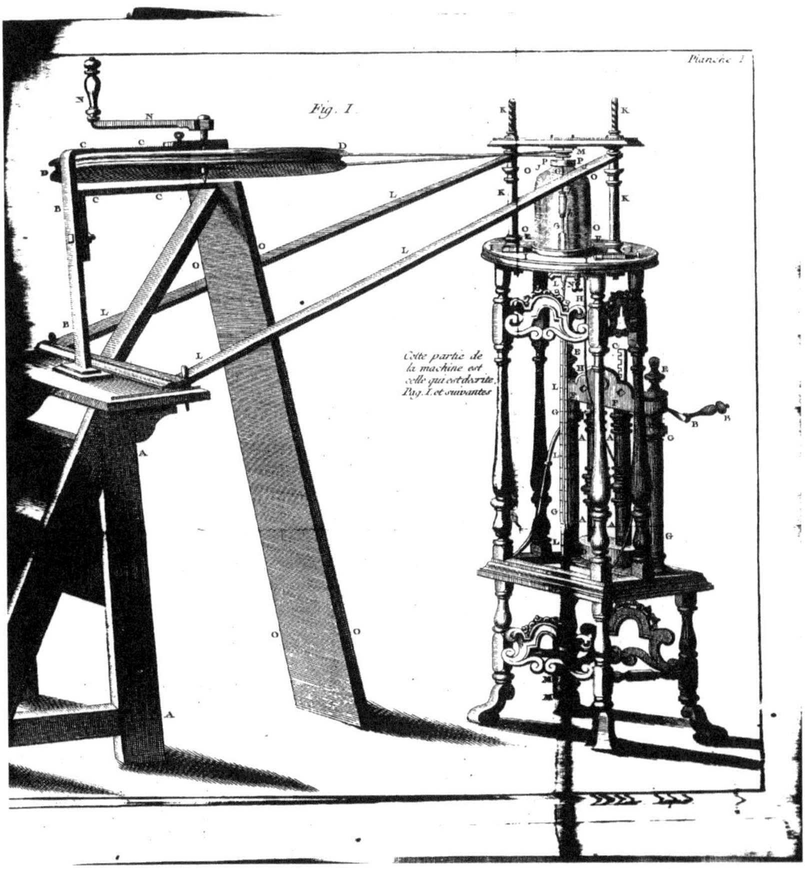

Expérience de Hauksbee, la lumière produite dans le vide

La manivelle NN donne le mouvement au disque DD qui communique son mouvement à la petite roue MM, laquelle est solidaire d'un petit cylindre

161 Hauksbee, *Expériences physico-méchaniques sur différents sujets*, *op. cit.*, tome 1, p. 1-3.

de bois placé verticalement dans le récipient de verre où le vide peut être fait ; des morceaux d'ambre ont été collés à ce petit cylindre, des morceaux de laine entortillés sur une plaque de cuivre sont disposés dans le récipient de verre pour frotter les morceaux d'ambre.

Le vide ayant été fait dans le récipient de verre, on fait tourner l'ambre. On voit par cette expérience :

1°. Que dans le vuide il se produit de la lumiere par le frottement d'un corps solide, comme l'ambre contre un corps tendre & souple comme la laine.

2°. Que ce n'est pas une flamme superficielle, mais un feu accompagné d'une grande chaleur.

3°. Que cette lumiere dépend si immédiatement du frottement qu'elle disparoit, d'abord qu'il cesse.

4°. Qu'elle demande un milieu très-subtil & raréfié pour paroître, & que plus le milieu est subtil, plus la lumiere est considérable. [162]

Citons encore cette autre expérience d'Hauksbee, dans celle-ci, il change la situation du globe, mettant l'axe à la verticale, de sorte qu'il est perpendiculaire au plan de l'horizon. Il se sert alors d'un cercle de fer qu'il place nécessairement parallélement à l'horizon. Il n'y a qu'une petite partie de ce cercle à laquelle il n'attache pas de fil, pour laisser passer la main qui frotte le verre. *Lorsque le cercle de fils est horisontal il est certain que les fils doivent tomber & pendre perpendiculairement en bas ; cependant aussitôt qu'on donna le mouvement [au globe] & qu'on le frotta, les fils commencerent à s'étendre & à se roidir dans un plan horisontal, & leurs extrémités libres se porterent, comme auparavant, à un centre correspondant de l'axe du verre.*

Expériences & découvertes de Gray faites avant celles de Dufay, & qui mènent l'histoire de l'Electricité jusqu'à l'année 1733 [163]

Ici encore c'est l'*Histoire de l'électricité* de Priestley, qui nous servira de guide pour aborder les travaux de Gray d'avant 1733. Les mémoires de Gray [164], parus dans les *Philosophical Transactions*, sont présentés comme

162 *Ib.*, p. 135, 136.

163 Nous reprenons ici le titre d'un chapitre de l'*Histoire de l'électricité*, de Priestley, *op. cit.*, tome 1, p. 47.

164 Stephen Gray est né à Canterbury en 1666. Il travaille dans la teinturerie familiale et apprend en autodidacte l'histoire naturelle et l'astronomie. Pendant un temps, il travaille à l'observatoire d'astronomie de Cambridge auprès de l'astronome John Flamsteed, lequel soutient une querelle avec Newton, ce qui est préjudiciable à son protégé. En 1708, il adresse une lettre à la Royal Society dans laquelle il décrit de nouvelles expériences sur la lumière et l'électricité qui ne sera pas publiée ; il envoie une seconde lettre sur les corps électrisables, sans plus de succès. Plus tard, on le retrouve à Londres dans le laboratoire de Desaguliers. En 1720, Flamsteed et Sir Hans Sloane [il succédera à Newton à la présidence de la *Royal Society*, en 1727] lui obtiennent un logement à la Charterhouse, un foyer pour gentlemen sans ressource ayant servi le pays. Il travaille alors avec Wheler, ses recherches en électricité sont

un "journal de laboratoire", c'est-à dire que Gray y fait le compte rendu journalier de ses expériences sur l'électricité. Le récit de Priestley respecte cette présentation journalière ; ainsi nous fait-il entrer dans le cabinet de Gray. Et voit-on comment naissent les projets d'expériences de Gray, expériences malheureuses ou heureuses, ainsi que le rôle de Wheeler qui fut alors son collaborateur.

Revenons sur l'expérience de 1729 dans laquelle un tube de verre est bouché à chacune de ses extrémités par un bouchon de liège, à l'une de ses extrémités est ajusté une corde de 886 pieds anglais, cette corde est posée horizontalement, soutenue de distance à distance par des cordelettes de soie, Gray constate qu'une boule suspendue à l'extrémité de la corde est encore sensiblement électrique. A propos de cette expérience, Dufay nous dit que Gray l'a réalisée, *après avoir levé un grand nombre de difficultés qui se rencontroient à chaque instant.* Ce sont ces difficultés que Priestley nous évoque et c'est par leur récit qu'il nous fait toucher du doigt ce que peut être la pratique quotidienne de la recherche. Nous limiterons l'exposé des travaux de Gray par Priestley à ce seul épisode qui va de février 1728 au commencement de l'hiver de 1730.

Au mois de Février 1727, M. Grey, après quelques essais infructueux pour donner la vertu attractive aux métaux, en les chauffant, les frottant, & les frappant à coup de marteau, se rappella un soupçon qu'il avoit eu pendant quelques années ; savoir, que comme un tube communiquoit sa lumiere à différents corps, quand on le frottoit dans l'obscurité, il pourroit peut-être en même-temps leur communiquer l'électricité, sous lequel nom on n'avoit entendu jusqu'alors que le pouvoir d'attirer les corps légers. Pour cet effet, il se pourvut d'un tube de trois pieds cinq pouces de longueur, & de près d'un pouce deux dixiemes de diametre, & il adapta à chaque bout un bouchon de liege, pour le garantir de la poussiere, lorsqu'on ne se servoit pas du tube. Les premieres expériences qu'il fit dans cette occasion furent destinées à essayer s'il trouveroit de la différence dans son attraction, quand les deux bouts du tube seroient bouchés avec du liege, ou quand on les laisseroit entiérement ouverts ; mais il ne put appercevoir aucune différence sensible. Ce fut cependant dans le cours de cette expérience, que tenant un duvet de plume vis-à-vis le bout supérieur du tube, il trouva qu'il couroit au bouchon de liege, en étant attiré & repoussé aussi bien que par le tube même. Ensuite il tint la plume vis-à-vis l'extrémité platte du bouchon, & remarqua quelle fut attirée & repoussée plusieurs fois de suite ; il dit que cet effet le surprit beaucoup ; & il en conclut que le tube électrisé avoit certainement communiqué une vertu attractive au bouchon de liege. Ensuite il fixa une boule d'ivoire au bout d'un bâton de sapin, d'environ quatre

alors reconnues ; elles lui valent la médaille Coplay en 1731 et en 1732, mais lui valent toujours les critiques des fidèles de Newton. En 1732, il reçoit la visite de Dufay et, cette même année, il est élu membre de la Royal Society. Il meurt à Londres en 1736.

pouces de long ; puis enfonçant l'autre bout dans le liege, il trouva que la boule attiroit & repoussoit la plume, même avec plus de force que le bouchon n'avoit fait, répétant ses attractions & ses répulsions plusieurs fois de suite. Il fixa ensuite la boule sur de longs bâtons & sur des morceaux de fil de fer & de laiton avec le même succès ; mais il observa, que quoiqu'il tînt le fil de métal fort près du tube, la plume n'en fut jamais si fortement attirée, que par la boule qui étoit à son extrémité. Lorsqu'il se servoit d'un fil d'une longueur un peu considérable, ses vibrations causées par l'action de frotter le tube, le rendoient incommode à manier. Cela engagea M. Grey à essayer, si en attachant la boule à une ficelle, & la suspendant au tube par un anneau, l'électricité ne seroit pas conduite le long de la ficelle jusqu'à la boule, & il trouva que la chose réussit comme il s'y étoit attendu. Il suspendit différents corps à son tube, de cette maniere, & les trouva tous capables de recevoir de même l'électricité.

Après avoir essayé ces expériences avec des cannes & des roseaux légers, les plus longs dont il put se servir, il monta sur un balcon élevé de vingt-six pieds, & attachant un cordon à son tube, il trouva que la boule qui pendoit au bout, attiroit les corps légers dans la cour au-dessous. Il monta ensuite plus haut, & mettant ses grands roseaux au bout de son tube, & attachant un long cordeau au bout des roseaux, il imagina de conduire l'électricité à des distances beaucoup plus considérables, qu'il n'avoit fait auparavant ; afin ne pouvant plus la conduire plus loin en ligne perpendiculaire, il essaya ensuite de la conduire horisontalement ; ces essais donnerent lieu à une découverte, à laquelle il n'avoit pas songé le moins du monde, lorsqu'il les commença.

Dans son premier essai, il fit à chaque bout d'une ficelle, une boucle, par lesquelles il la suspendit d'un côté à un clou enfoncé dans une poutre, l'autre bout pendant en bas. Il passa à travers la boucle pendante, le cordon auquel la boule d'ivoire étoit attachée, fixant son autre extrémité sur son tube, au moyen d'une boucle ; de sorte qu'une partie du cordon qui devoit servir de conducteur, c'est-à-dire, qu'une partie de celui auquel la boule étoit attachée, pendoit perpendiculairement, tandis que l'autre partie étoit horisontale. Après cette préparation il mit des feuilles de cuivre sous la boule d'ivoire, & frotta le tube ; mais il n'apperçut pas le moindre signe d'attraction. Il en conclut que quand la vertu électrique arrivoit à la boucle de la ficelle qui étoit suspendue à la poutre, elle montoit le long de cette ficelle jusqu'à la poutre, de sorte qu'il n'y avoit point, ou du moins fort peu, qui descendît à la boule ; & il ne put, dans ce temps-là, trouver aucun moyen pour en empêcher.

Le 30 Juin 1729, M. Grey alla voir M. Wheeler, pour lui faire voir quelques-une de ses expériences. Quand ils les eurent faites des plus grandes hauteurs que la maison le leur permit, M. Wheeler eut envie d'essayer s'ils ne pourroient pas conduire la vertu électrique à de plus grand distance horisontalement. M. Grey lui parla alors de la tentative infructueuse qu'il avoit faite pour la conduire dans cette direction. Sur quoi M. Wheeler lui proposa de suspendre le cordon qui devoit être électrisé, sur un autre cordon de soie, au lieu de ficelle, & M. Grey lui dit qu'il feroit beaucoup mieux à cause de sa petitesse, étant raisonnable de croire qu'il laisseroit moins échapper de sa vertu, que n'avoit fait la grosse ficelle de chanvre, dont il s'étoit servi auparavant. En effet, au moyen de cet expédient ils réussirent au-delà de leur attente.

Après avoir imaginé cet expédient, la première expérience qu'ils firent, fut dans une galerie tapissée de natte dans la maison de M. Wheeler, le 2 Juillet 1729, sur les dix heures du matin, comme M. Grey l'a marqué en détail suivant son usage. A environ quatre pieds du bout de la galerie, ils attacherent un cordon en travers. Le milieu de ce cordon étoit de soie & le reste de ficelle. Ensuite, ils firent passer par-dessus le cordon de soie, la corde à laquelle pendoit la boule d'ivoire, & qui devoit conduire la vertu électrique du tube, à cette boule. Cette corde avoit quatre-vingts pieds & demi de longueur, & la boule pendoit environ neuf pieds au-dessous du cordon de soie. L'autre bout de corde fut fixé par une boucle au tube, qu'ils frotterent à l'autre bout de la galerie. Après cette préparation, ils mirent des feuilles de cuivre sous la boule d'ivoire, & quand on frotta le tube, elles furent attirées à la boule, & y resterent suspendues quelque temps.

La galerie ne leur permettant pas d'essayer de plus grandes longueurs en ligne droite, ils imaginerent de ramenez la corde sur elle-même, lui faisant faire presque deux fois toute la longueur de la galerie ; c'est-à-dire cent quarante-sept pieds ; ce qui réussit fort bien ; mais soupçonnant que l'attraction seroit plus forte si la corde n'était pas doublée & ramenée ainsi, ils se servirent d'une corde de 124 pieds de longueur, placée en ligne droite, dans une grange, & comme ils s'y étoient attendus, ils trouverent qu'en effet l'attraction étoit plus forte, que quand ils avoient fait revenir la corde sur elle-même dans la galerie. [Si ces Messieurs avoient répété plusieurs fois la même expérience, ils se seroient convaincus que ce plus de force qu'ils ont trouvé dans ce second cas, n'étoit point dû à ce que la corde étoit dirigée en ligne droite. Il est bien prouvé aujourd'hui que, soit que les conducteurs soient droits, soit qu'ils soient repliés sur eux-mêmes, cela ne change rien du tout à l'intensité de l'électricité. (note du traducteur).]

Le 3 Juillet, voulant faire faire à la corde encore plus de replis, la soie qui la soutenoit vint à se casser, faute de pouvoir en supporter le poids, quand on l'ébranloit par le mouvement qu'on lui donnoit en frottant le tube. Ils essayerent donc de la soutenir avec un petit fil de fer, au lieu du cordon de soie ; celui-ci ayant cassé aussi, ils firent usage d'un fil de laiton un peu plus gros ; mais quoique ce fil de laiton soutint fort bien la corde de communication, il ne répondit point à l'attente de nos Electriciens ; car en frottant le tube, on n'apperçut aucune électricité à l'extrémité de la corde ; elle s'étoit toute en allée par le fil de laiton qui la soutenoit. Ils avoient eu recours aux fils de laiton comme étant plus forts que leurs cordons de soie, sans être plus gros, par la même raison ils s'étoient servi auparavant de cordons de soie, par préférence aux cordons de chanvre ; parce qu'ils pouvoient par ce moyen, les avoir plus forts, & en même temps plus petits. Mais le résultat de cette expérience les convainquit, que son succès dépendoit de ce que les cordons de support fussent de soie, & non qu'ils fussent petits, comme ils l'avoient cru. Car la vertu électrique s'échappa aussi bien par le petit fil de laiton, qu'elle l'avoit fait par la grosse ficelle de chanvre.

Etant donc forcés de revenir à leurs cordons de soie, ils les prirent assez gros pour soutenir de fort grandes longueurs de la corde de communication qui étoit de chanvre, & en effet, ils conduisirent la vertu électrique à sept cent soixante-cinq pieds, sans apercevoir que l'effet fût sensiblement diminué par la distance. [Phil. Trans. Abridged, Vol. 7, pag. 15].

De même qu'ils trouverent que la soie ne laissait pas perdre la vertu électrique, il y a apparence que ce fut vers le même temps qu'on trouva la même propriété aux poils, à la résine, au verre, & peut-être à quelques autres substances électriques, quoique la découverte n'en ait été marquée nulle part ; car nous verrons bientôt M. Grey, en faire usage pour isoler les corps qu'il électrisoit. [165]

Après cela, ils essayerent si l'on pourroit rendre électriques de grandes surfaces, en électrisant une grande carte Géographique, des nappes de toile, &c. Ils porterent aussi la vertu électrique de plusieurs côtés en même temps, & à une distance considérable de chaque côté.

Ils trouverent que les émanations magnétiques n'étoient point du tout opposées aux électriques ; car quand ils eurent électrisé une pierre d'aimant avec une clef qu'elle portoit, toutes les deux attirerent la feuille de cuivre comme les autres substances.

Quelque temps après, M. Wheeler en l'absence de M. Grey, électrisa une pelle toute rouge, & trouva que l'attraction étoit la même que quand elle étoit froide. Il suspendit aussi un poulet vivant sur le tube, par les pattes, & trouva que sa poitrine étoit fortement électrique. [Phil. Trans. Abridged, vol. 7, pag. 16].

Au mois d'Août 1729, M. Grey fit un pas de plus dans ses découvertes électriques. Il trouva qu'on pouvoit conduire la vertu électrique du tube, à la corde de communication sans y toucher, & qu'il suffisoit pour cela de tenir le tube électrisé à sa proximité. En répétant ses premieres expériences avec une variété, conjointement avec M. Wheeler, & entre-autres, en conduisant la vertu électrique de plusieurs côtés, en même-temps, sans toucher la corde, ils remarquerent toujours que l'attraction étoit la plus forte à l'endroit qui étoit le plus éloigné du tube ; fait qu'ils auroient pu observer dans leurs précédentes expériences, s'ils y eussent fait attention.[Ibid. p. 17].

---

165 Priestley, *Histoire de l'électricité*, *op. cit.*, tome 1, p. 50-60.

Dans le même mois M. Wheeler, & M. Grey, firent conjointement quelques expériences, pour essayer si l'attraction électrique étoit proportionnée à la masse des corps. Dans cette vue, ils électriserent un cube solide de chêne, & un autre des mêmes dimensions, qui étoit creux ; mais ils ne purent apercevoir aucune différence dans leur force attractive ; quoique M. Grey fût d'avis que les émanations électriques passoient au travers de toutes les parties du cube solide. [Phil. Trans. Abridged, vol. 7, pag. 17].

Le 13 Août de la même année, M. Grey ajouta une autre perfection à son appareil électrique, en découvrant qu'il pouvoit électriser une baguette aussi bien qu'un fil sans en insérer aucune partie dans son tube électrisé. Il prit une grande perche de vingt-sept pieds de longueur, de deux pouces & demi de diamètre à un bout, & d'un pouce & demi à l'autre. Elle avoit son écorce. Il suspendit cette perche horisontalement avec des cordons de crin, & il laissa pendre au petit bout de la perche un morceau de liege au moyen d'une ficelle d'environ un pied de long, & mit une petite boule de plomb sur le liege, pour tenir la ficelle tendue. Ensuite, après avoir mis la feuille de cuivre sous le liege, il frotta le tube, & l'ayant tenu proche du gros bout de la perche, la boule de liege qui étoit au bout opposé, attira fortement la feuille de cuivre, à la hauteur d'un pouce, ou même plus. M. Grey observa aussi que la feuille de cuivre, quoique attirée par toutes les parties de la perche, ne l'étoit pas à beaucoup près si fortement que par le liege. [Phil. Trans. Abridged, vol. 7, pag. 18].

Vers le commencement de Septembre, M. Grey fit des expériences, pour montrer que les émanations électriques pouvoient être conduites en lignes circulaires aussi bien qu'en lignes droites, & être communiquées d'un cercle à un autre, & que cela réussissoit, soit que les cercles fussent verticaux ou horisontaux.

Vers la fin de l'automne, ou au commencement de l'hiver 1729, M. Grey recommença ses recherches sur d'autres corps électriques ; il en trouva beaucoup qui avoient la même propriété ; mais il ne fait mention que des feuilles seches de divers arbres ; d'où il conclut que les feuilles de tous les végétaux avoient cette vertu attractive. [Phil. Trans. Abridged, vol. 7, pag. 19]. Nous touchons maintenant à une nouvelle suite d'expériences électriques de M. Grey [...] [166].

Nous avons vu qu'elle était cette suite d'expériences, dans le récit qu'en a fait Dufay dans son premier mémoire sur l'électricité. Ajoutons cependant quelques réflexions de Priestley sur les travaux de Gray, des réflexions guidées par le recul historique, son ouvrage paraît en 1767, donc des réflexions que Dufay ne pouvait faire. A la suite de l'expérience du 8 Avril 1730, celle où Gray a suspendu un petit garçon dans une position horizontale avec des cordons de crin pour constater les effets du tube électrisé sur les

166 Priestley, *Histoire de l'électricité*, *op. cit.*, tome 1, p. 50-64.

différentes parties du corps de l'enfant, Priestley évoque de telles expériences faites sur des animaux et en tire la réflexion suivante : *Les conséquences que M. Grey tire de ces expériences sont assez curieuses. Elles font voir, dit-il, que les animaux reçoivent une plus grande quantité du fluide électrique que d'autres corps, & que par leur moyen ce fluide peut être transporté de plusieurs côtés en même temps, à des distances considérables. Il ne concevoit pas que les corps des animaux ne reçoivent l'électricité que par le moyen de l'humidité qui est en eux, & que sa corde de chanvre & ses baguettes de bois n'auroient pas pu être électrisées, si elles eussent été parfaitement séches.* [167].

Un peu plus loin, Priestley décrit une expérience pour laquelle Gray et Wheeler *se seroient épargnés la peine qu'ils prirent* [168] s'ils *eussent connu le métal comme conducteur de l'électricité.* Cette expérience, faite vers la fin d'Août 1732, *montroit, disent-ils, que l'attraction se communique à travers les corps opaques, comme à travers les transparents.* Voici ce qu'est cette expérience : *Ils se munirent d'une grande sonnette, & en ayant ôté le battant, ils y suspendirent au sommet un morceau de liege frotté de miel ; & la poserent sur un plateau de verre, sur lequel ils avoient mis quelques feuilles de cuivre. On approcha ensuite le tube électrisé des différentes parties de la sonnette, & en l'électrisant ils trouverent plusieurs morceaux de feuilles de cuivre attachés au liege, tandis que d'autres étoient écartés des endroits où ils les avoient posés, ayant été sans doute attirés par la sonnette. [Phil. Trans. Abridged, vol. 7, pag. 18].*

De la contribution de Gray à l'étude des phénomènes électriques, des historiens retiennent que, dès 1729, Gray a constaté que certains corps comme le laiton conduisent l'électricité, c'est-à-dire l'effluve, ou vertu électrique, tandis que d'autres, comme la soie, l'arrêtent ; et qu'il décrit l'électrisation par influence, c'est-à-dire la vertu électrique transportée sans contact. Constatons que pour la seconde de ces deux affirmations, c'est aller un peu vite en besogne.

Les interprétations des phénomènes magnétiques et électriques.

Nous avons vu que, de l'histoire de l'électricité, Dufay n'a retenu que les faits d'expériences ; mais en 1733, les philosophies naturelles de Descartes et de Newton ont déjà donné leur interprétation des phénomènes électriques.

Interprétation cartésienne

Dans la quatrième partie des *Principes de philosophie* [169] dont l'édition latine est de 1644 et la traduction française, de 1647, Descartes [170] aborde le

---

[167] *Ib.*, p. 67.

[168] *Ib.*, p. 79, pour cette citation et les suivantes.

[169] Descartes, *Les Principes de la philosophie*, 1647, *Œuvres de Descartes*, tome 9, Paris, Vrin ; 4e partie, articles 133-187.

problème de la matière magnétique et celui de la matière électrique. Il passe du magnétisme à l'électricité tout naturellement et sans aucune façon : *après avoir parlé de la vertu qu'a l'aymant pour attirer le fer, il semble à propos que je die aussi quelque chose de celle qu'ont l'ambre, le jayet, la cire, la resine, le verre, & plusieurs autres corps, pour attirer toutes sortes de petits festus.* [171] Les causes que Descartes attribue aux attractions électrique et magnétique ont une grande similitude, ce qui nous conduit à les présenter toutes deux. Celles-ci ne prennent sens que dans le système du monde imaginé par Descartes, ce qui nous oblige à un long préliminaire sur les éléments de la matière et la formation de la Terre. Dans le monde de Descartes, le vide n'existe pas, la matière est composée de trois éléments : le second élément est fait de corpuscules ronds ; le premier élément est une matière subtile faite de raclures extrêmement ténues, ces raclures ont été produites lorsque les parties du second élément n'étaient pas encore rondes ; ces raclures n'ont aucune grosseur ni figure déterminée, *afin qu'elles puissent s'accommoder aux diverses grandeurs des petits espaces qui se trouvent entre les parties du second élément pendant qu'elles se meuvent* [172]. Certaines particules du premier élément sont cannelées, elles ont *la figure d'un triangle en leur largeur & profondeur, à cause qu'ils passent par ces petits espaces triangulaires qui se trouvent au milieu de trois*

---

[170] René Descartes naît en 1596 dans le Poitou, il fait ses études chez les jésuites au Collège de la Flèche, il passe ensuite, en 1616, une licence en droit canon et en droit civil. Descartes appartient à la noblesse de robe, cadet de famille, il est naturellement destiné au métier des armes. En 1618 il part en Hollande, s'engage dans l'armée de Maurice de Nassau, c'est auprès de lui que des jeunes gens venaient de toute l'Europe apprendre l'art de la guerre. En avril 1619, il quitte l'armée et voyage en Europe septentrionale et centrale. Puis, il reprend du service dans l'armée du duc Maximilien de Bavière. Le premier de ces chefs de guerre, alliés de la France, est protestant, le second catholique. Dans le même temps, Descartes écrit des mémoires sur la pression des liquides et la chute des corps, et médite sur les règles pour la direction de l'esprit, comme le montre sa correspondance avec le mathématicien et physicien Isaac Beeckman entre novembre 1618 et novembre 1619. Renonçant au métier des armes, Descartes reprend ses voyages : il est en France en 1622 et en 1623, en Italie en 1623-1625, en 1624, il fait le pèlerinage à Lorette. Il reste à Paris de 1626 à 1629, là il fréquente le cercle de Mersenne. A la fin de 1628, il se retire en Hollande, il réside successivement dans de petits villages proches des villes de Leyde, Utrecht, Amsterdam. Il ne fera plus que trois courts séjours en France, en 1644, 1647 et 1648. Appelé auprès de la reine Christine de Suède pour lui enseigner la philosophie, il meurt à Stockholm en février 1650. En 1633, après la condamnation de Galilée, Descartes a renoncé à publier son *Traité du monde* ; le *Discours de la méthode* publié en 1637 le fit connaître du monde savant et au-delà. Descartes expose l'ensemble de son système dans les *Principes de philosophie* qui paraissent en latin en 1644 et en français en 1647 ; ce sont les lecteurs convertis qui vont répandre et populariser ce système : et dès 1672, le public des *Femmes savantes* rira en entendant Bélise confesser : *le vide à souffrir me semble difficile. Et je goûte bien mieux la matière subtile*, Armande déclarer : *J'aime ses tourbillons* et Philaminte : *Moi, ses mondes tombants* [comètes et étoiles filantes].

[171] *Ib.*, 4e partie, article 184, p. 305.

[172] *Ib.*, 3e partie, article 87, p. 152, 153.

des parties du second element, quand elles se touchent. Et pour ce qui est de leur longueur, il n'est pas aisé de la déterminer, d'autant qu'il ne semble pas qu'elle dépende d'aucune autre cause que de l'abondance de la matiere qui se trouve aux endroits où se forment ces petits corps ; mais il suffit que nous les concevions ainsi que des petites colomnes canelées, à trois rayes ou canaux, & tournées comme la coquille d'un limaçon, tellement qu'elles peuvent passer en tournoyant par les petits intervalles qui ont la figure du triangle curviligne […] qui se rencontrent infailliblement entre trois boules lorsqu'elles s'entre-touchent [173]. Le troisième élément est une matière grossière faite de grosses particules peu mobiles, certaines de ces particules se sont formées peu à peu des particules du premier élément, lesquelles, immobilisées, se sont soudées les unes aux autres par leurs cannelures. Ce troisième élément entre dans la composition des taches solaires et des planètes.

Descartes est persuadé que le Soleil et les étoiles fixes ont la forme du premier élément, les cieux, celle du second, la Terre et les planètes, celle du troisième : *Car voyant que le Soleil & les Estoiles fixes envoyent vers nous de la lumiere, que les Cieux luy donnent passage, & que la Terre, les Planetes & les Cometes la rejettent & la font reflechir, il me semble que j'ay quelque raison de me servir de ces trois differences, estre lumineux, estre transparent, & estre opacque ou obscur, qui sont les principales qu'on puisse rapporter au sens de la veuë, pour distinguer les trois elemens de ce monde visible* [174].

Selon Descartes, la Terre aurait été autrefois un astre composé de la matière du premier élément toute pure, laquelle ne différait en rien du Soleil sinon qu'elle était plus petite ; les moins subtiles parties de sa matière se seraient peu à peu attachées les unes aux autres et auraient formées des parties plus grosses que celles des deux premiers éléments et pris la forme du troisième. Ainsi la Terre se serait-elle divisée en trois régions : la région la plus basse qui semble ne devoir contenir que de la matière du premier élément qui se meut de la même façon que celle qui est dans le Soleil ; la région moyenne est remplie d'un corps fort opaque et fort solide, dont les pores sont si petits qu'ils ne laissent passer que les parties cannelées de la matière du premier élément et arrêtent les petites parties du second élément donc de la lumière. Dans ces deux régions, écrit Descartes, aucun homme vivant n'est jamais descendu [175]. La troisième région, celle où nous vivons, est composée de parties de troisième élément *qui sont entassées l'une sur l'autre, sans estre fort estroitement liées ou jointes ensemble ; en sorte qu'il y a parmy elles beaucoup de petits espaces qui sont remplis de parties du*

---

173 *Ib.*, 3e partie, article 90, p. 154.

174 *Ib.*, 3e partie, article 52, p. 129.

175 *Ib.*, 4e partie, article 3, p. 202, 203.

second element [...] [176]. Descartes peut alors déterminer la nature des corps terrestres, pour ce faire, il reprend, comme tout le monde en son temps, les quatre éléments d'Aristote : l'air, l'eau, la terre et le feu. *[...] l'air n'est autre chose qu'un amas des parties du troisième element, qui sont si deliées & tellement destachées les unes des autres, qu'elles obeïssent à tous les mouvemens de la matiere du Ciel qui est parmy elles : ce qui est cause qu'il est... rare, liquide & transparent, & que les petites parties dont il est composé, peuvent estre de toutes sortes de figures* [177]. L'eau est *composée de deux sortes de parties toutes longues & unies, dont les unes sont molles & pliantes, & les autres sont roides & inflexibles, en sorte que, lors qu'elles sont séparées ; celles-cy composent le sel, & les premieres composent l'eau douce* [178]. Descartes peut expliquer les changements d'état de l'eau : les parties de l'eau sont, comme celles de l'air, mues par la matière du second élément que la force de ce dernier soit *quelque peu moindre à l'ordinaire, cela suffit pour faire que les vapeurs qui se trouvent en l'air, prennent la forme de l'eau, & que l'eau prenne celle de la glace ; comme au contraire, lors qu'elle est tant soit peu plus grande, elle éleve en vapeurs les plus flexibles parties de l'eau, & ainsi leur donne la forme de l'air.* La terre, elle aussi est composée de parties du troisième élément, mais celles-ci ont des figures si irrégulières et inégales, *qu'elles ne peuvent estre si peu entrelacées, qu'elles ne s'accrochent & se lient les unes aus autres, ainsi que font les diverses branches des arbrisseaus, qui croissent ensemble dans une haye* [179].

Descartes traite ensuite de la nature du feu, qu'il compare à celle de l'air : *Toutes les petites parties des corps terrestres, de quelque grosseur ou figure qu'elles soient, prennent la forme du feu, lors qu'elles sont separées l'une de l'autre, & tellement environnées de la matière du premier element, qu'elles doivent suivre son cours. Comme aussi elles prennent la forme de l'air, lors qu'elles sont environnées de la matiere du second element, de laquelle elles suivent le cours. De façon que la premiere & la principale difference qui est entre l'air & le feu, consiste en ce que les parties du feu se meuvent beaucoup plus vite que celles de l'air, d'autant que l'agitation du premier element est incomparablement plus grande que celle du second. Mais il y a encore entr'eux une autre difference fort remarquable, qui consiste en ce que ce sont les plus grosses parties des corps terrestres, qui sont les plus propres à conserver & nourrir le feu, au lieu que ce sont les plus petites qui retiennent le mieux la forme de l'air...; car bien que les plus*

---

176 *Ib.*, 4e partie, article 32, p. 217.

177 *Ib.*, 4e partie, article 45, p. 226.

178 *Ib.*, 4e partie, article 48, p. 227, pour cette citation et la suivante.

179 Descartes, *Météores*, 1637, *Œuvres*, tome 6, discours 1, p. 233. [Les *Météores* sont l'un des trois essais joints au *Discours de la méthode*.]

grosses, comme par exemple celles de l'argent vif, la puissent aussi recevoir, lors qu'elles sont fort agitées par la chaleur, elles la perdent par apres d'elles-mesmes, lors que, cette agitation diminuant, leur pesanteur les fait descendre... [180].

Lorsque Descartes aborde l'explication de la nature de l'aimant, il le place à côté de l'air, de l'eau, de la terre et du feu, ces corps qui se trouvent dans le monde sublunaire et qui, semble-t-il, sont les seuls à composer ce monde ; ainsi veut-il convaincre ses contemporains de l'intérêt d'une telle étude : *Jusques icy j'ay tasché d'expliquer la nature & toutes les principales proprietez de l'air..., de l'eau, des terres, & du feu, pource que ce sont les corps qui se trouvent le plus generalement partout en cette region sublunaire que nous habitons, de laquelle on les nomme les quatre elemens ; mais il y a encore un autre corps, à sçavoir l'aymant..., qu'on peut dire avoir plus d'estenduë qu'aucun de ces quatre, à cause que mesme toute la masse de la Terre est un aymant, & que nous ne sçaurions aller en aucun lieu où sa vertu ne se remarque. C'est pourquoy, ne désirant rien oublier de ce qu'il y a de plus general en cette terre, il est besoin maintenant que je l'explique* [181].

Voici un propos qui nous renvoie à la constitution de la Terre, Descartes y distingue trois parties. *La Terre intérieure [...] est composée de deux sortes de parties, dont les unes sont divisées en branches qui se tiennent accrochées ensemble, & les autres se meuvent incessamment çà & là dans les intervalles qui sont entre ces branches*, Descartes pense que les branches seules peuvent avoir des conduits propres à recevoir des parties cannelées du premier élément. Il y a dans la partie moyenne de la Terre des pores ou petits conduits parallèles à son essieu par où les parties cannelées du premier élément passent librement d'un pôle vers l'autre, *& ces conduits sont tellement creusez, & ajustez à la figure de ces parties canelées, que ceux qui reçoivent les parties qui viennent du pole Austral, ne sçauroient recevoir celle qui viennent du pole Boreal, & que, réciproquement, les conduits qui reçoivent les parties qui viennent du pole Septentrional, ne font que recevoir celles qui viennent du pole Austral, à cause qu'elles sont tournées à vis tout au rebours les unes des autres. Pensons aussi que ces parties canelées peuvent bien entrer par un costé dans les pores qui sont propres à les recevoir, mais qu'elles ne peuvent pas retourner par l'autre costé des mesmes pores, à cause qu'il y a certains petits poils ou certaines branches tres-deliées, qui avancent tellement dans les replis de ces conduits, qu'elles n'empeschent aucunement le cours des parties canelées, quand elles y viennent par le costé qu'elles ont coustume d'y entrer, mais qui se rebroussent, & redressent quelque peu leurs extremitez, lors que ces parties*

---

180 Descartes, *Principes de philosophie*, op. cit., 4e partie, article 80, p. 243, 244.

181 *Ib.*, 4e partie, article 133, p. 271, 272, pour cette citation et la suivante.

canelées se presentent pour y entrer par l'autre costé, & ainsi leur bouchent le passage, [...]. C'est pourquoy, apres qu'elles ont traversé toute la terre... d'une moitié à l'autre, suivant des lignes... paralleles à son essieu, il y en a plusieurs qui retournent par l'air d'alentour vers la mesme moitié par où elles estoient entrées, & passant ainsi reciproquement de la terre en l'air, & de l'air en la terre, y composent une espece de tourbillon, [...].

Le globe terrestre et la pierre d'aimant ont la même structure.

L'air, l'eau et la partie extérieure de la Terre, celle où nous habitons, n'ont pas de pores qui soient propres à recevoir les parties cannelées, sauf les métaux qui viennent de la Terre intérieure. Autour d'un aimant, les parties cannelées, chassées de l'un des pôles sont déviées par l'air, forment un tourbillon et retournent dans l'aimant par l'autre pôle. Lorsqu'un corps est pris dans ce tourbillon : ou les parties cannelées passent aisément au travers des pores de ce corps et le corps reste immobile, ou elles s'y accrochent et entraînent ce corps. La preuve de tout cela, Descartes, qui a l'imagination fertile, la trouve dans cette expérience qui montre le tourbillon créé par un aimant lorsque celui-ci est posé sur une feuille de papier que l'on a saupoudré de limaille de fer.

Après avoir parlé de la vertu qu'a l'aimant d'attirer le fer, Descartes juge à propos de dire quelque mot de la vertu qu'ont l'ambre, le jais, la cire la résine et le verre d'attirer toutes sortes de petits fétus ; et il s'attache à donner la cause de cette attraction dans le verre dont il a déterminé la constitution à partir de considérations sur son mode de fabrication.

Selon Descartes, les parties du verre, faites du troisième élément, ne se touchent pas immédiatement, elles laissent entre elles des pores allongés, qui s'entresuivent sans être fermés ni ne s'interrompent en aucun lieu, ces pores sont assez larges pour laisser le passage aux parties du second élément qui peuvent alors y transmettre en tous sens l'action de la lumière, ce qui rend compte de la transparence du verre. Les globules du second élément laissent dans les pores des fentes si étroites que seul le premier élément puisse les occuper.

En suite de quoy il faut remarquer, touchant ce premier element, dont la propriété est de prendre tous-jours la figure des lieux où il se trouve, que, pendant qu'il coule par ces petites fentes, les moins agitées de ses parties s'attachent les unes aux autres & composent comme des bandelettes qui sont fort minces, mais qui ont un peu de largeur & beaucoup plus de longueurs, & qui vont & viennent... en tournoyant de tous costez entre les parties du verre..., sans jamais guere s'en éloigner, à cause que les passages qu'elles trouvent dans l'air ou les autres corps qui l'environnent, ne sont pas si ajustez à leur mesure, ny si propres à les recevoir. Car, encore que le premier element soit tres fluide, il a neantmoins en soy des parties qui sont moins agitées que le reste de sa matière [...], & il est raisonnable de croire que, pendant que ce qu'il y a de plus fluide en sa matiere passe continuellement de l'air dans le verre & du verre dans l'air, les moins fluides de ses parties qui se trouvent dans le verre..., y demeurent dans les fentes ausquelles ne respondent pas les pores de l'air, & que là, se joignant les unes aux autres, elles composent ces bandelettes, lesquelles acquerent par ce moyen, en peu de temps, des figures si fermes, qu'elles ne peuvent pas aisément estre changées. Ce qui est cause que, lors qu'on frotte le verre assez fort, en sorte qu'il s'échauffe quelque peu, ces bandelettes qui sont chassées hors de ses pores par cette agitation, sont contraintes d'aller vers l'air & les autres corps d'alentour, où ne trouvant pas des pores si propres à les recevoir, elles retournent aussitost dans le verre, & y ameinent avec soy les festus ou autres petits corps, dans les pores desquels elles se trouvent engagées [182].

Descartes pense que, dans tous les corps en qui est cette attraction, celle-ci a la même cause. Il pense simplement que, dans ces corps, les intervalles entre les parties sont trop étroits pour le second élément et qu'ils ne peuvent recevoir que le premier élément [183].

Interprétation newtonienne

Des expériences de Newton sur l'électricité, Priestley nous dit : *Quoique le Grand Isaac Newton n'ait nullement droit de prétendre à une place dans l'histoire de l'électricité, il a cependant fait quelques observations électriques, qui ont mérité l'attention des Physiciens, & qui, quoiqu'elles n'eussent pas été faites par un aussi grand homme, mériteroit d'être transmises à la postérité* [184]. Voilà ce qui laisse entendre, *a contrario*, que si ces expériences avaient été réalisées par un physicien obscur, elles pourraient être ignorées des physiciens, ainsi que l'a fait Dufay.

En décembre 1675, ces travaux de Newton sur l'électricité furent l'objet de lettres à Oldenbourg qui était alors le secrétaire de la *Royal Society*, lesquelles lettres furent publiées en même temps que ses lettres de 1672 sur la nouvelle théorie de la lumière et des couleurs, par les soins de Thomas

---

182 *Ib.*, 4e partie, article 185, p. 306, 307.

183 Nous ne serions pas complet si nous ne disions pas que, chez Descartes, ce mécanisme, qui explique les diverses attractions de l'aimant et de l'ambre, peut rendre raison de *tous les plus admirables effets* qui sont sur la terre. Et parmi ces effets entièrement rares et merveilleux, que cite Descartes : *de faire saigner les playes du mort, lors que le meurtrier s'en approche ; d'émouvoir l'imagination de ceux qui dorment, ou mesme aussi de ceux qui sont éveillez, & leur donner des pensées qui les avertissent des choses qui arrivent loin d'eux, en leur faisant ressentir les grandes afflictions ou les grandes joyes d'un intime amy, les mauvais desseins d'un assassin, & choses semblables.* (*Ib.*, 4e partie, article 187, p. 309.) Constatons que le rationalisme n'a pas le même visage aux siècles classiques qu'au nôtre. Robert Darnton vous le montrera mieux que je ne puis le faire ici. [Robert Darnton, *Le grand massacre des chats, Attitudes et croyances dans l'Ancienne France*, trad. de Marie-Alyx Revellat, Paris, Les Belles Lettres, 2011].

184 Priestley, *Histoire de l'électricité*, *op. cit.*, tome 1, p. 22.

Birch au volume 3 de *The History of the Royal Society of London*[185]. C'est en s'appuyant sur ces lettres que Priestley présente des expériences de Newton, lesquelles *paroissent prouver qu'il a été le premier qui ait observé que le verre électrisé attiroit les corps légers par le côté opposé à celui sur lequel il étoit frotté*[186]. Et citant Newton, il écrit : *Ayant placé au-dessus d'une table, dans un anneau de cuivre, un morceau [une lame] de verre rond, d'environ deux pouces de diamètre, en sorte que le verre étoit à un huitieme de pouce de la table, & là l'ayant frotté vivement, les petits fragments de papier, qui étoient placés sur la table, au-dessous du verre, commencerent à être attirés & à se mouvoir de côté & d'autre avec agilité. Après qu'il eut frotté le verre, les fragments de papier continuerent de se mouvoir de différentes manières pendant un temps considérable, tantôt sautant au verre, & y restant un certain temps, tantôt descendant vers la table pour y demeurer aussi quelque temps, ensuite montant & descendant de nouveau, & cela quelquefois en lignes sensiblement perpendiculaires à la table, quelquefois en lignes obliques ; quelquefois aussi montant dans une courbe, & descendant dans une autre, souvent sans qu'il y eût un intervalle sensible entre ces mouvements ; quelquefois sautant d'une partie du verre à l'autre, en décrivant un demi-cercle, sans toucher la table, & quelquefois pendant par un angle, tournant ainsi souvent avec beaucoup d'agilité, comme s'ils eussent été transportés au milieu d'un tourbillon de vent, de sorte que chaque fragment de papier avoit un mouvement différent. En glissant son doigt sur le côté supérieur du verre, quoique ni le verre ni l'air qui étoit dessous ne fussent agités, il observa cependant que les papiers, selon qu'ils pendoient au dessous du verre, recevoient quelque nouveau mouvement, s'inclinant de côté & d'autre, suivant qu'il mouvoit son doigt. [Birch's History of the R. Society, Vol. 3, p. 260.]*

Dans le *Traité d'Optique*, Newton reprend la relation d'expériences de Hauksbee sur l'électricité, dans les questions qui servent de conclusion à l'ouvrage : *Tous les Corps fixes, lorsqu'ils sont échauffés au-delà d'un certain degré, ne jettent-ils pas de la Lumiere, & ne brillent-ils pas ? cette émission n'est-elle pas produite par les vibrations de leurs parties ? Tous les Corps qui abondent en parties terrestres, & surtout en parties sulphureuses, ne jettent ils pas de la Lumiere toutes les fois que ces parties là sont suffisamment agitées ? soit que cette agitation soit produite par la chaleur, ou par la friction, la percussion, la putréfaction ; par quelque mouvement vital, ou par quelqu'autre cause que ce soit : comme l'Eau de la Mer par un temps orageux ; le Vif-argent secoüé dans le Vuide, le dos d'un Chat, ou le*

---

185 *The History of the Royal Society of London for improving of Natural Knowledge*, ed. by Thomas Birch, Secretary to the Royal Society, vol.3, London, A. Millar, 1757. Johnson Reprint Corp., 1968 ; p. 260, 261 et p. 270, 271.

186 Priestley, *Histoire de l'électricité*, *op. cit.*, tome 1, p. 22-24, pour cette citation et les suivantes.

col d'un Cheval qu'on frotte à contre-poil dans un lieu fort obscur [...] De même, un Globe de Verre d'environ 8 ou 10 pouces de Diametre étant attaché à une machine, par le moyen de laquelle il puisse tourner rapidement autour de son Axe, venant à tourner, jette de la Lumiere dans l'endroit où il est frotté avec la paume de la main. Si dans le même temps on tient un morceau de Papier blanc, ou de Drap blanc, ou le bout du Doigt, à la distance d'environ un quart de pouce, ou un demi-pouce de la partie du Verre où le mouvement est le plus grand ; la vapeur électrique excitée par la friction du Verre contre la main, venant à donner sur le Papier, sur le Drap, ou sur le Doigt, sera mise dans une telle agitation, que jettant de l'éclat elle rendra le Papier, le Drap, ou le Doigt aussi lumineux qu'un Ver luisant ; & en s'élançant hors du Verre, elle frappera quelquefois le Doigt si vivement qu'on en sentira le choq. On a éprouvé la même chose en frottant un long & gros cylindre de Verre ou d'Ambre avec du Papier qu'on tenoit dans la main, ou plus simplement avec la main, & en continuant la friction jusqu'à ce que le Verre commençât à s'échauffer[187].

A la prudence de Newton sur la cause de la gravitation, nous pouvons opposer sa liberté d'imagination lorsqu'il convient d'esquisser la recherche des causes des autres phénomènes tels ceux de l'électricité ou de la lumière, et ceci, non pas en 1717 mais dans le scholie général des *Principia* : *Ce seroit ici le lieu d'ajouter quelque chose sur cette espéce d'esprit très subtil qui pénétre à travers tous les corps solides, & qui est caché dans leurs substances ; c'est par la force, & l'action de cet esprit que les particules des corps s'attirent mutuellement aux plus petites distances, & qu'elles cohèrent lorsqu'elles sont contigues ; c'est par lui que les corps électriques agissent à de plus grandes distances, tant pour attirer que pour repousser les corpuscules voisins : & c'est encore par le moyen de cet esprit que la lumiére émane, se réfléchit, s'infléchit, se réfracte, & échauffe les corps ; toutes les sensations sont excitées, & les membres des animaux sont mûs, quand leur volonté l'ordonne, par les vibrations de cette substance spiritueuse qui se propage des organes extérieurs des sens, par les filets solides des nerfs, jusqu'au cerveau, & ensuite du cerveau dans les muscles. Mais ces choses ne peuvent s'expliquer en peu de mots ; & on n'a pas fait encore un nombre suffisant d'expériences pour pouvoir déterminer éxactement les loix selon lesquelles agit cet esprit universel*[188]. De ces considérations sur la nature de l'électricité, Priestley retient que, dans le *Traité d'optique, Newton [...] a imaginé que les corps électriques, lorsqu'ils étoient excités, lançoient un fluide élastique, qui pénétroit librement le verre,*

187 Newton, *Traité d'optique, op. cit.*, livre 3, question 8, p. 406, 407.

188 Newton, *Principes mathématiques de la philosophie naturelle, op. cit.*, tome 2, livre III, p. 179, 180.

& que cette émission étoient causée par les mouvements de vibration des parties des corps frottés [189].

Les phénomènes électriques & leur interprétation dans quelques traités de physique jusqu'au début du XVIIIe siècle.

La place faite à l'exposé des phénomènes électriques dans les traités de physique du premier XVIIIe siècle, avant 1733, c'est-à-dire avant la publication des trois premiers mémoires sur l'électricité de Dufay, est toujours très restreinte, le phénomène est présenté comme un cas particulier d'un phénomène plus général à moins que son étude ne soit reléguée en appendice à celle d'un autre phénomène.

Jacques Rohault

En 1671, Rohault publie un *Traité de physique* qui est l'aboutissement de ses cours publics. Dans la préface, Rohault annonce que *celui qui a le plus contribué à la composition de cet ouvrage, duquel cependant le nom ne se trouve nulle part, parce qu'il l'eût fallu trop souvent repeter, est le celebre M. Descartes.* Mais, au contraire de Descartes, Rohault est soucieux de n'introduire ses interprétations théoriques qu'après avoir fait toutes les expériences et les observations possibles ; ce qui lui vaut l'estime des physiciens anglais toujours très attachés à l'empirisme ; Clarke, qui n'estimait que la physique de Newton, a traduit en latin, commenté et augmenté le Traité de Rohault [190] qui eût un grand succès dans l'enseignement en Angleterre.

Comme Descartes, Rohault affirme qu'à sa création, la matière du monde a été fragmentée en petites parties à peu près égales et mise en mouvement circulaire par Dieu, que ces parties de la matière se sont rompues, sont devenues de plus en plus petites et qu'il en a résulté trois éléments, ceux de Descartes. Ainsi Rohault a-t-il repris les trois éléments de Descartes ; mais, mieux que lui, il a justifié l'idée qu'il est juste d'attribuer des figures aux parties de la matière qui échappent à nos sens à partir d'observations microscopiques. *Si le microscope nous a fait voir & découvrir des Etres si petits, notre raison ne nous doit-elle pas faire juger qu'ils ont des parties incomparablement encore plus petites, qui échapent à tous nos sens, à toute l'industrie des hommes, & à notre imagination même ?* [191] Ce qu'il illustre par l'observation microscopique du ciron, celle-ci nous fait voir qu'il *a le dos couvert d'écailles, trois pieds de chaque côté, et deux tâches noires sur la tête, que l'on juge être ses yeux, parce qu'il se détourne à la présence de la pointe d'une épingle dont on traverse son*

---

189 Priestley, *Histoire de l'électricité*, *op. cit.*, tome 1, p. 25.

190 Alexandre Julien Savérien, *Histoire des philosophes modernes,* tome 6, *Histoire des physiciens*, Paris, Bleuet & Guillaume fils, 1773, p. 1-62 ; p. 21.

191 Jacques Rohault, *Traité de physique*, 2 volumes, nouvelle édition, Paris, Guillaume Desprez, 1705 ; tome 1, p. 261 pour cette citation et la suivante.

chemin. A partir de là, Rohault considère chacun des organes du ciron, et en esquisse la nécessaire complexité, donc l'extrême petitesse de leurs parties ; puisque tous ces organes présentent la même complexité que ceux des plus gros animaux.

Rohault n'aborde brièvement la vertu attractive de l'ambre et de quelques autres corps, qu'après avoir étudié longuement celle de l'aimant, l'électricité n'étant qu'un phénomène apparenté à ceux qui relèvent du magnétisme. Nous commençons donc, comme lui par le magnétisme. Rohault commence son propos sur l'aimant en rapportant l'observation de quelques-unes des propriétés de l'aimant : que l'aimant attire le fer et que celui-ci attire l'aimant, que l'aimant tourne toujours un certain côté vers le nord et l'autre vers le sud, qu'un couteau que l'on frotte avec un aimant acquiert la vertu de lever du fer, etc. Après cela, Rohault se contente , dit-il, de leur assigner une cause probable. A la suite de quoi, il s'efforcera *d'établir la vérité de [sa] conjecture, en montrant que toutes les conséquences qu'on en peut tirer s'accordent avec l'expérience* [192]. De ses expériences et observations, Rohault conclut que les phénomènes de l'aimant sont des mouvements locaux, et *que chercher la source des propriétés de l'aimant, n'est autre chose que de se proposer de trouver la cause de certains mouvements locaux [...]* [193]. Ainsi l'interprétation des phénomènes magnétiques le fait-elle remonter aux causes générales du mouvement, Rohault ouvre alors la question : *les Philosophes en assignent ordinairement deux, sçavoir est, l'impulsion & l'attraction. La premiere se conçoit fort distinctement, & elle suit de ce principe commun à toutes les sectes de Philosophes ; à-sçavoir, que les parties de la matiere sont impénétrables les unes aux autres, & qu'un corps ne sçauroit se mouvoir vers un certain endroit, qu'il ne pousse & ne déplace les autres corps qui sont dans son chemin. L'attraction prise dans le sens des Philosophes pour une cause particuliere du mouvement, différente de l'impulsion, est [...] une chose fort obscure, ou plutôt c'est une chose dont on a aucune idée.*

Parce qu'il pense que *l'attraction des Philosophes est une chose purement chimérique*, Rohault tâche de se servir de l'impulsion dans l'explication des propriétés et des effets de l'aimant ; il lui faut donc s'imaginer que, lorsque le fer se meut vers l'aimant et l'aimant vers le fer, c'est parce qu'il y a quelque chose qui pousse le fer vers l'aimant ou l'aimant vers le fer, un troisième corps ou plutôt une certaine matière qui se meut et qui doit être fort subtile puisqu'elle ne tombe pas sous nos sens. *S'il nous est libre de feindre cette matière subtile, [nous dit Rohault] nous ne sommes pas libre de lui attribuer tel mouvement qui nous plaît.* La position prise par les aimants nous oblige *de reconnoître que cette matiere se porte*

---

[192] *Ib.*, tome 2, p. 217.

[193] *Ib.*, tome 2, p. 221, 224, pour cette citation et les suivantes.

du Nord au Sud, ou du Sud au Nord, ou peut-être même de ces deux manières. De plus, observant que l'inclinaison de l'aiguille aimantée la fait pencher ici vers la terre du côté du nord, Rohault pense que la même matière qui se meut du nord au sud, se meut de bas en haut, et que celle qui se meut du sud au nord, se meut de haut en bas. Mais, il ne pense pas que ces observations suffisent à établir fermement l'existence et le mouvement de cette matière subtile qui déplace les aiguilles aimantée et la limaille de fer : *Tout cela ne sçauroit passer que pour une conjecture, à moins que nous ne découvrions d'ailleurs la necessité d'une matière qui ait ces propriétés.*

Cette matière, Rohault en a établi l'existence dans son système du monde, lequel est à quelques nuances près celui de Descartes. Dans ce système, rappelons-le, la terre intérieure est un entassement de parties du troisième élément, entre lesquelles il y a des pores qui sont de trois sortes ; Rohault en ajoutera une quatrième. En effet, pour expliquer le fait que la terre, emportée par un mouvement annuel autour du soleil, avance en gardant son axe toujours parallèle à lui-même, Rohault considère que la matière subtile en continuel mouvement dans le sein de la terre en sort dans des plans parallèles à l'équateur et qu'en même temps il doit nécessairement en rentrer par les endroits de sa surface qui sont autour de ses pôles ; ce qui suppose des pores parallèles à l'axe du mouvement [194]. Il considère que l'agitation des parties de la matière subtile les empêche pour l'ordinaire d'avoir une figure déterminée, mais que, lorsque cette matière reste quelque temps dans l'espace triangulaire des petites boules du second élément logées dans les pores de la terre intérieure, elle peut se figer et acquérir *à peu près la figure d'une vis à trois canelures* [195]. Le tourbillon du second élément qui entoure la terre détermine ces vis à descendre vers les pôles, *les vis qui descendent vers le Pole Arctique de la terre sont tournées à contresens de celles qui descendent vers le Pole opposé* ; et ces vis entretiennent continuellement leur passage au sein de la terre d'où la formation d'une quatrième espèce de pores qui sont comme autant d'écrous parallèles entre eux, ceux qui reçoivent la matière cannelée qui vient du pôle arctique sont tournés à contre sens de ceux par où passe la matière cannelées qui descend du pôle antarctique. Rohault a avec ces vis et ces écrous, tout se qu'il faut pour que sa théorie de l'aimant ne soit plus une simple conjecture. La matière qui sort de la terre intérieure par l'un des pôles ne peut y rentrer que par l'autre pôle, il faut donc en déduire que cette matière continue de se mouvoir par-dessus la surface de la terre dans le plan des méridiens, pour y entrer par les mêmes endroits qui lui ont déjà servi d'entrée. Rohault peut maintenant imaginer que *la forme particuliere de l'aimant consiste en ce que cette pierre est percée d'un nombre innombrable de pores paralleles*

---

194 *Ib.*, tome 2, p. 108, 109.

195 *Ib.*, tome 2, p. 159, 160 et pour la citation qui suit.

entr'eux, dont les uns ont la figure d'écroues qui peuvent admettre les petites vis qui viennent du Pole Arctique, & les autres ont la figure d'autres écroues qui donnent passage aux vis qui descendent du Pole Antarctique [196]. Quant au fer, ou à l'acier, Rohault pense que *nous pouvons bien concevoir qu'ils ont l'un & l'autre de semblables pores, mais que ces pores sont pour l'ordinaire embarrassés des parties les plus délicates du métal, qui se hérissent en forme de petits poils, si bien que l'on peut dire que le fer est un aimant imparfait, & que ces deux corps ont beaucoup de ressemblance.*

Nous l'avons dit, Rohault termine le chapitre sur l'aimantation par les propriétés de l'ambre, du jayet, de la gomme, de la cire, du verre, etc., qui étant frottés, *attirent indifféremment les pailles et toute autre sorte de choses légères* [197]. Rohault estime qu'il y a une certaine matière fort subtile qui se meut ordinairement dans les plus petits pores de ces corps et qui est empêchée d'en sortir par l'air environnant. Or quand on frotte ces corps, on donne à cette matière assez de force pour vaincre la résistance de l'air et celle-ci peut s'étendre quelque peu à la ronde. Mais l'agitation de l'air la repousse et la contraint de retourner dans quelques-uns des pores d'où elle est sortie et où d'autre matière ne pourrait entrer librement pour n'être pas comme elle proportionnée à la grosseur et à la figure de ces pores : *Si-bien, par exemple, qu'il sort de l'ambre qui a été frotté, un grand nombre de petits filets imperceptibles de cette matière, qui s'élancent dans l'air, où ils penetrent les pores des petits corps qui s'y rencontrent, & de là rentrent dans l'ambre. En suite de quoi, l'air repoussant continuellement ces filets, & les contraignant de se raccourcir de plus en plus, pousse en même-temps, & par même moyen les corps legers, dans lesquels ces petits filets se sont fourrés, qui apportent ainsi en retournant les petites pailles dans lesquelles ils s'étoient engagés. Ce qui se confirme, en ce qu'on ne remarque point cette vertu dans l'ambre, ni dans pas un des autres corps semblables, à moins qu'on ne l'ait excitée en le frottant.*

Pierre- Sylvain Régis [198]

---

[196] *Ib.*, tome 2, p. 225-226, pour cette citation et la suivante.

[197] *Ib.*, tome 2, p. 258, 259, pour cette citation et les suivantes.

[198] Pierre-Sylvain Régis est né en 1632 dans le comté d'Agenois, il fit ses humanités et sa philosophie chez les jésuites de Cahors et des études de théologie dans l'Université de cette ville ; il poursuivit ces mêmes études à Paris ; mais s'en détourna bientôt. En suivant les conférences de Rohault, il fut séduit par la philosophie cartésienne et abandonna ses études de théologie. En 1665, il commence à tenir des conférences publiques à Toulouse ; il en fit à Montpellier en 1671. En 1680, il s'installe à Paris où il fit ses conférences chez Nicolas Lémery, des conférences qu'il dut suspendre au bout de six mois. En 1690, il publie son *Système de philosophie contenant la logique, la métaphysique, la physique et la morale*, en 3 volumes. Bien qu'atteint par quelques infirmités, il soutint plusieurs controverses dont une avec Malebranche sur l'explication de ce que la Lune paraît plus grande à l'horizon qu'au méridien et, en 1704, il publie *L'Usage de la Raison et de la Foi, ou l'Accord de la Foi et de la Raison*, dans lequel il fait un partage net des deux et assigne à chacun des objets et des

Régis publie en 1690 un *Cours entier de philosophie ou systeme general selon les principes de M. Descartes*, [199] où nous retrouvons, en résumé, l'exposé de Rohault sur la nature, l'origine et les propriétés de l'aimant et sur la nature et l'origine de la vertu de l'ambre, du jais et de la cire d'Espagne pour attirer les pailles ; je paraphrase ici les titres des deux chapitres sur l'aimant et sur l'électricité. Nous ne nous en étonnerons pas, sachant que c'est en suivant les cours de Rohault que Régis a été converti à la philosophie de Descartes, et que c'est Rohault qui lui a suggéré d'aller établir la nouvelle philosophie à Toulouse par des conférences publiques dès 1665 : *Bientôt, écrit Fontenelle, toute la ville fut remuée par le nouveau Philosophe ; Savans, Magistrats, Ecclésiastiques, tout accourut pour l'entendre ; les Dames même faisoient de la foule ; [...].Bientôt, écrit Fontenelle, toute la ville fut remuée par le nouveau Philosophe ; Savans, Magistrats, Ecclésiastiques, tout accourut pour l'entendre ; les Dames même faisoient de la foule ; [...].* Dès 1671, il fit des conférences publiques à Montpellier *avec les mêmes applaudissemens qu'à Toulouse*, avant d'en faire à Paris, chez Lémery, en 1680. Ces conférences avaient un éclat qui leur devint funeste, l'archevêque de Paris, *par déférence pour l'ancienne philosophie*, nous dit Fontenelle, donna l'ordre de les suspendre. C'est après cette interdiction que Régis entreprit la rédaction de ses cours [200].

Willem Jacob 'S Gravesande

'S Gravesande publie les *Elémens de physique* [201] en 1721. Dans cet ouvrage, l'auteur aborde toutes les branches de la physique et substitue expériences et démonstrations aux hypothèses et aux conjectures. Ici les phénomènes électriques sont inserrés dans une étude des propriétés du feu, lequel est rangé dans l'étude des fluides, tel que l'air et l'eau. 'S Gravesande ne fait aucune hypothèse sur la nature de l'électricité, pas plus que sur celle du feu : *La Nature même du Feu nous est inconnue ; mais quand on*

---

emplois si séparés qu'elles ne peuvent avoir aucune occasion de se brouiller. Régis termine ainsi sa carrière savante, ses infirmités et ses souffrances l'empêchent de travailler. Il meurt en 1707. (Fontenelle, « Eloge de Monsieur Régis », *Œuvres complètes*, tome 6, Paris, Fayard, 1994 ; p. 143-152).

[199] Pierre- Sylvain Régis, *Cours entier de philosophie ou systeme general selon les principes de M. Descartes*, 1690, seconde édition en 6 volumes, Amsterdam, Huguetan, 1691.

[200] Fontenelle, « Eloge de Régis », *HARS*, *Œuvres complètes*, tome VI, Paris, Fayard, 1984 ; p. 143-152.

[201] 'S Gravesande, W. J., *Elementa Mathematica experimentis confirmata sive Introductio ad Philosophiae Newtonian*, 2 tomes, Lugdunis Batavorum, Petrum Vander, 1725 ; *Elémens de physique, démontrés mathématiquement et confirmés par des expériences*, 2 tomes, traduction de l'édition de 1742 par Elie de Joncourt, Paris, 1746, 1747 ; *Elémens de physique ou introduction à la philosophie de Newton*, traduction de l'édition de 1742 par Roland de Virloys, Paris, 1747. *Elémens de physique*, traduction de l'édition de 1742 par Elie de Joncourt ; Leyde, 1746. De l'édition de 1725 à celle de 1742, les expériences sont plus nombreuses et plus fouillées, mais les présupposés restent les mêmes. Les citations faites ici pourraient être des traductions libres de la première édition : tome 2, p. 1, 2.

remarque en quelque endroit de la Chaleur ou de la Lumière, on dit qu'il s'y trouve ce qu'on appelle du Feu [202]. Il y a du feu dans tous les corps, en effet il n'y a point de solide que le frottement n'échauffe, et un corps qui a plus de chaleur en communique à un autre qui en a moins. 'S Gravesande considère qu'il y a des phénomènes qui doivent être attribués au feu contenu dans les corps et que, parmi ces phénomènes, il y en a qui ont beaucoup d'analogie avec l'électricité. La définition que 'S Gravesande donne de l'électricité en laisse ignorer la nature : *L'Electricité est cette propriété qu'ont plusieurs Corps échauffez par le Frottement, d'attirer & de repousser des Corps fort légers, à une Distance sensible* [203]. 'S Gravesande répète les expériences qui ont été faites avant lui, non sans en varier les conditions et en ajouter quelques unes, il y est toujours question en frottant des tubes ou des globes de verre d'attirer ou de repousser des corps légers ou d'obtenir des effets lumineux dans l'obscurité ; ainsi ces expériences, font-elles voir *la liaison qui se trouve entre la cause de l'Electricité & le Feu, si tant est que ce ne soit pas une seule & même chose.*

Les expériences présentées par 'S Gravesande doivent beaucoup à celles de Hauksbee.

---

[202] 'S Gravesande, W. J., *Elémens de physique*, traduction par Elie de Joncourt ; tome 2, livre 4, part 2 (du feu), p. 75.

[203] *Ib.*, p. 86, pour cette citation et la suivante.

Chapitre 2
Les *Mémoires sur l'électricité* de Dufay

Première Partie, les Mémoires des années 1733 & 1734

Le second mémoire sur l'électricité

Un programme de recherche & une ample provision d'expériences

Au terme de sa rétrospective historique, Dufay montre qu'il reste un certain nombre d'objets *à considérer qui méritent d'être examinés chacun en particulier, & qui peuvent fournir un grand nombre de nouvelles découvertes [...]* [204]. Aussi en dégage-t-il un programme d'expériences pour ce second mémoire et les suivants, c'est-à-dire ses mémoires présentés à l'Académie des sciences en 1733 et en 1734 : *Il s'agit, 1°. De sçavoir si tous les corps peuvent devenir électriques par eux-mêmes ; si ceux dans lesquels on ne sçauroit parvenir à exciter cette vertu, ne sont tels, que parce qu'ils ne sont pas susceptibles d'un frottement convenable ; enfin si l'électricité est une qualité commune ou applicable à toute la matiére. 2° Si toute matiére est susceptible de contracter cette vertu, soit par l'attouchement immédiat d'une corde, ou de tout autre corps continu qui est attaché au corps électrique, soit par la simple approche du corps électrique. 3°. Quels sont les corps qui peuvent arrester, ou faciliter la transmission de cette vertu, soit qu'elle se fasse par le moyen d'une corde, d'une baguette, ou de la seule approche du tuyau, & quels sont ceux qui sont le plus vivement attirés par les corps électriques. 4°. Ce qu'a de commun, la vertu qu'ont les corps électriques de repousser, avec celle d'attirer, & si ces deux propriétés sont liées l'une à l'autre, ou indépendantes l'une de l'autre. 5°. Quelles sont les circonstances qui peuvent apporter quelque changement à l'électricité pour l'augmentation ou la diminution de sa force, comme le vuide, l'air comprimé, la température de l'air, &c. 6°. Quel rapport il y a entre l'électricité, & la faculté de rendre de la lumiére qui est commune à la plûpart des corps électriques, & ce qu'on peut inférer de ce rapport. Ces six différents objets semblent renfermer tout ce qui concerne l'électricité.* Et parce que Dufay pense que les deux premières questions sont celles qui ont le plus de liaisons entre elles, il en fait l'objet de ce second mémoire. Il y rapporte *une longue suite d'expériences, d'où il résulte qu'à l'exception des Métaux, tous les corps qui ont assés de solidité pour être frottés vivement, deviennent électriques par eux-mêmes, & que tous, sans exception, le deviennent, soit en les approchant du tube rendu électrique, soit en les*

[204] Dufay, « Second mémoire sur l'électricité », *MARS*, 1733, p.73-84 ; p. 73, 74 ; pour cette citation et la suivante.

attachant au bout d'une corde, ou de quelqu'autre corps continu, de l'autre bout duquel on approche le tube. Notons que, dans ce mémoire, Dufay dresse la mise en œuvre d'un programme de recherche en physique expérimentale et qu'il n'y aborde pas l'interprétation des phénomènes explorés. D'entrée, Dufay entreprend de répondre à la question : *Quels sont les Corps qui sont susceptibles d'Electricité ?* Pour ce faire, il commence par la question suivante : *Si tous les Corps peuvent devenir électriques par eux-mêmes ?* Ses investigations mettant en évidence que tous ne le peuvent pas, il lui reste à examiner si tous les corps sont susceptibles d'électricité. Dans la première partie de ce second mémoire, Dufay recherche quelles sont les matières qui, ayant assez de solidité pour être frottées, peuvent devenir électriques par frottement, il reprend les expériences antérieures et tente des essais en variant les matériaux, il en conclut que le nombre en est prodigieux : *car nous avons vû que toutes les matières filées, comme soye, laine, fil, coton, sont de ce nombre, les plûmes, les cheveux, le poil de tous les animaux morts ou vivants ; entre ceux-ci, ce qui m'a paru le plus singulier, c'est le dos du chien, & principalement celui du chat, l'un & l'autre sont fort électriques, & sur-tout ceux dont le poil est le plus rude, pour peu qu'on y ait passé la main trois ou quatre fois, ils attirent & repoussent des petits flocons de laine ou de plume. On a vû aussi que le papier, le parchemin, le cuir, pouvoient le devenir, mais ce sont là les corps électriques, que je nomme de la seconde classe, car ils ont besoin d'être chauffés, & même vivement, pour que leur vertu soit excitée ; j'ai reconnu par expérience qu'on pouvoit mettre dans cette classe, la paille, & toutes les herbes séches, les os, la corne, l'écaille, la baleine, les coquilles de toutes espèces ; la plûpart de ces matières demandent à être chauffées jusqu'à être roussies, ou commencées à brûler, pour que leur vertu soit manifestée. [...]* [205].

Naturellement Dufay ne peut pas expérimenter sur toutes les matières qui sont susceptibles d'électricité, ce serait faire le tour *de tout ce qui est renfermé dans la nature.* Nous ne suivrons pas Dufay dans l'énumération des expériences qu'il a faites et des difficultés qu'il a rencontrées : celles qu'il a surmontées et celles qui l'ont arrêté ; nous donnons une expérience où la difficulté a été surmontée, et une où elle ne l'a pas été : *Il ne manque [à certains] corps résineux ou bitumineux pour devenir électriques, que la solidité nécessaire pour être frottés, car si on mêle avec la Poix, ou la Thérébentine assés de brique pilée, pour en faire un corps dur, on les rendra électriques par le frottement, ainsi, voilà une espece générale, & une nature de corps qui sont tous susceptibles d'électricité par le simple frottement* [206]. Et cette autre expérience sur les gommes aqueuses, *[celles-ci] ne m'ont point*

---

205 *Ib.*, p. 78, 79 ; pour cette citation et la suivante.

206 *Ib.*, p. 75.

paru électriques en les frottant simplement sans les chauffer, & lorsque je les ai voulu chauffer, elles se sont amolies, ensorte qu'elles ne peuvent plus être frottées. Ainsi elles deviennent dans le cas des matières que leur consistance ne permet pas de mettre au rang des corps électriques[207]. Dufay y ajoute qu'il y a des corps qui ont l'inconvénient de s'altérer quand on les approche du feu : *ce qui jette, nous dit-il, dans ces expériences des difficultés qui ne méritent pas d'être surmontées.* A côté des corps qui sont susceptibles d'électricité par frottement ou chauffage ou les deux à la fois, il y a les métaux qui ne peuvent l'être avec de tels traitements, comme Dufay le constate : *Il ne reste plus que les métaux, mais quelque peine que je me sois donnée, & de quelque manière que je m'y sois pris, je n'ai pû parvenir, non plus que M. Gray, à les rendre électriques ; je les ai chauffés, frottés, limés, battus, sans y remarquer d'électricité sensible ; j'ai cru quelquefois y appercevoir quelque légere vertu, mais cela ne s'est pas confirmé, lorsque j'ai examiné la chose de plus près ; je ne voudrois pas assûrer néantmoins qu'ils ne pussent le devenir par quelque voye que je n'ai point tentée, & dont quelqu'un s'avisera peut-être un jour, mais je n'ai pas cru que cela valût la peine de mettre beaucoup de temps & de soins à une chose que le hazard me présentera peut-être dans le moment que j'y penserai le moins.* Il reste à déterminer : *Si tous les corps peuvent devenir électriques, soit en les attachant au bout d'une corde liée à l'extrémité du corps électrique, soit par l'attouchement, ou simplement, l'approche d'un corps dans lequel cette vertu a été puissament excitée. Si l'on se borne à cet examen, la question sera bien-tôt décidée ; car M. Gray rapporte un grand nombre de corps qu'il a attachés au bout d'une corde qui étoit liée au tuyau, & il a toujours trouvé qu'ils devenoient électriques, de quelque forme & de quelque matiére qu'ils fussent. J'ai éprouvé la même chose, & tous les corps que je me suis avisé d'y attacher, le sont devenus, jusqu'à l'eau, lorsque j'y ai tremper le bout de la corde ; [...]*

Jusqu'ici Dufay reprend et ajoute aux expériences faites par Gray ; il montre ensuite que l'on peut électriser par la seule approche du corps électrique sans aucun contact. Pour ce faire, Dufay choisit des feuilles d'or ou d'autres corps légers qu'il expose à l'action des corps électriques. Ici les circonstances de l'expérience sont primordiales ; il convient de ne pas poser ces corps légers sur n'importe quel support : lorsqu'il choisit des guéridons de bois ou de métal, seuls les corps les plus électriques par eux-mêmes peuvent acquérir quelque faible vertu électrique et les autres n'en reçoivent aucune sensible ; lorsqu'il prend un guéridon de verre parfaitement séché, alors tous les corps qu'il a posés dessus ont acquis *une vertu très-considérable par l'approche du tuyau ; le bois, les métaux, l'agate, la pierre, une orange, un livre, enfin [ajoute-t-il] tout ce que je m'avisai*

[207] *Ib.*, p. 79-81 ; pour cette citation et les suivantes.

d'éprouver devint très-électrique, & je doute qu'il y ait quelque corps dans la Nature qui ne le devienne par ce moyen [208].

Pour finir, Dufay constate que la flamme n'est pas susceptible de l'électricité.

Le troisième mémoire sur l'électricité

Dans ce mémoire, Dufay se propose d'examiner *quels sont les corps qui sont les plus vivement attirés par les matières électriques, & ceux qui sont les plus propres à transmettre l'électricité* [209]. Ici Dufay commence en donnant une idée des difficultés que lui-même – et Nollet avec lui – ont rencontrées lors de ces expériences : Déterminer quels sont les corps qui sont les plus fortement attirés par un corps électrique demande *une attention beaucoup plus scrupuleuse qu'on ne l'imagine d'abord, & ce n'est ordinairement qu'après bien des tentatives souvent inutiles, & quelquefois rebutantes, qu'on parvient à trouver les moyens d'y réussir. Pour connoître quels sont les corps qui sont les plus fortement attirés, il faut que ceux que l'on présente au corps électrique soient, le plus qu'il est possible, de même volume & de même pesanteur comparés les uns aux autres, sans quoi il est impossible de s'assûrer de l'exactitude de l'expérience* [210]. Ainsi en présentant au tube de la raclure d'ambre, de gomme laque, du verre pilé, de la sciure de bois dur et pesant, de la brique pilée, il lui parut que ces derniers corps qui ne sont point électriques par eux-mêmes, étaient plus fortement attirés que les premiers ; mais il juge avec prudence *[qu']on ne peut rien conclure de bien assûré d'une pareille expérience, parce qu'il est extrêmement difficile de connoître le volume & la pesanteur de ces petits fragments*. Mais, avant d'examiner quels sont les corps qui sont les plus vivement attirés par les matières électriques, et ceux qui sont les plus propres à transmettre l'électricité, Dufay doit répondre à deux questions préliminaires : des corps de même nature sont-ils plus ou moins électriques suivant leur couleur ? Quelles sont les matières qui arrêtent ou laissent passer l'action du corps électrique ?

(1) A la fin d'un mémoire publié dans le numéro de janvier-février 1731 des *Philosophical Transactions*, le N° 417, Gray dit *Que les corps de même nature sont plus ou moins électriques suivant la couleur dont ils sont, en sorte que le rouge, l'orangé ou le jaune attirent pour le moins trois ou quatre fois plus fortement que le verd, le bleu ou le pourpre.* Naturellement Dufay, comme Gray l'avait fait avant lui, accorde qu'il convient que les expériences soient faites avec une même substance de même poids et de même volume. *J'ai donc pris [écrit Dufay] des rubans de soye les plus égaux qu'il m'a été possible dans toutes leurs dimensions, mais tous de*

---

208 *Ib.*, p. 83.

209 Dufay, « Troisième mémoire sur l'électricité », *MARS,* 1733, p.233-254, pl. 18.

210 *Ib.*, p. 233, 234 ; pour cette citation et la suivante.

couleurs différentes ; il y en avoit neuf, un blanc, un noir, & les sept autres des mêmes couleurs que celles qui sont regardées comme primitives par M. Newton dans son Optique ; sçavoir, violet, indigo, bleu, verd, jaune, orangé & rouge [211]. Dufay suspend ces rubans à un morceau de bois horizontal et approchant le tube rendu électrique dans une situation horizontale et à égale distance de tous les rubans, il constate que le noir se détache le premier pour venir s'appliquer sur le tube, que le blanc fait ensuite de même et qu'en approchant plus le tube les autres y viennent successivement, mais ne gardent pas toujours le même ordre, si ce n'est que presque toujours le rouge vient le dernier de tous. Dans un premier temps, Dufay juge que ses expériences confirment les résultats d'expériences que Gray n'avait qu'évoqués.

Après avoir repris et décrit précisément ces expériences, Dufay se propose d'approfondir le sujet ; il entreprend alors des séries d'expériences dont le compte rendu n'épargne aucun détail ; nous offrant le privilège de suivre pas à pas sa démarche dans une investigation conduite avec méthode ; ce qui fait contraste avec le mémoire de Gray, qui est présenté comme un carnet de laboratoire dans lequel les expériences sur l'électricité sont présentées chronologiquement, et plus encore avec le recueil des expériences de Hauksbee, où les différents objets de recherche s'entremêlent au gré des jours. Dufay commence par des expériences que Hauksbee a déjà faites et qu'il puise dans l'édition italienne de son recueil d'expériences physico-mécaniques [212] : *M. Hauksbee rapporte que l'interposition d'un morceau de gaze ou de mousseline entre le tube & les corps que l'on veut attirer, arrête entiérement la vertu électrique ; il dit ailleurs que les écoulements électriques sont également interrompus par le moyen d'une planche, & aussi par une feuille de laiton appliquée sur le tube, &, dans un autre endroit, qu'un morceau de verre ou une glace ne nuit point à l'électricité, en sorte que des feuilles de laiton sont mises en mouvement par le tube, ou par un morceau de gomme lacque, quoique l'on soûtienne une glace entre les feuilles & le corps électrique.* S'inspirant de ces expériences de Hauksbee, Dufay tente d'attirer des feuilles d'or posées sur un guéridon en interposant des gazes de diverses couleurs entre ces feuilles et le tube fortement électrisé ; il vit que la gaze blanche et la gaze noire interceptent toute la vertu électrique en sorte que les feuilles demeurent immobiles, mais que les autres couleurs, et principalement la rouge, la laissent passer et que les feuilles viennent alors s'appliquer avec vivacité sur la surface inférieure de la gaze. Voilà une expérience qui, semble-t-il, démontre que les couleurs entrent

---

[211] Du Fay, « Troisième mémoire sur l'électricité », *op. cit.*, p. 234, 235.

[212] Hauksbee, *Esperienze Fisico-Meccaniche Sopra Varj Soggetti*, 1716 ; réédition 2009. L'ouvrage présente, nous l'avons déjà dit, les travaux de Hauksbee dans l'ordre où ils ont été faits et non regroupés par thème, Dufay le regrette, comme le fera plus tard Desmarest dans le discours préliminaire de l'édition française de cette œuvre.

pour beaucoup dans les phénomènes électriques, en effet l'analogie de cette expérience avec celle des rubans paraît s'expliquer d'elle-même ; le noir et le blanc qui sont le plus fortement attirés dans l'expérience des rubans, absorbent les écoulements électriques dans l'expérience des gazes, en sorte qu'il n'en reste plus pour enlever les feuilles d'or qui sont au-delà, et le rouge, qui dans la première est le plus difficilement empreint des écoulements électriques, les laisse, par cette même raison, passer assez librement dans la seconde expérience pour qu'ils puissent exercer leur action sur les feuilles qui sont de l'autre côté. Aussi Dufay avoue-t-il que *cette expérience me paraissoit si décisive, & l'explication si naturelle, que j'ai été assés long-temps sans que je soupçonnasse qu'on pouvoit en douter*[213]. Mais, parce qu'il arrivait quelquefois que le tube fortement électrisé agitait les feuilles à travers la gaze blanche et même à travers la noire et même que les gazes de couleurs n'agissaient pas toujours d'une façon uniforme, le doute s'insinua peu à peu dans l'esprit de Dufay. Il cherche d'abord si les couleurs naturelles font un effet différent que celles qui sont faites par l'art ; *& pour cela je pris des petits morceaux de fleurs de toutes couleurs, & j'en approchai le tube après l'avoir frotté ; je trouvai qu'il enlevoit toutes ces feuilles ou parcelles de fleurs indifféremment, & que les plus legéres, de quelque couleur qu'elles fussent, étoient enlevées de plus loin que les autres, mais comme ces pesanteurs m'étoient inconnus, il m'étoit impossible de rien conclure de précis de cette expérience, j'eus donc recours à d'autres qui me paroissoient devoir donner des connoissances plus positives.* Dans l'expérience qui suit, c'est la décomposition de la lumière par Newton qui inspire Dufay ; un tube fortement électrisé ne décompose-t-il pas la lumière : *Je fis entrer dans une chambre obscure un rayon de Soleil, pour voir si le tube ne décomposeroit pas la lumiére, en causant une plus grande infléxion à de certains rayons qu'à d'autres ; l'effet en devroit être fort sensible, car s'il eût attiré les rayons bleus, par exemple, le reste de la lumiére, à qui ces rayons auroient manqué pour être blanche, auroit tiré sur le rouge, ou sur le pourpre ; mais il n'arriva aucun changement à ce trait de lumiére, à quelque peu de distance que j'en approchasse ; ainsi il ne paroît point agir sur des rayons d'une couleur, plûtôt que sur ceux d'une autre.* Dans les expériences suivantes, les corps sont colorés par les couleurs du spectre solaire : avec un prisme, Dufay fait passer successivement toutes les couleurs du spectre solaire sur une gaze blanche et, à chaque fois qu'il approche le tube électrique de cette gaze, il constate qu'un ruban qu'il a placé derrière la gaze est toujours pareillement agité. Dufay en conclut *que ce n'est pas la couleur, comme couleur, qui produit cette variété dans les effets des corps électriques.* Mais les investigations de Dufay ne s'arrêtent pas là ; et il en cherche de nouvelles preuves dans des expériences plus faciles à mettre en

---

213 Du Fay, « Troisième mémoire sur l'électricité », *op. cit.*, p. 237-239 ; pour cette citation et les suivantes.

œuvre. Dans la première, il abreuve d'eau ses rubans de diverses couleurs et constate que, sans que leurs couleurs ne soient altérées, ceux-ci sont tous également attirés par le tube électrique ; dans la suivante il constate que des gazes diversement colorées et mouillées de même ont également interceptées les écoulements électriques ; dans une autre expérience il constate que des gazes noires ou blanches légèrement chauffées laissent passer l'écoulement électriques aussi facilement que les gazes de couleurs. Enfin, ayant coloré des rubans blancs en les frottant avec du carmin, avec de l'ocre ou avec du charbon, ils ont tous été également altérés, lorsque toutes choses ont été égales. Dufay en tire la conclusion définitive : *ainsi on ne peut pas douter que ce soit l'apprêt & les ingrédiens qui servent à colorer, & non la couleur en elle-même, qui rendent les corps plus susceptibles d'électricité, ou plus ou moins propres à arrêter les écoulements électriques.*

(2) Dufay doit maintenant aborder une seconde question : quelles sont les matières qui arrêtent ou laissent passer l'action du corps électrique ? Pour déterminer si une matière telle que le verre, le papier, un morceau de carton, une lame d'étain, etc. arrête ou laisse passer l'action d'un corps électrique, Dufay en pose une plaque sur un cercle de bois disposé au dessus d'un guéridon, approchant le tube électrique au dessus de la plaque, il observe si les feuilles d'or qu'il a placées sous la plaque restent immobiles ou sont attirées. Une vitre laisse passer la matière électrique : *lorsqu'on en approche le tube, les feuilles placées dessous sont attirées, & repoussées avec force, mais si l'on retire le tube, elles demeurent attachées à la glace, d'où elles ne retombent que quelques minutes après, & lorsque la vertu est tout-à-fait dissipée*[214]. Une feuille de papier, un morceau de carton, une planche, une lame d'étain, étant posés l'un après l'autre sur le cercle de bois, ont arrêté l'électricité... Chauffée, la feuille de papier laisse passer la matière électrique, alors que le carton et le bois l'arrête, ce que Dufay explique en supposant que le carton, le bois, une lame de métal sont empreints d'une humidité extérieure ou intérieure ou de quelque autre matière équivalente sur laquelle l'électricité agit, et qui par conséquent l'arrête. Les corps parfaitement séchés au feu laissent passer l'électricité, ceux qui ne peuvent l'être l'arrêtent. Dufay en tire la conclusion suivante : *Cette observation [...] se réduit à ce principe que je crois pouvoir regarder comme certain ; tous les corps qui peuvent devenir électriques sans autre préparation que de les frotter, étant posés sur un collet de bois, ne mettent point d'obstacle à l'électricité ; ceux qui ont besoin d'être chauffés plus ou moins fortement pour devenir électriques par le frottement, ont besoin de l'être de même pour ne point intercepter la vertu électrique, & enfin les métaux que je n'ai point encore pû trouver le moyen de rendre électriques par le frottement, l'intercepteront toûjours jusqu'à ce que l'on ait imaginé de leur faire*

[214] Dufay, « Troisième mémoire sur l'électricité », *op. cit.*, p. 240-243 ; pour cette citation et les suivantes.

quelque préparation qui les rendroit susceptibles d'électricité immédiatement, & par eux-mêmes. Pour achever de se convaincre il se réfère à une observation bien simple qui prouve combien l'humidité met d'obstacle à l'électricité : *si l'on frotte vivement un morceau d'ambre, & que l'on respire dessus, de maniére à l'humecter, il n'attirera pas les corps legers qu'on lui présentera, mais un moment après, cette humidité s'étant évaporée d'elle-même, l'ambre deviendra électrique, quoique faiblement, sans être frotté de nouveau.*

Dufay va maintenant s'intéresser aux obstacles que l'on peut faire naître en emplissant le tube de différentes matières et aux singularités qui arrivent alors : *J'ai pris un tube de verre commun & verdâtre, de la Verrerie de Sévre, long de deux pieds, de huit lignes ou environ de diametre, & ouvert par les deux bouts, j'y ai ajusté deux bouchons de liege, & l'ai rempli de sablon chaud ; il a été électrique sans l'avoir frotté, mais cela venoit vraisemblablement de l'avoir passé un peu dans les mains, car le tube étant chaud, n'a besoin que d'un très-petit frottement. L'ayant ensuite frotté avec du papier à l'ordinaire, il a été pour le moins aussi électrique que lorsqu'il étoit vuide, & le bouchon du bout supérieur l'étoit aussi très-fortement. Ayant laissé refroidir le sable, j'ai frotté le tube, il a été aussi électrique que la premiére fois, mais il a fallu le frotter un peu plus long-temps, & les bouchons l'étoient de même. J'ai vuidé la moitié du sable, & frotté la partie vuide, il a été de même électrique ; ayant ensuite renversé le tube pour faire tomber le sable dans la partie frottée, la vertu du tube a diminué tout à coup, & est revenuë en son entier, lorsque le sable a été renversé dans le premier bout.* Dufay reprend la même expérience avec du son, c'est-à-dire avec un végétal desséché, puis avec de l'eau. Avec le son, qui retient une partie de la matière électrique, le tube devient plus difficilement et moins électrique qu'avec le sable, lequel n'étant que fragments d'une matière cristalline et transparente est électrique par lui-même et ne retient pas la vertu électrique ; avec l'eau, le tube ne garde qu'une légère vertu électrique, sans grand effet extérieur, puisque l'eau, qui est la matière la moins susceptible d'électricité par elle-même, concentre la matière électrique qui émane du tube. Ainsi cette série d'expériences conforte-t-elle les conclusions que Dufay avait tirées de ses précédantes expériences : *On voit par-là que les mêmes loix subsistent toûjours, & que les corps électriques par eux-mêmes sont ceux qui arrêtent, retiennent, ou absorbent le moins les écoulements électriques ; […].*

(3) Dufay aborde enfin l'objet de son étude : les corps qui sont les plus vivement attirés par les matières électriques et ceux qui sont les plus propres à transmettre l'électricité. Ici Dufay a le dessein de voir jusqu'où la vertu électrique d'un tube pourrait être transmise par le moyen d'une corde à une boule suspendue à l'extrémité de la corde ; après avoir essayé divers cordons et autres corps continus et différentes boules, il choisit la corde la plus commune de la grosseur d'un tuyau de plume, la corde mouillée étant ce qui

se fait de mieux. Pour soutenir la corde qui doit transmettre les écoulements électriques, Dufay se réfère aux expériences de Gray qui a mis en évidence que les cordes ordinaires et les fils de fer n'y étaient pas propres et qui s'était servi de soie de couleur avec beaucoup de succès. Dufay va faire des expériences de transmission de l'électricité dans le jardin de sa propriété du Tremblay, il s'est pour ce faire assuré le concours de l'abbé Nollet [215] : *« Ayant ainsi examiné en petit quelles étoient les expériences les plus favorables à la transmission de l'électricité, je tâchai d'en réunir le plus qu'il me fut possible, & m'étant muni de tout ce que je crûs m'être nécessaire, je fus au Tremblay, qui est à quatre lieus de Paris, avec M. l'Abbé Nollet qui m'a infiniment aidé dans toutes ces expériences, & qui même en a imaginé plusieurs de celles qui se trouvent dans ce Mémoire. J'avois dans mon jardin la commodité d'une allée de 50 toises de long, qui est accompagnée de deux contre-allées, & qui est en face de la porte d'une grande salle où je pouvois présenter mes feuilles à la boule, sans être exposé au vent* [216]. Lors de ces expériences, Dufay et Nollet attachent à l'une des extrémités d'une corde, un tube en verre, et à l'autre extrémité, ils suspendent une boule ; la corde est tendue horizontalement et maintenue par des fils de soie ; le tube étant électrisé par frottement, il communique sa vertu électrique à la boule, dans une première expérience, la corde est tendue dans l'allée principale du jardin longue de 300 pieds environ, la vertu électrique se transmet ; puis on replie la corde et on la fait passer par les contre-allées, la vertu électrique se transmet encore, la repliant encore jusqu'à 1256 pieds la vertu électrique se transmet toujours. Relatant ces évènements, Fontenelle nous dit que : *M. du Fay l'a abandonnée par lassitude quoiqu'elle fût encore assés sensible pour devoir aller plus loin* [217]. Lors de ces expériences, nos expérimentateurs constatèrent qu'en mouillant la corde tout du long avec des éponges, l'électricité n'en fut que plus forte ; ils constatèrent aussi qu'un vent très violent ne nuit pas à l'écoulement de la matière électrique, bien que les conditions de l'expérience soit rendu difficile ; le vent en agitant la corde, la faisait approcher des arbres, ce qui pouvait détourner une partie de la matière électrique [218]. Les expériences suivantes montrent qu'il peut en être ainsi. Un cordon de fil gros comme le doigt et de 14 pieds de long est tendu horizontalement, une boule de bois est fixée à l'une des extrémités, l'autre peut être mise en contact avec

---

[215] C'est en avril 1759 que l'abbé Nollet entre à l'Académie des sciences et que les *Mémoires* lui sont ouvertes ; aussi ce mémoire sur l'électricité ne peut-il être cosigné ; cependant en soulignant la participation de l'abbé à ses travaux, Dufay donne un "coup de pouce" à la carrière de l'abbé, ce n'est pas le seul d'ailleurs ni le plus important ; en effet deux ans plus tard il l'emmènera à Londres pour qu'il perfectionne sa formation de physicien.

[216] Dufay, « Troisième mémoire sur l'électricité », *op. cit.*, p. 245, 246.

[217] Fontenelle, « Sur l'électricité », *HARS*, 1733, *op. cit.*, p. 8.

[218] Dufay, « Troisième mémoire sur l'électricité », *op. cit.*, p. 247.

un tube électrique. Ce fil est interrompu à 8 pieds de la boule de bois, un dispositif permet de varier la distance qui sépare les deux bouts coupés. Dufay constate qu'en éloignant les deux bouts l'un de l'autre d'un pouce, l'électricité était aussi sensible dans la boule que si le cordon était continu, qu'elle l'est encore beaucoup à 3 pouces et à 6 pouces un peu moins… Il en conclut que la matière électrique coule librement dans l'air, il eut ainsi par ce moyen la facilité d'éprouver l'effet de la flamme et celui de la fumée sur l'écoulement de la matière électrique : *une bougie allumée, placée entre les cordons, n'apporta aucun changement à l'électricité, la fumée fut attirée par le cordon, à l'extrémité duquel on appliquoit le tube, & par conséquent diminua l'électricité de la boule, mais cette diminution n'étoit presque pas sensible* [219]. **[Planche, page suivante]**.

Dufay finit son mémoire en reprenant une expérience rapportée par Gray [220] : *elle consiste à suspendre un enfant dans une situation horisontale, par le moyen de deux cordes attachées au plancher ; on approche pour lors le tube des pieds de l'enfant, & sa tête & son visage deviennent électriques ; la vertu se communique même à une boule attachée à une baguette qu'il tient à la main ; j'ai fait cette expérience, relate du Fay, & m'étant servi de cordes ordinaires, la matière électrique s'y attacha, & de là monta au plancher, ensorte qu'il n'y eut aucun mouvement dans les feuilles que je présentois au-dessous du visage de l'enfant ; je reconnus aussi-tôt ce qui, selon toutes les apparences, m'empêchoit de réussir, & je mis des cordons de soye à la place des cordes ordinaires, l'événement fut tel que je l'avois prévû ; le visage devint fort électrique lorsque l'on approchoit le tube des pieds, & les pieds lorsqu'on l'approchoit de la tête* [221]. Dufay prit la place de l'enfant et, ayant été électrisé, si un assistant approchait la main de son visage ou de sa main, tous deux sentaient une petite douleur comme une piqûre ; et même, si l'assistant passait la main sur un endroit habillé, l'effet était le même pour les deux acteurs, la vertu électrique n'agissait pas moins au travers des habits : *[…] ; car étant habillé à mon ordinaire, si par l'approche de la main on excitoit un pétillement vers mon dos, je le sentois aussi vivement que si ç'eût été à la main ou au visage* [222]. Dufay relate ensuite une expérience dans laquelle il précise mieux les sensations provoquées par la matière électrique : *Lorsqu'une autre personne s'est mise à ma place sur les cordes, & qu'en approchant l'une de mes mains de son corps, j'en avois fait sortir des étincelles à plusieurs reprises, ces petites*

---

219 *Ib.*, p. 249.

220 Stephen Gray, « Two Letters to C. Mortimer containing farther Accounts of his Experiments concerning Electricity », *Philosophical Transactions*, n° 422, 1731-1732, p. 397-407; [expériences du 16 juin 1731 et des 14 et 29 septembre 1732; p. 399-402].

221 Du Fay, « Troisième mémoire sur l'électricité », *op. cit.*, p. 250, 251, pour cette citation et la suivante.

222 *Ib.*, p. 253, pour cette citation et la suivante.

piqueures répétées me causoient dans la main une espece d'engourdissement, qui m'a paru durer quelque temps après ; je sentois aussi quelquefois, en approchant des habits & du corps, cette espece de voile délié, ou de toile d'araignée que l'on sent lorsqu'on approche le tube du visage. Cela prouve quelle prodigieuse quantité de matiére sort du tube lorsqu'il est frotté, mais cette matiére pénétre-t'elle l'intérieur des corps qu'on y expose ? ou ne fait-elle qu'environner leur surface ? c'est ce dont je n'ai point encore pû m'assûrer.

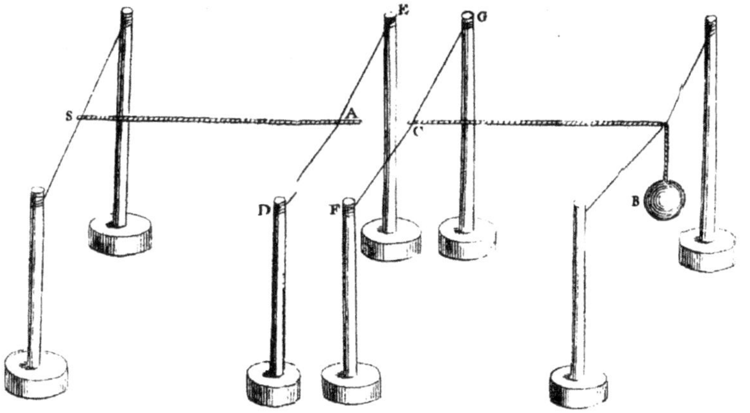

Après avoir examiné le cours de la matière électrique le long d'un corps continu, Dufay et Nollet examinent *ce qui arrivera de l'interruption de ce corps : J'ai pris deux morceaux d'un cordon de fil, gros comme le doigt, dont le premier SA, avoit 6 pieds de long, & l'autre CB, en avoit 8, je les ai assujettis chacun par un bout à deux brides de soye DE, & FG, qui les coupoient à angles droits, & qui étoient disposées de sorte qu'approchant ou éloignant parallelement ces brides l'une de l'autre, les deux bouts des deux cordons s'éloignoient ou s'approchoient l'un de l'autre, de maniére qu'on pouvoit les fixer à la distance que l'on souhaitoit. Au bout B du cordon de 8 pieds étoit suspenduë une boule de bois, & le bout le plus éloigné du cordon de 6 pieds étoit fixé à une troisiéme bride de soye en S pour la soûtenir en l'air ; présentant ensuite le tube frotté au bout S du cordon SA, après avoir éloigné les deux cordons d'un pouce l'un de l'autre, l'électricité étoit aussi sensible dans la boule que si le cordon eût été continu, à 3 pouces elle étoit encore beaucoup, à 6 pouces un peu moins, & à 1 pied beaucoup moins, & à peu-près comme à la distance de 1256 pieds de corde continuë ; la matiére électrique coule donc librement dans l'air, sans être fixée par aucun corps. Cette expérience prouve combien il est nécessaire que la corde dont on se sert pour transmettre au loin l'électricité, soit isolée, ou ne soit soûtenuë que de corps les moins propres qu'il est possible à se charger eux-mêmes de l'électricité.* **[Planche]**

Je rapprochai ces deux cordons à la distance de 3 pouces, & je mis dans l'intervalle qu'ils laissoient entr'eux différents corps pour voir s'ils arrêteroient, ou non, le cours de cette matiére ; tout ce que j'appris par cette expérience fut que les matiéres qui arrêtoient l'action immédiate du tube sur les feuilles [d'or], l'interceptoient de même entre les deux cordons ; les gazes de différentes couleurs, les rubans, la main, le carton, le bois, les métaux, tous ces corps firent le même effet qu'ils avoient fait en les posant sur un cercle de bois entre le tube & les feuilles. J'eus seulement la facilité d'éprouver par ce moyen l'effet de la flamme & celui de la fumée ; une bougie allumée, placée entre les cordons, n'apporta aucun changement à l'électricité, la fumée fut attirée par le cordon, l'extrémité duquel on appliquoit le tube, & par conséquent diminua l'électricité de la boule, mais cette diminution n'étoit presque pas sensible. Je soufflai entre les deux cordons avec un soufflet, & cela n'apporta aucun obstacle à l'électricité de la boule. L'interposition de différents corps ne m'apprit donc rien, sinon que les loix de l'électricité sont uniformes, & que ce qui y met obstacle dans un cas, fait le même effet dans tous les autres.

Je n'ai dit qu'un mot, en passant, d'une maniére d'intercepter toute l'électricité, qui néantmoins mérite un peu plus d'attention. J'ai attaché au bout d'un cordon de fil de 15 pieds de long, un globe de carton d'un pied de diametre, enduit de blanc & poli ; ayant arrêté ce cordon sur deux brides de soye à l'ordinaire, & ayant fait approcher le tube du bout, le globe qui étoit à l'autre, devint fort électrique, & attiroit les feuilles d'un pied de distance ; je touchai alors la corde du bout du doigt, le globe cessa sur le champ d'être électrique. Je compris facilement que la matière avoit pris son cours le long de mon doigt, & que s'étant communiquée à mon corps & au plancher, elle s'étoit dissipée par toute la chambre ; sur ce principe, je jugeai que si je faisois toucher la corde par un corps d'un moindre volume, toute l'électricité du globe ne seroit pas interceptée ; l'évenement justifia ma conjecture, car ayant suspendu un morceau de bois à une soye, je le posai sur la corde, & le globe ne perdit qu'une partie de son électricité. Il résulte de-là que le volume des corps que l'on suspend pour devenir électriques, est extrêmement à considérer ; car s'ils sont excessivement gros, la vertu est trop étenduë pour agir vivement, & s'ils ne le sont point assés, ils ne réunissent pas toute celle qui leur est amenée par la corde [223]. Au terme de ce mémoire, Dufay a reconnu et établi pour principe *que les corps les moins propres à devenir électriques par eux-mêmes, sont ceux qui sont le plus facilement attirés, & qui transmettent le plus loin, & le plus abondamment la matière de l'électricité ; au lieu que ceux qui ont le plus de disposition à devenir électriques par eux-mêmes, sont les moins propres de tous à*

[223] *Ib.*, p. 248-250.

acquérir une électricité étrangére, & à la transmettre à un éloignement considérable [224].

Voilà des phénomènes qui, du point de vue de Fontenelle, plaident en faveur d'une théorie des tourbillons chère aux cartésiens ; en effet, dans l'histoire des travaux de l'Académie de 1733, avant même de rendre compte des expériences de Dufay dans l'ordre de leur réalisation, après une brêve évocation de quelques expériences sur l'électricité, Fontenelle affirme : *On voit assés par-là qu'autour du corps devenu électrique il se forme un Tourbillon de matiére très-déliée & agitée qui a la force de pousser vers ce corps des corps légers peu éloignés, & compris dans sa Sphere d'activité. Il y a plus que de la conjecture pour ce Tourbillon. Si l'on s'approche du visage un corps rendu bien électrique, on sent un petit frémissement, comme si on étoit frappé d'une toile d'Araignée. La vertu électrique se perd en peu de temps. Le Tourbillon se dissipe* [225].

Le quatrième mémoire sur l'électricité

Dans ce mémoire, Dufay découvre que les corps électriques n'ont pas pour seule vertu, l'attraction mais aussi celle de repousser les corps qu'ils ont attirés. Naturellement Dufay avait constaté que les corps électriques avaient non seulement la vertu d'attirer, mais aussi de repousser les corps qu'ils ont attirés ; mais cette répulsion n'était pas toujours constante, et en outre confie-t-il : *J'avois observé que les corps légers n'étoient ordinairement repoussés par le tube que lorsque l'on en approchoit quelque corps d'un volume un peu considérable, & cela me faisoit penser que ces derniers corps étoient rendus électriques par l'approche du tube, & qu'alors ils attiroient à leur tour le duvet, ou la feuille d'or, & qu'ainsi il étoit toûjours attiré, soit par le tube, soit par les corps voisins, mais qu'il n'y avoit jamais de répulsion réelle* [226]. Réaumur lui indiqua une expérience qui s'opposait à cette explication : *elle consiste à poser au bord d'une carte un petit monceau de poudre à mettre sur l'écriture, on approche de ce monceau un bâton de cire d'Espagne rendu électrique, & on voit très-clairement qu'il chasse au de-là de la carte des particules de poudre, sans qu'on puisse soupçonner qu'elles soient attirées par aucun corps voisin.* Dufay y ajoute vite une autre expérience aussi simple et plus sensible qui acheva de lui prouver que sa conjecture était fausse : *Si l'on met des feuilles d'or sur une glace, & l'on approche le tube par-dessous, les feuilles sont chassées en haut sans retomber sur la glace, & on ne peut certainement expliquer ce mouvement par l'attraction d'aucun corps voisin. La même chose arrive à travers la gaze de couleur, & les autres corps qui laissent passer les*

---

[224] *Ib.*, p. 253, 254.

[225] Fontenelle, *HARS*, 1733, *op. cit.*, p. 6.

[226] Dufay, « Quatrième mémoire sur l'électricité, De l'Attraction & Répulsion des Corps Electriques », *MARS*, 1733, p. 457-476 ; p. 457-459, pour cette citation et les suivantes.

écoulements électriques, en sorte qu'on ne peut pas douter qu'il n'y ait une répulsion réelle dans l'action des corps électriques. Enfin ayant constaté que les corps les moins électriques par eux-mêmes, c'est-à-dire des corps qui ne deviennent électriques que par la communication, étaient plus vivement attirés que les autres, Dufay imagine que les corps électriques attirent tous ceux qui ne le sont point et repoussent tous ceux qui le sont devenus par leur approche et par la communication de leurs vertus électriques : *Enfin ayant refléchi sur ce que les corps les moins électriques par eux-mêmes étoient plus vivement attirés que les autres, j'ai imaginé que le corps électrique attiroit peut-être tous ceux qui ne le sont point, & repoussoit tous ceux qui le sont devenus par son approche, & par la communication de sa vertu.*

Dufay revient alors sur une expérience d'Otto de Guericke qu'il avait mal comprise et n'avait pu réussir : *[...] ; elle consiste à promener dans une chambre une plume par le moyen d'une boule de soufre rendue électrique, sans que la plume approche de la boule.* La même expérience fut reprise par Hauksbee avec un tube de verre, et c'est de cette manière que Dufay l'a reprise : *On frotte bien le tube pour le rendre électrique, & le tenant dans une situation horisontale, on laisse tomber au dessus une parcelle de feuille d'or ; cette feuille présente ordinairement la tranche, si le tube est bien électrique, parce que de cette manière elle fend l'air avec plus de facilité, & si-tôt qu'elle a touché le tube, elle est repoussée en haut perpendiculairement à la distance de huit ou dix pouces, elle demeure presque immobile en cet endroit, & si on en approche le tube en l'élevant, elle s'éleve aussi en sorte qu'elle s'en tient toûjours dans le même éloignement, & qu'il est impossible de l'y faire toucher : on peut la conduire où l'on veut de la sorte, parce qu'elle évitera toûjours le tube. Si l'on fait durer l'expérience pendant cinq ou six minutes, la feuille s'approchera insensiblement du tube, & enfin elle tombera dessus, mais si-tôt qu'elle l'aura touché, elle s'en éloignera avec une nouvelle force, & continuëra le même jeu tant que le tube conservera son électricité. Il est à observer que par la distance à laquelle la feuille se tient éloignée du tube, on peut juger de l'étenduë du tourbillon électrique, & que conduisant la feuille au dessus de toutes les parties du tube, soit en le tournant sur son axe, soit en le mettant dans une situation verticale, on peut se former l'image des limites du tourbillon, ou plutôt celle de la couche du tourbillon qui a assés de force pour résister au poids de la feuille, car, si l'on en prend de très-petits fragments, on voit qu'ils se soûtiennent à une beaucoup plus grande distance que tous les autres.*

Notons que pour décrire la répulsion d'une feuille d'or par le tube électrique, Dufay parle d'un tourbillon électrique, de sa forme, de son étendue et distingue différentes couches en ce tourbillon. Ce tourbillon n'est pas ici considéré comme un être hypothétique mais comme une réalité sensible, une chose qui se donne à voir. Dufay prend ensuite en compte l'attraction exercée par la matière électrique sur les corps les moins électriques et la répulsion qu'exerce cette matière sur ces corps devenus électriques à son contact. *J'adjoûterai encore une observation curieuse, & qui donne un nouveau jour à cette hypothese. Si tandis que la feuille d'or se tient suspenduë au-dessus du tube, après en avoir été repoussée, on approche de cette feuille le doigt, ou tout autre corps de quelque volume, elle va s'y appliquer sur le champ, & de-là retombe sur le tube où elle acquiert un nouveau tourbillon électrique, & elle est repoussée sur le champ à la distance où elle étoit auparavant. Si on en rapproche une seconde fois le même corps, ou tout autre, elle va de nouveau s'y appliquer, et recommence les mêmes mouvements de ce corps au tube, & du tube en l'air, autant de temps que dure l'électricité du tube. Il est aisé de voir combien cette expérience s'accorde avec l'hypothese ; car la feuille d'or étant devenuë électrique par l'approche du tube, elle va se joindre aux corps qui sont dans son voisinage, ainsi qu'il arrive à tous les corps électriques qui ont plus de légéreté que ceux auxquels ils tendent à s'appliquer. Si-tôt que la feuille a touché ce corps, elle lui transmet toute son électricité, & par conséquent, s'en trouvant dénuée, elle tombe sur le tube par lequel elle est attirée, de même qu'elle l'étoit avant que de l'avoir touché ; elle y acquiert un nouveau tourbillon électrique qu'elle perd ensuite, si elle touche le corps une seconde fois, ce qui doit continuer tant qu'il subsistera dans le tube assés de vertu pour lui en communiquer une quantité capable de surmonter sa pesanteur, après quoi elle demeurera adhérente au tube qui n'aura plus assés de force pour la chasser. On voit avec quelle facilité ces conséquences suivent du principe que nous avons supposé, & quelle clarté il jette sur toutes ces expériences* [227]. De ces expériences, Dufay conclut qu'il *demeure donc pour constant, que les corps devenus électriques par communication, sont chassés par ceux qui les ont rendus électriques* ; à partir de là, Dufay se pose les questions suivantes : ces corps devenus électriques, *le sont-ils de même par les autres corps électriques de tous les genres ? & les corps électriques ne différent-ils entre-eux que par les divers degrés d'électricité ? cet examen [ajoute-t-il] m'a conduit à une autre vérité que je n'aurois jamais soupçonnée, & dont je crois que personne n'a encore eu la moindre idée* [228].

Suit, une série d'expériences, au terme desquelles Dufay constate qu'une vertu électrique unique ne peut rendre compte de tous les phénomènes d'attraction et de répulsion entre les corps ; ce qui l'amène à émettre l'hypothèse qu'il y a deux espèces d'électricité, résineuse et vitrée, que les corps qui ont contracté une électricité de même nature se repoussent et ceux qui ont contracté des électricités de natures différentes, s'attirent. Voici comment Dufay en est arrivé à supposer l'existence de deux espèces d'électricité : *J'ai commencé par soûtenir en l'air avec le même tube, deux*

[227] *Ib.*, p. 460, 461.

[228] *Ib.*, p. 464-467, pour cette citation et les suivantes.

feuilles d'or, & elles se sont toûjours éloignées l'une de l'autre, quelques efforts que j'aye faits pour les rapprocher, & cela devoit arriver de la sorte, puisqu'elles étoient toutes deux électriques ; mais si-tôt que l'une des deux avoit touché la main ou quelque autre corps, elles se joignoient sur le champ l'une à l'autre, parce que celle-ci ayant perdu son électricité, l'autre l'attiroit & tendoit vers elle : tout cela s'accordoit parfaitement avec mon hypothèse, mais ce qui me déconcerta prodigieusement, fut l'expérience suivante. Ayant élevé en l'air une feuille d'or par le moyen du tube, j'en approchai un morceau de gomme copal frottée, & renduë électrique, la feuille fut s'y appliquer sur le champ, & y demeura ; j'avouë que je m'attendois à un effet tout contraire, parce que selon mon raisonnement, la copal qui étoit électrique devoit repousser la feuille qui l'étoit aussi ; je répétai l'expérience un grand nombre de fois, croyant que je ne présentois pas à la feuille l'endroit qui avoit été frotté, & qu'ainsi elle ne s'y portoit que comme elle auroit fait à mon doigt, ou à tout autre corps, mais ayant pris sur cela mes mesures, de façon à ne me laisser aucun doute, je fus bien convaincu que la copal attiroit la feuille d'or, quoiqu'elle fût repoussée par le tube : la même chose arrivoit en approchant de la feuille d'or un morceau d'ambre, ou de cire d'Espagne frotté. Après plusieurs autres tentatives qui ne me satisfaisoient aucunement, j'approchai de la feuille d'or chassée par le tube, une boule de cristal de roche frottée & renduë électrique, elle repoussa cette feuille de même que le tube. Un autre tube que je fis présenter à la même feuille la chassa de même, enfin je ne pus pas douter que le verre & le cristal de roche, ne fissent précisément le contraire de la gomme copal, de l'ambre & de la cire d'Espagne, ensorte que la feuille repoussée par les uns, à cause de l'électricité qu'elle avoit contractée, étoit attirée par les autres ; cela me fit penser qu'il y avoit peut-être deux genres d'électricité différents, & je fus bien confirmé dans cette idée par les expériences suivantes.

Au lieu de faire tomber une très petite feuille d'or sur un tube de verre frotté, il la fit tomber sur un gros morceau de gomme copal rendu électrique, elle en fut d'abord attirée puis chassée en haut comme avec le tube, mais elle s'en éloignait beaucoup moins qu'avec le tube, et parfois restait collée à la gomme, le tourbillon électrique de la gomme étant moins étendu que celui du verre. La feuille d'or étant soutenue en l'air par un morceau de gomme, un autre morceau de la même gomme, lui aussi frotté, la chasse lorsqu'elle en est approchée ; la même chose arrive avec un morceau d'ambre ou avec un morceau de cire d'Espagne ; au contraire une boule de cristal ou un tube de verre l'attire très vivement, ce qui est précisément l'inverse de ce qui arrive lorsque la feuille est chassée par un tube de verre. Dufay en conclut : *Il résulte donc de ces deux expériences, que la feuille renduë électrique & chassée par le verre, est attirée par les matiéres résineuses, & que celle qui est repoussée par les matiéres résineuses, est attirée par le verre & le cristal.*

Pour être absolument convaincu qu'il existe deux natures d'électricités, réellement distinctes l'une de l'autre, Dufay doit voir si chacune de ces deux électricités ne souffrent pas de changement lorsqu'on les transmet à des corps qui ne sont point naturellement électriques. Dufay reprend alors avec les matières résineuses les expériences faites avec le verre ou les cristaux ; au terme de ces expériences il peut affirmer : *Voilà donc constamment deux électricités d'une nature toute différente, sçavoir, celle des corps transparents & solides, comme le verre, le cristal, &c. & celle des corps bitumineux ou résineux, comme l'ambre, la gomme copal, la cire d'Espagne, &c. Les uns & les autres repoussent les corps qui ont contracté une électricité de même nature que la leur, & ils attirent au contraire, ceux dont l'électricité est d'une nature différente de la leur. On vient de voir même que les corps qui ne sont pas actuellement électriques, peuvent acquérir chacune de ces électricités, & qu'alors leurs effets sont pareils à ceux des corps qui la leur ont communiquée.* Dufay appelle l'une l'électricité vitrée et l'autre l'électricité résineuse afin d'éviter toute confusion.

On constate à la lecture de ce mémoire que, pour Dufay, il va de soi que les attractions et les répulsions des corps électrisés sont les effets de tourbillons électriques. Nous ne trouvons, dans cette entrée en scène des tourbillons, aucun essai d'explication mécanique des attractions et des répulsions engendrées par le tourbillonnement des électricités résineuse et vitrée, aussi l'introduction des tourbillons se fait-elle sans aucune justification ; une telle présentation est facilement acceptée par la plupart des académiciens, la pensée cartésienne domine encore à l'Académie des sciences. Nous avons vu que de tels tourbillons se rencontrent sous la plume de Newton ; mais seraient-ils encore acceptés par les newtoniens de France, tous férus d'actions à distance et qui ont le sectarisme des néophytes ?

C'est à la fin de son mémoire que Dufay nous en dit un peu plus sur l'action des tourbillons sur une feuille d'or lorsque les conditions de cette action sont modifiées : *Lorsque, par le moyen du tube de verre, on a repoussé & élevé en l'air une feuille d'or, si on approche de ce tube une boule de cristal renduë électrique, un second tube, ou toute autre matiére qui a une électricité pareille, celle du tube se trouve fortifiée d'autant, & son tourbillon devient plus étendu, en sorte que la feuille s'éleve & en demeure plus éloignée qu'elle ne l'étoit ; si, au contraire, on approche du tube un bâton de cire d'Espagne, un morceau d'ambre ou de copal, l'électricité du tube s'y va appliquer en partie, par conséquent l'étenduë de son tourbillon diminuë, & la feuille s'approche de lui ; elle s'en éloigne ensuite lorsqu'on éloigne du tube le bâton de cire d'Espagne*[229]. A la fin de ce quatrième mémoire, Dufay en tire la conclusion suivante : *Il résulte donc de ce Mémoire deux vérités nouvelles sur cette matière, & deux principes dont on*

---

229 *Ib.*, p. 474.

n'avoit pas eu jusqu'à présent le moindre soupçon ; le premier, que les corps électriques commencent par attirer tous les corps, & qu'ils ne les repoussent que lorsqu'ils les ont rendus électriques par la communication d'une partie de leur tourbillon ; & le second, qu'il y a deux électricités réellement distinctes, & très-différentes l'une de l'autre.

Dans le compte rendu qu'il fait de ce mémoire, Fontenelle considère que Dufay a démontré l'existence des deux espèces d'électricité vitrée et résineuse et que *les électricités de même espece paroissent ennemies, & celles de différente espece amies* [230] ; quant à l'existence des tourbillons, elle ne semble faire l'objet du moindre doute chez lui, ne conduit-elle pas à une interprétation facile des attractions et répulsions entre les corps électriques : *Les deux électricités opposées doivent avoir deux Tourbillons de différente nature, on le juge aisément & sûrement par les effets. Qu'un corps rendu électrique par le frottement seul, & qui a par conséquent son électricité naturelle déterminée, la communique à un autre corps qui n'en a aucune, & l'attire, on voit assés évidemment qu'il lui fait un tourbillon d'une partie de celui qu'il avoit, & que les deux Tourbillons, le grand & le petit, s'accordent à un même mouvement, ce qui fait l'attraction. Mais que dans le cas où le 2^d^ corps se présente déjà pourvû d'un Tourbillon de la même nature que celui du 1er, semblable à celui qu'il auroit pris du 1er s'il n'en avoit pas eu, il se passe une répulsion, c'est ce qu'on n'auroit pas deviné, & ce qu'il n'est pas si aisé de concevoir. Cependant il est très-possible que deux Tourbillons ne soient pas disposés à s'unir & à se confondre, parce qu'ils seront de même nature, & qu'ils se confondroient s'ils étoient d'une nature différente. De l'eau qui certainement augmentera toûjours le volume d'une autre eau, ne se confond point avec elle, comme fait une autre matiére pulvérisée, qui mêlée avec la même eau n'en augmente point le volume. Cela suffit pour donner quelque idée de la contrariété des Tourbillons causée par l'homogénéïté même.*

Nollet, qui assista Dufay dans ses recherches, et qui élaborera en 1746 une théorie qui fait l'économie des deux sortes d'électricité, fut-il, au temps de sa collaboration avec Dufay, convaincu de l'existence de deux sortes d'électricité ? Voici ce qu'il en dit lorsqu'une expérience (l'expérience de Leyde) qui réussit avec un vase de verre, ne réussit pas avec un vase en cire d'Espagne ou en soufre : *Pourquoi donc ces matières, naturellement électriques comme le verre, n'ont-elles pas le même effet que lui, quand toutes les circonstances paroissent être égales de part & d'autre ? faudra-t-il revenir à la fameuse distinction des deux électricités, résineuse & vitrée ! distinction que je n'ai jamais admise qu'à regret & avec une sorte de répugnance, & que j'ai abandonnée depuis, par des raisons qui se multiplient de jour en jour, & qui se font sentir de plus en plus à tous ceux*

---

230 Fontenelle, « Sur l'électricité », *HARS*, 1733, p. 4-13 ; p. 11, 12, pour cette citation et la suivante.

qui sont au fait de cette matière [231]. On peut penser que l'idée qu'il puisse y avoir deux sortes d'électricité heurte la conviction commune de la simplicité des voies de la nature et qu'il ne faut pas multiplier les êtres sans raison.

Notons qu'un résumé des quatre mémoires que Dufay a lus à l'Académie des sciences en 1733 fut publié en 1734 dans le N° 431 des *Philosophical Transactions*, dans cet article aucune allusion n'est faite à de quelconques tourbillons ; ce qui prête un caractère purement empiriste aux travaux de Gray et de Dufay sur l'électricité.

Le cinquième mémoire sur l'électricité

Dans ce mémoire, Dufay expose longuement les travaux de Gray, et, alors qu'il rend compte d'une expérience faite par Gray, Dufay donne son sentiment sur l'espèce de concurrence qu'ils se font : *M. Gray a aussi remarqué que les corps opaques n'arrêtoient point la vertu électrique, en sorte qu'un morceau de liége barbouillé de miel suspendu sous une cloche de métal posée sur une glace, attiroit les feuilles d'or, lorsqu'on approchoit le tube [électrique] de la cloche. Je rapporte cette expérience de M. Gray, quoique le résultat n'en soit que le même que celui de plusieurs expériences inférées dans mon troisiéme Mémoire, mais je suis très-aise de la conformité qui se trouve entre les siennes & les miennes, cela ne peut que confirmer la vérité des unes & des autres ; il est même arrivé, comme on le va voir, que nous en avons fait chacun de notre côté, qui sont presque entiérement semblables, & il n'est pas impossible que cela ne nous arrive encore très-souvent, si nous continuons l'un & l'autre à suivre le même travail, mais cette espece de concurrence, dont en mon particulier je suis extrêmement flatté, ne peut que tourner au profit des Sciences, & nous faire avancer plus promptement dans la connoissance des phénomènes de l'électricité* [232]. Dans ce mémoire Dufay entreprend de revisiter les nouvelles découvertes de Gray, il reprend aussi un certain nombre d'expériences plus anciennes faites par Hauksbee. Il examine alors quelles sont les différentes circonstances de la température et de la raréfaction ou de la condensation de l'air qui peuvent apporter quelques changements aux phénomènes de l'électricité. Fontenelle résume ainsi les résultats des nouvelles expériences de Dufay : *Les nouvelles expériences ont confirmé que l'humidité de l'Air nuit beaucoup à la vertu Electrique, & cela à tel point qu'une journée que l'on croira séche, ne le sera pas assés, parce que les précédentes auront été fort humides. Le grand chaud est contraire aussi à cette vertu, & même les heures les plus chaudes d'un jour ordinaire. L'eût-on deviné, après avoir vû que les Corps chauffés avant le frottement en devenoient plus Electriques ? Peut-être cependant cela vient-il, non de la part du Corps frotté, mais de l'Homme qui le frotte,*

---

231 Nollet, « Observations sur quelques nouveaux phénomènes d'Electricité », *MARS*, 1746, p. 1-23 ; p. 9.

232 Dufay, « Cinquième mémoire », *MARS*, p. 341-361 ; p. 345.

dont la transpiration alors trop abondante & trop chaude a quelque chose d'opposé aux écoulements, aux Tourbillons électriques. Un jour médiocrement chaud, serein & sec, un vent de Nord, sont jusqu'à présent les circonstances les plus favorables. La Gelée a été éprouvée, & pourroit ne le ceder à aucune autre. La plus grande merveille est que l'Air ou fort rarefié ou fort condensé diminuë également la vertu Electrique, elle a besoin de l'air libre & ordinaire, & les deux extrémités opposées entre elles lui sont aussi opposées. Cela est bientôt dit, mais on ne peut voir que dans le récit de M. du Fay combien il a fallu d'invention & d'adresse pour parvenir à faire les expériences de l'Electricité dans un air ou extrêmement rare, ou extrêmement dense. L'art de faire l'observation est souvent une découverte aussi difficile que celle qu'on cherche par l'observation [233].

Le sixième mémoire sur l'électricité

Dans ce mémoire Dufay examine quel rapport il y a entre l'électricité et la faculté de rendre de la lumière, qui est commune à la plupart des corps électriques. Il cite Guerike qui *a remarqué que la boule de soufre [...] étoit lumineuse lorsqu'elle étoit frottée dans l'obscurité* [234]. Il a lui-même constaté lors de ses nombreuses expériences que la plupart des corps devenus électriques par le frottement, deviennent aussi lumineux par le même frottement, au moins pendant la durée du frottement. Complétant l'histoire de l'électricité de son premier mémoire, Dufay relate des expériences faites par Hauksbee. Il commence par une expérience dont les résultats semblent en contradiction avec ceux de toutes les autres expériences : ayant frotté dans le vide une boule de verre creuse, celle-ci a donné une belle lumière pourpre qui a blanchi et diminué d'éclat à mesure qu'il a fait entrer de l'air au contact du récipient ; et *ce qu'il y a de très-singulier, c'est que refaisant la même expérience une seconde fois avec la même boule de verre, cette lumière pourpre n'a pas paru, [...].* Les résultats de cette expérience semblent en effet en contradiction avec toute autre expérience puisqu'il y *paroît que le verre peut s'épuiser de la matiére propre à produire cette lumiére purpurine, au lieu que toutes les autres expériences concourent à prouver que le verre, ainsi que tous les autres corps électriques, ne diminuent point de vertu, quelque nombre de fois & quelque temps qu'ils ayent été frottés.*

Dufay revient alors sur une expérience de Hauksbee dont il a parlé dans son premier mémoire : *[Un] globe [de verre ...] étant vuide d'air & tourné rapidement sur son axe, devient très-lumineux dans tout son intérieur, lorsqu'on appuye légérement la main sur sa surface extérieure, & la lumiére n'en est ni plus considérable ni plus vive lorsqu'on appuye la main*

233 Fontenelle, « Sur l'électricité », *HARS*, 1734, p. 1-8 ; p. 3, 4.

234 Dufay, « Sixième mémoire », *MARS*, 1734, p. 503-510, pour cette citation et les suivantes.

beaucoup davantage, & que par conséquent le frottement devient plus fort ; cette lumiére est dans le même cas que nous avons déjà remarqué à l'égard du tuyau ; il n'en sort point de ces parties brillantes qui s'attachent aux corps voisins, comme il arrive lorsque l'intérieur du globe ou du tube est rempli d'air dans son état naturel, & ce qui est assés singulier, c'est que dans l'un ni dans l'autre cas, la chaleur du tube n'augmente pas sensiblement sa lumiére.

A partir de là, Dufay aborde la série d'expériences que Hauksbee a réalisée sur la lumière qui sort des corps frottés ; non sans distinguer les expériences faites sur la lumière des corps dont l'électricité est vitrée, de celles faites sur ceux dont l'électricité est résineuse, et encore de celles où ces deux sortes de corps sont réunis dans une même expérience. Il va de soi que Hauksbee ignorait une telle distinction. Dufay commence par la relation des principales expériences faites par Hauksbee sur la lumière des corps dont l'électricité est vitrée : *M. Hauksbée a ajusté l'un dans l'autre deux récipients cylindriques, en sorte qu'au moyen de deux différentes rouës, semblables à celles que nous avons décrite dans le premier Mémoire, on pouvoit les faire tourner séparément ou ensemble, soit du même sens, soit en sens contraire ; il y avoit aussi un robinet ajusté à chacun de ces récipients, pour pouvoir pomper l'air de l'un indépendamment de l'autre, & il a remarqué que si l'on pose la main sur le récipient extérieur, tandis qu'il est tourné rapidement, la lumiére qui en sort va s'appliquer sur la surface du récipient intérieur, mais que cette lumiére est beaucoup plus vive si les deux récipients tournent à la fois, soit que ce soit du même sens ou en sens contraire. La même chose arrive quoique le récipient intérieur soit vuide d'air.* Dufay présente ensuite trois expériences faites par Hauksbee sur des corps dont l'électricité est résineuse. *Il a frotté très-rapidement dans le vuide une boule d'ambre sur de la laine, elle a donné une belle lumiére & beaucoup plus vive & plus abondante qu'elle n'avoit fait étant frotté dans l'air libre aussi fortement & avec la même vitesse. Le soufre frotté dans l'air libre lui a donné très-peu de lumiére, & dans le vuide il n'y en a aucune.* Quant à l'expérience de Hauksbee qui tient aux deux électricités combinées ensemble, elle paraît à Dufay comme *un des plus étranges paradoxes qui se puisse imaginer en physique. Il a pris un globe de verre de six pouces de diametre qu'il a enduit intérieurement de cire d'Espagne, à l'exception des Poles où il avoit réservé un espace de 3 ou 4 pouces sans y mettre de cire ; en ayant ensuite pompé l'air, & l'ayant ajusté sur la machine ou tour dont nous avons parlé, [et que nous avons cité] il fit les observations suivantes : à peine y eût-il appliqué la main pour occasionner le frottement, qu'il apperçût, malgré l'obscurité, l'image & la figure distincte de toutes les parties de sa main peinte sur la surface concave & intérieure de la cire d'Espagne, en sorte que cette cire sembloit être devenuë transparente, & qu'on peut même dire qu'elle l'étoit réellement ; car il voyoit sa main précisément comme s'il n'y eût eu que le verre seul sans aucun enduit de cire d'Espagne ; il a observé de plus que la cire n'étoit pas moins transparente dans les endroits où l'enduit étoit plus épais, que dans les autres ; elle l'étoit pareillement dans quelques parties qui s'étoient un peu écartées du verre en se refroidissant, mais la lumiére étoit moins vive en ces endroits que dans le reste du globe. Cette transparence qui faisoit que la main appliquée extérieurement sur le globe parroissoit peinte en-dedans, étoit d'une espece singuliére, car on ne voyoit pas cette image de la main en regardant sur les endroits du globe enduits de cire, il falloit regarder dans l'intérieur du globe par les deux endroits où il n'y avoit point de cire, & alors on voyoit distinctement l'image de la main peinte sur la cire de la maniére que nous venons de le décrire. La couleur de cette lumiére étoit la même que s'il n'y eût eu que le verre seul, mais ayant laissé rentrer dans le globe un peu d'air, la lumiére cessa de paroître dans les parties enduites de cire, & continua dans celles où il n'y avoit que le verre seul.*

Ayant fait une recension des principales expériences de Hauksbee sur la lumière des corps électriques, Dufay présente ses propres travaux sur la liaison que peuvent avoir entre elles la lumière et l'électricité, considérant séparément les deux espèces d'électricité. Il rapporte en premier quelques observations faites sur la lumière des corps électriques résineux. *Si l'on prend un morceau d'ambre, de gomme copal, de cire d'Espagne, ou de soufre, & qu'on le frotte dans l'obscurité, il en sort de la lumiére, & ces quatre matiéres m'ont paru en donner presque également & de la même maniére, lorsque les morceaux dont je me servois étoient à peu-près de la même forme & de la même grosseur. Si donc on prend une boule, ou, pour plus de commodité, une pomme de canne d'ambre, & qu'on la frotte par-dessus avec la main, on apperçoit entre l'ambre & la main une lumiére continuë pendant le frottement ; mais si après l'avoir légérement frottée deux ou trois fois, on enleve subitement la main de dessus sans la glisser, & qu'ensuite on approche le doigt du bord de cette pomme, sans même la toucher, on voit un petit cylindre d'une lumiére très-vive qui sort de l'ambre, va frapper le doigt, & retournant du doigt à l'ambre, se sépare sur la surface en rayons brillants disposés en forme d'éventail, & disparoît dans l'instant. Si, au lieu d'appliquer le doigt au bord de la pomme d'ambre, on le pose au milieu en-dessus, la lumiére fait le même mouvement ; mais en retournant du doigt sur l'ambre, les rayons se disposent en soleil qui a pour centre l'endroit où le doigt a été appliqué.* L'expérience réussit de la même manière lorsque, ayant frotté avec un morceau d'étoffe de laine la pomme d'ambre de la canne, l'on en approche le doigt ; l'expérience réussit très mal et la lumière n'apparaît que difficilement s'il se rencontre dans la main quelque humidité ou graisse. Dufay constate que lorsque la pomme d'ambre a été frottée, si au lieu d'en approcher le doigt, il en approche un autre morceau d'ambre, de copal, de soufre, etc., il ne sort de l'ambre aucune lumière, ou s'il en paraît quelquefois elle est si faible qu'on a de la peine à l'apercevoir. Ainsi constate-t-il que : *Ce sont donc les corps électriques ou plûtôt ceux qui ont le plus de disposition à le devenir, qui ne font point sortir de l'ambre frotté cette lumiére qui paroît si l'on en approche le doigt ; on voit combien ce fait a de rapport avec la plûpart des expériences que nous avons décrites dans les Mémoires précédents. Nous y avons vû que les corps les plus propres à devenir électriques par eux-mêmes, étoient ceux qui le devenoient le moins par communication, ici ces mêmes corps ne font point sortir la lumiére des corps électriques résineux, tandis que les autres le font, même sans y être appliqués immédiatement.* Ce qu'il vérifie : *la soye, la laine, l'ambre & les autres corps semblables étant mouillés, c'est-à-dire, étant dans la disposition la plus contraire à l'électricité, [font ...] le même effet que le doigt ; [...].* De même les métaux qui *sont les corps les moins propres à devenir électriques par eux-mêmes, & qu'en même temps ce sont ceux qui le deviennent le plus facilement par communication, ils doivent donc par cette même raison faire sortir la lumiére des corps électriques ; c'est en effet ce qui arrive, & il m'a paru que le choix des métaux étoit à peu-près indifférent [...].* Dufay narre alors l'expérience qui lui parut la plus frappante en ce genre : *l'expérience la plus frappante en ce genre, est de frotter un morceau de copal ou autre corps semblable, & d'en approcher ensuite une canne à pomme d'ambre, on voit que si l'on applique l'ambre sur la copal, il n'en sort point de lumiére, & qu'elle paroît ensuite si l'on en approche la virolle d'or ou d'autre métal qui joint la pomme à la canne [...].* Il en conclut : *que les corps résineux ayant été rendus électriques par le frottement, si l'on en approche les corps les moins propres à devenir électriques, ils en font sortir de la lumiére, & qu'au contraire les électriques résineux ne le font point.* Au fil de ses expériences, Dufay a constaté que tous les corps dont l'électricité est résineuse deviennent plus ou moins électriques par frottement mais qu'il s'en faut de beaucoup qu'ils rendent tous une lumière plus ou moins vive. Dufay constate qu'il en est de même pour les corps dont l'électricité est vitrée. Au lieu de rendre compte d'expériences sur la lumière que rend le verre – il en a déjà présenté quelques-unes dans les mémoires précédents – Dufay commence par les pierres précieuses qui lui paraissent à proportion de leur volume, être plus lumineuses que toutes les autres matières. *Je n'en ai trouvé aucune qui ne rendît de la lumiére étant frottée, mais avec des varietés dont il m'a été impossible de démêler la cause, parce que souvent elles se rencontrent dans des pierres de même nature & de même espece. J'ai, par exemple, trouvé des diamants, qui pendant qu'on les frottoit sur une étoffe de laine, ou autre matiére semblable, paroissoient entourés d'une lumiére tranquille qui les suivoit dans tout le mouvement qu'on leur donnoit, & qui disparoissoit si-tôt qu'on cessoit de les frotter. D'autres ne sont pas sensiblement lumineux tandis qu'on les frotte, mais si, après les avoir frottez, on vient à glisser le doigt ou l'ongle dessus, on en voit sortir de petites étincelles brillantes ; il y en a sur lesquels il suffit de passer le bout du doigt, & qui à chaque fois qu'on le passe, donnent une lumiére douce & tranquille, sans éclats ou étincelles, qui semble suivre le doigt, & s'évanouit sitôt qu'il ne touche plus la pierre ; d'autres en les frottant de la même maniére, conservent cette lumiére 4 ou 5 secondes ; en sorte que recommençant à passer le doigt dessus, lorsque leur lumiére s'affoiblit, ils paroissent donner une lumiére presque continuë & uniforme. Enfin il y en a qui frottez sur la laine, la soye, &c. s'impreignent d'une lumiére qu'ils conservent pendant plusieurs minutes* [235].

Comme à son habitude, Dufay tient à décrire les expériences faites par d'autres ; ici, il décrit des expériences faites par Boyle, celles-ci mettent en évidence l'existence de lumière d'une autre nature que celle qui accompagne l'électricité vitrée : des diamants luisent dans l'obscurité lorsqu'ils sont frottés, sans que la moindre vertu électrique ne se manifeste : *M. Boyle a observé de plus, qu'appliquant ce diamant sur un fer chaud, ou le tenant quelque temps pressé sur sa main, ou quelqu'autre partie de son corps échauffée, il rendoit un peu de lumiére, mais très-foible. Ayant essayé si le diamant, après avoir été rendu lumineux par quelqu'un de ces moyens différents du frottement, avoit contracté quelque vertu électrique, il a trouvé qu'il n'en avoit aucune, ce qui semble prouver que cette lumiére est d'une autre nature que celle qui accompagne l'électricité que nous avons appellée vitrée. [...] Ayant rendu ce diamant lumineux par le frottement, il l'a plongé dans l'eau, & ensuite dans diverses autres liqueurs, comme l'esprit de vin, les esprits acides, les liqueurs alkalines, &c. & il y a conservé sa lumiére ; [...]. Il [Boyle] a éprouvé qu'on pouvoit exciter sa lumiére [d'un diamant] sans le chauffer, ni le frotter, en le pressant fortement sur un morceau de fayence, ou en appuyant brusquement un poinçon d'acier contre la table du diamant ; mais il est aisé de juger que toutes ces maniéres de le rendre lumineux, ne le faisoient point devenir électrique, ce qui prouve de plus en plus la différence que nous avons déja supposée entre la matière de l'électricité & celle de cette espece de lumiére.* Dufay a fait la plupart des expériences de Boyle, en élargissant considérablement le choix des pierres précieuses ; de ses expériences, Dufay conclut : *Les exemples que nous venons de rapporter suffisent pour faire voir que la faculté de rendre de la lumiére n'est pas tellement dépendante de la vertu électrique, qu'il n'y ait des corps de même nature & de même espece, dont les uns sont plus lumineux & moins électriques, & les autres au contraire plus électriques & moins lumineux ; d'où il résulte que quoique ces deux propriétés paroissent extrémement liées l'une à l'autre, elles ne tiennent pas cependant à la même cause & on peut apporter une preuve bien simple & bien décisive de cette différence, qui est que, si l'on frotte un diamant capable de devenir électrique & lumineux, & qu'après l'avoir frotté on le mouille, ou que simplement on l'humecte avec l'haleine, sa vertu électrique se trouve*

---

235 *Ib.*, p. 511-518, pour cette citation et les suivantes.

anéantie sur le champ, mais sa lumiére subsiste aussi long-temps que s'il n'avoit point été mouillé. Pour ajouter *une nouvelle preuve de la différence réelle qu'il y a entre la matiére qui sert à l'électricité, & celle qui occasionne la lumiére*, Dufay cite deux expériences faites avec un matras contenant du mercure et vide d'air, il constate que : *si l'on frotte ce matras dans l'obscurité, il devient tout à la fois électrique & lumineux ; si au contraire on se contente d'agiter fortement le mercure, il devient lumineux, [...] mais il ne contracte pas la moindre électricité.* Des conclusions que Fontenelle résume ainsi : *Dans les Corps électriques & lumineux en même temps par le frottement, la matiére qui fait l'électricité ou le Tourbillon électrique doit être différente de celle qui fait la lumiére. C'est-là ce qu'indiquent plusieurs expériences où l'on voit ces deux propriétés varier différemment l'une de l'autre dans les mêmes sujets & dans les mêmes circonstances, l'une augmenter tandis que l'autre diminuë, mais ce qui décide promptement & nettement, c'est qu'un Diamant mouillé ou simplement humecté avec l'haleine, perd aussi-tôt toute son électricité, & conserve toute sa lumiére aussi long-temps qu'il l'eût conservée naturellement* [236].

Jusqu'ici Dufay a mis en œuvre des expériences dans lesquelles une simple lumière accompagne l'électricité. Mais, *la lumiére qui accompagne l'électricité n'est pas toûjours une simple lumiére, elle est quelquefois un feu réel et sensible* [237]. Dufay reprend alors une expérience qu'il a décrite dans son troisième mémoire. Il en dégagera des faits qu'il n'a pas encore relevés et qui le conduiront à un nouveau principe. *On suspend une personne sur des cordes de soye, ou, ce qui revient au même, on l'a fait monter sur une planche qui est supportée par des pieds de verre, de cire, de soufre, de gomme lacque, &c. assés élevé pour que les écoulements électriques soient trop éloignés du plancher & des autres corps solides, pour pouvoir être détournés ; on approche de cette personne le tube rendu électrique, sans néantmoins qu'il soit nécessaire de la toucher, cela suffit pour l'environner d'un tourbillon de matière électrique qui se manifeste par [divers] effets [...] ; mais celui de tous qui me paroît le plus surprenant, est que lorsqu'une autre personne approche la main de celle qui est ainsi suspenduë, il sort de la partie du corps de cette derniére, la plus proche de la main qu'on en approche, une étincelle de feu accompagnée d'un bruit très-sensible, & d'une lumiére plus vive de beaucoup que celle qui paroît dans toutes les autres expériences de l'électricité ; cette lumiére est même, [...] accompagnée d'une douleur semblable à une picqueure ou à une brûlure, dont les deux personnes sont également affectées ; & j'ai fait une observation qui est conforme à ce que nous avons vû plus haut, c'est qu'un*

236 Fontenelle, « Sur l'électricité », *HARS*, 1734, p. 5.

237 Du Fay, « Sixième mémoire », *op. cit.*, p. 518-520, pour cette citation et les suivantes.

morceau d'ambre, de verre, ou de tout autre corps naturellement électrique, ne fait point paroître cette étincelle, il faut que ce soit une matiére la plus contraire qu'il est possible à l'électricité, comme un corps vivant, un morceau de métal, de glace, toute sorte de matiére mouillée, &c. A ces faits, Dufay y ajoute : *Un animal vivant suspendu de la même maniére, fait précisément les mêmes effets ; mais si c'est un animal mort, il ne paroît plus d'étincelles, on ne voit qu'une lumiére pâle & uniforme qui paroît sortir de ce corps lorsqu'on en approche la main.* Dufay en déduit : *Le corps vivant d'un homme, ou d'un animal, est donc entouré d'une Atmosphére, dont la matiére est capable d'allumer, pour ainsi dire, & de réduire en feu actuel la lumiére qui accompagne l'électricité vitrée.* Il ne put faire cette expérience sur l'électricité résineuse qui est trop faible et l'ambre, en qui cette électricité est la plus forte, se trouve rarement en assez gros morceau. Dufay cite ensuite une autre expérience qui prouve qu'il suffit pour produire des étincelles brûlantes, de rendre électrique un corps vivant : *J'ai pris un Chat, dont j'ai rendu le poil fort électrique, en lui passant à plusieurs reprises la main sur le dos ; lorsqu'ensuite j'approchois mon autre main de ses pattes, de son nés, ou de ses oreilles, il en sortoit de pareilles étincelles accompagnées de bruit & de douleur que le Chat paroissoit ressentir très-vivement, par l'impatience qu'il marquoit de s'enfuir, & que je sentois aussi de mon côté dans le doigt ou dans la main.*

A partir de telles expériences, Dufay imagine que l'effet des tourbillons électriques en pourrait être plus sensible et que, peut-être même, *pourrait-on porter ce feu jusqu'à embraser des corps combustibles* et il conjecture que *c'est un feu réel, ou une matière très propre à le devenir, qui sort des corps électriques* ; mais alors que les tourbillons électriques se sont présentés à l'esprit de Dufay comme des évidences, il se montre beaucoup plus réservé lorsqu'il les considère comme un feu réel : *Dans un sujet aussi rempli de faits nouveaux & singuliers, il est permis de hasarder des conjectures ; je crois donc que c'est un feu réel, ou une matiére très-propre à le devenir, qui sort des corps électriques ; que cette matiére sortant d'un corps entouré d'une Atmosphére trop peu dense, ou à laquelle il manque peut-être des parties grasses ou sulphureuses, elle ne produit qu'une lumiére tranquille ; que sortant du verre dont l'Atmosphére, lorsqu'il est rendu électrique, est chargée de parties sulphureuses que l'on sent très-distinctement à l'odorat, elle produit des étincelles qui frappent le visage ou la main très-sensiblement, mais ne sont pas assés embrasées pour qu'on en sente la chaleur ; & qu'enfin lorsque cette matiére environne un corps vivant, soit qu'elle en sorte par le frottement, soit qu'elle y vienne par la communication & l'approche du tube, ou de quelque autre corps électrique, elle trouve dans l'Atmosphére de ce corps un aliment convenable qui l'embrase, & la fait devenir un feu actuel capable de brûler & de causer de la douleur. Ainsi il est très-possible qu'on trouve quelque moyen de le réduire à un point d'activité capable d'allumer des corps combustibles, soit en enveloppant le corps animé de quelque matiére fort séche & combustible, & en rassemblant quelques-unes des circonstances les plus propres à augmenter l'action de ce feu, soit de quelque autre maniére que l'on peut imaginer, si l'on trouve que ce fait mérite qu'on se donne la peine de le suivre & de s'y arrêter* [238].

Dufay clôt ses recherches en revenant sur une expérience de Hauksbée qu'il a rapportée au début de ce mémoire. *[Elle] consiste à faire tourner sur son axe un globe de verre enduit intérieurement de cire d'Espagne, & dont l'air est exactement pompé. [...] à peine eus-je appliqué la main dessus, qu'il parut beaucoup de lumiére dans l'intérieur du globe, elle étoit plus vive dans la partie où ma main étoit appliquée, que dans toute autre, & elle y étoit continuë ; il se formoit outre cela des éclats de lumiére qui paroissoient partir de cet endroit, & s'élançoient de toutes parts dans l'intérieur du globe. [...] en regardant dans le globe par un endroit qu'à dessein je n'avois point enduit de cire d'Espagne, on y voyoit une image de la main que je tenois appliquée sur le globe, & que cela faisoit le même effet que si ma main eût été lumineuse, & la cire d'Espagne assés transparente pour qu'on la vît à travers* [239]. Voici une expérience qui, selon Dufay, met en évidence que la matière de l'électricité et la lumière ordinaire ont des propriétés différentes : *quoique les pores de la cire d'Espagne ne soient point perméables à la lumiére ordinaire, ils le sont néantmoins à la matiére de l'électricité, [...] lorsque cette matiére est lumineuse, [...].*

Dufay achève ses recherches sur l'électricité en en rassemblant les principales propriétés, il s'abstient d'en rechercher les causes : *Je finirai donc ici ce Mémoire qui est le dernier des six que je m'étois proposé de faire dès le commencement de mon travail sur cette matiére, & dans chacun desquels j'avois formé le plan d'examiner quelques-unes des principales propriétés de l'électricité ; quoique cet examen ne nous ait pas donné la connoissance des causes physiques & primordiales de l'électricité, il nous a néanmoins conduit à découvrir plusieurs principes inconnus jusqu'à présent, qui simplifient considérablement la théorie de l'électricité, & qui serviront à l'avenir de base & de fondement à ceux qui voudront faire de nouvelles recherches sur une matiére si féconde, & sur laquelle il y a, selon toutes les apparences, encore un grand nombre de découvertes à faire. Voici en peu de mots quels sont ces principes dont on trouve le détail & les preuves, tant dans ce Mémoire que dans les précédents.*

---

[238] Ce propos de Dufay ne peut être compris que s'il est replacé dans la chimie du temps. Selon Nicolas Lémery, qui fait autorité en la matière, en faisant l'analyse des divers mixtes, les chimistes ont trouvé cinq sortes de substances et en ont conclu qu'il y avait cinq principes des choses naturelles: l'esprit ou mercure, l'huile qu'on appelle soufre parce qu'elle est inflammable, le sel, l'eau ou phlegme et la terre. *Le Cours de chymie* de Nicolas Lemery est paru en 1675 et fait encore autorité en 1733. [Robert Locqueneux, *Sur la nature du feu aux siècles classiques*, Paris, L'Harmattan, 2014, p. 95-100].

[239] Du Fay, « Sixième mémoire », *op. cit.*, p. 520-522, pour cette citation et les suivantes.

1.° Tous les corps qui sont dans la Nature sont susceptibles d'électricité, à l'exception des métaux & des matiéres qui ne sont pas de consistence à pouvoir être frottées

2.° Tous, sans exception, même les liquides, deviennent électriques par communication, la flamme seule ne le devient point, & n'est point attirée par les corps électriques.

3.° Les corps naturellement électriques sont les seuls qui le puissent devenir par communication étant posés sur un appui ou base de métal, de bois, ou d'autre matiére qui n'est que peu ou point électrique ; & au contraire, ils le deviennent moins que tout autre sur une base disposée à l'électricité. [2.e Mémoire]

4.° Les matiéres naturellement électriques interposées entre le tube & les feuilles d'or, ou autres corps legers, laissent passer les écoulements électriques, au lieu que toutes les autres matiéres les interceptent.

5.° Les électriques sont les moins propres de tous à transmettre au loin l'électricité, & les corps mouillés sont les plus propres.

6.° Le plus grand vent ne détourne point les écoulements électriques, que l'on fait communiquer au-delà de 1250 pieds au moyen d'une corde ou de quelqu'autre corps continu.

7.° Les corps de même nature s'impreignent de l'électricité, ou l'interceptent à peu-près en raison de leur volume.

8.° Il sort des étincelles brûlantes d'un corps vivant rendu électrique par la communication du tube, & cette lumiére ne cause aucune sensation de douleur, si elle sort d'un corps inanimé. [3.e Mémoire]

9.° Il y a deux électricités différentes & distinctes l'une de l'autre, sçavoir, la vitrée & la résineuse, dont l'une attire les corps repoussés par l'autre.

10.° Les corps électriques attirent toûjours & indistinctement tous ceux qui ne le sont point, & repoussent au contraire tous ceux qui sont doués de celle des deux électricités qui est de même espece que la leur. [4.e Mémoire]

11.° L'air humide & chargé de vapeurs, nuit à l'électricité, de quelque nature qu'elle soit, & diminue considérablement ses effets.

12.° Les corps électriques placés dans le vuide, y exercent leur action, mais la matiére de l'électricité se porte plûtôt dans le vuide que dans le plein, en sorte qu'un tube ou un globe vuidé d'air, ne fait d'effet sensible que dans son intérieur. Ces deux derniéres observations avoient déjà été faites par Mrs Boyle, Hauksbée & Gray, mais avec quelque différence, comme on peut le voir dans le Mémoire cité ci-dessus.

13.° L'air condensé dans l'intérieur du tube paroît nuire autant que l'air rarefié aux effets extérieurs de l'électricité. [5.e Mémoire]

14.° Tous les corps dont l'électricité est un peu considérable, soit qu'elle soit vitrée ou résineuse, sont lumineux, avec quelques différences néantmoins dans la lumiére qui y est excitée par le frottement.

15.° La matiére de cette espece de lumiére n'est pas la même que celle de l'électricité, l'une de ces deux propriétés pouvant subsister indépendamment de l'autre.

16.° Enfin les corps résineux, quoiqu'opaques, donnent un libre passage à la lumiére, lorsqu'elle émane de la matiére électrique, ou du moins qu'elle en est accompagnée, ainsi qu'on vient de le voir dans la derniére expérience de M. Hauksbée. [6.ᵉ Mémoire]

Voici les principes, ou, si l'on veut, les faits simples & primitifs auxquels se peuvent réduire toutes les expériences sur l'Electricité, qui sont connuës ; le nombre de ces principes diminuera vraisemblablement à mesure que l'on parviendra à une connaissance plus exacte de cette merveilleuse propriété de la matiére, qui jusqu'à présent n'étoit indiquée que par quelques expériences très-compliquées qui l'avoient fait juger particuliére à certaines matiéres, & dépendante de circonstances bisarres, & dans lesquelles il ne se trouvoit presque rien d'assûré ni de positif. Aujourd'hui c'est peut-être une qualité de la matiére en général dépendante de principes invariables, assujettie à des loix exactes, & qui peut influer beaucoup plus que nous ne pensons, sur l'oeconomie du globe ; mais faute d'avoir été considérée dans ce point de vûë, nous n'en avons que des connoissances superficielles ; j'espere que nous n'en demeurerons pas là, & je suis persuadé que les Amateurs de la Physique ne négligeront pas un champ si fertile, & pour ainsi dire, un nouveau monde, dans lequel il reste vraisemblablement tant de découvertes intéressantes à faire [240].

Lorsqu'en 1736, Dufay reprendra ses recherches sur l'électricité, il confie que les six mémoires qu'il a donnés à l'Académie en 1733 et en 1734 lui paraissaient remplir le plan qu'il s'était proposé et qu'il ne croyait pas revenir si tôt sur cette matière. D'ailleurs, rappelons-le, en 1734, Dufay doit se rendre à Londres afin de compléter les collections du Jardin du Roi et il y emmène Nollet.

Seconde Partie, les Mémoires de 1737

Les septième & huitième mémoires sur l'électricité de Dufay

Les septième et huitième mémoires sur l'électricité de Dufay parurent dans les *Mémoires de l'Académie royale des sciences* de 1737 ; Dufay avait lu le premier des deux à la séance du 30 mai 1736 et le second à la séance du 20 décembre 1737. C'est une lettre de Gray publiée dans le n° 436 de mars 1735 des *Philosophical Transactions* qui amène Dufay à reprendre ses travaux sur l'électricité. En 1734, Dufay avait montré que si quelqu'un approche la main d'un homme, ou plus généralement d'un animal vivant, suspendu par des cordes de soie et électrisé par un tube de verre que le frottement a rendu électrique, il sort de cet homme un petit trait de flamme brillant, accompagné d'un petit bruit ; ce trait de flamme cause à la personne

240 *Ib.*, p. 523-526.

touchée et à celle qui la touche une piqûre ou une légère brûlure. Comme les métaux et les corps vivants sont difficilement rendus électriques par frottement, Dufay jugea qu'en employant un métal au lieu de la main sur le corps de l'homme électrisé, il pourrait provoquer le même effet, ce que l'expérience confirma.

Dans une lettre adressée au secrétaire de la *Royal Society* en mars 1735, Gray part de ces expériences de Dufay mais va plus loin en considérant que, dans ces expériences fondamentales, les métaux et l'homme sont des corps de même espèce : si une main d'homme agit sur un homme, il semble qu'une barre de métal suspendue et électrisée agirait de même sur un morceau de métal, ce que l'expérience vérifia. Dufay, écrit Fontenelle, *se mit à tourner de tous les sens l'opération des Métaux. Il imagina un moyen assés ingénieux d'éprouver si quelques Métaux faisoient plus d'effet que d'autres, il trouva tout égal* [241]. En comparant les opérations avec des animaux et celles avec des métaux, Dufay constate qu'avec les premières, les étincelles sont plus piquantes et qu'avec les secondes, elles sont plus brillantes et que parfois l'obscurité n'est pas nécessaire pour qu'elles soient visibles. Ainsi certains corps sont propres à donner des étincelles, d'autres non, il reste à tenter une interprétation de ces phénomènes, Dufay en hasarde une que Fontenelle résume ainsi : *Peut-être ceux [ces corps] qui [donnent ces étincelles], sont-ils revêtus d'une Atmosphere, qui, lorsqu'on les électrise, retient autour d'eux la matiére électrique, & quand on approche d'eux d'autres corps de même espece, qui par conséquent ont aussi une Atmosphere, la matiére électrique de ceux qui sont déja électrisés, sort avec impétuosité de l'Atmosphere qui la renfermoit, pour rentrer, pour se répandre dans la nouvelle Atmosphere, & si elle a quelque résistance à vaincre, s'il se fait là un choc, il en peut naître un petit trait de lumiére. Il est visible que cela n'aura pas lieu, quand l'un des deux corps sera naturellement privé d'Atmosphere, du moins d'une Atmosphere propre à retenir la matiére Electrique.*

Pour apprécier la force des tourbillons qui provoquent l'attraction ou la répulsion des corps électriques, ou électrisés, Dufay invente un appareil que nous nommerons un électroscope. Citons en entier le compte rendu qu'en fait Fontenelle : *Les Tourbillons indiqués par l'attraction & la répulsion des Corps électriques, ou électrisés, se confirment toûjours. Des Aiguillées de Fil, de Coton, de Soye, de Laine, égales en longueur, ont été mises sur une barre de fer horisontale à distances égales, de sorte que les deux bouts de chaque Aiguillée pendoient librement & verticalement de côté & d'autre de la barre, & également, de chaque côté. On a électrisé le tout ensemble par le Tube de Verre. Les deux bouts de chaque Aiguillée qui étoient paralleles, se sont écartés l'un de l'autre, parce que, selon toutes les apparences, ils*

---

241 Fontenelle, « Sur l'électricité », *HARS*, 1737, p. 1-6 ; p. 2-5, pour cette citation et les suivantes.

acqueroient chacun un Tourbillon Electrique, & que les deux Tourbillons se repoussoient, s'arc-boutoient l'un contre l'autre. Mais, ce qui est bien remarquable, les deux bouts de chaque Aiguillée ne faisoient pas entre eux le même écart, ceux de l'Aiguillée de Fil faisoient le plus grand, & de-là les écarts alloient en diminuant selon l'ordre où nous venons de ranger les différentes matiéres des Aiguillées. La Force des Tourbillons alloit donc de même en diminuant, ils se repoussoient plus foiblement, & par conséquent les Corps avoient pris moins de vertu électrique. M. du Fay, auteur de cette expérience, la juge très-propre à mesurer les différents degrés de cette vertu en différens Corps, à s'assûrer des circonstances, qui dans le même corps lui seront favorables ou contraires, &c. Comme les bouts d'Aiguillées, après s'être écartés, reviennent à leur premiére position, qui étoit la verticale, & qu'alors la vertu qu'ils avoient contractée est éteinte, on verra aussi quels sont les corps qui la conservent le mieux, & combien elle peut durer. Nous avons toûjours supposé ici, quand nous ne l'avons pas dit expressément, que les Corps électrisés l'étoient avec le Tube de Verre. Si à la place de ce Tube on employe un Cilindre de Cire d'Espagne, un morceau d'Ambre, &c. bien entendu qu'on les ait rendus Electriques aussi par le frottement, les fils de l'expérience précédente ne font presque pas d'écarts, ce qui prouve assés que l'Electricité vitrée est fort supérieure à la résineuse. De plus quand on employe la résineuse, on ne tire point ces étincelles que la vitrée produit si facilement. M. du Fay, qui a découvert leur différence, ne la croyoit pas lui-même si grande.

Une autre lettre de Gray publiée depuis sa mort, le 7 février 1736, dans les *Philosophical Transactions* sera le motif d'un dernier mémoire de Dufay sur l'électricité ; dans cette lettre très brêve envoyée la veille de sa mort à Wheler, Gray relate une singulière expérience, la voici, telle que Dufay la cite : *Je viens de faire en dernier lieu quelques expériences toutes nouvelles sur les mouvements que l'Electricité peut produire dans les corps légers suspendus. J'ai trouvé que par la vertu électrique on pouvoit les déterminer à se mouvoir, & même à faire plusieurs révolutions autour d'un corps d'un plus gros volume, soit dans des Cercles, soit dans des Ellipses concentriques ou excentriques à ce corps. J'ai remarqué que la direction de leur mouvement étoit constamment la même que celle des Planetes autour du Soleil, c'est-à-dire de gauche à droite, ou d'Occident en Orient, mais que ces petites Planetes, s'il m'est permis de m'exprimer ainsi, ont beaucoup plus de mouvement dans l'Apogée que dans le Périgée de leurs Orbites, ce qui est, comme vous le sçavés, directement contraire au mouvement des Planetes autour du Soleil. […]* [242].

En rapportant l'évènement, Fontenelle y ajoute que *[M. Gray] étoit surpris & charmé avec raison de [la] conformité [de ces circulations de la*

---

[242] Dufay, « Huitième mémoire sur l'électricité », *MARS*, 1737, p. 310, 311.

boule de liège] avec les circulations célestes. Quelle nouvelle & vaste espérance pour toute l'Astronomie ! [243]. Sans entrer dans les détails, décrivons l'expérience telle que Dufay et Wheler l'ont réalisée, l'un en France, l'autre en Angleterre, mais en étroite relation ; ils posent sur un gâteau de résine horizontal une boule de fer qu'ils électrisent, ils attachent à un fil une petite boule de liège et tiennent avec la main ce petit pendule suspendu à la verticale du centre de la boule de fer. La main demeurant immobile, Wheler vit la boule de liège en mouvement et décrire un cercle d'un certain rayon autour de la boule de fer, et il pouvait y avoir jusqu'à cent de ces circulations de suite, quant à Dufay, il se tourmenta beaucoup et inutilement, pour trouver les circulations de la boule de liège toujours d'occident en orient. Il eut recours aux conseils de Wheler, sans y réussir plus et bientôt ce fut Wheler qui constata qu'il était victime d'une illusion : *Il conçut que quelques mouvements imperceptibles & involontaires de la main qui tient le fil suspendu, quelques agitations insensibles de l'air, malgré toutes les précautions qu'on pouvoit prendre, suffisoient pour déterminer la direction des circulations, peut-être aussi quelquefois la prévention qu'on y apportoit qu'elles se feroient en un certain sens. Quel prodigieux nombre de sources d'erreur !*

Dernières remarques

Dans ses mémoires sur l'électricité, Dufay fait constamment référence aux travaux de Hauksbee et de Gray, les relations scientifiques qu'il entretient avec Gray sont entrées dans la légende dorée de l'histoire des sciences, Fontenelle en fut le chantre, on peut lire dans l'éloge qu'il fit de Dufay : *Il l'avoit prise [l'électricité] des mains de M. Gray, célèbre Philosophe Anglois, qui y travailloit. Loin que M. Gray trouvât mauvais qu'on allât sur ses brisées, et prétendît avoir un privilège exclusif pour l'électricité, il aida de ses lumières M. du Fay, qui, de son côté, ne fut pas ingrat, et lui donna aussi des vues. Ils s'éclairèrent, ils s'animèrent mutuellement, et arrivèrent ensemble à des découvertes si surprenantes et si inouies, qu'ils en avoient besoin de s'en attester et de s'en confirmer l'un à l'autre la vérité ; il falloit, par exemple, qu'ils se rendissent réciproquement témoignage d'avoir vu l'enfant devenu lumineux pour avoir été électrisé. Pourquoi l'exemple de cet Anglois et de ce François, qui se sont avec tant de bonne foi et si utilement accordés dans une même recherche, ne pourroit-il pas être suivi en grand par l'Angleterre et par la France ? Pourquoi s'élève-t-il entre les deux Nations des jalousies, qui n'ont d'autre effet que d'arrêter, ou au moins de retarder le progrès des Sciences ?* [244].

---

243 Fontenelle, « Sur l'électricité », *HARS*, 1737, *op. cit.*, p. 6, pour cette citation et la suivante.

244 Fontenelle, « Eloge de M. du Fay », *HARS*, 1739, p. 76.

En résumé, disons qu'en 1733 Dufay a constaté qu'une vertu électrique unique ne peut rendre compte de tous les phénomènes d'attraction et de répulsion entre les corps ; en 1734, il a émis l'hypothèse qu'il y a deux espèces d'électricité, résineuse et vitreuse, que les corps qui ont contracté une électricité de même nature se repoussent et que ceux qui ont contracté des électricités de natures différentes, s'attirent ; et il a interprété les phénomènes électriques en supposant que ces deux sortes d'électricités ont des tourbillons de natures différentes. Il a généralisé la différence de comportement des corps : certains corps (l'homme, les métaux) sont propres à donner des étincelles, d'autres non.

De la réception des travaux de Gray et de Dufay sur l'électricité

Fontenelle & l'histoire des travaux de Dufay sur l'électricité

Nous l'avons vu, lorsque, dans son premier mémoire, Dufay relate les travaux antérieurs aux siens, ceux de Hauksbee ou de Gray, il nous dit qu'un tube devenu électrique attire des feuilles de métal qu'il repousse ensuite avec force, qu'une matière ayant acquis la vertu électrique attire de loin le corps qu'on lui présente ou le repousse. Il n'y a là que de simples constats expérimentaux d'un phénomène et non de l'affirmation de l'existence d'une action à distance. Ajoutons que, curieusement, seules les attractions des corps ont retenu l'attention de Dufay. Dans le second mémoire, Dufay dresse la mise en œuvre d'un programme de physique expérimentale et n'y aborde pas l'interprétation des phénomènes explorés Dans les second et troisième mémoires, Dufay parle de vertu électrique ou bien d'écoulement de la matière électrique qui se répand autour de corps devenus électriques, et nullement de tourbillons. Les tourbillons électriques seront introduits dans le quatrième mémoire : lorsque sur une observation de Réaumur, Dufay constatera, pour la première fois, que, dans l'action des corps électriques, il n'y a pas que des attractions, mais qu'il existe aussi des répulsions réelles. L'entrée en scène de ces tourbillons n'est pas l'objet d'une hypothèse, aux yeux de leur auteur, ils procèdent tout simplement de l'observation ; expérience à l'appui, Dufay introduit aussi naturellement l'existence de *deux électricités d'une nature toute différente* [245]. Soulignons qu'au début de ses recherches, Dufay ignorait les faits qui l'ont conduit à avancer de telles hypothèses. Lorsque Dufay introduit les tourbillons pour rendre compte des attractions et des répulsions, l'explication qu'il en donne est manifestement cartésienne, par là même qu'il s'abstient de penser qu'une action à distance puisse être invoquée ; mais on peut supposer que ce qu'il nomme tourbillon ne désigne qu'une sorte d'atmosphère, immobile si le tube ou le globe qui le crée est immobile, tournant avec le tube ou le globe si celui-ci tourne ; ainsi ces tourbillons qui ne seraient pas ceux de Descartes n'impliquent pas que la

245 Dufay, « Quatrième mémoire sur l'électricité », *MARS* 1733, p. 457-476 ; p. 466.

matière électrique tourbillonne. C'est de cette manière que Bose l'a interprétée, comme nous le verrons plus loin. Fontenelle invite à une interprétation strictement cartésienne des phénomènes électriques : chez lui la matière électrique ne peut qu'être en mouvement dans les tourbillons de Dufay.

Dans l'histoire des travaux de Dufay de 1733, Fontenelle, qui par ailleurs suit l'ordre de présentation des mémoires de Dufay, se montre empressé de présenter les tourbillons de matière électrique en mouvement et ceci, avant de présenter les travaux des second et troisième mémoires : *On voit assés par-là qu'autour d'un corps devenu électrique il se forme un Tourbillon de matiére très-déliée & agitée qui a la force de pousser vers ce corps des corps légers peu éloignés, & compris dans sa Sphere d'activité. Il y a plus que de la conjecture, [ajoute-t-il] pour ce Tourbillon. Si l'on approche du visage un corps rendu bien électrique, on sent un petit frétillement, comme si on étoit frappé d'une toile d'Araignée* [246]. Sur la description de ces tourbillons qui enveloppent le tube et la feuille d'or et qui les éloignent l'un de l'autre, Fontenelle en rajoute : *Une petite feuille d'or très-légere qu'on laisse tomber sur un Tube de verre bien frotté & posé horisontalement, & qui le touche d'ordinaire par sa tranche, parce que c'est ainsi qu'elle a fendu l'air plus facilement en tombant, se colle pour un moment au Tube sur lequel elle se tient dans une position verticale ou à peu-près, mais dans le moment suivant elle s'élance en l'air d'un mouvement très-vif, & s'éleve à la hauteur de 8 ou 10 pouces, où elle se tient presque immobile. Si on éleve le Tube vers elle, elle le fuit, & s'éleve de la même quantité, elle descend de même si on abaisse le Tube, & cela dure tant que le Tube conserve sa vertu, à moins que l'on ne s'avise de toucher à la feuille suspenduë en l'air, car aussi-tôt elle retombe sur le Tube, qui le moment d'après la renvoye à la même hauteur, s'il n'a encore rien perdu de sa force. Ici le Tourbillon se rend plus sensible que dans tout ce qui avoit encore été dit. Le tube en avoit un qui a enveloppé la feuille, & l'a attirée, mais d'une partie de la matiére de celui-là, il s'en est formé un nouveau autour de la feuille, puisqu'elle a certainement pris la vertu électrique, & ces deux Tourbillons une fois formés, il est aisé de concevoir que tendant tous deux à s'étendre en sens contraires, ils se sont arc-boutés l'un contre l'autre, ayant pour point d'appui commun le Tube de verre beaucoup moins mobile que la feuille d'or, & le Tourbillon du Tube plus puissant, comme il doit l'être, a repoussé celui de la feuille, & a fait remonter la feuille à une hauteur proportionnée à sa supériorité de force. Si l'on touche à la feuille suspenduë en l'air, le doigt ou tout autre corps qui la touche s'électrise, & lui enleve ou*

---

[246] Fontenelle, « Sur l'électricité », *HARS*, 1733, *op. cit.*, p. 4-13 ; p. 6. Notons que ce dernier phénomène sera constamment présenté dans les différents traités d'électricité qui seront publiés tout au long du XVIIIe siècle, sans qu'il constitue un argument en faveur des tourbillons.

du moins affoiblit & dérange beaucoup son petit Tourbillon. Des effets si délicats sont aisément troublés. Cette hipothese se trouvera conforme à toutes les expériences de M. du Fay, qui le premier a observé attentivement les phénomenes de la répulsion, & en a découvert les plus singuliers [247].

Quant à l'introduction des deux sortes d'électricité, il suffit de lire les remarques de Fontenelle pour se rendre compte combien elle fut dérangeante : *Nous avons toûjours supposé qu'à un corps rendu électrique, à un Tube de verre bien frotté, on présentoit un corps d'un poids & d'un volume convenable, mais non pas rendu électrique, comme le premier ; alors il y a attraction, ensuite répulsion. Mais si le second corps a été aussi rendu électrique, le cas est très différent, il n'y a plus qu'attraction, ou que répulsion ; le Tube de verre attirera toûjours certains corps, & en repoussera toûjours d'autres, & cela, comme on peut bien juger, dans les mêmes circonstances. Cette bisarrerie apparente, & tout-à-fait imprévûë, parce qu'aucun des autres Observateurs n'en avoit rien apperçû, ni soupçonné, embarrassa beaucoup & assés long-temps M. du Fay, qui enfin à force d'expériences & de réfléxions démêla une Règle cachée, & cette Règle est elle-même surprenante & un paradoxe nouveau. Il y a deux sortes d'électricité qui appartiennent à deux especes de matières différentes, [...].*

L'électricité dans l'Essai de physique de Musschenbroek [248]

Dans l'*Essai de physique,* Musschenbroek a placé le chapitre sur l'électricité après les chapitres, *des forces centrales, de la dureté, de la mollesse, de la fléxibilité et de l'élasticité*, et *de la percussion*, toutes sortes de notions qui peuvent lui être utiles lorsqu'il aborde l'étude de l'électricité, mais avant le chapitre *De la vertu attractive des corps* ; il semble que cette vertu ne peut servir à l'interprétation des phénomènes liés à l'électricité. Dans le chapitre de l'*Essai de physique* : *De l'Electricité, & des corps qui sont doués de cette Vertu*, Musschenbroek présente les travaux publiés jusqu'en 1733 par Gray et Dufay [249]. D'entrée, Musschenbroek définit ces corps doués d'une vertu électrique par les phénomènes qui marquent leur présence. *Il y a dans les Corps une certaine Vertu, à l'aide de laquelle ils attirent à eux les autres Corps, & à laquelle on donne le nom d'Electricité ou Vertu Electrique. On doit bien distinguer cette Vertu de celle qu'on appelle Vertu Attractive, par le moyen de laquelle les Corps attirent à eux d'autres Corps, & semblent de cette maniere produire le même effet que les*

---

[247] Fontenelle, *HARS*, 1733, *op. cit.*, p. 9, 10, pour cette citation et la suivante.

[248] Pieter van Musschenbroek est né à Leyde en 1692 et y meurt en 1761. Nous avons déjà esquissé sa carrière. Ajoutons qu'il a publié *Elementa Physica* en 1726, *Physicae conscripta in usus academico* à Leyde en 1734, et que la traduction française de cet ouvrage, l'*Essai de physique*, paraît à Leyde en 1751.

[249] Musschenbroek présente les travaux que Gray a publiés dans les numéros 366, 417, 422, 436, 439 de *Philosophical Magazine* et que Dufay a publiés dans les *Mémoires de l'Académie des sciences* de 1733.

Corps électriques. Cependant ces deux Vertus n'agissent pas de la même maniere, & leurs Causes ne se ressemblent pas non plus, étant fort différentes les unes des autres. Cette Vertu électrique dépend de certaines exhalaisons fort deliées, qui s'échappent des Corps, les unes des Corps froids, les autres de ceux qui sont chauds ; mais la plupart sortent des Corps qui sont chauds, & particulierement après qu'on les a frottés avec force. Ces exhalaisons s'échappent des Corps que l'on frotte, & y reviennent ensuite par des mouvemens tout-à-fait surprenans, comme on peut en juger par les Corps qu'elles mettent en mouvement. Elles meuvent & emportent avec elles tous les autres Corps legers qui peuvent être agités, de quelqu'espéce ou nature qu'ils puissent être, & les repoussent ensuite. On peut être assuré par ces effets & d'autres encore, que ces exhalaisons sont de véritables Corps qui agissent, puisqu'on peut les sentir, lorsqu'elles viennent frapper la joue ou la main. On peut aussi s'appercevoir, qu'elles repandent de la clarté pendant la nuit ; & nous les entendons pétiller, craqueter, & s'échapper. Puisque tant de Sens en sont frappés en même-temps, on doit être convaincu, que ce sont de véritables Corps, & qu'elles sortent des Corps électriques [250].

Ainsi Musschenbroek constate que, dans certains corps, dans certaines conditions, des exhalaisons électriques se font sentir et il considère que leur matérialité ne peut être mise en cause ; mais il n'avance aucune hypothèse sur la nature de ces exhalaisons. Suit le dénombrement des corps qui peuvent acquérir cette vertu électrique et des manières de la produire ; sur ce sujet, Musschenbroek fait une large place aux contributions de Gray et Dufay. Nous l'avons vu, pour Musschenbroek, il est évident que la vertu électrique est provoquée par des exhalaisons qui sont de véritables corps qui sortent des corps électriques ; mais qu'en est-il de la cause de l'électricité ? Nul mieux que Musschenbroek n'a exprimé la prudence qui est de mise lorsqu'on aborde ce problème : *Nous nous sommes contentés jusqu'à présent de faire l'énumération des principaux phénomènes des Corps électriques ; mais nous n'avons encore rien dit de la cause de l'électricité, ni de la maniere dont elle agit. Ce seroit ici où nous devrions le faire, afin d'avoir une idée claire de ce qui précéde. Oh que ne puissions-nous le faire ! La prudence nous apprend, que nous ne devons pas trop nous précipiter ; cette matière est encore quelque chose de nouveau, on ne fait que commencer à la traiter, il est besoin d'une infinité de recherches & de découvertes, avant qu'on soit en état de pouvoir tout démontrer mathématiquement, comme je le ferai voir tout-à-l'heure. Il paroît par ces découvertes & ces phénomènes tout-à-fait surprenans, qu'il faut s'en tenir aux expériences, si l'on veut faire des progrès dans la Physique, & connoître les propriétés des Corps. Si l'on fait chaque années autant de progrès, qu'on en a fait en peu de temps par la*

---

[250] Musschenbroek, *Essai de physique*, traduit du hollandais par Pierre Massuet, 2 volumes, Leyde, Samuel Luchtmans, 1751 ; tome 1, p. 251, 252.

diligence & la grande application de Messieurs Gray & Du Fay [rappelons que Musschenbroek en reste aux travaux publiés jusqu'en 1733], on ne tardera pas d'être sur le point de découvrir le secret de l'électricité.

Lorsqu'on examine attentivement toutes ces Expériences, on peut demander d'abord, si les écoulemens électriques des Corps ne sont composés que du feu commun, ou des parties mêmes des Corps, accompagnées de feu ; ou si c'est un feu d'une autre nature ; ou bien si les parties des Corps, qui s'en dissipent lorsqu'on les frotte, deviennent si déliées, qu'elles se changent elles-mêmes en feu ou en lumiere ; & en ce cas que ces écoulemens électriques ne soient pas du feu, si ils pourroient faire paroître ou avoir leur force sans feu. Je doute fort qu'on puisse jusqu'à présent rien décider de certain sur ces questions. Il semble du premier abord, que soit que ces écoulemens puissent être du feu ou quelque autre chose, ils n'ont cependant que peu ou point du tout de force sans feu, puisqu'ils sont dissipés par tout ce qui est capable d'éteindre le feu. Car 1°. Lorsqu'on frotte un tube de verre avec une main humide ou suante, quelque effort que l'on fasse, on n'excitera jamais en lui que peu ou point d'électricité. 2°. Les expériences qui concernent l'électricité, ne réüssissent pas non plus dans un temps humide, ni dans une chambre remplie des exhalaisons humides des Spectateurs, & elles ont moins de succès en Hyver qu'en Eté. 3°. Si on verse de l'eau dans un tube de verre, on ne produira presque point d'électricité dans ce tube. 4°. Lorsqu'on a bien frotté un morceau d'ambre, & qu'on l'a rendu fort électrique, il perdra son électricité, dès qu'on aura seulement soufflé dessus avec son haleine humide. Mais voici une difficulté qui se présente, sçavoir comment il a pu arriver, que les écoulemens électriques ayent coulé le long d'une corde longue de 1265 pieds, sans être pourtant dissipés sur le champ ? Et pourquoi ils agissent aussi plus fortement sur des rubans de soye humides, que sur ceux qui sont secs ? On remarque néanmoins, qu'il y a du feu ou de la lumiere dans toutes les Expériences, que l'on fait sur l'électricité, car le tube de verre, les rubans, le papier, le cuir, le parchemin, &c. passés ou frottés fortement entre les doigts, jusqu'à ce qu'ils donnent du feu ou de la lumiere, deviennent électriques. Mais si l'électricité ne dépendoit que du feu, on ne voit pas pourquoi les Métaux étant rendus chauds & frottés, ne deviennent pas aussi électriques : on ne peut pas dire, qu'ils manquent d'élasticité ou de tremoussement des parties, qui sont produits par le frottement. Le tube de verre frotté ne se trouve pas non plus refroidi, après qu'on a porté le doigt tout le long de ce tube, & cela à une certaine distance ou sans le toucher, ce qui n'empêche cependant pas qu'il n'ait perdu son électricité. C'est aussi pour cela qu'un Corps, que l'on se contenteroit de faire chauffer au feu, ne seroit pas électrique, mais il faut encore qu'on le frotte après avoir été chauffé. On voit que jusqu'à présent nous ne sommes pas encore au fait de tout cela.

Il paroît qu'il y a deux sortes d'électricité, dont l'une est la Vitrée, & l'autre la Résineuse. Mais en quoi consiste leur différence ? Est-ce dans la finesse, dans le mouvement des écoulemens, ou parce qu'il entre une plus grande diversité de parties dans le concours de l'une, que dans celui de l'autre ? Quelle est la finesse de chacune de ces parties ? Tout cela nous est encore inconnu [251].

Nous voyons bien qu'il sort certains écoulemens des Corps électriques, mais comment tournent-ils autour des Corps ? Tournent-ils autour d'eux comme font les tourbillons, ou se meuvent-ils de quelque autre maniere. Il paroît vraisemblable, qu'ils ont la forme des tourbillons. 1°. Parce que de petits grumeaux de noir de lampe, étant attirés par le tube de verre, tournent autour de lui comme si ils étoient tombés dans un tourbillon. 2°. Parce que la vertu électrique tourne autour des Corps, car dès qu'elle a quitté le tube de verre, elle s'étend autour d'une corde à la distance d'un pied. 3°. Parce qu'on commenceroit alors à concevoir, pourquoi une petite plume de Duvet, ou un petit morceau de feuille d'or, qui est repoussé par le tube & qui a reçu une vertu électrique, laquelle on supposeroit consister dans un tourbillon de ces écoulemens qui tourneroit autour de ces petits Corps ; on commenceroit, dis-je, à concevoir, pourquoi ces Corps pourroient être répoussés & chassés dans l'air, puisque ces tourbillons ne peuvent se joindre ni se rëünir, en faisant chacun leur révolution l'un l'autre. Quelque vraisemblable que cela soit jusqu'à présent, il reste toujours cette difficulté : Pourquoi les tourbillons de deux Corps, qui ont l'électricité vitrée, se repoussent reciproquement, au-lieu qu'ils s'attirent l'un l'autre, lorsque l'électricité résineuse se trouve dans l'un de ces Corps, & que l'autre posséde l'électricité vitrée ? Car le mouvement des tourbillons ne peut être autre chose, qu'un mouvement circulaire autour d'un Axe. Comment est-ce que ces écoulemens électriques reçoivent leur mouvement autour du Corps sous la forme d'un tourbillon ? Seroit-ce le frottement qui se fait sur un Corps rude, ou avec un tel Corps, qui produiroit un trémoussement dans le Corps électrique, & seroit-ce ce trémoussement qui fait sortir ces écoulemens ou ce feu, & qui leur fait avoir un mouvement circulaire, tandis que le feu seul n'est pas suffisant pour produire du trémoussement dans les parties du Corps ? Comment est-ce que les parties du tourbillon, lesquelles accompagnent le Corps qui est repoussé, peuvent être comme séparées ? Quelle est la cause qui fait avancer les tourbillons le long d'une corde, qui a 1265 pieds de longueur ? Sort-il du tube autant de parties, qu'il y en a qui entourent ensemble toute la longueur de cette corde d'un bout à l'autre ? Quelle est la vitesse de ces parties lorsqu'elles s'avancent en droite ligne ? Pourquoi les Corps, qui ont eux-mêmes le plus d'électricité, quelque solides & quelque denses qu'ils puissent être, laissent-ils passer plus facilement les

---

251 *Ib.*, p. 266, 268.

écoulemens électriques des autres Corps, lesquels ne veulent pas passer à travers les Corps qui sont d'eux-mêmes moins électriques, quelque poreux qu'ils puissent être, & pourquoi cela est-il commun aux deux sortes d'électricité ? Nous ne pouvons rien répondre sur toutes ces questions, il faudra de nécessité éxaminer tout cela à l'aide d'un grand nombre d'expériences, qui soient faites tout exprès, pour satisfaire à ces demandes : parmi les recherches que l'on fera à ce sujet, il se découvrira encore sans doute un grand nombre d'autres mystéres, ausquels on n'a pu penser.

Privat de Molières à la suite de Dufay…, [252]

Alors que Dufay présente à l'Académie des sciences ses deux derniers mémoires sur l'électricité, Privat de Molières [253] publie le troisième volume de ses *Leçons de physique* [254] dans lequel il aborde les phénomènes du magnétisme et de l'électricité. Privat est un disciple de Malebranche, lequel avait entrepris de "réformer" et de "perfectionner" le système de Descartes [255] L'interprétation des phénomènes électriques par l'abbé de Molières ne peut être comprise que si elle est éclairée par ses éléments de la physique, lesquels sont déterminés par les seules lois de la mécanique, je paraphrase ici le titre complet des *Leçons de physique*. Et pour aborder ces éléments de physique, il convient de commencer par le système de Descartes réformé par Malebranche. Selon Malebranche, Descartes a supposé que les boules de son second élément sont dures par elles-mêmes, et en a tiré de fausses raisons de la transmission de la lumière, de la variété des couleurs et de la génération du feu. Descartes supposait que les différentes couleurs se font par différents tournoiements des petites boules du second élément, ainsi le rouge se fait par le tournoiement des petites boules qui se communique de

[252] Pierre Brunet, *L'introduction des théories de Newton en France au XVIIIe siècle*, Paris, Blanchard, 1931 ; p. 318-326.

[253] Joseph Privat de Molières naît à Tarascon en 1677. Très jeune, il apprend le latin, les humanités, la philosophie et les mathématiques. En 1709, il est ordonné prêtre, entre dans la Congrégation des pères de l'Oratoire et enseigne les humanités et la philosophie dans les écoles d'Angers, de Saumur et de Juilly. Quelques années plus tard, il vient à Paris afin d'y recevoir l'enseignement d'un autre oratorien, le père Malebranche, il en fut l'élève et l'ami. A la mort de Malebranche, il reprend l'étude des mathématiques, publie quelques mémoires et, en 1721, est reçu adjoint mécanicien à l'Académie des sciences. En 1723, il obtient la chaire de philosophie au Collège Royal, et, en 1726, il publie les *Leçons de Mathématiques nécessaires pour l'intelligence des principes de Physique qui s'enseignent actuellement au Collège Royal*. En 1729, il est nommé membre associé à l'Académie des sciences. Il publie les *Leçons de physique contenant les élémens de la physique déterminés par les seules loix des méchaniques*. Il meurt à Paris en 1742.

[254] Joseph Privat de Molières, *Leçons de physique*, 1734-1738, 4 volumes, seconde édition corrigée et augmentée, Paris, Desprez et Cavalier, 1745 ; Remarque sur l'électricité, tome 3, p. 415-440.

[255] N. Malebranche, *De la recherche de la vérité*, (éd. de 1712) in *Œuvres*, 2 vol., 1979, 1992, édition établie par G. Rodis-Lewis, La pléiade-Gallimard, tome 1, XVIe éclaircissement (1700).

l'une à l'autre dans tout le rayon depuis l'objet jusqu'à l'œil ; Malebranche suppose que la lumière et les couleurs ne sont que diverses secousses ou vibrations de la matière éthérée, des vibrations de pression plus ou moins promptes que la matière subtile produit sur la rétine ; il substitue aux globules du second élément de Descartes des petites boules très molles, ou plutôt, comme de petits tourbillons composés d'une matière infiniment fluide et extrêmement agitée, elles seront susceptibles d'une infinité d'impressions différentes, qu'elles pourront communiquer aux autres, sur lesquelles elles appuient, et avec lesquelles elles sont comme infiniment comprimées. Après avoir substitué aux petites boules du second élément des petits tourbillons d'une matière fluide, Malebranche reprend la question de la génération et des effets surprenants du feu afin de démontrer la pertinence des réformes qu'il a apportées au système de Descartes. Ici Malebranche considère que, contrairement à ce qu'affirme Descartes, le feu ne peut être provoqué par la communication du mouvement du premier élément aux corps grossiers du troisième. Malebranche estime en effet que, pour ce faire, les raclures de ce premier élément ne sont ni assez abondantes, puisqu'elles n'occupent que les petits espaces que les globules qui se touchent laissent entre eux, ni assez rapides pour chasser les globules durs du second élément, se rassembler et communiquer leur mouvement aux corps grossiers du troisième élément et les mettre en feu. Mais si le second élément est formé de petits tourbillons, lorsqu'on bât le fusil, les petites parties arrachées de l'acier qui s'allument pirouettent avec force, rompent l'équilibre des petits tourbillons, c'est cette rupture d'équilibre des petits tourbillons de matière éthérée dont le mouvement est d'une rapidité effroyable qui peut générer le feu si les circonstances s'y prêtent.

A l'aube des Lumières, Privat de Molières [256] préfère aux globules durs de Descartes, les petits tourbillons de Malebranche ; avec lesquels, il pense lever quelques-unes des difficultés rencontrées par les grands tourbillons de Descartes : le mouvement des planètes étant elliptique, il convient de considérer tous les globules qui parcourent une même ellipse ; selon la règle de Kepler, ceux qui sont plus proches du foyer doivent avoir une vitesse plus grande que ceux qui en sont les plus éloignés, ce qui est impossible pour des globules durs qui se touchent mais ce qui est possible avec des petits tourbillons qui s'agrandissent lorsqu'ils passent dans la partie supérieure de l'ellipse et qui se rapetissent dans la partie inférieure, se proportionnant ainsi pour passer en plus grand nombre là où leur vitesse est plus grande. [257]

[256] Locqueneux, « Fontenelle et les tourbillons cartésiens à l'aube des Lumières » » *Sciences & techniques en perspective*, IIe série, 3, 2, 1999, p. 447-480.

[257] J. Privat de Molières, *Leçons de physique contenant les élémens de la physique déterminés par les seules loix des méchaniques* , 4 volumes, Paris, Desprez et Cavelier, 1734-1738.

Ainsi l'éther qui remplit tout l'univers et transmet la lumière est-il un espace composé de petits tourbillons qu'il appelle tourbillon du second ordre. Alors que Descartes plaçait dans les espaces angulaires que laissent entre eux les globules du second élément, la matière de son premier élément dont il déduisait les phénomènes du feu, l'abbé de Molières y place d'autres tourbillons plus petits encore, les tourbillons du troisième ordre. Il imagine que les petits tourbillons qui composent la matière du second élément sont eux-mêmes composés de la matière subtile du premier élément, c'est-à-dire que chacun des tourbillons du second ordre est lui-même composé de quelques millions de tourbillons du troisième ordre. L'imagination de l'abbé de Molières ne s'arrête pas là, il suppose l'existence de petits tourbillons du quatrième ordre et ainsi de suite à l'infini puisque *la matière est réellement divisible à l'infini* ; mais il indique qu'il ne convient de pousser la division actuelle qu'autant qu'il est nécessaire pour expliquer les phénomènes.

Ainsi dans le système du monde de Privat de Molières les grands tourbillons comme le tourbillon solaire ou les tourbillons des planètes sont composés de tourbillons moindres disposés par couches concentriques ceux-ci tournent non seulement autour de leur centre commun, soleil ou planète, mais encore autour de leurs centres particuliers. Privat de Molières démontre que, l'équilibre des tourbillons composés étant maintenu, chaque petit tourbillon a deux fois plus de force centrifuge que n'aurait eu le globule dur auquel il s'est substitué dans le tourbillon simple. Il s'ensuit que si des particules de matière en repos les unes auprès des autres se trouvent placées dans ce tourbillon, celles-ci sont comprimées en tout sens par les forces centrifuges des tourbillons qui les environnent, l'abbé de Molières trouve là le principe de la dureté et de la solidité des corps. Il retrouve aussi dans ces corps solides et durs la matière du troisième élément de Descartes, ses parties dépourvues de tourbillon sont en repos les unes auprès des autres : cet agrégat de particules forme un corps solide et dur que le tourbillon entraîne dans son mouvement. Ce corps prend ainsi la moitié de force centrifuge d'un égal volume d'éther, il sera donc poussé vers le centre du tourbillon alors que l'éther tendra vers la superficie du tourbillon : *Voilà, comme le dit Fontenelle, la pesanteur bien naturellement déduite des petits tourbillons du P. Malebranche*. Dans la suite de ses Leçons, Privat de Molières entreprend d'expliquer les propriétés de l'air, de l'eau, du feu et les diverses opérations de la chimie en ne s'attachant qu'aux tourbillons des différents ordres [258].

Sur l'air, Privat de Molières décrit des expériences qui nous apprennent que *l'air est un milieu transparent, fluide, pesant, poreux, élastique, etc.* [259], qu'il est capable d'une grande dilatation et d'une grande compression [260] et

---

258 Joly, *Descartes et la chimie*, Paris, Vrin, 2011 ; p. 204-212.

259 Privat de Molières, *Leçons de physique*, *op. cit.*, tome 2, p. 92.

260 *Ib.*, p. 98.

quels sont les instruments qui permettent de *connoître à chaque instant le degré de la pesanteur ou plutôt de l'élasticité, de l'humidité, de la chaleur de l'Air*[261]. Et, parce que ces diverses expériences, en particulier celles où l'on fait usage de la machine du vide, nous ont instruit de l'extrême dilatabilité de l'air et de son extrême fluidité, il est, selon Privat de Molières, impossible *de considérer ce milieu comme un composé de petites parties branchuës qui nageoient dans un fluide extrêmement délié*[262] ; Privat se refuse aussi à imaginer des vésicules aux vertus élastiques où l'on introduirait un vide qui ne peut être cause de rien puisque *c'est trop visiblement remplir de nouveau le monde d'une infinité de je ne sçai quoi, d'êtres de raison, êtres métaphisiques, de vertus abstraites, dont nous nous sommes heureusement désabusés depuis plusieurs années, et ausquelles il n'y a pas d'apparence que des phisiciens tant soit peu raisonnables puissent jamais sérieusement recourir*[263] ; il n'est pas non plus enclin à donner dans l'écueil de l'attraction, de la répulsion et du vide car *ces suppositions géométriques, ne sont [...] visiblement, pour ainsi dire, que des pierres d'attente pour la physique, et dont on pourra faire un bon usage lorsqu'on aura déterminé la cause mécanique qui fournira les forces métaphisiques que les géométres ont supposées, ausquelles on pourra aisément la substituer. Après quoi tout ce qu'ils en auront déduit subsistera dans la Phisique*[264]. Alors Privat de Molières fait l'hypothèse que l'air est un amas de petits tourbillons du troisième élément composés de petits tourbillons du second ce qu'il justifie par l'effet mécanique du globe de la terre sur les petits tourbillons de l'éther et qu'il établit en démontrant que les propriétés que *l'expérience oblige d'attribuer à l'air [ne sont] qu'une conséquence mecanique de celles qui conviennent en propre à ces petits tourbillons*[265] donc que cet amas de petits tourbillons du troisième élément est l'air lui-même. Que l'air soit pesant, s'explique par ce que ces globules étant de petits tourbillons, ils peuvent *facilement entraîner [...] dans les pores qu'ils laissent entr'eux des molécules d'eau, d'huile, de sel, etc.*[266] et la transparence de l'air s'explique par ses pores qui sont *des espaces entre ses parties qui ne sont ordinairement remplis que par la matière du second élément*[267]. Privat de Molières suit le même plan pour déterminer la nature de l'eau ; il récuse qu'elle puisse être *un milieu composé de petites parties*

---

261 *Ib.*, p. 113.

262 *Ib.*, p. 136.

263 *Ib.*, p. 143.

264 *Ib.*, p. 145, pour cette citation et la suivante.

265 *Ib.*, p. 148.

266 *Ib.*, p. 164.

267 *Ib.*, p. 167, 168.

longues et pliantes, ni de globules durs et sans ressort [268], et entreprend de "démontrer" que *l'eau est un milieu formé de petits tourbillons du second élément composés d'autres tourbillons encore plus petits, qui ont chacun un globule pesant à leurs centres et qui circule autour d'un globule principal qui est au centre de chaque tourbillon de l'eau* [269]. Après avoir disserté sur la nature de l'air et de l'eau, avant de disserter sur la nature du feu, Privat de Molières traite de la nature de l'huile et du soufre, c'est-à-dire de principes en usage dans la chimie du temps [270] ; au vu de l'extrême inflammabilité de l'huile, il considère que celle-ci ne peut pas être *comme on le prétend communément, un amas de petites parties branchuës et entrelassées les unes dans les autres, mais [qu'elle ne peut être qu']un amas de petits tourbillons du premier élément [...] qui ont chacun un globule pesant à leur centre* [271]. Continuant de tirer sur l'analogie qui se rencontre entre les tourbillons de l'air, de l'eau et de l'huile, Privat de Molières pousse encore plus loin ses vues et donne le nom de soufre principe à un composé de petits tourbillons d'un quatrième ordre *ayant à leur centre et dans toute l'étendüe de leur capacité, un grand nombre de très petits globes pesans* [272]. A partir de là, Privat de Molières peut rendre compte de la nature du feu et de ses effets. Comme Descartes, il distingue le sentiment de chaleur et de lumière que le feu excite en nous de son objet qui n'est autre chose qu'un très grand mouvement actuellement existant dans les parties d'une matière très subtile qui remplit l'univers [273], mais il corrige Descartes en supposant, nous l'avons vu, que la matière subtile est composée des petits tourbillons du premier élément et que la matière de second élément est faite de tourbillons qui sont eux-mêmes des amas de tourbillons du premier élément. Mais la théorie du feu de Privat de Molières ne s'arrête pas là ; en effet le grand mouvement que nous attribuons au feu élémentaire ne peut être la cause immédiate qui excite en nous les sentiments de chaleur et de lumière puisqu'il est fixe et permanent et que nous ne sentons pas toujours une extrême chaleur et une grande lumière et que les corps ne sont pas sans cesse raréfiés. Aussi Privat de Molières considère-t-il que seule la rupture de

---

268 *Ib.*, p. 238.

269 *Ib.*, p. 244.

270 *Les Chimistes retirent cinq sortes de substances de la plupart des matieres qu'ils soumettent à leurs operations. 1°. Une eau insipide qu'ils nomment Phegme. 2°. Un fluide leger, qu'ils nomment Huile, ou Soufre quand il est inflammable. 3°. Un fluide pesant aigre & pénétrant appelé Sel acide. 4°. Une matiere seche & friable d'un gout vif & brûlant nommé Sel alkali. 5°. Une substance fixe, insipide, indissoluble dans l'eau qu'ils nomment Terre. Ib.*, tome3, p. 13, 14. [On trouve à peu près ces mêmes propos dans le *Cours de chymie* que Nicolas Lemery a publié en 1675].

271 *Ib.*, tome 2, p. 267, 268.

272 *Ib.*, p. 281.

273 *Ib.*, p. 336.

l'équilibre des très petits tourbillons de la matière des premier et second éléments produit les effets du feu. *Le Feu élémentaire ne peut être la cause immediate qui excite en nous les sentimens de chaleur & de lumiere. Car il est évident que si le grand mouvement que nous attribuons ici au feu élémentaire étoit la cause immediate de la chaleur, de la rarefaction, &c. comme ce mouvement est fixe & permanent, il s'ensuivroit évidemment que nous sentirions toujours une extrême chaleur, une grande lumiere ; que les corps seroient sans cesse rarefiés, &c. Pour entendre ce point important, il faut faire attention que malgré la vitesse des points qui forment les petits tourbillons du premier élément, dont tout l'Univers est rempli, malgré la force centrifuge comme infinie de chacun de ces petits tourbillons, il n'y a pas néanmoins plus de raison que l'un s'agrandisse plutôt que l'autre, & qu'ils doivent demeurer entr'eux dans un parfait équilibre jusqu'à ce que quelque cause étrangere vienne rompre cet accord mutuel. D'où il suit que cet équilibre est une barriere qui suffit ordinairement pour contenir l'action de l'élément du Feu dans ses limites ; & que cette action ne se produira à nos sens, que lorsque par quelque cause que ce puissent être, quelques-uns de ces petits tourbillons de premier élément viendront à s'agrandir aux dépens des autres ; & que par ce moyen cet accord, cet équilibre des molécules du premier élément, sera rompu en quelque endroit ; ou que ce milieu recevra dans un certain tems, certaines modifications qu'il puisse ne point avoir dans un autre tems* [274].

Pour fonder sa conviction sur la nature de la chaleur et de la lumière, Privat de Molières recourt à une analogie : *Tout nous porte à penser [écrit-il] que, comme le son ne consiste que dans des vibrations excitées dans l'air, qui est le troisième élément, la chaleur et la lumière ne consistent aussi que dans des vibrations excitées [respectivement] dans le premier et dans le second élément* [275]. Ceci étant acquis, *il [lui] reste maintenant à découvrir [...] ce qui peut être capable d'exciter dans ces milieux ces differentes vibrations* [276]. Privat de Molières considère que la matière sensible est composée de tourbillons du premier élément et qu'elle a dans ses pores des « *molécules d'huile* » qui sont des petits tourbillons chargés de petits globes pesants. Ces petits tourbillons sont ordinairement en équilibre avec les tourbillons du premier élément de la matière sensible, mais s'ils reçoivent un mouvement plus grand, parce qu'ils sont chargés de petits globes pesants, l'effort qu'ils font pour s'agrandir produit des ébranlements dans les premier et second éléments susceptibles d'exciter en nous les sensations de chaleur et de lumière : *Mille & mille expériences ont porté les Chimistes à convenir que l'action de l'élément du Feu ne se transmet aux organes de nos sens, &*

---

[274] *Ib.*, p. 340-342.

[275] *Ib.*, p. 342.

[276] *Ib.*, p. 345-357, pour cette citation et les suivantes.

dans les corps sensibles, que par l'entremise des molécules de l'huile contenuë dans les pores de ces corps. D'où il suit que si par quelque cause que ce puisse être, quelques molécules de l'huile qui [...] sont de petits tourbillons qui font équilibre avec ceux du premier élément, & qui étant chargés de petits globes pesans, ont par ce moyen la faculté d'ébranler les molécules des autres corps sensibles dans les pores desquels ils sont engagés ; ces molécules de l'huile, dis-je, viennent à recevoir un mouvement plus grand que celui qui leur est nécessaire pour entretenir l'équilibre avec les tourbillons du premier élément ; on concevra que ces petits tourbillons de l'huile faisant des efforts pour s'agrandir pourront produire dans le premier & le second élément ces ébranlemens, ces vibrations promptes, dont nous venons de parler, & que nous jugeons être capables d'exciter en nous les sensations de chaleur et de lumiere.

Entrons avec l'abbé de Molières dans le détail du mécanisme de production de la chaleur et du feu. L'abbé de Molières suppose que : *Les vibrations qui produisent la chaleur & la lumiere ne sont excitées dans la matiere étherée, & ne se communiquent aux parties solides des corps sensibles, que par une espece d'ébullition très-fine produite dans les pores de l'huile. Ce qui paroît encore y avoir de plus caché dans la Physique est la production de la chaleur & de la lumiere. On éprouve en Chimie que deux certaines liqueurs froides étant mêlées dans un même vaisseau, ce mélange s'échauffe si prodigieusement qu'il en sort une flamme très-vive & très-abondante. [...]*

Je conclus de-là que, comme dans les intervales que laissent entr'elles les molécules de l'eau qui sont des petits tourbillons du second élément, ou du second ordre, il y a des molécules de l'huile qui sont de petits tourbillons du premier élément ou du troisième ordre qui, sortant des pores de l'eau, s'agrandissent prodigieusement, & deviennent des tourbillons d'air ou du premier ordre, lorsque par [quelques causes...] l'équilibre entre les petits tourbillons de l'eau & de l'huile vient à se rompre : il arrive de même que dans les intervales que laissent entr'elles les molécules de l'huile qui sont de petits tourbillons du premier élément ou du troisième ordre, il y a de petites molécules d'une huile beaucoup plus fine, que nous avons nommé Soufre principe, & qui sont des tourbillons du quatrième ordre, qui dans des circonstances pareilles aux précédentes sortent des pores de l'huile, s'agrandissent considérablement, & deviennent des tourbillons du second ordre. Or je juge que c'est cette espece d'ébullition très-fine, que l'on peut nommer du second ordre, qui constituë la flame. [...] lorsque l'on frappe rudement un morceau d'acier contre une pierre à fusil. Ce mouvement subit détachant avec violence de petites particules d'acier, les molécules d'huile ou de soufre, que ce métal contient abondamment dans ses pores, ne peuvent qu'avoir été extrémement ébranlées par le choc ; ce qui est cause que les molécules du soufre principe très-subtiles, dont nous avons parlé, qui sont des tourbillons d'un quatriéme ordre compris dans les pores de l'huile, se dégageant de ses pores, en sortent avec force ; & tendent à devenir tourbillons du second élément ; comme dans l'ébullition ordinaire les molécules de l'huile contenuës dans les pores de l'eau, qui sont des tourbillons du troisiéme ordre, tendent à devenir tourbillons de l'air ou du premier ordre ; Or ces tourbillons du soufre, qui sont du quatriéme ordre, rompant l'équilibre avec ceux de l'huile, qui sont du troisiéme ordre, & tendant à devenir tourbillons du second ordre ou du second élément, excitent dans ces milieux les vibrations convenables à la chaleur & à la lumiere, & transforment les particules d'acier en étincelles.

Selon l'abbé de Molières, *De cette notion distincte & mécanique du Feu s'ensuivent ses propriétés les plus remarquables. Car la chaleur consistant dans des vibrations promptes & subites excitées dans le premier élément, & la lumiere dans de semblables vibrations excitées dans le second élément ; & ces vibrations étant produites dans l'éther par une espece d'ébullition, dans laquelle plusieurs petits tourbillons tendent à s'agrandir ; on comprendra qu'y ayant deux façons de concevoir l'agrandissement d'un tourbillon à l'égard de ses voisins ; l'une modérée qui se fait par secousses, & qui ne va pas à rompre entierement l'équilibre qui est entr'eux ; l'autre plus violente, qui fait que ce petit tourbillon cesse de faire équilibre avec ceux de son ordre, & commence à mesurer ses forces avec celles des tourbillons d'un ordre supérieur ; & que l'on peut distinguer dans ces deux cas d'agrandissement, une suite infinie de degrés ; On comprendra, dis-je, que dans le premier cas, les petits tourbillons de l'huile produiront dans le milieu qui les contient des secousses promptes & subites, en quoi l'on peut facilement faire consister la chaleur & la rarefaction de ce milieu, dont le degré sera d'autant plus ou moins grand que ces petits tourbillons, qui se balancent parmi les autres, seront en même tems en plus grand ou en plus petit nombre. Que ces secousses modérées n'iront pas jusqu'à détruire le milieu sur les parties duquel elles exercent leur action ; mais qu'elles leur imprimeront seulement ce mouvement turbulent dans lequel on a coutume de faire consister la chaleur ; Et que ce nouveau mouvement étant communiqué aux molécules de ces corps, qui sont de petits tourbillons qui s'agrandissent nécessairement à mesure qu'ils circulent plus promptement, produira dans ces corps cette augmentation de volume que nous y éprouvons. Que dans le second cas, certains petits tourbillons du quatriéme ordre venant à rompre entierement l'équilibre avec les molécules de l'huile qui sont des tourbillons du troisiéme ordre, & commençant à se balancer avec ceux du second élément qui, à cause de leur grandeur, n'ont pas tant de force centrifuge que ces nouveaux venus, dont la force est d'autant plus grande par rapport à la leur, qu'ils sont plus petits qu'eux ; il arrivera que durant tout le tems que ces petits tourbillons du quatriéme ordre tendrons à devenir tourbillons du second élément, ils exciteront dans ce milieu des secousses & des vibrations d'autant plus lentes qu'ils seront devenus plus grands, & d'autant plus vives qu'ils seront en plus grand nombre. Or c'est dans ces vibrations excitées dans le second élément, en quoi l'on fait communément consister la lumiere, comme on fait consister le son dans les vibrations excitées dans l'air par le frémissement des corps sonores.*

On peut donc concevoir que par une consequence claire & distincte du mécanisme que nous venons d'établir, un corps deviendra chaud & se rarefiera, lorsque les molécules de l'huile qu'il contient dans ses pores, étant ébranlées par quelque cause que ce puisse être, produiront des secousses promptes & réiterées dans les molécules de ce corps qui n'iront pas jusqu'à rompre entierement l'équilibre qui est entr'elles & les petits tourbillons du premier élément. Et que ce même corps deviendra lumineux, lorsqu'un nombre considérable de petits tourbillons que l'huile contient dans ses pores, venant à rompre l'équilibre avec les petits tourbillons du premier élément qui les retient, s'agrandiront peu à peu, & deviendront tourbillons du second élément. De sorte que la chaleur consistera dans des vibrations très-promptes & très-nombreuses, excitées dans le premier élément & communiquées aux corps sensibles. Et que la lumiere consistera dans des vibrations d'un autre genre, excitées dans le second élément.

C'est dans ce système de physique que s'inscrit et prend tout son sens la théorie de l'électricité que l'abbé de Molières présente à la fin du troisième volume de ses *Leçons de physique*. Dans ce volume, le magnétisme et l'électricité font suite à des leçons sur les opérations de la chimie et sur l'explication mécanique des principaux phénomènes de la chimie ; ce qui ne peut nous étonner puisque l'électricité est une espèce de feu et que le feu, qui est chaleur et lumière a parmi ses causes les molécules de l'huile. L'abbé de Molières commence son propos sur l'électricité par le compte rendu des expériences de Dufay, avant de les interpréter à sa façon. L'abbé de Molières constate que, par le frottement, il se forme autour d'un corps électrique, une espèce d'atmosphère, ou de brouillard que l'on sent sur le visage lorsqu'on en approche le corps, comme si on y appliquait une toile d'araignée, laquelle paraît d'autant plus forte qu'on en approche le corps de plus près. Mais, à l'opposé de ce que pense Dufay, il ne juge pas nécessaire de supposer que *les particules de cette atmosphere circulent en quelque sens déterminé, autour du centre du corps électrique*[277], puisque de petites particules d'or restent constamment suspendues en un même point si le corps électrique est immobile quoique, au moindre déplacement de ce corps, *les molecules de cette atmosphere ayent la force d'entraîner avec elles les particules d'or dans tous les coins de la chambre*. Parce que cette atmosphère fait sur le visage une impression d'autant plus forte que l'on s'approche plus près du corps, on peut en déduire qu'elle est plus dense lorsqu'elle est plus proche du corps électrique. Et, parce que cette atmosphère est lumineuse dans l'obscurité, qu'elle prend feu lorsqu'on en approche le doigt, l'abbé de

---

[277] *Ib.*, tome 3, p. 420-440, pour cette citation et les suivantes.

Molières pense que l'on ne peut douter *que les particules de cette atmosphere, ne soient de véritables molécules d'huile qui, étant sorties des pores du corps qu'on a frotté, se sont extrémement étenduës dans les pores de l'air, puisque ce n'est qu'aux molécules de l'huile qu'on doit attribuer la vertu de s'enflammer. Ainsi l'on peut penser selon nos principes.*

1°. Que tant que ces molécules d'huile sont contenuës dans les pores du corps électriques, elles ne sont que des tourbillons incomparablement plus petits que ceux dont l'huile ordinaire est composée, lesquels font équilibre avec un milieu élastique de l'éther dont les tourbillons sont incomparablement plus petits que ceux du premier élément.

2°. Que par le frottement ces petits tourbillons ayant acquis un nouveau mouvement dans les pores du corps électrique ont rompu cet équilibre, & en sont sortis en s'agrandissant de plus en plus pour passer dans les pores de l'air, ou plutôt dans ceux du second élément dont les tourbillons de l'air sont formés, où elles ont acquis la grandeur convenable aux petits tourbillons de l'huile ordinaire, lesquels sont tout près de rompre l'équilibre avec ceux du premier élément, qui les retient dans leurs bornes, & dont quelques-uns en petit nombre, rompant en effet cet équilibre exciteront cette foible lumiere que l'on voit dans l'obscurité.

3°. Que les petits tourbillons contenus dans les pores du corps électrique, & qui en sont sortis en vertu du frottement, ayant commencé à rompre l'équilibre avec le milieu élastique qui les retient, ceux qui prendront leur place dans le centre des pores de ce corps, continuëront à rompre ce même équilibre, & à en sortir de la même façon que les premiers & ainsi de suite, jusqu'à ce que l'humidité de l'air ou quelqu'autre cause que ce puisse être interrompe cette harmonie établie par le frottement.

4°. Qu'à mesure que ces molécules d'huile très-fines sortiront des pores du corps électrique, c'est une necessité, à cause que tout est plein, qu'il y en entre d'autres qui voltigent dans l'air, pour remplir la place des précédentes. D'où il suit qu'un tuyau de verre rendu électrique par le frottement, ne perdra pas pour cet effet la puissance de devenir une seconde fois électrique en le frottant de nouveau ; [...]

5°. Que lorsque ces molécules d'huile qui sont tout près de rompre l'équilibre avec celles du premier élément, & de s'enflammer par conséquent, viendront à se mêler avec d'autres molécules plus grossieres, telles que peuvent être celles de l'insensible transpiration qui sortent du bout du doigt qu'on approche du corps électriques ; il n'est pas surprenant que ces deux matieres extrêmement contenuës dans les pores de l'air venant à se mêler, y fermentent, & qu'en conséquence elles prennent feu vers la superficie du corps frotté, où la matiere électrique est en grande abondance ; ni que cette flamme se porte d'abord vers le doigt d'où sort la matiere qui produit cette fermentation ; ni que cette flamme se répande ensuite dans toute l'atmosphere électrique, consume toutes les molécules de l'huile dont elle est formée, & détruise en un instant toute cette atmosphere.

6°. Que quoique l'or & les autres métaux n'acquierent pas la vertu électrique par le simple frottement, ce n'est pas à dire pour cela que ces corps ne contiennent dans leurs pores aucune de ces molécules d'huile très-fines ; mais que c'est plutôt qu'elles y sont en très-grand nombre, & que la quantité de mouvement que l'on peut leur communiquer par le frottement, se distribuant par égale part à toutes ces molécules, il n'en reste pas assez à chacune pour rompre l'équilibre avec le milieu élastique qui les contient dans leur état & dans leurs bornes ; ce qui est cause qu'on n'a pû encore parvenir à rendre les métaux électriques, par le frottement ; & que la plupart des autres corps ne peuvent le devenir par ce moyen, à moins qu'on ne les chauffe, & que par la chaleur du feu ces molécules de l'huile ayant commencé à s'étendre & à se rarefier, le frottement n'acheve de les développer entierement.

7°. Mais que lorsque l'atmosphere d'un tuyau de verre, ou d'un autre corps devenu électrique par le frottement se répand sur la superficie d'un morceau d'or, par exemple ; il doit arriver la même chose sur cette superficie qu'il arrive sur celle de l'esprit de vin, lorsqu'on en approche la flamme d'une bougie. Les molécules de cette huile très-fines, dont nous avons parlé, contenuës dans les pores de ce métal, & qui sont les plus voisines de sa superficie, doivent aussi-tôt s'étendre & passer dans les pores de l'air, communiquer leurs mouvemens à celles qui les suivent, & former autour de ce corps une atmosphere semblable à celle qui est autour du tuyau de verre. Par ce moyen ce corps qui ne pouvoit pas devenir électrique par le frottement, le devient incontinent par la communication.

L'abbé de Molières entreprend à présent de montrer que sa théorie permet d'interpréter les expériences réalisées par Dufay. Il montre que l'on peut interpréter le mouvement de petites particules de feuilles d'or à l'approche d'un globe de verre rendu électrique sans faire la supposition d'un principe d'attraction et de répulsion. Un globe de verre, rendu électrique par frottement, est environné d'une atmosphère électrique dont les couches sont d'autant plus denses qu'elles sont plus voisines du globe. Les molécules de cette atmosphère qui environnent une particule d'or excitent à l'instant autour de celle-ci une petite atmosphère dont les couches qui se forment successivement ne peuvent être d'abord concentriques mais plus étendues du côté du globe de verre d'où lui vient en plus grande abondance la matière électrique. La petite particule se trouve d'abord au foyer de cette atmosphère le plus éloigné du globe de verre. Le milieu élastique, qui environne l'atmosphère de cette particule, tend sans cesse à donner à ces couches une figure ronde, à les rendre concentriques, il pousse alors la particule d'or vers le globe de verre ; alors, cette particule s'approche nécessairement du globe tant que les couches de son atmosphère continuent à se former. La particule d'or subissant des secousses qui l'attirent vers le globe, son mouvement s'accélère et atteint une vitesse plus grande que celle que le milieu environnant peut lui communiquer ; aussi cette particule passe-t-elle du foyer de ses couches elliptiques, ou presque, le plus éloigné du globe au foyer le plus proche. Alors le milieu élastique environnant l'éloigne verticalement du globe de verre électrisé jusqu'à ce que ces couches soient devenues concentriques, c'est-à-dire jusqu'à ce qu'il y ait équilibre entre la force élastique du milieu environnant qui repousse la particule et le poids de celle-ci, *ce qui sera cause que les petits corps que le tuyau de verre aura attirés & repoussés, se tiendront verticalement suspendus au dessus du corps à une distance d'autant plus ou moins grande que leur poids ou leur volume sera moins ou plus grand.* Les choses étant ainsi, s'il arrive qu'on approche le doigt de l'atmosphère de la particule d'or, alors cette atmosphère pouvant se mêler facilement avec celle qui environne le doigt, les couches qu'elles forment trouveront moins de résistance à s'étendre du côté du doigt que du côté du globe *d'où il suit que le fluide environnant, qui tend à les rendre sphériques & à pousser le petit corps à leur centre commun ; ce fluide [...] fera mouvoir ce petit corps vers le doigt, lequel absorbant en un instant, toute la matiere qui forme cette petite atmosphere, laissera le petit corps abandonné à son propre poids, qui l'entrainera vers le globe, où il acquerrera une nouvelle atmosphere, qui le fera remonter verticalement vers le doigt, où il perdra de nouveau son atmosphere, & ainsi de suite.*

L'abbé de Molières considère que l'existence des deux espèces d'électricité vitrée et résineuse est fondée sur l'expérience. Il considère que *chacune de ces électricités, prises séparément, ont à peu près les mêmes propriétés ; mais la vitrée s'étend ordinairement plus loin que la résineuse, l'une & l'autre se communique à tous les corps qui n'ont point actuellement acquis d'électricité, avec cette différence néanmoins que ceux qui sont susceptibles de l'électricité résineuse ne reçoivent par communication qu'une très-petite impression de l'électricité vitrée, & que ceux qui sont susceptibles de l'électricité vitrée, ne reçoivent qu'une très-médiocre impression de l'électricité résineuse.* Tels sont les phénomènes dont la théorie des petits tourbillons doit, et peut, rendre compte. (1) Si l'on présente à un tuyau de verre rendu électrique par le frottement quelques parcelles légères d'ambre ou de cire d'Espagne, le tuyau les attire jusqu'à sa surface et ne les repousse pas, parce qu'il ne se forme pas autour de ces petits corps une atmosphère assez grande pour les tenir en l'air, résister à leur poids et à l'effort du milieu élastique qui, comprimant l'atmosphère et chacune des couches concentriques, tend à les pousser contre la surface du tuyau et à les y tenir attachées. (2) Lorsqu'on présente un petit morceau de soufre devenu électrique par le frottement à un tuyau de verre électrique, ce morceau de soufre, quoiqu'environné d'une atmosphère, s'approche du tuyau et y demeure attaché. Ce fait ne paraîtra surprenant que si on ne considère pas que la matière résineuse qui est autour du petit corps peut se dissoudre dans la matière électrique vitrée, que toute son atmosphère se dissipe durant le trajet et, que cette atmosphère s'étant dissipée ce petit corps restera contre le tuyau, comme l'expérience le confirme. Il reste à expliquer l'écoulement de la matière électrique le long d'une corde ou d'un fil métallique tendu horizontalement et au bout de laquelle, ou duquel, est suspendu un globe de bois. *Quelque prodigieux que paroisse cet effet, il ne s'y présente néanmoins rien qu'on ne puisse aisément concevoir après tout ce que nous venons de dire. Si à un bout d'une méche de pareille longueur [plusieurs centaines de pieds] imbibée d'esprit de vin, on présentoit la flamme d'une bougie, seroit-il surprenant que cette flamme gagnât jusqu'à l'autre bout, & qu'elle se répandit sur le globe de bois, s'il en étoit mouillé lui-même : on en seroit aucunement surpris. La corde dont il s'agit contient dans ses pores un grand nombre de ces particules d'huile très-fines qui ne peuvent s'étendre ni s'élever dans les pores de l'air, à moins qu'elles n'y soient aidées par celles qui y sont déjà répanduës autour du tuyau à l'aide du frottement. Ainsi lorsqu'on approche le tuyau de la corde, il s'excite d'abord autour de l'endroit de la corde le plus voisin du tuyau une atmosphere qui s'étend ensuite successivement jusqu'à la boule de bois qui contient dans ses pores de pareilles molécules fines qui ne se seroient jamais développées, si celles qu'il reçoit de la corde ne les avoient disposées à cet effet.*

Il règne dans le système de l'abbé de Molières, “une analogie perpétuelle” : les tourbillons des différents ordres suivent tous les mêmes lois de la mécanique, tous peuvent avoir en leur centre des globules durs. Un tel système cumule les avantages de la simplicité, de l'uniformité et de la généralité, toutes qualités chères aux Malebranchistes ; aussi l'abbé de Molières, Fontenelle et d'autres lui opposent-ils ces systèmes dans lesquels on multiplie les suggestions au gré des phénomènes et qui n'expliquent rien ; ils sont prompts à ironiser sur la diversité de ces figures arbitraires que l'on crée pour le besoin des phénomènes telles les figures longues roides et pointues des acides. Ils auraient pu aussi railler, comme l'a fait l'abbé Pluche, ces newtoniens qui établissent autant d'attraction d'une espèce particulière qu'ils voient d'effets particuliers [278].

Si les petits tourbillons ont ri à l'imagination de bien des cartésiens, ils y trouvèrent aussi quelques détracteurs : le père Castel pense que *Malebranche en imaginant les petits tourbillons, a achevé de ruiner le goût et le raisonnement de la saine physique* [279], aussi ne nous étonnerons nous pas s'ils connurent une certaine défaveur dès l'époque des Lumières [280].

---

278 Pluche, *Histoire du ciel*, tome 2, p. 311, 312.

279 L. Castel, *Le vrai système de physique générale de M. Isaac Newton, exposé et analysé en parallèle avec celui de Descartes*, Paris, C.-F. Simon, 1743, p. 310.

280 Les historiens garderont longtemps ce point de vue, ils reprocheront aux cartésiens tardifs de revenir à une physique qualitative, oubliant que c'est en ignorant sciemment les lois mathématiques de l'action mutuelle de deux éléments de fil conducteur d'Ampère, que Faraday a créé le concept de champ. Ils leurs reprocheront aussi de supposer l'existence d'une matière subtile qui entrave la marche des corps célestes et oublieront de faire le même reproche à Fresnel lorsqu'il chercha un siècle plus tard à interpréter des phénomènes de

Des doutes de Voltaire sur l'interprétation newtonienne de l'électricité

A propos du magnétisme et de l'électricité, soulignons que certains newtoniens convaincus doutent que les phénomènes électriques puissent être interprétés par des actions à distance : ainsi Voltaire exprime-t-il sa foi dans l'action à distance et ses doutes concernant l'interprétation des phénomènes électriques dans une lettre à Dortous de Mairan de 1738 : *Oserez-vous faire encore quelques actes de foi à la face des incrédules ? Vous voyez le ciel et la terre pleins de tendances, de gravitations réciproques : je n'ai plus qu'un mot à vous dire sur cela. Ou vous admettez le plein, et en ce cas je fais dire des messes ; ou vous admettez le vide sans lequel il n'y a point de mouvement, et en ce cas il faut bien que Jupiter et Saturne agissent l'un sur l'autre, et à distance, tout au travers du vide. Pardon. Deux paroles encore. Le magnétisme, l'électricité, peuvent-ils nuire à l'attraction ? Ne sont-ce pas des choses très différentes ? Toutes les apparences sont que l'électricité et le magnétisme agissent par des écoulements de matière. Voilà ce qui est dans le royaume de l'impulsion ; mais l'empire de l'attraction non est hinc. [« N'est pas de ce monde », Evangile de Jean, 18 – 36] Une vague qui frappe contre le rivage peut ramener à soi mille corps qu'elle touche, et le soleil peut graviter vers nous sans nous toucher. L'attraction ne ressemble à rien, de même qu'un de nos cinq sens ne ressemble point aux quatre autres. L'attraction est un nouveau sens que Newton a découvert dans la nature* [281].

Nous laissons ce mot de la fin à Voltaire.

---

l'optique ondulatoire. Ils supposeront encore que les petits tourbillons du père Malebranche et de l'abbé de Molières étaient a priori voués à la stérilité sans prêter attention à d'autres tourbillons tels ceux qu'imagina Maxwell, un siècle plus tard, qui devaient le conduire aux relations de l'électromagnétisme. Depuis que les travaux d'Einstein ont légitimé le rejet de l'espace de Newton et du vide et légitimé la recherche des causes de la gravitation, il devient plus difficile de voir autre chose dans les tentatives de l'abbé de Molières et de Fontenelle qu'une tentative prématurée menée avec des moyens inadéquats. Il est encore possible de voir une certaine analogie entre les tentatives de Privat de Molières et de Fontenelle d'apporter une explication mécanique à l'attraction et ainsi réduire la physique à la mécanique et les tentatives des Einstein, de Broglie, etc. de restaurer le déterminisme en éliminant le caractère probabiliste de la physique quantique, on trouve chez les uns et les autres, le même souci d'assurer la complétude de leurs théories. Mais cette légitimation rétrospective des recherches cartésiennes à l'aube des Lumières ne peut retenir l'attention de l'historien puisqu'il ne lui convient pas de s'en prévaloir dans ses travaux. [Robert Locqueneux, « Fontenelle et les tourbillons cartésiens à l'aube des Lumières », *Sciences et techniques en perspective*, 2, 3, 1999, pp. 447-480 ; p. 475.]

281 Voltaire, « Lettre à Jean-Jacques Dortous de Mairan, Cirey, le 11 septembre 1738 », *Correspondance*, I, Edition Théodore Besterman, Paris, Gallimard, 1977 ; p.1241.

Chapitre 3
Des expériences sur l'électricité & de leurs interprétations

Des travaux de Dufay aux premiers travaux de Nollet

Nollet a contribué aux travaux de Dufay sur l'électricité, dont le dernier mémoire sur le sujet est de 1739 ; le premier de Nollet sur le même thème est de 1745, ainsi six années séparent ces deux mémoires, et ces deux mémoires présentent des théories électriques différentes. Lorsque Dufay a abordé l'étude des phénomènes électriques, il est, nous l'avons vu, parti des travaux des physiciens anglais, de ceux de Hauksbee et de Gray en particulier ; Nollet invoque dans son premier mémoire de nouveaux instruments qui permettent une observation plus fine des phénomènes connus et la découverte d'autres phénomènes, des phénomènes qui, pour la plupart, furent découverts par les savants allemands et le docteur Watson ; voici qui justifie, peut-être, l'élaboration d'une nouvelle théorie électrique. Dans ses Mémoires, Dufay trouve l'explication des phénomènes électriques dans l'existence de deux fluides : l'électricité vitreuse et l'électricité résineuse et dans des tourbillons de ces fluides. Sous la plume de Nollet, nous le verrons plus loin en détail, il n'existe qu'un seul fluide électrique et les phénomènes de répulsion et d'attraction sont expliqués par des courants effluents et affluents de ce fluide.

L'abbé Nollet, qui fut l'assistant de Dufay lors de ses travaux sur l'électricité, justifie ce bouleversement en la matière par le perfectionnement des instruments de physique, l'observation plus fine des phénomènes électriques connus et la découverte de faits nouveaux. Sans nier la contribution de divers expérimentateurs, il limite ses renvois aux nouveautés venues d'Allemagne [282] et consignées dans les *Tentamina Electrica &c.* de Georg Mathias Bose. Le 27 avril 1745, dans une lettre à Dutour, un membre correspondant de l'Académie, Nollet écrit : *Il y a environ trois mois que j'ay appris que Mr Bose, professeur de physique de Wittenberg, d'après Mr Hausen et quelques autres sçavans d'Allemagne et premièrement de Berlin*

[282] Citons pour leurs travaux sur l'électricité, les professeurs allemands : Georg Matthias Bose (1710-1761) professeur de physique à l'Université de Wittenberg – il avait fait ses études à Leibzig et était astronome amateur. Johann-Heinrich Winkler (1703-1770), professeur de linguistique à Leibzig et Christian-Augustus Hausen (1693-1743), professeur de mathématiques et d'histoire naturelle à l'Université de Leibzig.

[...] électrisoit beaucoup plus fort que nous, au point d'enflammer l'esprit de vin, etc. ce que nous n'avons jamais pu faire [...] Ces faits comme vous le pouvez croire, me mirent aux [anges] et je ne dormis point que je n'eusse fait faire une grande roue toute équipée de globes [...] Après toutes ces expériences, ces observations et beaucoup d'autres qui avoient déjà été faites avant les miennes, je me suis formé un système [...] [283]. La suite de la lettre est un extrait du mémoire qu'il lut le lendemain à la séance de l'Académie.

Le 28 avril 1745, Nollet lit à l'Académie des sciences un premier mémoire sur l'électricité : *Conjectures sur les causes de l'électricité des corps*, la publication des mémoires de l'Académie demandant alors un long délai, ce mémoire ne paraîtra qu'en 1749, Nollet en publie les résultats en 1746 dans un livre : *Essai sur l'électricité des corps* ; mais, avant que cet ouvrage ne paraisse, en janvier 1746, une lettre venue de Leyde apprend qu'une nouvelle et terrible expérience risque de bouleverser les idées que l'on s'est faites sur les phénomènes électriques. L'abbé Nollet se saisit de cette expérience, il la refait et montre que la théorie qu'il a élaborée permet de l'interpréter ; cette même année, il lit à l'Académie, ses *Observations sur quelques nouveaux phénomènes d'électricité*, l'objet de ce second mémoire est, lui aussi, consigné dans l'*Essai sur l'électricité des corps*.

Dans l'*Essai sur l'électricité des corps*, Nollet remet à plus tard ce qui justifie, selon lui, l'abandon des fluides vitreux et résineux de Dufay, ainsi que son interprétation des répulsions et attractions électriques par des tourbillons de ces fluides. C'est dans les notes de bas de pages qu'il eut le loisir de placer dans son mémoire de 1745, entre la lecture de ce mémoire et sa publication en 1749 que Nollet évoque la lente maturation d'une nouvelle théorie de l'électricité : *[...] attentif sur les faits, travaillant à les multiplier & méditant avec soin sur toutes leurs circonstances, j'attends depuis plus de dix ans qu'ils me conduisent eux-mêmes au principe d'où ils partent ; je crois l'entrevoir enfin ce principe, & depuis plusieurs années je m'occupe à le concilier avec l'expérience. De nouveaux phénomènes plus admirables encore que tous ceux qui nous ont surpris précédemment, bien loin de m'arrêter par de nouvelles difficultés, m'ont éclairé davantage, & m'enhardissent à proposer le système que je me suis fait sur cette matière : c'est un système, je l'avoue, mais l'imagination en le formant n'a fait que mettre en œuvre ce que l'expérience lui a fourni, & j'ose dire qu'on lui feroit tort en le prenant pour un assemblage de simples possibilités, ou de spéculations dépourvues de preuves* [284].

---

283 Citer par Isaac Benguigui, *Théories électriques du XVIIIe siècle, correspondance Nollet-Jallabert*, Genève, Georg, 1984 ; p. 16, 17.

284 Nollet, « Conjectures sur les causes de l'électricité des corps », *MARS*, 1745, p. 107-151 ; p. 107, 108, pour cette citation et la suivante. Grandjean de Fouchy, « Sur les causes de l'électricité », *HARS*, 1745, p. 4-10.

Mais quelle est la source de ces *nouveaux phénomènes plus admirables encore que tous ceux qui nous ont surpris précédemment* ? C'est dans une longue note de bas de page qu'elle nous est révélée : *Depuis quatre ou cinq ans l'électricité fait beaucoup de progrès en Allemagne : les expériences de Berlin, de Leipsic, de Hambourg, de Hall, &c. ont formé un spectacle aussi intéressant que nouveau ; mais il paroît que personne n'a porté les découvertes plus loin que M. Boze Professeur de Physique à Wittemberg, il paroît être le premier qui ait songé à communiquer l'électricité par le moyen d'un ou de plusieurs globes de verre qu'une grande roue de Coutelier fait tourner sur leur axe, & qui ont beaucoup plus d'effet que les tubes, parce que le frottement qui les met en action s'imprime de cette manière bien plus fortement & avec plus de facilité. Nous avons de M. Boze trois Discours ou Mémoires imprimez en latin sous le titre commun de Tentamina Electrica, &c. dans lesquels il rapporte non seulement ses propres découvertes, mais aussi toutes celles qui ont été faites ailleurs & en différens temps, jusqu'en l'année 1744 ; c'est par ces nouvelles expériences que j'ai répétées d'après lui, & qui m'ont donné occasion d'en faire d'autres, que je me suis affermi dans mes premières idées, & que j'ai trouvé moyen d'éclaircir des doutes qui m'arrêtoient. Il paroît par un ouvrage posthume de M. Hausen célèbre Professeur de Mathématique à Leipsic, qu'il avoit aussi substitué le globe au tube de verre pour électriser, & que ce sçavant Physicien avoit fait plusieurs découvertes semblables à celles qui sont rapportées dans les Tentamina ; en rendant justice à M. Boze je ne prétends faire injure à personne, je ne prononce point sur les dates, il arrive tous les jours que les mêmes découvertes se font par différentes personnes, lorsqu'elles travaillent séparément sur une même matière. Ce que je dis ici par considération pour la mémoire de M. Hausen, doit s'entendre aussi pour toute autre personne qui auroit découvert ou publié quelques-uns des phénomènes dont je n'ai eu connoissance que par les ouvrages de M. Boze ; je le répète encore, je ne prétends qu'indiquer les sources où j'ai puisé mes connoissances. [...]*

Nous prenons ici la relation des contributions des savants allemands qui a été faite par Nollet dans son premier mémoire sur les phénomènes électriques. Nollet, nous l'avons dit, renvoie ses lecteurs à des découvertes venues d'Allemagne et consignées dans les *Tentamina Electrica* de Bose. Mais avant d'évoquer les nouvelles découvertes faites sur l'électricité en Allemagne, nous allons présenter la *Dissertation sur l'électricité des corps* de Desagulliers, il est souvent cité par les savants d'outre-Rhin.

La *Dissertation sur l'électricité des corps* de Desaguliers

Revenons en arrière. Desaguliers, qui a réalisé des expériences d'électricité avec Gray en 1729 & en 1737, publie une *Dissertation sur l'électricité des corps*, qui remporte le prix de l'Académie de Bordeaux en

1742 [285]. Cette dissertation présente une synthèse très claire et très concise des connaissances acquises dans ce canton de la physique expérimentale. Dans sa dissertation, Desaguliers fixe le vocabulaire des objets de l'électricité et c'est celui-ci qui sera le plus souvent en usage tout au long de ce siècle, c'est le seul aspect de cette dissertation que nous retiendrons ici, en commençant par sa définition de l'électricité : *L'électricité est une propriété de certains Corps, par laquelle ils attirent & repoussent alternativement tous les petits Corps dont on les approche ; & cela à des distances assez sensibles, depuis un quart de pouce jusqu'à deux ou trois pieds, & quelquefois plus loin. [...] L'électricité, qui est inhérente dans plusieurs Corps, ne se fait guére apercevoir, à moins qu'on ne leur donne un mouvement de vibration, en les frottant, ou par quelqu'autre action, pour en faire sortir des effluvia, ou émanations* [286].

Desaguliers distingue deux sortes de corps qu'il nomme, *corps non électriques d'eux-mêmes* [les conducteurs] et *corps électriques d'eux-mêmes* [les isolants], les seconds peuvent être électrisés par frottement mais les premiers ne peuvent l'être que par le contact des autres pourvu qu'ils aient été isolés. Il nomme le non-électrique étendu en long qui reçoit l'électricité, le *Conducteur* d'électricité. *Je distingue toutes sortes de Corps, en Corps électriques d'eux-mêmes, & Corps non électriques d'eux-mêmes. Un Corps électrique par soi-même, est un Corps dans lequel on peut exciter l'Electricité par quelque action sur ce Corps, chauffant, battant, ou quelquefois en l'exposant seulement à un air froid & sec, après qu'il a été couvert, &c. Le Corps non électrique par soi-même, ne peut être excité à l'Electricité par aucune action sur le Corps même : Cependant les Corps non électriques per se, reçoivent l'Electricité, quand on en aproche des Electriques per se, dans lesquels on a excité l'Electricité. Pour qu'on s'aperçoive que les non-Electriques per se, ont reçû l'Electricité, il faut que ces Corps soient isolés, c'est-à-dire, qu'ils ne soient suspendus ou suportez que par des Electriques per se ; car si un non-Electrique est touché par un autre non-Electrique, qui en touche un troisiéme, & ainsi de suite, toute l'Electricité reçûë par le premier, ira au second, & du second au troisiéme, & ainsi se perdra enfin dans la terre. Mais si plusieurs Corps non électriques se touchant, sont enfin terminez par des Corps électriques, à cet égard ils ne font qu'un même Corps, & reçoivent & retiennent pendant quelque tems l'Electricité.*

Quelques années plus tard, Watson écrit *J'appelle <u>Electriques per se</u> ou <u>originairement Electriques</u> les corps, dans lesquels il est aisé d'exciter par le frottement une force attractive qui agit sur des objets legers. Tels sont le*

---

[285] Desagulliers, *Dissertation sur l'électricité des corps*, Bordeaux, Pierre Brun, 1742 (Prix de l'Académie royale des Belles Lettres, Sciences & Arts de Bordeaux).

[286] *Ib.*, p. 1, 2, pour cette citation et la suivante.

verre, l'ambre, le soufre, la cire d'Espagne & presque toutes les parties animales séches, comme la soye, les cheveux, &c. J'appelle non électriques ou Conducteurs d'Electricité les corps dans lesquels on ne remarque point du tout cette propriété, ou qui ne l'ont que dans un degré très-peu sensible. Tels sont le bois, les animaux vivants ou morts, les métaux & les végétaux [287]. Ce vocabulaire est repris par Waitz et par Albert de Haller en 1745.

Les nouvelles découvertes faites en Allemagne sur l'électricité

Complétons la note de Nollet que nous avons citée sur les découvertes faites en Allemagne sur l'électricité par le récit qu'en donne Albert de Haller dans un papier publié en 1745 dans la *Bibliothèque raisonnée des ouvrages des savans de l'Europe* [288]. C'est par sa lecture, que Benjamin Franklin semble s'être initié à l'électricité ; Franklin nous intéresse particulièrement parce que sa théorie de l'électricité contredit en tout point celle de l'abbé Nollet. Cette histoire de l'électricité en Allemagne commence par un compte rendu assez précis des travaux de Gray, de Dufay et de Hawksbee, travaux qui furent effectués avant que les physiciens allemands n'entrent en lice, excités, nous dit l'auteur de cette histoire, par l'exemple de M. Dufay : *Ils découvrirent, dès l'année 1743, des phénomènes assez surprenans pour reveiller la curiosité indolente du Public, des Dames & des Grands, qui n'accordent leur attention à la Physique, que lorsqu'elle fait des miracles. L'Electricité devint effectivement à la mode. Les Princes voulurent voir ce Feu nouveau, qu'un homme produit de lui-même, & qui ne descend pas du Ciel. Auroit-on jamais cru que le doigt d'une Dame, que sa Jupe de baleine, répandroit de véritables Foudres, & que des lèvres charmantes pourroient mettre le feu à une maison. Les Belles furent sensibles à cette nouvelle prérogative, de causer des feux, où il n'y a rien de poétique ni de figuré. Elles accoururent de tous côtés aux Auditoires des Physiciens, qui devinrent des Cercles & des Assemblées* [289].

Ainsi commencent en Allemagne des recherches sur l'électricité qui, selon notre auteur, sont à l'origine du vif intérêt des "gens du monde" ; il rapporte ensuite *suivant l'ordre du temps* les découvertes des savants allemands. Celles de Hausen, qui meurt en mai 1743 et n'a point vu *le bel âge de l'Electricité.* En utilisant une machine semblable à celle de Hauksbee,

---

287 Watson, *Expériences et observations pour servir à l'explication de la nature et des propriétés de l'électricité*, trad. de l'anglois d'après la seconde édition, Paris, Sébastien Jorry, 1748 ; p. 2, 3.

288 Albrecht von Haller (Albert de…), « Histoire des Nouvelles Découvertes faites, depuis quelques années en Allemagne, sur l'Electricité », *Bibliothèque raisonnée des ouvrages des savans de l'Europe* pour les mois de Janvier, Février & Mars, tome 34, 1e partie, 1745, p. 1-20 ; in *Bibliothèque raisonnée des savans de l'Europe*, tome IX, concernant les volumes 33-36, (1744-1746), Genève, Slatkine Reprints, 1969 ; p.131-135.

289 *Ib.*, p. 8 ; [pagination de l'édition de 1745].

il a observé *des étincelles assez fortes, pour marquer la main d'une fille de huit ans, de treize taches livides, grosses comme des lentilles* [290]. Il assure qu'un feu mâle sort de tout métal, ou de tout animal électrisé ; et qu'un feu femelle paraît sur le globe qui tournoie quand on en approche la main. Enfin il soupçonne, *que la même matière produit la Force élastique, la Lumière, le Son, la Chaleur, l'Electricité, & le Magnétisme ; il est même porté à croire, que cette même matière est ce qu'on appelle les Esprits animaux, [...].*

Notre auteur passe très vite sur la contribution de Winckler à l'augmentation des connaissances des phénomènes électriques ; et ne parle que de sa nouvelle machine électrique : *C'est une espèce de Tour ; au lieu d'une Manivelle, c'est un Marchepied qui fait tourner le Verre électrique, & Mr. Winckler prétend que sa machine va beaucoup plus vite que celle de Hausen ou de Hawksbee* [291]. Il nous dit aussi qu'il substitua un verre à bière en forme de cône tronqué au globe. Notre auteur ajoute que le verre perd beaucoup de sa force lorsqu'il s'échauffe, qu'un petit tube ou un petit globe frotté s'échauffe plus vite qu'un globe d'une taille énorme et que, comme Bose l'a éprouvé, *les plus beaux phénomènes de l'Electricité ne se produisent que par des Globes d'une taille énorme, ou par plusieurs Globes, qui tournant en même tems, réunissent leurs forces électriques dans une même masse de Métal, par exemple, une Epée* [292].

Albert de Haller donne un récit très vivant de ce que furent les expériences publiques de Bose : *[...] je crois faire plaisir à bien des Lecteurs, en leur donnant une petite relation de ce que j'ai vu moi-même. On fait tourner sur son axe un Globe de verre, un Tube, ou un Verre à bière, toutes ces figures suffisent pour l'expérience en question. Un Tuyau de fer blanc est disposé de manière à avoir un des bouts assez proche du Globe électrique, sans le toucher tout-à-fait : la contiguité immédiate n'est pas nécessaire, elle expose le Globe à se casser, & l'atmosphère, qui sort du Globe, suffit pour armer le Tuyau de la force électrique. A un pouce de distance, ce Tuyau, qui est long de six pieds, ou d'une longueur arbitraire, se courbe à angles droit vers le bout opposé. Une personne le tient par la main, en se tenant debout sur une masse de Poix, sur laquelle ses pieds doivent porter uniquement. Cette personne s'électrise après deux ou trois tours qu'a fait le Globe. Elle aquiert une puissance flammifique assez forte, pour alumer de l'Eau de vie échaufée avec l'un de ses doigts, avec la Cane, ou avec le bout de son Epée. Il ne faut d'autre préparation, que d'échaufer un peu cet Esprit de vin. Dès que le doigt en aproche, il en sort une étincelle,*

---

290 *Ib.*, p. 10, pour cette citation et la suivante.

291 Voir aussi : Johann Heinrich Winckler, *Essai sur la nature, les effets et les causes de l'électricité*, première partie du *Recueil de traités sur l'électricité*, première partie, traduits de l'Allemand, Paris, Sébastien Jorry, 1748.

292 Albrecht von Haller, « Histoire des Nouvelles Découvertes..., *op. cit.*, p. 12.

qui pétille, & va alumer l'Eau de vie. Si quelque autre personne, non électrisée, aproche le doigt de celle qui l'est, n'importe si c'est de sa peau nue, ou de ses habits, il en sort du feu, avec une douleur singulière, que les deux personnes ressentent en même tems. Ce n'est pas une brulure, ce n'est pas une contusion, c'est un coup sec & roide d'une matière agitée, qui pénètre jusqu'aux os : elle est plus grande pour la personne non électrisée. Si, au lieu du doigt, elle aproche une Clé, une Epée, une pièce de Vaisselle, de la personne électrisée, il en sortira du feu, même de ses boutons, ou d'un cercle de baleine du Vertugadin d'une Dame, quelque éloigné qu'il soit de son corps, tant cette atmosphère électrique a de pouvoir. Il y a même du superflu dans sa force, elle se communique à des personnes placées sur de la Poix, & qui ne touchent point le Tube, pourvu qu'elles touchent la personne électrisée. Qu'on forme une chaine de vingt personne, qui se touchent toutes, & dont la première soit électrisée, la vintième jettera du feu du bout de ses doigts. Un homme électrisé touche-t-il de la main un monceau de Pierreries & de Vaiselle, on en voit sortir du feu de tous côtés. C'est le feu d'artifice le plus brillant qu'on ait jamais vu. La flamme est bleuâtre, quand elle sort de la peau, sa pointe est rouge : elle est plus blanche en sortant de l'argent, & d'autres couleurs différentes, à proportion des corps qui la produisent, ou de quelques autres circonstances. [...]

Un phénomène encore plus surprenant a récompensé les peines de Mr. Bose. Il faut, pour y réussir, des Globes d'un grand diamètre, des Caisses de Poix plus amples que de coutume, & quelques autres circonstances encore ; car Mr. Bose n'a pas révélé tout-à-fait sa manière de s'y prendre. Après ces précautions, on électrise la personne destinée à l'apothéose. Peu à peu une lueur dorée s'élève de la Poix, & nage autour des pieds, comme une espèce de Galon ; elle s'élève jusqu'aux genoux, & gagne enfin la tête. Alors toute la personne se trouve environnée d'une gloire, qui représente au naturel, ce Limbe de lumière, dont les Peintres ornent les Saints. Des Physiciens fort adroits n'ont pu réussir, quand ils ont tenté de béatifier, c'est le terme de Mr. Bose, & je n'ai pas encore apris, que qui que ce soit fût parvenu à l'imiter. [...]

Ajoutons, pour compléter le récit de Haller une autre démonstration de Bose, le baiser électrique, encore appeler le baiser de *Vénus* : une charmante jeune dame offre le baiser de bienvenue à chacun des spectateurs, la dame est debout sur une plateforme isolante, son corps est connecté à une machine électrique cachée aux spectateurs, le baiser s'accompagne d'une étincelle dont le choc est parfois violent ; l'expérience inspira Bose qui lui consacra un poème publié en 1744 : *Die Electricität nach ihrer Entdeckung und Fortgang, mit poetischer Feder entworffen* [293].

---

[293] George Mathias Bose, *De l'électricité, de son origine et de ses progrès*, poème en deux livres, trad. de l'allemand par l'abbé J. A. de C..., Leibzig, chez les héritiers Laukisch.

Dans un ouvrage qu'il publie en 1745, Bose a abandonné le récit de ses spectacles pour les gens du monde, pour des *Recherches sur la cause et sur la véritable théorie de l'électricité.* Pour ce faire, la fabrication de machines électriques susceptibles de produire des phénomènes spectaculaires n'a pas été inutile : *Les grands globes me mirent dès l'an 1737 en état, de faire les phénoménes électriques avec beaucoup plus de force, qu'on ne sera jamais capable avec des tuiaux, même avec huit à la fois. Mais comme je ne suis pas amateur des théories, j'ai bien pris garde dans tous mes commentaires publiés depuis 1738, de donner tete baissée dans le sistéme. J'ai lû tout ce qu'on a donné jusqu'ici sur la théorie d'électricité. Je n'en dis pas mon sentiment. Pourtant avant que je me servis des globes, je tombai dans des idées, tout comme mes autres alemans. C'est seulement aux globes d'une taille enorme, que je dois quelque verité, si j'en ai. Ceux-là me mirent en état de pousser plus avant* [294].

La théorie de Bose est très proche de celle que Nollet a construite dans le même temps, et fut l'objet d'une correspondance entre eux ; aussi l'aborderons-nous à la suite de cette dernière.

***L'essai sur la nature, les effets et les causes de l'électricité* de Winckler**

La version française de l'ouvrage de Winckler paraît en 1748, mais cet ouvrage en Allemand fut publié en 1745, avant l'invention de la bouteille de Leyde. Selon son traducteur, *cet Ouvrage est recommendable par quelques traits de l'Histoire de l'Electricité, par des observations singulières touchant les effets de cette vertu sur l'Aiman, sur les thermométres &c., & par quelques remarques qu'on chercheroit inutilement ailleurs* [295]. C'est donc sur ces traits de l'histoire de l'électricité, du moins à sa naissance, et sur ces observations de l'effet de l'électricité sur l'aimant que nous allons nous arrêter, la vivacité du style de notre auteur sera notre récompense. Mais avant cela, arrêtons-nous un instant sur ce que dit le traducteur du style de Winckler, reflet de l'esprit du temps dans l'approche des phénomènes électriques : *Sa Methode, qui est celle des Mathématiciens & certainement la meilleure dans les Sciences mûres & formées [formalisées], si nous pouvons nous flatter d'en posseder de cette espéce, paroît un peu hardie dans la doctrine de l'Electricité, qui est encore si neuve & si peu susceptible de démonstrations & de raisonnemens suivis. Qu'importe ? Elle aura toujours l'avantage de la clarté & d'une certaine naïveté qui en est inséparable ; & si l'Auteur, faute de n'avoir pû pénétrer assez avant avec ses prémisses, se*

[Poème sur l'électricité traduit en vers français sous le titre : « *De l'électricité, de son origine et de ses progrès* »].

294 George Mathias Bose, *Recherches sur la cause & sur la véritable Théorie de l'Electricité*, Imp. A Wittenberg imprimerie de J. F. Slomac, 1745 ; p. 43.

295 Winckler, *Essai sur la nature, les effets et les causes de l'électricité*, *op. cit.*, p. iv-vii, pour cette citation et les suivantes.

trouve quelquefois court & indécis dans ses conclusions, nous ne devons pas nous en prendre à sa methode, à laquelle il faudra toujours que nous revenions tôt ou tard pour établir un systéme de cette nouvelle Doctrine, quand un jour nous aurons amassé ou mieux ajusté tous les matériaux nécessaires pour former un bâtiment solide.

Nous suivons ici le récit de Winckler sur la production et l'observation des premiers phénomènes électriques. *Lorsqu'on frotte un morceau d'ambre, on y excite une espéce de mouvement qui agit sur les objets proches & legers, tels que sont la paille hachée, le sable, des petits bouts de fil, les plumes, les fragmens de feuilles d'or, &c. en sorte que ces petits corps se jettent vers l'ambre, comme s'ils y étoient fortement attirés. [...] Ce mouvement qu'on produit autour de l'ambre en le frottant, fait non seulement, que les corps légers en sont attirés, mais ils en sont aussi repoussés. Le souffre, la poix, la cire d'Espagne, le verre & plusieurs autres corps étant frottés, agissent de la même maniere. Cependant nous ne trouvons pas que les expériences faites avec le souffre & le verre, soient si anciennes que celles qu'on a faites avec l'ambre. Nous ignorerions peut-être encore, que cet effet qu'on observe dans l'ambre, se manifeste aussi dans d'autres corps, sans les découvertes qu'a fait à ce sujet le célèbre Mr. De Guericke, Bourguemestre de Magdebourg, qui a éternisé son nom dans le siécle passé par l'invention de la Machine Pneumatique. Il frotta avec sa main un globe de souffre, qu'il faisoit tourner à une Machine propre pour cet effet, & il observa, que les petites pailles & les fragmens de feuilles d'or se jettoient vers le globe, & en étoient repoussés. Il donne la description de ce globe & de ses Expériences, dans un Ouvrage intitulé : Experimenta nova Magdeburgica de vacuo spatio. Dans le quatriéme Livre, il traite des Vertus Cosmiques (de Virtutibus Mundanis) c'est-à-dire, de ces forces qui consistent en certains écoulemens. Il les divise en deux especes : en corporelles, qui ne pénétrent pas les corps solides, tel que le verre, &c. comme, par exemple, l'air ; & incorporelles, qui pénétrent les corps solides, comme la vertu magnétique. Il compte parmi les incorporelles, la force appulsive, par laquelle un corps est mû d'un lieu à un autre, comme une pierre qu'on jette en l'air ; la persévérante, par laquelle une chose tend à rester unie avec une autre, comme, par exemple, une pierre qui retombe de l'air par sa pesanteur ; la répulsive, lorsqu'un corps est repoussé par la force invisible d'un autre. Telles sont encore, selon lui, la force sonnante, la chaufante & la luisante. Il explique toutes ces forces, par des expériences faites avec un globe de souffre qu'il avoit formé lui-même de la maniere suivante : Il remplit un globe de verre creux, de la grosseur d'une tête d'enfant, de souffre pilé, qu'il fit fondre sur le feu dans le globe. Le souffre étant refroidi, il cassa le globe de verre, & ayant appliqué deux pivots aux deux poles du globe solide de souffre, il le suspendit entre deux montans de bois. Il appliqua ensuite une manivelle à un des pivots qui traversoit son montant d'outre en outre, & fit tourner le globe, pendant que quelqu'un y appuyoit une main bien séche. Il observa que des corps legers, comme des fragmens de feuilles d'or, de l'eau, &c. mis sous le globe, en étoient attirés & repoussés. M. de Monconnys parle de ce globe de souffre, (dans son Journal de Voyage fait par l'Allemagne) & dit, avoir vû lui-même ces expériences dans la Maison de M. de Guericke à Magdebourg. Cette découverte étant faite, plusieurs excellens Physiciens, comme Gilbert, Boyle, Hauksbee, Gray, du Fay, s'Gravesande, Musschenbroek & d'autres, ont essayé ces mêmes expériences sur le verre, & par leur application infatigable, ont enrichi la Physique d'une infinité de découvertes curieuses. Or, comme le verre & plusieurs autres corps s'accordent avec l'ambre ou Electre en ce que par le frottement on peut produire en eux ce même effet, qui est que les corps legers en sont attirés & repoussés ; on a donné à ce mouvement le nom d'Electricité, & aux corps sur lesquels elle est produite, celui d'électrisés*[296].

Winckler a naturellement reproduit toutes les expériences qui ont été faites en son temps et d'autres encore telle que celle qui l'amène à l'observation des effets de la vertu électrique sur l'aimant : *Je n'ai pû communiquer aucune électricité à un morceau de fer qui avoit servi pendant quelque tems d'armure à un aiman, & qui étoit posé sur des cordons de soie tout contre le verre électrisé de la Machine. Il m'a été impossible d'en faire sortir des étincelles, comme il en sort ordinairement de tout autre fer. Mais si l'on présente un fer magnétique à un tuyau électrisé de fer blanc, qui n'a jamais senti l'aiman, le fer jette alors des étincelles comme à l'ordinaire. L'aiman nud ne reçoit lui-même que fort peu d'électricité, quand on le présente immédiatement au verre électrisé de la Machine. Mais si l'on suspend à un tuyau de fer blanc un aiman, soit nud, ou armé, ou un fer de son armure, ensorte que ces corps touchent immédiatement le tuyau, ils en acquiérent une électricité si forte, que les étincelles qui en sortent, allument sur le champ la quintessence végétale. Il reste encore plusieurs expériences à faire à ce sujet. On pourroit entr'autres essayer, si l'électricité du verre de la Machine s'affoibliroit, si l'on continuoit pendant plusieurs heures à électriser un aiman posé tout contre le verre. Je l'ai fait deux fois, & j'ai toujours remarqué quelque diminution d'électricité dans le verre. J'ai observé que cet affoiblissement se manifestoit d'une maniére très-sensible, non seulement pendant qu'on électrisoit, mais même après, quand j'ai substitué à l'aiman mon tuyau de fer blanc pour l'électriser avec le même verre. Un ami, quoique connoissant la bonté du verre, crut néanmoins ne pouvoit attribuer cet effet, qu'à quelque altération qui lui pourroit être arrivée pendant l'expérience, & à mesure qu'il s'entêtoit là-dessus, je m'obstinai de mon coté pour découvrir la vraye cause de cet effet singulier. Je me mis d'abord à électriser le globe, dont feu M. Hausen s'étoit servi*

296 *Ib.*, p. 1-5.

autrefois. L'électricité se montra d'abord dans sa plus grande force. J'appliquai ensuite un autre verre à ma Machine, & l'ayant frotté un certain nombre de fois, nous observames une électricité plus forte que la précédente. J'ôtai même les cordons de soye sur lesquels l'aiman avoit été posé, & je montai sur mon support d'autres cordons, qui avoient resté dans la même salle pendant tout le tems de ces expériences. Aussi-tôt qu'on commençoit à tourner le verre, l'électricité parut dans sa force ordinaire, & les étincelles qui sortoient du tuyau de fer blanc, allumérent l'esprit de vin. C'est avec ce nouveau verre que je recommençai le lendemain à électriser l'aiman. Je continuai l'opération pendant plusieurs heures de suite, & je m'apperçus à la fin d'une diminution dans l'électricité, comme je l'avois trouvé la veille. Je laissai ensuite reposer le verre, & quelques heures après, quand il fut tout-à-fait réfroidi, je me mis à électriser avec ce même verre le tuyau de fer blanc & l'épée. Mais je trouvai l'effet extrémement foible, & les étincelles ne pouvoient allumer aucun esprit. Je laissai encore reposer le verre pendant vingt-quatre heures, & ayant ensuite recommencé à l'électriser, je fus surpris de voir encore, après un tems aussi long, que l'électricité qu'il communiquoit à l'épée & au tuyau de fer blanc, n'étoit pas suffisante pour mettre le feu à la quintessence. Pour m'en assurer davantage, je changeai de verre & de cordons de soye sur le support, & ayant opéré de la maniére accoûtumée, je retrouvai l'électricité dans toute sa force. Ayant laissé reposer pendant quelques jours ces verres, dont l'aiman me paroissoit avoir affoibli l'électricité, ils se sont rétablis au point qu'ils ont communiqué le degré ordinaire d'électricité aux corps qui leur étoient assez proches.

Je rapporte ce que j'ai vû, mais je ne prétends pas qu'on tire de ces remarques une conclusion générale, comme si je voulois établir positivement, que la force magnétique empêche ou affoiblit la communication de l'électricité[297].

Citons encore ses recherches sur les effets de l'électricité dans le vide : *L'Electricité se transmet par communication à travers le verre, & elle met en mouvement les objets legers dans le vuide, aussi bien qu'en plein air. Mettez un petit support avec des fragmens de feuilles d'or sur la platine de la machine pneumatique, couvrez le d'un récipient de verre, dont vous retirerez tout l'air autant qu'il est possible. Frottez ensuite un tuyau de verre, & présentez le près ou par-dessus le récipient. A chaque fois que vous passerez & repasserez le tuyau dans la main, les feuilles d'or, qui sont sous le récipient, se mettront en mouvement en suivant celui du tuyau.*

[…] Si l'on présente un cylindre de verre un peu ample & vuidé d'air à un tuyau électrisé de fer blanc, on observe à sa surface intérieure des rayons de lumiére, qui s'élancent en serpentant comme des éclairs, & qui se dispersent de tous côtés en dedans du cylindre. Si l'on fait cette expérience

---

297 *Ib.*, p. 54-58.

avec un petit globe de verre garni d'un tube étroit & fermé hermétiquement après que l'air en a été chassé par le feu, tout le globe se trouvera éclairé en dedans, & son tube sera tellement rempli de lumiére, qu'elle semblera y couler comme le courant d'un fluide... [298].

Ainsi Winckler raconte-il son travail de recherche par le menu, donnant à son lecteur l'impression, rare dans la littérature scientifique, d'entrer dans le laboratoire et d'assister ainsi aux travaux qui s'y font au jour le jour.

En observant l'agitation des feuilles d'or proches de la surface d'un corps électrisé, Winckler en déduit que ce corps est environné d'une matière subtile. En observant les rayons de lumière qui sortent des pointes d'un métal électrisé, il en déduit que des particules électriques en sortent en lignes droites ; que la matière électrique est propre aux corps électrisés puisqu'elle peut être excitée dans le vide aussi bien que dans l'air et *que les corps qui peuvent être électrisés par le frottement conservent cette disposition même après avoir été exposés à un feu violent ; car aussitôt qu'ils se sont réfroidis, & qu'on les frotte de nouveau, ils font voir comme auparavant leur vertu électrique* [299].

Selon Winckler : *La matiére de l'électricité communiquée n'est pas un écoulement de l'originaire, comme on pourroit se l'imaginer en la considérant comme un courant qui coule le long des corps. Car la distance, dans laquelle l'électricité fait ordinairement son effet sur les fragmens de feuilles d'or, ou dans laquelle elle se communique à un autre corps, est très-petite en comparaison de l'espace, par lequel l'électricité communiquée s'étend. Quelque long, large ou épais que soit le corps, auquelle elle se communique, toute sa circonférence participe sur le champ de l'électricité par le simple attouchement d'une main électrisée, quoiqu'on cesse d'électriser aussi-tôt que la main touche le corps. Une seule étincelle d'un doigt électrisé ou d'une aiguille électrisée suffit pour produire le même effet, dont la vitesse surpasse celle d'un boulet de canon.*

Pour expliquer que l'électricité puisse être communiquée à un autre corps, sans qu'il ne s'écoule du corps qui la communique une espèce de courant de matière électrique, Winckler prend l'exemple d'une boule d'ivoire communiquant son mouvement à une autre qui est en repos, *pendant qu'elle ne perd rien de sa matiere, & que par conséquent il ne passe rien d'elle dans l'autre* [300]. Aussi la matière de l'électricité communiquée est-elle, elle-aussi, propre au corps auquel elle se communique et elle ne provient pas du corps électrisant.

Quoique, souvent, les fragments de feuilles d'or décrivent des lignes courbes quand ils sont agités par l'électricité, Winckler ne pense pas qu'une

---

298 *Ib.*, p. 65-67.

299 *Ib.*, p. 72, 73, pour cette citation et la suivante.

300 *Ib.*, p. 75.

telle observation suffise à conclure avec certitude qu'il se forme un tourbillon de matière électrique autour des corps, car un tourbillon peut n'être que l'effet des chocs entre des corps qui se mouvaient initialement en lignes droites. Et, ce qui conforte Winckler dans l'idée que la matière électrique se meut en ligne droite, c'est que, écrit-il : *En observant les rayons de lumiere, qui sortent des pointes d'une étoile électrisée, je n'ai jamais remarqué qu'ils s'élancent dans une autre ligne, que dans celle qui tend directement de la pointe au centre & qui forme un vrai rayon de cercle* [301].

Winckler pense que la matière électrique d'un corps a une certaine solidité, qu'elle est selon toute vraisemblance différente des parties solides du corps : *La matière électrique, qui devient active par le frottement, doit être distinguée des parties solides du corps frotté. Car qui pourroit croire, que par deux ou trois coups de frottement qu'on donne à un gobelet de verre ou de porcelaine leurs particules puissent se dissoudre au point de former une espéce de courant de matiére subtile* [302] *?* Il pense que les corps solides sont entourés d'une atmosphère électrique, d'une matière fluide plus subtile que le corps même et, parce que *la surface de certains corps solides est électrisée dans un instant par une seule étincelle électrique ; on peut conclure de-là, que les particules de la matiére électrique sont contiguës : car si elles étoient séparées par quelques interstices, le mouvement ne pourroit pas se communiquer si promptement. Une flame est entourée pendant l'électrisation d'une atmosphére électrique : car elle communique son électricité à un autre corps dans une distance, dont le diamètre a plus de quatre pieds. Tous les autres corps fluides ont de même une atmosphére électrique autour d'eux pendant qu'on les électrise. Car la lumiére & les étincelles qui naissent à leurs surfaces, lorsqu'on y présente un corps non-électrisé, occupent entr'elles & ce dernier corps un certain espace* [303]. Après de nombreuses expériences que nous ne relaterons pas, Winckler constate que : *la vitesse, avec laquelle l'électricité se communique à l'eau & à d'autres fluides, fait voir évidemment que les parties électriques, qui environnent leurs surfaces, sont contiguës, c'est-à-dire, qu'elles ont une espéce de cohésion* ; selon lui : *rien n'empêche que la matiére électrique ne s'étende sur la surface de l'eau & d'autres fluides, aussi bien qu'elle peut être logée entre les particules de ces mêmes fluides ; il paroît qu'on peut avec beaucoup de fondement leur attribuer une atmosphére électrique. Quant à l'eau, il se trouve une circonstance de plus, qui donne à ce sentiment un nouveau degré de certitude. C'est que la neige & la glace s'électrisent aussi promptement que l'eau à l'approche d'un corps électrisé.*

---

301 *Ib.*, p. 82.

302 *Ib.*, p. 89, 90, pour cette citation et la suivante.

303 *Ib.*, p. 95-98 pour cette citation et la suivante.

La glace est la substance propre de l'eau, & sa fluidité provient des particules subtiles de feu, qui sont en mouvement entre celles de l'eau. Or je viens de prouver, que même les particules subtiles de la flamme sont entourées d'une atmosphére électrique. Ainsi comme l'air ne porte aucun obstacle à l'électricité, je ne vois point de raison pourquoi la matiére électrique se tiendroit entortillée autour des particules de la surface des fluides, sans s'élever au-dessus d'elle, & sans l'environner comme une atmosphère.

Winckler s'attache encore à montrer comment l'atmosphère d'un corps électrisé électrise un autre corps : il faut que cet autre corps ait lui aussi une atmosphère électrique et que ces atmosphères se touchent. *Les mouvemens qui sont portés d'une atmosphére dans l'autre, consistent en ce que les parties de celle qui est en repos, commencent à se mouvoir selon des lignes divergentes, & qu'elles rebroussent chemin vers les points d'où elles sont sorties. [...] Chaque point de la surface disperse pendant l'électrisation la matiére électrique selon des lignes divergentes. [...] Les parties de l'atmosphére électrique sont naturellement si unies ensemble, qu'il faut qu'elles soient séparées d'entr'elles par l'électrisation pour pouvoir exercer cet effet, que nous appellons électricité. Car si elles n'étoient pas séparées d'entr'elles, elles n'acquereroient point de tendance pour rebrousser chemin ; conséquemment elles n'emporteroient rien avec elles vers les corps d'où elles sortent. Ainsi une atmosphére électrique consiste en des parties, qui par leur force naturelle, tendent à rester dans leur union actuelle. L'atmosphére d'un corps électrisé communique donc à l'atmosphére de l'autre l'électricité en ce que par le mouvement de ses parties elle sépare les parties de l'autre. Car aussi-tôt que la séparation s'est faite, les parties tendent à se réunir, & c'est par-là que les objets, dont la pesanteur est surmontée par leur action, sont enlevées par elles vers le corps électrisé* [304].

Il faut encore expliquer pourquoi, les métaux, le bois, l'homme ne peuvent pas être électrisés par le frottement : selon notre auteur, les particules de la matière électrique *sont apparemment si subtiles & tellement unies entr'elles, que le frottement n'est pas suffisant pour les dissoudre autant qu'il seroit nécessaire.* Il convient cependant d'expliquer pourquoi le fer est susceptible d'une très forte électricité, et pourquoi les étincelles électriques qui en sortent, enflamment l'alcool ; pour ce faire, il faut que les particules subtiles des atmosphères électriques de ces corps soient désunies et elles ne peuvent l'être que lorsqu'elles sont choquées une à une par des particules qui ont la même subtilité. *De-là il est évident, pourquoi une atmosphére électrique peut électriser un pareil corps. Lorsqu'on frotte un métal, il y a des quantités ou masses entiéres qui agissent sur sa surface, au lieu que l'atmosphére d'un corps électrisé consiste en parties extrêmement*

---

304 *Ib.*, p. 107-109.

subtiles, qui se meuvent toutes une à une, & qui par-là sont en état de désunir des parties de la même subtilité, & contigues d'une autre atmosphére [305].

Winckler s'attache ensuite à rendre compte de la communication de l'électricité le long d'une corde ou d'un fil métallique : *l'atmosphere électrique d'un corps qui devient électrique par une seule étincelle qui sort d'un autre corps électrisé, a dans ses parties une contiguité perpetuelle. Aucune de ses parties ne peut être déplacée sans que celle qui la touche cede en même tems* [306]. L'image qui vient la première à l'esprit, c'est celle des boules élastiques identiques qui se touchent : *la dernière s'élance avec autant de vitesse que la premiere choque la seconde, quand même la suite s'étendroit jusqu'à l'infini.* Winckler réfute cette comparaison, parce que *dans une pareille suite de boules celles qui sont entre la premiere & la derniere restent en repos pendant le choc de la premiere & le départ de la derniere*, alors que, lors de la communication de l'électricité, il faut, pour que l'électricité devienne sensible, que *les parties de l'Atmosphére électrique soient dissoutes par l'action de l'électricité. Ainsi chaque partie de l'atmosphére, en dissolvant celle qui la touche, a une certaine résistance à vaincre. Cela étant, elle ne lui communique que le mouvement, qu'elle n'employe pas pour vaincre cette résistance. Donc la partie suivante a toujours un mouvement plus foible, & ainsi des autres.* Cependant, *on n'a pû découvrir jusqu'à présent aucune diminution de force dans l'électricité à des distances de plusieurs centaines de pieds* et *la vitesse de la communication est plus grande que celle d'un boulet de canon.* Aussi Winckler en déduit-il qu'il faut *que la résistance par laquelle les parties d'une atmosphére électrique agissent sur celles qui viennent les dissoudre, soit extrémement foible.*

Il reste à dire comment les étincelles électriques sont produites. *Les étincelles électriques ne paraissent entre deux corps que si l'un de ces corps est fortement électrisé et que l'autre ne l'est que faiblement ou pas du tout. Pour qu'une étincelle soit excitée, il faut que la matière électrique de ce dernier soit dissoute et mise en mouvement par l'agitation de celle du premier. Aussitôt qu'une matière électrique est dissoute par l'électrisation, elle se repand plus loin en lignes divergentes. Donc sa densité est diminuée. Comme les parties d'une atmosphére électrique se dispersent en lignes divergentes, la densité de l'atmosphére dans laquelle elles pénétrent en sera augmentée. Ainsi l'atmosphére électrique d'un corps électrisé qui agit sur un autre corps non électrisé, s'enrichit aux dépens de celui-ci & devient plus dense dans l'endroit, où l'étincelle se forme par l'action de l'atmosphére du corps non électrisé. La même chose arrive à l'atmosphére du corps non-*

---

[305] *Ib.*, p. 112.

[306] *Ib.*, p. 133-135, pour cette citation et les suivantes.

électrisé dans l'endroit où l'étincelle paroît. Car elle se mêle avec les parties qui y decoulent de l'atmosphére électrique du corps électrisé [307].

[…] *Quoique les parties des atmosphéres électriques des deux corps se mêlent ensemble en vertu de l'électrisation, elles sont en même tems séparées d'entr'elles par un autre principe : Car par la tendance, que ces particules conservent toujours vers les points d'où elles sont sorties, elles retournent chacune à son point, lorsque l'action qui les en a détachées commence à faiblir, & comme ces particules mêlées de deux atmosphéres doivent nécessairement s'entrechoquer en rebroussant chemin*, c'est ainsi que les étincelles se produisent. Et, lorsque les deux atmosphères sont parvenues à une même densité par leur mixtion et qu'alors elles ne sont plus en état de se subtiliser davantage l'une l'autre ; alors cette concentration de matière électrique contient alors autant de feu mêlé ensemble, *qu'il en faut pour mettre par leur mouvement le feu à ce qu'il y a d'inflammable dans un corps, & dans l'instant même que les particules mêlangées des deux atmosphéres électriques se séparent, toutes ces particules agissent en même tems sur cette substance subtile, qui est proprement l'inflammable des corps & qu'on appelle autrement Phlogiston. Ainsi la flamme paroît à l'instant que l'étincelle électrique disparoît avec son coup.*

La bouteille de Leyde

La terrible expérience

Von Kleist en 1745 et Van Musschenbroek en janvier 1746, indépendamment l'un de l'autre, trouvent, par hasard, un moyen de condenser la matière électrique et d'en éviter l'évaporation, en électrisant l'eau contenue dans une bouteille ; la bouteille de Leyde était inventée. La bouteille de Leyde permet des expériences spectaculaires de décharges électriques qui suscitent l'engouement d'un public mondain.

En janvier 1746, un fait nouveau, inattendu, se produit à Leyde, Musschenbroek écrit à Réaumur : *je veux vous communiquer une expérience nouvelle, mais terrible, et que je ne vous conseille pas de tenter vous-même […]. Je faisois quelques recherches sur la force de l'électricité, pour cet effet j'avois suspendu à deux fils de soie bleue un canon de fer qui recevoit par communication l'électricité d'un globe de verre, que l'on faisoit tourner rapidement sur son axe, pendant qu'on le frottoit en y appliquant les mains ; à l'autre extrémité pendoit librement un fil de laiton, dont le bout étoit plongé dans un vase de verre rond, en partie plein d'eau, que je tenois dans ma main droite, & avec l'autre main, j'essayois de tirer des étincelles du canon de fer électrisé : tout d'un coup ma main droite fut frappée avec tant de violence, que j'eus tout le corps ébranlé comme d'un coup de foudre ; le vaisseau, quoique fait d'un verre mince, ne se casse point ordinairement, & la main n'est point déplacée par cette commotion ; mais le bras & tout le*

---

307 *Ib.*, p. 147-151, pour cette citation et les suivantes.

corps sont affectés d'une manière terrible que je ne puis exprimer : en un mot, que c'étoit fait de moi. [...] [308].

Cette expérience sera l'objet d'un mémoire de l'abbé Nollet à l'Académie "*Observations sur quelques nouveaux phénomènes d'Electricité*" le 20 avril de cette même année. C'est Nollet qui, le premier, a nommé cette expérience, *l'expérience de Leyde.*

Le perfectionnement de la bouteille de Leyde par Watson

Watson [309] perfectionne la bouteille de Leyde, il substitue une couche extérieure de plomb à la main du manipulateur. C'est dans une expérience parmi de nombreuses autres, que Watson modifie la bouteille de Leyde, mais sans attribuer à cette modification un intérêt particulier : *On couvre deux grandes phioles sphériques de verre de plomb laminé fort minces, en sorte que le plomb touche le verre exactement dans tous les points, excepté aux cols, on les remplit d'eau, & après les avoir bouché, on y fait entrer un fil d'archal mince à travers les bouchons. On les suspend par ces mêmes fils d'archal plus gros, d'environ cinq pouces de long & troués à chaque extrémité, pour recevoir les fils d'archal minces qu'on y accroche. On fiche une petite ganse de fil d'archal dans le plomb au fond de chaque phiole, & l'on passe dans ces ganses un morceau de gros fil d'archal pareil à celui d'en-haut. On suspend ensuite les phioles à travers le canon de fusil, & on électrise le tout. Si alors un homme placé sur le plancher touche d'une main le gros fil d'archal d'en-bas & de l'autre le canon de fusil, il reçoit un coup énorme par les bras & à travers la poitrine* [310] .

Suit une mise en scène de cette même expérience, destiné à intriguer les spectateurs, où les fioles sont cachées derrière un rideau et le gros fil d'archal du bas caché sous une natte ; on ne peut douter du succès mondain de cette expérience qui électrise les invités qui ont les souliers humides et épargne ceux dont les souliers sont secs, expérience qu'il appelle *faire sauter la mine d'électricité* [311].

---

308 Nollet, « Observations sur quelques nouveaux phénomènes d'Electricité », *MARS*, 1746, p. 1-23 ; p. 2, 3.

309 William Watson est né à Londres en 1715. Botaniste, il diffusa la classification de Linné en Angleterre et ouvrit à Londres une boutique d'apothicaire. Il se livra à des recherches sur l'électricité et s'intéressa à son influence sur les rhumatismes, sur les plantes sensitives et certaines maladies des arbres ; il contribua à l'adoption des paratonnerres en Angleterre. Il devînt membre de la Royal Society en 1741, reçut la médaille Copley en 1745, et devint le vice-président de la Royal Society en 1772. Watson meurt à Londres en 1787.

310 William Watson, *Expériences et observations pour servir à l'explication de la nature et des propriétés de l'électricité proposées en trois lettres à la Société Royale de Londres*, traduit de l'anglais d'après la 2e édition, 2e partie du *Recueil de traités sur l'électricité*, *op. cit.*, p. 75, 76.

311 *Ib.*, p. 78

Chapitre 4
Les premiers travaux de Nollet sur l'électricité, 1745-1747

Le portrait de l'abbé Nollet par Grandjean de Fouchy

Des savants célèbres, tels Dufay et Réaumur n'attendent pas tout des gratifications royales, et ont pu financer, en grande partie, leurs propres recherches ; ceux-ci ont parfois employé et formé des savants en herbe peu fortunés, Nollet a été pendant deux ans l'assistant de Dufay avant qu'en 1733, Réaumur lui confie la direction de son laboratoire. La carrière de l'abbé Nollet est exceptionnelle ; elle montre comment un garçon sans fortune a pu devenir l'un des savants les plus en vue de son siècle grâce au mécénat de quelques savants et à l'Académie des sciences ; elle montre aussi le rôle irremplaçable des artisans dans les progrès des sciences expérimentales.

Jean-Antoine Nollet est né en 1700 dans une famille de cultivateurs des environs de Noyon, il a fréquenté la petite école de Clermont en Beauvaisis, gageons que sa langue maternelle est le picard. Elève brillant, il semble destiné à l'état ecclésiastique ; en 1714, il entre au collège de Beauvais, les études n'y sont payantes que pour les familles qui en ont les moyens. A la fin de ses humanités, pour poursuivre des études de théologie il doit partir à Paris, là pour gagner sa vie, il entre comme précepteur chez le greffier de l'Hôtel de Ville. C'est à Paris qu'il poursuit ses études, il est maître ès arts à 22 ans, bachelier en théologie à 24 ans et consacré diacre ; par la suite il adoptera le titre honorifique d'abbé, la chose était courante en son siècle. Dans le même temps, Nollet se passionne pour les sciences expérimentales, et d'une adresse manuelle peu commune, commence à fabriquer les instruments nécessaires à ses manipulations, ainsi est-ce à l'Hôtel de Ville qu'il installe son premier cabinet de physique : *C'étoit-là [écrit Grandjean de Fouchy] que le jeune Philosophe alloit s'exercer aux arts dont l'étude de la Physique à laquelle il se livroit déjà, lui faisoit sentir le besoin, & sacrifier les plaisirs que lui offroit une compagnie aimable & brillante, au desir de s'instruire & de se perfectionner ; il s'amusoit surtout à travailler en émail à la lampe, art que la multiplicité des instrumens de Physique dans lesquels entrent les tuyaux de cristal, rend si nécessaire à un Physicien. Je me souviens d'avoir vu de lui un ouvrage en ce genre, dont les plus habiles Émailleurs (le célèbre Raux même, qui avoit été son maître en cette partie) se seroit fait honneur, c'étoit un sur-tout de dessert, représentant une colonade surmontée d'une espèce de dôme, ce dôme servoit de réservoir à une quantité d'eau suffisante pour faire aller pendant une heure & plus des jets d'eau & des cascades, qui ornoient cette machine ; c'étoit, si l'on veut, une espèce de jeu, mais où se déclaroit déjà le talent de son auteur pour la Physique, & son goût pour la belle décoration* [312].

Dans une de ses leçons de physique, Nollet rendra hommage à Jean Raux, émailleur du Roi : *[il] a eû l'honneur d'amuser de son travail presque tous nos Princes dans leur jeunesse, & d'en donner des leçons à beaucoup de Seigneurs, tant François qu'Etrangers [...]* [313]. *Je sens tous les jours combien je lui suis redevable d'avoir bien voulu me mettre un peu au fait de son art ; pour lui en marquer ma reconnoissance, je profite avec plaisir d'une occasion que j'ai de perpétuer sa mémoire.* Pour ce faire, Nollet a fait graver une figure qui le représente d'après un portrait qui lui est tombé entre les mains : *son portrait sur esquisse par un Officier de la Cour de Monseigneur le Dauphin tandis qu'il travailloit devant ce Prince en 1739.*

Reprenons le fil de l'éloge de Grandjean de Fouchy : *Du fond de la retraite où vivoit M. l'Abbé Nollet, sa réputation ne laissoit pas de s'étendre. [...] il fut admis dans une Compagnie qui consacrait entièrement ses travaux à l'avancement des Arts. [...] dès 1728, sur la seule réputation qu'il s'étoit acquise, & justifia le choix de cette Compagnie par une grande quantité de travaux, entr'autres, par un Globe céleste, qu'il publia en 1730 & qu'il dédia à Monseigneur le Comte de Clermont, qui avoit honoré cette Compagnie de sa protection. M. Dufay, travailloit alors à ses recherches sur l'Électricité, il crut avoir trouvé une ressource assurée dans les talens du jeune Physicien, & n'hésita pas à l'associer à ses travaux qu'il continua avec lui pendant deux ans ; au bout de ce terme M. de Reaumur lui confia son laboratoire, & ce fut dans cette excellente école qui a fourni à l'Académie, plusieurs de ses plus illustres Membres, qu'il acheva de se former ; il y avoit en effet si bien profité, que dès 1734, M. Dufay lui proposa de faire avec lui, le voyage d'Angleterre. Cet Académicien si vif & si zélé sur l'honneur de la nation, n'auroit sûrement pas mené avec lui un Physicien qu'il n'eût pas cru capable de le soutenir dignement. Deux ans après il fit un voyage en Hollande, & ce fut-là qu'il eut occasion de voir Mrs Musschenbroek, Allaman, & plusieurs autres illustres Physiciens avec lesquels il étoit déjà digne de figurer, & qu'il lia avec eux une amitié & une correspondance qu'il a toujours entretenue jusqu'à sa mort* [314].

En 1738, Nollet fait paraître un petit ouvrage de réflexions sur la physique expérimentale qui rend compte des cours et démonstrations publics

312 Jean-Paul Grandjean de Fouchy, « Éloge de M. l'abbé Nollet », *HiARS*, 1770 ; p. 121-136 ; p. 122.

313 Nollet, *Leçons de physique expérimentale*, Paris, Guerin et Delatour, 3e édition, 1757 ; tome 4, p. 503, 504.

314 Grandjean de Fouchy, « Éloge de M. l'abbé Nollet », *op. cit.* ; p. 122, 123.

qu'il dispense depuis quatre ans, le *Programme ou Idée générale d'un Cours de Physique Expérimentale avec un catalogue raisonné des instruments qui servent aux Expériences* [315]. A cette époque, Nollet fabrique déjà les instruments qui servent à ses démonstrations et a déjà formé des ouvriers pour l'aider et fournit les Cabinets de quelques grands seigneurs. Au fil du temps, l'abbé disposera d'une collection de plus de trois cents instruments [316]. L'abbé est alors sur le chemin de la gloire. Selon Grandjean de Fouchy : *Toutes les démarches qu'avoit fait jusqu'alors M. l'Abbé Nollet, l'approchoient de l'Académie ; il y étoit connu & desiré. Le passage de M. de Buffon à une place d'Adjoint-Botaniste, fit vaquer en 1739, une place d'Adjoint-Mécanicien, & M. l'Abbé Nollet l'obtint le 9 Avril de la même année, & trois ans après celle d'Associé, vacante par la mort de M. l'Abbé de Molières. La réputation qu'il s'étoit faite n'étoit pas demeurée renfermée dans la capitale, elle avoit percé jusque dans les Cours étrangères ; à peine fut-il admis à l'Académie, qu'il fut appelé à la cour de Turin par le Roi de Sardaigne, pour faire un Cours de Physique expérimentale, devant S.A.R.M. le Duc de Savoie ; & le Roi de Sardaigne en fut si satisfait, qu'il voulut que tous les instrumens que M. l'Abbé Nollet y avoit portés, demeurassent entre les mains de l'Université, pour perpétuer, pour ainsi dire, les lumières que venoit d'y répandre M. l'Abbé Nollet, qui sera par ce moyen, à jamais l'instituteur & le père de cette florissante école* [317]. Pendant près d'un an, Nollet interrompit encore ses travaux académiques pour faire un cours de physique expérimentale à l'Académie de Bordeaux.

Dans ses travaux académiques, Nollet a abordé des sujets divers et variés, mais parmi ceux-ci, certains ont eu une particulière importance : ses travaux sur l'électricité, un objet d'étude qu'il avait abordé avec Dufay, et sur lequel il ne publia qu'après la mort de Dufay : *Feu M. Dufay, travailloit alors à ses recherches sur l'Electricité, il crut avoir trouvé une ressource assurée dans les talens du jeune Physicien, & n'hésita pas à l'associer à ses travaux qu'il continua avec lui pendant deux ans. [...] tant que M. Dufay vécut, M. l'Abbé Nollet se contenta de contribuer à ses découvertes ; mais à la mort de ce célèbre Académicien qui arriva en 1739, très-peu de temps après l'entrée de M. l'Abbé Nollet à l'Académie, il crut pouvoir s'emparer, pour ainsi dire, d'une matière sur laquelle ses travaux précédens lui donnoient une espèce de droit* [318]. Les premiers mémoires de Nollet sur l'électricité paraissent en 1745 et 1746. Nollet entreprit la publication de ses

---

315 Nollet, *Programme ou Idée générale d'un Cours de Physique Expérimentale avec un catalogue raisonné des instruments qui servent aux Expériences*, Paris, Le Mercier, 1738.

316 Paola Bertucci, « Les leçons de Physique Expérimentale de l'abbé Nollet », *Sciences & curiosités à la Cour de Versailles*, dir. De Béatrix Saule et Catherine Arminjon, Editions de la Réunion des musées nationaux, Château de Versailles, 2010 ; p. 188-191.

317 Grandjean de Fouchy, « Éloge de M. l'abbé Nollet », *op. cit.* ; p. 123.

318 *Ib.*, p. 122, et p. 129.

Leçons de physique expérimentale, celle-ci s'étala sur plusieurs années les deux premiers volumes parurent en 1743, le sixième et dernier volume, en 1764, ce volume vient l'année même du dernier mémoire de l'Académie que Nollet consacre à l'électricité, aussi y donne-t-il la synthèse de ses travaux en la matière. En 1744, Nollet fut appelé à la Cour, pour y faire un cours de physique expérimentale au Dauphin et l'année suivante un second à la dauphine[319] ; pour cela et pour ses recherches sur l'électricité, il doit interrompre la publication du 4e tome de ses *Leçons de physique expérimentale*, ce que nous apprend une lettre à Jallabert du 19 juillet : *J'ay été obligé de suspendre l'impression du 4e tom. Qui est à moitié faite. 1° parce que Mde notre Dauphine, pour dissiper les ennuis que luy causent l'absence de son cher époux me tient à Versailles avec tous mes instruments et je luy donne de la physique 3 fois par semaine. 2° parce que j'ay fait trêve avec toute autre étude pour suivre l'électricité, qui comme vous l'avez appris, a fait des progrès prodigieux en Allemagne*[320]. En 1749, il est envoyé par la Cour en Italie, en vue d'y prendre quelques connaissances sur les arts et sur la physique, son voyage durera sept mois. En mai 1753, Nollet obtient la chaire de physique expérimentale qui vient d'être créée au Collège de Navarre. En 1757, il est de nouveau appelé à la Cour pour enseigner la physique aux Enfants de France ; la même année il est nommé professeur de physique expérimentale à l'Ecole d'artillerie et du génie de La Fère et en 1761, à l'Ecole de Mézières, à la fin de cette même année il obtint la place de Pensionnaire, place rendue vacante par la mort de Réaumur. En 1770, Nollet publie les trois volumes de l'*Art des expériences*, un ouvrage qu'il annonçait depuis longtemps et dans lequel il ne néglige rien de ce qui peut mettre son lecteur en état de former un cabinet de physique. La même année, l'abbé devient l'adjoint de Fouchy, le secrétaire de l'Académie, il ne remplit cette fonction que peu de temps. Il meurt dans le temps de Pâques de cette même année.

Des conjectures sur les causes de l'électricité des corps

L'abbé Nollet publie le premier volume de ses *Leçons de physique expérimentale* en 1743, deux ans avant la lecture à l'Académie des sciences de son premier mémoire sur l'électricité. Dans la préface de ses Leçons, Nollet annonce qu'il ne se présente sous les auspices d'aucun philosophe : *ce*

---

319 L'abbé Nollet fut, nous l'avons dit, le maître de physique et d'histoire naturelle des Enfants de France, il donnait ses cours dans le cabinet des médailles transformé à cet effet en cabinet de physique. Ces leçons de physique faites à Versailles lui valurent de nombreux honneurs, il eut alors son appartement au château qu'il garda jusqu'à sa mort. En 1746, le roi lui attribua un appartement dans les galeries du Louvre et, en 1758, le roi le chargea d'aménager un cabinet de physique complet dans l'hôtel des Menus Plaisirs à Versailles, 345 pièces sont décrites dans le catalogue. (Paola Bertucci, « Les leçons de Physique Expérimentale de l'abbé Nollet », *op. cit.*, p. 188-191).

320 Cité par Benguigui, *op. cit.*, p. 122.

n'est ni la Physique de Descartes, ni celle de Newton, ni celle de Leibnitz, que je me suis prescrit de suivre particuliérement ; c'est, sans aucune préférence personnelle, & sans distinction de nom, celle qu'un accord général & des faits bien constatés me paroissent avoir solidement établie. Pénétré de respect, & même de reconnaissance pour les grands hommes qui nous ont fait part de leurs pensées, & qui nous ont enrichis de leurs découvertes, de quelque Nation qu'ils soient, & dans quelque tems qu'ils aient vécu, j'admire leur génie jusques dans leurs erreurs, [...] mais je n'admets rien sur leur parole, s'il n'est frappé au coin de l'expérience ou démontré selon les régles : en matiére de Physique, on ne doit point être esclave de l'autorité ; on devroit l'être encore moins de ses propres préjugés, reconnoître la vérité par-tout où elle se montre, & ne point affecter d'être Newtonien à Paris, & Cartésien à Londres [321].

Frontispice de l'Essai sur l'électricité des corps

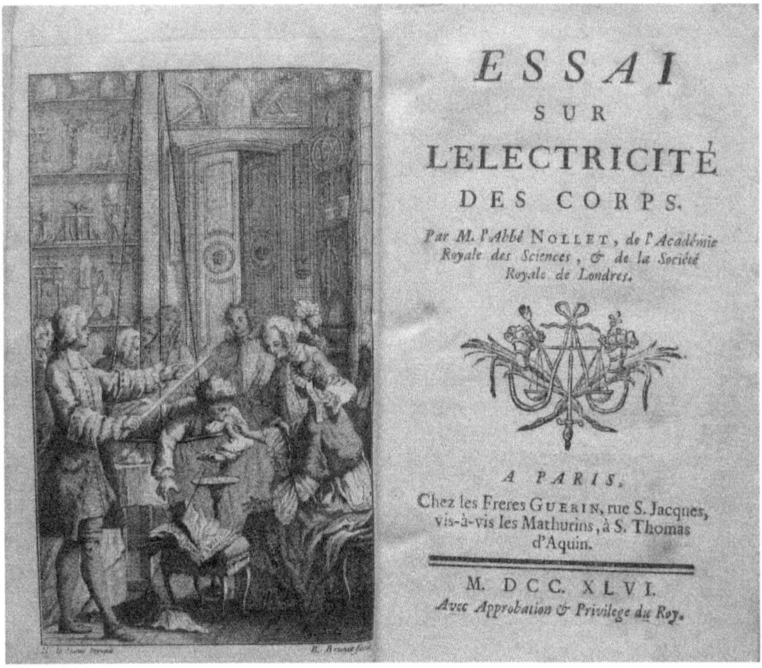

[321] Nollet, « Préface », *Leçons de physique expérimentale*, tome 1, Paris, Hip. L.Guerin & L. F. Delatour, 1743 ; p. xx-xxj.

Mais si l'abbé se dispense de présenter ce qu'ont pensé Descartes et Newton, c'est parce que l'abbé Pluche l'a fait dans son *Histoire du ciel*[322], *avec le même agrément qu'on rencontre dans tous ses écrits*[323]. Pour ne s'en tenir qu'à une physique appuyée sur des faits, Nollet écarte soigneusement toutes les questions de métaphysique qui pourraient tenir aux matières qu'il traite ; mais en cette matière, il renvoie ses lecteurs à la *Recherche de la vérité* du père Malebranche. Nous aurons l'occasion de revenir sur cet ouvrage lorsque nous soupçonnerons l'abbé de céder à ses propres préjugés.

Le 28 avril 1745, Nollet lit à l'Académie des sciences un mémoire intitulé *Conjectures sur les causes de l'électricité des corps*[324], les mémoires de cette année ne furent publiées qu'en 1749. En janvier 1746, les membres de l'Académie des sciences prirent connaissance de la lettre de Musschenbroek à Réaumur relatant une expérience nouvelle mais terrible, la bouteille de Leyde était inventée. Nollet s'empressa de refaire cette expérience, d'en varier les circonstances, il en rendit compte à l'Académie des sciences à la séance publique du 20 avril 1746[325], le mémoire de Nollet et l'*Histoire de l'Académie des sciences* de cette même année relate l'évènement, mais ceux-ci ne paraîtront qu'en 1751. Quelques mois après cette lecture du 20 avril à l'Académie, Nollet publie l'*Essai sur l'électricité des corps*[326], le rapport de l'Académie autorisant sa publication fut signé par Réaumur et Grandjean de Fouchy le 20 août 1746. Cet ouvrage est divisé en trois parties, il est évident que la première partie a été rédigée avant l'expérience de Leyde ; celle-ci et son interprétation, qui sont l'objet du mémoire d'avril 1746, sont exposées dans les seconde et troisième parties de l'ouvrage, lesquelles sont extraites des deux mémoires lus à l'Académie en 1745 et en 1746. L'année suivante, l'abbé Nollet compléta son second

---

322 Noël-Antoine Pluche, *Histoire du ciel*, 2 vol., Vve Estienne, Paris, 1737. Robert Locqueneux, « L'abbé Pluche ou l'accord de la foi et de la raison à l'aube des Lumières », *Sciences et techniques en perspective*, 2e série, vol. 2, fascicule 2, 1998, p. 235-288.

323 Nollet, « Préface », *Leçons de physique expérimentale*, tome 1, *op. cit.* ; p. xxij.

324 Nollet, « Conjectures sur les causes de l'électricité des corps », *MARS*, 1745, p. 107-151. Grandjean de Fouchy, « Sur les causes de l'électricité », *HARS*, 1745, p. 4-10.

325 Nollet, « Observations sur quelques nouveaux phénomènes d'électricité », *MARS*, 1746, p. 1-23. Grandjean de Fouchy, « Sur l'électricité », *HARS*, 1746, p. 1-17.

326 Nollet, *Essai sur l'électricité des corps*, Paris, Guérin, 1746. Nollet n'a rien voulu changer dans les différentes éditions de l'*Essai sur l'électricité des corps, parce qu'heureusement les recherches qu'il a faites depuis qu'il a publié cet Essai pour la premiere fois, ne l'ont obligé à aucune correction importante ; & parce que ce petit Ouvrage étant comme le germe de tout ce qu'il a fait sur cette matiére, il est bien aise de le conserver sans mélange & sans addition, afin qu'on puisse voir par la date même de la première Edition (1746) ce qui peut lui appartenir, dans les Ouvrages de cette espece, qui ont paru depuis, sous d'autres noms, ou ce qu'il doit à ceux qui avoient écrit avant lui* (Avis du libraire, 4e édition, 1755 ; p. iij, iv).

mémoire : il lut trois mémoires à l'Académie pour apporter des *Eclaircissements sur plusieurs faits concernant l'électricité*, les deux premiers furent lus le 17 mai et le 8 juillet 1747 [327].

Des instruments pour des expériences sur l'électricité

Dans la première partie de L'*Essai sur l'électricité des Corps*, Nollet décrit *les instrumens propres aux Expériences de l'Electricité* et instruit ses lecteurs sur l'art de les fabriquer et de s'en servir. L'intention de Nollet est bien de former des physiciens capables de monter un cabinet de physique et de faire des manipulations, aussi insiste-t-il sur le choix des matériaux, la description des machines électriques et l'art de s'en servir. Dans la description des instruments qui entrent dans les cabinets d'électricité au Siècle des lumières, je m'en tiendrai aux planches qui illustrent les expériences présentées. Je m'inspire en cela d'un propos de Nollet lui-même qu'il place au début de ses leçons sur l'électricité : *j'éviterai par-là des descriptions qui tiendroient bien de la place, & qui seroient superflues pour le plus grand nombre de mes lecteurs, [...]* [328]. Nollet termine la première partie de l'*Essai* en montrant quelle est la manière d'éprouver si un corps est électrique et quelles sont les circonstances favorables ou nuisibles à l'électricité.

Légendes des figures

La machine pneumatique de l'abbé Nollet.

La machine pneumatique dont je me sers est composée de six parties principales, sçavoir, 1°. d'un corps de pompe de cuivre A : 2°. d'un piston dont le manche est terminé en forme d'étrier B, pour être abaissé avec le pied, & garni d'une branche montante avec une poignée C, pour être relever avec la main : 3°. d'un robinet dont on voit la clef en D : 4°. d'une platine couverte d'un cuir mouillé, sur lequel on pose le récipient ou la cloche de verre E : 5°.d'un pied FG, avec deux tablettes H, H, qui peuvent se hausser & s'abaisser à volonté : 6°. D'un rouet IKL, avec lequel on peut transmettre un mouvement très-rapide dans un récipient, après qu'on a pompé l'air.

Comme on ne peut pas faire le vuide d'un seul coup, il faut qu'on puisse remonter le piston sans faire rentrer dans le récipient l'air qu'on en a ôté, & qui a passé dans le corps de la pompe : pour cet effet la clef du robinet est percée de façon qu'en lui faisant faire un quart de tour, on ouvre une communication par laquelle le piston, en se relevant, pousse l'air du dedans au dehors de la pompe, & l'on ferme en même-tems tout accès du côté du

---

327 Nollet, « Eclaircissemens sur plusieurs faits concernant l'Electricité », *MARS*, 1747, p. 102-131, p. 149-199, p. 207-242. Grandjean de Fouchy, « Sur l'électricité », *HARS*, 1747, p. 1-32.

328 Nollet, *Leçons de physique expérimentale*, *op. cit.*, tome 6, p. 238.

récipient : ensuite en remettant la clef dans la première situation, on est en état de donner un nouveau coup de piston[329].

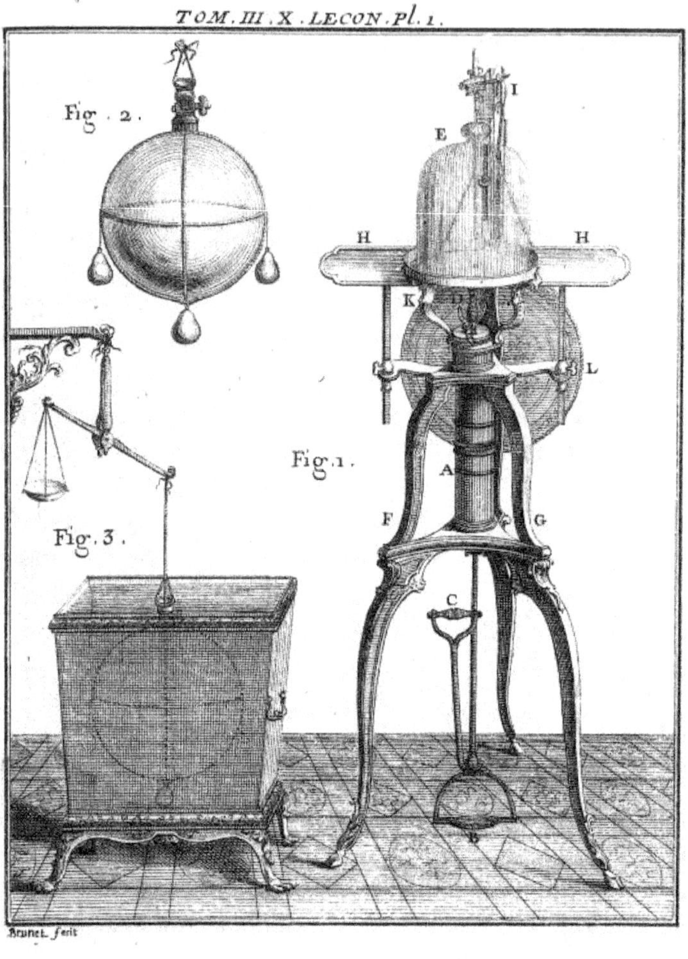

La machine pneumatique
Nollet, Leçons de physique expérimentale, tome 3, Xe leçons, pl. 1, fig.1

La machine électrique
Le globe que l'on veut électriser, doit tourner entre deux pointes de fer ou d'acier, comme les ouvrages qui se font au tour ; pour cet effet il faut qu'à l'un de ses deux poles il ait une poulie de bois, dont la gorge puisse recevoir la corde d'une roue à peu-près semblable à celle des Cordiers, ou à celle

[329] *Ib.*, tome 3 ; p. 187, 188.

des Couteliers ; & qu'à l'autre pole il soit garni d'un morceau de bois propre à recevoir la pointe du tour[330].

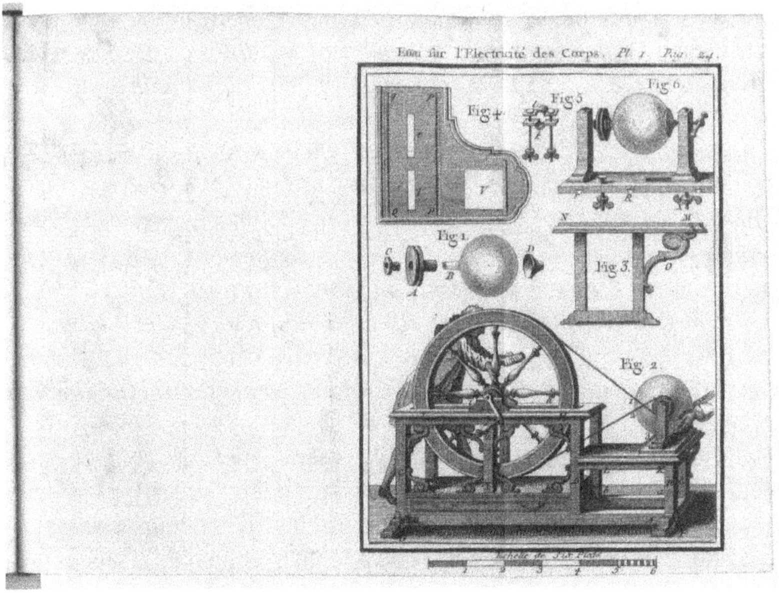

La machine électrique Nollet, *Essai sur l'électricité des corps, Pl. 1.*

Des principaux phénomènes de l'électricité, première esquisse d'une nouvelle théorie

Dans l'Essai sur l'électricité des Corps

Dans la seconde partie de l'*Essai sur l'électricité des corps*, Nollet présente une *Exposition méthodique des principaux phénomènes de l'Electricité, pour servir à la recherche des causes*[331]. Ici Nollet, qui s'adresse à des amateurs, ne peut se limiter à la présentation de sa seule contribution et doit introduire les résultats antérieurs à ses propres travaux, avant d'exposer, dit-il : *les questions que je me suis faites à moi-même à mesure que j'ai avancé dans la connaissance des phénomènes électriques*[332]. Et, parce que son intention est aussi d'enseigner les méthodes de la recherche en physique, d'apprendre à interroger la nature et à raisonner en physicien ; il commence par poser un certain nombre de questions pour montrer de quelle manière on peut y répondre, élaborant ainsi sous les yeux de ses lecteurs ce qu'il retient des idées émises sur l'électricité

[330] Nollet, *Essai sur l'électricité des corps*, *op. cit.*, p. 11.

[331] *Ib.*, p. 46.

[332] *Ib.*, p. xx.

avant qu'il en aborde l'étude. Les premières questions et les réponses qu'il leur apporte, parce qu'elles sont déjà connues, ne pouvaient être que fortuitement évoquées dans un mémoire à l'Académie des sciences.

Les premières questions sont de celles qui viennent naturellement à l'esprit lorsqu'on aborde pour la première fois les phénomènes liés à l'électricité : *1° Quels sont les corps qui sont capables de devenir électriques par frottement : & ceux qui le deviennent par cette voie, le sont-ils tous au même degré ?* [333] *2° Quelles sont les matières qui s'électrisent par communication ; & celles qu'on peut électriser ainsi, sont-elles toutes également susceptibles de recevoir le même degré d'électricité ? 3° Y a-t-il quelque différence remarquable entre l'électricité acquise par communication, & celle qui est excitée par frottement ? 4° Tous les Corps légers de quelque espece qu'ils soient, sont-ils attirés & repoussés par un Corps électrisé, & cette vertu a-t-elle plus de prise sur les uns que sur les autres ? 5° L'électricité une fois excitée ou communiquée, dure-t-elle longtemps ? & quelles sont les causes qui la font cesser, ou qui diminuent sa durée ou sa force ?*

A la suite de chacune de ces cinq premières questions, Nollet monte une série d'expériences. Les réponses à ces premières questions relatent des observations qui ont été faites sur les corps électrisés depuis dix ans et plus ; en les énonçant nous ne faisons que résumer les connaissances acquises antérieurement sur les phénomènes électriques, connaissances qui ont déjà été présentées ici.

Réponse à la première Question. On peut donc conclure par rapport à la question présente, 1°. que de tous les corps qui ont assez de consistance pour être frottés, ou dont les parties ne s'amollisent point trop par le frottement, il en est peu qui ne s'électrisent quand on les frotte. 2°. Que les corps vivants, les métaux parfaits ou imparfaits, doivent être formellement exceptés. 3°. Que tous les corps qu'on peut électriser en frottant, ne sont pas capables d'acquérir un égal degré d'Electricité. 4°. Que les plus électriques de toutes, après avoir été frottées, sont les matieres vitrifiées, & ensuite le soufre, les gommes, certains bitumes, les résines, &c. Les corps qui s'électrisent par frottement, ont été nommés "matieres Electriques par elles-mêmes", ou "naturellement Electriques" ; en Latin, "per se Electrisicabiles, ou Electricae" [334].

Réponse à la seconde Question. 1°. Il paroît qu'il n'y a aucune matiere en quelque état qu'elle soit (si l'on en excepte la flamme, & les autres fluides qui se dissipent par un mouvement rapide, parce qu'on ne peut gueres les soumettre à ces sortes d'épreuves) il n'est, dis-je, aucune matiere qui ne reçoive l'Electricité d'un autre corps actuellement électrique. 2°. Il y a des

---

333 *Ib.*, p. 46, 50, 54, 57, 61 pour cette question et les quatre suivantes.

334 *Ib.*, p. 49-50, 53-54, 56-57, 59-60, 65-66 pour cette réponse et les quatre suivantes.

especes à qui l'on communique l'Electricité bien plus aisément & bien plus fortement qu'à d'autres. Tels sont les corps vivans, les métaux, & assez généralement toutes les matieres qu'on ne peut électriser par frottement, ou qui ne deviennent électriques que peu ou difficilement par cette voie. 3°. Et au contraire, les corps qui s'électrisent le mieux par frottement, le verre, le soufre, les gommes, les résines, &c. ne reçoivent que peu ou point d'Electricité par communication.

Réponse à la troisieme Question. J'ai donc cru devoir conclure de ces épreuves, 1°. Que les effets sont les mêmes au fond, soit que l'Electricité naisse par frottement, soit qu'elle s'acquiere par communication. 2°. Que la voie de communication est un moyen plus efficace que le frottement, pour forcer les effets de l'Electricité.

Réponse à la quatrieme Question. Il paroît donc 1°. qu'un Corps actuellement Electrique exerce son action sur toutes sortes de matieres indistinctement, pourvu qu'elles ne soient pas retenues invisiblement, soit par trop de poids, soit par quelque autre obstacle. 2°. Qu'il y a certaines matieres sur lesquelles l'Electricité a plus de prise que sur d'autres. 3°. Que cette disposition plus ou moins grande à être attiré & repoussé par un Corps électrique, dépend moins de la nature des matieres ou de leurs couleurs, que d'un assemblage plus ou moins serré de leurs parties, puisque le même ruban seulement mouillé, ciré ou gommé, devient par-là plus propre à obéir au tube électrique, & que la teinture noire ou l'encre qu'on sçait être plus dense que l'eau pure, à cause des parties ferrugineuses qu'elle contient, procure le même effet.

Réponse à la cinquieme Question. De tous ces faits on peut conclure : 1°. Que l'Electricité n'est point un état permanent ; qu'elle s'affoiblit & qu'elle cesse d'elle-même après un temps qui dure plus ou moins, suivant le degré de force qu'on lui fait prendre, & la nature des matieres dans lesquelles on la fait naître. 2°. Qu'un Corps électrisé perd communément toute sa vertu par l'attouchement de ceux qui ne le sont pas. 3°. Que dans le cas d'une forte Electricité, ces attouchemens ne font que diminuer la vertu du Corps électrisé ; & ne la lui font perdre entiérement qu'après un espace de temps qui peut être assez considérable.

Les questions suivantes sont parfois suivies de l'observation d'un certain nombre de faits qui précèdent et suscitent les expériences sur lesquelles Nollet fonde ses réponses. En abordant la sixième question, nous entrons véritablement dans le propos du mémoire présenté à l'Académie des sciences en 1745 : *L'électricité est-elle une qualité abstraite ou l'action de quelque matière invisible qui soit en mouvement autour du corps électrisé ?* [335]. Ici, les observations faites : l'attraction, la répulsion des corps légers au voisinage des corps devenus électriques, une impression semblable

335 *Ib.*, p. 66.

à des toiles d'araignées flottantes en l'air et qui peut dégénérer en une piqûre quelquefois capable de percer la peau, dans de certaines circonstances, une odeur d'ail ou de phosphore qui se fait sentir autour du corps électrique tant que dure l'électricité, des rayons en forme d'aigrettes lumineuses que darde par quelques endroits le corps devenu électrique, et qui se réunissent en un seul trait de lumière très-vive lorsqu'on leur oppose un autre corps, surtout s'il est animé ou métallique, enfin l'inflammation des vapeurs et des liqueurs inflammables qu'on approche de ces émanations lumineuses, etc. ne laissent pas place au doute : *Il est de toute évidence que les attractions et les répulsions, et autres phénomènes électriques sont les effets d'un fluide subtil, qui se meut autour du corps que l'on a électrisé, & qui étend son action à une distance plus ou moins grande selon le degré de force qu'on lui a fait prendre. Car une substance qui touche, que l'on entend agir, qui se rend visible en certains cas & qui a de l'odeur, peut-elle être autre chose qu'une matière en mouvement ?* [336]

Ainsi Nollet s'enhardit-il à proposer un système, considérant que *l'imagination en le formant n'a fait que mettre en œuvre ce que l'expérience lui a fourni : & j'ose dire [ajoute-t-il] qu'on lui feroit tort, si on le prenoit dans le sens abusif, pour un assemblage de possibilités, ou de pensées dénuées de preuves.* [337] Nollet considère en effet que, *lorsqu'on fait des expériences, il faut avoir une intention ; & quelle intention peut-on avoir quand on a pour régle de ne s'arrêter à aucun principe, & de n'avoir en vûe aucune cause particulière ?*

Les questions suivantes portent sur la nature de ce fluide électrique afin d'en préciser les propriétés. Nollet montre d'abord que le fluide en mouvement autour du corps électrisé n'est pas l'air de l'atmosphère qui serait agité d'une certaine façon par le corps que l'on a frotté. Il montre ensuite que la matière électrique ne se meut pas en forme de tourbillon autour du corps qui est électrisé. Ainsi, Nollet qui, jusqu'ici, n'a pas envisagé un seul instant l'hypothèse des deux fluides de Dufay, ne retient pas l'idée des tourbillons de matière électrique du même Dufay, lequel n'est pas même cité ici. Si le fluide électrique ne se meut pas en tourbillon, la question de son mouvement se pose, Nollet la pose, *le fluide subtil, que nous nommons matière électrique, vient-il du Corps électrisé comme d'une source qui la lance de toutes parts ; ou bien va-t-il à lui comme à un terme où il tend de tous côtés ; ou bien le même rayon de cette matière part-il du Corps électrique pour y revenir aussitôt ?* [338]. Selon Nollet : *Ce qui donne lieu à cette question, c'est qu'on voit toujours un corps électrique attirer & repousser en même temps différents corpuscules, ou le même*

---

336 *Ib.*, p. 68.

337 *Ib.*, p. xij, xiv, pour cette citation et la suivante.

338 *Ib.*, p. 76, pour cette citation et la suivante.

successivement ; & l'on sçait [...] que l'un & l'autre mouvement est l'effet d'une véritable impulsion. Ainsi, Nollet fait-il naître de l'impulsion, les attractions et les répulsions qu'une matière électrique en mouvement exerce sur différents corpuscules ; comme, avant lui, Privat de Molières voulait *faire naître de l'impulsion, cette attraction, ou pesanteur, qui croît et décroît en raison inverse du quarré de la distance* [339].

Soulignons que Nollet n'envisage pas un instant de supposer l'existence d'actions à distance ni de faire agir, comme l'avait fait Dufay, des tourbillons de matière électrique. D'ailleurs Nollet n'admet la gravitation que comme un effet d'une cause inconnue : *Je suis exactement newtonien, c'est-à-dire que je reconnois l'attraction comme un fait et que la vertu attractive n'est pas de mon goût* [340].

Les questions suivantes portent sur les pores des corps électrisés et le mode d'écoulement de la matière électrique et sa pénétration dans les corps qu'elle rencontre. Pour répondre à ces questions, Nollet rend lumineuses ces émanations dont il ne connaît l'existence que par leurs effets alors : *l'œil le moins attentif sera frappé de leur forme & des mouvements qu'elles affectent* [341]. Les expériences mises en œuvre montrent *que la matière électrique sort du corps électrisé en forme de bouquets ou d'aigrettes, dont les rayons divergent beaucoup entre eux* ; Nollet en conclut que lorsqu'un corps est électrisé par frottement, tout se passe comme si une partie de la matière électrique qu'il contient, était chassée de ses pores, et en même temps remplacée par le même fluide présent partout dans l'univers : il se forme donc autour du corps électrique deux courants de matière électrique, l'un qui sort et l'autre qui rentre ; Nollet les distingue par les noms de matière *effluente* et *affluente* ; il arrive alors que quelques corps soient entraînés vers le corps électrique comme s'ils en étaient attirés, et d'autres comme s'ils en étaient repoussés, et cela suivant la direction des courants de matière dans lesquels ils se trouvent, il arrive qu'une feuille d'or soit attirée et une autre repoussée. Ainsi, au terme de ces recherches, Nollet voit-il qu'autour d'un corps devenu électrique, il se forme des courants contraires d'une matière très déliée et agitée qui a la force de pousser vers ce corps ou loin de ce corps des corps légers peu éloignés et compris dans sa sphère d'activité. Après avoir précisé de quelles manières cette matière pénètre les corps, s'ils lui sont perméables ou non, Nollet pose enfin la question, une question que l'on pouvait penser écartée d'office : *Y a-t-il dans la nature deux sortes*

---

339 Privat de Molières, *Leçons de physique, contenant les élémens de la physique, déterminés par les seules loix des méchaniques*, 4 volumes, Paris, Desprez et Cavalier, 1734- 1738 ; [2e éd. citée : Paris, 1745], t. 1, p. xiij-xiv.

340 Nollet, Lettre à Jallabert, 1er janvier 1744, in Isaac Benguigui, *Théories électriques du XVIIIe siècle*, *op. cit.*, p. 111, 112.

341 Nollet, *Essai sur l'électricité des corps*, *op. cit.*, p. 85, 88, pour cette citation et la suivante.

d'électricité, essentiellement différentes l'une de l'autre ?[342] Nollet considère que des faits nouveaux, qui ne pouvaient être connus de Dufay qui expérimentait trente ans plus tôt, l'on conduit à abandonner la distinction des deux électricités vitreuse et résineuse. Et parce qu'il ne peut exposer la théorie de Dufay en quelques lignes, Nollet en remet la réfutation à plus tard. *Feu M. Dufay, séduit par de fortes apparences, & embarrassé par des faits qu'il n'étoit gueres possible de rapporter au même principe il y a trente ans, c'est-à-dire, où l'on ignoroit encore bien des choses qui se sont manifestées depuis, M. Dufay, dis-je, a conclu pour l'affirmative sur la question dont il s'agit. Maintenant bien des raisons tirées de l'expérience, me font pencher fortement pour l'opinion contraire ; & je ne suis pas le seul de ceux qui ont examiné & suivi les phénomenes électriques, qui abandonne la distinction des deux électricités résineuse & vitrée ; mais le respect que je dois à la mémoire de M. Dufay, & le desir que j'ai de mettre la vérité dans tout son jour, si elle est de mon côté, ne me permettent pas de discuter dans un simple abrégé les faits qu'on peut alléguer de part & d'autre, & de les ramener tous avec assez d'évidence au principe d'une seule & même Electricité ; [...].* Cette réfutation, nous la trouvons dans le Mémoire lu à l'Académie en 1745, mémoire qui, rappelons-le, ne parut qu'en 1749, entre-temps Nollet eut l'opportunité d'y ajouter quelques notes de bas de page et, peut-être, d'ajouter au texte du Mémoire. Depuis les travaux de Dufay sur l'électricité, nous l'avons déjà écrit, les appareils ont changés, ainsi les globes de verre que l'on fait tourner sur leur axe avec une roue de coutelier ont beaucoup plus d'effets que les tubes utilisés par Dufay.

Enfin, aboutissement de la série des questions sur les causes des phénomènes électriques et sur la nature de l'électricité, aboutissement de la seconde partie de cet *Essai*, Nollet pose la question fondamentale : *La matière électrique ne seroit-elle pas la même que celle qu'on appelle, feu élémentaire, ou lumière* ? Avant d'aborder cette question, il importe de préciser ce que les physiciens des Lumières, influencés par Boerhaave, entendent par feu élémentaire ; ce que Nollet ne manque pas de faire : *Ce que le vulgaire appelle feu, n'est autre chose qu'un corps enflammé dont les parties se dissipent ; mais cette dissipation qui se fait sous la forme de vapeurs, de fumée, & de flamme, est causée, selon l'opinion de presque tous les Physiciens, par l'action d'un fluide subtil & violemment agité, qui se dilate entre les parties d'un corps dont il occupe les moindres pores, c'est ce fluide qu'on regarde comme l'élément du feu, & qu'on suppose par bien des raisons être presque par-tout. Ce fluide s'appelle feu, lorsque son action forcée détruit ou dissipe les corps qui le renferment. On lui donne le nom de lumiere, lorsque dégagé de toute substance grossière, ses parties sont contigus entr'elles dans un milieu transparent, & que les filets ou rayons*

---

342 *Ib.*, p. 118-120, pour cette citation et les suivantes.

qu'elles forment par leur continuité & leur alignement, reçoivent d'un astre ou d'un corps enflammé une certaine agitation qu'elles transmettent jusqu'à nos yeux.

Ainsi la même matière opere différens effets, & reçoit différens noms suivant qu'elle est agitée de l'une ou de l'autre maniere, suivant qu'elle est, pour ainsi dire, armée de parties étrangeres qui augmentent sa masse & son effort, ou qu'elle agit seule & dégagée de toute autre matière. Voilà l'idée qu'on s'est faite de cet élément ; & cette idée se confirme tous les jours par l'expérience & par les observations. Mais une des plus fortes raisons qui portent à croire que le feu & la lumiere ne sont au fond qu'une seule & même matiere, différemment modifiée, c'est que le feu éclaire presque toujours, & qu'il y a bien des cas où la lumiere brûle : la Nature qui économise tant sur la production des êtres, tandis qu'elle multiplie si libéralement leurs propriétés, auroit-elle établi deux causes pour deux effets auxquels il paroît qu'une des deux peut suffire ? Cette raison est assurément bien plausible, & l'on peut en faire aussi l'application à la matiere électrique [343].

Ecartant les arguments d'autorité, Nollet entreprend alors d'examiner quels rapports il y a entre la matière qui brûle, celle qui éclaire et celle qui cause ces mouvements d'attractions et de répulsions qu'on voit autour des corps électrisés. Dans la première expérience évoquée par Nollet, une personne placée sur un gâteau de résine ou suspendue avec des cordons de soie est électrisée avec un globe ; à quelque endroit du corps de cette personne que l'on présente le doigt ou une verge de métal, on en tire des étincelles très brillantes et très piquantes ; et, si cette personne approche de plus près le doigt à la main ou au visage d'une autre personne à quelques pouces de distance, on voit de belles aigrettes de matière enflammée et si les parties s'approchent de plus près, ces aigrettes diminuent de divergence et se convertissent en un trait de feu très brillant et sensible jusqu'à la douleur. Enfin, si l'on présente dans une cuillère d'argent, une liqueur inflammable quelque peu chauffée, la personne électrisée l'enflamme en approchant le bout du doigt ou un morceau de fer de sa surface. Nollet en déduit : *on voit que la matière électrique, tant affluente qu'effluente, éclaire, pique & brûle, fonctions communes à celle du feu & de la lumiere* [344].

Cette première expérience est suivie de sept observations, quelques-unes d'entre elles nécessitent de recourir à l'expérience pour montrer que l'une et l'autre des propriétés de l'électricité sont communes au feu ou à la lumière.

Lors de la première observation, Nollet constate que les corps qui contiennent le plus de feu ne s'embrasent point d'eux-mêmes, qu'il faut : *que quelque cause particuliere développe ou excite le principe*

---

343 *Ib.*, p. 120-122.

344 *Ib.*, p. 124.

d'inflammation qui est en eux : mais de tous les moyens propres à animer ce principe, il n'en est point de plus efficace & de plus prompt que celui-là même qui fait naître primitivement l'Electricité ; les corps deviennent électriques de la même maniere qu'on les rend chauds ; en les frottant on fait l'un & l'autre. Ils peuvent être électrisés par communication, comme un corps peut être embrasé par un autre qui l'a été avant lui : mais il faut toujours que celui de qui ils tiennent leur vertu ait été frotté ; à peu près comme la flamme qui consume une bougie vient originairement d'une étincelle que le frottement ou la collision a fait naître [345].

Seconde observation : la chaleur naît d'autant plus vite dans un corps que l'on frotte qu'il est plus dense et que ses parties sont plus élastiques, le plomb s'échauffe faiblement quand, avec le même frottement l'acier devient brûlant ; Nollet souligne qu'il en est exactement de même pour les corps susceptibles de devenir électriques par frottement.

Troisième observation : l'action du feu, la chaleur, s'étend davantage et avec plus de facilité dans les métaux que dans toute autre espèce de corps solide ; il en est de même pour l'électricité.

Quatrième observation : Nollet prend ici en considération le feu élémentaire, c'est-à-dire celui qui ne trouve pas d'obstacle et qui est libre de toute matière étrangère, et en excepte celui dont les rayons sont condensés par réflexion ou par réfraction au foyer d'un verre ardent. *[Ce feu élémentaire] qui cede au premier degré de mouvement qu'on lui imprime, se dissipe sans chaleur sensible, & ne produit tout au plus que de la lumiere : mais quand son effort est retardé, & qu'il trouve de l'opposition, il croît de plus en plus par la force qui continue de l'animer ; & s'il vient à rompre ce qui le retient, semblable à la bombe qui éclate, il s'arme, pour ainsi dire, des parties de la matiere qu'il a divisée ; il heurte avec violence les corps qui sont exposés à son choc, & à travers desquels il passeroit librement & sans effet s'il étoit seul* [346].

Parmi les exemples donnés par Nollet, retenons celui-ci : *Le feu qui ne dévore que de la paille, n'a pas la même ardeur que s'il embrasoit du bois neuf.* Que l'électricité ait cette même propriété, Nollet recourt à une expérience, sa seconde expérience pour le mettre en évidence : Pour ce faire, il électrise un globe vide d'air et purgé des vapeurs dont ce fluide est toujours chargé : *je n'apperçois au-dedans [dit-il] qu'une lumiere diffuse, à peu près comme celle des éclairs que la grande chaleur fait naître par un temps serein. Cette Electricité intérieure [ajoute-t-il] ne se manifeste plus comme d'ordinaire, par des pétillements, des petits éclats, des étincelles ; apparemment parce que le vaisseau purgé d'air, ne contient plus qu'un feu élémentaire, purgé & dégagé de toute substance étrangere ; ce fluide, au*

---

345 *Ib.*, p. 125.

346 *Ib.*, p. 128-130 pour cette citation et les suivantes.

moindre mouvement qu'on lui communique, s'enflamme sans effort, mais aussi sans autre effet que celui de luire dans l'obscurité.

Nollet évoque aussi l'expérience faite avec un globe dont une grande partie de la surface intérieure est enduite de cire d'Espagne : lorsqu'on se sert d'un tel globe, l'enduit devient transparent au point de laisser voir la main qui frotte.

Cinquième observation : *La matiere du feu faisant fonction de lumiere, se meut pour l'ordinaire plus librement dans un corps dense, que dans un milieu plus rare : c'est au moins une conséquence qu'on a cru devoir tirer des loix qu'on lui voit suivre communément dans sa réfraction* [347] ; *la matiere électrique paroît affecter aussi de se mouvoir le plus long-temps & le plus loin qu'il est possible, dans le corps solide qui est électrisé, comme si l'air environnant étoit pour elle un milieu moins perméable* [348].

Nollet rappelle des expériences dans lesquelles l'électricité s'étend incomparablement plus loin que dans l'air, *si l'on électrise plusieurs personnes qui se tiennent par la main, ou plusieurs barres de fer qui soient suspendus bout à bout, [...].* Un autre effet souligné par Nollet qui prendra une grande importance dans une querelle de priorité sur le pouvoir des pointes : *Il [...] sort [plus d'électricité] par les extrémités & par les angles saillants d'une barre de fer, que partout ailleurs de cette même barre : c'est à ces angles qu'elle se manifeste davantage.*

Sixième observation : le mouvement de la lumière se transmet en un instant à de grandes distances : *Cette matière si subtile, si élastique, se trouve apparemment si libre dans les corps diaphanes les plus denses [...],*

---

[347] Descartes était convaincu qu'un milieu plus dense oppose une moindre résistance au passage de la lumière et que ses particules vont plus vite dans le verre que dans l'air. Newton considérait que la réflexion et la réfraction de la lumière sont dues à des forces à distance perpendiculaires à la surface de séparation des deux milieux. Ces forces, exercées sur les grains de lumière, sont répulsives pour la réflexion, répulsives ou attractives pour la réfraction ; dans ce dernier cas, qui correspond au passage de l'air au verre, les grains de lumière sont accélérés. [Robert Locqueneux, *Une histoire des idées en physique*, Paris, Vuibert-SFHST, 2009 ; p. 66-73]. Nollet, quant à lui, ne doute pas que la lumière se meut pour l'ordinaire plus librement dans un corps dense, que dans un milieu plus rare. Dans une leçon sur la lumière, il donne son sentiment sur l'explication que cartésiens et newtoniens donnent de ce phénomène : *les Newtoniens & les Cartésiens sont d'accord sur ce point, que la lumiére reçoit une accélération de vitesse en passant de l'air dans l'eau, dans le verre & dans quantité d'autres milieux plus denses, & que sur la cause de cette accélération, ils ne nous éclairent guéres plus les uns que les autres. Car alléguer l'attraction comme le font les premiers, c'est user d'un principe dont bien des gens ne veulent point, & qui a besoin de supplément dans plusieurs cas ; dire avec les autres, que la lumiére s'accélere, parce qu'elle passe plus librement, c'est presque donner pour raison, le fait même qu'il s'agir d'expliquer.* [Nollet, *Leçons de physique expérimentale*, tome 5, 1754, *op. cit.*, p. 263.] Ajoutons à cela que Fermat et Huygens supposaient, contrairement à Descartes, que la vitesse de la lumière est plus faible dans les milieux plus denses.

[348] Nollet, *Essai sur l'électricité des corps*, *op. cit.*, p. 131, 133 pour cette citation et les suivantes.

que plusieurs de ses rayons y jouissent toujours d'une contiguité non interrompue, & par toutes ces raisons son mouvement se transmet fort loin dans un temps très-court. L'expérience nous montre aussi que l'Electricité parcourt en un clin d'œil un espace très-considérable, pourvu qu'elle trouve des milieux propres à transmettre son action.

Nollet rappelle qu'une corde devient en un instant électrique sur toute sa longueur quoiqu'elle ait plus de 200 toises. Ainsi Nollet montre-t-il combien la matière électrique ressemble à celle de la lumière, *par l'extrême promptitude de son action & de sa propagation à de grandes distances.*

Nollet présente ensuite une expérience qui le montre encore mieux : *l'expérience de Leyde* ; rappelons que celle-ci lui a été communiquée au début du mois de janvier 1746, elle sera l'objet de son mémoire à l'Académie "*Observations sur quelques nouveaux phénomènes d'Electricité*" le 20 avril de cette même année : *Electrisez par le moyen du globe une verge de fer ou de quelqu'autre métal, suspendue par deux fils de soie dans une situation horizontale ; laissez pendre librement un fil d'archal ou de laiton au bout de cette verge, le plus éloigné du globe : tenez d'une main un vase de verre en partie plein d'eau, dans laquelle plongera le fil de métal suspendu ; avec l'autre main essayer d'exciter une étincelle, à tel endroit que vous voudrez de la verge de fer ou du fil de métal qui pend au bout, & qui plonge dans l'eau du vase. Vous ressentirez une commotion très-forte & très-subite dans les deux bras, & même dans la poitrine & dans le reste du corps* [349].

Nollet trouve là, la preuve que la matière de l'électricité pénètre intimement les corps, qu'elle reçoit à la manière des fluides le choc qu'on lui imprime et *que son action, comme celle de la lumiere, passe en un instant à des distances très-considérables.* Une autre expérience confirme ce dernier point : *Au lieu de faire tirer l'étincelle à la même personne qui tient le vase, comme dans l'expérience précédente, formez [nous dit Nollet] une chaîne de trente ou quarante hommes qui se tiennent tous par les mains ; ou si vous n'avez pas assez de monde, faites communiquer un homme à un autre homme par une barre de fer dont ils tiendront chacun un bout ; que le premier de la bande tienne le vase à demi plein d'eau sous le fil de métal, & que le dernier tire l'étincelle du conducteur. Tous ceux qui participeront à cette expérience, ressentiront en même temps la commotion qui en est l'effet ordinaire.*

Une note de bas de page donne en raccourci les précautions qu'il convient de prendre pour que l'expérience réussisse : *Il faut avoir soin que le vase de verre qui contient l'eau, soit bien net & bien sec, tant au dehors qu'au-dedans, à la partie qui reste vuide. Il faut que celui qui tient le vase, le touche par l'endroit qui contient l'eau. Au lieu d'eau on peut employer du*

---

349 *Ib.*, p. 133-136 pour cette citation et les suivantes.

mercure, & d'autres liquides qui soient ni sulphureux ni gras. On peut même employer de la limaille de fer, des grains de plomb, &c. [...] Si la chaine est interrompue, ou que deux des personnes qui la forment, tiennent chacune par un bout un bâton de soufre, de cire d'Espagne, de résine, &c. l'effet ordinaire n'a pas lieu. [...] Au lieu d'une barre de fer, on peut électriser un homme qui ait une main au globe, & l'autre plongée dans le vase, il ressentira la même commotion que ceux qui tiennent le vase & qui tirent l'étincelle. Cette note contient aussi une mise en garde : *Le coup est plus fort quand le globe est plus gros, plus épais, plus frotté ; quand le vase qui contient l'eau est plus large & plus mince ; quand la barre de fer qui conduit l'Electricité est plus grosse. En augmentant l'effet par ce dernier moyen, j'ai tué du second coup un oiseau ; ce qui me fait croire qu'on pourroit blesser quelqu'un qui s'exposeroit imprudemment à cette expérience ; les femmes enceintes surtout, les personnes délicates, ne doivent pas s'y exposer.*

Dans l'*Essai sur l'électricité des corps*, Nollet ne revient pas sur ces expériences dans lesquelles on remplace le canon de fusil par une grosse barre de fer ; il y revient dans le mémoire de 1746 lorsqu'il en vient aux expériences qui furent faites sur des paralytiques. On espérait alors que l'électricité pourrait avoir sur eux quelques effets curatifs. Pour que la secousse qui se fait sentir soit plus prompte et plus efficace, Nollet pense qu'il peut substituer au canon de fusil qui conduit l'électricité *des pièces quarrées qui avoient sept à huit pieds de long, & qui pesoient 60 ou 80 livres* [350]. Il vit alors des phénomènes électriques bien différents de ce qu'on a coutume de voir : *Au bout d'une de ces grosses barres électrisées, on voyoit sortir par les quatre angles, autant de gerbes enflammées, dont la longueur mesurée étoit de plus de cinq pouces, & le diamètre d'un peu plus de deux pouces, à l'endroit où elles étoient le plus épanouies : le bruit que faisoient ces gerbes s'entendoit distinctement dans la chambre voisine dont on laissoit la porte ouverte, & à plus de quinze pouces de distance on sentoit sur les mains un souffle très-considérable, de même qu'autour de la barre dans toute sa longueur.* ***(fig. 3, in MARS 1746, pag.23, Pl. 2)***

Cette expérience et d'autres qu'il fit à la suite le dissuadèrent de continuer dans cette voie : *Dans l'état où je vis les choses, je me persuadai que cette commotion que j'avois cherché à augmenter, pourroit bien l'être trop pour l'usage que j'en voulois faire, & avoir un effet tout contraire à celui que je desirois qu'elle eût.*

---

350 Nollet, « Observations sur quelques nouveaux phénomènes d'Electricité », *op. cit.*, p. 20-22, pour cette citation et les suivantes.

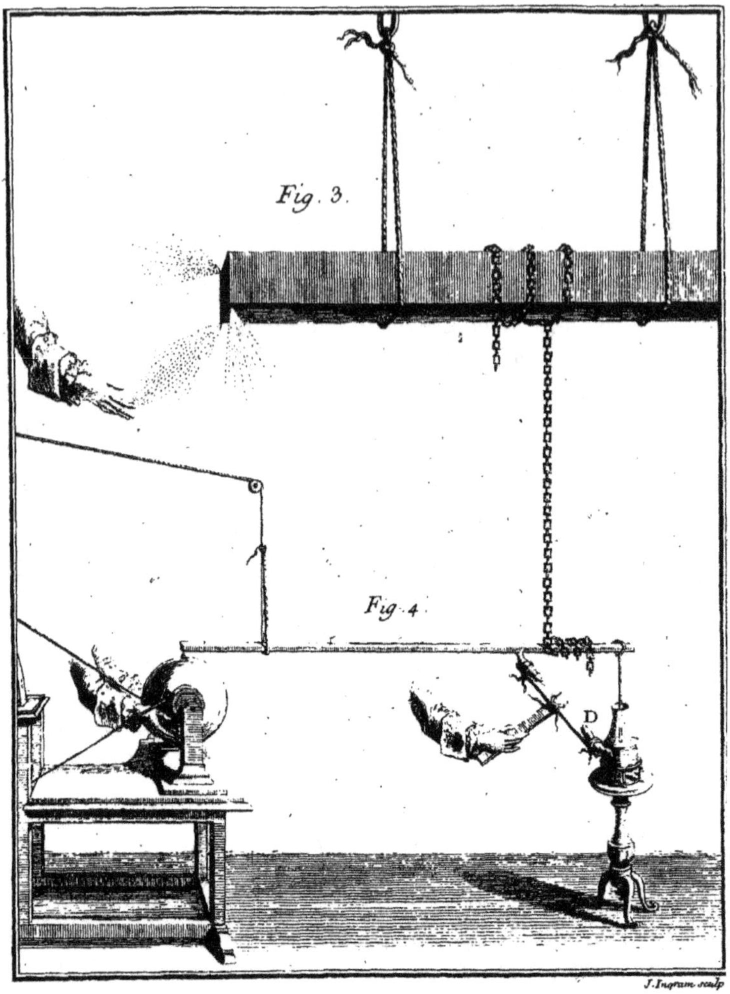

Septième observation : Nollet aperçoit une certaine analogie entre l'électricité et le feu : car l'embrasement et l'électricité ne naissent point dans les matières qui sont fort humides ; mais l'humidité ne nuit pas à la communication de l'électricité, *une corde mouillée transmet fort bien cette vertu ; & l'eau même devient électrique*, les matières fort humides ne nuisent pas non plus à la communication du feu s'il est excité, *la chaleur qui en est l'effet s'y communique aisément* [351]. Ainsi Nollet reconnaît-il dans les qualités de cette matière électrique qui peut éclairer, brûler, éclater avec bruit, etc. les qualités du feu proprement dit ; et parce qu'il est convaincu qu'en physique, les explications se font toujours à moindre frais, il se

[351] Nollet, *Essai sur l'électricité des corps*, *op. cit.*, p. 137.

convainc donc que *la matiere qui fait l'Electricité, ou qui en opere les phénomènes, est la même que celle du feu & de la lumiere* [352].

Après avoir retracer le parcours qu'emprunte Nollet dans l'*Essai sur l'électricité des corps* pour "démontrer" que le feu élémentaire, la lumière et l'électricité sont une même matière diversement modifiée, nous allons évoquer le parcours qu'il a suivi pour arriver au même point dans le Mémoire qu'il a présenté à l'Académie des sciences en 1745. Dans l'*Essai*, Nollet pose une série de questions précises qui s'enchaînent les unes aux autres, les réponses viennent après un certain nombre d'observations et d'expériences. C'est une présentation didactique de l'électricité qui ne pouvait convenir à un mémoire présenté à l'Académie des sciences. Ici, Nollet commence par exposer ce que les phénomènes électriques ne peuvent pas être et ensuite ce que l'on peut présumer de la nature de l'électricité ; il pose ensuite trois questions très générales sur la nature de la matière électrique : d'où vient-elle ? comment se met-elle en action ? et par quel mécanisme ? Les réponses aux deux premières questions se trouvent dans les Mémoires de 1745 et 1746, ainsi que dans la seconde partie de l'*Essai* ; les réponses à la dernière question sont à la fois dans ces deux mémoires et dans la troisième partie de l'*Essai*. La seconde partie de l'*Essai* que nous venons d'exposer démontre l'existence d'une matière électrique et répond aux deux premières questions posées par l'auteur dans son mémoire de 1745 ; d'où vient la matière électrique ? comment se met-elle en action ? Nous allons laisser là l'*Essai* pour le mémoire de 1745.

Des "Conjectures sur les causes de l'électricité", le mémoire de 1745

Dans son mémoire "*Conjectures sur les causes de l'électricité*", Nollet part du premier phénomène de l'électricité : *Le principal signe auquel on reconnoît qu'un corps est actuellement électrique, c'est une sorte d'attraction & de répulsion qu'il exerce alternativement sur les petits corps qui sont autour de lui à une certaine distance [...]* [353]. Partant de là, il expose ce que ce phénomène ne peut pas être : observant quelque chose de semblable dans la pierre d'aimant qui, suivant les circonstances, attire ou repousse le fer qui est dans son voisinage, Nollet met en évidence que cette espèce de ressemblance n'est que superficielle : *l'aiman est continuellement en état d'agir & sans aucune préparation, il n'attaque que le fer ou les matières qui en contiennent ; son action que rien n'arrête, & qui peut vaincre quelquefois un effort de soixante ou quatre-vingts livres, est communément bornée à quelques pieds de distance, & la cause de ces effets, quelque grande qu'elle soit, échappe toûjours aux yeux les plus perçans, fussent-ils aidez des plus puissans secours de l'optique.* Nollet se refuse à

---

352 *Ib.*, p. 137, 138.

353 Nollet, « Conjectures sur les causes de l'électricité des corps », *op. cit.*, p. 108-110, pour cette citation et les suivantes.

penser que les effets de l'électricité viennent d'une attraction générale et commune à toutes les parties de la matière, non seulement parce que ce principe n'est pas adopté par la majorité des physiciens mais parce que : *ceux qui le soutiennent avec le plus de chaleur sont obligez de convenir qu'on ne peut appliquer avec quelque vrai-semblance les attractions aux phénomènes dont il s'agit, sans faire une violence manifeste aux loix qu'on leur attribue, & selon lesquelles on suppose qu'elles agissent dans le méchanisme ordinaire de la Nature.*

Parce que les propriétés de l'électricité et de l'aimant n'ont rien de commun entre elles que l'obscurité de leur principe, parce que les effets de l'électricité ne viennent pas d'une attraction générale et commune à toutes les parties de la matière, Nollet présume que *l'électricité est l'action d'une matière en mouvement entre le corps électrisé & celui sur lequel il exerce ses impressions, car par-tout où il n'y a point d'attraction proprement dite, ni de contact immédiat, les corps ne peuvent agir les uns sur les autres que par l'intermède de quelqu'autre matière dont soit remplie la distance qui les sépare.* Il reste à justifier ce propos par l'expérience, ce que Nollet entreprend : *quand j'ai électrisé un corps, de quelque nature qu'il soit, en le frottant, ou en lui communiquant l'électricité, la matière à qui j'attribue l'attraction & la répulsion que j'aperçois, se manifeste de tant de manières différentes que je ne puis ignorer son existence.* Avec les expériences qui justifient ce propos, nous retrouvons l'ensemble des phénomènes qui viennent en réponse à la sixième question de l'*Essai* ; ce qui nous dispense de nous répéter.

Ajoutons cependant que, dans une note, Nollet décrit les observations qui l'ont confirmé dans l'idée qu'il existe une matière électrique qui s'élance hors des corps électriques et puisque cette matière ne semble pas s'y épuiser, il faut bien qu'une égale quantité de la même matière afflue dans ce corps électrique : *J'avois souvent aperçu ces aigrettes lumineuses, ou bouquets de lumière autour d'un tube ou au bout d'une barre de fer électrisée ; mais comme le frottement qui les faisoit naître, n'étoit pas continuel, on ne les voyoit jamais paroître que par élancemens & avec peu de durée : l'usage du globe, dont le frottement est suivi & sans interruption, m'a rendu ces aigrettes permanentes, & m'a mis à portée de les observer beaucoup mieux que je n'avois pû faire auparavant. Les aigrettes lumineuses qu'on voit sortir des corps électrisez, varient par la densité & par la longueur de leurs rayons, par la couleur de leur feu & par le bruit qu'elles font entendre, selon la nature des matières d'où elles sortent, & selon le degré actuel de l'électricité : plus les rayons sont rares, toutes choses égales d'ailleurs, plus ils me paroissent longs & bruyans, comme si la même quantité de matière forcée de passer par un plus petit nombre de pores ; acquéroit plus de vitesse & d'activité : ceux qui sortent du fer sont toûjours moins serrez, mais plus longs & plus vifs que ceux du cuivre, de l'argent, de l'étain & du plomb, que j'ai éprouvez ; & la couleur de ce feu qui est toûjours assez brillante dans un lieu obscur, devient purpurine ou d'un violet presque bleu dès que la lumière du jour ou d'une bougie vient l'éclairer foiblement, comme si cette matière électrique, transparente pour toute la lumière qui l'embrase intérieurement, ne réfléchissoit que certains rayons de celle qui l'éclaire par dehors. Les aigrettes s'élancent toûjours par la partie la plus saillante du corps électrisé, ainsi c'est à la pointe des angles solides qu'on les voit paroître le plus communément. Chaque rayon paroît être composé d'une suite de petits grains enflammez qui éclatent & qui pétillent à peu près comme des grains de poudre qui s'enflammeroient. En examinant avec une loupe l'origine des aigrettes, il m'a paru distinctement qu'elles sortoient de l'intérieur même du corps électrisé* [354]. Rappelons au passage que Dufay, qui n'utilisait que très rarement les globes, ne pouvait s'appuyer sur les mêmes observations.

Après avoir décrit les impressions recueillies au voisinage des corps électrisés et qui laissent à penser que l'électricité est l'action d'une matière en mouvement, Nollet affirme l'existence d'une matière électrique ; cette affirmation, il la présente sous la forme d'une question, suivie d'un plaidoyer qui ne sont l'un et l'autre que des effets de style dignes d'un avocat de cour d'assises : *Or je demande maintenant qu'est-ce qu'une subtance que l'on touche, qui se fait entendre, qui a de l'odeur & que l'on voit ? Tous ces caractères n'annoncent-ils pas incontestablement une matière ? En vain s'obstineroit-on à dire que cette matière dont on ne peut nier l'existence, n'est pas la cause, mais seulement une circonstance de l'électricité. Si d'un accord presque général les Physiciens attribuent le magnétisme à l'action d'un fluide que personne n'a jamais vû ni senti, si l'on se repose avec confiance dans cette opinion, malgré la disproportion énorme qui se présente sans cesse à l'esprit quand il s'agit de comparer l'efficacité de cette cause avec la grandeur des effets dont il faut qu'elle soit capable, il y auroit de l'humeur à ne vouloir pas essayer d'expliquer les phénomènes électriques par l'impulsion d'une matière qui se manifeste avec tant d'évidence, & dont on peut, sans rien forcer, égaler les efforts aux fonctions qu'on aura à en exiger.*

Faut-il penser que les doctes académiciens sont plus difficiles à convaincre que les habituels lecteurs des ouvrages de physique, après ce plaidoyer, Nollet use d'un argument d'autorité : *Cette seule réflexion appuyée par l'exemple de tous ceux qui jusques ici se sont appliquez à rechercher les causes de l'électricité, & qui ont tous fixé leur attention sur cette matière dont je parle, suffira pour écarter une difficulté qui ne mérite guère d'être combattue sérieusement.*

Une fois admise l'existence d'une matière électrique qui est le principal agent des phénomènes dont il cherche l'explication, Nollet pose les trois

---

[354] *Ib.*, p. 111, 113, pour cette citation et les suivantes.

questions qui s'imposent à l'esprit : *d'où vient-elle, comment se met-elle en action, & par quel méchanisme opère-t-elle ces effets singuliers que nous admirons ?*

La réponse à la première question : Pour répondre à cette question, Nollet cherche dans la nature : *quelque fluide subtil & connu d'ailleurs, ou du moins supposé & admis par le plus grand nombre des Physiciens, un fluide qui ait des caractères semblables à ceux de la matière qui fait l'électricité, qui soit capable de brûler & d'éclairer, qui fasse quelquefois l'un sans l'autre, qui éclate avec bruit suivant certaines circonstances, au moins par les substances auxquelles il s'associe ; car si j'en puis connoître un qui est coûtume de s'annoncer par de tels effets, ne pourrai-je pas légitimement lui attribuer ces mêmes effets par-tout où je les rencontrerai !*

Nollet aligne sept propriétés qui sont communes à la matière du feu et à celle de l'électricité. Ici le propos de l'abbé Nollet n'est guère différent, quant au fond, que celui qu'il tient dans son *Essai sur l'électricité des corps*. De cette revue des propriétés communes au feu et à l'électricité, il conclut : *De toutes ces propriétés comparées, je conclus donc comme une chose qui me paroît très-vrai-semblable, que le feu & l'électricité viennent du même principe, que la même matière, selon certaines circonstances & agitées d'une certaine façon, nous font sentir de la chaleur, nous éclaire, & pousse les corps qui ne sont point électriques vers ceux qui le sont* [355].

Lorsque, dans le Mémoire de 1745, Nollet a démontré que la matière de l'électricité est la même que celle du feu élémentaire et de la lumière, il éprouve le besoin de convaincre les membres de l'Académie des sciences, aussi affirme-t-il que ces propositions ne sont contraires à aucun principe de physique, et rappelle qu'elles furent présentées à l'Académie des sciences qui les a jugées au moins probables puisqu'elle les a jugées dignes d'être imprimées : *parmi les pièces qui concoururent pour le Prix de 1738, il y en a deux, dont l'une est d'une Dame d'un haut rang* [Mme la Marquise du Châtelet [356]], *& l'autre d'un de nos premiers Poëtes* [M. de Voltaire [357]], *où*

---

355 *Ib.*, p. 121.

356 *Le feu paraît être la cause de l'électricité. L'analogie, ce fil qui nous a été donné pour nous conduire dans le labyrinthe de la Nature, rend, ce me semble, cette opinion très vraisemblable. 1° Tous les corps contiennent du feu, presque tous ont la propriété de retenir et de rendre la lumière, et tous deviennent électriques, si on en excepte les métaux et les liquides ; mais ces corps qui ne deviennent point électriques par eux-mêmes, le deviennent par communication ; ainsi l'Electricité appartient presque aussi généralement à la Nature, que le feu. 2° Il n'y a point d'électricité sans frottement, et par conséquent sans chaleur. 3° Presque tous les corps électriques manifestent au dehors la cause qui les anime par les étincelles qu'ils jettent dans les ténèbres. 4° Leur lumière subsiste après que leur électricité est détruite, de même qu'il y a des corps qui donnent de la lumière sans chaleur. 5° La gelée et un temps serein, sont plus favorables qu'un grand chaud à l'électricité, comme au miroir ardent. 6° Le feu et la matière électrique ont besoin de l'air pour agir. 7° Les corps les plus susceptibles de l'électricité, sont les moins propres à la transmettre, de même que les corps réfléchissent d'autant moins de lumière, qu'ils s'échauffent davantage. 8° L'humidité détruit*

l'on trouve cette pensée exposée très-distinctement, & appuyée par plusieurs raisons plausibles [358].

Nollet rappelle aussi que ces mêmes propositions furent présentées à l'Académie par Dufay ; c'est ici l'occasion d'un hommage à ce savant à qui il doit beaucoup : *En 1734 feu M. Dufay, dans son 6e Mémoire sur l'Electricité, s'exprimoit ainsi en parlant de la matière électrique : "Je crois que c'est un feu réel ou une matière très-propre à le devenir qui sort des corps électriques, que cette matière sortant d'un corps entouré d'une atmosphère trop dense, ou à laquelle il manque peut-être des parties grasses ou sulphureuses, elle ne produit qu'une lumière tranquille ; que sortant du verre dont l'atmosphère, quand il est rendu électrique, est chargées de parties sulphureuses que l'on sent très-distinctement à l'odorat, elle produit des étincelles qui frappent le visage ou la main très-sensiblement, mais ne sont pas assez embrasées pour qu'on en sente la chaleur, &c."*

Telle est donc l'opinion de ceux qui avoient le plus réfléchi sur la nature de la matière électrique, & qui en avoient été le plus à portée de l'étudier,

---

l'électricité des corps, sans détruire leur lumière, ainsi que l'eau refroidit les corps, mais n'éteint point les Dails, les Vers luisants, etc. 9° Les corps homogènes s'imprègnent de l'électricité, en raison de leur volume, de même que le feu se distribue selon les volumes, et non selon les masses. 10° Les corps deviennent plus électriques lorsqu'on les échauffe avant de les frotter. Il semble par tous ces effets, que l'on peut, avec quelque vraisemblance, regarder le feu comme la cause de l'électricité. Je ne disconviendrai pas cependant qu'elle en opère d'autres, dont l'analogie ne paraît pas si clairement. Telle est, par exemple, la lumière que les corps électriques rendent dans le vide, etc. Mais je ne propose mon opinion sur cela, que comme un doute que je soumets au Corps respectable à qui j'adresse cet Essai. (Emilie Du Châtelet, « Dissertation sur la nature et la propagation du feu », in *De la nature et de la propagation du feu, cinq mémoires pour l'Académie des sciences*, 1738, Ed. de l'ASPM, Wassy-en-Haute-Marne 1995 ; Mémoire 4, p. 90-151 ; p. 131, 132).

357 *S'il est vraisemblable que le Feu est la cause de l'Elasticité, il ne l'est pas moins que l'Electricité soit aussi un de ses effets. La marche de l'esprit humain doit être, ce semble, de se contenter d'attribuer les mêmes effets aux mêmes causes, jusqu'à ce que l'expérience découvre une cause nouvelle : or l'Electricité paraît toujours produite par la cause qui produit toujours du feu dans les corps durs, c'est-à-dire qui développe le feu que ces corps durs contiennent, cette cause est le frottement, l'attrition des parties. Il n'y a aucun corps dur, frotté, qui ne s'échauffe ; il n'y a aucun corps électrique, qui ne doive être frotté avant d'exercer cette Electricité. Quelques corps durs, frottés, s'enflamment ; quelques corps électriques jettent des étincelles brûlantes, tous après un long et violent frottement jettent de la lumière. Il est vrai que les Métaux, quelqu'attrition qu'ils puissent éprouver, n'attirent point les corps minces à eux, n'exercent point d'Electricité ; mais on ne dit point que tout ce qui prend feu soit électrique, on remarque seulement que tout ce qui devient électrique, jette du feu plus ou moins : donc le Feu paraît avoir très grande part à cette Electricité. Au moins il est indubitable, qu'il n'y a point d'Electricité sans mouvement, et qu'il n'y a point dans la Nature, de mouvement sans le feu.» (Voltaire,* « Essai sur la nature du feu et sur sa propagation », Pièces du concours sur la nature et la propagation du feu, in *De la nature et de la propagation du feu, cinq mémoires pour l'Académie des sciences, op. cit.* ; Mémoire 5 , p. 152-189 ; p. 167, 168.

358 Nollet, « Conjectures sur les causes de l'électricité des corps », *op. cit.*, p. 122 ; pour cette citation et la suivante.

dans un temps où l'électricité n'avoit encore produit tout au plus que quelques étincelles piquantes, dans un temps où l'on avoit tenté cent fois, mais toûjours inutilement, d'animer le feu électrique jusqu'au point d'enflammer les autres corps : à combien plus forte raison pouvons-nous maintenant embrasser le même sentiment, quand nous voyons des corps électrisez allumer réellement toutes les liqueurs & toutes les vapeurs inflammables, & les consumer comme elles ont coûtume de l'être par le feu le plus commun !

Après avoir montré comment Nollet a établi, du moins le pense-t-il, que la matière électrique est la même que celle du feu élémentaire et de la lumière, il est opportun de noter que ce résultat marque un grand pas vers cet idéal partagé par la plupart des physiciens de ce temps qui sont convaincus que Dieu (ou la Nature) fait les choses les plus complexes par les moyens les plus simples, qu'un petit nombre de principes de physique suffit à rendre compte de la multiplicité des phénomènes naturels [359]. Ici Nollet suit Malebranche pour qui la sagesse et la puissance de Dieu ne sont pas de faire de petites choses par de grands moyens, mais de faire de grandes choses par des moyens simples [360]. Ainsi Dieu a-t-il prévu que *la loi générale de la communication des mouvements [...] devait produire une infinité d'effets admirables* [361] &c. ou encore : *l'univers dans toutes ses parties et pour tous les temps [...] est assurément l'ouvrage le plus beau qui puisse être produit par les voies les plus générales et les plus simples : de telle manière [...] que l'ouvrage et les voies expriment [...] les perfections que Dieu possède* [362]. Rappelons que dans la préface des *Leçons de physique expérimentale*, Nollet renvoie ses lecteurs à la *Recherche de la vérité* de Malebranche pour toutes les questions de métaphysique qui tiennent aux matières qu'il traite. Si au lieu de se tourner à ce propos vers un grand cartésien, c'est l'expression consacrée, Nollet s'était tourné vers Newton, son attitude n'eût point été différente. En effet, il aurait tout aussi bien pu s'inspirer de Newton qui donnait pour but à la physique de montrer que la Nature se trouve toujours très simple et très conforme à elle-même [363], et qui affirme que : *déduire des Phenomenes de la Nature deux ou trois Principes généraux de mouvement, & nous expliquer ensuite comment les proprietés & les actions de toutes les*

---

359 Robert Locqueneux, *Science classique & théologie*, Paris, Vuibert-Adapt-SNES, 2010.

360 Jean Torlais, *Un physicien au siècle des Lumières, l'abbé Nollet*, 1954, Elbeuf sur Andelle, Jonas, 1987 ; p. 69.

361 Malebranche, *De la recherche de la vérité*, 1712, XVe Eclaircissement, IVe preuve ; in *Œuvres*, tome 1, Paris, Gallimard, La Pléiade, 1979 ; p. 981.

362 Malebranche, *Entretiens sur la métaphysique, sur la religion, et sur la mort*, 1711, XIe Entretien, article III ; in *Œuvres*, tome 2, Paris, Gallimard, La Pléiade, 1992 ; p. 875.

363 Newton, *Traité d'optique*, traduit par Coste, seconde édition française, 1722, fac-similé Paris, Gauthier-Villars, 1955 ; p. 482.

Choses corporelles découlent de ces Principes manifestes ; [...] seroit faire un progrès très-considerable dans la Philosophie [...] [364].

La réponse à la seconde question : Ici Nollet examine d'où vient la matière de l'électricité, la même que celle du feu et de la lumière, lorsqu'elle se met en mouvement. Les lecteurs de l'*Essai,* retrouvent ici les observations et expériences que Nollet a présentées pour répondre aux questions qu'il y a posées : *Le fluide subtil, que nous nommons matiere électrique, vient-il du Corps électrisé comme d'une source qui le lance de toutes parts ; ou bien va-t-il à lui comme à un terme où il tend de tous côtés ; ou bien enfin le même rayon de cette matiere part-il du Corps électrique pour y revenir aussi-tôt ?* [365]

Les endroits par lesquels la matiere électrique s'élance du Corps électrisé sont-ils en aussi grand nombre que ceux par lesquels rentre celle qui vient de l'air ou des Corps environnants ? [366] etc.

Mais, à la différence de l'*Essai*, le *Mémoire* ne présente pas une suite explicite de questions suivies d'observations et d'expériences, chacune de ces questions appelant une réponse qui introduit la question suivante.

Au terme de ce propos, Nollet juge des mouvements du fluide électrique invisible par ceux des autres corps qu'il entraîne et qui lui obéissent : *quand on voit la sciûre de bois ou de tabac rapé s'envoler & quitter rapidement la surface d'un corps électrisé, on convient sans difficulté que ce sont les émanations électriques qui emportent en sortant ces petits corps qui se trouvent à leur passage ; mais tandis qu'on observe ces effets, si l'on voit en même temps d'autres corps légers se précipiter de toutes parts sur le corps électrique dont il s'agit, n'est-on pas forcé de reconnoître deux courants de matière dont les directions sont opposées, une matière qui émane du corps électrisé comme d'une source commune, & en même temps une autre matière électrique qui se porte de toutes parts à ce même corps ? or c'est un fait constant que le même sujet électrisé attire & repousse en même temps, [...]* [367].

L'abbé revient alors sur *une expérience indiquée par M. de Réaumur, & exécutée autrefois par M. du Fay, elle consiste à présenter un corps électrique à un petit tas de poussière élevé sur le bord d'une table ;* [Nollet constate qu'] *avec un peu d'attention l'on remarque fort bien qu'une partie de ces corpuscules amoncelez se porte vers le corps électrisé, tandis que l'autre s'en écarte d'abord, [...].* De cette expérience et de quelques autres, Nollet en déduit : *Il paroît donc certain que la matière de l'électricité, ce feu*

---

364 *Ib.*, p. 488, 489.

365 Nollet, *Essai sur l'électricité des corps*, *op. cit.*, p. 76.

366 *Ib.*, p. 82.

367 Nollet, « Conjectures sur les causes de l'électricité des corps », *op. cit.*, p. 126, 127 ; pour cette citation et les suivantes.

à qui nous en attribuons les effets, vient non seulement des corps électrisez, mais aussi de ceux qui les touchent ou qui les environnent de fort près, & que parmi les premiers, comme parmi les derniers, il y en a qui en fournissent plus les uns que les autres ; cette conclusion [ajoute-t-il] à laquelle je me suis laissé conduire par des faits qui ne me paroissent point équivoques, sert de réponse à la seconde question, […].

Revenons un instant sur cette expérience indiquée par Réaumur et exécutée par Dufay, Nollet suggère-t-il que l'observation de Dufay est incomplète puisqu'il n'a observé que des répulsions : d'un petit monceau de poudre par un bâton de cire d'Espagne rendu électrique, de feuilles d'or par un tube électrique, et que, pour cela, la conséquence qu'il en a tirée : l'existence de deux électricités, est erronée ?

Les mécanismes des effets de l'électricité

La réponse à la troisième question, Nollet l'aborde dans les mémoires à l'Académie des sciences de 1745 et 1746 ainsi que dans la troisième partie de l'*Essai sur l'électricité des corps.* Dans cette partie de l'*Essai*, Nollet rappelle les différentes propositions fondamentales qu'il a tirées de l'expérience non sans rappeler que *l'électricité qui se manifeste par tant de phenomènes différens, peut venir primitivement de quelque principe unique, d'un méchanisme, peut-être fort simple, que la nature dérobe à nos yeux, & dont les effets se multiplient & varient sans cesse par des combinaisons de circonstances, dont nous ne prévoyons pas bien les suites* [368]. Sur le ton de la confidence, il écrit : *Plus je désire de le connoître [ce méchanisme secret], plus je suis résolu de ne le point deviner au hazard : je me défie de l'imagination, toujours trop prompte à former des systêmes, & toujours prête à prendre & à donner pour réel ce qui n'en a que la seule apparence. Si je laisse agir la mienne, je ne prétends pas que ce soit pour me suggérer rien qui porte sur l'existence des faits, mais seulement sur la liaison & sur les rapports qu'ils peuvent avoir entre eux ; en un mot, si j'essaye de deviner ce que je ne vois pas, je veux que mes conjectures soient fondées sur ce que j'ai vu.*

Après avoir présenté ses garanties ; Nollet va appliquer ces principes à l'explication des principaux phénomènes électriques qu'il distribue en deux classes : *dans l'une on renfermera tous ces mouvemens alternatifs ou simultanés auxquels on a donné les noms d'attraction & de répulsion, & généralement tout ce qui s'opere par une cause qui demeure invisible. L'autre comprendra tous les faits qui sont accompagnés de lumiere, pétillement, picqûres, inflammations, &c.*

Les phénomènes de la première classe.

Nous savons que, dans son quatrième mémoire, Dufay avait observé qu'un tube devenu électrique attire une petite feuille d'or qu'il repousse

---

368 Nollet, *Essai sur l'électricité des corps*, *op. cit.*, p. 140, 141, 147, 148, pour cette citation et les deux suivantes.

ensuite avec force, qu'alors la feuille se tient suspendue au dessus du tube, qu'en approchant le doigt de cette feuille d'or, celle-ci va s'y appliquer, et de là, retomber sur le tube qui la repousse à nouveau. Qu'en approchant un morceau de gomme copal rendue électrique de la feuille d'or suspendue au dessus du tube de verre, celle-ci va s'y appliquer sur le champ et y demeurer. Pour interpréter ces phénomènes, Dufay distingue deux sortes d'électricités, résineuse et vitrée, il imagine que les corps qui ont contracté une électricité de même nature se repoussent et que ceux qui ont contracté des électricités de natures différentes s'attirent. Ce sont ces expériences que Nollet reprend lorsqu'il aborde les phénomènes de la première classe ; son interprétation est à l'opposé de celle de Dufay ; mais, si le lecteur de l'*Essai* ignore les travaux de Dufay, Nollet le laissera dans l'ignorance. La réfutation de l'interprétation de Dufay, Nollet la donne dans le *Mémoire* à l'Académie de 1745 ; le motif en est ici sous-entendu plutôt que clairement exprimé : la mise en œuvre expérimentale de Dufay n'explore pas complètement le phénomène, il ne choisit qu'un petit fragment d'une feuille d'or, alors que Nollet prend une feuille de métal d'une plus grande étendue ou un duvet de plume, un ruban, un fil, etc. Quant à la mise en œuvre des expériences et à la perception des phénomènes, elles dépendent, chez Dufay et chez Nollet, de leurs préjugés. Lorsque Dufay laisse tomber un parcelle de feuille d'or au dessus d'un tube de verre électrisé, il constate que, lorsque l'expérience est bien menée, cette feuille tombe sur le tube en se présentant ordinairement par la tranche, et il écarte les cas où celle-ci tombe de travers ou vire-volte, c'est-à-dire les cas où la mise en œuvre expérimentale, selon lui, n'est pas réussie ; n'est ce pas parce qu'il veut mettre en évidence une répulsion entre un tube électrisé et la feuille d'or qui l'a touché. En faisant la même expérience, Nollet prend des feuilles de métal qui sont un peu plus larges que celles utilisées par Dufay ; une telle feuille, abandonnée au dessus d'un tube de verre électrisé commence par être fortement repoussée, avant d'être attirée. Et, quand cette feuille se présente de face, elle n'arrive presque jamais jusqu'au verre s'il est fortement électrisé.

Sur ces phénomènes de la première classe, nous commencerons par suivre les faits et leurs explications dans l'*Essai*, Nollet a mis dans son propos une clarté que l'on ne trouve pas dans le *Mémoire* de 1745 ; et nous laisserons l'*Essai* pour le *Mémoire*, là où il réfute, non sans lui trouver quelques raisons, l'interprétation de Dufay.

Le premier fait : *Un corps électrisé par frottement ou par communication, attire ou repousse tous les corps légers & libres qui sont dans son voisinage* [369].

L'explication d'un tel fait est aisé dans la théorie que Nollet a élaborée : *Le corps électrisé lance de toutes parts une matiere fluide qui sort en forme*

---

[369] *Ib.*, p. 149-152, pour cette citation et les suivantes.

d'aigrettes, & qui lui fait une athmosphere d'une certaine étendue. Cette matiere effluente dont les rayons sont divergens entre eux, est en même temps remplacée par une matiere semblable, qui vient par des lignes convergentes, par cette matiere que nous avons nommée affluente. L'une & l'autre matiere ayant "un mouvement progressif & simultané", doit emporter avec elle tout ce qui lui donne prise, & qui est assez libre pour obéir à son impulsion. Mais comme ces deux courants de matiere se meuvent en sens contraires", le corps léger qui se trouve dans la sphere d'activité du corps électrique, doit obéir au plus fort, à celui des deux qui a le plus de prise sur lui.

Nollet, Essai sur l'électricité des corps, Pl. 4
[Elle] représente une portion annullaire d'un tube environné des deux matieres effluente & affluente.

Si le corps léger qu'on veut attirer est d'un très-petit volume, ou d'une figure tranchante, comme une feuille de métal E ou F, fig. il est chassé vers le corps électrique par la matiere affluente. Et la matiere effluente ne l'empêche pas d'y arriver, parce que ses rayons "qui sont divergents", ou "les aigrettes distantes l'une de l'autre", ne lui opposent que des obstacles rares & accidentels, à travers desquels il se fait jour. Une preuve qu'il rencontre des obstacles, c'est qu'il arrive rarement au corps par une voie bien directe ; ordinairement c'est après plusieurs détours qu'on apperçoit d'autant mieux que ce corps léger a plus d'étendue : j'en atteste tous ceux qui sont dans l'habitude de voir ou de répéter eux-mêmes ces expériences. Quand cette étendue égale seulement celle d'un petit écu, il est fort ordinaire que le premier mouvement de la feuille soit de s'écarter du corps électrique qu'on lui présente ; ou si elle commence par s'en approcher, elle ne parvient pas jusqu'à lui : elle est arrêtée ou repoussée à une certaine distance plus ou moins grande. C'est qu'alors la feuille étant plus large, ne peut plus échapper aux rayons des aigrettes qui sont toujours plus rares à la vérité que ceux de la matiere affluente, "à cause de leur divergence, & de la distance des aigrettes entr'elles", mais qui ont toujours plus de vitesse ou de force, […].

Nollet fait alors une remarque qui, sans qu'il le précise, porte sur les conditions expérimentales retenues par Dufay : *S'il est donc plus ordinaire de voir un corps léger s'approcher d'abord du corps électrique, que de le voir s'en écarter par son premier mouvement, c'est que pour lui donner une légereté suffisante, on emploie communément que des fragmens qui ont un très-petit volume, & une figure le plus souvent très propre à échapper aux rayons divergents des aigrettes ; mais on est sûr d'avoir un effet tout contraire, quand on prend soin de concilier avec la légéreté qui convient, une grandeur & une figure telles qu'elles laissent assez de prise à la matiere effluente.*

Le second fait : *Dès que le corps léger qu'on vouloit attirer, a touché le corps électrique, ou qu'il s'en est seulement approché de fort près, quelque petit que soit son volume, quelque figure qu'il ait, il s'en écarte constamment après* [370]. *Ce second Fait [comme Nollet le remarque] paroît d'abord contraire à l'explication qu'on vient de voir ; si la petitesse du volume a fait échapper le corps attiré aux rayons de la matiere effluente, pourquoi, dira-t-on la même cause n'a-t-elle plus le même effet après le contact ?*

Nollet explique que cette cause n'a plus le même effet et que cela est en accord avec sa théorie : *C'est que cette cause ne subsiste plus. Le petit corps a reçu une augmentation de volume, invisible à la vérité, mais qui n'en est pas moins réelle, comme on le va voir. Quand ce petit corps poussé par la matiere affluente a touché le tube électrique, "il s'est électrisé lui-même par communication". Et un corps électrique, tel qu'il soit, "& de telle maniere qu'on l'électrise, devient tout hérissé d'aigrettes, qui forment autour de lui une athmosphere de rayons divergens". Cette atmosphere augmente donc considérablement son volume, & le met en prise aux rayons de matiere effluente, qui le tiennent écarté du tube électrique autant de temps que*

370 *Ib.*, p. 152-158, pour cette citation et les suivantes.

l'Electricité subsiste dans l'un & dans l'autre. Voudroit-on révoquer en doute l'Electricité communiquée au petit corps qui a touché le tube ? Qu'on en approche un autre corps non électrique, le doigt, par exemple, on le verra s'y porter avec une précipitation marquée, qui doit être regardée comme une preuve incontestable de son Electricité.

Le troisième fait : *Un corps léger qu'on a électrisé, & que l'on tient suspendu ou flottant en l'air par l'action du corps électrique dont il s'étoit écarté, ne manque pas de revenir à ce même corps, aussi-tôt qu'il a été touché du doigt ou de quelqu'autre corps non-électrique.*

Explication : *"L'attouchement d'un corps non-électrique lui fait perdre presque toute son Electricité", & par conséquent cette atmosphere d'aigrettes qui augmentoit invisiblement son volume. Ainsi après cet attouchement il se trouve dans le même état où il étoit avant que d'avoir été électrisé, & disposé par la petitesse de son volume ou par sa figure, à se laisser emporter de nouveau vers le corps électrique, en échappant encore comme la premiere fois, aux rayons divergents de la matiere effluente. Quand je dis, en échappant aux rayons divergents de la matiere effluente, ce n'est pas que je prétende que ce corps tout petit qu'il soit, ne rencontre aucun de ces filets de matiere dont le mouvement s'oppose au sien ; il en rencontrera sans doute, pour le plus souvent ; mais comme ils sont rares en comparaison de ceux de la matiere affluente, il donnera plus constamment prise à ceux-ci, & ne souffrira qu'un retardement ou quelque déviation de la part de ceux-là.*

Le quatrième fait : *Pendant que le corps léger demeure suspendu & flottant en l'air au-dessus d'un tube de verre électrique qu'il a touché, si on lui présente un autre tube de verre nouvellement frotté, il s'en écarte comme du premier : il s'approche au contraire d'un bâton de cire d'Espagne, d'une boule de soufre, &c. qu'on a électrisée.*

Avant d'expliquer ces faits, Nollet va préciser ce qui, selon sa théorie, se passe entre deux corps électrisés : *[...] quand [...] deux corps qui sont en présence l'un de l'autre, sont actuellement électriques, il sort de tous deux une matiere effluente, dont les rayons vont en sens contraires de l'un à l'autre corps. Et tandis que cette matiere émane ainsi de ces deux corps, une semblable matiere vient de toutes parts à eux, soit de l'atmosphere, soit des corps voisins, pour remplacer & perpétuer ces émanations. Ainsi [...], la matiere électrique qui vient d'un des deux corps, est toujours opposée à celle qui vient de l'autre : & par conséquent pour qu'ils puissent s'approcher, il faut de deux choses l'une, ou que ces rayons qui vont en sens contraires de l'un à l'autre corps perdent toute leur action, ou que chacun de ces deux courans trouve un passage libre dans le corps qu'il rencontre : car si ces émanations subsistent, & qu'en sortant de l'un des deux corps elles ne puissent pas facilement entrer dans l'autre, elles ne manqueront pas d'entretenir une distance entre les deux, ce que l'on a nommé répulsion.*

Explication : *La petite feuille de métal ou le duvet de plume électrisé, suit constamment tout verre électrique ; parce que, comme on l'a dit ci-dessus, son volume augmenté par une atmosphere de rayons divergens donne assez de prise aux émanations du verre. La même chose n'arrive pas lorsqu'on lui présente un morceau de soufre ou de cire d'Espagne nouvellement frotté, pour deux raisons : la premiere, parce que les rayons effluents de ces matieres électrisées "sont plus foibles que ceux du verre", & qu'apparemment la matiere qui sort d'un bâton de cire d'Espagne électrique, n'a pas plus de force que celle qui vient "de tout autre corps non-électrique en présence d'un corps électrisé", & qui n'empêche pas, comme on sait, l'approximation réciproque [le rapprochement]. La seconde raison est que les matieres résineuses, les gommes, &c. "dans lesquelles le fluide électrique a peine à se mouvoir pour l'ordinaire, en sont pénétrées plus facilement quand on les frotte ou qu'on les chauffe" : ainsi la feuille de métal électrisée n'est pas repoussée par le soufre qu'on vient de frotter, parce que les rayons effluents de cette petite feuille le pénétrent comme elle est pénétrée elle-même par ceux de ce soufre électrisé ; & cette pénétration mutuelle fait que la résistance est moindre entre ces deux corps que par-tout ailleurs aux environs ; car c'est un fait "que la matiere électrique a plus de peine à pénétrer l'air de l'atmosphere, que les corps les plus solides".*

Ainsi l'abbé Nollet interprète-t-il en imaginant des rayons effluents et affluents d'une matière électrique unique, des faits que Dufay interprète en supposant l'existence de deux matières électriques, vitreuse et résineuse. Que l'interprétation de l'abbé soit plus laborieuse que celle de Dufay, ne peut être un argument pour la disqualifier. Nous avons vu que Nollet a observé des jets de matière électrique enflammée sortant d'un tube fortement électrisé et en a déduit l'existence d'une matière électrique effluente, un phénomène que Dufay ne pouvait observer en son temps.

Lors du récit de ces mêmes expériences dans le mémoire de 1745, Nollet fait une référence à l'interprétation qu'en donne Dufay et, finalement, y trouve une occasion de revenir sur une erreur d'interprétation, une erreur qui a conduit Dufay à poser l'existence de deux électricités, vitreuse et résineuse. Pour introduire ce retour sur les travaux de Dufay, nous reprendrons ici l'exposé de plus loin : Revenons à l'expérience du fragment de feuille de métal que l'on abandonne au dessus d'un tube de verre électrisé et qui puisse se présenter par le tranchant ; son premier mouvement se fait alors presque toujours vers le tube de verre. Comme nous l'avons déjà écrit, Nollet en rend raison en observant : *que les rayons de la lumière effluente étant beaucoup plus rares que ceux de la matière affluente, ceux-ci remplissent dans le cercle d'activité tous les vuides que les autres laissent entr'eux, & ces vuides sont toûjours assez considérables, car auprès du corps électrique les aigrettes sont à quelque distance l'une de l'autre, & plus loin la divergence de leurs rayons produit des intervalles équivalens, de sorte que la matière affluente a toûjours plus de prise sur le corps flottant qui n'a qu'un très-petit volume ; [...]* [371].

Dès que la feuille a touché le tube, ou s'en est approchée de fort près, on la voit toujours s'en écarter immédiatement après, si la matière affluente s'en empare alors, c'est que la feuille a acquis une atmosphère de matière effluente, qu'elle est toute hérissée d'aigrettes et, tant que dure son électricité, elle doit demeurer suspendue ou éloignée à telle distance où *la matière effluente avec des rayons plus rares & une plus grande vîtesse fait équilibre à la matière affluente plus dense, mais animée par un moindre mouvement.*

Nollet constate encore *[...] le corps flottant revient au tube électrisé, quand [...] il a touché quelqu'autre corps qui ne l'est point [...].* Et en cherchant les raisons de ce fait, sans dire pourquoi, l'abbé fait référence aux travaux de Dufay qui nous en a donné la raison, mais de cette *raison* donnée par Dufay, Nollet donne, dans la même phrase, une interprétation étrangère à la théorie de Dufay : *M. du Fay nous en a dit la raison il y a longtemps, c'est que par cet attouchement ce petit corps cesse d'être électrique ; il a donc perdu cette atmosphère de matière effluente qui augmentoit son volume quoique invisiblement, & qui lui faisoit éprouver une résistance prédominante de la part de celle du tube.*

Nollet frotte un bâton de cire d'Espagne afin de le rendre électrique et l'approche d'une feuille de métal électrisée avec un tube de verre et flottant en l'air : *n'est-elle pas, [demande-t-il] dans le cas d'un tube de verre qui repousse constamment la feuille de métal électrisée ?*

Il semble que cela doive être, & parce que cela n'est pas ordinairement, feu M. du Fay n'a pas cru pouvoir expliquer autrement cette espèce de bizarrerie, qu'en admettant deux sortes d'électricités, l'une qu'il a nommé vitrée, comme appartenante au verre principalement, & l'autre qu'il a appellé résineuse, comme étant propre aux gommes, aux résines & à quelques autres matières ; mais à présent que nous sommes mieux instruits sur les faits qu'on ne l'étoit alors, il me semble qu'on peut expliquer ce phénomène à moins de frais, en considérant seulement que l'électricité du verre est toûjours beaucoup plus forte que celle des gommes, ce qui fait que les rayons effluens d'une feuille de métal électrisée par le tube, pénètrent facilement la cire d'Espagne nouvellement frottée, & que les foibles écoulemens de celle-ci qui s'opposent à ce petit corps flottant, ne suffisent pas pour résister à la matière affluente qui la pousse par la partie opposée : il n'en seroit pas de même si la petite feuille avoit été électrisée par la cire d'Espagne ou par le soufre, ses rayons effluens seroient trop foibles pour se faire jour, & la matière affluente qui doit la pousser n'en auroit pas la

---

371 Nollet, « Conjectures sur les causes de l'électricité des corps », *op. cit.*, p. 140-145 ; pour cette citation et les suivantes.

force ; car la vîtesse de celle-ci se règle toûjours par proportion sur celle de l'autre qu'elle remplace.

De fait, s'il n'existait qu'une seule sorte d'électricité, la réponse à la question posée par Nollet s'imposerait : la cire d'Espagne comme le tube de verre repousse la feuille de métal, mais, fait inattendu, la feuille de métal est, au contraire, attirée par la cire d'Espagne. Dufay, n'a pu observer comme l'a fait Nollet les aigrettes lumineuses qui jaillissent de place en place des tubes électrisés, aussi n'a-t-il pu expliquer cette attraction qu'en posant l'existence de deux électricités, vitreuse et résineuse. La question de l'existence de deux électricités sera relancée à la suite des travaux de Franklin sur l'électricité ; ses partisans constatent, et Nollet le reconnaîtra sans difficulté, que les corps électrisés par le verre, et ceux qui le sont par les résines se peuvent presque toujours distinguer les uns des autres par des signes assez semblables à ceux qui marquent les électricité *en plus* et *en moins* de Franklin [372].

Les phénomènes de la seconde classe & l'interprétation des effets de la bouteille de Leyde

Cette classe, nous l'avons dit, comprend *tous les faits qui sont accompagnés de lumiere, pétillemens, picquûres, inflammations, &c.* [373]. L'expérience de Leyde entre dans cette seconde classe de phénomènes. Mais nous abordons en premier les faits que Nollet a étudiés dans son premier mémoire. Nollet trouve les raisons des effets de l'électricité qui sont accompagnés de lumière, de piqûres et d'inflammation dans le choc réciproque des deux matières affluente et effluente, en prenant en considération les différents degrés de vitesse et de densité qui doivent naître des circonstances particulières à chaque phénomène : *Si l'on demande, par exemple, pourquoi à l'extrémité d'une barre, ou au bout du doigt d'une personne que l'on électrise fortement & de suite, il paroît communément un bouquet ou aigrette de rayons enflammez ou lumineux qu'on entend bruir sourdement, & qui fait sur la peau une impression assez semblable à celle d'un souffle léger, voici ma réponse. Je considère chaque particule de matière électrique comme une petite portion de feu élémentaire, enveloppée de quelque matière grasse, saline ou sulphureuse qui la contient & qui s'oppose à son expansion, [...] lorsque cette matière qui s'élance hors du corps électrisé rencontre celle qui vient la remplacer, si la vitesse respective entre les deux est assez grande, le choc brise les enveloppes, & le feu devenu libre de ses liens éclate de toutes parts, & anime du même mouvement les parties semblables qui sont contigues, à peu près comme un grain de poudre enflammé en allume plusieurs placez de suite. Ces particules de matière électrique, qui s'allument en s'entre-choquant & que l'inflammation rend*

---

372 Nollet, *Lettres sur l'électricité*, Seconde partie, Paris, G. L. Guerin & L. F. Delatour, 1760 ; 13e Lettre sur les électricités résineuse & vitrée (1754), p.83-106 ; p. 88.

373 Nollet, *Essai sur l'électricité des corps*, *op. cit.*, p. 148.

visibles, doivent paroître rangées dans l'ordre qu'elles ont en sortant du corps électrisé ; or la matière effluente s'élance toûjours en forme d'aigrettes ou de bouquets épanouis. Si l'inflammation de la matière électrique vient de la collision des parties qui vont en sens contraires & de l'éclat subit qui s'ensuit, comme il y a tout lieu de le penser, nous ne devons pas chercher ailleurs la cause de ce petit bruit qu'on entend quand on aperçoit les aigrettes lumineuses ; car tout corps qui éclate subitement, frappe & fait retentir l'air qui l'environne, plus ou moins fort, suivant la grandeur de son volume & la promptitude de son expansion [374].

En outre ces aigrettes de rayons enflammés font sur la peau une impression assez semblable à un souffle léger qui est l'effet naturel d'un fluide qui a un courant déterminé, le courant d'une matière qui brille au bout d'une barre électrisée et qui vient évidemment de l'intérieur de cette barre. Quand on présente un corps non électrique (un animal ou du métal) à un autre corps fortement électrisé, les rayons effluents de celui-ci s'écoulent plus rapidement et se condensent, ce que l'on observe facilement en présentant le doigt aux aigrettes lumineuses d'une barre de fer électrisée ; ceci s'explique aisément puisque, comme on le sait, la matière électrique pénètre plus aisément les corps non électriques que l'air ; ainsi c'est un fluide condensé et accéléré qui rencontre celui qui vient du doigt, lequel est, pour les mêmes raisons, presqu'aussi animé que lui, aussi le choc est-il plus violent, l'inflammation plus vive et le bruit plus éclatant. *Si les deux corps qui s'approchent, tant celui qui est électrisé que celui qui ne l'est pas, sont tous deux animez, l'étincelle éclate avec douleur de part & d'autre, parce que les deux filets de matière enflammée qui se rencontrent en sens contraires & qui se choquent, souffrent chacun une répercussion qui rend leur mouvement rétrograde, & cette réaction d'un filet de matière qui se dilate en s'enflammant, doit distendre avec violence les pores de la peau, ou remonter même assez avant dans le bras, comme il arrive en effet le plus souvent : une personne électrisée qui tient en sa main une verge de métal par un bout, ressent comme par contrecoups toutes les étincelles qu'une autre personne non électrique excite à l'autre bout.* Nollet explique par cela le fait qu'on voit cesser subitement, ou diminuer considérablement l'électricité d'un corps à la surface duquel on excite une étincelle, *car je conçois [dit-il] que cette réaction dont je viens de parler arrête tout d'un coup l'effluence de la matière électrique, sans laquelle il n'y a plus d'affluence ; & l'expérience nous apprend que toute l'électricité consiste essentiellement dans l'un & l'autre mouvement ensemble.*

Autre fait : une personne électrisée avec un globe de verre allume avec le bout du doigt de l'esprit de vin légèrement chauffé que lui présente une autre personne non-électrique, laquelle tient cette liqueur dans le creux de la

---

374 Nollet, « Conjectures sur les causes de l'électricité des corps », *op. cit.*, p. 147-150, pour cette citation et les suivantes.

main nue ou dans une cuillère en métal. Nollet explique l'inflammation de l'esprit de vin par l'étincelle qui naît du choc de deux matières, *sçavoir, de celle qui s'élance du doigt électrique, & de celle qui vient de la liqueur en sens contraire [...].* Quant à la matière électrique qui vient de la liqueur, elle vient de la cuillère ou de la main et donne lieu à un choc plus violent, à une étincelle plus brûlante que si la liqueur était placée dans du verre.

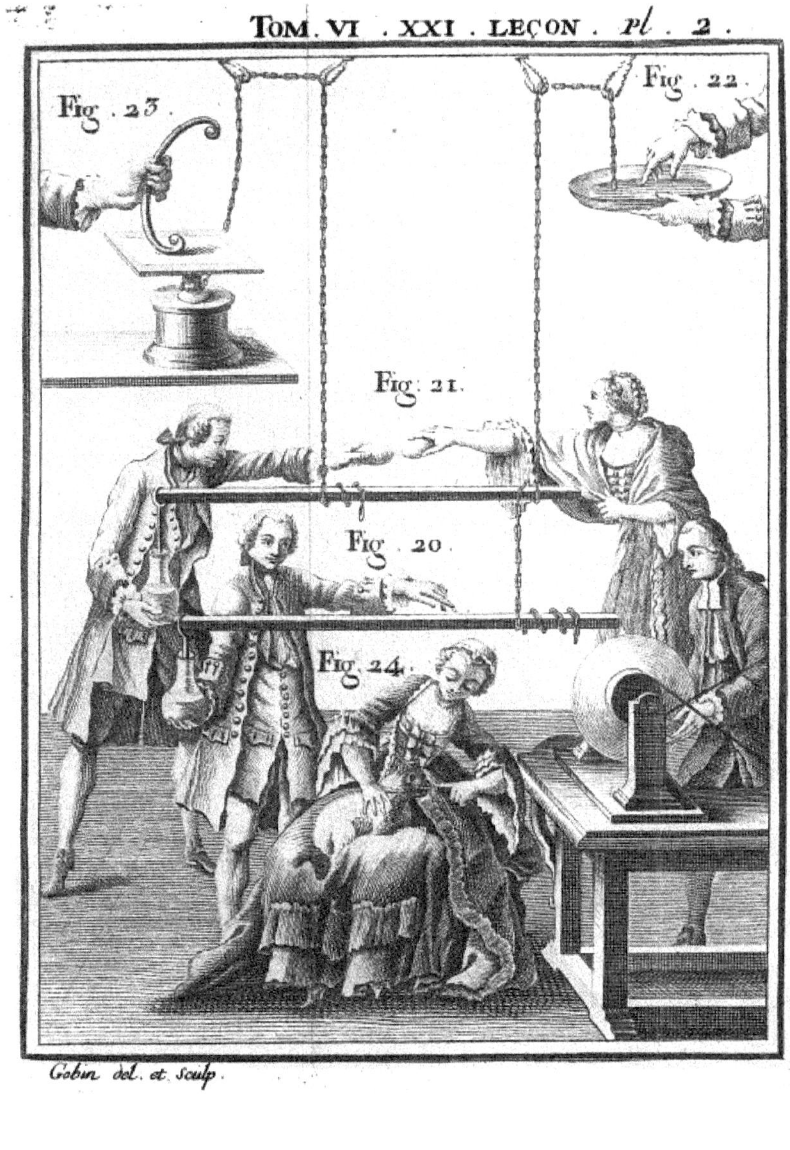

Fig.20 de la planche

Nollet aborde l'interprétation de l'expérience de Leyde dans le mémoire qu'il lit à la séance du 20 avril 1746 à l'Académie des sciences [375] ; une expérience qu'il décrit deux fois dans l'*Essai sur l'électricité des corps* ; et nous, tout comme lui, nous la présentons une seconde fois : *Si l'on tient dans une main un vase de verre ou de porcelaine, en partie plein d'eau, dans lequel soit plongé le bout d'une verge de métal électrifiée, & qu'on approche l'autre main de cette verge pour exciter une étincelle ; on sent une violente & subite commotion dans les deux bras & souvent même dans la poitrine, dans les entrailles, & généralement dans toutes les parties du corps* [376].

Nollet va alors montrer que sa théorie de l'électricité permet de rendre compte de cette expérience extraordinaire. En effet, selon cette théorie, *la matière électrique est un fluide très-subtil qui réside par-tout, au-dedans comme au dehors des corps*, il s'ensuit que ce fluide est au-dedans de nous-mêmes et que *si nous en jugeons par la facilité avec laquelle il y entre & en sort, par l'extrême finesse de ses parties, & par la porosité de notre matière propre, nous n'aurons pas de peine à comprendre qu'il jouisse en nous d'une parfaite continuité, & que ses mouvemens soient au moins semblables à ceux des autres fluides que nous connoissons.* À partir de ces idées qui, selon notre auteur, *n'ont rien de forcé, & que l'expérience même paroît favoriser*, Nollet peut rendre compte, à la fois, de quelques expériences ordinaires et de l'expérience de Leyde. Dans les cas ordinaires, *lorsqu'un homme non électrique [en notre temps nous dirions l'homme considéré comme un corps conducteur] fait étinceller un corps électrisé, la répercussion des courants électriques ne se fait sentir qu'à la peau du doigt, ou tout au plus dans le bras ; parce que la matière choquée qui n'est appuyée ou retenue par aucune action contraire, a toute la liberté de reculer & obéir au coup qu'elle reçoit, au lieu que dans le fait en question l'effort électrique éclate en même temps par deux endroits opposés, sur un filet de matière qui s'étend d'une main à l'autre en traversant le corps, & qui, à la manière des fluides, communique le mouvement dont il est animé, à toutes les parties de son espèce, qui se trouvent dans le même sujet. Les parois d'un tonneau sont généralement comprimées quand on presse la liqueur qu'il renferme ; & si la pression se fait par deux endroits sur le liquide, tous les solides qu'il touche s'en ressentent d'autant plus. La commotion plus ou moins grande ; plus ou moins complette, que nous éprouvons dans l'expérience que j'essaie d'expliquer, peut donc s'attribuer avec beaucoup de vraisemblance à la double répercussion que reçoit en même tems le fluide électrique qui réside en nous comme par-tout ailleurs.*

---

375 Nollet, « Observations sur quelques nouveaux phénomènes d'électricité », *Mémoires de l'Académie des sciences*, 1746, p. 1-23.

376 Nollet, *Essai sur l'électricité des corps*, p. 194-197, pour cette citation et les suivantes.

Ainsi Nollet avance-t-il une conjecture qu'il fonde sur une analogie : l'analogie du fluide électrique et d'un liquide, ainsi assimile-t-il le corps humain rempli de fluide électrique à un tonneau plein d'eau, et l'écoulement du fluide électrique à celui d'un liquide ; notons à cette occasion l'apparition du terme *courant électrique*, que l'on considère généralement comme un mot forgé par Ampère près de 80 ans plus tard [377]. Mais ceci n'est qu'une conjecture que Nollet s'emploie à étayer. Pour prouver que la commotion éprouvée lors de l'expérience de Leyde est une secousse imprimée à la matière de notre corps par une brusque compression du fluide électrique, Nollet use du fait que ce fluide devient lumineux lorsqu'il est choqué : il reprend l'expérience avec deux personnes au lieu d'une et leur fait tenir à chacune par un bout un tube de verre rempli d'eau *l'une tient le vase rempli d'eau, tandis que l'autre excite l'étincelle [...] lorsque l'explosion se fait, & que les deux corps animés ressentent la secousse, le tube intermédiaire qui les unit brille d'un éclat de lumiere aussi subit, & d'aussi peu de durée, que le coup qui saisit les deux personnes appliquées à cette épreuve. N'est-il pas plus que probable [ajoute Nollet] qu'on verroit en nous la même chose, si nous étions transparens comme le verre & l'eau ?* [378]

Qu'il faille que l'électricité s'écoule dans les deux sens et que la personne, ou les deux dans la dernière expérience, soit soumise au double choc de la matière électrique, Nollet pense le prouver de la manière suivante : *Je me sers encore de deux personnes, dont l'une excite l'étincelle tandis que l'autre tient le vase, & qui de l'autre main se présentent réciproquement le bout du doigt de fort près sans se toucher. Quand l'étincelle éclate, j'apperçois entre les deux doigts opposés & presque contigus, une lueur très-sensible, qui annonce assez évidemment le conflit de deux courans de matiere qui ont des déterminations contraires.*

Il reste quelques questions à résoudre. Pourquoi faut-il que le vase qui retient l'eau qu'on électrise par communication soit de verre ou de porcelaine ? Nollet attribue cela au fait que *les matières vitrifiées, ou à demi vitrifiées, lorsqu'elles deviennent fortement électriques, continuent de l'être assez long-temps quoique touchées par des corps qui ne le sont pas*, tels celui de la personne non électrique qui le soutient. Nollet constate que le vase rempli d'eau qui a servi à l'expérience et qui s'est électrisé par immersion de la verge de métal demeure électrique et ne cesse pas de l'être quoiqu'on le porte ou le manipule, pendant un temps considérable, en effet il

---

377 Ampère substitue l'expression « courant électrique » à celle de « courant galvanique » et donne une image simple de la circulation de l'électricité dans un fil électrique, une image qui se substitue à une réalité qu'il suppose alors beaucoup plus complexe (voir, Robert Locqueneux, *Ampère, encyclopédiste et métaphysicien*, Les Ullis, EDP Sciences, 2008 ; chapitre 12).

378 Nollet, *Essai sur l'électricité des corps*, *op. cit.*, p. 198-205, pour cette citation et les suivantes.

continue d'attirer et de repousser les corps légers qu'on lui présente, d'étinceler quand on approche le doigt, de lancer des aigrettes lumineuses assez souvent spontanées et bruyantes ; en outre l'eau du vase fait voir des éclats de lumière quand on la remue.

Une difficulté apparaît : le vase de verre électrisé met longtemps à perdre son électricité lorsqu'il est posé sur du bois ou du métal et la perd beaucoup plus vite lorsqu'il est soutenu par du verre, de la résine, de la soie et généralement par toutes les matières qui s'électrisent le mieux quand on les frotte. Ces faits ont été observés pour la première fois par le Monnier, et Nollet les a lui-même observés. Avant d'interpréter ces faits, Nollet rappelle que l'électricité *n'est pas seulement l'émanation d'une matière qui s'élance du corps électrisé ; c'est aussi un remplacement qui se fait de cette matière, par une autre tout-à-fait semblable, qui se porte de toutes parts au corps électrisé : c'est, [précise-t-il] pour ainsi dire, un commerce de la matière que j'ai nommée effluente, & de celle que j'ai appellée affluente.* Nollet considère que si la matière affluente vient à manquer ou si la matière effluente n'a pas la liberté de sortir, ce double mouvement qu'on nomme électricité, doit bientôt cesser. Aussi peut-il expliquer que le vase posé sur un gâteau de résine perd vite son électricité *parce que les deux courants, en quoi consiste cette vertu, se ralentissent & cessent promptement* en effet lorsque le vase électrisé est posé sur le gâteau de résine, la matière effluente du verre est arrêtée en grande partie, *parce qu'elle ne trouve point un passage libre dans le corps résineux* et par la même raison le gâteau ne fournit point de matière affluente au verre. Il peut aussi expliquer que le vase conserve longtemps son électricité lorsqu'il est posé sur une table de bois, un support de métal, la main d'un homme, etc. puisque *la matière électrique pénètre aisément tous ces corps, tant pour y entrer, que pour en sortir : ce qui fait que les deux courants qui constituent l'Electricité, n'y trouvent pas autant d'obstacles que dans les corps résineux.* Grâce à son hypothèse des deux matières effluente et affluente, Nollet a pu interpréter ces faits [379], mais d'autres faits ne réfutent-ils pas cette interprétation ? Ici l'abbé ne cache pas son embarras : il trouve singulier, disons même contradictoire, qu'un corps *ne s'électrise pas communément s'il est posé simplement sur une table non isolée ; & [que] voici un vase plein d'eau, qui garde assez bien, pendant plusieurs heures, sur cette même table, l'Electricité qu'il a acquise auparavant.* Faut-il admettre que l'électricité communiquée à un vase de

---

379 Une autre interprétation a été avancée, que Nollet traite par le mépris : *Dirons-nous, pour expliquer [ces faits], que les matières résineuses absorbent l'électricité, comme les éponges s'imbibent & se saisissent des autres fluides ? Si je me servois de cette raison, je ne serois pas seul de mon avis, je pourrois citer un habile homme qui l'a mise au jour il y a peu de temps ; mais quelque ingénieuse qu'elle soit, elle ne s'accorde point avec des principes que je crois fondés sur de bonnes preuves ; & je trouve dans ces mêmes principes, une explication qui paroît moins redevable aux hypothèses.* (Nollet, « Observations sur quelques nouveaux phénomènes d'Electricité », *op. cit.*, p. 12).

verre plein d'eau s'y trouve concentrée, acquiert une force, une énergie, qui n'est pas commune, et produit des effets qui différent considérablement de ceux qui sont communément observés ?

Autres faits difficiles à interpréter : *L'expérience de Leyde ne réussit pas, quand on se sert pour contenir l'eau, d'un vase fait de toute autre matière que de verre ou de porcelaine.* Nollet explique ce fait par la propriété de ces deux matériaux de s'électriser par communication et de ne cesser d'être électriques quoique manipulés et soutenus par un corps qui ne l'est pas ; ainsi explique-t-il ce fait par une propriété de ces matériaux qu'il lui a été difficile d'expliquer. Que les deux conditions qu'il a posé soient conjointement nécessaires, Nollet le constate en substituant au vase de verre des vases qui ne s'électrisent pas assez par communication ou qui ne reçoivent qu'une électricité qui se dissipe au moindre attouchement : *Recevez la verge de fer dans un vase de bois ou de métal, en partie plein d'eau ; elle ne s'électrise pas plus que si vous en teniez le bout dans votre main ; & elle a le même sort avec tout autre vase, dont la matière très facile à électriser par communication, partage aussi fort aisément sa vertu avec tous les corps qui lui sont contigus*[380]. Que l'expérience ne réussisse pas avec des matières qui comme le verre s'électrisent par communication, telles la cire d'Espagne et le soufre, Nollet l'attribue au fait que *ces matières, qui ont cela de commun avec le verre de s'électriser par frottement, n'ont pas comme lui l'avantage de s'électriser aussi par communication, au moins à un degré suffisant.* Si ces expériences de Leyde ne réussissent pas avec un vase de cire d'Espagne, il est légitime de penser que *l'électricité du globe de verre n'est pas de nature à se communiquer à cette matière ; & qu'il ne manque pour le succès, que d'assortir à ce vase l'électricité d'une matière semblable.* Aussi Nollet va-t-il substituer un globe de soufre à celui de verre, si l'expérience réussit, Nollet réhabiliterait la distinction des deux électricités résineuse et vitrée, la théorie qu'il a abandonnée ; l'expérience fut réalisée, la commotion n'eut point lieu, Nollet a pu continuer à croire à l'existence d'une matière unique diversement modifiée de l'électricité, du feu et de la lumière et à considérer que le verre est perméable au feu électrique alors que les corps résineux ne le sont pas, une théorie qui sera confortée par les deux faits suivants, les derniers qu'aborde Nollet dans cet ouvrage. *Un globe ou un tube de verre, dont on a ôté l'air par le moyen d'une machine pneumatique, devient tout lumineux en dedans lorsqu'on le frotte par dehors, & ne donne aucun signe un peu considérable d'Electricité ; c'est-à-dire, qu'on ne lui voit attirer ni repousser sensiblement les corps légers qu'on lui présente, & qu'on ne ressent & n'apperçoit autour de lui aucune de ces émanations qui s'y font sentir quand il est frotté dans son état ordinaire.*

---

380 Nollet, *Essai sur l'électricité des corps, op. cit.*, p. 208-217, pour cette citation et les suivantes.

Il se présente ici deux effets à expliquer : *le premier est cette lumière diffuse qu'on voit briller dans le vaisseau purgé d'air ; le second est la privation d'Electricité, occasionnée par le vuide.* Nollet rapproche ce premier phénomène connu depuis longtemps de la lumière qui est produite dans la partie supérieure d'un baromètre, par le frottement du mercure contre la paroi quand on balance le mercure ; pour expliquer ce phénomène, Nollet considère que ce fluide très subtil qu'est l'élément du feu qui selon toute apparence ne laisse aucun espace vide dans la nature, *parce qu'il n'est embarrassé par aucune matière étrangère, & que la continuité de ses parties ne souffre aucune interruption, [...] reçoit avec autant de facilité que de promptitude les secousses réitérées que lui impriment les parties du verre agitées par le frottement. [...] Or le feu purement élémentaire, & qui n'est uni à aucune autre matière capable de retarder son expansion, s'allume au moindre mouvement ; mais son inflammation se termine à une simple & subite lueur.*

Quant au second effet, il est, de l'avis de Nollet, difficile d'en rendre raison d'une manière pleinement satisfaisante ; il avance l'idée que l'électricité, qui consiste en des élancements de la matière effluente, étant produite par une forte agitation imprimée au partie du verre, il est probable que ce mouvement n'a lieu et ne persévère que si la paroi de verre frottée se trouve entre deux airs dont les densités sont à peu près égales. Ce que Nollet vérifie en constatant qu'un vaisseau de verre qui contient un air très condensé ne s'électrise pas plus qu'un vaisseau dans lequel on a fait le vide : *L'Electricité ressemble en cela à la flamme, qui s'éteint également dans un air qui manque de ressort pour avoir été trop raréfié, & dans celui qui en a trop pour avoir été fortement chauffé, ou comprimé.* Nollet ne pense pas que la matière qu'on voit briller dans le globe ou le tube purgé d'air soit d'une nature différente de celle qui s'agite en dehors quand le verre s'électrise ; il pense qu'un même fluide peut se prêter à différentes modifications, comme le vent et le son ne sont jamais qu'un air agité, aussi suppose-t-il que c'est la même matière qui peut être en même temps électrique et lumineuse comme elle peut être électrique sans luire ou luire sans être électrique. Nollet en appelle à l'expérience pour conforter cette assertion : *Au lieu de frotter le tube ou le globe purgé d'air, approchez-le seulement d'un autre globe rempli d'air à l'ordinaire, qu'on électrise un peu fortement ; vous verrez aussi-tôt paroître dans votre vaisseau vuide, les mêmes éclats de lumiere que vous avez coutume d'y voir quand vous le frottez.* Selon Nollet, cette action ne peut être attribuée qu'au choc immédiat de la matière électrique *qui est capable de passer à travers les corps les plus compacts & qui s'enflamme visiblement dans mille autres occasions* plutôt que de supposer que cette matière électrique ébranle les parties du verre autant que pourrait le faire un frottement qui pour avoir son effet doit être trop fort pour être suppléé par le simple choc des émanations électriques.

Nollet termine l'*Essai* par une expérience que Hauksbee avait faite en son temps et qui avait intrigué Dufay et d'autres avec lui : *Un globe de verre enduit de cire d'Espagne par dedans, & que l'on frotte après l'avoir purgé d'air, devient lumineux intérieurement, [...] ; mais ce qu'il y a de plus remarquable, c'est qu'en regardant par un des poles (que l'on a soin de ne point enduire comme le reste), on apperçoit la main & les doigts de celui qui frotte, nonobstant l'opacité naturelle de la cire d'Espagne.* Ici encore Nollet explique aisément ce phénomène en considérant que matière électrique et lumière se confondent : *Quand on frotte dans l'obscurité un tube ou un globe de verre, plein ou vide d'air, on peut observer que les endroits où la main est appliquée sont toujours lumineux plus ou moins ; mais cet effet est bien plus remarquable, si le vaisseau qu'on frotte est purgé d'air, apparemment parce que la matière de la lumiere, qui est alors dégagée de toute substance étrangere se met plus aisément en action ; la main & les doigts se dessinent donc, & se font apercevoir par la lueur que fait naître leur frottement. Cette action plus libre, & pour ainsi dire, plus complete de la matiere lumineuse qui remplit le globe, se communique apparemment à des parties semblables qui remplissent les pores de la cire d'Espagne, comme ceux de tous les autres corps ; & ces pores luisans qui sont en très-grand nombre, donnent quelque transparence à cet enduit, qui est naturellement opaque ; à peu près comme l'agathe, ou certains cailloux blancs qu'on trouve communément aux bords des rivieres, deviennent intérieurement très-lumineux, & comme transparens, lorsqu'on les heurte l'un contre l'autre dans un lieu obscur.*

Rappelons que Dufay a vu dans cette expérience une preuve que la matière de l'électricité et la lumière ordinaire ont des propriétés différentes, puisque les pores de la cire d'Espagne ne sont pas perméables à la lumière ordinaire, alors qu'ils le sont à la matière de l'électricité vitreuse lorsque celle-ci est lumineuse.

Lorsqu'il a affirmé que l'élément du feu ne laisse, selon toute apparence, aucun espace absolument vide dans la nature, Nollet se défend de prendre aucun parti décidé sur la question de l'existence du vide, de choisir entre Gassendi et Descartes : *je prétends seulement faire entendre que la matiere du feu, plus subtile qu'aucune autre qui nous soit connue, remplit tous les petits espaces, où des fluides plus grossiers ne peuvent être admis ; & je me dispense d'examiner si les parties de cette matiere laissent entre elles des intervalles qui soient pleins ou vides ; cet examen est étranger à mon sujet*[381].

Dans le mémoire présenté à l'Académie en 1746, Nollet a évoqué des faits dont il ne dit mot dans l'Essai : *J'avois à peine répété trois ou quatre fois l'expérience de Leyde, que j'entrevis l'explication que j'en [ai donné],*

---

381 *Ib.*, p. 211, note a.

& conséquemment à ces premières idées, j'imaginai que je pourrois facilement, & d'un seul coup, satisfaire la curiosité de plusieurs personnes qui voudroient en sentir l'effet, pourvû qu'elles se tinssent toutes par la main, & que la première présentât le vase & l'eau, tandis que la dernière exciteroit l'étincelle avec le doigt. Ce que j'avois pensé arriva, & depuis j'en ai toûjours usé de la sorte, non seulement pour gagner du temps, mais encore pour modérer un peu par cette espèce de partage, une commotion dont nous ne savons point encore assez quelles pourroient être les suites à l'égard de certains tempéramens [382].

L'histoire en a retenu plus sur cette expérience ; avant que Nollet n'ait lu son mémoire à l'Académie, il l'a réalisée dans la galerie des Glaces à Versailles en présence du roi et de la cour le 14 mars. Le nombre des participants varie suivant les récits : 64, 140, 240, on peut penser qu'elle fut répétée de nombreuses fois… Le roi lui-même s'est fait électrisé par l'abbé, avec quelques uns de ses proches [383]. L'expérience de Leyde a contribué à l'engouement du public pour les phénomènes électriques.

Des Eclaircissemens sur plusieurs faits concernant l'électricité [384]

D'entrée, dans le mémoire qu'il présente à l'Académie des sciences le 17 mai 1747, Nollet constate que malgré les progrès qui ont été faits dans la connaissance des phénomènes électriques, il reste encore bien de l'obscurité répandue sur cette matière : *Ceux qui s'en occupent le plus, y rencontrent tous les jours des nouveautés qui semblent contredire ce que l'on a vû ou cru voir précédemment, & que l'on nommeroit volontiers bizarreries de la Nature, si l'on ne savoit pas que la Nature est toûjours d'accord avec elle-même, & que ce qui nous paroît contradiction en elle, est une marque certaine de quelqu'ignorance en nous* [385]. Aussi Nollet va-t-il *tâcher de jeter du jour sur ces connoissances incertaines ou mal établies à quelques égards, […]*.

Dans le premier mémoire, Nollet examine *quelles règles on doit suivre pour juger si un corps est plus ou moins électrique* ; d'entrée il met en garde sur les difficultés de cette recherche : *Dans l'électricité, comme dans toute autre matière de Physique, c'est sur le rapport de nos sens que nous jugeons des choses ; & l'expérience nous apprend tous les jours que nos sens peuvent nous tromper : nous devons donc nous en défier, & suspendre notre jugement jusqu'à ce que nous ayons suffisamment vérifié la fidélité de nos*

---

382 Nollet , « Observations sur quelques nouveaux phénomènes d'électricité », *op. cit.*, p. 17, 18.

383 Christine Blondel, « L'expérience d'électricité dans la galerie des Glaces », *Sciences & curiosités à la cour de Versailles*, *op. cit.*, p. 237-239.

384 Nollet, « Eclaircissemens sur plusieurs faits concernant l'électricité », *MARS*, 1747, p. 102-131, 149-199, 207-242. Grandjean de Fouchy, « Sur l'électricité », *HARS*, 1747, p. 1-32.

385 *Ib.*, Premier mémoire, p. 102-104, pour cette citation et les suivantes.

témoignages. Pour croire & annoncer ce que j'ai vû, je dois chercher à le voir plusieurs fois & dans les mêmes circonstances ; & si le fait est difficile à distinguer, comme il arrive souvent dans les phénomènes électriques, il est à propos que d'autres yeux se trouvent d'accord avec les miens. D'ailleurs, comme la vûe n'est pas le seul moyen que nous ayons pour juger des objets sensibles, il ne doit pas me suffire d'avoir vû ce que j'ai cru voir, s'il est de nature à se laisser saisir par d'autres sens ; car pourquoi ne pas entendre tous les témoins qui peuvent déposer d'un fait, si l'unanimité de leurs voix peut donner plus de certitude à nos connoissances [386].

Nollet fait alors le dénombrement des différents effets de l'électricité : *attractions, répulsions, attouchemens d'émanations invisibles, aigrettes lumineuses, étincelles, piqûres, inflammations.* Il en conclut que *tous ces effets extérieurs étant l'action de la matière électrique, on ne risquera rien de conclure que l'électricité est plus ou moins forte, quand on verra augmenter ou diminuer cette action même, dans laquelle on la fait consister. Mais si l'on regarde le corps électrisé comme un agent capable d'opérer au dehors, en vertu d'un certain état qu'on lui a fait prendre, & d'une matière qu'il anime de son propre fond, je vois qu'il y aura bien des cas où l'on pourra porter un faux jugement ; car je crois être en état de prouver que presque tous ces phénomènes dont je viens de faire l'énumération, & que l'on prend communément pour des marques d'une électricité plus ou moins forte, peuvent s'augmenter ou s'affoiblir, quoique le corps électrisé persévère d'ailleurs dans le même état, ou du moins sans que l'on ait raison suffisante pour croire qu'il en a changé. Je puis faire plus, il m'est possible de montrer qu'un corps que l'on n'a eu nullement intention d'électriser, & que l'on regarde communément comme ne l'étant pas, fait quelquefois d'une manière très-marquée, tout ce qui annonce une forte électricité acquise par frottement ou communiquée, attractions, répulsions, attouchemens d'émanations invisibles, aigrettes lumineuses, étincelles, piqûres, inflammations.*

1- Qu'un corps électrisé attire de petits fragments de feuille d'or ; mais il suffit de reprendre une expérience de Dufay pour constater qu'un corps qui n'est pas électrisé peut attirer & repousser les corps légers qu'on lui présente : *M. du Fay s'étant fait électriser, étendit le bras, & tint sur sa main un carton couvert de petits fragments de feuille d'or : une autre personne qui n'étoit point électrisée, porta le bout du doigt au dessus du carton, & l'on vit aussi-tôt les feuilles de métal s'élancer vers le doigt non électrisé, & rejaillir comme elles ont coûtume de faire, lorsqu'étant posées sur une table on leur présente un tube de verre nouvellement frotté. Toutes les fois que je répète l'expérience de la feuille d'or électrisée & flottante dans l'air, j'observe que non seulement elle se jette avec précipitation sur le doigt non*

386 Nollet, « Eclaircissemens sur plusieurs faits concernant l'électricité, premier mémoire », *op. cit.*, p. 103-107, pour cette citation et les suivantes.

électrique qu'on lui présente, mais aussi qu'elle rejaillit immédiatement après, comme lorsqu'elle est repoussée par le tube qui l'a électrisée. ***fig. 1*** *[voir les figures sur la planche de la page 227]*

Nollet rapporte d'autres expériences qui montrent de tels mouvements alternatifs, *qu'on peut regarder [...] comme des indications certaines d'électricité, [mais qui] ne nous apprennent pas toûjours par eux-mêmes, le sujet où réside cette vertu.* Nollet fonde l'interprétation de tel phénomène sur l'existence de l'effluence et de l'affluence simultanées de la matière électrique : *car en faisant voir que ce fluide vient au corps électrisé, non seulement de l'air qui l'entoure, mais aussi & avec plus de force des corps solides qui sont placés aux environs, je crois avoir suffisamment prouvé qu'en présence d'un corps électrisé, celui qui ne l'a pas été, & qui n'est point isolé pour l'être entièrement par communication, devient comme une source d'émanations sensibles qui tendent au corps électrique : il me suffira donc d'ajoûter ici un fait que je regarde comme une preuve sans replique de l'existence de ces écoulemens électriques, de la part des corps qu'on regarde comme n'ayant point d'électricité actuelle* [387].

J'électrise fortement, par le moyen du globe, une personne qui se tient debout sur un gâteau de résine ; en continuant de l'électriser ainsi, je lui fais étendre la main C qui ne touche point au globe dans une situation verticale : une autre personne qui n'est point isolée de même, mais simplement debout sur le plancher de la chambre, étendant le bras horizontalement, présente un doigt D vis-à-vis cette main, à une distance de sept à huit pouces ; il sort de ce doigt une matière invisible, qui fait contre la main électrisée un souffle très-sensible, & tout-à-fait semblable à celui qu'on a coûtume de sentir au-delà des aigrettes lumineuses d'une barre de fer qu'on électrise. ***fig. 2***

Si l'on approche le doigt plus près de cette même main électrisée, comme à la distance de trois pouces ou un peu moins, cette matière invisible qui ne faisoit qu'un souffle, s'enflamme alors avec une sorte de bruissement, & se fait apercevoir sous la forme d'une belle aigrette, qui ne diffère en rien de celle qu'on voit briller au bout de la barre de fer qu'on électrise. En approchant le doigt encore plus près de la main électrisée, on voit l'aigrette lumineuse dont je viens de parler, se resserrer & former un trait de feu fort vif, qui éclate avec bruit & avec douleur de part & d'autre, comme il arrive quand on s'approche pour toucher un corps fortement électrisé.

Enfin, l'aigrette de matière enflammée, & le souffle qui la précède, font sentir l'odeur de phosphore ou d'ail, absolument de la même manière que les extrémités d'un corps qu'on électrise pendant un certain temps par communication ; & l'on observe tous les mêmes effets, si au lieu du doigt on présente le bout d'une verge de fer ou de quelqu'autre métal, à la main, au

---

[387] *Ib.*, Premier mémoire, p. 109-110, pour cette citation et les suivantes.

visage, & quelquefois aussi à tout autre endroit du corps de la personne qu'on électrise, malgré l'interposition des habits.

On voit donc par le détail de cette expérience, qu'il est des cas où l'on voit faire à un corps, qui est considéré comme non électrique, tous les effets que l'on prend communément pour les signes les plus certains d'une électricité bien décidée ; de sorte qu'en pareille occasion, si l'on apercevoit ces phénomènes par un rideau entr'ouvert qui empêchât de voir l'appareil, il seroit bien difficile, je pourrois dire impossible, de décider à coup sûr, quel est celui des deux corps sur qui l'on fait agir immédiatement le globe, & que l'on doive regarder comme possédant en soi la vertu électrique, en supposant qu'on ne la voulût reconnoître que dans l'un des deux absolument.

Doit-on conclure de là que ces effets dont je viens de parler, sont des signes équivoques d'électricité ? non : ce que je prétends seulement, c'est que dans les cas dont j'ai fait mention, l'on doit considérer comme électrisé, au moins en partie, celui des deux corps que l'on a coûtume de nommer "non électrique", & qu'on a toûjours regardé comme tel jusqu'à présent ; car je viens de prouver que la matière électrique est effluente & affluente pour l'un comme pour l'autre, puisque tous deux attirent & repoussent : & ce double mouvement me paroît être le premier effet sensible qui résulte des moyens qu'on emploie pour faire naître l'électricité.

Dans ce mémoire, l'abbé Nollet entreprend le catalogue des jeux des attractions et des répulsions de la matière électrique effluente et affluente qui troublent les effets attendus, et des mises en garde dont il convient d'apprécier les limites. Nous ne les explorerons pas toutes. Sachons que : *La figure des corps légers qu'on veut attirer, n'est pas indifférente, une trop grande surface ne leur permet pas d'échapper aux rayons de la matière effluente, & ils en sont ou totalement repoussés, ou au moins considérablement retardés : par la même raison, lorsque ces petits corps sont plats, il faut qu'ils se présentent par le tranchant, & non par le plat, en allant vers le corps électrique, pour éprouver de sa part la plus forte attraction possible ; cette situation les met en état d'éviter un très-grand nombre de jets de matière effluente, & de passer bien plus facilement dans les espaces qu'ils laissent entr'eux, & par lesquels la matière affluente se rend au corps électriques* [388]. Il n'est donc pas suffisant de donner à des feuilles légères, la même figure il faut encore qu'elles se présentent au corps électrique dans le même sens.

L'égalité de figure et de position ne met pas à l'abri d'une autre inégalité dans les effets, celle-ci vient de la plus ou moins grande promptitude que mettent les corps à s'électriser : parmi les corps de même figure dans la même position, celui qui s'électrise très facilement, l'est à une beaucoup

388 Grandjean de Fouchy, « Sur l'électricité », *HARS*, p. 5, 6, pour cette citation et la suivante.

plus grande distance du corps qui les électrise, quoique son volume soit le même en apparence, les rayons qu'il lance de toutes parts le met hors d'état de passer dans les intervalles des rayons du corps électrique et le plus souvent il en est repoussé au lieu d'en être attiré : *Si, par exemple, on suspend à deux fils d'égale longueur, une feuille de métal de deux pouces de largeur, ou environ, & un disque de cire d'égal diamètre, & qu'on présente à ces deux corps un tube électrisé, on verra que le disque de cire sera constamment attiré, au lieu que la feuille de métal ne fait qu'un léger mouvement vers le tube, & souvent même commence par s'en écarter ; la raison de cette différence est que la feuille de métal s'électrise à la première approche du tube, & qu'au contraire, le disque de cire ne s'électrise pas, du moins aussi facilement ; en effet, si aussi-tôt après l'expérience on examine les deux corps, on verra que la feuille de métal est électrique, & que le disque de cire ne l'est point.* ***fig.3***

Laissons l'énumération des circonstances qui font qu'aucun phénomène ne peut être pris pour une mesure certaine de la force électrique imprimée à un corps et qu'on ne peut éviter une erreur de jugement qu'en usant de grande circonspection.

Nollet juge que si l'on veut s'en tenir qu'à la seule force répulsive, il est un moyen de mesurer la vertu électrique d'un corps et nous le trouvons dans une expérience qui fut faite par Dufay : il s'en servait pour montrer avec quelle promptitude la vertu électrique d'un corps s'évanouit lorsqu'on en tire des étincelles. *Il mettoit sur une tringle de fer un fil plié en deux, en sorte qu'une moitié pendit d'un côté de la tringle, & l'autre moitié du côté opposé ; ces deux moitiés dans cet état étoient exactement parallèles ; le fer étant électrisé, les deux fils s'écartoient, & s'écartoient d'autant plus, que l'électricité étoit plus forte* [389]. Nollet ajoute que cet objet assez simple qui permet de connaître les progrès de l'électrisation d'un corps, mériterait le titre d'électromètre *s'il étoit généralement applicable, & s'il pouvoit servir à mesurer par des quantités bien connues, & dont on ne pût douter, les augmentations ou diminutions qu'il indique* [390].

Il n'était pas possible de mesurer l'ouverture de cette espèce de compas en approchant une règle graduée du bout de ces fils qui, parce qu'ils sont électrisés, ne manqueraient de s'en approcher, donc de se déranger considérablement. Pour éviter cet inconvénient, Nollet place devant les fils, *à une distance suffisante pour ne pas perturber le phénomène, une planche G, percée d'un trou vis-à-vis duquel [il] met une bougie allumée, & en recevant l'ombre de ces fils fut un carton, blanc H, [qu'il] élève verticalement & parallèlement au plan qu'ils terminent entr'eux (la bougie*

---

[389] *Ib.*, p. 10, 11, pour cette citation et la suivante.

[390] Nollet, « Eclaircissemens sur plusieurs faits concernant l'électricité », *op. cit.*, p. 129, 130, pour cette citation et la suivante.

& le carton étant bien fixés), [il] trace sur celui-ci une portion de cercle qui a pour rayons les deux ombres des fils, cet arc divisé en degrés, [lui] sert à juger de leur écartement réciproque. ***fig. 4***

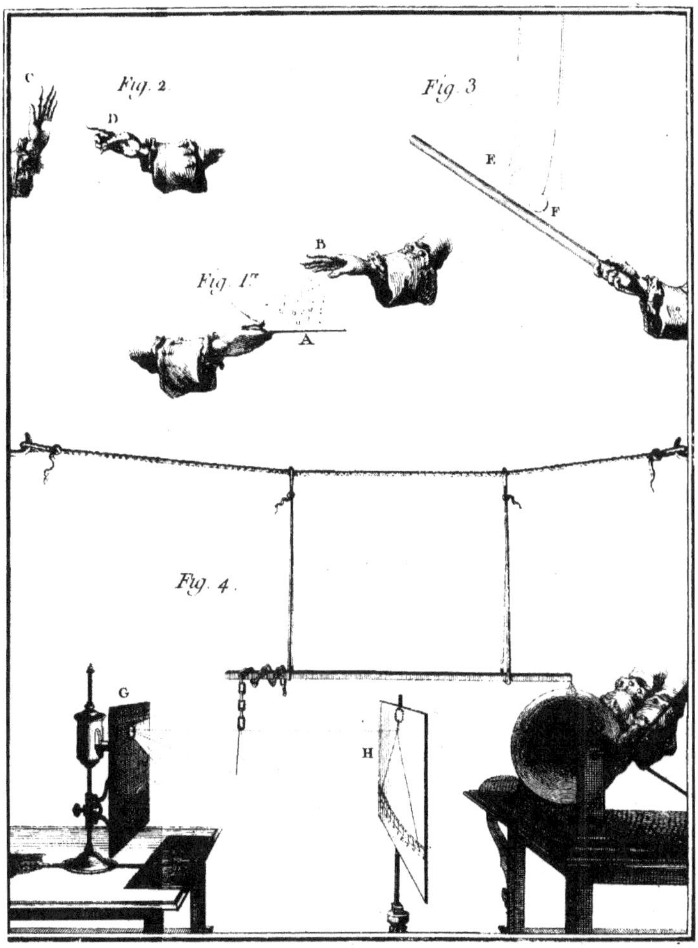

Le second mémoire des *Eclaircissemens sur plusieurs faits concernant l'électricité* a pour objet, tout ce qui peut augmenter ou affoiblir l'électricité.

Dans le troisième mémoire, [Nollet se] propose de résoudre ces questions : 1° si l'électricité se communique en raison des masses, ou en raison des surfaces : 2° si une certaine figure, ou certaines dimensions peuvent contribuer à rendre la vertu électrique plus sensible : 3° si l'électrisation qui dure long-temps, ou qui est souvent répétée sur la même quantité de matière, peut en altérer les qualités, ou en diminuer la masse.

Enfin, le quatrième Mémoire a pour objet, d'examiner les effets de la vertu électrique sur les corps organisés [391].

Dans la brève relation de ces mémoires, nous touchons du doigt quelles sont les difficultés de la recherche en science lorsque les chercheurs (savants ou amateurs) veulent en lever toutes les difficultés et en explorer toutes les conséquences.

---

[391] Nollet, « Eclaircissemens sur plusieurs faits concernant l'électricité », *MARS*, 1748, p. 164-199. Grandjean de Fouchy, « Des effets de l'électricité sur les corps organisés », *HARS*, 1748, p. 1-9.

Chapitre 5
L'abbé Nollet & les autres électriciens (1745-1749)

De la comparaison des théories électriques de Nollet et de Bose

Sur la cause et sur la véritable théorie de l'électricité selon Bose

En 1745, Bose publie ses *Recherches sur la cause & sur la véritable Théorie de l'Electricité* [392]. Cette publication est contemporaine du premier mémoire de l'abbé Nollet et, comme ce mémoire, elle précède l'invention de la bouteille de Leyde, Bose y présente une théorie dont il a jeté les fondements en 1738 mais sur laquelle il n'a pas publié depuis. Bose reprend le système de Gray et de Dufay, *ou peu s'en faut* et parle *sous le bouclier de l'expérience* et, ajoutant à l'ouvrage de Gray et Dufay, construit une théorie qui *surpasse toutes celles, qu'on a forgées jusqu'ici* ; je cite mon auteur [393]. Avant cette date Bose n'avait soufflé mot de cette théorie : n'étant pas, nous dit Bose, *amateur des théories, j'ai bien pris garde dans tous mes commentaires publiés depuis 1738, de donner tête baissée dans le systéme* [394]. La théorie exposée à la suite de cet avertissement s'éloigne cependant beaucoup du système de Dufay. Bose construit une théorie qui, élaborée dans le même temps que celle de Nollet, en est très proche, sans que *l'un ait sû mot des pensées de l'autre* [395] ; Bose va même jusqu'à parler de leur théorie commune.

Le texte que Bose a envoyé à la Société royale de Londres, est divisé en trois parties : deux "sections" et "*une scholie générale*", publié, ce texte est précédé d'un avertissement et suivi d'un appendice qui lui furent tous deux adjoints un peu avant sa publication. Dans les deux "sections", Bose introduit des expériences auxquelles il donne des interprétations qui semblent empruntées aux mémoires de Dufay, il y gagne en concision en adoptant le vocabulaire de Desaguliers, ce qui lui permet l'économie de quelques périphrases. La troisième partie de l'ouvrage, le scholie général, révèle que Bose, en empruntant à la théorie de Dufay, a changé le sens des

---

392 George Mathias Bose, *Recherches sur la cause & sur la véritable Théorie de l'Electricité*, Imp. A Wittenberg imprimerie de J. F. Slomac, 1745.

393 *Ib.*, Avertissement, p. vii-viii.

394 *Ib.*, Appendice, p. xliii.

395 *Ib.*, Avertissement, p. viii.

mots, leur faisant recouvrir d'autres concepts. Pour sa publication, Bose a mis à la fin de l'ouvrage un avertissement et un appendice où il cite de longs passages de la lettre que lui a envoyée l'abbé Nollet dans le courant du mois de juillet ; il avait en effet, au 1er juin de 1745, envoyé une copie de son ouvrage à Réaumur en le priant de le faire voir à l'abbé Nollet. Rappelons que le premier mémoire de Nollet sur l'électricité fut lu à la séance de l'Académie du 28 avril 1745 ; le texte de Bose, avec son appendice est donc postérieur au mois de juillet de cette année.

L'avertissement sur lequel Bose ouvre son ouvrage est un éloge de Dufay et se clot sur une allusion à la théorie de l'abbé Nollet : *Je trouve les traits, que Mr. Du Fay nous a craionnés d'une téorie de cette étonnante propriété de toute la nature [l'électricité], si justes dans leur aplication, si plausibles dans la resolution des phénoménes les plus surprenants, si faciles dans les problèmes les moins faciles à résoudre, et si vraisemblables en tout, que je les dis presque, un peu plus que simple hipotése. Enfin ; quoique j'aie veritablement assez de penchant, pour le pirrhonisme en fait de sistémes, j'ai néanmoins tenté, de perfectionner celui, que Mr. Du Fay nous a donné sur cette matiére. Quelle superiorité de genie, que dans cet Academicien ? Lui, le second, car feu Mr. Gray étoit le premier, entra dans un vaste païs, ou merveilles, magie, enchantement, lumiére, nuit, éclairs, foudres, et tout ce qu'on pouvoit dire incroiable et surnaturel (s'il y a du surnaturel dans la phisique) se trouvérent à chaque pas. Il perca pourtant à travers un million de prodiges, et non content, de debrouiller les verités d'entre cent mille sophismes, il poussa plus loin, déterra des loix, ou personne n'avoit soupçonné qu'incertitude, et tira des regles d'entre ces contredictions, qu'Aristote lui-même n'eut pas entrepris de concilier. C'est donc son sistéme, ou peu s'en faut, que je traite ici, et si je n'ai pas reüssi en tout, c'est ma faute, et non pas la sienne. Après cet aveu ingenu, je me flate, que mon lecteur me pardonnera, s'il rencontre çà et là quelque chose, qui ne soit pas de son gout. Car dans une matiére si inépuisable, ou trouvera-t-on le philosophe, qui pourra plaire à tous les savans ? Au reste je proteste, que quant aux expériences, elles sont toutes si incontestables, qu'une proposition d'Euclide. C'est tout dire, et je parle peut-étre un peu hardi, mais je parle en connoisseur. Sous le bouclier d'experience je me crois assez sûr. Et si l'Egide de la Societé roiale y survient, je ferai téte, à cent mille tétes pétrifiantes. Mais quant à les raisonnemens, tirés de mes experiences, je ne traite tout cela, que de pure téorie. Je soufre contrediction et refutation avec un plaisir infini, étant certainement l'homme le moins opiniatre de tout l'univers, en matiére de savoir. Pourtant quand on daigne lire ce que j'ai ajouté à la fin de tout l'ouvrage, il me semble, que ma téorie surpasse toutes celles, qu'on a forgées jusqu'ici, vu, qu'il doit étre moralement impossible, que deux hommes [Nollet et lui], qui ne se connoissent que par renommée, puissent donner en même temps, une même hipotése d'un sujet, si delicat que celui-là, sans qu'ils aient devoilé le veritable mistere de la nature* [396].

D'entrée, dans la première section, Bose énonce deux suppositions ; il suppose : *qu'il y a une certaine matiére électrique dans l'univers, qui nage dans notre air. Et comme cet air pénétre tous, la matiére électrique se trouvera de même en tous les endroits* [397]. Cette première supposition appelle un commentaire de son auteur qui, principe d'économie de la nature oblige, *n'ose feindre une matiére tout-à-fait singuliere, seulement à cause des phénoménes électriques. Ce sera donc, s'il vous plait, la partie la plus subtile de notre air. Ce sera l'éther. Ce sera la matiere subtile de Descartes. Peut-étre que c'est le feu élementaire. Ou tel autre nom, qu'il vous plaira de donner, me voilà d'acord* [398]. Il lui semble que les globules, qu'il emprunte à Descartes, sont *fort propres, à nous donner une belle solution de l'électricité, [...]*. Seconde supposition, cette matière électrique, ces globules, sont élastiques, Bose en vient à penser que, peut-être, notre air doit son élasticité, ou toute, ou en partie, à la matière électrique. Il reste à montrer que ces deux suppositions permettent de rendre compte des phénomènes électriques, ou pour le moins qu'elles aient des conséquences qui ne sont pas en désaccord avec ces phénomènes. Pour Bose, la promptitude étonnante de l'électricité le long d'une corde est incompréhensible si on ne suppose pas l'élasticité de la matière électrique. Il appuie cette interprétation sur un raisonnement qu'il emprunte à Descartes et aux cartésiens touchant la propagation de la lumière : *Il se trouve dans nôtre atmosphére des millions de ces globules. Toûcher en un, et cela soudainement. On voit bien, qu'il doit être comprimé à cause de son élasticité, mais qu'un moment après, il se restituera vivement. Se trouve-t-il proche d'autres tels globules, il est clair, que toutes ces petites sphéres se doivent ressentir du choc de la premiere, et qu'ainsi le même mouvement se doit repandre brusquement de tous les côtés* [399].

Supposer que la matière électrique est élastique permet d'expliquer que certains corps sont faciles à s'électriser par le frottement ou *per se*, alors que d'autres, tels que les métaux, ne peuvent l'être que par communication. Les premiers contiennent une grande quantité de matière électrique dans leurs pores, cette matière, infiniment subtile, comprimée par le frottement prend du ressort du fait de son élasticité, elle pousse donc les globules électriques les plus proches qui flottent dans l'air et ceux-là poussent à leur tour les plus proches et ainsi de suite. Les seconds, tels les métaux, qui semblent manquer de matière électrique, en sont, soit destitués, soit plutôt que la matière

---

396 *Ib*., Avertissement, p. vi-viii.

397 *Ib*., Section 1, p. 9, 10 § 1.

398 *Ib*., p. 10 § 2, pour cette citation et la suivante.

399 *Ib*., p. 10, 11, § 5.

électrique est trop figée dans les pores et qu'elle est *trop enclavée, pour étre emuë par un frottement superficiel*[400]. Dans de tels corps, « *le frottement n'arrive qu'à la surface exterieure, et parce que la matiére est acrochée dedans, le frotement grossier, et par dehors, ne pourra pas ébranler des particules si subtiles, et en dedans. La friction ne fera donc rien*[401].

Les corps électriques par le frottement sont *tout pleins, tout farcis de la matiére électrique : Les globules, trop entassés l'un sur l'autre s'arretent, s'empêchent, d'étre émus par le choc des exhalaisons électriques , qui sortent d'un tuiau, ou d'une sphère. Il faut un frotement réel. Par là même, que de tels corps sont électriques per se, on voit qu'ils sont fort riches en matiére électrique. Ainsi le frottement de la surface sufit, pour débarraser les globules, qui sont immediatement frotés*[402]. *[Ces] globules frottés s'échauffent, s'augmentent, leur pesanteur diminue. La pression, que ceux-là exercérent auparavant contre les globules interieurs, diminue aussi. Quel autre éfet s'en pourra suivre, si non, que les globules interieurs, avec une densité et une pésanteur plus grandes, chasseront les globules frotés, plus rares, et moins pésants ? Les mêmes globules intérieurs, moins pressés qu'auparavant, s'étendront, monteront à la surface du corps, seront frotés à leur tour, et tout le manége reviendra* [403].

Bose peut maintenant expliquer comment un corps électrique *per se* fortement électrisé agit sur un corps qui ne le devient que par communication : la matière électrique d'un corps qu'on a rendu fortement électrique est dans *une agitation vive et véhémente*, si ce corps est approché d'un corps difficile à électriser *per se*, sa matière subtile pénètre nécessairement par les pores de la surface, dans l'intérieur de cet autre corps, ses globules y rencontrent une grande quantité de globules eux-aussi élastiques, ils les poussent, les mettent en mouvement : La cause est une agitation électrique. *L'éfet sera sans doute aussi une électricité*[404]. Bose peut encore expliquer pourquoi les parcelles de la raclure de bois, de la paille, etc. proches d'un corps électrisé *per se* sont attirées et repoussées avec tant de confusion : les globules d'un corps électrisé, qui en sont chassés en grand nombre, sont obligés de percer l'air, leur force s'amenuisant en peu de temps, ils sont nécessairement repoussés là d'où ils sont sortis ; et, le corps étant toujours frotté, l'effet se renouvelle. C'est le va et vient de ces globules qui paraît être la cause de la danse de ces raclures[405]. Bose va s'attarder sur de tels phémonènes en considérant *ce qui doit arriver à un*

---

400 *Ib.*, p. 11, § 10.

401 *Ib.*, p. 12, § 16

402 *Ib.*, p13 § 18.

403 *Ib.*, p. 14, § 21.

404 *Ib.*, p. 13, § 17.

405 *Ib.*, p. 14 § 22 & p. 16, § 26.

petit corps, un fil, etc. à qui l'on aproche le tourbillon électrique[406]. Pour lui, *on n'a pas besoin des grands détours, pour voir aisement, que tant des globules électriques venant coup sur coup heurter contre la parcelle, le fil, etc. le doivent ou atirer, ou repousser.* Bose ne peut cependant pas faire l'impasse des expériences faites par Dufay et de l'interprétation qu'il en a faite. Dufay, et des *habiles hommes* avec lui, assurent que ces corps légers ne pourront être qu'attirés après avoir été rendus électriques et ensuite repoussés et que le phénomène se renouvelle tant que le tourbillon électrique d'un tuyau ou d'un globe frotté perdure. Pour expliquer que les petits corps sont attirés, ne peut-on dire, avance Bose : *que la matiere qui sort, agissant toûjours par des lignes divergentes, devroit agir en même temps plus foiblement, que la matiére qui revient, et qui décrit des lignes convergentes ? Parce qu'en celle-là l'aproche toûjours plus etroite doit visiblement aider la force. Et dans les autres l'élongation toûjours croissante diminuera d'autant plus la force des petits coups. Quand on trouve cela plausible, il est évident, que les corps legers ne doivent être qu'atirés.* Pour rendre compte de la répulsion qui s'ensuit, Bose fait un détour par l'expérience que Réaumur a portée à la connaissance de Dufay (quatrième mémoire de Dufay) ; selon cette expérience, rappelons-le, un bâton de cire d'Espagne rendu électrique chasse un petit monceau de poudre à mettre sur l'écriture posé au bord d'une carte sans qu'il y ait un corps auquel on puisse attribuer ce phénomène comme à une cause attirante. Bose se doit donc d'expliquer pourquoi un corps léger sera chassé ou attiré : *Quand [le corps léger] est atiré, les globules électriques du corps qui atire, trouveront dans celui qui est atiré, assez de matiére électrique pour l'émouvoir. Elle sera donc mise en mouvement. Aussitôt que quelques globules sont détachés, ceux qui ne le sont pas deja, seront moins pressés. (Car on voit bien, qu'une plus grande quantité d'eux comprimera les interieurs avec une force plus grande. Chassez quelques uns, les mêmes interieurs auront un moindre fardeau à soutenir.) Des corps élastiques moins pressés s'étendront. Les globules qui s'étendent seront moins pésans. Ils seront donc chassés à leur tour des intérieurs. Ajoutez y, que le tourbillon du corps froté, donne des nouveaux chocs aux globules électriques de la parcelle. Il est clair, qu'ainsi il se formera un tourbillon particulier autour de ce second corps. Alors les deux tourbillons s'arcboutent, ils agissent l'un contre l'autre, et il faut de necessité géométrique, qu'il y ait une séparation*[407].

Le tourbillon électrique par communication du corps léger est moins fort que celui par frottement du globe ; son électricité cesse très vite par l'action contraire de l'air ; quant au tourbillon du globe obtenu par le frottement, il perdure. Aussi, dès que le tourbillon du petit corps est fini, ce corps suit le

---

406 *Ib.*, p. 17, § 33, pour cette citation et les deux suivantes.

407 *Ib.*, p. 18 § 35.

tourbillon du globe jusqu'à ce qu'ils se touchent. *Aussitôt son tourbillon sera creé de nouveau il s'en suivra la separation seconde et ainsi de suite* [408]. Bose reprend l'expérience que Guericke a faite avec un duvet et que Gray et Dufay ont faite avec une feuille d'or. Dans cette expérience, un globe ou un tuyau frotté soutient au dessus de lui le duvet ou la feuille : *Aprochez le doigt au duvet. Le tourbillon particulier, que le duvet a autour de soi, atrapera ce corps auquel il se puisse joindre, il volera donc vers tel corps, ne le pouvant point atirer vers soi. Quand ce corps en est touché, comme il a quantité de matiére électrique elle sera mise en mouvement. Il se forme encore un tourbillon, du doigt, contraire à celui du duvet, celui-là sera donc chassé. Et comme il perd autant de sa vertu, quand il en excite dans la sphére, ou du tuiau. On voit bien qu'aussitôt toutes ces reciprocations se redoublent* [409].

Bose pose sur une matière fort facile à électriser *per se*, une matière qui ne le devient que par communication : il pose une barre de fer, une pièce de bois, sur une plaque de verre ou il suspend horizontalement un homme avec des cordes de soie : tous ces corps posés ou suspendus ne sont électrifiables que par communication alors que leur soutien le sont facilement *per se*. Bose fait tourner le globe, à son contact l'un ou l'autre de ces corps qui deviennent électriques par communication, le devient, l'électricité s'y accumule puisque les corps sur lesquels ce dernier est posé ou suspendu étant tous remplis de matière électrique, ne peuvent en prendre par communication et empêchent donc la matière électrique de se dissiper [410]. *Il est clair [écrit Bose] que le long des cordes [ou d'une barre de fer, etc.] l'électricité se doit continuer, peu s'en faut que je ne dise pas, à l'infini. Car elle y trouve un corps à s'arreter, à s'acrocher. Elle suivra plûtôt ce chemin, que de se dissiper dans l'air. Alors l'électricité s'atachera de plus forte raison aux corps, et elle ne poussera pas par l'air. Au long d'une corde de 60 aunes un homme devint fortement électrique. [etc.]* [411].

On retrouve ensuite l'évocation d'expériences faites sur ce même sujet par Dufay et Gray, des expériences reprises par Nollet… Bose peut encore interpréter diverses expériences réalisées par Hauksbee, Gray ou Dufay. De ces expériences nous n'en retiendrons que quelques-unes. Retenons les expériences qui rendent compte de l'impression de toile d'araignée que l'on ressent au voisinage d'un corps fortement électrisé : *Plus le corps, qu'on a dessein d'électriser, est éloigné des autres voisins, plus forte sera l'électricité. Quand la matiére électrique trouve un corps voisin, elle y vole, s'y atache. Elle ne revient au corps. Elle est donc perduë pour ce corps. S'il n'y a pas un tel corps voisin, toute la matiére reste dans son entier, rien ne*

---

[408] *Ib.*, p. 19 § 38.

[409] *Ib.*, p. 19, 20, § 40.

[410] *Ib.*, p. 20, 21, § 42, 43.

[411] *Ib.*, p. 21, § 46.

se perd, elle revient au corps. La vertu reçoit de nouveaux augmens. Ces globules électriques par leur aller et revenir forment la toile d'araignée de Mr. Hauksbee. Ils volent avec une rapidité surprenante, ne faut-il pas qu'on les sente ? [412] Retenons encore des expériences sur l'électricité dans le vide : Le tuyau et la sphère frottés deviennent électriques *per se*, s'ils sont vides la matière électrique qui s'en détache perce au-dedans où le vide ne fait presqu'aucune résistance plutôt qu'au dehors où l'air lui résiste. De même, en approchant un tuyau vide et fortement frotté d'un globe, le tourbillon électrique de ce dernier s'y jette avec impétuosité et *avec des ondulations surprenantes dans le vuide.* Bose y ajoute : *Que si l'on tourne en même temps le tuiau sur son axe, les éclairs de la matiére électrique ne se pourront presenter, que comme des serpens, ou comme une aurore boreale* [413].

Dans la seconde section, Bose en vient à l'autre propriété de l'électricité : la lumière et le bruit. Dans la première section, Bose dit que la matière électrique est peut-être le feu élémentaire ; dans la seconde, il l'affirme : *C'est réellement un feu. Les étincelles d'un caillou et de l'acier enflâment, et tout le monde convient, quelles sont un feu actuel. Les étincelles électriques enflâment aussi. Ainsi ou niez, que les étincelles de l'acier ne soient pas un feu, ou m'acordez, que les éclairs électriques en sont aussi un* [414]. Comme tous les autres feux, l'électricité a besoin de frottement. Frottez un tuyau, tournez un globe, rendez électriques divers corps par communication, le mouvement de la matière met en branle les globules électriques ; ceux-ci vont et reviennent, ils forment un tourbillon électrique étendu de tous les côtés ; et, de tous les côtés, l'air en lui résistant le maintient en équilibre. Approchez un corps tant que celui-ci est éloigné du centre du tourbillon, celui-ci n'en est que faiblement altéré ; lorsque ce corps est plongé plus profondément dans le tourbillon, une grande partie de sa matière électrique fait effort sur le corps, en ébranle la matière électrique, l'équilibre du tourbillon est rompu. Quand la quantité de matière électrique du tourbillon primitif est assez importante et qu'elle frappe avec assez de force pour ébranler la matière électrique du corps, alors on perçoit un bruit semblable à celui d'un jet de sable jeté par poignée sur un corps. Approchez plus le corps, plus grande sera la quantité du tourbillon qui vole vers le corps qu'on approche, plus il arrache les couches intérieures, plus éclatant sera aussi le bruit. Voilà des mécanismes qui explique, pourquoi dans ces conditions d'expériences : 1- les corps électrifiables *per se*, qui ne donnent prise aux exhalaisons électriques, ne font presque pas d'éclat. 2- les corps difficiles à électrifier *per se*, font beaucoup de bruit. 3- le doigt qu'on

---

412 *Ib.*, p. 22, § 54, 55.

413 *Ib.*, p. 25 § 61-62.

414 *Ib.*, p. 29, § 1.

approche en ressent une piqûre et un jet de matière ignée, puisqu'il reçoit tant de globules électriques qui mettent en branle sa matière électrique.

En considérant que la matière électrique est un feu, Bose a pu expliquer cette propriété de l'électricité qu'est le bruit, il peut maintenant expliquer cette autre propriété qu'est la lumière : *Comme j'ai dit plus haut, que la matiére est un feu réel, un feu élementaire, on voit évidemment, que le tourbillon en son entier, ne doit pas étre visible. Alors la matiére électrique est quasi epanouie en des diférentes couches comme en des voiles fort minces. Qu'il vienne à present un corps qui aproche, aussitôt le tourbillon perd son équilibre, la matiére électrique est poussée fortement contre le dit corps, elle s'y acumule, elle y est concentrée. Que si elle est un feu, une quantité si considerable de tels globules en un espace si petit, doit bien étre visible. C'est-à-dire, on observera une étincelle, autant plus brillante, que le corps qui touche est plus dificile à électrifier par le frotement tout seul. Car dans un tel corps, la matiére électrique qui s'y trouve, est mise en mouvement tout d'un coup. Et par ce que la matiére électrique du tourbillon primitif s'y fourre aussi tout d'un coup, il est facile à comprendre, qu'ainsi la matiére électrique du tourbillon concentrée constituera un foier. Ce, qui composa auparavant un tourbillon, s'unira à present dans un point phisique. Ne faut-il pas qu'il y ait bruit et étincelle ?* [415]

Lors d'une telle union, si le corps que l'on approche est un peu raboteux, alors le tourbillon du corps primitif vole vers ces diverses pointes et l'on observe autant de pointes lumineuses ; si c'est un alcool ou un autre corps inflammable qui contient assez de feu que l'on approche alors celui-ci s'enflamme ; de même si c'est le corps inflammable qui est électrisé et qu'on en approche le doigt [416].

Enfin Bose affirme : *Je suis pleinement convaincu, qu'il y a réellement deux sortes d'électricité, la vitrée, et la resineuse, que celles du même nom se repoussent, du nom contraire s'atirent, et enfin que la vitrée surpasse en force l'autre.* Pour démontrer pourquoi l'une des deux électricités est plus forte que l'autre, Bose recourt aux propriétés communes de la chaleur et de l'électricité : *Mais pourquoi est la chaleur d'un fer rougi beaucoup plus à craindre, que celle d'un bois enflâmé ? On dit sans doute, parce que le fer peut contenir un infiniment plus grand nombre de particules ignées, que le bois. Qu'on me permette donc de repondre aussi, l'une électricité est beaucoup plus vigoureuse que l'autre, parce que la matière est en plus grande quantité, et peut être mise dans une velocité plus vite dans l'un corps, que dans l'autre. Tout le monde est content de la premiére reponse, ne le sera-t-on pas de la mienne ? Ainsi il n'est pas impossible, qu'il y ait*

---

415 *Ib.*, p. 32, § 13, 14.

416 *Ib.*, p. 33, § 17, 18.

des verres fort mal-adroits pour l'électricité, quoique tous ceux que j'ai essaiés ont été des plus dociles [417].

Il faut maintenant dire pourquoi il y a attraction ou répulsion : *Il me semble, que cette attraction et cette repulsion se résolvent facilement. Deux corps de la même électricité ont des tourbillons de force égale. Ils s'arcboutent. Comment s'atireront-ils ? Si la vitrée est plus vigoureuse que l'autre, (ce que mille expériences nous démontrent) le tourbillon plus foible ne pourra tenir contre l'autre. Il sera forcé, vaincu, entrainé par son superieur. Le tourbillon et tout le corps sera atiré. Aussitôt qu'il touche le corps doué de l'électricité vitrée, il se forme un tourbillon vitré autour du corps touchant, contraire à celui du corps touché. Des tourbillons de force égale s'arcboutent. Les corps ne peuvent qu'étre separés* [418].

Bose explique tout aussi facilement l'expérience du globe vide et enduit de cire d'Espagne : *Quand la sphére est vuide, la plus grande partie de la matière électrique est repoussée vers le dedans. Placez la main dessus. Le peu de matière électrique qui sort de la sphère est empêché par la main, de se dissiper dans l'air. Il faut plûtôt qu'elle retourne au globe. Mais elle ne retourne que sous la main. Tout proche de la main, il n'y a point d'empêchement, pour que le foible tourbillon du globe ne s'en puisse aller librement. La matiére qui retourne doit donc peindre nettement la figure de la main, ou du corps qui touche. Sans doute, que la matiére inflammable de la main a aussi beaucoup de part à cette surprenante décoration* [419].

Dans "la scholie générale", Bose apporte quelques précisions sur quelques-uns des phénomènes qu'il a présentés et surtout précise mieux le sens physique des concepts qu'il a introduits. Comme nous l'avons dit, Bose reprend la théorie de Dufay ; mais il l'altère profondément en en changeant le sens des mots, leur faisant recouvrir d'autres concepts. Ainsi déjà, dans la deuxième section, en introduisant les deux sortes d'électricité, la vitrée et la résineuse, Bose a montré qu'il ne leur accorde pas le même sens physique que Dufay : Quand Bose parle des électricités vitreuse et résineuse, ce n'est chez lui qu'une manière de parler, une façon de désigner des électricités de densités ou de forces inégales, ce qui s'accorde à la théorie de Nollet. Il en est de même pour les tourbillons, ils ne sont pas ceux de Dufay : les globules d'électricité sont chassés du globe électrique perpendiculairement à la surface de ce globe et s'éloignent en restant sur la même normale au globe ; ainsi le globe qui tourne sur lui-même est-il environné d'un tourbillon de globules d'électricité qu'il entraîne dans sa rotation ; mais c'est par abus de langage que Bose parle de tourbillons pour désigner le va et vient des globules proches de la surface des corps électrisés qui ne tournent pas sur

[417] *Ib.*, p. 35, § 25.

[418] *Ib.*, p. 36, § 26.

[419] *Ib.*, p. 36, § 27.

eux-mêmes : *La raison phisique du tourbillon est solidement établie dans la sphére qu'on tourne. On n'a pas besoin d'être profond géométre, pour en tater la nécessité géométrique. Mais quelle cause phisique, physique dis-je, (car c'est là le nœud) pourra produire un tourbillon, vortex, autour d'un corps qui ne tourne pas ? Opose-t-on l'aimant ? A le bien examiner, pourra-t-on établir une cause inconnuë, douteuse, par une autre également inconnuë, également douteuse ? mistére, par mistére ? Et ne sera pas cela ofenser les régles de l'organe [l'Organum] d'Aristote ? Quand on soufre au contraire mon sistéme, il me semble, d'y voir une cause phisique des petits globules comprimés, restitués, qui s'en vont, qui retournent, qui pénétrent dans l'intérieur des autres corps, y ebranlent la matiére, qui s'en vole, qui revient, qui atire, qui repousse, qui éclate, qui luit, qui enflâme, etc.* [420]. Les mots de Dufay sont conservés, mais leur sens physique ne l'est pas et s'accorde à la théorie de Nollet.

Bose termine *"la scholie générale"* sur deux phénomènes par lesquels *le défenseur des tourbillons jusqu'à l'idolâtrie* pense pouvoir réfuter sa théorie. *Mais voilà l'objection assez redoutable. Prenant une plume [...] longue comme un doigt, large comme deux, et pésant à proportion, elle s'éleva sur ses petites barbes, droite comme un jonc, y balança, et monta enfin, tant soit peu plus vite qu'une tortuë. Ce fut pourtant dans une courbe. Car on avoit du temps de reste à l'examiner. C'est une spirale, s'écria mon ami, defenseur des tourbillons jusqu'à l'idolâtrie. Vive le tourbillon. Victoire. J'ai gagné le procés. Mais ne voiez vous pas, que la plume est couchée de côté ? Souvenez vous du navire. Passant à travers une riviere, ne passe-t-il pas obliquement ? Etant directement opposé au courant de l'eau, il monte et descend en ligne droite. Notre plume étoit courbée. Aiant trouvé, avec infiniment plus de peine que je n'aurois jamais cru, une plume droite, elle sauta perpendiculairement. Telle fut la marche de mon systême. Telle devoit étre aussi l'allure de la plume. [...] Je crois avoir retabli une bréche, qui auroit été capable de gâter tout mon systéme* [421].

Quant à l'expérience suivante, elle l'a, nous dit-il, terriblement tourmenté. Un homme frotte un globe en rotation, pour le rendre électrique et pour que celui-ci électrise des corps, tels qu'une lame d'épée ou le canon d'un fusil, qui le touchent. L'électrisation se produit si l'homme est établi sur le plancher sans que lui-même le devienne ; mais que cet homme soit monté sur un corps électrique *per se*, sur de la poix par exemple, ni lui, ni le globe ne sont électrisés. Dans cette dernière situation, qu'un autre homme établi sur le plancher touche le globe d'un doigt, alors en deux ou trois secondes seulement l'homme posé sur de la poix, *jouit dans l'instant, d'une*

---

420 *Ib.*, *"la scholie générale"*, p. 39, § 2, 3.

421 *Ib.*, p. 40, § 6.

électricité des plus étincellantes [422]. Les tentatives d'interprétation de ces phénomènes se perdent en conjectures : *Il m'est pourtant venuë une echapatoire assez plausible. Une force ne peut pas agir dans le même temps avec toute sa vigueur, quand elle en emploie deja une partie. Le cheval qui tire 100 livres, ne peut pas tirer un nouveau fardeau avec autant de force, que s'il n'etoit chargé point du tout. La main excite la vertu dans la sphére. Si la même vertu doit douer l'homme aussi, il ne restera rien pour le globe. La vertu du globe ne pourra donc étre communiquée en même temps à cet homme par le-quel elle est créée. Celui qui la donne, la pourra-t-il regagner lui-même ? Mais ce n'est pas tout. Aprochez une épée [...] à ce globe, elle s'électrise tout d'un coup. Mettez le doigt sur l'épée. Celle-là perd sa vertu aussitôt. Et qui auroit jamais cru, que l'électricité reflue en moins de rien vers cet homme sur de la poix, et qui tient la sphére ? Celui-ci lance alors des traits de feu insuportables, et qui font trembler jusqu'aux os. Il semble, que la vertu au lieu de se dissiper par cet homme qui tient le doigt sur l'épée, retourne plûtôt sur ses pas, et inonde l'autre, à la main du-quel elle doit son origine. Le doigt de l'un tient-il alors la place d'un corps électrique per se, pour rechasser l'électricité ? Ou quelle nouvelle chicane de la nature jette nous dans un labirinthe, ou nous ne trouvons presque une issuë, sans voir une nouvelle pomme d'Eride [de discorde]* [423].

Ainsi Bose termine-t-il son traité sur une question ouverte.

De la comparaison des théories électriques de Nollet et de Bose

C'est dans une lettre de Nollet à Bose que l'on trouve l'analyse des points de détail qui diffèrent dans les deux théories ; car les deux auteurs, nous l'avons déjà dit, sont en accord sur bien des chefs comme Bose le remarque *avec un plaisir plus qu'infini* [424]. Bose présente de larges extraits de la lettre de l'abbé et les réponses qu'il y apporte dans l'appendice qu'il a joint à son traité.

Mais avant d'aborder la réponse que Nollet fit à l'envoi de Bose, voyons celle de Réaumur qui lui aussi relève la conformité des deux théories et émet quelques réserves : *Vos explications à l'un et à l'autre suposent les mêmes principes. Je vous avouë néanmoins naturellement, que j'aimerois mieux assigner pour cause du retour de la matiére électrique, le vuide que lui a laissé à remplir la matiére sortie du corps électrique, que la reflexion produite par l'air, qu'elle a rencontré. L'essentiel des deux explications depend des deux courants opposés de la matiére électrique, dans laquelle de la matiére du feu, de la matiére enflâmée, ou inflammable entre pour beaucoup – Je souhaiterois que vous eussiez supprimé le nom de matiére globuleuse. Descartes, que je regarde comme le premier des genies*

---

422 *Ib.*, p. 41, § 8.

423 *Ib.*, p. 41, 42, § 8.

424 *Ib.*, p. 53.

philosophiques qu'il y ait jamais eu, m'a paru étre allé trop loin, quand il a determiné la figure des parties insensibles de ces fluides, qui existent réellement, et dont l'existence nous est bien demontrée par leur action. [...] [425].

Le *Mémoire* et l'*Essai* de Nollet n'étant pas encore parus, l'abbé en résume la teneur et relève les points de désaccord avec Bose ; ce sont ces seuls passages de la lettre que nous retiendrons ici. Lorsqu'il décrit comment la matière électrique sort d'un corps électrisé, Nollet constate que celle-ci sort en forme d'aigrettes ou de bouquets épanouis par les pores les plus ouverts et distants les uns des autres sur toute la longueur de la barre ; il indique à Bose les expériences qui le convaincront que, contrairement à ce qu'il suppose dans ses écrits, la matière électrique sort réellement du corps électrisé sous forme d'aigrettes et qu'elle ne glisse pas dessus pour se croiser au bout. Il indique que le frottement détermine la matière électrique à sortir du verre, que cette matière forme une atmosphère d'aigrettes distantes les unes des autres dont tous les rayons sont divergents entre eux, mais qu'à mesure que cette matière sort du verre, elle y laisse un vide qui se remplit aux dépens d'une matière semblable présente partout, laquelle vient au corps par des lignes convergentes. Nollet accorde à Bose qu'ils sont d'accord sur le fait ; mais, contrairement à Bose qui fait revenir ses globules par la réaction de l'air, Nollet se sert des lois de la statique et n'emploie que la tendance que tout fluide a pour rétablir son équilibre.

Revenons maintenant à cette expérience de Dufay que Bose a reprise : un fort petit corps abandonné au voisinage d'un tube électrisé est toujours attiré d'abord et repoussé dès qu'il a touché le tube. Nous avons vu que Nollet ne s'est pas arrêté aux forts petits corps ; il a alors constaté qu'un tube électrisé attire ou repousse les corps légers et libres qui sont dans son voisinage ; aussi écrit-il dans sa lettre à Bose : *Un petit corps leger, qu'on met en prise à ces deux courants de matiére, doit obeir au plus fort. Ne craignez pas de dire, qu'il peut étre d'abord repoussé. Il le sera toûjours, quand il aura un assez grand volume. Faites en l'essai, ou plûtôt rapellez vous, que si la feuille de métal est seulement grande comme un petit écu, elle n'arrive jamais jusqu'au tube électrique, et que quand on presente le tube à un ruban, ou à quelque chose de semblable, une partie est souvent atirée, pendant que l'autre est repoussée.*

Non. Le corps leger n'est atiré de primabord, que quand il est fort petit, ou de figure à échapper aux raions divergents, toûjours plus rares que les autres, mais toûjours animés aussi d'une plus grande vitesse.

Mais ce même petit corps toûjours atiré d'abord, quand il a les conditions requises, pourquoi est-il constamment repoussé, dès qu'il a touché le tube ? A-t-il augmenté de volume par cet attouchement ?

---

425 *Ib.*, p. 54.

Oui sans doute. Il est devenu électrique par communication, (c'est la régle) et en cet état il a une atmosphère d'aigrettes, par conséquent il doit demeurer suspendu à telle distance du tube électrique, où les raions divergents, plus rares, mais animés d'une plus grande vitesse, sont en équilibre avec les raions convergents, plus denses, mais animés d'un moindre mouvement.

Si vous touchez ce petit corps flotant, vous lui ôtez son électricité, vous le reduisez à son premier volume. La matiére convergente au tube l'y conduit de nouveau, etc. [426].

Il conseille aussi à Bose d'abandonner l'idée que la matière électrique convergeant vers un tube électrisé ne vient que de l'air : *si vous pouvez vous convaincre comme moi, que la matiére qui va au corps électrique, vient primitivement de tous les corps environnans, de l'air même, vous aurez bien plus de facilité à expliquer tous les autres éfets. Je veux dire ceux, où il y a lumiére, inflammation, etc. Le choc de deux matières qui coulent en sens contraires, qui ont plus de vitesse et de densité en formant des corps solides, que lors qu'elles viennent seulement de l'air, vous fournira des explications bien naturelles* [427].

Après avoir fait le tour des désaccords entre les deux théories et avant de voir les réponses que Bose apporte à la lettre de Nollet, notons que Nollet remarque *avec beaucoup de plaisir, [qu'il est] d'accord sur bien des chefs.* A la suite de cette lettre de Nollet, Bose entreprend de détailler les points d'accord des deux théories et d'en minimiser les points de divergences.

Les recherches sur la communication de l'électricité de Le Monnier, le médecin

Nous avons étudié ici les « Conjectures sur les causes de l'électricité » de l'abbé Nollet à partir de l'*Essai sur l'électricité des corps*, et au travers de ce qu'en dit cet essai, les mémoires lus à l'Académie en avril 1745 et après Pâques 1746 ; avant d'aborder les trois mémoires dans lesquels Nollet apporte des *Eclaircissemens sur plusieurs faits concernant l'électricité*, des mémoires qu'il a lu à l'Académie en 1747, nous aurions dû nous arrêter sur un mémoire où Le Monnier [428], un médecin qui exerce son art à Saint-

---

426 *Ib.*, p. 47, 48.

427 *Ib.*, p. 49.

428 Le Monnier, Louis Guillaume (1717-1799) a été nommé adjoint botaniste à l'Académie royale des sciences en juillet 1743, plus tard il devint membre de l'Académie de Berlin et de la *Royal Society* de Londres. A l'époque de ses travaux sur la communication de l'électricité, Le Monnier était médecin à l'Infirmerie royale de Saint-Germain-en-Laye, là il occupait ses loisirs à la botanique, dans le jardin floral de Claude Richard ou dans le jardin expérimental de Louis de Noailles, duc d'Ayen ; c'est dans l'un de ces jardins qu'il fut présenté au roi, un autre passionné de botanique, dont il devint l'intime. Comme beaucoup en son temps, sa formation de médecin ne le destinait pas à inscrire son nom dans l'histoire de la physique. En 1755, il occupa la chaire de botanique au Jardin du roi, et fut le premier médecin des Enfants de France avant d'être le premier médecin du roi. Il rédigea huit articles sur le

Germain-en-Laye, rapporte ses observations sur la même matière, un mémoire qu'il a lu à la séance de rentrée de la Saint-Martin à l'Académie six mois après celui de Nollet ; lorsqu'il lit ce mémoire, Le Monnier n'est pas un inconnu chez les amateurs de physique : il a traduit les *Leçons de physique expérimentale sur l'équilibre des liqueurs* de Côtes qui furent publiées en 1742. Il signera huit articles de l'*Encyclopédie* de Diderot et d'Alembert [429] ; remarquons au passage que l'abbé Nollet ne participera pas à l'aventure encyclopédique, il faut dire qu'il n'est pas le seul des savants renommés qui n'y ont pas participé, on n'y trouve ni Fontenelle, ni Buffon, ni Montesquieu.

En 1746, Le Monnier publie un mémoire sur la communication de l'électricité. Dans ce mémoire, il se propose d'examiner trois questions : *Que faut-il absolument pour communiquer de l'électricité à un corps qui n'en a point ? comment la matière électrique se répand-elle dans toutes les parties des corps auxquels on la communique ? enfin dans quelle proportion la quantité de matière électrique se distribue-t-elle ?* [430] Dans ses expériences, Le Monnier emploie une bouteille de Leyde ; mais, comme le dit le secrétaire perpétuel de l'Académie, il a bien rabattu de cet appareil : *il n'emploie qu'une simple bouteille de verre, mince, remplie d'eau, & bouchée d'un bouchon au travers duquel passe un fil de fer qui plonge dans l'eau. Il prend cette bouteille à pleine main, & fait toucher le fil de fer au globe de verre électrique ; en moins d'une demi-minute de temps la bouteille est fortement électrisée il sort du fil de fer, une aigrette lumineuse & bruyante ; & si la tenant d'une main, on porte l'autre, ou seulement un de ses doigts, au bout du fil de fer, on ressent la commotion de l'expérience de Leyde. On peut donc par ce moyen transporter l'électricité aisément & sans embarras d'un endroit à l'autre ; & c'est en partie à cette facilité qu'il s'étoit procurée lui-même, que M. le Monnier a dû le succès [de ses expériences]* [431].

D'entrée, Le Monnier apporte quelques éléments de réponse à la première question. Pour savoir comment la matière électrique se répand dans un corps, Le Monnier part des résultats obtenus par Gray et Dufay, ceux-ci

---

magnétisme et l'électricité dans *l'Encyclopédie de Diderot et d'Alembert*. (Georges Cuvier, *Recueil des éloges historiques*, 3 volumes, 1819 ; « Eloge historique de Louis Guillaume Lemonnier, 1717-1799 », lu le 7 octobre 1800 ; tome 1, p. 83-107).

429 Notamment les articles « Aiguille aimantée » (vol. 1, 1751), « Electricité » et « Electricité médicale » (vol. 5, 1755), « Feu électrique » (vol. 6, 1756), « Météores » (vol. 10, 1765). Il faut noter que contrairement à l'habitude les articles non signés de Le Monnier lui sont explicitement attribués dans d'autres de ses articles, il les signe parfois (d). Les articles : « Conducteur (physique) », (vol.3, 1753), « Coup foudroyant (Expérience de Leyde…) » (vol 4, 1754) et « Electromètre » (vol. 5, 1755) sont signés (T).

430 Le Monnier, « Recherches sur la communication de l'électricité », *MARS*, 1746, p. 447-465.

431 Grandjean de Fouchy, « Sur l'électricité », *HARS*, 1746, p. 1-17, p. 10, 11.

nous ont appris, *qu'il falloit d'abord approcher un corps actuellement électrique de celui à qui on veut communiquer de la vertu ; qu'un contact immédiat n'étoit pas absolument nécessaire […]* [432] ; mais tous deux ont établi une autre condition : *c'est qu'un corps ne sauroit manifester l'électricité qu'il reçoit, à moins qu'il soit isolé & porté sur des corps de leur nature, tels que de la soie, du verre, de l'ambre, de la résine, &c.* Comme toutes les expériences qu'ils firent ne réussissaient que lorsqu'elles satisfaisaient à cette condition, *ils l'ont regardée comme condition absolument essentielle, & ont établi pour loi générale qu'un corps ne reçoit point d'électricité sensible par communication, à moins qu'il ne soit supporté par quelque corps électrique de sa nature.*

Le Monnier voit une exception bien marquée à cette loi générale dans la bouteille de Leyde qui ne se charge que si elle est tenue dans le creux de la main ou posée sur un autre corps non-électrique. Muni de la bouteille de Leyde perfectionnée par ses soins, Le Monnier peut mettre en œuvre des expériences sur la communication de l'électricité.

Lorsqu'une chaîne de près de deux cents personnes se tenant par la main est placée sur un plancher ou sur la terre, si la première tient une bouteille de Leyde chargée et que la dernière touche un canon de fusil relié à une machine électrique, elles reçoivent toutes un même coup ; une chaîne semblable a été composée de personnes qui, au lieu de se tenir par la main, se joignent par des chaînes de fer dont les unes traînent à terre, d'autres sont entortillées autour de grosses pièces de fer et d'autres plongent dans l'eau d'un bassin, sans que la force du coup en est parue sensiblement altérée. Le Monnier a alors l'idée d'électriser une grande masse d'eau, il commence par l'eau d'un baquet dans laquelle il trempe le doigt de la main gauche, lorsqu'il plonge le bout du fil de fer d'une bouteille électrique qu'il tient de la main droite, il sent à l'instant la commotion de l'expérience de Leyde, l'eau du baquet a été électrisée. Le succès de l'expérience lui fait naître l'envie de la répéter en beaucoup plus grand. Il choisit pour ce faire le bassin du Jardin royal des plantes et celui des Tuileries ; il étend une chaîne de fer sur le bord du bassin sur la moitié de la circonférence, Le Monnier prend d'une main l'une des extrémités de la chaîne et tient de l'autre main la bouteille électrique, une autre personne tient d'une main l'autre extrémité de la chaîne et plonge l'autre dans l'eau du bassin, lorsque Le Monnier met en contact le fil de fer de sa bouteille avec l'eau du bassin, les deux opérateurs ressentent la commotion de la bouteille du Leyde. Le Monnier en conclut qu'il est constant que *la matière électrique qui s'élance de la bouteille, passe très-librement au travers des corps non électriques, même sans qu'ils soient portés sur ceux qui ont cette propriété de leur nature, & qu'elle se manifeste dans ces corps d'une manière très-sensible : j'ai voulu m'assurer si ceux qui*

---

432 Le Monnier, « Recherches sur la communication de l'électricité », *op. cit.* ; p. 447-449, pour cette citation et les suivantes.

leur sont contigus, ne diminuent ou ne partagent pas en quelque façon la vertu communiquée. Pour cela, il électrisa une barre de fer avec la bouteille de Leyde et en ressentit la même commotion ordinaire que la barre soit suspendue par des cordons de soie ou qu'elle soit tenue des deux mains par quelqu'un, cette personne ne sentant aucune commotion ; il en présuma que cette personne n'avait pas détourné sensiblement l'électricité communiquée à la barre.

2 planches, in MARS 1746, Pag. 464, Fig. 3 & 5

Mais Le Monnier trouva encore une autre exception à la règle de Gray et Dufay, un fait que Nollet étudia lui-aussi et qu'il formula ainsi dans l'*Essai sur l'électricité des corps* : *[Un] vase électrisé qui est si long-temps à perdre toute son électricité, quand il est posé sur du bois, du métal, &c. ne la garde pas à beaucoup près si long-temps, lorsqu'il est soutenu par du verre, de la résine, de la soie, & généralement par toutes les matières qui s'électrisent le*

mieux lorsqu'on les frotte [433]. Si nous substituons le texte de Nollet à celui de Le Monnier, c'est que Nollet se réfère à cette occasion à ce dernier dont il fait l'éloge : *Ce fait, [écrit-il] que j'avois aussi observé de mon côté, a été annoncé pour la premiere fois par M. le Monnier, Docteur en médecine. On sait combien cet Académicien a contribué à étendre les progrès de l'Electricité, & avec quelle exactitude il en observe les nouveaux phénomènes.*

Quant à l'interprétation de ce fait, elle ne diffère guère chez ces deux auteurs. Aussi, présenter le propos de l'un ou de l'autre serait nous répéter : cette interprétation a déjà été présentée au chapitre précédent. Notons seulement que Le Monnier n'utilise pas, à cette occasion, les termes d'effluence et d'affluence pour désigner la communication de l'électricité lorsque celle-ci est tour à tour assoupie et ranimée dans une bouteille. De toutes ces expériences, Le Monnier en tire la conclusion que : *la règle établie par M. Gray, souffle de grandes exceptions, & il paroît qu'on ne peut encore fixer aucune condition générale pour cette communication, sinon l'approche d'un corps actuellement électrique* [434].

Pour répondre à la seconde question, Le Monnier se propose de trouver comment se fait la propagation de l'électricité dans les corps à qui on la communique, et si cette propagation est instantanée, en un temps imperceptible ou perceptible. Une expérience lui apporta la réponse, voici ce qu'en retient Grandjean de Fouchy : *[Le Monnier] disposa deux fils de fer parallèles tout autour d'un grand clos ; chacun d'eux avoit 950 toises, & leurs quatre extrémités se trouvoient à un des angles de ce clos, voisines les unes des autres : un homme prit un bout de chacun de ces fils de chaque main ; par le moyen il se forma une communication de l'un à l'autre ; & ils ne firent plus qu'un seul corps de 1900 toises de long, au milieu duquel étoit placé l'homme qui tenoit les deux bouts des fils. Par l'arrangement que nous venons de décrire, cet homme, quoique placé au milieu de la longueur totale du corps à électriser, étoit très-voisin des deux bouts, & pouvoit juger aisément s'il sentiroit la commotion au moment qu'il verroit éclater l'étincelle ; ce fut effectivement ce qui arriva. M. le Monnier ayant pris d'une main le bout d'un des fils de fer, approcha de celui de l'autre fil, la bouteille électrique qu'il tenoit de l'autre main ; & dans le même instant que parut l'étincelle, lui & l'homme placé au milieu de la longueur des fils de fer, ressentirent la commotion, sans qu'il fût jamais possible d'apercevoir le plus petit intervalle de temps entre l'étincelle & le coup, quoiqu'il eût été facile de discerner jusqu'à un quart de seconde, s'il s'y étoit trouvé* [435].

---

[433] Nollet, *Essai sur l'électricité des corps*, *op. cit.*, p. 203, pour cette citation et la suivante.

[434] Le Monnier, « Recherches sur la communication de l'électricité », *op. cit.*, p. 455.

[435] Grandjean de Fouchy, « Sur l'électricité », *op. cit.*, p. 13, 14.

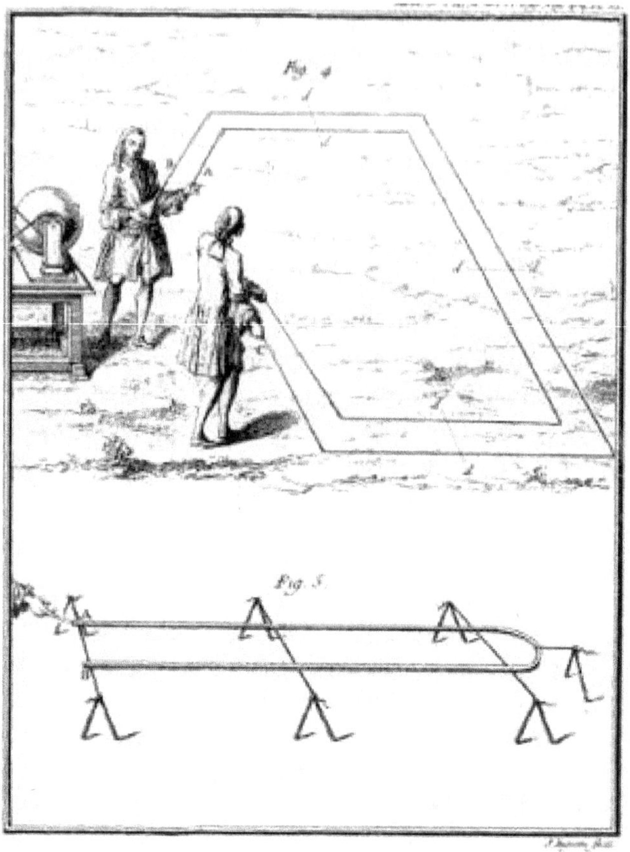

Il ne reste plus qu'à aborder la troisième question, savoir en quelle proportion la quantité de matière électrique se distribue dans les corps à l'instant de la communication. Nollet avait réussi à augmenter considérablement l'électricité en employant une barre de fer d'environ 80 livres au lieu d'un canon de fusil. Et, comme l'écrit Grandjean de Fouchy : *le motif qui l'avoit engagé à cette expérience, n'exigeoit pas qu'il examina si cette augmentation étoit dûe au plus de masse, au plus de surface, ou au plus de longueur.* Ce sont ces derniers points que Le Monnier va chercher à éclaircir.

Il électrisa une barre de fer de 80 livres, mais fort courte, l'étincelle ne fut pas plus forte que celle qu'il tirait habituellement d'une pelle à feu ; il eut aussi peu de succès avec une enclume de 200 livres, avec une chaudière pleine d'eau à peu près de même poids ; mais en électrisant un grand porte-voix de fer blanc de 8 à 9 pieds de long qui ne pesait pas plus de 10 livres il en fit sortir des étincelles très bruyantes presque aussi douloureuses que celles qu'on tire d'une bouteille de Leyde. *Je commençai dès-lors [écrit-il] à soupçonner que l'électricité ne se communiquoit pas à proportion des masses, mais qu'elle étoit plûtôt proportionnelle aux surfaces des corps, puisque celle de mon porte-voix étoit très-grande eu égard à sa masse*[436]. Le Monnier mit alors en œuvre une série d'expériences, qui confirma ses soupçons.

L'explication de la nature et des propriétés de l'électricité chez William Watson

En 1746, William Watson (1715-1787) envoie trois lettres sur l'électricité à la Société royale de Londres, leur traduction paraît en 1748 dans un bref traité : *Expériences et observations pour servir à l'explication de la nature et des propriétés de l'électricité*[437]. Les travaux de Watson suivent de près l'invention de la bouteille de Leyde, ils sont les exacts contemporains des premiers mémoires de Nollet sur ce sujet.

Des expériences de Watson sur l'électricité, nous ne retiendrons que celles qui illustrent le mieux les hypothèses qu'il a posées sur sa nature. Dans ses premières expériences, Watson allume l'esprit de vin et diverses autres substances inflammables par l'électricité, il constate alors que les substances inflammables peuvent être allumées de deux façons différentes ; puisque : (1) *les substances inflammables sont allumées par la force attractive de l'Electricité, lorsque cet effet provient de ce qu'on les approche des corps non-électriques*[438] *électrisés.* (2) *les substances inflammables sont allumées par la force répulsive de l'Electricité, lorsqu'il arrive, qu'ayant d'abord été électrisées elles-mêmes, elles s'allument étant portées près des corps non-électriques non-électrisés*[439].

Ce qui apparaît lors des expériences suivantes : *Supposons, qu'un homme placé sur un gâteau de cire, ou une épée suspenduë par des cordons de soye, soient électrisés & que l'esprit s'allume étant porté près de l'homme ou de l'épée, alors on dit qu'il s'allume par la force attractive de l'électricité. Mais si l'homme électrisé comme auparavant tient sa cuiller avec l'esprit dans sa main, ou que cette cuiller soit posée sur l'épée, & qu'à*

---

436 Le Monnier, « Recherches sur la communication de l'électricité », *op. cit.*, p. 461.

437 William Watson, *Expériences et observations pour servir à l'explication de la nature et des propriétés de l'électricité proposées en trois lettres à la Société Royale de Londres*, traduit de l'anglais d'après la 2e édition, 2e partie de *Recueil de traités sur l'électricité*, Paris, Sébastien Jorry, 1748.

438 Comme l'usage s'est établi en son temps, Watson appelle *électriques per se* ou *originairement électriques* les corps, dans lesquels il est aisé d'exciter par le frottement une force attractive qui agit sur les corps légers, tels sont le verre, l'ambre, la cire d'Espagne, la soie, les cheveux, etc. Il appelle *non-électriques* ou *conducteurs d'électricité* les corps dans lesquels on ne remarque pas ou très faiblement cette propriété, les métaux, les végétaux, les animaux vivants ou morts.

439 Watson, *Expériences et observations pour servir à l'explication de la nature et des propriétés de l'électricité*, *op. cit.*, p. 14, 15.

l'approche du doigt d'une personne non-électrisée l'esprit s'allume par la flamme qui sort de la cuiller & de l'esprit même, je dis alors, qu'il est allumé par la force répulsive. Je trouve généralement, que de ces deux forces la répulsive est la plus violente [440].

Dans sa lettre lue à la Royal Society le 6 février 1745, Watson expose quelques-unes des propriétés de l'électricité. Après moult expériences, Watson se convainc que l'électricité a des propriétés qui lui sont particulières et qu'elle en a quelques-unes qui lui sont communes avec le magnétisme et la lumière. D'où cette première proposition : *L'Electricité & la Force Magnétique agissent l'une & l'autre contre celle de la pesanteur & la surmontent dans des corps légers. L'une & l'autre exercent leur vertu dans le vuide au même degré qu'en plein air, & cette vertu s'étend à des distances considérables à travers différens corps de diverses textures & densités* [441]. En corollaire, Watson note que le magnétisme surmonte la pesanteur à l'égard du fer et que l'électricité la surmonte à l'égard des corps légers, et que l'une et l'autre la surmontent tant par l'attraction que par la répulsion ; il ajoute qu'il n'a jamais observé les mouvements de tourbillons que d'autres prétendent avoir observés. Comme à son habitude, Watson présente l'expérience qui illustre le mieux son propos : *Faites tomber une graine de semence de l'herbe de cotton qui est couverte d'une espèce de duvet : si dans sa chûte elle traverse l'atmosphère d'attraction d'un tube de verre rendu électrique par le frottement, le duvet de la semence, qui sembloit auparavant tenir ensemble, se séparera & formera des rayons autour du centre de la semence : ou encore si vous collez plusieurs de ces semences avec de la gomme d'Arabie autour d'un petit bâton, le duvet de ces semences, qui dans son état naturel pend perpendiculairement le long du bâton, s'élévera & formera autour du bâton une apparition circulaire. Comme ces corps ne peuvent être dirigés dans leurs mouvemens que par une force qui agit sur eux & que leur apparition est constamment comme celle des rayons qui agissent du centre ; il faut qu'elle ne s'accorde guére avec l'idée qu'on se forme d'un tourbillon.*

Watson énonce ensuite une seconde proposition : *L'Electricité passe à travers le verre aussi bien que la lumière ; mais elle n'y souffre point de réfraction.* Il constate en effet que : *Les observations les plus exactes que j'aye pu faire à cet égard, m'ont toujours fait voir, que sa direction va en ligne droite, & cela même à travers plusieurs verres de différentes figures, enfermés les uns dans les autres, quoique séparés par des distances raisonnables entre chaque verre.* Il précise aussi que *cette direction rectiligne ne s'observe qu'autant que l'Electricité peut pénétrer des corps originairement-électriques non-électrisés & parfaitement secs.* Ainsi,

---

440 *Ib.*, p. 15.

441 *Ib.*, p. 41-46.

lorsqu'on tient un tube électrisé au dessus des fragments de feuilles d'or, ils seront attirés à travers le verre, le drap &c., qu'un homme placé sur le plancher tiendra horisontalement entre le tube & les feuilles d'or, & cette attraction aura lieu à des distances assez considérables. Au contraire le tube électrisé n'attirera pas, même de près, les feuilles d'or ni d'autres corps légers à travers l'argent, l'étain, le carton, le papier, quelque mince qu'il soit, ou autre corps non-électrique, qu'on tiendra entre deux comme auparavant.

Suit une troisième proposition de Watson : *L'Electricité a cette propriété commune avec la lumiere, que ses forces étant rassemblées & dirigées d'une certaine façon sur des objets propres & susceptibles de ses effets, elle produit feu & flamme* [442]. Le feu électrique, qui est extrêmement subtil, n'allume que les exhalaisons inflammables des corps et a la même force en agissant sur une barre de fer rougie au feu ou en tombant sur de l'eau froide, ainsi n'est-il aucunement affecté ni par la présence, ni par l'absence de tout autre feu.

Dans les manipulations évoquées ici, Watson utilise des tubes électriques, dans la lettre suivante, il les remplace par une machine électrique à plusieurs globes ; une machine qu'il vient de faire fabriquer : *Je fis faire une machine à Electricité,* (**Pl. I. Fig. I.**) *dont la roue a quatre pieds de diamètre. Dans la périphérie de cette roue il y a quatre rainures qui répondent à autant de globes de dix pouces de diamétre disposés horisontalement à environ trois pouces de distance les uns au-dessus des autres. On peut faire agir un, deux ou tous les globes, selon qu'on le trouve à propos. Ils sont montés sur des axes de deux pouces de diamétre, & leur*

442 *Ib.*, p. 50.

mouvement moyen est d'environ onze cens tours sur leur axe dans une minute [443].

Le propos de Watson laisse deviner pourquoi l'usage d'une machine à plusieurs globes ne s'est pas généralisé : *La force de l'électricité augmente par le nombre & par la grosseur des globes ; mais elle n'augmente pas à proportion de leur nombre ni de leur grosseur. Tout corps qu'on veut électriser n'est susceptible que d'une certaine quantité d'électricité qui lui est proportionnée, [...]. Ayant une fois acquis ce degré, ce qui se fait plus promptement par un certain nombre de globes : le reste de l'électricité, dont on voudroit le surcharger, se dissipe aussi-tôt qu'on l'excite.*

Avec sa nouvelle machine, Watson peut reproduire toutes les expériences que nous avons vu faire par d'autres et certaines d'entre elles étaient plus spectaculaires qu'avec les tubes : *Ayant fait pendant quelque temps usage de ces globes, je me trouvai en état d'exciter un degré beaucoup plus considérable de force électrique, que quand je faisois mes expériences avec un tube de verre frotté. J'attirai & repoussai des corps legers, & j'allumai l'esprit de vin, le camphre & toutes les matieres, dont les vapeurs sont inflammables, de beaucoup plus loin & avec bien moins de peine qu'auparavant en me servant du tube, en supposant le temps également sec dans l'un & l'autre cas.*

Venons-en aux expériences qui conduisirent Watson au concept de circuit électrique, puis après cela à prouver l'effluence et l'affluence de l'éther électrique. Ainsi, reprenant l'expérience de Musschenbroek de la décharge d'une bouteille de Leyde, il rend compte de l'effet produit : *On suspend une bouteille remplie d'eau à un canon de fusil par le moyen d'un fil d'archal, qui traverse le bouchon de liège, & qui entre à la profondeur de quelques pouces dans l'eau. Le canon de fusil est suspendu par des cordons de soye, & on l'approche si près du globe frotté que quelques franges ou bouts de cordes de métal, qu'on y attache, touchent le globe pendant qu'il est en mouvement. Le tout étant disposé de cette façon, un homme empoigne la bouteille d'une main, pendant qu'il touche le canon de fusil avec un doigt de l'autre : Il sentira au même instant un coup terrible dans les deux bras, & surtout aux coudes, au poignet & à travers la poitine* [444].

Cette expérience, et d'autres que nous ne décrirons pas, *font voir que la force électrique décrit toujours un circuit ou contour* [445], ainsi dans l'expérience décrite ici, l'homme *ne sent le coup dans aucune autre partie de son corps, sinon dans les bras & à travers la poitrine*. Watson en déduit que *nous voyons par-là, que la force électrique frappe le long de la ligne la plus naturelle entre le canon de fusil et la phiole*. Parmi les expériences qui

---

[443] *Ib.*, p. 58-60, pour cette citation et la suivante.

[444] *Ib.*, p. 65, 66.

[445] *Ib.*, p. 81, 82, pour cette citation et la suivante.

confirment ce propos, il en est une qui lui semble très illustrative : *lorsqu'un homme placé sur un corps originairement électrique [un gâteau de cire par exemple] touche le canon de fusil dans la main droite, ayant un fil d'archal tourné autour de sa jambe gauche, & qu'un second homme placé pareillement sur de la cire prenne dans sa main l'extrémité du fil d'archal de la jambe de l'autre, si un troisième placé sur le plancher & tenant la phiole électrisée touche quelque partie du second homme ; alors celui-ci reçoit le coup, comme à l'ordinaire ; pendant que le premier homme ne le sent que dans sa jambe gauche & dans son bras droit ; ce qui est encore ici le chemin le plus proche de la force électrique* [446]. Ainsi Watson montre-t-il que le feu électrique décrit toujours un circuit fermé et qu'il a besoin pour cela d'une chaîne ininterrompue de corps non électriques, ainsi appelle-t-on les corps qui ne sont pas électrisés par frottement et qui laissent s'écouler le fluide électrique.

C'est au cours de ces expériences que Watson perfectionna la bouteille de Leyde sur une suggestion du docteur Bevis, voici ce perfectionnement et quel en fut l'effet : *Ayant fait voir un jour quelques expériences au Dr. Bevis, pour prouver, que, les autres circonstances étant les mêmes ; le coup étoit en raison de la quantité des points, avec lesquels les corps non-électriques touchent le verre ; ce sçavant imagina une expérience fort curieuse pour démontrer cette même proposition d'une maniere très-visible. La voici : On couvre deux grandes phioles sphériques de verre de plomb laminé fort mince, en sorte que le plomb touche le verre exactement dans tous les points, excepté aux cols. On les remplit d'eau, & après les avoir bouché on y fait entrer un fil d'archal mince à travers les bouchons. On les suspend par ces mêmes fils d'archal plus gros, d'environ cinq pouces de long & troués à chaque extrémité, pour recevoir les fils d'archal minces qu'on y accroche. On fiche une petite ganse de fil d'archal dans le plomb au fond de chaque phiole, & l'on passe dans ces ganses un morceau de gros fil d'archal pareil à celui d'en-haut. On suspend ensuite les phioles à travers le canon de fusil, & on électrise le tout. Si alors un homme placé sur le plancher touche d'une main le fil d'archal d'en-bas & de l'autre le canon de fusil, il reçoit un coup énorme par les bras & à travers la poitrine* [447].

Suit une mise en scène de cette même expérience, destinée à intriguer les spectateurs, où les fioles sont cachées derrière un rideau et le gros fil d'archal d'en bas est caché sous une natte ; on ne peut douter du succès mondain de cette expérience qui électrise les invités qui ont les souliers humides et épargne ceux dont les souliers sont secs, expérience qu'il appelle *faire sauter la mine d'électricité* [448]. Au cours de ses travaux, Watson fit une

---

446 *Ib.*, p. 84.

447 *Ib.*, p. 75, 76.

448 *Ib.*, p. 78

observation qui lui causa un grand embarras, une observation que Bose avait précédemment faite. *J'observai [relate Watson], il y a quelques mois, qu'en frottant un tube de verre & étant placé sur un gâteau de cire pour empêcher que l'Electricité ne se perdit dans le plancher, elle devint contre toute mon attente si foible, qu'il n'y eût pas la moindre explosion sensible, quand une autre personne touchoit quelque partie de mon corps. Quand au contraire une personne non-électrisé tenoit la main près du tube, pendant que je le frottois, le coup étoit assez fort* [449]. Pour l'interpréter, Watson conjecture que le fluide électrique n'est pas extrait du tube ou du globe électrisé mais des ustensiles qui l'entourent et de la terre, laquelle est considérée comme le réservoir commun de l'électricité. Il pense que dans les expériences les plus communes, l'électricité doit venir du plancher de la chambre, ce qu'il entend démontrer par diverses expériences. Dans l'une de ces expériences, la machine électrique et l'homme qui tourne la roue sont installés sur un gâteau de cire, Watson étant placé sur le plancher, touche le canon de fusil suspendu près des globes par des cordons de soie sans qu'il en sorte du feu nonobstant le mouvement continuel des globes ; Watson relate que *ceci me fit concevoir l'idée, que la force électrique ne pouvoit pas être inhérente dans le verre, mais qu'elle devoit venir du plancher de la chambre, & je conclus de-là, que si mon idée étoit juste, le canon de fusil devroit faire des explosions, si je touchois quelque part à la machine : en effet l'Expérience confirma aussitôt mes conjectures. J'étois placé sur le plancher, & en appuyant une main contre la machine, je touchai le canon de fusil avec un doigt de l'autre main : il en sortit du feu, & les coups continuerent pendant tout le temps, que je tenois la main sur la machine ; mais ils cesserent aussitôt que je l'en ôtai. Il n'en falloit pas davantage pour me convaincre, que le feu électrique passoit du plancher à la machine en traversant mon corps* [450].

De cette série d'expériences, Watson en pouvait tirer la conclusion suivante : *que les globes de verre font circuler ce feu électrique, qu'ils reçoivent de leur frottement contre les coussins ou contre la main, & dont ils tirent continuellement nouvelle provision du plancher* mais pour ce faire il lui faudrait que *la machine & tout ce qui en dépend étant posé sur des corps électriques, l'entrée de ce feu fût aussi visible, que l'est sa sortie sous ces mêmes circonstances [...]*, ce que Watson montre aisément : *pendant que quelque corps non-électrique non-électrisé touche le canon de fusil dans le temps que les globes sont en mouvement, on approche un doigt ou un bout de fil d'archal du bois de la machine, ou plûtôt de l'essieu de fer de la rouë ; on en verra sortir un faisceau de flamme bleuë, qui passe dans le bois de la*

---

449 *Ib.*, p. 87.

450 *Ib.*, p. 91, 92.

machine, en divergent toujours de l'extrémité du fil d'archal, ce qui continuera pendant tout le temps que quelqu'un touche le canon de fusil [451].

Watson considère encore que les corps originairement électriques électrisés et les non-électriques électrisés sont entourés d'une atmosphère d'électricité : *l'éther électrique.* Il entreprend alors de déterminer les propriétés de cet éther qui est beaucoup plus subtil que l'air ordinaire et qui a, comme l'air, la propriété de mettre les corps légers en mouvement. Plus subtil que l'air, l'éther électrique passe à travers tous les corps connus jusqu'à une certaine profondeur : *Il traverse très promptement les métaux, l'eau & tous les fluides, excepté les résineux. Il passe à travers les animaux, soit morts ou vivans, & plus ou moins promptement, plus ou moins ils sont humides, de même qu'à travers les pierres, le bois & les terres. Il ne traverse qu'à une certaine profondeur les résines, les substances animales séches, la cire & le verre. C'est pour cette raison qu'on distingue les corps en électriques per se & en non-électriques, non seulement par rapport à l'électricité, qui leur est communiquée par le frottement d'autres corps, mais aussi suivant qu'ils donnent plus ou moins aisément passage à l'Ether électrique* [452].

Watson aborde alors des expériences qui mettent en évidence l'élasticité de l'éther électrique qui passe à travers plusieurs verres en même temps, à travers tous les corps connus à l'exception des corps originairement électriques qu'il ne traverse que jusqu'à un certain degré. *Son élasticité se manifeste en ce qu'il se repand à une distance considérable autour des corps électriques & non-électriques électrisés, & en ce qu'il augmente le mouvement des fluides.* Ce que montre une expérience faite avec un petit siphon de verre rempli d'eau. Watson a observé que si *on détermine la plus grande partie du Courant électrique ou plutôt le Courant entier, vers le plancher à travers l'eau,* alors l'élasticité de l'éther électrique surmonte l'attraction de cohésion de l'eau et celle-ci s'écoule. Et si l'on fait l'expérience dans un lieu un peu obscur, *ce courant d'eau ressemble à un torrent de flamme bleuë.* Ainsi la force du courant électrique a-t-elle chassée un fluide aussi pesant que l'eau.

Watson étudie un phénomène qui est une conséquence de l'élasticité de l'éther électrique. L'expérience qu'il monte à cet effet montre que partout où l'éther électrique se trouve accumulé, il y a dans les plus proches corps non-électriques, une tendance à rétablir l'équilibre, *[il] regarde le rétablissement de cet équilibre comme la cause de l'attraction des globes & tubes électrisés, aussi bien que celles des corps non-électriques électrisés : car le Courant de l'Ether électrique tend continuellement des plus proches corps non-électriques non-électrisés vers ces corps électrisés, & emporte avec lui*

---

451 *Ib.*, p. 99, 100.

452 *Ib.*, p. 106-108, pour cette citation et les suivantes.

tout ce qu'il rencontre de corps legers en son chemin. Cette tendance du Courant de l'Ether électrique aux corps non-électriques électrisés, devient même sensible au tact, & on la sent comme le souffle d'un vent froid ; & lorsque s'étant fait électriser, on tient la main sur un plat, dans lequel il y ait un peu de son, ce même souffle agitera le son & l'emportera vers la main. Ces corps legers sont ensuite repoussés par le souffle, qui sort des corps électrisés aussi-tôt qu'ils le touchent, & souvent même avant. Ces successions alternatives d'attractions & de répulsions sont extrémement promptes, & souvent si rapides, que l'œil peut à peine les suivre. Si vous mettez un globe de verre très-mince & leger d'environ un pouce de diamétre dans un plat de métal, en y suspendant un autre plat par-dessus, & qu'après avoir électrisé celui-ci vous y approchiez le plat de dessous, vous entendrez les coups des attractions & repulsions alternatives, qui seront si rapides, qu'à peine les oreilles pourront elles des distinguer[453].

Watson attribue la cause de l'agitation de ce petit globe de verre à ce qu'il ne peut amener avec lui qu'une petite quantité d'éther électrique à chaque coup, *d'où il falloit qu'il s'en écoulât quelque temps avant que l'équilibre pût être établi.*

Ensuite, Watson fait une expérience qui peut être interpréter en supposant l'existence d'une affluence et d'une effluence de l'éther électrique. Pour ce faire, il reprend une expérience de Wilson : *[Watson prend] deux plaques de métal bien net & sec, dont les surfaces soient à peu près égales. [il suspend] l'une à quelque corps non-électrique électrisé, & [porte] sous elle sur l'autre plaque une feuille entiere d'argent battu* ; il règle alors la distance entre les deux plaques de telle sorte que la feuille se tient parfaitement suspendue *aux angles droits, en formant le Trapezium des Géomètres, sans toucher les plaques en aucun endroit, & s'étendant de tous côtés autant qu'il est possible. Je conçois dans cette expérience [écrit Watson] l'espace que la feuille d'argent occupe comme l'endroit où l'équilibre de l'électricité se rétablit : car si vous ôtez la plaque de dessous, à travers laquelle vient le Courant de cet Ether fourni par le plancher, ou que vous mettiez cette plaque sur quelque corps originairement-électrique, qui empêche le Courant d'arriver à la feuille ; celle-ci s'envolera sur le champ.* Pour interpréter cette expérience, Watson considère que la feuille d'argent ne peut être suspendue en équilibre : *si ce n'est par l'action jointe de deux puissances de différentes directions. Il en est de même ici. Le souffle de l'Ether électrique, qui sort de la plaque électrisée, pousse la feuille d'argent vers la plaque non électrisée, & celle-ci la pousse à son tour vers la plaque électrisée par le souffle de l'Ether électrique, qui la traverse en venant du plancher. Nous observons aussi, que le Courant de l'Ether électrique, qui vient du plancher, est toujours proportionné à la quantité*

---

[453] *Ib.*, p. 111, 119, pour cette citation et les suivantes.

d'Electricité, que les globes repandent sur le canon de fusil ; sans quoi l'équilibre, qui tient la feuille d'argent suspenduë, ne pourroit se maintenir. Watson va alors au devant d'une objection qui pourrait lui être faite : *On pourroit s'imaginer, que cette feuille peut se tenir suspenduë par la simple attraction électrique, sans qu'on ait besoin pour cet effet de supposer un Courant de cet Ether, qui vienne de plus proches corps non-électrique non-électrisés ou électrisés.* La réponse à cette objection lui est aisée puisqu'il est convaincu *que le canon de fusil électrisé attire & repousse en même temps les corps légers. Or peut-on concevoir cette attraction & repulsion sans une action d'Ether électrique, qui tende vers le canon de fusil & qui en parte en même tems ? Ce phénomène ne prouve-t-il pas une affluence aussi bien qu'une effluence ? Les répulsions électriques ne sont-elles pas au moins aussi fortes que les attractions ? Ne voyons-nous pas qu'entre des corps originairement électriques ou non-électriques électrisés & des corps non électriques non-électrisés les petits corps légers sont jettés & rejettés comme une bale l'est entre deux raquettes de forces égales.*

Planche IV, *figure* 2.

Effet de style, Watson imagine encore quelques objections qui mettent en valeur sa réponse, car affirme-t-il : *Mais je suis en état de prouver l'affluence aussi bien que l'effluence de cet Ether [électrique] par une expérience.*

Watson reprend les deux plaques de l'expérience précédente, il suspend l'une au canon de fusil avec un fil d'archal, le canon étant relié à une machine électrique ; l'autre, posée sur un gâteau de résine est placée au dessous, sur celle-ci est posée une feuille d'argent, *si, pendant que la feuille est en repos entre les deux plaques non-obstant le mouvement continuel des globes, quelqu'un placé sur le plancher avec un petit siphon de verre dans un vase rempli d'eau approche le bras long du siphon de la plaque posée sur le gâteau ; on verra alors la feuille d'argent se suspendre sur le champ, & l'eau qui ne sortoit auparavant du siphon que goutte à goutte, en découlera pleinement & paroîtra lumineuse. Ne faut-il pas convenir, que dans cette Expérience le Courant d'eau démontre la direction de celui de l'éther électrique qui l'entraîne ?*

Le style de cet argumentaire qui veut prouver l'existence de courants affluents est copié des questions que Newton formule au livre 3 de son *Traité d'optique*, questions qui suggérant des réponses sont en quelque façon des démonstrations en trompe l'œil. Cette manière d'aborder la philosophie naturelle est en exacte contradiction avec la méthode que prône Newton, une méthode - nous l'avons vu - dont Watson se réclame ; mais il convient de remarquer que celle-ci est conforme à la manière de faire du grand Newton. Continuant son argumentation dans le même style, Watson pose une suite de questions sur la nature de l'électricité et – d'une certaine manière – il y répond ; en effet ses questions sont de plus en plus précises et conduisent à l'idée que l'électricité n'est pas autre chose que le feu élémentaire. Ainsi Watson pense-t-il, comme Nollet, que la lumière, la chaleur, l'électricité ne sont qu'une même substance diversement modifiée, le feu élémentaire. Nous donnons ici quelques unes de ces questions : *1 – Les effets, que nous observons dans les corps attirés & repoussés par des corps électrisés, soit originairement-électriques ou non-électriques, doivent-ils être attribués au courant d'un Ether électrique ? 2 – Cette vertu, qui a été découverte en premier lieu dans l'Ambre, & que nous apellons Electricité, Force électrique, Ether électrique &c. est-elle autre chose que le Feu élémentaire ? 3 – Ce feu ne se fait-il pas voir sous différentes formes suivant les modifications différentes qu'on lui donne ? […] Etant concentré à un point ne devient-il pas visible comme une flame legere ? étant concentré davantage, ne faut-il pas que l'explosion s'ensuive, & qu'il devienne l'objet de nos organes de tact & d'ouie ? Quoique ce feu n'affecte point la peau de sensation de chaleur, ne se fait-il pas néanmoins connoître comme un vrai feu en allumant des substances inflammables ? 4 – Ce feu n'est-il pas intimement uni avec tous les corps & en tout temps, mais vraisemblablement le moins de tous avec l'air pur & sec ? Ne l'avons-nous pas trouvé séparé de l'eau, de la flamme, même de cette flamme épaisse de l'huile de térébenthine, de la fumée, du fer rougi au feu, & même d'une mixture de 30 degrès plus froide que le point de la gelée ? 5 – N'avons-nous pas prouvé sa subtilité, en vertu de laquelle il traverse tous les corps que nous connoissons ? 6 – Ne pourrions-nous pas aussi inférer son élasticité de ses explosions, de son action sur les fluides, par laquelle il augmente leur mouvement, aussi bien que de ces secousses énormes, que nous sentons dans le corps, en le déchargeant après l'avoir accumulé dans l'eau.[...] 8 – Etant aujourd'hui parvenus au point de voir la séparation du feu qui se fait des corps par le mouvement [l'affluence du feu aux tubes et aux globes de verre], & de voir pareillement, comment ce feu se rétablit, même après que le mouvement a cessé, ne devrions-nous pas être portés pour les sentimens de Messieurs Homberg, Lemery Fils, S. Gravesande & Boerhaave, qui soutiennent, que le feu est un principe originaire & distinct d'autres Etres, & formé par le Créateur même, plutôt que pour ceux de nos illustres Compatriotes, Bacon, Boile & Newton, qui le conçoivent comme un Etre qui peut être produit méchaniquement par d'autres corps ?* [454].

Il ne reste à Watson qu'à nous mettre en garde contre la tentation de généraliser plus et de confondre ce feu élémentaire avec la flamme vitale, *puisque nous trouvons, qu'on peut tirer d'un animal mort autant de ce feu, que d'un animal vivant, pourvu que l'un & l'autre soient également remplis de fluides* [455]. Soulignons que, sous la plume de Watson, les expressions : électricité, force électrique, éther électrique, etc. sont synonymes, ainsi que les expressions : courant électrique, circuit électrique, circuit ou courant d'éther électrique, etc.

Cet ouvrage de Watson a retenu notre attention parce que, comme l'abbé Nollet, il considère qu'il n'y a pas deux sortes d'électricité et il suppose que l'électricité passe au travers du verre et parce que, comme lui, il adopte la théorie de l'effluence et de l'affluence du feu électrique. D'ailleurs, dans son traité d'électricité, Watson rend un hommage appuyé à l'abbé Nollet : *Je ne sçaurois finir mon Mémoire sans admirer la pénétration de M. l'abbé Nollet, Membre de notre Société & de l'Académie des Sciences de Paris. Cet excellent Philosophe, sans avoir connu certaines Expériences, qui ont été découvertes depuis, déclare son sentiment sur la maniere d'agir de l'Electricité dans une lettre à M. Bose, dont celui-ci donne un extrait dans son ouvrage [Recherches sur la cause & sur la véritable Théorie de l'Electricité, Imp. A Wittenberg en 1745] : "La matière électrique, dit-il, pag. 45, vient non-seulement du corps électrisé, mais aussi de tous ceux, qui sont autour de lui jusqu'à une certaine distance. pag. 49, Si vous pouvez vous convaincre comme moi, que la matiere qui va au corps électrique vient primitivement de tous les corps environnans, de l'air même, vous aurez bien plus de facilité à expliquer tous les autres effets. pag. 46, La matiere électrique, tant celle, qui sort du corps électrisé, que celle qui vient des environs à ce même corps, se meut plus facilement dans les corps denses que dans l'air même ; & pag. 47, cette matiere tend à l'équilibre, & s'empresse de remplir les espaces, qui se trouvent vuides des parties de son espéce".*

---

454 *Ib.*, p. 126-132.

455 *Ib.*, p. 132.

Nous sommes en état aujourd'hui de prouver toutes ces propositions par des Expériences [456].

Les quelques conjectures de Jallabert

En 1748, Jallabert, pasteur, professeur de philosophie expérimentale et de mathématiques à Genève et membre de la Société royale de Londres, publie un ouvrage intitulé, *Expériences sur l'électricité avec quelques conjectures sur la cause de ses effets*, aucun titre ne pouvait être d'une plus grande modestie [457]. Jallabert adresse cet ouvrage à l'abbé Nollet, *l'ami dont l'exemple [lui] inspira le désir d'entrer dans la même carriere & dont les conseils [l']y dirigerent souvent : Je ne crains point de vous offrir des idées qui ne sont pas toûjours conformes aux vôtres. Dans les sciences, comme dans les Etats libres, on ne connoît point l'esprit de Cour. Un philosophe, tel que vous, fait cas de toutes les opinions qui peuvent conduire à la vérité. C'est à vous de juger les miennes. Recevez en l'hommage des mains de la reconnoissance, de l'estime & de la tendre amitié* [458]. C'est avec une grande prudence que Jallabert aborde l'étude de l'électricité, il ne revendique la priorité d'aucune expérience : *Je ne répondrois pas [...] que les expériences que je crois avoir tentées le premier n'eussent été faites ailleurs & avec plus de succès. Ce seroit un hasard bien singulier que plusieurs personnes, occupées du même objet, qui étudient à peu près sous le même point de vûe & avec le secours des mêmes instrumens ne se rencontrassent dans l'observation des phénomenes. [...] Malgré la précision avec laquelle j'ai taché d'opérer, je suis très éloigné de m'inscrire en faux contre les expériences qui ne s'accordent point avec les miennes, ou qui les contrarient. J'en ai vu qui m'avoient souvent réussi, me manquer ensuite sans que j'ai pû en découvrir la cause. Quelques-unes des expériences sur l'électricité sont, pour ainsi dire, "hypothétiques"* [459]. Nous avons déjà vu et nous reverrons encore, que Nollet n'avance la relation de certains phénomènes électriques qu'avec la même prudence, enfin presque. Pour interpréter les phénomènes physiques, Jallabert n'avance que des conjectures : *Après les différens systèmes qui ont paru sur l'électricité, & surtout après la théorie si plausible de Mr. L'Abbé Nollet, on s'étonnera peut-être que j'ose hasarder ici mes idées particulieres. Je ne les donne qu'avec timidité, & comme de simples conjectures* [460].

Les constantes références aux travaux de Nollet montrent l'importance qu'il leur accorde ; mais Jallabert ne peut accepter *[son] ingénieuse*

---

[456] *Ib.*, p. 133, 134.

[457] Isaac Benguigui, *Théories électriques du XVIIIe siècle, Correspondance Nollet-Jallabert*, Genève, Georg , 1984.

[458] Jallabert, *Expériences sur l'électricité*, p. x, xj.

[459] *Ib.*, p. vj.

[460] *Ib.*, p. viij, ix, pour cette citation et les suivantes.

hypothèse par laquelle il explique les phénomènes de l'attraction & de la répulsion au moyen d'un fluide qui sort en même-tems du corps électrisé & de ceux qui l'environnent. C'est l'existence d'une électricité affluente que Jallabert ne peut admettre. Il considère que les faits ne conduisent qu'à l'idée d'un fluide subtil qui pourrait bien aller et revenir en oscillant autour du corps électrisé ; et, dit-il : *comme je dois à cette conjecture une partie de mes expériences, je m'en suis fait une raison de la rapporter. Si je me suis trompé, mes erreurs même pourront être utiles. J'aurai marqué quelques écueils d'une route qui en est pleine.*

L'ouvrage est en deux parties, l'auteur présente ses expériences dans la première partie et expose ses conjectures dans la seconde ; un exposé qu'il ouvre avec une extrême prudence : *Il est peu de matieres de physique plus difficiles à expliquer que celle de l'électricité. Sa nature & ses causes sont si cachées, ses effets si nombreux & si variés, qu'il n'est pas surprenant que les hypotheses les plus probables soient encore éloignées d'expliquer exactement tous les phénomenes. Ce qui rend cette explication plus difficile, ce sont les découvertes qu'on ajoute tous les jours, & qu'on ajoutera peut-être encore pendant long-tems à celles qu'on a faites jusqu'à présent*[461].

D'entrée, Jallabert pose une hypothèse : *Je suppose d'abord un fluide très-délié, très-élastique ; remplissant l'univers & les pores des corps même les plus denses ; tendant toûjours à l'équilibre, ou à remplacer les vuides occasionnés. Je suppose encore que la densité de ce fluide n'est pas la même dans tous les corps ; qu'il est plus rare dans les corps denses, & plus dense dans les corps rares ; en sorte que les interstices que laissent entr'elles les particules d'air renferment un fluide plus dense que ne sont, par exemple, les pores du bois ou du métal.* Pour appuyer cette hypothèse, Jallabert se réfère aux questions qui sont à la fin du *Traité d'Optique* de Newton ; là où il propose d'expliquer la lumière et la gravité par un fluide répandu dans tout l'univers, un fluide qui n'a pas besoin d'être excité pour agir. Le fluide imaginé par Jallabert *n'agit qu'après avoir été excité et mis en mouvement par quelqu'opération, telle qu'est le frottement.*

Jallabert le nomme fluide électrique, mais il ne borne pas ses effets à ceux de l'électricité ; bien qu'il ne le dise pas ici, comme Nollet, il considère que l'électricité, la lumière et la chaleur peuvent être un même fluide diversement modifié. Alors que, pour cela, Nollet se réfère à Malebranche, Jallabert cite Fontenelle : *La nature est une épargne extraordinaire. Cette épargne néanmoins s'accorde avec une magnificence surprenante qui brille dans tout ce qu'elle fait. C'est que la magnificence est dans le dessein, & l'épargne dans l'exécution.* Plus loin dans son étude des phénomènes électriques, il met en évidence une analogie de la matière de l'électricité avec celle de la lumière et du feu : *Les mêmes opérations qui excitent dans*

---

461 *Ib.*, p. 174-177, pour cette citation et les suivantes.

les corps la vertu électrique, produisent aussi la lumiere, la chaleur, un feu même assez ardent pour embraser les corps exposés à son action. Frottez violemment deux corps l'un contre l'autre, ils s'échauffent ; &, suivant leur nature, ils s'enflammeront ou ils deviendront rouges. [...] si l'un des corps frottés est transparent, une lumiere vive paroît dans l'endroit du frottement. C'est ainsi qu'un globe de verre s'échauffe, & devient lumineux ; que deux crystaux frottés l'un contre l'autre, en devenant électriques, rendent une lumiere aussi vive que celle d'un charbon ardent[462]. Jallabert constate qu'après avoir été frottés certains corps acquièrent et conservent un moment, tout à la fois, leur chaleur, leur lumière et leur électricité alors que d'autres corps ne les acquièrent toutes que faiblement et les perdent promptement. Il en déduit : *une si grande analogie entre ce qui produit l'électricité, & ce qui produit la lumiere, la chaleur & le feu, rend ce me semble, très vraissemblable l'opinion de ceux qui assignent une seule & même cause à ces différens phénomenes ; du moins cette analogie indique-t-elle un rapport intime entre les matières subtiles qui causent la lumiere, le feu ; & celles qui donnent la vertu électrique ; puisque les mêmes operations les mettent en mouvement ; & que la faculté d'éclairer, souvent même d'allumer les matieres combustibles accompagnent toûjours celle d'attirer & de repousser, quand l'électricité est forte.*

Jallabert, nous l'avons dit, ne peut admettre l'électricité affluente de Nollet ; il lui faut donc revoir les causes de l'attraction et de la répulsion des corps frottés. Lorsqu'un corps, tel que le verre, est frotté ses fibres acquièrent, en vertu de leur élasticité, un mouvement semblable à celui d'une corde pincée et chacune de ces fibres qui a une vibration particulière : *Les fibres élastiques du verre ne sauroient être ainsi agitées qu'en même tems la matiere de l'électricité ne soit chassée & lancée avec une certaine force hors du globe, & que le fluide électrique répandu dans l'air ne soit poussé & comprimé*[463]. Ce fluide, apportant de la résistance à sa condensation, devient plus dense et plus élastique à mesure qu'il s'éloigne, par ondulations, du corps frotté, et il se forme, autour de ce corps, une atmosphère électrique plus ou moins étendue, dont les couches les plus denses sont vers la circonférence, et diminuent graduellement de densité jusqu'au corps électrisé. *Un corps léger qui se trouveroit au-dedans de la couche la plus élastique seroit donc poussé de celle-là à la couche voisine qui est plus foible ; & ainsi de couche en couche jusqu'au globe.* Ainsi, Jallabert explique-t-il l'attraction.

Pour expliquer la répulsion, Jallabert considère la tendance naturelle de la matière électrique à se mettre en équilibre avec elle-même : *Mais la force avec laquelle la matiere électrique est chassée hors du corps frotté, étant*

---

462 *Ib.*, p. 263-266, pour cette citation et les suivantes.

463 *Ib.*, p. 178-188, pour cette citation et les suivantes.

bien-tôt consumée par la résistance du fluide des environs ; ce fluide, condensé au-delà de son état naturel, doit, en se rétablissant, pousser à son tour la matiere électrique sortie du globe, & l'obliger à rebrousser vers lui. Cette matiere, en retournant vers le globe, ne s'y met pas d'abord en équilibre ; plus elle s'en approche, plus elle s'y condense tout autour ; & le corps léger est repoussé d'une couche plus élastique dans une autre qui l'est moins jusqu'à l'exterieure ou la moins dense. Ainsi le fluide électrique est autour du corps électrisé dans de perpétuelles oscillations de dilatation & de contraction, par l'action du fluide qui s'échappe de ce corps ; & la réaction du fluide dont l'air abonde. C'est cette action du fluide que la force du frottement exprime des pores du globe, & cette réaction du fluide répandu dans l'air, qui produisent l'attraction & la répulsion.

La chaleur et le frottement mettent en mouvement le fluide électrique qui réside en plus ou moins grande quantité dans tous les corps, ainsi rendent-ils certains corps électriques : en augmentant le ressort de leurs fibres, ils agitent vivement le fluide électrique qui réside dans les pores et sur la surface de ces corps ; ainsi : *tous ceux qui ont approché d'un corps électrisé ont dû ressentir les frémissemens d'une matiere subtile mue autour de ce corps.* Mais, la chaleur et le frottement, dilatant et ramollissant d'autres corps, changent leur texture naturelle, *elle affoiblit l'élasticité de leurs fibres ; & par conséquent éteint en eux cette facilité qui sert à développer l'électricité.*

Jallabert va aussi tenter d'expliquer pourquoi les métaux, qui sont les plus denses des corps, ne peuvent être rendus électriques par le frottement, ou par la chaleur ; *c'est que le fluide qui y réside étant fort rare, le frottement ne peut exprimer de leurs pores une quantité suffisante de ce fluide pour former autour d'eux une atmosphere sensible. Le tissu de leurs fibres, trop engrenées les unes dans les autres, & trop serrées pour être ébranlées par le frottement, peut aussi être un obstacle à leur électricité. Les corps résineux, sulfureux, doués d'une vertu électrique supérieure à celle d'autres corps moins denses, & plus élastiques qu'eux, doivent être exceptés de la regle que nous avons établie. Je penche à attribuer la grande vertu de ces corps inflammables à la matière du feu dont ils abondent.*

Quant à supposer, avec Dufay, l'existence de tourbillons de matière électrique, Jallabert n'y croit pas : *Les observations sont bien éloignées de nous conduire à la supposition d'une matiere subtile mûe en forme de tourbillon autour de l'axe des corps électrisés. Car si les corps légers étoient agités par une pareille matiere, ils en suivroient l'impulsion, & feroient des révolutions circulaires autour du tube. Ce qui est contraire à l'expérience.* Quant à l'existence de deux électricités vitreuse et résineuse, Jallabert est sur ce point en accord avec Nollet, il n'y croit pas. D'abord, parce qu'il ne convient pas de multiplier le nombre des fluides, *à mesure qu'on croira en avoir besoin pour expliquer quelque nouveau phénomène*[464]. Il considère que la contradiction, c'est le terme qu'il emploie, entre les effets de l'électricité des corps vitrés et ceux des corps résineux n'est qu'apparente ; elle ne vient que de l'inégalité de force de leurs atmosphères électriques : *Approchez deux corps dont les atmospheres seront égales en force ; il est aisé de concevoir qu'au lieu de s'approcher, ils se repousseront mutuellement. Mais si l'atmosphere de l'un est beaucoup plus foible que celle de l'autre, le mouvement de la plus foible atmosphere sera bien-tôt détruit ; & les deux corps s'approcheront.* Il reste à expliquer l'inégalité de force des atmosphères des corps vitrés et résineux, elle suit de la nature même de ces corps : *Le verre & la porcelaine non-seulement sont plus élastiques que la résine, & que l'ambre ; mais cette élasticité augmente encore par la chaleur du frottement ; au lieu que cette même chaleur détruit l'élasticité des corps résineux. Le fluide électrique sera donc lancé avec plus de force hors des corps vitrés, que hors de l'ambre & de la résine. Aussi l'expérience démontre-t-elle 1°. que l'atmosphere des corps résineux n'agit pas à beaucoup près aussi loin que celle des corps vitrés ; 2°. que la vertu électrique que contractent les corps approchés de la résine est beaucoup plus foible que celle qu'ils reçoivent du verre électrisé ; 3°. que le doigt ne tire, des corps résineux dont on l'approche, qu'une lumiere pâle ; & jamais des étincelles.*

Jallabert peut aussi expliquer la perméabilité des corps à l'électricité. Les expériences nous ont appris que le fluide électrique ne glisse pas à la surface des corps mais qu'il les pénètre, et que même il s'y transmet d'autant plus facilement que le corps est plus dense. Il constate cependant que le verre et la porcelaine ont plus de peine à transmettre l'électricité que d'autres matières moins denses. Alors que Nollet considère que le verre est imperméable à l'électricité, Jallabert suppose qu'il ne se laisse pénétrer que difficilement.

Jallabert doit expliquer pourquoi le verre et la porcelaine apportent aux ondulations électriques une résistance plus grande que leur densité ne semble le supposer : *C'est que l'art a rassemblé dans le verre & dans la porcelaine plus de matiere électrique & ignée qu'ils n'en devroient naturellement contenir. Leur préparation les exposant à la longue action d'un feu violent, leurs pores se remplissent d'une infinité de particules ignées qui s'y trouvent renfermées lorsque les surfaces de ces corps se refroidissent. Il n'est donc pas étonnant que le frottement fasse sortir du verre & de la porcelaine un fluide lumineux ; & que ces matieres, qui en sont déjà remplies, n'en admettent que difficilement dans leurs pores une plus grande quantité*[465].

---

[464] *Ib.*, p. 204-205, pour cette citation et les suivantes.

[465] *Ib.*, p. 250, 251.

Jallabert fit une expérience qu'il ne relate pas dans son ouvrage : transmettre l'électricité à travers une grande masse d'eau, des expériences qu'il fit sur le Rhône et au lac de Genève ; celle-ci fit l'objet d'une lettre à Nollet, celui-ci la reçut lors de son séjour en Italie, un séjour qu'il fit du 27 avril au 18 novembre 1749. Nollet oublia cette lettre pendant quelque temps, c'est la lecture de la traduction de l'ouvrage de Franklin qui parut en 1752, qui la lui rappela. Il en fit une lecture à l'Académie des sciences, et en cite un long passage dans une lettre à Jallabert qui a peut-être, avec le temps, oublié la relation qu'il lui avait faite de cette expérience. Cette lettre accompagne son envoi de l'ouvrage de Franklin, nous y reviendrons plus tard[466]. Cette expérience, c'est l'expérience de Leyde, mais ici le cercle électrique est interrompu et une grande étendue d'eau est substituée aux corps solides qui ferment le cercle. *J'avois établi une machine électrique dans une galerie située sur le Rhône deux cens cinquante pieds environ au-dessous de notre machine hydraulique [Assemblage de pompes établi au bas du Lac sur le Rhône, pour élever les eaux & les distribuer dans la ville] un matras destiné aux expériences de la commotion étoit suspendu à une barre de fer électrisée immédiatement par un globe de verre, & du culot de ce matras pendoit un fil de fer qui plongeoit dans le Rhône de la profondeur de quelques lignes : des fils de fer attachés à la barre & soutenus par des cordons de soye, venoient aboutir auprès de quelques fontaines publiques. Le globe étant froté, on tiroit de ces fils de fer, en approchant la main, des étincelles qui causoient la sensation d'une legere piqûre, mais si quelqu'un communiquant d'une main à l'eau de quelqu'une des fontaines, présentoit l'autre au fil de fer qui y aboutissoit, il éprouvoit une forte commotion.*

Je détachai de la barre les fils de fer qui prolongés aboutissoient auprès des fontaines, & je liai à leur extrêmité voisine de la barre des cordons de soye à l'aide desquels on pouvoit aisément les en approcher : j'observai que quand une personne tenoit dans sa main l'extrémité d'un fil de fer voisin de quelqu'une des fontaines, cette main ne ressentoit aucune commotion, quand on présentoit à la barre l'autre extrêmité de ce fil ; mais dès qu'elle communiquoit à l'eau de la fontaine, le fil de fer approché à la barre lui causoit la commotion […]. Il est à remarquer que la commotion me parut dans ces dernieres expériences, aussi forte que lorsque tenant d'une main le matras, de l'autre je tirois l'étincelle de la barre. Cependant le fil qui plongeoit dans le Rhône étoit éloigné de la machine d'environ deux-cens-cinquante pieds, & les eaux de ce fleuve sont ensuite portées au moyen de pompes aspirantes & refoulantes dans un reservoir qui est au haut de la Ville éloigné de mille quatre-cens pieds de la machine, & élevé de 131. pieds sur le niveau du Rhône, & de ce reservoir elles se distribuent ensuite dans les différens quartiers de la ville. […] Je suis maintenant occupé à réfléchir

466 Nollet, *Lettres sur l'électricité*, 1er volume, 1753, Lettre à Jallabert, p. 198-223.

sur la cause de ces Phénoménes ; voyez, mon cher ami, s'il ne vous viendroit rien sur cela dans l'esprit : ces expériences me paroissent propres à répandre du jour sur la maniere dont l'Electricité se propage. Que j'ai de chagrin de n'être pas à portée d'observer & de m'entretenir avec vous ! [467]

Ainsi se termine la citation que fait Nollet de la lettre de Jallabert.

Nollet ne peut que s'étonner d'un tel phénomène : *Quoique l'Electricité nous ait mis sous les yeux des Phénoménes fort extraordinaires, il faut convenir qu'il y en a bien peu qui le soient autant que ceux-ci ; & vous avez bien raison de demander, si l'on n'est point en droit d'en conclure, malgré toute la répugnance qu'on y sent, que dans le tems de ces épreuves on électrise le Rhône, le Lac, & toutes les eaux qui y communiquent.* Cependant Nollet constate qu'en y réfléchissant un peu, on peut constater que ce phénomène n'est pas nouveau, qu'il s'agit ni plus ni moins que de l'expérience de Leyde. Nollet rappelle que, *dans l'expérience de Leyde, la condition la plus essentielle est, qu'il y ait ce qu'on nomme cercle électrique, c'est-à-dire, un corps, ou une suite non interrompuë de plusieurs corps électrisables, qui touche d'une part à la bouteille ou à ce qui en tient lieu, & de l'autre au conducteur qui porte l'Electricité à ce vaisseau de verre.* En outre Nollet constate que : *Dans l'expérience de Leyde la vertu électrique suit le chemin le plus court* [468] : *Quand vous faites l'expérience de Leyde simplement en tenant d'une main la bouteille, & en tirant l'étincelle avec l'autre, en réussissez-vous moins, quoiqu'une foule de spectateurs vous touche par devant, par derriere & par les côtés.* Mais il avoue qu'il n'en connaît pas la cause : *Je sens bien qu'il reste encore à sçavoir pourquoi la vertu électrique se contient ainsi dans un filet d'eau, sans se dissiper ailleurs : mais cette question tombe également sur tous les autres Phénoménes de cette espêce.*

Près de douze ans après l'ouvrage de Jallabert sur l'électricité, Nollet envoie deux lettres à M. Necker, lequel fut un élève de Jallabert. Necker est alors professeur de physique expérimentale à Genève et correspondant de l'Académie royale des sciences de Paris.

Dans la première de ces lettres, Nollet apporte quelques éclaircissements sur les effluences et affluences simultanées, la seconde est un examen critique des hypothèses de Jallabert en électricité. Nollet publiera ces deux lettres en 1760, dans la 2e partie de ses *Lettres sur l'électricité.* L'abbé Nollet commence la seconde de ces lettres en disant que, si l'on pouvait interpréter les phénomènes électriques par l'existence d'un seul courant de matière, c'est l'hypothèse retenue par Jallibert, cette hypothèse serait préférable à celle des effluences et affluences simultanées : *Je regarderois comme une objection raisonnable contre les effluences & affluences simultanées, une*

---

[467] *Ib.*, p. 202-207, pour cette citation et la suivante.

[468] *Ib.*, p. 210-212, pour cette citation et les suivantes.

hypothèse dans laquelle, avec un seul courant de matiere électrique, on expliqueroit plausiblement les phénomènes ; car comme la nature ne multiplie point les causes sans nécessité, je crois que j'aimerois mieux prendre pour autant d'illusions tous les faits qui semblent prouver l'existence de la matiere affluente, que de l'admettre comme un moyen superflu ; cette façon de penser m'a toûjours fait examiner, avec la plus grande attention, tout ce que les Physiciens ont imaginé pour expliquer le méchanisme de l'Electricité : aucun d'eux n'a pû se passer de faire mouvoir la matiere électrique dans deux directions opposées ; cela étoit trop clairement indiqué par ces mouvemens contraires des corps légers, qu'on est convenu de nommer "attractions" & "répulsions" : mais ceux qui n'ont pas goûté mon opinion, se sont accordés à dire que les émanations du corps électrisé revenoient à lui, & se sont partagés ensuite sur la cause de ce mouvement rétrograde [469].

Soucieux de faire le tour de la question, Nollet commence par réfuter une opinion que ni lui ni son interlocuteur ne retiennent : *Plusieurs, comme vous le savez, l'ont attribué [ce mouvement rétrograde] à l'air de l'atmosphère, en disant que ce fluide poussé & comprimé jusqu'à un certain point par les rayons de matiere émanée du globe ou du tube électrisé, les repoussoit aussi-tôt vers leur surface en vertu de son ressort ; mais il ne faut qu'un mot pour renverser cet édifice : un corps électrique attire & repousse dans le vuide de Boyle, comme en plein air, à quelques irrégularités près, dont il est aisé de rendre raison.*

Nollet aborde maintenant les conjectures de son correspondant, qui sont celles de Jallabert. Il commence par les points d'accord : *Vous supposez, [...] que la matiere électrique est un fluide subtile, fort élastique, universellement répandu dans tous les corps, dans l'air de l'atmosphère, & en général dans tous les espaces, petits ou grands, qui ne sont point occupés par une autre matiere.* Nollet est parfaitement d'accord sur ce point et assure même qu'il considère ce premier point est parfaitement assuré *tant par l'expérience, que par le consentement presque unanime des Physiciens.* Autre point d'accord, Nollet reconnaît ce qu'il nomme "*matière effluente*" dans ce que Jallabert dit de la matière animée par le frottement qui *s'élance du dedans au dehors du corps électrisé, & forme autour de lui une atmosphère d'une certaine étenduë.*

Mais Nollet ne peut accepter la dernière conjecture de Jallabert : *Mais vous prétendiez en troisième lieu, & c'est sur quoi tombent toutes mes difficultés, vous prétendiez, dis-je, que les effluences rencontrant la matiere électrique extérieure, l'obligeoient de céder à leur impétuosité, & de se replier sur elle-même jusqu'à ce qu'elles eussent consumé, par cet effort, tout le mouvement qu'elles avoient reçu du corps électrisé ; vous ajoûtiez*

---

469 Nollet, *Lettres sur l'électricité*, 2e volume, 1760, p. 34-38, pour cette citation et les suivantes.

que cette matiere du dehors, ainsi comprimée, se rétablissoit bien-tôt en vertu de son élasticité, & que par cette réaction elle repoussoit les effluences vers leur source, d'où il naissoit des oscillations qui se répétoient avec une certaine durée, & auxquelles vous pensiez qu'on devoit attribuër ces mouvemens alternatifs, que nous avons nommés "attractions" & "répulsions".

C'est sur cette troisième conjecture et sur les conséquences qu'il en tire que Nollet va porter toute ses critiques. Nollet pense que, suivant ce système, les répulsions devraient toujours précéder les attractions puisqu'on n'attribue ces attractions qu'au retour des émanations électriques ; en outre Nollet ne voit pas pourquoi, dans leur premier mouvement, les effluences n'entraînent pas les corps alors qu'on suppose qu'elles sont capables de les entraîner après qu'elles ont changé de direction. Nollet fait remarquer à son correspondant que : *c'est justement le contraire qui a coûtume d'arriver ; le corps qu'on électrise ne repousse ordinairement qu'après avoir attiré ; à moins que ce qu'on lui présente n'ait, avec une légéreté suffisante, un volume assez grand & une densité qui rendent l'action des rayons effluens sur lui, plus forte que celle de la matiere affluente.*

Les conjectures de Jallabert supposent que, lorsque le tube ou le globe de verre est frotté, les rayons effluents se meuvent tous en même temps et reviennent de même. Ce que Nollet ne peut admettre, il considère que les émanations sont continues, puisque le frottement est fait successivement sur les différentes parties du tube ou du globe. D'ailleurs cette conjecture de Jallabert le conduit à supposer que l'atmosphère électrique suit des oscillations perpétuelles, ce que l'expérience contredit ; ainsi : peut-on tenir une petite feuille d'or suspendue, dans un air calme, au-dessus d'un tube de verre, etc. Nollet présente, entre autres expériences, un fait très commun, qu'il ne peut concilier avec les oscillations de l'atmosphère électrique : *vous savez qu'un fil de lin, un ruban, ou tout autre corps long & flexible, sort de son aplomb vis-à-vis d'un tube électrique, & s'incline pour s'en approcher par celle de ses extrêmités qui est libre, mais vous savez pareillement que s'il ne peut aller jusqu'au tube, il demeure constamment dans cette situation, & ne montre que cette espèce de tendance que l'on nomme "attraction" ; s'il étoit vrai que le fluide, dans lequel il est plongé se mût alternativement en deux sens opposés, pourquoi le ruban ou le fil ne céderoit-il qu'à l'une des deux impulsions*[470] *?*

Ainsi Nollet réfute-t-il cette idée que *[si] un globe ou un tube de verre ne s'épuise point par une électrisation de longue durée, & comment ces instrumens, après de longues & fréquentes opérations, montrent autant de vertu qu'ils en avoient d'abord ; me diriez-vous que le verre repompe à chaque instant ses propres émanations pour les lancer l'instant d'après, cela*

---

470 Nollet, *Lettres sur l'électricité*, 2e volume, 1760, p. 46-49, pour cette citation et les suivantes.

auroit bien de la peine à s'accorder avec un frottement non interrompu, que vous regardez vous-même comme la cause de ces effluences. Pour terminer son propos, Nollet demande à son correspondant s'il n'aimerait pas mieux oublier pour un moment l'hypothèse des oscillations électriques et considérer cette conjecture de Jallabert qu'il cite tout au long, ce que nous faisons tout comme lui : *Il ne paroît point hors de vrai-semblance que le fluide électrique, qui du globe s'écoule dans les corps denses, soit remplacé par celui des couches d'air voisines du globe. Ce fluide, dont l'air abonde par une suite de sa tendance à l'équilibre, doit se porter sur le globe, & y contracter, par les frémissemens des fibres élastiques du verre, un mouvement semblable à celui du fluide lancé hors du globe, par les vibrations de ces mêmes fibres du verre ; & le fluide que les couches d'air les plus proches fournissent au globe, sera, à son tour, remplacé par celui des couches les plus éloignées, &c. ; & c'est ainsi qu'il se fait une espêce de circulation du fluide électrique, jusqu'à ce que le frottement étant cessé, tout le fluide qui avoit été agité soit rentré dans son équilibre naturel*[471]. Nollet en conclut que parler ainsi : *c'est m'accorder tout ce que je prétends ; c'est convenir que la matiere électrique, qui part du verre frotté, peut déterminer, par les vuides qu'elle y laisse, celle du dehors à venir prendre sa place, pour être à son tout modifiée comme elle ; en un mot, c'est concevoir les effluences & affluences simultanées comme possibles, indépendamment des faits qui, selon moi, en établissent la réalité.* Voici une conjecture sur laquelle Nollet et Jallabert peuvent s'accorder ; mais pour que l'accord soit complet, il faudrait que Jallabert renonce aux oscillations de l'atmosphère électrique et Nollet à faire sortir les affluences des corps qui sont au voisinage du corps électrisé. Ainsi Nollet termine-t-il l'exposé de ses divergences avec Jallabert, *dont les idées en pareille matiere sur-tout, sont d'un grand poids pour nous.*

---

[471] Jallabert, *Expériences sur l'électricité*, *op. cit.*, p. 202, dans l'édition de Genève, p. 245, 246, dans l'édition de Paris.

Chapitre 6
L'électricité selon Benjamin Franklin & les franklinistes français

Portrait de Franklin par Barbeu du Bourg

Une nouvelle théorie de l'électricité nous vient de la lointaine colonie britannique d'Amérique, de Philadelphie. Dans les années 1750, Benjamin Franklin (1706-1790), papetier, journaliste et éditeur à succès, édita la *Pennsylvania Gazette* et le *Poor Richard's Almanach* [Poor Richard est le pseudonyme de Benjamin Franklin], l'homme aime la lecture : l'*Essai sur l'entendement humain* de Locke et la *Logique de Port-Royal* d'Arnaud et Nicole sont ses livres de chevet. Mais Franklin est surtout un homme d'affaires bien établi, actif dans les affaires publiques de la Pennsylvanie : en 1751, il sera élu membre de l'assemblée de Pennsylvanie et envoyé en Angleterre afin d'empêcher l'application de la loi sur le timbre et d'en demander l'abrogation. À la fin des années 1720, Franklin a fait la connaissance de nombreux scientifiques au cours d'un séjour en Angleterre. À son retour à Philadelphie, il fonde une société littéraire, la "*Junto*", « pour la promotion des connaissances utiles » ; celle-ci deviendra l'*American Philosophical Society.* Dans ces mêmes années, Franklin et quelques notables créent une bibliothèque scientifique, la *Library Compagny*, laquelle a un membre délégué à Londres, Peter Collinson, fabricant et naturaliste, membre de la Société royale de Londres ; il fut pendant 30 ans le correspondant bénévole de cette société littéraire de la lointaine Pennsylvanie [472].

En 1743, à Boston, Franklin assiste à des démonstrations d'expériences d'électricité ; de l'avis de Franklin, ces expériences faites par le Dr Spencer d'Édimbourg, étaient imparfaites et peu spectaculaires, le Dr Spencer ignorait alors les expériences des physiciens allemands. Il ne semble pas que le spectacle de ces expériences ait converti Franklin à la physique expérimentale. En 1745, Collinson envoie à la Library Compagny, un compte rendu des nouvelles expériences d'électricité réalisées par les physiciens allemands et un tube électrique accompagné d'un mode d'emploi. Par ailleurs la Library Compagny reçoit le numéro d'avril 1745, du *Gentleman's Magazine* une revue londonienne aux sujets les plus divers à laquelle elle est abonnée ; un article de ce numéro est la traduction d'une consignation faite par un professeur de Göttingen, Albert de Haller, des travaux de physiciens allemands : Bose, Hausen et Winkler. Cet article était

---

472 Isaac Benguigui, *Théories électriques du XVIIIe siècle, correspondance Nollet-Jallabert*, Genève, Georg, 1984 ; p. 25.

déjà paru au premier trimestre de la même année dans la *Bibliothèque raisonnée des ouvrages des savans de l'Europe*, une revue éditée en français par des académiciens hollandais, parmi lesquels : s'Gravesande [473]. Il est probable que c'est à partir de la lecture de cet article, *Histoire des nouvelles découvertes faites depuis quelques années en Allemagne sur l'électricité*, que Franklin a fait la série d'expériences qui l'on conduit à élaborer une nouvelle théorie de l'électricité.

Avant de pénétrer plus avant dans l'exposé des travaux sur l'électricité de Franklin, donnons la parole à l'un de ses plus fidèles amis français, Jacques Barbeu du Bourg [474] : *Une chose qui paroîtra presqu'incroyable, quoique très vraie, c'est que M. Franklin, toujours occupé d'une multitude d'affaires graves, tant publiques que particulières, n'a jamais fait de la Physique que son délassement ; connoissant aussi peu les heures perdues, que beaucoup de gens ici ne connoissent l'emploi du tems. Né avec un esprit solide, & élevé au milieu des Quakers, il a su n'en point prendre les singularités, mais où auroit-il pris des goûts frivoles ? Dévoué sans relâche au service de sa Patrie, il a été constamment chéri & révéré de ses Concitoyens, l'ame de leurs conseils au-dedans, & chargé de leurs intérêts au-dehors ; présent, absent, il a toujours rempli leurs vœux, & réciproquement il a toujours sû leur inspirer tout ce qu'il a voulu pour leur bien commun. Les sciences utiles ont fait à Philadelphie, sous son influence, des progrès d'une rapidité presque sans exemple ; & la Société Philosophique qui s'y est formée, à laquelle toutes les Colonies voisines ont pris part, & qui l'a choisi pour Président, a donné dès la fin de sa seconde année un volume de Mémoires, où l'on voit avec admiration un si parfait accord du savoir le plus éminent avec la vertu la plus pure, qu'on trouveroit difficilement dans l'ancien monde quelque chose de comparable à ce début du monde nouveau* [475].

Il n'est pas interdit de penser que les sympathies suscitées par la cause américaine et pour le rôle qu'y joua Benjamin Franklin ont pu peser sur l'opinion des élites françaises contemporaines de Louis XVI dans leur adhésion à ses théories électriques, surtout chez ceux qui ne suivaient que de très loin les débats scientifiques de leur temps. Mais revenons à notre sujet.

---

473 « Histoire des nouvelles découvertes faites depuis quelques années en Allemagne sur l'électricité », *Bibliothèque raisonnée des ouvrages des savans de l'Europe*, tome 34, p. 3-20 ; & *Bibliothèque raisonnée...*, tome IX, (1744-1746), Genève, Slatkine Reprints, p. 131-135.

474 Jacques Barbeu du Bourg (1709-1799) était surtout connu de ses contemporains pour ses travaux de botanique ; il fut professeur à la faculté de médecine de Paris, mais la physique fut l'un de ses nombreux centres d'intérêt avec la linguistique, l'histoire, la littérature. Enthousiasmé par la cause de la jeune Amérique dont il fut l'un des agents des plus zélés, il entretint une correspondance régulière et amicale avec Franklin et en 1773 il en traduisit les œuvres. [*Œuvres de Franklin*, traduites de la quatrième édition, 2 tomes., préface et traduction de Jacques Barbeu du Bourg, Paris, Quillau, Esprit et l'Auteur, 1773.]

475 Jacques Barbeu du Bourg, préface des *Œuvres de Franklin*, *op. cit.*, p. vij, viij..

L'électricité selon Franklin

Durant les hivers de 1746-1747 et 1747-1748, Franklin, assisté de quelques amis, Kinnersby, Syng et Hopkinson, étudie la matière électrique et ses effets ; il continuera ainsi ses travaux jusqu'en 1754. Franklin communique ses premiers résultats dans une lettre à Collinson du 28 juillet 1747. Cette première lettre sur l'électricité, qui n'était pas destinée à la publication, fut présentée par Collinson à la Société royale de Londres. L'ouvrage *Experiments and Observations on Electricity* dans lequel l'essentiel des travaux de Franklin sont consignés paru à Londres par les soins de Collinson en 1754. Lorsque Franklin apprit que son ouvrage était sous presse, il pria Collinson d'en envoyer l'un des premiers exemplaires à Buffon, lequel avait traduit et publié en 1735 la *Statique des végétaux* de Hales. Buffon, alors engagé dans la rédaction de *l'Histoire naturelle*, confia la traduction de l'ouvrage à Dalibard, (ou d'Alibard) celle-ci parut en 1752, et eut une seconde édition profondément modifiée deux ans plus tard [476]. Nous reviendrons plus loin sur les circonstances de cette traduction française et les relations de Buffon et d'Alibard avec Nollet.

Ce qui frappe d'abord le lecteur des ouvrages de Nollet à la lecture d'*Expériences et observations sur l'électricité* de Franklin, c'est sa construction. Dans l'*Essai sur l'électricité des corps*, Nollet pose des questions qu'il cherche à résoudre par l'observation et l'expérience, la réponse à une question amenant la suivante, la théorie se dégage au cours de ce cheminement qui, en quelque sorte, se donne à voir ; le traité de Franklin se présente comme une dissertation dans laquelle les expériences et les observations viennent à l'appui de l'énoncé de ses idées sur la nature et les propriétés de l'électricité, ainsi la théorie de l'électricité est-elle posée tout de go, la série des expériences vient après, leur interprétation se fondant sur la théorie qui semble présupposée - qui semble parce qu'il n'y a aucun doute qu'elle a mûri dans la cervelle de Franklin lorsqu'il se livrait à des expériences sur l'électricité en amateur. Est-ce parce que la construction de l'ouvrage semble ne pas suivre les préceptes de l'empirisme dominant dans la communauté scientifique que Dalibert met un avertissement destiné à convaincre le lecteur que l'auteur n'a pas trahi ces préceptes afin de s'approcher autant que faire se peut de la vérité, et que celui-ci est trop modeste de ne parler que d'opinions et de conjectures.

Les deux premières lettres étaient si peu destinées à la publication que, mises à la composition sans l'assentiment de l'auteur, elles furent accompagnées de notes rectificatrices pour prendre en compte de nouveaux acquis lesquels sont consignés dans la troisième lettre. La *merveilleuse bouteille de M. de Musschenbroek* est le seul objet de l'étude de Franklin qui

---

[476] Benjamin Franklin, *Expériences et observations sur l'électricité*, traduites par d'Alibard, Paris, Durand, 1752 ; seconde édition, revue, corrigée & augmentée, 2 tomes, Paris, Durand, 1756.

commence par des considérations sur l'état du feu électrique dans la bouteille et hors de la bouteille : *Le corps non-électrique contenu dans la bouteille [de fait le fil d'archal et l'eau de la bouteille], étant électrisé, diffère du corps non-électrique hors de la bouteille, en ce que le feu électrique du dernier est accumulé à sa surface, & forme à l'entour une atmosphère électrique d'une étenduë considérable ; au lieu que le feu électrique est comprimé dans la substance du premier que le verre borne de toutes parts* [477].

Cette vision des choses exprimée dans la lettre du 28 juillet 1747 est accompagnée d'une note rectificatrice qui résulte de travaux qui font l'objet de la troisième lettre : *Nous avons découvert depuis, que le feu de la bouteille n'est pas contenu dans le corps non-électrique, mais dans le verre. Tout ce qui est dit dans la suite du haut & du bas de la bouteille, doit s'entendre de ses surfaces intérieure & extérieure, & auroit dû être exprimé de la sorte* [478].

Dès le départ, Franklin considère que le fil d'archal et le haut de la bouteille sont électrisés positivement ou plus et le fond de la bouteille est électrisé négativement ou moins dans une exacte proportion, c'est-à-dire que quelle que soit la quantité du feu électrique qui entre dans la bouteille par le haut, il en sort du fond une égale quantité. Pour préciser sa pensée, Franklin prend une bouteille de Leyde – l'expérience est fictive – il suppose qu'au commencement des opérations le fil d'archal qui plonge dans l'eau de la bouteille est relié à une machine électrique et que le fond de la bouteille est en communication avec le magasin commun du feu électrique (ailleurs il parlera de la masse commune de la matière non électrisée). Cette mise en œuvre est si commune que Franklin, qui s'adresse à des spécialistes, ne prend pas la peine de la décrire – pour une fois l'historien doit en dire plus que son héros dans la description d'une expérience, même fictive. Franklin suppose ensuite qu'avant d'électriser la bouteille, il y a une même quantité de feu électrique en haut et en bas de la bouteille [sur ses surfaces intérieure et extérieure] et pour fixer les idées il prend un exemple arithmétique simple, il suppose que ces quantités de feu électrique sont égales à 20. Il suppose ensuite qu'à chaque coup de tube ou à chaque tour du globe de la machine électrique, il entre une quantité d'électricité égale à 1 dans la bouteille, *alors après le premier coup, la quantité contenuë dans le fil d'archal & le haut de la bouteille sera 21, dans le fond elle ne sera plus que 19 : après le second, la partie supérieure aura 22, l'inférieure 18 : & ainsi après le vingtième coup, la partie supérieure aura une quantité de feu électrique égale à 40 ; celle de la partie inférieure sera égale à zéro, & l'opération finit là ; car il n'en peut plus être poussé dans la partie supérieure, lorsqu'il n'en peut plus*

477 *Ib.*, p. 2, 3.

478 *Ib.*, p. 3, note a.

être tiré de la partie inférieure. Si vous essaïez d'en introduire d'avantage, il est rejetté par le fil d'archal, ou s'envole avec un craquement sensible à travers les côtés de la bouteille [479].

Voilà bien ce qui suscite l'admiration de Franklin : *le plus et le moins, sont merveilleusement combinés, & balancés dans cette bouteille miraculeuse ! Ils sont disposés & proportionnés entr'eux d'une manière qui surpasse mon intelligence* [480].

De cette fiction, Franklin tire quelques explications des expériences qui sont faites avec la bouteille de Leyde. (1) Il commence par le rétablissement de l'équilibre qui ne peut être fait qu'en formant *une communication en dehors de la bouteille entre le haut et le bas par le moyen de quelque corps non-électrique qui les touche tous les deux soit en même temps, auquel cas il est rétabli avec une violence & une rapidité inexprimables [c'est pour le manipulateur, la terrible expérience de Leyde, lorsque celui-ci tient la bouteille d'une main et qui de l'autre touche le fil d'archal ou le canon de fusil qui met en contact le fil d'archal et la machine] ; soit alternativement, auquel cas l'équilibre est rétabli par dégrès* [481].

(2) Une bouteille non électrisée placée sur un corps électrique, sur de la cire sèche par exemple, ne peut être électrisée, parce *qu'on ne sauroit en pousser [le feu électrique] vers le haut, lorsqu'on n'en sauroit tirer du fond* ; et réciproquement, lorsque la bouteille est électrisée, il ne peut être tiré qu'une assez petite quantité de feu électrique du haut de la bouteille en touchant le fil d'archal que si une quantité égale peut être introduite dans le fond.

Franklin peut maintenant aborder les *expériences qui confirment ce qui vient d'être avancé* [482], onze expériences dans la première lettre. Nous retiendrons ici la troisième expérience, elle illustre parfaitement ce qui a été avancé précédemment. *Faites tenir un fil d'archal dans le plomb dont le bas de la bouteille est armé (d), de sorte qu'en faisant un coude pour se relever perpendiculairement, l'anneau qui le termine se trouve de niveau avec le haut ou l'anneau du fil d'archal qui entre dans le liège à trois ou quatre pouces de distance (huit à dix centimètres). Alors électrisez la bouteille & posez la sur de la cire. Si un morceau de liège suspendu par un fil de soye tombe entre les deux fils d'archal, il jouëra continuellement de l'un à l'autre, jusqu'à ce que la bouteille ne soit plus électrisée : la raison en est qu'il charrie & apporte le feu du haut au bas de la bouteille, jusqu'à ce que l'équilibre soit rétabli* [483]. *(fig. 2)*

---

[479] *Ib.*, p. 4, 5.

[480] *Ib.*, p. 7.

[481] *Ib.*, p. 5.

[482] *Ib.*, p. 10.

[483] *Ib.*, p. 12, 13.

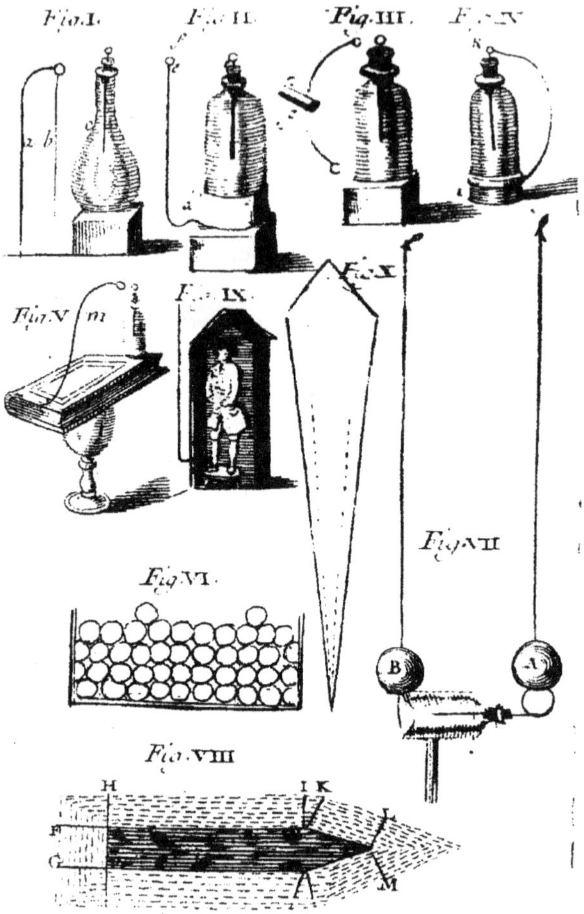

Dans la seconde lettre, du 1er septembre 1747, Franklin aborde *l'étonnant effet des corps pointus, tant pour tirer que pour pousser le feu électrique*[484]. Il met en évidence cet effet par l'expérience suivante : *Placez un boulet de fer de 3. ou 4. pouces de diamétre sur l'orifice d'une bouteille de verre bien nette & bien séche : par un fil de soye attaché au lambris précisément au dessus de l'orifice de la bouteille, suspendez une petite boule de liége environ de la grosseur d'une balle de mousquet, que le fil soit de longueur convenable pour que la boule de liége vienne s'arrêter à côté du boulet : électrisez le boulet, & le liége sera repoussé à la distance de 4. ou 5. pouces, plus ou moins, suivant la quantité d'Electricité... Dans cet état, si*

484 *Ib.*, p. 25-30, pour cette citation et les suivantes.

vous présentez au boulet la pointe d'un poinçon long & délié, à 6. ou 8. pouces de distance, la répulsion sera détruite sur le champ, & le liége volera vers le boulet. Pour qu'un corps émoussé produise le même effet, il faut qu'il soit approché à un pouce de distance & qu'il tire une étincelle. [...] Si vous présentez cette pointe dans l'obscurité, vous y verrez quelquefois à un pied de distance & plus, une lumière brillante, semblable à un feu follet, ou à un ver-luisant. Moins la pointe est aiguë, plus il faut l'approcher pour apercevoir la lumière, & à quelque distance que vous voyiez la lumière, vous pouvez tirer le feu électrique, & détruire la répulsion. [...] Pour montrer que les pointes poussent aussi bien qu'elles tirent le feu électrique ; couchez une longue aiguille pointuë sur le boulet, & vous ne pourrez assez électriser le boulet pour lui faire repousser la boule de liége....

Franklin cherche alors à se faire une idée de l'atmosphère d'électricité qui, environnant le boulet, repousse la petite boule de liège : *La répulsion entre la balle de liège, & le boulet est [...] détruite 1° en passant dessus du sable fin, ce qui la détruit par degrés ; 2° en soufflant dessus ; 3° en faisant autour de la fumée de bois brulé ; 4° par la lumière d'une chandelle [...] ; par ces moyens la répulsion est détruite subitement.* Franklin considère alors que l'électricité n'est pas détruite mais dispersée : *Nous supposons que chaque particule de sable, [...], ou de fumée étant d'abord attirée & ensuite repoussée, emporte avec elle une portion du feu électrique, mais que cette portion subsiste toûjours dans ces particules, jusqu'à ce qu'elles la communiquent à quelqu'autre corps, & qu'elle n'est jamais réellement détruite* [485].

Pour convaincre ses lecteurs Franklin use d'une analogie : *Ainsi, quand on jette de l'eau sur du feu commun, nous n'imaginons point que ce dernier élément soit par là détruit ou anéanti, mais seulement dispersé, chaque particule d'eau emportant en vapeurs sa portion de feu qu'elle a attirée, & qu'elle s'est attachée.* Il est une expérience qui permet de visualiser l'atmosphère d'électricité qui entoure la balle de liège et le boulet : *La fumée de résine séche, fonduë sur un fer rouge ne détruit pas la répulsion, mais elle est attirée, & par la balle de liège, & par le boulet, formant autour d'eux des atmosphères proportionnées : & les rendant agréables à la vue [...]* [486]. Mais il est une expérience qui apporte le trouble, c'est que la lumière du feu et la lumière du soleil n'ont pas le même effet sur l'atmosphère d'électricité qui entoure la balle de liège et le boulet : *La lumière du soleil poussée avec force & longtemps par le moyen d'un miroir ardent tant sur la boule de liége, que sur le boulet, ne diminue aucunement la répulsion.*

---

485 *Ib.*, p. 29, 30, note b, pour cette citation et la suivante.

486 *Ib.*, p. 31-32, pour cette citation et les suivantes.

Dans cette même lettre, Franklin avance l'opinion selon laquelle le feu électrique n'est pas produit, mais rassemblé par le frottement, étant en effet un élément répandu partout et attiré par d'autres matières et spécialement par l'eau et par les métaux ; il affirme aussi qu'il a découvert et démontré l'affluence du feu électrique aussi bien que son effluence et relate l'expérience qui les met en évidence : *par le moyen des rouës d'un petit moulin à vent, dont les ailes sont de gros papier placées obliquement, & tournant librement sur un axe délié de fil d'archal, & aussi par des petites rouës de la même matière, mais qui ont la forme de rouës de moulin à eau.* Mais avant que ne paraisse la première édition de l'ouvrage une note de bas de page rectifie ce jugement : *Nous avons découvert depuis, que le mouvement des rouës n'étoit pas causé par l'affluence et l'effluence du feu électrique, mais par diverses circonstances d'attraction & de répulsion.* Franklin n'a donné aucune définition de ces effluences et affluences du feu électrique, nous pouvons donc supposer que cette hypothèse est déjà suffisamment diffusée pour qu'il ne soit pas nécessaire d'en dire plus ; elle est d'ailleurs exposée dans un ouvrage de William Watson, *Expériences et observations pour servir à l'explication de la nature et des propriétés de l'électricité* [487], un ouvrage dans lequel il cite l'abbé Nollet ; dans cette même lettre [488], Franklin cite cet ouvrage de Watson et, dans sa troisième lettre, datée du 29 avril 1749, il écrit que celui-ci lui a été remis depuis peu [489].

Mais revenons à la première édition des *Expériences et observations sur l'électricité* de Franklin, dans sa seconde lettre, Franklin présente quelques expériences que ses idées sur l'électricité en plus ou en moins permettent d'interpréter. Nous nous en tiendrons à la première de ces expériences : *Une personne sur un gateau de cire & frottant [un] tube [de verre] une autre personne aussi sur un gateau de cire & tirant le feu [du tube] ; ces deux personnes paraîtront électrisées à une 3e personne sur le plancher [donc en communication avec le magasin commun de feu électrique], pourvû qu'elles ne soient pas assez près pour se toucher ; c'est-à-dire que cette troisième personne apercevra une étincelle en approchant son doigt de chacune des deux premières. […] Si [celles qui sont sur la cire] se touchent l'une l'autre, après que l'on aura excité le tube, & tiré le feu, comme ci-dessus, il y aura une plus forte étincelle entr'elles, qu'elle ne l'étoit entre l'une d'elles & la personne qui est sur le plancher. Après cette forte étincelle, on ne découvre*

---

487 William Watson, *Expériences et observations pour servir à l'explication de la nature et des propriétés de l'électricité proposées en trois lettres à la Société Royale de Londres*, traduit de l'anglais d'après la 2e édition, 2e partie de *Recueil de traités sur l'électricité*, Paris, Sébastien Jorry, 1748.

488 *Ib.*, p. 66.

489 *Ib.*, p. 68.

dans l'une ni dans l'autre aucune trace d'électricité [490]. On reconnaît dans l'une de ces expériences celle qu'avec une certaine mise en scène Bose a nommée le baiser de Vénus.

Mais suivons Franklin lorsqu'il montre que ses idées sur l'électricité conduisent à une interprétation correcte de ces expériences et soulignons la prudence de ce dernier lorsqu'il avance ce qu'il nommera ses opinions et ses conjectures. *Voici de quelle manière nous tâchons de rendre raison de ces phénomènes : nous supposons, comme ci-dessus, que le feu électrique est un élément commun, dont chacune des trois personnes susdites a une portion égale, avant le commencement de l'opération avec le tube : A, qui est sur un gateau de cire, & qui frotte le tube, rassemble de son corps dans le verre le feu électrique ; & sa communication avec le magazin commun [la terre] étant interceptée par la cire, son corps ne recouvre pas ce qu'il lui en manque. B, qui est pareillement sur la cire, allongeant son doigt prés du tube, reçoit le feu que le verre avoit tiré de A ; & sa communication avec le magazin commun étant aussi interceptée, il conserve de surplus la quantité qui lui a été communiquée... A & B paroissent électrisés à C, qui est sur le plancher, car ayant seulement la moyenne quantité de feu électrique, il reçoit une étincelle à l'approche de B qui en a de plus, & il en donne à A qui en a de moins. Si A & B s'approchent jusqu'à se toucher l'un l'autre, l'étincelle est plus forte, parce que la différence entr'eux est plus grande. Après cet attouchement il n'y a plus d'étincelle entre l'un des deux & C, parce que le feu électrique est réduit dans tous les trois à l'uniformité primitive. S'ils se touchent pendant qu'on électrise, l'égalité n'est pas détruite, le feu ne faisant que circuler* [491].

Franklin précise alors les quelques termes nouveaux qu'il vient d'introduire dans ses recherches : *Nous disons que B (& les corps dans les mêmes circonstances) est électrisé positivement, & A négativement ; ou plutôt B est électrisé plus, A l'est moins ; & tous les jours dans nos expériences nous électrisons les corps en plus ou en moins, selon que nous le jugeons à propos... Pour électriser en plus ou en moins, il faut seulement sçavoir que les parties du tube ou de la sphère, qui sont frottées, attirent dans l'instant du frottement, le feu électrique, & l'enlévent par conséquent à la chose frottante. Les mêmes parties, aussitôt que le frottement cesse, sont disposées à donner le feu qu'elles ont reçu, à tout corps qui en a moins.*

Franklin termine sa seconde lettre en évoquant quelques expériences qui ne présentent pas de nouveauté : des expériences où le feu électrique enflamme l'esprit de vin, allume la chandelle qu'on vient d'éteindre, provoque des éclairs sur un plat de porcelaine qui a des fleurs d'or, etc. Nous

---

490 Benjamin Franklin, *Expériences et observations sur l'électricité*, édition de 1752, *op. cit.*, p. 34, 35.

491 *Ib.*, p. 35-39, pour cette citation et la suivante.

n'abordons pas ici un certain nombre d'expériences et d'interprétations qui ont été au centre des critiques de l'abbé Nollet ; nous les évoquerons lors de l'examen de la controverse entre Nollet et les franklinistes français et éviterons ainsi bien des redites ; en deux mots, nous verrons alors : les critiques par Nollet de la fusion sans chaleur de l'or et de la perméabilité du verre à la matière électrique [492].

Notons cependant que, dans la lettre du 29 juillet 1750, la quatrième, Franklin nous donne, comme en passant, le principe de fonctionnement de la machine électrique : *Le frottement entre un corps non-électrique, & un corps originairement électrique produira le feu électrique, non en le créant, mais en le rassemblant : car il est également répandu dans nos murs, dans nos chambres, dans la terre & dans toute la masse de la matière commune ; ainsi le globe de verre tournant tandis qu'il frotte contre le coussin, tire le feu du coussin, lequel en est dédommagé par le cadre de la machine, & ce cadre par le plancher sur lequel il est posé. Coupez la communication par le moyen d'un verre épais, ou d'un gateau de cire placé sous le coussin, le feu ne peut plus être produit, parce qu'il ne peut plus être rassemblé* [493].

Soulignons que chez Franklin la théorie a été proposée au départ, qu'elle n'est pas induite de l'expérience. Mais, ici, l'expérience vient non pas confirmer la théorie, mais seulement affirmer que celle-ci est probablement la bonne ; Franklin en a bien conscience puisqu'il introduit son interprétation avec les précautions que nous avons pu constater ; en outre, dans la dernière partie de son ouvrage, il donne au bilan de ses recherches le titre suivant, *Opinions et conjectures sur les propriétés & sur les effets de la matière électrique qui resultent des expériences & des observations faites à Philadelphie*, 1749 [494].

En 1750, Franklin fonde sur les résultats des expériences et des observations qu'il fit jusqu'en 1749, un certain nombre d'opinions et de conjectures sur les propriétés et sur les effets de la matière électrique [495]. Mais avant de mettre en œuvre une quelconque expérience, Franklin considère comme allant de soi qu'il n'existe qu'un seul fluide électrique, et, dans la pratique, il l'identifie à l'électricité vitrée de Dufay, qu'il nomme parfois électricité positive. Pour interpréter ses expériences, il imagine que *la matière électrique est composée de particules extrèmement subtiles, puisqu'elle peut traverser la matière commune, même les métaux les plus denses avec tant de facilité & de liberté qu'elle n'éprouve aucune résistance sensible* [496]. Pour Franklin : *La matière électrique diffère de la matière*

---

[492] *Ib.*, lettre 3 : p. 46- 90 et lettre 4 : p. 91-127.

[493] *Ib.*, p. 95.

[494] *Ib.*, p. 131.

[495] Franklin, *Expériences & observations sur l'électricité*, édition de 1752, *op. cit.* p. 131.

[496] *Ib.*, p. 132, pour cette citation et la suivante.

commune, en ce que les parties de celle-ci s'attirent mutuellement, & que les parties de la première se repoussent mutuellement ; il suppose que, quoique les particules de matière électrique se repoussent l'une l'autre, elles sont fortement attirées par toute autre matière, il considère donc que deux corps se repoussent lorsque leur matière commune est électrisée en plus, mais il considère encore que deux corps se repoussent lorsque leur matière commune est électrisée en moins, ce qui n'est guère aisé à admettre. Pour expliquer la multiplicité des phénomènes électriques, Franklin suppose encore que : *toute sorte de matière commune n'attire pas ni ne retient pas la matière électrique avec une égale force et une égale activité [...] et que les corps appelés originairement électrique, comme le verre, &c. l'attirent et la retiennent plus fortement, et en contiennent la plus grande quantité*[497]. Selon Franklin : *nous sçavons que le fluide électrique est dans la matière commune, parce que nous pouvons [...] l'en faire sortir par le moyen du globe ou du tube* ; nous savons aussi que la matière commune est une sorte d'éponge pour le fluide électrique et que dans la matière commune, il y a autant de matière électrique qu'elle en peut contenir et que, si l'on en ajoute davantage, le surplus reste sur la surface, et forme une atmosphère électrique autour de ce corps. Un corps est chargé négativement lorsque le fluide électrique y est en défaut, positivement lorsqu'il y est en excès. En supposant que les particules de matière électrique sont attirées par la matière commune alors qu'elles se repoussent mutuellement, Franklin peut se faire une idée de la distribution des particules électriques dans la matière commune : *Si l'on suppose une portion de matière commune entièrement dégagée de matière électrique, & que l'on en approche une simple particule de cette dernière, elle sera attirée & entrera dans le corps & prendra place dans le centre, ou à l'endroit dans lequel l'attraction est égale de toutes parts ; s'il y entre un plus grand nombre de particules électriques, elles prennent leur place dans l'endroit où la balance est égale entre l'attraction de la matière commune, & leur propre répulsion mutuelle. On suppose qu'elles forment des triangles, dont les côtés se raccourcissent à proportion que leur nombre augmente, jusqu'à ce que la matière commune en ait tant attiré que tout son pouvoir de comprimer les triangles par l'attraction, soit égal à tout leur pouvoir de s'étendre elles-mêmes par la répulsion, & alors cette portion de matière n'en recevra plus. Lorsqu'une partie de cette proportion naturelle de fluide électrique est chassée d'une portion de matière commune, on suppose que les triangles formés par le reste s'élargissent par la répulsion mutuelles des parties, jusqu'à ce qu'ils occupent cette portion en entier. Lorsque la quantité de fluide électrique qui a été enlevée à une portion de matière commune, lui est rendue, elle y entre,*

[497] *Ib.*, p. 135, 136, pour cette citation et la suivante.

les triangles dilatés étant comprimés de nouveau, jusqu'à ce qu'il y ait place pour la totalité [498].

Il faut admettre que nous sommes loin de l'empirisme de l'abbé Nollet et qu'admettre attraction et répulsion peut conduire à des conjectures fort hardies. A partir de là, Franklin passe à l'examen de la forme de l'atmosphère électrique des corps électrisés, c'est-à-dire à la disposition des particules électriques au voisinage de ces corps, et d'en déduire le pouvoir des pointes. Une démarche qui ne risque guère de convaincre Nollet et les nollétistes : *La forme de l'atmosphère est celle du corps qu'elle environne. Cette forme peut être renduë visible dans un air calme, en excitant une fumée de résine sèche, que l'on versera dans une cuillier à caffé sous le corps électrisé, qui sera attirée & s'étendra d'elle-même également sur tous les côtés, couvrant & cachant le corps. Elle prend cette forme, parce qu'elle est attirée de tous les côtés de la surface du corps [...] Sans cette attraction, elle ne demeureroit pas autour du corps, mais elle se dissiperoit en l'air. L'atmosphère des particules électriques qui environnent une sphère électrisée, n'est pas plus disposée à l'abandonner, ni plus aisément tirée d'un côté de la sphère que de l'autre, parce qu'elle est également attirée de toutes parts. Mais ce cas n'est pas le même pour les corps d'une autre figure. Dans un cube elle est plus facilement tirée des angles que des surfaces planes, & ainsi des angles de toute autre figure, & toûjours plus facilement de l'angle le plus aigu* [499].

Pour le démontrer, Franklin raisonne sur une figure plane **fig. 8**, ce qui ne change en rien la valeur de sa démonstration, il considère les particules électriques qui sont au voisinage de chacun des côtés du corps électrisé, chacun d'eux est *comme une base sur laquelle les particules électriques reposent, & par laquelle elles sont attirées* [500]. *Si vous tirez cette atmosphère électrique avec quelque corps poli ou émoussé et que vous l'approchiez du milieu de l'un de ces côtés, il faut venir fort près avant que la force de votre attracteur excède la force ou le pouvoir, avec lequel ce côté retient son atmosphère. Mais il y a des petites portions au voisinage des pointes où les particules électriques ont moins de surface pour s'y appuyer et en être attirées, tandis qu'il y a une répulsion mutuelle de ces particules. [...] Vous pouvez donc venir à bout de la tirer avec plus de facilité & à une plus grande distance.* Il s'ensuit que : *Lorsque vous avez enlevé une de ces portions angulaires du fluide, une autre prend sa place, par un effet de la fluidité naturelle & de la répulsion mutuelle dont nous avons parlé cy-devant ; Et ainsi l'atmosphère continuë de couler vers cet angle comme un courant, jusqu'à ce qu'il n'en reste plus.* En outre *les extrémités de ces*

---

498 *Ib.*, p. 139-141.

499 *Ib.*, p. 143-149, pour cette citation et les suivantes.

500 *Ib.*, p. 145.

portions d'atmosphères sur ces parties angulaires sont [...] à une plus grande distance du corps électrisés (**voir fig.**) *[...] là où l'attraction est moindre, les particules doivent naturellement s'étendre à une plus grande distance par leur mutuelle répulsion.* Franklin en conclut : *Sur ces principes fondamentaux nous supposons que les corps électrisés déchargent leur atmosphère sur les corps non-électrisés avec plus de facilité & à une plus grande distance de leurs angles & de leurs pointes, que leurs côtés unis...* Après avoir démontré la propriété des pointes de pousser le fluide électrique à de plus grandes distances que ne le peuvent faire les corps émoussés, Franklin ajoute ensuite que de même la pointe d'un corps non-électrisé tirera l'atmosphère électrique d'un corps électrisé de beaucoup plus loin qu'une partie plus émoussée du même corps non électrisé ne le pourrait faire ; il fonde cette affirmation sur l'expérience.

En résumé, selon Franklin, les pointes ont la propriété de tirer le fluide électrique à de plus grandes distances que ne le peuvent faire les corps émoussés ; c'est-à-dire, que comme la partie pointue d'un corps électrisé décharge l'atmosphère de ce corps, ou la communique plus loin à un autre corps, de même la pointe d'un corps non électrisé tire l'atmosphère électrique d'un corps électrisé de beaucoup plus loin, qu'une partie plus émoussée du même corps non électrisé ne le pourrait faire.

Franklin est-il entièrement convaincu de la validité de ces principes fondamentaux ? Il s'exprime là-dessus avec une parfaite sincérité : *Ces explications du pouvoir & de l'opération des pointes, lorsqu'elles se présentèrent à moi pour la première fois, & tandis qu'elles rouloient dans mon esprit, me parurent satisfaire à toutes les difficultés, cependant depuis que je les ai mises par écrit, & rappellées à un éxamen plus sévère & plus réfléchi, j'avouë de bonne foi qu'il me reste quelque doute à cet égard. Mais n'ayant rien de mieux pour le présent à vous offrir à leur place, je ne les rejette pas absolument ; car une mauvaise solution que l'on lit & dont on découvre les défauts, donne souvent occasion à un lecteur ingénieux d'en trouver une plus parfaite* [501].

Est-ce à dire que l'on ne peut pas appliquer une loi physique qui reste inexpliquée ? Franklin ne le pense pas et puisque le pouvoir des pointes de pousser et de tirer le fluide électrique est constaté expérimentalement, il est possible d'en faire l'application : *Le plus important pour nous n'est pas de sçavoir de quelle manière la nature éxécute ses loix, il nous suffit de connoître les loix elles-mêmes* : Franklin imagine et réalise l'expérience suivante, celle-ci mérite d'être citée en entier : *Prenez de grandes balances de cuivre, dont le fleau ait deux pieds ou plus, & dont les cordes sont de soye : suspendez le fleau par une ficelle attachée au lambris, de sorte que le fond des bassins puisse être environ à un pied du plancher. Les bassins*

501 *Ib.*, p. 152-154, pour cette citation et la suivante.

tourneront circulairement par le detortillement de la ficelle ; plantez le poinçon sur le plancher de manière que les bassins puissent passer dessus en décrivant leur cercle : électrisez alors un bassin, en lui appliquant le fil d'archal de la fiole chargée ; comme les balances tournent toujours, vous verrez ce bassin s'avancer plus près du plancher, & s'abbaisser davantage, lorsqu'il vient sur le poinçon, & s'il est placé à une distance convenable, le bassin le saisira, & déchargera son feu sur cet instrument. Mais si on attache une aiguille sur l'extrèmité du poinçon, la pointe en haut, le bassin au lieu de s'approcher de l'instrument & de le saisir, déchargera son feu en silence à travers la pointe, & s'élevera plus haut que le poinçon, & même si l'aiguille est placée sur le plancher auprès du poinçon, la pointe en haut, l'extrèmité de l'instrument quoique beaucoup plus élevée que l'aiguille, n'attirera point le bassin, & ne recevra point son feu, car l'aiguille le prendra, & l'emportera avant qu'il vienne assez près pour que le poinçon puisse agir[502].

En supposant que le feu de la foudre soit le même que celui de l'électricité, ce que Franklin admet, alors les bassins peuvent représentés les nuages électrisés, *le mouvement horizontal des bassins sur le plancher peut réprésenter le mouvement des nuages sur la terre, & le poinçon élevé les montagnes & les plus hauts édifices, & alors nous voïons comment les nuages électrisés passant sur les montagnes & sur les batiments à une trop grande hauteur pour les frapper, peuvent être attirés en bas jusques dans la distance qui leur ait nécessaire pour cet effet ; & enfin si une aiguille est fixée sur un poinçon, la pointe en haut, ou même sur le plancher au dessous du poinçon, elle tirera le feu du bassin en silence à une distance beaucoup plus grande, que la distance requise pour frapper, & préviendra ainsi sa descente vers le poinçon : ou si dans sa course le bassin étoit venu assez près pour frapper, il ne le pourroit parce qu'il auroit été d'abord privé de son feu, & par là le poinçon est garanti du choc.* Ainsi Franklin, en supposant que le feu de la foudre est le feu de l'électricité et en se fondant sur ce pouvoir des pointes de tirer des étincelles électriques, entrevoit-il : *[le moyen de] préserver les maisons, les églises, les vaisseaux, &c. des coups de la foudre, en nous engageant à fixer perpendiculairement sur les parties les plus élevées de ces édifices des verges de fer faites en forme d'aiguilles, & dorées pour prévenir la rouille, & du pied de ces verges un fil d'archal abbaissé vers l'extérieur du batiment dans la terre, ou autour d'un des aubans d'un vaisseau, ou sur le bord jusqu'à ce qu'il touche l'eau ? ces verges de fer ne tireroient-elles pas probablement le feu électrique en silence hors du nuage, avant qu'il vint assez prés pour frapper ? & par ce moyen ne pourrions-nous pas être préservés de tant de désastres soudains & effroyables ?*

---

502 *Ib.*, p. 158-165, pour cette citation et les suivantes.

Mais pour répondre positivement à ces questions, il convient de répondre à une autre question, celle de l'identité du feu électrique et de celui de la foudre ; question qu'il pose sous la forme suivante : *sçavoir si les nuages qui contiennent la foudre sont électrisés ou non* [503] et imagine l'expérience qui apporte une réponse à cette question : *Sur le sommet d'une haute tour ou d'un clocher placez une espèce de guérite* ***fig. 9*** *assez grande pour contenir un homme & un tabouret électrique [en matériau non conducteur] : du milieu du tabouret élevez une verge de fer, qui passe en se courbant hors de la porte, & de-là se relève perpendiculairement à la hauteur de 20. ou 30. pieds, & qui se termine en une pointe fort aiguë. Si le tabouret est propre et sec, un homme qui y sera placé, lorsque des nuages électrisés y passeront un peu bas, peut être électrisés & donner des étincelles, la verge de fer lui attirant le feu du nuage.*

Franklin ne fit pas cette observation ; Dalibard fit procéder à la mise en place du matériel expérimental à Marly-la-Ville et le phénomène météorologique fut observé un jour d'orage, le 10 mai 1752 par un habitant du lieu choisi pour son intelligence et son intrépidité – il avait servi pendant quatorze ans dans les dragons - c'est Dalibard qui le dit ; la principale relation de l'évènement fut faite par le curé du lieu qui assista à l'évènement. Dalibard en fit le compte rendu à l'Académie des sciences de Paris ; traducteur des première et seconde éditions de l'essai sur l'électricité de Franklin, Dalibard inclut ce compte rendu dans le chapitre "*Expériences et observations sur le tonnerre...*" de la seconde édition française de l'ouvrage de Franklin. Est-ce à dire que l'expérience imaginée par Franklin ayant réussi, l'identité de la foudre et de l'électricité est démontrée ; Franklin et Dalibard le croit, Nollet non. Nous aurons l'occasion de revenir sur ce sujet.

Avant d'abandonner le sujet de la foudre, Franklin cite quelques autres rapports entre les effets de ce météore et ceux de l'électricité : tous deux peuvent de même tuer un volatil ; Hales ayant constaté que la foudre peut dépouiller toute la peinture qui couvrait la moulure dorée d'un panneau de boiserie, Franklin entreprend d'arracher une bande de papier sur les filets d'or de la couverture d'un livre par un grand coup d'électricité avec une feuille de verre chargée.

Franklin affirme que le fluide électrique ne traverse pas le verre, *je n'ignore pas, ajoute-t-il que le sentiment commun est qu'il traverse aisément le verre, & qu'on allègue en preuve l'expérience d'une plume suspenduë par un fil dans une bouteille sellée hermétiquement, & que l'on met en mouvement en approchant un tube frotté de la surface extérieure de la bouteille ; mais si le fluide électrique traverse si aisément le verre, comment la fiole devient-elle chargée, (pour me servir de l'expression usitée) lorsque nous la tenons dans nos mains ? le feu poussé dans la bouteille par le fil*

---

503 *Ib.*, p. 163, 164.

d'archal ne le traverseroit-il pas pour venir jusqu'à nos mains, & pour s'échapper ainsi sur le plancher ? en ce cas, la bouteille ne demeureroit-elle pas toûjours dans le même état, c'est-à-dire sans être chargée, comme nous sçavons que demeureroit une bouteille de métal qu'on essayeroit de charger de la sorte [504].

Constatons que Franklin ne propose aucune interprétation à l'agitation de la plume soumise à l'action d'un tube électrisé, mais, à la manière d'un avocat dans un prétoire, il objecte par une autre expérience, celle de la bouteille de Leyde, qui ne pourrait être chargée si le verre était perméable au fluide électrique. A cette occasion, Franklin conjecture l'électrisation d'une plaque de verre ou d'une bouteille de Leyde. Il suppose qu'il n'y a *qu'un seul moyen de mettre en mouvement le fluide électrique dans le verre, qui est de couvrir une partie des deux surfaces de verre mince avec des corps non-électriques, [des feuilles métalliques, par exemple] & de pousser une quantité surnuméraire de ce fluide sur une surface, qui se répandant sur le corps non-électrique, & étant limitée par lui à cette surface, agit par force répulsive sur les particules du fluide électrique contenu dans l'autre surface, & les chasse du verre dans le corps non-électrique sur ce côté d'où elles sont déchargées, & alors ces parties ajoutées sur le côté chargé peuvent entrer* [505].

Selon Franklin, il n'y a toujours, après cette opération ni plus ni moins d'électricité dans le verre qu'auparavant : *en aïant laissé échapper précisément autant sur un côté, qu'il en a reçu sur l'autre.* Franklin précise ses conjectures sur la présence du fluide électrique à l'intérieur du verre, pour ce faire, il commence par définir ce qu'il nomme surface dans son récit : *Par ce mot "surface" dans le cas présent, je n'entends pas simplement longueur & largeur sans épaisseur, mais lorsque je parle de la surface extérieure ou intérieure d'un morceau de verre, de la surface extérieure ou intérieure de la bouteille, j'entends longueur, largeur, & moitié de l'épaisseur, & je demande la grace d'être entendu en ce sens* . Franklin suppose que les pores du verre sont si petits qu'aucun fluide ne peut y entrer ; que, lors de la coulée du verre, les particules du feu commun en abandonnent les pores et que le fluide électrique les pénètre. Franklin considère cependant que ce fluide ne se fixe point avec la substance du verre, *mais il y séjourne comme l'eau dans une pierre poreuse, retenu seulement par l'attraction des parties fixées, restant toûjours fluide & sans adhérence ; mais je suppose de plus que dans le refroidissement du verre, son tissu devient plus serré au milieu, & forme une espèce de séparation dans laquelle les pores sont si étroits que les particules du fluide électrique*

---

[504] *Ib.*, p. 184, 185.

[505] *Ib.*, p. 190-194, pour cette citation et les suivantes.

qui entrent dans les deux surfaces en même tems, ne peuvent les traverser, ou passer & repasser d'une surface à l'autre, & ainsi se mêler ensemble.

Voici comment Franklin explique l'imperméabilité du verre au fluide électrique ! Franklin peut maintenant donner son interprétation de la charge et de la décharge d'une bouteille de Leyde : Malgré leur répulsion mutuelle, grâce au pouvoir d'attraction du verre, les particules du fluide électrique peuvent être condensées, ou plus rapprochées les unes des autres, sur la surface intérieure d'un globe de verre. L'équilibre est atteint lorsque le verre a reçu assez de fluide électrique pour que la force d'attraction et de condensation dans la surface intérieure soit égale à la force de répulsion de la surface extérieure qui, elle, s'est déchargée. Que les deux surfaces interne et externe du globe soient reliées par un fil d'archal, alors le fluide électrique se précipite de la surface chargée à celle qui ne l'est pas, jusqu'à ce que l'équilibre soit rétabli ; Franklin souligne ici que dans la décharge le feu ne sort pas des deux côtés en même temps, comme quelques-uns l'ont pensé [506].

Avant d'aller plus loin, établissons quelques termes de comparaison entre les théories de l'électricité de Franklin et de Nollet, afin de rendre plus claire leur opposition. Chez Nollet, l'électricité est l'action d'un fluide qui est en mouvement autour des corps ; ce fluide, le feu électrique, est plus subtil que l'air commun ; il peut pénétrer les pores de tous les corps et est suffisamment solide pour exercer sur eux des impulsions ; ce feu est identique au feu élémentaire et à la lumière. Le frottement d'un tube de verre détermine la matière électrique à sortir de l'épaisseur du verre à travers des petits pores qui y sont en grand nombre, cette matière qui sort du verre y laisse un vide qui se remplit aussitôt par une même matière qui environne ce verre : le verre électrisé a une quantité de fluide électrique égale à celle qu'il a à l'état naturel : l'attraction et la répulsion des corps au voisinage d'un corps électrisé ne sont que les effets des mouvements affluent et effluent du feu électrique ; quant aux corps électrisés par communication, ils deviennent des sources de matière effluente. Franklin admet l'action à distance, laquelle se heurte au scepticisme de Nollet. Comme Nollet, Franklin considère que le feu électrique est unique, mais il ne lui vient pas à l'idée de l'identifier avec le feu élémentaire et la lumière. Alors que Nollet suppose que le verre est perméable au fluide électrique, Franklin le suppose imperméable, ce qui les amènent à des interprétations divergentes de l'expérience de Leyde.

Les protagonistes de la controverse suscitée par le traité sur l'électricité de Franklin

L'ouverture d'un conflit

Situons nous en 1752, la date de la publication de la traduction française de *Expériences et observations sur l'électricité* de Benjamin Franklin par

---

[506] Voir aussi : *Œuvres de Franklin*, traduites par Barbeu Dubourg, *op. cit.*, tome 1, p. 52-82.

Dalibert et considérons les parcours des principaux protagonistes de la controverse qu'a suscitée en France cette publication. A cette date, l'abbé Nollet est au sommet de sa carrière, il a 52 ans ; l'année suivante, le 15 mai 1753, marque le triomphe de la physique expérimentale en France, et celui de son maître, l'abbé Nollet : il fait la leçon inaugurale à l'ouverture de la chaire de physique expérimentale au Collège de Navarre, pour ces cours un amphithéâtre de plus de 600 places a été construit. Rappelons qu'en 1743, l'abbé a fait paraître les deux premiers tomes de ses *Leçons de physique expérimentale*, le sixième volume paraîtra en 1748. En 1746, il a publié l'*Essai sur l'électricité des corps*, un ouvrage qui dispensera ses lecteurs de lire les mémoires qu'il a publiés à l'Académie des sciences ; au début de 1749, Nollet a publié les *Recherches particulières des phénomènes électriques et sur les effets nuisibles ou avantageux qu'on peut en attendre*, pour répondre publiquement aux critiques qui ont été faites à son *Essai sur l'électricité des corps*.

En 1752, Franklin a 46 ans et son traducteur, 43 ans. L'itinéraire de Franklin jusqu'en 1752 ayant été esquissé, il nous reste à faire l'esquisse du reste de sa carrière : Franklin a été nommé membre de la Société royale de Londres en 1756. En 1767, il fait un premier séjour en France au cours duquel il est présenté à Louis XV ; en 1772, il est élu membre associé de l'Académie royale des sciences de Paris (le nombre des membres associés est limité à 8). Après ses recherches en électricité, qui ne l'occupèrent qu'une petite partie de sa vie, Franklin devient un homme politique, il s'implique alors entièrement dans la création de la nation américaine. Il est l'un des signataires de la Déclaration d'indépendance en 1776. En octobre 1776, le Congrès l'envoie en France pour en solliciter l'appui contre l'Angleterre ; il restera neuf ans en France ; selon Condorcet : *A son arrivée, il devint un objet de vénération pour tous les hommes éclairés et de curiosité pour les autres. Il se prêtait à cette curiosité avec la facilité naturelle de son caractère, et la conviction que par là il servait la cause de sa patrie. On se faisait l'honneur de l'avoir vu ; on répétait ce qu'on lui avait entendu dire*[507]. En février 1778, Franklin et deux autres représentants américains signent avec la France deux traités l'un engageant une amitié réciproque et une alliance commerciale, l'autre, secret, d'alliance militaire, lequel s'est traduit par un appui militaire et financier ; en 1783, Adams, Jay et Franklin signent pour les Etats-Unis le traité de Paris qui met fin à la guerre d'indépendance ; il rentrera en Amérique en juillet 1785 où il participera à la rédaction de la constitution des Etats-Unis ; durant son séjour en France il participa à la vie scientifique, on sait qu'il assista à quelques séances de l'Académie des sciences, en décembre 1776, le 15 janvier 1777, le 10 décembre 1777, le 19 décembre 1781 et le 1er juin 1782. Il fréquenta le

[507] Condorcet, *Eloge de Franklin*, 1790 ; in *Œuvres de Condorcet*, publiées par A. Condorcet O' Connor et F. Arago, Paris, Firmin Didot Frères, 1847 ; p. 372-422.

Cercle de l'Arsenal et fut un familier du salon de Mme Lavoisier et, à Auteuil, du salon de Mme Helvétius.

Thomas-François Dalibard a été l'élève des oratoriens d'Angers et y est resté comme répétiteur ; il y a même enseigné les mathématiques et Georges-Louis Leclerc, le futur Comte de Buffon, y fut son élève, Buffon était alors agé de 23 ans. L'amitié de Buffon pour son ancien maitre facilita la carrière de ce dernier : il devint précepteur du fils d'un fermier général, il fréquenta les soupers de l'Hôtel de Lambert que Fontenelle et Voltaire avaient fréquentés. Dalibard a traduit l'*Histoire des Incas* de Garcilasso de la Véga, qui parut sans nom d'auteur en 1744 ; en 1749, il publie en Latin une *Flore des environs de Paris* [508]. Au début des années 1740, Buffon et Duhamel du Monceau avaient été chargés par l'Académie des sciences de trouver un moyen de renforcer les bois de charpente des vaisseaux de la Marine royale. Buffon, trop absorbé par la réorganisation du Jardin du Roi et la rédaction de son *Histoire naturelle*, chargea Dalibard de recherches sur les bois immergés, il communiqua les conclusions de ses recherches à l'Académie en 1744 ; celles-ci ne concordaient pas avec celles de Duhamel et, à vrai dire, manquaient absolument de rigueur. Buffon, toujours lui, lui fit repérer les différentes couches de terrain à Marly-la-Ville. Enfin Dalibard se fit électricien, il suivit les cours que Delor faisait aux gens du monde en sa maison de la place de l'Esplanade ; des cours faits à la manière de ceux de l'abbé Nollet [509].

Les conjectures de Franklin sur l'électricité, une arme de Buffon contre Réaumur et ses élèves

La traduction française de l'ouvrage sur l'électricité de Franklin est précédée d'une brève histoire de l'électricité, œuvre de Dalibard, une histoire qui peut être utile aux lecteurs puisque Franklin ne s'adressant qu'à des spécialistes se montre avare de bien des détails sur ses expériences. Cette histoire ne mentionne pas les travaux de Nollet, leur niant ainsi tout intérêt. Soulignons qu'en France, la polémique des franklinistes et des nollétistes a sa source ailleurs que dans deux théories inconciliables en électricité ; la théorie de Franklin parut opportunément à Buffon et à ses partisans pour s'attaquer à Réaumur et à ses amis ; cette polémique prend sa source dans une querelle de naturalistes.

La déception de Nollet fut profonde, il la confie à Jallabert dans une lettre datée du 2 juin 1752 : *Ce sont des lettres écrites par un Mr Benjamin Franklin imprimeur établi à Philadelphie en Pensilvanie, et adressées à Mr Collinson. Ces lettres imprimées d'abord en anglais ont été traduites ici par*

---

508 Thomas-François Dalibard (1709-1799) a aussi contribué à la diffusion de la classification binomiale des plantes de Carl von Linné en France, une classification qui fut critiquée par Buffon.

509 Jean Torlais, *Un physicien au siècle des Lumières : l'abbé Nollet*, 1954, Elbeuf-sur-Andelle, Jonas, 1987 ; p. 108, 109.

un certain Mr Dalibard dont les liaisons me sont suspectes et qui a laissé voir à tout le monde le désir qu'il a de faire croire que je n'ai rien fait qui vaille sur l'électricité, en mettant à la tête de sa traduction, une histoire de l'électricité dans laquelle je suis absolument oublié, et qui semble être faite à dessein de faire passer sur le compte des autres ce que j'ai pu faire de bien dans cette partie de la physique. Mr Dalibard s'est associé un autre homme qui se nomme Mr Delors qui, ayant adopté comme lui le langage et les idées de Mr Franklin, en fait des leçons au public pour de l'argent et met tout en œuvre pour se rendre célèbre ; ce petit préliminaire n'est pas inutile, pour vous mettre en garde contre la lecture du livre et contre tout ce qui viendra de la part de ces deux messieurs qui soit dit entre nous, sont de pauvres physiciens ainsi ne prenez pas à la lettre et ne vous en laissez point imposer par le ton avec lequel ils ont publié dans la dernière Gazette de France un fait fort singulier, s'il est vrai, mais qui mérite confirmation, je vous invite à l'examiner, voici de quoi il s'agit : Mr Franklin a apercu de l'analogie entre le tonnère et l'électricité, il a remarqué de plus qu'en présentant un corps pointu à une masse quelconque électrisée la matière électrique enfiloit aisément la pointe et se dissipoit par là de manière que la masse électrisée cessoit de l'être ; de là il a tiré cette conséquence que la nuée d'orage n'étant autre chose qu'un grand corps électrisé, elle se déchargeroit paisiblement par quelque corps pointu qui seroit dirigé vers elle. Nos deux frankliniens ont donc élevé des verges de fer isolées par des gâteaux de résine ou par des cordons de soie de sorte que leurs pointes excédoient de 8 à 10 pieds [3 à 4 mètres environ] des édifices où elles étaient établies et ils prétendent y avoir trouvé des signes d'électricité, en avoir tiré de fortes étincelles, et y avoir vu des aigrettes lumineuses ; jusqu'ici il n'y a encore de cela d'autres témoins qu'eux-mêmes, un menuisier de village, qui alla chercher le curé pour leur montrer, la femme et un jeune pensionnaire de Mr Delors qui alla les atendrir pour leur faire voir le phénomène et qui en fit part par manière de récit à Mr Bouguer [;] j'ay établi l'appareil de cette épreuve à l'observatoire où Mr de Tury m'a promis de veiller attentivement de crainte de surprise : je dis de crainte de surprise car on pourroit bien si l'on vouloit tromper quelqu'un luy faire paroitre électrique une barre de fer qu'il ne verroit pas électriser et qui n'auroit été électrisée que la veille et après l'histoire des intonacatures[510]*, on nous permettra bien d'être un peu deffient de gens qui ont intérest de faire parler d'eux. Au reste, mon amy, si cela se confirme et qu'il soit prouvé par là que le tonnerre et l'électricité sont au fond la même chose, ouvrez le tome 4 de mes Leçons de physique p. 374 [p. 314-316] et vous verez que je l'ay dit de 4 ans avant l'homme à qui l'on s'efforce d'attribuer cette idée. Il en est de même du pouvoir des pointes qui dépouillé de toutes les exagérations dont Mr Franklin l'a chargé,*

---

510 Nollet en dit plus sur cette l'histoire des *intonacatures* dans un rapport à l'Académie des sciences du 12 avril 1752 ; nous y reviendrons un peu plus loin.

vous appartient bien légitimement aussi bien que la commotion produite par un carré de verre électrisé entre deux métaux comme je l'ay fait remarquer dans un mémoire que j'ay lû à ma dernière rentrée [« Comparaison raisonnée des plus célèbres phénomènes de l'électricité... », in Mémoires de l'Académie des sciences, 1753]. Mettez je vous prie incessament la main à l'œuvre pour le fait du tonnerre, et mandez moy ce qui en résultera, ainsi ferois je de mon cotté [...] [511].

Il était naturel que Franklin demande à Collinson d'envoyer son traité d'électricité à Buffon et peut-être espérait-il que celui-ci le traduirait ; en effet Buffon avait traduit et publié la *Statique des végétaux* de Hales en 1735 et la *Méthode des fluxions et des suites infinies* de Newton en 1740 ; à ce moment de son existence, Buffon n'avait pas encore choisi entre les mathématiques, la physique et la botanique. En janvier 1734, l'Académie des sciences l'avait admis comme membre adjoint dans la section de mécanique en remplacement de Grandjean de Fouchy ; en mars 1739, il devenait adjoint botaniste en remplacement de Bernard de Jussieu élu associé et trois mois après, Bernard de Jussieu étant promu pensionnaire, il devient associé à sa place. En juillet de cette même année, Buffon est nommé intendant du Jardin et du Cabinet du Roy où il succède à Du Fay lequel l'avait recommandé à M. de Maurepas. Avec cette nouvelle affectation, la carrière de Buffon se trouve changée : il entreprend d'édifier une histoire complète de la nature. En 1749, Buffon publie la *Théorie de la Terre*, le *Système de la génération*, l'*Histoire particulière de l'homme* et les trois premiers volumes de l'*Histoire naturelle générale et particulière avec la description du Cabinet du Roy*. Lorsqu'en 1751, Collinson envoie les *Experiments and Observations on Electricity* de Franklin à Buffon, le temps n'est plus à la traduction d'ouvrages de mathématiques ou de physique aussi en confie-t-il la traduction à un autre botaniste, Dalibard, un choix qui peut surprendre ceux qui savent qu'à cette époque Dalibard était si peu "électriseur" qu'il dut, pour s'initier à la question suivre les leçons de Delors et qu'il œuvre à la diffusion de la classification des végétaux de Linné alors qu'à cette même époque Buffon s'oppose violemment à la méthode de Linné *qui est de toutes, la moins sensée et la plus monstrueuse*. Mais l'ouvrage de Franklin a, aux yeux de Buffon, un très grand intérêt, Franklin ignore totalement la théorie de Nollet et aucune conciliation ne peut être établie entre les deux. Dans l'introduction Dalibard veut convaincre les lecteurs que Franklin est le seul qui, en la matière, n'avance que des hypothèses fondées sur l'observation et l'expérience, et pour se faire il esquisse la méthode expérimentale idéale en citant un long passage de la préface de *La statique des végétaux* de Hales écrite par Buffon. Dalibard fait précéder la traduction du texte de Franklin d'une histoire de l'électricité où le nom de Nollet n'apparaît pas. Voilà de

---

511 Isaac Benguigui, *Théories électriques du XVIIIe siècle, Correspondance Nollet-Jallabert, op. cit.*, p. 194-197.

quoi atteindre Réaumur[512] en s'attaquant à son élève préféré, Nollet n'a-t-il pas travaillé au laboratoire de Réaumur, qui lui avait confié, entre autres travaux, le soin de perfectionner la fabrication des thermomètres en les rendant plus maniables. En 1738, dans son *Programme ou idée générale d'un cours de physique expérimentale*, Nollet manifeste publiquement sa reconnaissance envers son maître et ami : *Je dois à M. Cassini l'honneur que j'ai de travailler depuis cinq ans sous la direction de M. de Réaumur ; cet aveu qu'une juste reconnaissance me met en droit de faire, suffiroit seul pour donner de moi une opinion fort avantageuse, s'il s'en suivoit que j'eusse mise à profit l'occasion favorable que j'ai eu de m'instruire auprès d'un Maître dont le mérite est au-dessus de mes éloges, & universellement connu. Je dois me taire sur l'usage que j'en ai fait ; mais il m'est permis de dire, que son bon cœur & sa complaisance ne m'ont jamais rien laissé à désirer & qu'il a bien voulu me regarder comme son Elève*[513].

Ainsi Nollet eût-il à pâtir de la haine que se vouaient Réaumur et Buffon[514]. Ainsi, la querelle de Réaumur et de Buffon nous renvoie à l'opposition entre ceux qui pensent que les merveilles de la nature démontrent l'existence de Dieu et ceux qui critiquent tous ces providentialistes et faiseurs de théologie naturelle.

Une histoire subversive de l'électricité au Siècle des lumières

Dans l'avertissement placé en tête de sa traduction de l'ouvrage de Franklin, Dalibard situe son auteur dans la lignée de l'empirisme qui, parti d'Angleterre, a conquis le continent : un empirisme qu'il fait remonter à Francis Bacon et à Newton. Dalibard affirme qu'à l'exemple de Franklin, on pénétrera plus vite et plus sûrement à l'un ou l'autre des nombreux mystères de la nature qu'on se *hâtera moins de hazarder des systèmes*[515]. Et, hommage à Buffon, qui l'a engagé à faire paraître cet ouvrage en français, Dalibard cite un passage de la préface de la *Statique des végétaux et celle des animaux* de Hales[516], [517] que le même Buffon a mis en tête de la

---

512 Réaumur est un mathématicien devenu naturaliste, ses domaines de recherche sont variés, citons en quelques-uns sans chercher l'exhaustivité : en 1722, il publie l'*Art de convertir le fer forgé en acier* ; en 1730 et 1731, des *Règles pour construire des thermomètres* [...] ; en 1749, l'*Art de faire éclore et d'élever en toutes saisons des oiseaux domestiques*.

513 Nollet, *Programme ou idée générale d'un cours de physique expérimentale*, Paris, Le Mercier, 1738, p. xiv, xv.

514 Voir Jacques Roger, *Les sciences de la vie dans la pensée française au XVIII*e *siècle*, 1963, Paris, Albin Michel, 1993 ; p. 560, 561 ; 691-703. Jean Torlais, « Réaumur, philosophe », *Revue d'histoire des sciences*, 1958, 11-1, p. 13-33.

515 Benjamin Franklin, *Expériences et observations sur l'électricité*, Avertissement de d'Alibard, Paris, Durand, 1ère édition, 1752, 2e édition, 1756 ; p. 5 (dans la deuxième édition & p. 6, dans la première).

516 Stephen Hales, 1677-1761, ce clergyman anglais, physicien et naturaliste, est élu membre de la Royal Society en 1717, il succède à Hans Sloane à l'Académie des sciences en 1753.

traduction qu'il en fit en 1735 : *C'est (dit M. de Buffon) par des expériences fines raisonnées et suivies que l'on force la nature à découvrir son secret ; toutes les autres méthodes n'ont jamais réussi, & les vrais Physiciens ne peuvent s'empêcher de regarder les anciens systèmes comme d'anciennes rêveries, & sont réduits à lire la plûpart des nouveaux comme on lit les Romans. Les recueils d'expériences & d'observations sont donc les seuls livres qui puissent augmenter nos connoissances. Il ne s'agit pas, pour être Physiciens, de sçavoir ce qui arriveroit dans telle ou telle hypothèse, en supposant, par exemple, une matière subtile, des tourbillons, une attraction, &c. Il s'agit de bien sçavoir ce qui arrive, & de bien connoître ce qui se présente à nos yeux ; la connoissance des effets nous conduira insensiblement à celle des causes, & l'on ne tombera plus dans les absurdités qui semblent caractériser tous les systèmes ; en effet l'expérience ne les a-t-elle pas détruits successivement ? ne nous a-t-elle pas montré que ces élémens que l'on croyoit autrefois si simples, sont aussi composés que les autres corps ? ne nous a-t-elle pas appris ce que l'on doit penser du chaud, du froid, du sec & de l'humide, de la pesanteur & de la légèreté absoluë, de l'horreur du vuide, des loix du mouvement autrefois établies, de l'unité des couleurs, du repos & de la sphéricité de la terre, & si je l'ose dire des Tourbillons ? Amassons-donc toujours des expériences & éloignons-nous, s'il est possible, de tout esprit de système, du moins jusqu'à ce que nous soyons instruits, nous trouverons assûrément à placer un jour ces matériaux, & quand même nous ne serions pas assez heureux pour en bâtir l'édifice tout entier, ils nous serviront certainement à le fonder, & peut-être à l'avancer au-delà même de nos espérances*[518], [519]. Suite à cette longue citation, Dalibard affirme que : *C'est cette méthode que M. Franklin a suivie à l'imitation du grand Newton & des plus excellens Physiciens, méthode qui doit suffire pour prévenir le public en faveur de l'ouvrage qu'on lui présente*[520].

C'est alors que Dalibard passe à l'attaque, sans jamais nommer ceux qu'il débine ; il critique tant d'autres physiciens sans génie qui se permettent

---

517 Hales, *Statique des végétaux et celle des animaux*, Paris, Imprimerie de Monsieur, 1779, 1780. La première édition du premier volume, le seul que Buffon ait traduit, est paru sous le titre *La statique des végétaux et l'analyse de l'air* en 1735, l'édition anglaise étant de 1727.

518 Les convictions scientifiques de Buffon ont varié au fil du temps et ici sa sincérité ne peut être mise en cause ; dans cette même préface où il fait l'éloge de la méthode expérimentale, il considère que cette même méthode est celle que : *l'Académie des sciences s'est fait une loi d'adopter, & que ses illustres membres messieurs Huygens, de Réaumur, Boerhaave, &c. ont si bien fait & font tous les jours si bien valoir ; en un mot, c'est la voie qui a conduit de tout temps, & qui conduit encore aujourd'hui les grands hommes* (Hales, *op. cit.*, p. x). Notons que, dans ce passage, qui suit celui que Dalibard a retenu, Réaumur n'est point oublié.

519 Buffon, Préface de la *Statique des végétaux, op. cit.,* p. viij-x.

520 Dalibard, « Avertissement », in *Expériences et observations sur l'électricité, op. cit.*, p. 9-11, pour cette citation et la suivante.

de tirer des déductions qui ne sont ni justes ni naturelles et déduisent *des conséquences qui ne sont fondées que sur des suppositions vagues & étrangères au sujet.* Alors que la théorie de l'électricité de Nollet est presque universellement acceptée, la cible n'a pas besoin d'être mieux désignée. Et Dalibard va maintenant tenter de nous faire accroire que les idées de Franklin sur l'électricité s'imposent d'elles-mêmes à partir des faits. Si, dans la suite de l'Avertissement, Dalibard aborde trop brièvement les idées de Franklin pour nous convaincre qu'il s'est gardé de toute hypothèse, il n'en est pas de même dans *l'Histoire abrégée de l'électricité* qui accompagne sa traduction du traité de Franklin.

L'histoire de l'électricité selon Dalibard

L'histoire contée par Dalibard évoque les auteurs anciens tels Thalès de Milet, Plutarque, Pline et d'autres qui ont mentionné que *l'ambre-jaune, après avoir été frotté, attire les brins de paille* [521], [522] ; comme tout le monde, il considère que l'histoire de l'électricité commence véritablement avec Gilbert, un médecin anglais qui vivait vers l'an 1600 ; Dalibard développe sur plusieurs pages les travaux de Gilbert, il indique que ce dernier a établi une liste de corps tel le « jayet », c'est l'ancien nom du jais, que le frottement électrise et précisé les circonstances et les temps les plus favorables pour l'électricité. Nous pourrions nous attarder ici sur cette histoire si nous ne l'avions évoquée plus haut dans ce texte. Dalibard termine cet épisode sur cette idée de Gilbert selon laquelle : *l'attraction [...] est causée par des écoulemens très subtils ; l'air est l'écoulement électrique de la terre & l'instrument de la pesanteur* [523]. Des travaux de Gilbert, Dalibard passe à ceux d'Otto de Guericke, suggérant que c'est peut-être sur cette idée de Gilbert que de Guericke *a imaginé de faire tourner sur son axe par le moyen d'une manivelle, une boule de soufre grosse comme la tête d'un enfant. Cette boule étant muë avec rapidité, si l'on applique la main dessus, elle devient électrique & attire les corps légers qui lui sont présentés [...]* [524]. Dalibard emprunte ce propos au premier mémoire sur l'électricité de Dufay, un mémoire dans lequel, rappelons-le, Dufay présente *les progrès qui ont été faits jusqu'à présent sur cette matiére, &, pour ainsi dire l'histoire abrégée de l'Electricité* [525] ; dans ce mémoire, Dufay ne fait que l'annonce des expériences qu'il a faites.

---

521 Dalibard, « Histoire abrégée de l'électricité » in *Expériences et observations sur l'électricité, op. cit.*, p. ij.

522 J'ai choisi la pagination de la seconde édition de cette Histoire abrégée de l'électricité. Dalibard a augmenté cette histoire dans cette édition des découvertes faites entre 1752 et 1756 ; le texte de la première édition se retrouve inchangé dans la seconde.

523 Dalibard, « Histoire abrégée de l'électricité » in *Expériences et observations sur l'électricité, op. cit.*, p. ix.

524 *Ib.*, p. x.

525 Dufay, Premier mémoire sur l'Electricité., *op. cit.*, p. x.

Des travaux de Guericke, Dalibard passe à ceux de Boyle *à qui nous avons obligation d'un si grand nombre de belles découvertes*[526] ; celui-ci *chercha et trouva la vertu électrique dans un grand nombre de corps ou Gilbert ne l'avoit point cherché, & dans quelques-uns de ceux où il l'avoit cherché inutilement.* Il montra aussi que *la vertu électrique une fois excitée se conserve dans le vuide et que son action ne dépend point de l'air.* Il montra encore qu'un *diamant frotté dans l'obscurité contre quelqu'étoffe que ce fût, devenait non seulement lumineux, [ce que l'on savait déjà] mais encore électrique.* Selon Dalibard, l'électricité resta longtemps négligée après les travaux de Boyle, il pense que ce sont les grandes découvertes de Newton sur les propriétés de la lumière et sur l'attraction qui ont engagés Hauksbee à faire à la Société royale de Londres des travaux sur les mêmes sujets et sur l'électricité. Après avoir détaillé les contributions d'Hauksbee à l'étude de l'électricité, puis celles de Gray *qui continua avec succès les recherches électriques de Boyle et de Hauksbée*[527], Dalibard en arrive à la contribution de Dufay ; celle-ci est présentée comme un achèvement provisoire de l'ensemble des recherches faites en ce domaine et comme une œuvre si étendue qu'il n'est pas possible d'en montrer l'étendue dans le cadre d'une histoire abrégée. Dalibard présente un certain nombre d'expériences mises en œuvre par Dufay et, au terme de cette présentation, il évoque les faits qui lui firent soupçonner *que l'électricité de la gomme-copal étoit différente par sa nature, de l'électricité du verre, puisque l'une attiroit ce que l'autre repoussoit. Cette observation le porta à faire plusieurs expériences d'où il crut pouvoir conclure qu'il y avoit en effet deux sortes d'Electricité. Il nomma l'une vitrée & l'autre résineuse ; mais les Physiciens n'ont pas admis cette distinction*[528]. Cette présentation distanciée des conjectures de Dufay sur la nature de l'électricité montre assez l'opinion ordinaire de Dalibard sur l'inutilité des systèmes en physique.

Après avoir fait l'historique des travaux de Dufay, Dalibard évoque les travaux des physiciens d'Allemagne, laissant aux lecteurs l'impression fallacieuse d'un travail collectif et anonyme : *Les physiciens d'Allemagne profitant de tout ce qui avoit été découvert avant eux sur le sujet de l'électricité, imaginèrent de reprendre le globe de verre [que] Hauksbée [...] avait abandonné trop légèrement. Ce qui les y engagea fut sans doute la réfléxion que le verre étant plus électrique, un globe de cette matière doit produire de plus grands effets que le globe de soufre d'Otto de Guerike, & qu'étant susceptible d'une friction plus rapide & plus long-temps continuée, l'usage de ce globe devoit être plus facile & plus avantageux que celui du*

---

526 Dalibard, « Histoire abrégée de l'électricité » in *Expériences et observations sur l'électricité, op. cit.,* p. xij-xiv, pour cette citation et les suivantes.

527 *Ib.*, p. xviij.

528 *Ib.*, p. xxv, xxvj.

tube de Hauksbée. Ils employèrent des globes & des rouës plus grandes & les disposèrent de la même manière que la meule & la rouë dont se servent les Couteliers [...] [529]. Des découvertes de ces physiciens, Dalibard ne retient que l'inflammation de l'esprit de vin par une étincelle électrique. Avec les physiciens hollandais et la découverte de la bouteille de Leyde, Dalibard revient à une physique qui n'est pas faite par des anonymes, Musschenbroek et Allaman ne sont pas oubliés ni leur communication à l'Académie des sciences de Paris – Dalibard omet cependant de citer le destinataire de cette communication – qui n'est autre que Réaumur.

Après avoir évoqué l'expérience de Leyde, Dalibard écrit : *Le bruit de cette expérience se répandit bientôt dans tout le monde sçavant : elle exerça l'industrie des Physiciens, & tout le monde voulu être Physicien. Chacun la répéta, & fit tout son possible pour y ajouter* [530]. Suit alors, dans le récit de Dalibard, la description d'une série d'expériences faites avec la bouteille de Leyde, qui ne sont attribuées à personne en particulier, comme si elles avaient pu être imaginées par tout un chacun pourvu qu'il se mette en tête de chercher les effets de cette bouteille et sans que les hypothèses faites sur la nature de l'électricité puissent avoir ici le moindre intérêt. Dalibard semble trouver naturel que n'importe qui ait pu faire une expérience mobilisant 240 personnes à Versailles devant le Roi. Enfin Dalibard lève-t-il l'anonymat lorsqu'il évoque les expériences de Le Monnier visant à déterminer la vitesse de propagation de l'électricité, lui attribuant au passage la plupart des découvertes que la bouteille de Leyde a permises [531]. Dalibard, voulant montrer qu'il privilégie les faits et juge négligeables les interprétations que l'on peut en donner, entre dans le détail des phénomènes, ici dans le récit des expériences de Le Monnier, plus loin dans les essais d'application de l'électricité à la guérison des maladies par Jallabert. Dalibard relate deux expériences par lesquelles Le Monnier *cherche à éprouver comment se fait la propagation de l'électricité dans les corps qui la communique ; si cette*

529 *Ib.*, p. xxix, xxx.

530 *Ib.*, p. xxxv.

531 Dans une note de bas de page, Dalibard renvoie son lecteur à *l'Histoire de l'Académie des sciences* de 1746. Notons au passage que, dans cette *Histoire*, le secrétaire perpétuel, Grandjean de Fouchy, relate les expériences de Nollet sur les effets de la bouteille de Leyde et celle de Le Monnier, il y évoque les électricités vitreuse et résineuse de Dufay que Nollet a prise en compte pour monter l'une de ses expériences, il montre même que les hypothèses de Nollet sur les électricités effluente et affluente suffisent à rendre compte de la commotion électrique ressentie par un opérateur lors de l'expérience de Leyde. Grandjean de Fouchy relate aussi les expériences de Le Monnier et fait la part des contributions de ces deux auteurs. Nul doute qu'en citant cet historique de l'année 1746, Dalibard veut se mettre à l'abri d'une accusation de falsification de l'histoire ; soulignons cependant que son historique abrégé dispense ses lecteurs de recourir à d'autres ouvrages, leurs permettant d'aborder ainsi la “vraie” théorie de l'électricité, celle de Franklin, une théorie dont l'approche serait fort abrupte sans ces connaissances préalables.

propagation est instantanée du moins sensiblement, ou si elle se fait dans un temps perceptible[532].

Nous ne retiendrons que le récit que fait Dalibard de la seconde expérience de Le Monnier : *Ayant choisi un endroit commode dans une plaine des environs de Paris, il l'entoura d'un fil de fer de quatre mille toises de longueur qui font deux lieuës. Les deux extrémités de ce fil furent disposées à six ou sept pieds de distance l'une de l'autre. Pendant que M. le Monnier tenoit dans sa main l'un des bouts de ce fil de fer, un autre observateur qui portoit la bouteille électrique approcha le fil d'archal de cette bouteille de l'autre bout du fil de fer. Dans le même instant les deux observateurs ressentir la commotion dans les bras dont ils tenoient l'un le fil de fer & l'autre la bouteille. [...] L'expérience fut répétée, & le même effet s'ensuivit toujours également, sans qu'on pût trouver le moindre instant saisissable entre l'apparition de l'étincelle & la sensation du choc. Ainsi l'électricité parcourut un espace de deux lieuës dans un instant imperceptible. [...] Si ces expériences ne prouvent pas que la propagation de l'électricité est instantanée, elles font voir du moins que les écoulemens de la matière électrique se portent avec une rapidité inconcevable, & apparemment égale à celle de la lumière le long des corps non-électriques : elles servent de confirmation à la première découverte de Boyle, que l'air n'y a point de part : & elles ajoutent beaucoup à l'analogie que M. Hales a trouvée entre les effets de l'électricité & ceux du tonnerre. On verra bientôt ce que l'on doit penser de cette analogie*[533].

Lorsque Dalibard aborde les travaux de Jallabert sur le traitement des paralytiques par des décharges électriques, il omet de dire que ce traitement fut suggéré par l'abbé Nollet comme le relate *l'Histoire de l'Académie des sciences* de 1746. Ici encore Dalibard s'étend beaucoup sur les traitements mis en œuvre à Genève ; beaucoup compte tenu de la brièveté de son histoire.

Dalibard rend compte en détail de la *béatification* de Bose, mais ne pipe mot de sa théorie électrique. Il cite la construction de *l'ingénieux instrument que MM. d'Arcy & le Roy ont inventé & exécuté pour mesurer la force de l'électricité, auquel ils ont pour cette raison donné le nom d'Electromètre*[534], et, sans en dire plus, il renvoie à l'article qu'ils ont publié dans les *Mémoires de l'Académie des sciences de 1749 [p. 63].* Mais si cet électromètre ne retient pas plus l'attention de Dalibard, c'est sans doute parce qu'il trouve mieux dans les expériences de Franklin : *Cet auteur a donné (Lettre V. §. 55 & 56) la description de deux sortes de rouës électriques qui, quoiqu'elles*

532 Dalibard, « Histoire abrégée de l'électricité » in *Expériences et observations sur l'électricité*, *op. cit.*, p. xliij.

533 *Ib.*, p. xlvj, xlix.

534 *Ib.*, p. lxvij-lxxiij, pour cette citation et les suivantes

n'ayent pas été imaginées à cette intention, peuvent être regardées comme d'excellens Electromètres. Il fait servir dans chacune de ces machines la seule vertu attractive de l'électricité de deux manières différentes activement & passivement. Ces deux effets se succèdant alternativement contribuënt également au mouvement circulaire des rouës. [...] Il suffit de dire que ces rouës sont mises en mouvement par la seule force de l'électricité, & qu'elles font chacune sur leur axe plus ou moins de révolutions, à proportion que ces rouës ou les bouteilles sont plus ou moins chargées d'électricité. Ainsi [...] on pourra assurer que tel ou tel degré de force électrique est double, triple, quadruple de tel ou tel autre. Quel privilège lui paroissoit avoir l'électricité, pour être la seule chose physique qui ne fût pas soumise à l'empire du calcul ?

Après avoir fait l'histoire de l'électricité et recensé ses acquis avant les travaux de Benjamin Franklin, Dalibard recense les différentes attitudes des physiciens qui *ont travaillé et travaillent sans relâche à ajouter aux découvertes qui ont été faites sur ce sujet [l'électricité]. Les uns, sans songer que la matière n'est point encore assez préparée, & qu'il n'y a point encore assez de faits connus, font tous leurs efforts pour pénétrer les mystères de l'électricité & pour en expliquer la nature ; d'autres s'appliquent à lui chercher de nouvelles propriétés, & pour cela s'en tiennent modestement aux expériences, d'autres enfin en proposant leurs conjectures, font voir des rapports évidents entre les phénomènes les plus communs des météores & ceux de l'électricité.* Suit l'éloge de Franklin : *M. Franklin, sans prétendre à la première de ces classes, occupe une place de distinction dans les deux dernières avec les Physiciens qui se sont le plus avancés dans cette carrière ; mais il les laisse bien loin derrière lui.* La seule découverte que cite Dalibard *pour donner une idée de la sagesse, de la grandeur & de la finesse [des] vues [de Franklin]* est la découverte d'une analogie surprenante entre l'électricité et la foudre : *il a fait voir par des raisons solides que le feu électrique et le feu du ciel sont un seul élement bien différent du feu commun*, et qu'il a profité adroitement du pouvoir qu'ont les pointes de tirer imperceptiblement le feu électrique des corps pour indiquer les moyens *par lesquels on pourroit dissiper le tonnerre, & par-là nous garantir de ses funestes effets.* C'est là que s'achève l'histoire abrégée de l'électricité dans la première édition, en 1752. Notons avant de parcourir la suite de cette histoire, qu'il va sans dire que Nollet appartient à la première classe, celle de ces savants qui bâtissent avant l'heure des théories illusoires, cela Dalibard n'a pas besoin de le dire puisque la théorie des électricités effluente et affluente est, répétons le, à peu près universellement acceptée. Ajoutons qu'en privilégiant dans l'œuvre de Franklin l'analogie de l'électricité et de la foudre et les paratonnerres, Dalibard pourra dans une édition ultérieure des travaux de Franklin, monter en épingle les travaux qu'il aura alors entrepris sur la foudre et les paratonnerres. Il ne s'en privera pas dans la suite de son histoire présentée dans la seconde édition, profondément modifiée, du même ouvrage.

En effet, Dalibard reprend alors l'histoire là où il l'a laissée ; il s'étend alors plus que de raison sur ses nouvelles expériences ; l'histoire ici est peut-être encore abrégée, mais moins, et de loin, que précédemment lorsqu'il entreprend de nous conter les succès qu'il obtient en entrant dans toutes les vues de Franklin, lorsqu'il rend compte de la réussite de l'expérience de Marly-la-Ville qui montre que *le feu de Saint-Elme et la lumière que l'on aperçoit sur les pointes métalliques à l'approche des orages [sont ...] la même chose que l'aigrette que montre une pointe dans les expériences électriques*. Dalibard nous raconte aussi avec une fierté non dissimulée, l'intérêt que suscita cette expérience : *La plupart des membres de cette célèbre compagnie [l'Académie des sciences] eurent la politesse de me faire compliment sur mon mémoire & de m'assurer que jamais il n'en avoit paru aucun qui eût été écouté avec autant d'attention ni aucune expérience dont le rapport eût donné autant de satisfaction* ; il ajoute que cette expérience prit le nom de sa ville de naissance *de même que celle de Leyde*, et pour montrer qu'elle fera *époque dans l'histoire de l'électricité*, il insiste sur le fait qu'elle fut répétée dans toute l'Europe avec le même succès. Ensuite, Dalibard rend compte d'une expérience où une petite chaîne d'un matériau conducteur touche le milieu de la surface d'une glace préparée d'une manière particulière, lorsque cette chaîne reçoit l'électricité créée par une machine électrique, il se produit une explosion, *l'on trouve à l'endroit où elle s'est faite sur la glace une trace blanchâtre plus ou moins apparente assez ordinairement en zic-zac [...]* [535], en approchant le nez de l'endroit où l'explosion s'est faite, on sent une odeur de soufre très frappante et *il n'y a personne qui ne reconnoisse à tous ces traits le plus redoutable des météores ; c'est la raison pour laquelle on a donné à cette expérience le nom de tonnerre artificiel. Il est très possible d'en tirer des effets aussi surprenans que ceux du tonnerre naturel* [536].

Ainsi Dalibard met-il sa contribution à l'électricité dans les pas de Franklin et grossit-il l'importance de cette contribution qu'il va intégrer dans la seconde édition de l'ouvrage de Franklin, mais en ayant soin de ne pas l'y fondre entièrement. Dalibard a lu à la séance de l'Académie des sciences du 13 mai 1752 un mémoire : "*Expériences et observations sur le tonnerre relatives à celles de Philadelphie*" qui ne sera pas publié, c'est ce mémoire qui est au cœur du chapitre qui porte le même titre qu'il a inclu dans la seconde édition du traité de Franklin [537].

---

535 *Ib.*, p. lxxxiv.

536 *Ib.*, p. lxxxvj.

537 Franklin, *Expériences et observations sur l'électricité*, 2e édition, Paris, Durand, 1756 ; tome 2, p. 67-154.

Dalibard ne peut limiter cette histoire abrégée de l'électricité après 1752 à ses seules contributions, aussi termine-t-il sur une expérience de Franklin qui *avec le secours des grands vases multipliés, [...] est parvenu à aimanter des aiguilles, à en changer les pôles à volonté, & à démontrer par ces merveilles que la vertu magnétique n'est qu'un effet d'électricité* [538].

Dalibard clôt cette histoire sur les vives attaques dont la première édition du traité de Franklin a été l'objet. Et, *comme, selon lui, l'on trouvait peu de prise sur le fond, on n'épargna rien pour tourner en ridicule ceux qui en étoient les partisans.* Dalibard prévoit – en cela il ne se trompe pas – que *cette guerre littéraire n'est point encore éteinte, & vraisemblablement ne finira pas sitôt.* Suit un dernier coup de patte contre *le plus ardent de nos adversaires* - Nollet, lequel n'est jamais nommé ; Dalibard note que *celui-ci, abandonnant sa première attaque, est forcé de revenir sur ses pas, de changer de batterie et de recommencer à nouveaux frais* [539]. Ici les allusions aux mémoires de l'Académie des sciences et aux *Lettres sur l'électricité* publiés par Nollet sont transparentes.

Mise à part ce dernier esclandre et quelques rares allusions à l'existence de la théorie de Nollet et de sa permanence, l'histoire de l'électricité de Dalibard est conforme aux histoires des sciences telles qu'elles sont encore de nos jours le plus souvent écrites, c'est-à-dire par des historiens qui portent un regard rétrospectif sur le passé et condamnent à l'oubli toutes les théories qui, de leur point de vue, n'ont pas apporté leur pierre à l'édifice actuel, partant des historiens qui ne cherchent pas à faire revivre le passé et comptent pour rien des théories qui ont eu leur heure de gloire. Est-ce à dire qu'une histoire de cette sorte n'a que peu d'intérêt, pour qui n'est pas séduit par l'histoire des idées en général et celle des sciences en particulier ? Que non, ces auteurs pour être crédibles sont le plus souvent très exacts et très précis sur les évènements qu'ils ont choisis de relater. Bien sûr, le cas de Dalibard est différent, il a choisi de falsifier l'histoire en reprenant à son compte la haine de Buffon envers les élèves et amis de Réaumur : ici la théorie de Nollet sur la nature de l'électricité n'est pas abandonnée et est toujours défendue par son auteur et d'éminents physiciens, en outre un certain nombre de contributions de Nollet en électricité sont attribuées à d'autres ou considérées comme un bien commun faites par l'on ne sait qui. Ainsi peut-on constater que cette première histoire de l'électricité est une arme dans ce que Dalibard nomme *une guerre littéraire.*

Il en est de même de *l'Histoire de l'électricité* de Joseph Priestley dont la traduction française paraît en 1771. Mais ici, fait digne du plus haut intérêt, l'auteur privilégie les contributions de langue anglaise au dépend des

538 Dalibard, « Histoire abrégée de l'électricité », *op. cit.*, p. lxxxviij, lxxxix, pour cette citation et les suivantes.

539 *Ib.*, p. xc.

autres, mais le traducteur n'est autre que Mathurin Brisson, un élève de Nollet qui est resté son disciple. Celui-ci ne trahit pas pour autant le texte de Priestley, mais il l'accompagne de notes critiques où il rétablit ce qu'il considère comme la vérité historique.

Evoquer Brisson, que nous retrouverons plus tard, nous ramène à la querelle de Réaumur et de Buffon. Brisson est un ornithologue qui a acquis une renommée certaine, il a fait paraître un ouvrage en latin sur les oiseaux en 1760, avant que ne paraisse *l'Histoire naturelle des oiseaux* de Buffon ; Brisson est alors le conservateur du cabinet de curiosité de Réaumur qui est son parent. A la mort de Réaumur, contrairement au legs qu'il a fait de ses collections à l'Académie des sciences, celles-ci sont incorporées au Cabinet de roi, lequel dépend du Jardin du roi que dirige Buffon ; il faut croire que celui-ci a changé d'avis sur l'intérêt du Cabinet de Réaumur dont, auparavant, il se moquait et appelait une inutilité. Buffon, qui supervise ce transfert, interdit l'accès de ces collections à Brisson, le condamnant à abandonner ses recherches en histoire naturelle. Avec l'appui de Nollet, Brisson obtient la chaire de physique du Collège de Navarre. Devenu physicien, Brisson traduit *l'Histoire de la physique* de Priestley qui paraît, nous l'avons dit en 1771 et, en 1789, il publie son *Traité élémentaire ou principe de physique.*

Mais revenons à la fin de l'année 1751, la première édition des *Expériences et observations sur l'électricité* de Franklin paraîtra en France au début de l'année 1752. Invité à l'Académie des sciences le 21 décembre 1751, Dalibard y lit un mémoire sur "le tableau magique", ce mémoire n'a pas été consigné dans les *Archives de l'Académie des sciences.* Le 13 mai 1752, il y lit un mémoire : "*Expériences et observations sur le tonnerre*" et le 3 juillet il apporte un supplément à ce même mémoire - on peut penser que ces deux dernières lectures n'ont pas suscité autant d'intérêt qu'il l'a écrit dans son Histoire abrégée de l'électricité - seuls leurs titres sont reportés aux *Archives de l'Académie des sciences.*

C'est Nollet qui, à la séance publique de l'Académie d'après Pâques 1752, le 12 avril, réagit le premier au traité de Franklin ; l'abbé montre alors que les faits contenus dans cet ouvrage n'étaient pas aussi nouveaux qu'on voulait le faire accroire, son rapport fut consigné aux Archives de l'Académie et imprimé dans les mémoires de l'Académie de l'année suivante. A la séance de l'Académie des sciences du 17 mai 1752, Nollet formule un avis défavorable à la publication de la relation faite par Dalibard de l'expérience de Marly ; il rappelle que depuis 4 ans, toutes les fois qu'il en a eu l'occasion, il n'a pas manqué de dire combien il trouvait de ressemblance entre le feu électrique et celui du tonnerre. L'abbé rappelle de quelle manière il s'en expliquait quatre ans avant Franklin au tome 4 de ses *Leçons de physique expérimentale*, dans la leçon « *De la nature et des propriétés du feu* » :

Si quelqu'un, par exemple, entreprenoit de prouver par une comparaison bien suivie des phénomènes, que le tonnerre est entre les mains de la Nature ce que l'électricité est entre les nôtres, que ces merveilles dont nous disposons maintenant à notre gré, sont de petites imitations de ces grands effets qui nous effrayent, & que tout dépend du même méchanisme : si l'on faisoit voir qu'une nuée préparée par l'action des vents, par la chaleur, par le mêlange des exhalaisons, &c. est vis-à-vis d'un objet terrestre, ce qu'est le corps électrisé, en présence & à une certaine proximité de celui qui ne l'est pas ; j'avoue que cette idée, si elle étoit bien soûtenue, me plairoit beaucoup ; & pour la soûtenir, combien de raisons spécieuses ne se présentent pas à un homme qui est au fait de l'électricité ? L'universalité de la matière électrique, la promptitude de son action, son inflammabilité et son activité à enflammer d'autres matières ; la propriété qu'elle a de frapper les corps extérieurement jusques dans leurs moindres parties ; l'exemple singulier que nous avons de cet effet dans l'expérience de Leyde, l'idée qu'on peut légitimement s'en faire, en supposant un plus grand dégré de vertu électrique, &c. tous ces points d'analogie que je médite depuis quelque tems commencent à me faire croire, qu'on pourroit en prenant l'électricité pour modèle, se former touchant le tonnerre & les éclairs, des idées plus saines & plus vraisemblables que tout ce qu'on a imaginé jusqu'à présent[540].

Aussi l'abbé exprime-t-il son vif désir d'entendre publier des faits qui prouvent que le tonnerre, les éclairs et les autres météores de cette espèce sont autant de phénomènes électriques puisque de telles découvertes serviraient à vérifier une idée qu'il a conçue ; mais, il convient de s'assurer que les faits sont bien constatés avant de les admettre ; aussi évoquant l'histoire des *intonacatures* d'Italie, l'abbé met en garde l'Académie contre l'illusion : *Jamais phénomène fut-il plus authentiquement attesté que la prétendue transmission des odeurs à travers les tubes ou les globes de verre électrisés ; jamais vérité fut-elle recuë ou publiée par des gens plus en état d'en connoître ou de se faire croire cependant ce qui passa pour un fait et pour un fait très accredité pendant 6 ans est aujourd'hui généralement désavoüé dans le lieu même où il a pris naissance, et l'Académie de Paris, comme celle de Londres doit se scavoir bon gré d'avoir suspendu son jugement assez longtemps pour laisser évanouir cette fausse merveille*[541].

Nollet a convaincu, le mémoire ne fut pas publié, il est vrai que Dalibard a rapporté d'un fait auquel il n'a pas assisté, puisque c'est un habitant et le curé de Marly qui ont opéré, et qu'il ne trouva que des témoins peu avertis des phénomènes électriques : Dalibard a publié son mémoire sur l'expérience de Marly dans la seconde édition de la traduction française de

540 Nollet, *Leçons de physique expérimentale*, op. cit., tome 4, p. 315, 316.

541 Nollet, *Archives de l'Académie des sciences*, 1752, p. 284.

l'ouvrage de Franklin, pour autant que l'on puisse considérer que le mémoire n'ait pas été revisité par son auteur, le mémoire déposé aux Archives de l'Académie des sciences ayant disparu. Nous savons en effet par le rapport de Nollet sur ce mémoire qu'il n'y est pas cité alors qu'il l'est dans le texte présent : *M. Gray est le premier à qui le tonnerre & les éclairs aient paru tenir beaucoup de la nature du feu & de la lumière électrique. Cette première opinion a été plus approfondie par MM. L'abbé Nolet [sic], Hales & Barberet ; ils ont trouvé une analogie surprenante entre les effets du tonnerre & ceux de l'électricité ; mais tout ce qu'ils en ont dit les uns & les autres n'étoit encore qu'une conjecture ; il falloit des observations suivies, des expériences certaines, des faits bien constatés ; tout cela se trouve dans les lettres de M. Franklin. Il ne manquoit à cet ingénieux physicien qu'une dernière preuve pour achever de le convaincre que la matière du tonnerre est absolument la même que celle de l'électricité ; n'étant pas apparemment trop à portée d'acquérir cette preuve par lui-même, il nous a enseigné le moyen d'y parvenir*[542].

Ce moyen d'y parvenir, c'est Dalibard qui s'en est saisi, du moins le pense-t-il ; il lui reste à le démontrer, ce qu'il entreprend non sans rappeler, avant d'aborder ce moyen d'y parvenir, c'est-à-dire l'expérience de Marly, *les connaissances physiques acquises par Franklin sur l'électricité qui sont relatives à son sujet*[543]. Nous avons déjà présenté quelques acteurs de cette expérience, il nous reste à préciser la succession des évènements avant de donner à lire la lettre du curé de Marly, Dalibard ayant présidé à l'installation des instruments propres à cette expérience conformément aux indications de Franklin, il confia, comme nous l'avons dit, à un habitant du lieu de ses amis, Coiffier, le soin de faire des observations dès que viendrait l'orage, non sans lui recommander *de faire venir auprès de la machine quelques uns de ses voisins, & même de faire avertir M. le Prieur Curé de Marly*[544]. Voici la relation qu'en fit celui-ci : *Je vous annonce, Monsieur, ce que vous attendez ; l'expérience est complette. Aujourd'hui à deux heures vingt minutes après midi le tonnerre a grondé directement sur Marly ; le coup a été assez fort. L'envie de vous obliger & la curiosité m'ont tiré de mon fauteuil, où j'étois occupé à lire : je suis allé chez Coiffier, qui déjà m'avoit dépêché un enfant que j'ai rencontré en chemin pour me prier de venir, j'ai doublé le pas à travers un torrent de grêle. Arrivé à l'endroit où est placé la tringle coudée j'ai présenté le fil-d'archal, en avançant successivement vers la tringle à un pouce & demi ou environ ; il est sorti de la tringle une petite colonne de feu bleuâtre sentant le souffre, qui venoit frapper avec une extrême vivacité le tenon du fil-d'archal, & occasionnoit*

542 Dalibard in Franklin, *Expériences et observations...*, tome 2, p. 71-73.

543 *Ib.*, p. 72.

544 *Ib.*, p. 109.

un bruit semblable à celui qu'on feroit en frappant sur la tringle avec une clef. J'ai répèté l'expérience au moins six fois dans l'espace d'environ quatre minutes en présence de plusieurs personnes, & chaque expérience que j'ai faite a duré l'espace d'un pater & d'un ave. J'ai voulu continuer ; l'action du feu s'est rallentie peu à peu ; j'ai approché plus près, & n'ai plus tiré que quelques étincelles, & enfin rien n'a paru.

Le coup de tonnerre qui a occasionné cet évènement n'a été suivi d'aucun autre ; tout s'est terminé par une abondance de grêle. J'étois si occupé dans le moment de l'expérience de ce que je voyois, qu'ayant été frappé au bras un peu au-dessus du coude, je ne puis dire si c'est en touchant au fil-d'archal ou à la tringle : je ne me suis pas plaint du mal que m'avoit fait le coup dans le moment que je l'ai reçu ; mais comme la douleur continuoit, de retour chez moi j'ai découvert mon bras en présence de Coiffier, & nous avons apperçu une meurtrissure tournante autour du bras, semblable à celle que feroit un coup de fil-d'archal si j'en avois été frappé à nud. En revenant de chez Coiffier j'ai rencontré M. le Vicaire, M. de Milly & le maître d'école à qui j'ai rapporté ce qui venoit d'arriver ils se sont plaint tous les trois qu'ils sentoient une odeur de soufre qui les frapoit davantage à mesure qu'ils s'approchoient de moi : j'ai porté chez moi la même odeur, & mes domestiques s'en sont apperçus sans que je leur aie rien dit. Voilà, Monsieur, un récit fait à la hâte, mais naïf & vrai que j'atteste, & vous pouvez assurer que je suis prêt à rendre témoignage de cet événement dans toutes occasions [...] [545].

Dans son commentaire, Dalibard relève : *la comparaison des odeurs du tonnerre & de l'électricité n'a point échapé à mes recherches pour en tirer une preuve de leur identité ; mais comme je ne connois point assez l'odeur du météore, je n'ai point voulu m'y arrêter* [546]. Ainsi, pour que l'expérience puisse conduire à l'identification du tonnerre et de la matière électrique, il eût fallu que les observateurs eussent identifié une odeur de phosphore, aussi Dalibard pense-t-il que ses témoins, ne connaissant pas bien distinctement l'une et l'autre de ses odeurs, ont pu se méprendre. Dalibard termine son mémoire sur les avantages que procurerait l'usage des paratonnerres.

L'expérience de Marly fut reprise par le Monnier, un médecin de Saint-Germain en Laye, dans des conditions que Nollet trouvera satisfaisantes. Dès que *la parfaite ressemblance qu'on venait d'observer entre la matière électrique et celle du tonnerre* [547] fut portée à la connaissance de l'Académie, c'est-à-dire, après que Dalibard ait fait exécuter par un de ses amis, l'expérience dont Franklin avait proposé l'idée, le Monnier pensa que cette

545 *Ib.*, p. 111-115.

546 *Ib.*, p. 117, 118.

547 M. le Monnier, « Observations sur l'Electricité de l'air », *MARS*, 1752, p. 233-243 ; p. 233-235, pour cette citation et les suivantes.

expérience *pouvoit être appliquée à des recherches très-intéressantes, & qu'elle pouvoit nous donner de grandes lumières sur la nature de l'électricité, sur celle du tonnerre & des météores en général ; c'est pourquoi je me préparai à en examiner avec soin toutes les circonstances chaque fois qu'il surviendroit quelque orage.* Sa première expérience fut réalisée le 7 juin 1752, les dernières, dans la première quinzaine de novembre et son mémoire : « *Observations sur l'électricité de l'air* », imprimé avec les travaux de l'année 1752 de l'Académie des sciences, c'est-à-dire qu'il parut en 1756. Avant que de toucher au terme de la série d'expériences qu'il réalisa entre juin et novembre, le Monnier s'était persuadé de l'identité de la matière électrique et de celle du tonnerre : *Différentes expériences que j'eus le temps d'exécuter, ne me permirent pas de douter que cette matière électrique dont le fil de fer s'étoit chargé pendant l'orage, ne fût de la même nature que celle que nous excitons par le frottement des corps électriques : en effet, ce fil attiroit & repoussoit très-vivement les corps légers que je lui présentois ; la matière sortoit en étincellant avec éclat ; elle excitoit dans les bras de plusieurs personnes qui se tenoient par la main, une commotion considérable ; elle sortoit par les pointes sous la forme d'une aigrette ; elle enflammoit l'esprit de vin & les liqueurs spiritueuses ; elle exhaloit l'odeur particulière à la matière électrique ; en un mot, elle paroissoit avoir tout le caractère de la matière électrique que nous excitons avec nos instrumens, & qui la différencient de tous les autres fluides.*

Mais ce que recherche particulièrement le Monnier dans ce mémoire, ce sont les circonstances dans lesquels l'air se charge d'électricité, circonstances que Grandjean de Fouchy résume ainsi dans l'*Histoire de l'Académie des sciences* de 1752 : *Il résulte de celles [les recherches physiques] de M. le Monnier, 1° que la matière électrique se fait presque toûjours apercevoir dans le temps des orages, principalement quand ils ont été précédés d'un grand calme & d'une grande chaleur ; 2° que de simples apparences d'orage, des nuages flottants avec lenteurs, & emportés de côté & d'autre par des vents différens, suffisent quelquefois pour la faire paroître ; 3° que le moment auquel elle paroît en plus grande abondance, est plutôt celui de la résolution d'un nuage en pluie, que celui de l'explosion du Tonnerre, & que même des nuées qui n'ont fait entendre aucun coup de Tonnerre, ont communiqué au fil de fer une très-grande électricité pendant qu'elles se résolvoient en une pluie considérable. 4° Qu'au moment où l'électricité commence à se répandre, le calme qui précède ordinairement l'orage cesse, & qu'il lui succède un vent d'autant plus impétueux, que la matière électrique a été plus abondante. 5° Enfin, que lorsque la masse de l'air est suffisamment humectée, l'électricité disparoît pour un temps considérable*[548].

Ajoutons que le Monnier refuse l'hypothèse de Watson, *qui prétend que toute l'électricité vient de la terre, & que même celle que fait apercevoir un globe frotté, lui est venue par les pieds de la table, ou par ceux de la personne qui frotte*[549] : à l'appui de ce refus, M. le Monnier constate qu'en suspendant la machine entière, & ceux qui frottent le globe, avec des cordons de soie, le globe n'en devient pas moins électrique. De ses expériences, le Monnier déduit que la matière électrique *est autour de nous en plus grande quantité qu'on ne le pense, & qu'elle peut avoir grande part à une infinité d'effets qu'on ne se seroit pas avisé de lui attribuer.*

Revenons au mémoire que Nollet a lu à la séance de l'Académie d'après Pâques 1752 : *Comparaison raisonnée des plus célébres phénomènes de l'Electricité tendant à faire voir que tous ceux qui nous sont connus jusqu'à présent peuvent se rapporter à un petit nombre de faits qui sont comme la source de tous les autres*[550]. Ce mémoire, qui fut reporté dans les Mémoires de l'Académie de l'année 1753, est une défense de sa théorie de l'électricité en même temps qu'une présentation de celle de Franklin. La même année, le 12 novembre, Nollet présentait un second mémoire aux séances de l'Académie[551] : « *Examen de deux questions concernant l'électricité, pour servir de suite au Mémoire, Comparaison raisonnée des plus célèbres phénomènes de l'électricité* ». Si Nollet convainc une partie des membres de l'Académie qui, à sa suite, prennent position contre l'ouvrage de Franklin ; d'autres membres de l'Académie se convertissent au franklinisme : la même année, à la séance du 14 novembre 1753, l'un d'eux, le Roy, présente un mémoire[552] au titre explicite : *Mémoire sur l'électricité où l'on montre par une suite d'expériences, qu'il y a deux espèces d'électricités, l'une produite par la condensation du fluide électrique, & l'autre par sa raréfaction ; & qu'elles ont chacune des phénomènes particuliers qui les caractérisent parfaitement.* Le 22 décembre, le Roy lit un supplément à son mémoire, lequel est imprimé à la suite du même mémoire ; ce supplément fut l'objet d'une réponse assez vive qui fut imprimée sans nom d'auteur dans le même

548 Grandjean de Fouchy, « Sur l'électricité de l'air », *HARS*, 1752, p. 8-12 ; p. 9.

549 *Ib.*, p. 12, pour cette citation et la suivante.

550 Nollet, « Comparaisons raisonnées des plus célébres phénomènes de l'Electricité », *MARS*, 1753, p. 429-446.

551 Nollet, « Examen de deux questions concernant l'électricité, pour servir de suite au Mémoire, Comparaison raisonnée des plus célèbres phénomènes de l'électricité », *MARS*, 1753, p. 475-502.

552 M. le Roy, « Mémoire sur l'électricité où l'on montre par une suite d'expériences, qu'il y a deux espèces d'électricités, l'une produite par la condensation du fluide électrique, & l'autre par sa raréfaction ; & qu'elles ont chacune des phénomènes particuliers qui les caractérisent parfaitement », *MARS*, 1753, p. 447-474.

numéro[553], ce qui atteste d'une querelle qui fut assez vive au sein de l'Académie. Signalons encore, ce qui, nous le verrons n'est pas sans intérêt, que les Mémoires de l'Académie de cette même année nous apprennent qu'à la demande de Nollet, l'Académie a nommé des commissaires pour être témoins de plusieurs expériences qu'il avait faites concernant l'électricité ; selon le rapport signé par Grandjean de Fouchy le 2 septembre1752 : *l'Académie nomma Mrs Bouguer, de Montigny, de Courtivron, d'Alembert & le Roy, qui ayant été présens aux expériences [...] attestèrent unanimement que les résultats leur avoient paru tels que M. l'Abbé Nollet les a énoncés*[554]. Ces Mémoires de 1753 ne devaient paraître qu'en 1757 ; aussi Nollet montra-t-il une grande impatience à diffuser la défense de ses convictions et s'empressa-t-il de publier ses *Lettres sur l'électricité*, deux autres volumes viendront plus tard, l'ouvrage paru en 1753, sans que Nollet n'ait attendu d'en obtenir l'autorisation d'imprimer et le privilège du roi, il prit en guise d'autorisation le rapport signé par Grandjean de Fouchy le 2 septembre 1752.

Grandjean de Fouchy, dans la rédaction de l'*Histoire de l'Académie des sciences* de cette même année 1753[555], se donne pour objet de présenter le plus objectivement qu'il le peut les mémoires de Nollet et de le Roy, mais, en premier lieu, d'apaiser la querelle et de ramener le calme dans des séances de l'Académie qui furent certainement très houleuses : *Jusqu'ici les Physiciens avoient été assez d'accord sur l'Electricité. La doctrine de M. l'abbé Nollet, proposée en 1745, n'avoit trouvé en Europe que peu de contradicteurs ; l'Amérique vient de lui en fournir un, si cependant on peut nommer contradicteur un Philosophe, qui travaillant à l'autre extrémité du globe, sans avoir probablement aucune connoissance de ce qui avoit été fait ici, est parvenu à tirer de ses expériences des conclusions peu conformes à celles que M. l'abbé Nollet a tirées des siennes. Cet adversaire est M. Franklin, Anglois, habitant de Philadelphie [...] Cet Ouvrage a commencé à partager les Physiciens électrisans de l'Europe ; les uns ont pris parti pour M. Franklin, & les autres s'en sont toûjours tenu aux idées de M. l'abbé Nollet : ce partage même s'est fait sentir dans l'Académie, qui apporte autant de soin à favoriser les disputes littéraires qu'elle juge utiles à éclaircir les sujets qu'on y traite, qu'à empêcher que ces disputes ne deviennent personnelles*[556].

553 « Réponse au supplément d'un Mémoire lû à l'Académie par M. le Roy, le 22 décembre 1753, & imprimé dans ce volume, p. 468 », *MARS*, 1753, p. 503-514.

554 « Extraits des registres de l'Académie Royale des Sciences, du 23 Août 1752 », *MARS*, 1753, p. 508.

555 Grandjean de Fouchy, « Sur l'Electricité », *HARS*, 1753, p. 6-39.

556 *Ib.*, p. 6.

Disons tout de suite que du côté de Franklin la controverse fut faite par personne interposée ; Franklin considérait que ses expériences pouvaient être reproduites par tout le monde, que des fautes de traduction pourraient inutilement prolonger la dispute aussi décida-t-il de garder le silence et laissa-t-il à d'autres : à Dalibard, à le Roy, &c. le soin de prendre sa défense[557].

Quelques autres points de conflit entre Nollet et Franklin

Nous commençons par exposer la défense de Nollet, en puisant autant dans les *Archives et les Mémoires de l'Académie des sciences* de 1753 - mémoires qui ne parurent qu'en 1757 - que dans les *Lettres sur l'électricité* parues en 1753. Notons que le second de ces deux mémoires de Nollet fut écrit après les *Lettres sur l'électricité* ; dans ce mémoire, Nollet les cite plusieurs fois.

Comme nous l'avons déjà dit, le 12 avril 1752, Nollet a lu un mémoire à l'Académie des sciences, pour montrer, comme Grandjean de Fouchy l'écrit dans l'*Histoire de l'Académie*, que Franklin n'a pas suivi les procédés indiqués par Nollet et en a imaginé d'autres, malgré cela : *comme la Nature est par-tout la même, il est certain que la variété ne peut être que, pour ainsi dire, dans l'extérieur, & qu'au fond les expériences des Physiciens d'Europe & celle de M. Franklin doivent être les mêmes. Cependant, comme l'appareil de M. Franklin étoit en plusieurs points très différent de celui qui avoit été connu jusqu'ici, ceux qui s'arrêtent plus à l'apparence qu'au fond de la question, regardèrent son Ouvrage comme absolument neuf, & le donnèrent pour tel. M. l'abbé Nollet, avoit trop approfondi cette matière pour ne pas reconnoître cette illusion [...]*[558].

Le tableau magique

L'abbé Nollet va d'abord montrer que, parmi les expériences de Philadelphie, celle que l'on nomme le tableau magique à cause d'une estampe qui en couvre l'appareil *n'a rien d'essentiel qui soit nouveau pour nous, et que réduit à sa juste valeur, il n'est autre chose que l'expérience de Leyde, dans laquelle au lieu d'une bouteille en partie pleine d'eau, on employe un grand carreau de verre enduit de part et d'autre avec des feuilles de métal*[559] et que *l'estampe qui le couvre & dont il tire son nom, n'est qu'un voile qui cache l'appareil, pour rendre l'effet plus mystérieux*[560]. Pour ce faire, Nollet rappelle qu'en nous faisant part de l'invention de la bouteille de Leyde, au commencement de l'année 1746, Musschenbroek *nous apprit en même temps, que le succès en étoit plus sûr & plus grand*

557 Benjamin Franklin, *Mémoires*, Paris, Aubier, 1956 ; p. 211.

558 Grandjean de Fouchy, « Sur l'Electricité », *op. cit.*, p. 6, 7.

559 Nollet, *Archives*, p. 173.

560 Nollet, « Comparaisons raisonnées des plus célébres phénomenes de l'Electricité », *op. cit.*, p. 431-433, pour cette citation et les suivantes.

lorsque la bouteille étoit touchée extérieurement par un corps animé, ou posée sur un support de métal ; et que, lui-même, la même année, dans un mémoire de l'Académie, a écrit que *dans l'expérience de Leyde, tout consiste à communiquer une forte électricité au verre ; or tout ce qui s'applique exactement à la surface intérieure du vaisseau, tout ce qui peut ménager un mouvement libre aux rayons de matière électrique sera plus propre qu'autre chose à cet effet.* Nollet ajoute que cette proposition fut vérifiée un an plus tard par Jallabert : *il électrisa des miroirs & des carreaux de vitre, en les placant entre deux métaux, ou bien entre un métal & un corps animé, & qu'il s'en servit pour faire ressentir de rudes commotions à ceux qui voulurent l'éprouver.* Nollet en conclut : *On sût donc par-là avec toute la certitude possible, que la forme du verre n'étoit point essentielle au succès de l'expérience, & qu'une couche de métal appliquée à l'une des surfaces pouvoit faire aussi-bien & même mieux que l'eau qu'on met ordinairement dans la bouteille, c'est-à-dire, rendre le verre plus propre qu'il ne l'est de lui-même à s'électriser par communication.*

L'imperméabilité du verre à la matière électrique chez Franklin

Autre divergence entre Franklin et Nollet : le problème de l'imperméabilité du verre à la matière électrique chez Franklin et sa critique chez Nollet ; ce problème, nous l'avons vu, est au cœur des interprétations divergentes de l'expérience de Leyde. *Je suis fâché,* écrit Nollet, *de voir qu'un aussi habile homme ait pris le parti de croire que le verre est absolument imperméable à la matière électrique, & que lui ou ses Editeurs traitent d'Observateurs superficiels, ceux qui ont embrassé l'opinion contraire [...].*

En guise de réponse, Nollet présente une série d'expériences qui, selon lui, prouvent la perméabilité du verre à la matière électrique, ajoutons qu'étant donné l'état des connaissances du temps, les expériences de Nollet sont très convaincantes[561]. Rappelons que pour l'abbé Nollet : *Les matières effluente et affluente ne sont pas des hypothèses [...], mais de véritables constatations de faits [et qu'il] croit percevoir avec les sens cette matière répandue dans tout l'univers [...]* [562].

---

561 Il n'appartient pas à l'historien de distribuer des médailles à la lumière des savoirs acquis de nos jours. Aussi, épousons un instant le point de vue d'un contemporain de Nollet qui, tout comme lui, considère que des lois d'action à distance, les attractions newtoniennes, peuvent être provisoirement retenues pour rendre compte des mouvements des corps célestes en attendant que les mouvements d'une matière subtile puissent en rendre compte et, peut-être même, démontrent les lois de Newton. Notre lecteur considère que la situation se présente de manière différente lorsqu'on veut expliquer les phénomènes électriques, ici Nollet a montré par une suite logiquement agencée d'expériences qu'il était inutile de recourir à des actions à distance attractives ou répulsives puisque la matière électrique est rendu sensible : toiles d'araignées flottantes en l'air, piqûres, odeur d'ail ou de phosphore, &c.

562 Benguigui, *Théories électriques du XVIIIe siècle*, *op. cit.*, p. 15.

Nous nous arrêtons ici sur deux de ces expériences, mais laissons la parole à l'abbé : *Je pris un récipient de machine pneumatique, d'une forme à peu près cylindrique, ayant près de quatre pouces de diamètre, dix de hauteur, terminé & ouvert en sa partie supérieure par un goulot semblable à celui d'une bouteille. Je fis passer dans ce goulot le col d'une de ces bouteilles minces de verre, qu'on nomme fiole à médecine, & je l'y arrêtai avec du mastic, de manière que le ventre de la bouteille se trouvoit en dedans, & son orifice au niveau de celui du récipient ; la jonction étoit exacte pour ne donner aucun passage à l'air extérieur ; & entre les deux vaisseaux il y avoit un espace de trois quarts de pouce : ayant établi cet appareil sur la platine d'une machine pneumatique, & ayant raréfié l'air du récipient, autant qu'il me fut possible ; je mis de l'eau dans la bouteille à peu près jusqu'aux trois quarts de sa capacité, & j'y conduisis l'électricité avec une tringle de fer & un bout de fil d'archal qui passoit au travers d'un bouchon de liège, comme dans l'expérience de Leyde* [563].

Alors l'abbé constata-t-il que la lumière paraissait se tamiser du dedans au dehors de la bouteille et qu'elle formait en plusieurs endroits des cônes lumineux, appuyés par leur base sur le ventre de la bouteille, et portant leur pointe à quelque distance, après quoi chaque jet de lumière rencontrant le récipient se divisoit en plusieurs ruisseaux très lumineux, qui allaient en descendant à la platine de la machine pneumatique ; l'abbé constatait encore que la plupart des jets de lumière qui sortaient de la bouteille changeaient continuellement de place, mais que quelques-uns paraissaient se fixer, ce qui l'amenait à supposer que c'étaient ceux qui avaient rencontré quelques pores plus ouverts dans la bouteille, ou qui répondaient à des émanations plus vives de la part du fil de fer. Nous passerons sur les variantes que l'abbé apporta à cette expérience pour en tester les résultats et s'assurer que les faits n'étaient pas les effets de circonstances incontrolées. En plus, l'électrisation ayant été continuée, le récipient devint si électrique que l'abbé éprouva la commotion de Leyde lorsqu'il voulut tirer une étincelle du conducteur en touchant de l'autre main le récipient. De cette expérience, l'abbé conclut : *Quand on a vû ce que je viens de rapporter, si l'on obstine à dire que le fluide électrique ne passe point au travers du verre, il faut que la prévention soit absolument invincible.* Néanmoins, l'abbé multiplia-t-il les expériences, telle celle-ci, dont nous empruntons le récit à l'*Histoire de l'Académie* pour sa concision et pour sa conclusion, conclusion que Grandjean de Fouchy semble faire sienne : *[...] il prit un matras de verre mince, vuidé d'air, & dont le col étoit scellé hermétiquement ; il fit entrer ce col dans un canon de fusil, suspendu à des cordons de soie, & on électrisa le tout [il faut supposer que lors de cette opération le matras reste vide d'air]. Il est évident, par cette disposition, que le feu électrique ne pouvoit se faire voir dans*

---

563 Nollet, « Comparaisons raisonnées des plus célébres phénomenes de l'Electricité », *op. cit.*, p. 434-436, pour cette citation et la suivante.

l'intérieur du vaisseau, fermé de toutes parts, sans passer au travers du verre, & que d'un autre côté la surface intérieure ne pouvant être touchée ni par la main, ni par le canon du fusil, si on pouvoit faire l'expérience de Leyde avec cet appareil, il étoit impossible de supposer avec M. Franklin, que ce fût en établissant une communication entre l'électricité des deux surfaces qui n'en avoient aucune auparavant. L'un & l'autre arriva cependant ; l'intérieur du vaisseau se remplit de lumière, & M. l'abbé Nollet y tenant une main appliquée, tira de l'autre une étincelle du canon, qui lui fit sentir une commotion très-vive & très marquée. L'électricité passe donc à travers le verre, & il n'est pas nécessaire, pour éprouver la commotion de Leyde, d'établir une communication entre les deux surfaces du verre électrisé ; deux conclusions formellement opposées à ce qui a été avancé par M. Franklin[564]. Ainsi Nollet a-t-il, de son point de vue, rempli sa promesse, montrer *quelques expériences, dans lesquelles vous verrez la matière électrique se cribler à travers du verre, presque aussi évidemment qu'on voit l'eau passer par les trous d'un arrosoir*[565].

Le pouvoir des pointes

Nollet aborde ensuite *ce qu'on nomme le pouvoir des pointes dans les expériences de Philadelphie*[566] ; un phénomène *qui n'est pas nouveau en Europe, si l'on veut le réduire à sa juste valeur, & le dépouiller de certaines merveilles que je crois un peu exagérées.* Depuis qu'on utilise des globes de verre pour électriser, on s'aperçoit que la pointe d'une épée, ou celle d'un couteau qu'on approche à quelques pieds du verre électrique brille d'une faible lumière, puis du feu le plus vif à mesure qu'on l'en approche davantage et enfin, à la distance de quelques pouces, jette une petite aigrette qui a une direction bien marquée vers le globe. Pour Nollet, cette lumière n'est pas autre chose que la matière électrique affluente animée jusqu'à l'inflammation par le choc de la matière électrique effluente du verre frotté. La raison même d'un tel effet semble évidente à Nollet : *car dès que l'on sait d'ailleurs que l'air qui environne le conducteur est un milieu bien plus difficile à pénétrer pour le fluide électrique, que du métal ou un corps animé, il n'est pas fort étonnant qu'en se présentant avec un poinçon à la main à une certaine distance d'un corps électrisé, on amène à soi les émanations dont il est prêt à se décharger, & qu'on diminue d'autant le reste de son atmosphère.*

Nollet termine son propos sur le pouvoir des pointes en citant un fait fort singulier qui fut observé par Jallabert en 1747, avant que Franklin ne l'observe et s'en prévale : *c'est que le même poinçon ne fasse point par la*

---

564 *Archives*, p. 11.

565 Nollet, *Lettres sur l'électricité*, *op. cit.*, tome 1, lettre 3, p. 53.

566 Nollet, « Comparaisons raisonnées des plus célébres phénomenes de l'Electricité », *op. cit.*, p. 442- 444, pour cette citation et les suivantes.

tête ce qu'il fait par la pointe. Avant Franklin, Jallabert avait observé *[qu'un] même poinçon présenté [à un] corps électrique par la tête, n'en tire pas, a beaucoup près, le feu aussi puissamment ni de si loin que lorsqu'on le présente par la pointe* [567]. Nous avons vu que Franklin a observé que si l'on présentait par la pointe un poinçon de fer non électrisé au dessous d'un plateau de balance électrisé, ce dernier était repoussé alors que si c'était l'extrémité arrondi du poinçon qu'on lui présentait le plateau était attiré. Jallabert reproduisant cette même expérience constatait que le plateau était attiré dans les deux cas. Fouchy se demande que conclure, de cette contrariété d'expériences, sinon que le succès tient à des variétés insensibles, et qu'on ne doit rien encore en inférer. Dans le cas présent, Fouchy trouve l'explication dans des observations relatées dans un mémoire de M. du Tour envoyé et lu à l'Académie des sciences ; du Tour a observé que *les corps pointus ou mousses* [568], *présentés sous le bassin électrique de la balance, s'électrisent sensiblement, quoiqu'ils ne soient pas isolés. Cela supposé, il n'est pas surprenant qu'une pointe électrisée qui fournit une longue aigrette, & s'électrise de très-loin, puisse repousser ce bassin, tandis que la tête du même poinçon, qui ne s'électrise pas à la même distance, & dont les émanations sont beaucoup moins fortes & comme nulles en cette occasion, l'attire comme pourroit faire tout corps non électrique* [569].

De ses observations souvent répétées, Nollet avait appris véritablement que *les corps pointus sont plus propres que les autres à recevoir de loin l'électricité, comme je savois déjà qu'ils l'étoient à dissiper cette vertu* [570]. Mais sur cette propriété, Nollet ne peut convenir, avec Franklin, *qu'une pointe présentée à un pied de distance empêche qu'on ne puisse électriser un corps d'un volume raisonnable, ni qu'une aiguille à tricoter dont la pointe s'avance au-delà du canon de fusil sur le bout du quel elle seroit posée, empêche le canon de s'électriser au point de produire quelques étincelles.* Nollet ajoute qu'il a éprouvé le contraire bien des fois et dans des temps même où l'électricité n'était pas bien forte. En relatant cette contrariété des constats expérimentaux, Grandjean de Fouchy y ajoute ce commentaire sur les difficultés que rencontrent les électriciens au quotidien *il est vrai que les résultats des expériences tiennent souvent à des circonstances qui échappent aux yeux des Physiciens les plus éclairés !* [571].

Nollet abrège son propos sur le pouvoir des pointes en renvoyant les lecteurs à la 6e de ses *Lettres sur l'électricité* qu'il a publiée depuis la lecture

---

567 *Archives*, p. 13.

568 Mousse, « il se dit des ferremens [des outils de fer] dont la pointe et le tranchant sont usées », *Dictionnaire de l'Académie*, 1762.

569 Grandjean de Fouchy, « Sur l'électricité », *op. cit.*, p. 14.

570 *Archives*, p. 444.

571 Grandjean de Fouchy, « Sur l'électricité », *op. cit.*, p. 14.

de son mémoire. Grandjean de Fouchy s'inspire de cette lettre lors de la rédaction de l'*Histoire de l'Académie des sciences* de cette même année 1753. Nous ne pouvons terminer ce propos sur le pouvoir des pointes sans aborder la critique portée par Nollet contre l'interprétation de Franklin ; une critique développée dans la 6e lettre sur l'électricité. Nollet, nous le savons, a repris la dénomination « pouvoir des pointes » parce qu'elle exprime très bien un fait dont il reconnaît la réalité ; mais pour lui cette dénomination désigne un effet dont on ignore la cause, mais il ne veut pas qu'on oublie que cet effet a une cause et il n'entend pas qu'il soit inutile de la chercher. S'adressant à Franklin, Nollet écrit : *je vois avec plaisir que vous avez pensé de cette maniere, puisque vous avez essayé de faire voir que les phénoménes appartenans aux pointes, dépendent principalement du degré de force avec lequel chaque portion d'une atmosphére électrique, tient à la partie correspondante du corps électrisé, & de la répulsion qu'exercent entre elles les particules même du feu électrique. Un homme qui rejette les vertus attractives & répulsives, pourrait vous dire que c'est expliquer "obscurum per obscurius"* ; *& qu'il n'est pas plus éclairé quand on le renvoye à ces qualités abstraites, que si vous lui donniez* [le pouvoir des pointes] *pour un nouveau principe de physique. Mais en vous regardant comme Newtonien, & traitant avec vous sur ce pied là, je vois quelque chose de plus à vous objecter*[572]. Cette objection est une critique empiriste du newtonianisme, ici adopter un point de vue empiriste revient à choisir une interprétation cartésienne des phénomènes. La sensation qu'apportent les mouvements de la matière rend inutile le passage par les actions à distance pour interpréter les phénomènes physiques, quel dommage que nous ne percevions pas les tourbillons qui entraînent les planètes, nous aurions fait l'économie des actions à distance qui, il faut bien le dire, ont une origine douteuse et puisent aux sources de l'occultisme.

Premièrement comment pouvez-vous regarder l'atmosphére électrique, comme un fluide tranquille, appuyé de toutes parts sur la surface du corps électrisé, & prenant autour de lui une figure conforme à la sienne ? Si nous n'avions sur cela aucun fait à consulter, je vous passerois volontiers cette supposition ; possibilité pour possibilité, j'aimerois autant celle-là qu'une autre. Mais n'avez-vous jamais approché votre main ou votre visage d'un corps électrisé ? cette espêce de souffle que vous sentez sur la peau, annonce-t-il un fluide en repos, ou comme tel ? L'impétuosité avec laquelle les poussieres & les fluides sont enlevés de dessus la surface d'un corps qu'on électrise, les écoulemens accélérés par la vertu électrique, annoncent-ils une matière en repos & simplement accumulée ?[573] Sur ces considérations, l'abbé Nollet se permet de deviner la forme des atmosphères

572 Nollet, *Lettres sur l'électricité*, 1753, *op. cit.*, lettre 6, p. 136.

573 *Ib.*, lettre 6, p. 138-140, pour cette citation et les suivantes.

électriques, quand il voit les aigrettes lumineuses aux extrêmités des conducteurs & à tous les autres points de leurs surfaces, où il peut les faire paraître et les préfère aux atmosphères d'électricité que Franklin déduit de sa théorie.

Secondement, Franklin prétend que ces atmosphères électriques demeurent autour des corps électrisés par l'attraction qu'ils exercent sur elles, alors que leurs parties font continuellement effort pour se séparer ; l'abbé ne le pense pas, car : *comment, concevoir qu'un tuyau de fer blanc, de carton, &c. qui ont si peu de masse, puissent exercer leur attraction à six pieds ou plus de distance sur une matière dont les parties, selon vous, se repoussent mutuellement et tendent par conséquent à s'éloigner les unes des autres ?*

Dans la seconde édittion des lettres, Nollet modifie son texte : *Comment peuvent-elles avoir jusqu'à cinq ou six pieds d'étendue comme vous le reconnoissez vous-même ? La vertu attractive d'un mince tuyau de carton ou de fer-blanc, s'étend-elle si loin sur une matière dont les parties, selon vous, se repoussent mutuellement, et tendent par conséquent à s'éloigner les unes des autres ?*

Troisièmement, Franklin affirme que les pointes ont autant la propriété de tirer que de pousser le fluide électrique, il apporte pour preuve le petit bouquet de feu qui paraît au bout des pointes qui absorbent l'électricité et l'aigrette que l'on observe à l'extrémité de celles qui la répandent. Nollet ne voit pas bien comment cela peut s'expliquer par l'attraction qu'exercent les corps sur la matière électrique et par la répulsion qui règne entre les parties de cette matière : *car si la pointe électrisée a moins de vertu attractive, & que par cette raison elle laisse échapper plus de feu électrique, comment la pointe non-électrisée n'est elle pas, par la même raison, plus foible qu'un corps mousse ? & pourquoi enlève-t-elle le feu électrique aux endroits mêmes du conducteur qui, selon vos principes, le doivent retenir avec plus de force ?*

Le tonnerre et le feu électrique

Revenons sur cette affirmation que le tonnerre et l'électricité sont au fond la même chose.

Dans la première de ces *Lettres sur l'électricité*, Nollet aborde ce point particulier de l'ouvrage de Franklin qui, reconnaissant une certaine analogie entre le tonnerre et l'électricité *osa croire que des verges de fer pointuës, dressées en l'air sous un nuage orageux tireroient à elles la matière de la foudre, & la feroient passer sans éclat, & sans danger jusques dans le corps immense de la terre, où elle resteroit comme absorbée ; occupé de cette pensée, il projetta d'essayer si de telles pointes isolées, sur des supports de résine, ou de soye donneroient dans les temps d'orage quelques signes d'Electricité, ne doutant pas, si cela arrivoit, que ce qu'il avoit imaginé ne fût un moyen sûr pour soutirer le feu du Tonnerre, & prévenir ses funestes effets. Il proposa cette expérience, & ne l'exécuta point*[574]. Nollet relate la mise en œuvre de cette expérience par Dalibard et Delor au château de Marly- la-Ville par temps d'orage, *un seul coup de tonnerre ayant passé au-dessus de la maison, on avoit tiré de la verge de fer pointue des étincelles tout-à-fait semblables à celles que produit l'Electricité ordinaire.* Nollet doute fort que pour se garantir du tonnerre, il suffit de dresser des pointes sur le sommet des édifices ; par ailleurs il ne considère pas que l'expérience de Marly suffise à démontrer l'identité du feu du ciel et de l'électricité comme le déclarent Dalibard et Delor. Nollet souligne que le sieur Bouguer, pensionnaire de l'Académie des sciences, ait rendu compte de cette expérience à cette institution ne signifie pas que l'Académie et son rapporteur considère que ce fait soit avéré et cette interprétation approuvée. Après cela, Nollet relate brièvement les expériences qui furent faites par Le Monnier et qui, après avoir reproduit et vérifié l'expérience de Marly, en avait varié les circonstances ; il avait alors pu constater : *que cet effet avoit lieu, soit que les verges de fer fussent pointues, soit qu'elles ne le fussent pas, & que leur position horizontale ou verticale étoit assez indifférente. Que le Tonnerre électrisoit non-seulement le fer, mais [...] généralement tous les corps électrifiables. Qu'il n'étoit pas absolument nécessaire de porter ces corps au plus haut des Edifices, qu'ils s'électrisoient fort bien à 4 pieds de terre dans un endroit découvert, & un peu écarté des grands Edifices. Que les corps électrisés de cette maniere produisoient les mêmes Phénomènes, qu'ils ont coutume de faire voir quand on électrise avec du verre frotté*[575]. Quelques jours après ces expériences de Le Monnier, à l'observatoire de Paris, Nollet et Cassini de Thury virent les mêmes faits avec un appareil à peu près semblable à celui de Le Monnier. Par un temps d'orage, Nollet reproduit chez lui ces mêmes expériences avec un même succès : en électrisant une barre de fer soutenue horizontalement sur des cordons de soie, il peut reproduire les expériences qu'il réalisait en d'autres temps en électrisant la même barre de fer avec une machine électrique. Nollet en déduit : *Puisque les corps isolés et exposés en plein air, s'électrisent véritablement par temps d'orage, & qu'en cet état ils nous montrent les mêmes effets, que nous avons vû jusqu'à présent en leur communiquant la vertu électrique avec des tubes & des globes de verre frottés, n'est-il pas très-raisonnable de croire que le Tonnerre est un phénomène d'Electricité ; que la matière de ce météore est la même que nous excitons dans une barre de fer, ou dans un animal, lorsque nous y faisons toucher un corps électrisé ? Ce n'étoit qu'une conjecture, il y a 5 ou 6 mois, présentement graces à M. Franklin, & ceux qui sont entrés dans ses vûes, c'est une vérité*

---

574 *Ib.*, lettre 1., p. 8.

575 *Ib.*, p. 13, 14.

qui paroît constante[576]. Nollet reprendra cette conclusion dans une note de la troisième édition parue en 1757, il y écrit : *Depuis la première édition de ce volume ces conjectures sont devenues presque des certitudes* et renvoie le lecteur aux *Lettres sur l'électricité* qu'il a publiées en 1753. Ainsi, contrairement à Dalibard, Nollet considérait que jusqu'aux expériences de Le Monnier, expériences qu'il avait lui-même reproduites, l'identité des matières du feu électrique et du tonnerre n'était encore qu'une conjecture.

Faisons ici une parenthèse : convaincu que l'identité de la matière du tonnerre et de celle du feu est démontrée avec l'expérience de Marly, Dalibard estime qu'il n'est nullement nécessaire de citer les expériences faites ultérieurement par Le Monnier et par Nollet. Dans ce même mémoire, mettant ses lecteurs en garde contre les dangers de l'électricité, Dalibard citera incidemment Le Monnier qui fut renversé par le coup dont il fut frappé en voulant tirer des étincelles d'un appareil électrique.

Lettre à un impétrant indélicat ou première lettre de Nollet à Franklin

La première des *Lettres* [ouvertes] *sur l'électricité* de l'abbé Nollet, datée du 1er juillet 1752, est adressée à une jeune italienne férue de sciences ; à l'âge de 16 ans, nous dit Nollet, cette demoiselle *fit imprimer une traduction en Italien, de l'Hémostatique de Mr. Hales, avec des remarques très-sçavantes, & très-judicieuses*[577]. Les six lettres suivantes sont adressées à Franklin ; la première d'entre elles est une ouverture d'hostilité à fleurets mouchetés ; Nollet est un homme du monde accompli, il sait ménager les ouvertures pour un dialogue entre gens de bonne compagnie, c'est du moins l'impression qu'elle doit faire sur un lecteur ignorant des mœurs du monde savant, pour ce dernier, cette lettre est comme une volée de bois vert qui tombe sur le dos d'un impétrant indélicat : l'abbé feint de croire que Franklin, lecteur de Watson, ignore son existence, et que c'est par une ignorance, excusable par l'éloignement où il se trouve dans la lointaine Amérique, qu'il s'attribue certaines découvertes et quelques pensées qui ont été faites et publiées en Europe : *je vous crois trop judicieux & trop modeste, pour vouloir briller aux dépens de personne, & trop riche de votre propre fond pour vouloir vous approprier le bien d'autrui : éloigné comme vous l'êtes, on croira sans peine que vous aurez ignoré bien des découvertes, qui s'étoient déjà faites ailleurs, ainsi que les conséquences qu'on en avoit déduites*[578]. Naturellement, l'abbé n'accorde pas les mêmes circonstances atténuantes aux éditeurs anglais et français de Franklin. Bien sûr, avant de mettre quelques restrictions à ses applaudissements, l'abbé a félicité Franklin : *Lorsqu'on fit paroître en France vos Lettres sur l'électricité, je m'empressai de les lire, & j'y trouvai, comme l'annoncent vos Editeurs, des*

576 *Ib.*, p. 22.

577 *Ib.*, p. 1.

578 *Ib.*, lettre 2, p. 36.

faits nouveaux & intéressans, des Expériences bien imaginées & conduites avec intelligence, des vûes fort ingénieuses & des conjectures plausibles. Le fait que Franklin soit un amateur n'est pas une circonstance qui puisse atténuer la critique : la lettre précédente est adressée à une jeune demoiselle qui, à seize ans à peine, a traduit et commenté avec pertinence un ouvrage de Hales, notez en passant que Buffon, lui aussi, a traduit un ouvrage de Hales, voilà de quoi relativiser sa gloire. Et voilà que Nollet présente ses travaux afin de combler les omissions faites par *l'Auteur qui a pris soin de vous en envoyer la liste [des physiciens électrisants de l'Europe], n'ayant entrepris qu'une Histoire abrégée de l'Electricité, cet auteur s'est contenté de citer les premiers Maîtres de l'Art, & qu'il m'a réservé pour le supplément, s'il s'en donne un quelque jour*[579]. Suit une présentation et une défense du principe de l'effluence et de l'affluence, il rappelle à son interlocuteur : *vous-même, c'est un fait que vous aviez découvert & démontré par le moyen des roues d'un petit moulin à vent &c. mais que vous avez attribué depuis à diverses circonstances d'attraction & de répulsions, dont vous n'avez pas rendu compte dans votre ouvrage, & que je serois bien curieux d'apprendre*[580]. Dans les lettres suivantes adressées à Franklin, Nollet va, comme il l'annonce ici, démontrer que si le principe de l'effluence et de l'affluence s'accorde avec les faits mentionnés par son interlocuteur, *je me croirai en droit de le préférer aux vôtres ; premièrement parce qu'ils ne me paroissent pas assez prouvés, & en second lieu, parce qu'il me semble qu'ils font violence à des vérités bien établies, & presque généralement reconnues*[581]. Cette seconde lettre à Franklin commence par une adresse qui est tour à tour ironique, dubitative, faussement charitable et tranchante : ***ironique***, *J'admire, Monsieur, que sur la nature du fluide électrique, vous ayez sçu prendre tout d'un coup un parti décidé, auquel les Européens ne se sont rendus qu'avec peine & avec lenteur*[582], ***dubitative***, *je crois très volontiers que vous êtes parvenu par vos propres lumieres à découvrir l'identité de la matiere électrique avec celle du feu élémentaire, & que les ouvrages de Watson où cela est encore bien établi, arrivé trop tard entre vos mains pour vous en instruire, n'ont servi qu'à vous affermir dans une idée que vous aviez déjà conçues*[583], ***faussement charitable***, *je suis persuadé que vous n'approuverez pas ce que M. Collinson votre éditeur a dit de vous à ce sujet : "Il nous découvre, dit-il, une matière invisible subtile, répandue dans toute le nature... qui avoit échappé à nos observations, &c."*, enfin ***tranchante***, *Non, Monsieur, cette matière n'avoit point échappé à nos*

579 *Ib.*, p. 26, 27.

580 *Ib.*, p. 32.

581 *Ib.*, p. 34.

582 *Ib.*, p. 39.

583 *Ib.*, p. 41, pour cette citation et les suivantes.

observations ; nous sçavions, il y a longtemps, que c'est un agent des plus formidables, qui tue subitement les animaux & qui perce à jour & d'une manière très-singuliere des corps durs & fragiles...

Du feu commun & du feu électrique

L'abbé demande à Franklin pourquoi, alors que dans ses trois premières lettres il paraissait *prêt à croire, que ces deux feux [le feu commun et le feu électrique] ne sont que le même élément différemment modifié, comme on le pense communément aujourd'hui*[584], il s'est décidé, dans la quatrième lettre, à distinguer le feu électrique du feu commun ? et sur quelle preuve il appuie la distinction qu'il fait entre la matière électrique et le feu élémentaire puisque *en bonne Physique, on ne doit pas multiplier les principes sans nécessité, ni sans en dire les raisons*[585] ? L'abbé n'attend pas la réponse de Franklin ou plutôt il la trouve dans cette quatrième lettre et dans la suite de l'ouvrage : *il semble que vous avez pris ce parti, 1°. parce que les effets de l'électricité se passent le plus souvent sans aucune chaleur sensible ; 2°. parce que le feu commun, de l'aveu de tout le monde, pénètre dans toute leur épaisseur, certains corps que vous croyez absolument imperméables à la matière électrique.* Aussi Nollet prend-t-il la liberté de montrer à Franklin qu'il a cédé *à des considérations qui ne me paroissent pas d'un grand poids.*

L'expérience qui, aux yeux de Franklin, fonde la distinction du feu électrique et du feu commun est une expérience par laquelle on opère une fusion sans chaleur d'une petite quantité d'or, d'argent ou de cuivre par un coup électrique. Pour ce faire, Franklin coupe dans une feuille de l'un de ces métaux une bande longue et étroite de la largeur d'une paille et la place entre deux lames de verre poli de la largeur d'un doigt, ces deux lames sont attachées l'une à l'autre par un fil de soie. La bande métallique débordant à chaque extrémité du verre, les extrémités de la bande d'or, si c'est l'or qui a été choisi, servent à fermer un cercle électrique ; lorsqu'un coup est porté au travers du cercle avec une bouteille de Leyde ou un carreau de verre électrisé, si les lames de verre restent entières, on voit que l'or manque en plusieurs endroits et l'on trouve à sa place des taches métalliques sur les deux verres : *Le métal nous a paru avoir été non seulement fondu, mais même vitrifié ou autrement, si enfoncé dans les pores du verre, qu'ils paroissent le défendre contre l'action de la plus puissante eau-forte & eau-régale*[586]. Quelquefois le verre se brise mais il est constant que les taches métalliques apparaissent. Franklin constate toujours que *quoique j'aie pris les morceaux de verre entre mes doigts immédiatement après la fusion, je n'y ai jamais senti la moindre chaleur*[587]. Voilà un récit qui vaudra au sieur

584 *Ib.*, p. 43.

585 *Ib.*, p. 44, 45, pour cette citation et les suivantes.

586 Franklin, *Expérience et observations sur l'électricité*, *op. cit.*, p. 171.

587 *Ib.*, p. 173.

Franklin une belle leçon de physique expérimentale par un maître en la matière, l'abbé Nollet. L'abbé ne trouve dans ce texte *aucune raison solide, aucune preuve d'expérience, qui pû autoriser la différence que vous prétendez mettre entre le feu électrique & le feu élémentaire que vous appellez commun*[588]. Nollet commence par douter que dans cette belle expérience où l'or a été porté dans l'épaisseur du verre, le feu électrique ait opéré une véritable fusion, mais en l'admettant, peut-on supposer un instant que cette prétendue fusion soit froide ? *Vous voulez dire apparemment que l'action du feu électrique dans cette occasion est tout à fait différente de celle du feu commun, lorsqu'il fond le métal : mais comment avez-vous jugé de cette différence essentielle ? parce qu'ayant porté, dites-vous, la main au verre immédiatement après cet effet, vous n'avez senti aucune chaleur extraordinaire, comme vous en auriez dû sentir, si vous aviez touché de l'or sortant du creuset. Faites, s'il vous plait, attention d'une part à la promptitude inexprimable avec laquelle ce trait de feu agit, & de l'autre à la portioncule inexprimable d'or ou d'argent qu'il a broyé, ou fondu, si vous le voulez, & vous concevrez aisément, sans imaginez un feu d'une nouvelle espèce, que le degré de chaleur, eût-il été tel qu'il faut qu'il soit pour mettre le métal en fusion, n'a pu subsister qu'un instant, & trop peu pour vous laisser le loisir de le reconnoître au tact*[589]. Pour convaincre son interlocuteur, Nollet évoque la fusion des métaux au foyer d'un miroir ardent cependant que l'on peut sans se brûler y passer la main. Il relève encore : *Vous n'ignorez pas, sans doute, que les étincelles qu'on fait naître en heurtant un morceau d'acier trempé contre le tranchant d'un caillou, sont des parcelles du métal, embrasées & fonduës par le feu que vous appellez commun ; si vous receviez ces globules sur un morceau de verre froid, pour reconnoître avec le bout du doigt s'ils sont chauds, quelque diligence que vous fissiez, je ne crois pas que vous parvinssiez jamais à y trouver une chaleur sensible. Après une pareille épreuve seroit-on bien fondé à dire que ces particules d'acier ont été fonduës à froid par une espèce de feu différent de celui qui embrase les corps ? Je vous le laisse à décider.*

Après cette analyse, Nollet passe à la réfutation de la distinction du feu électrique et du feu commun : *Disons donc, Monsieur, que le métal dans votre expérience, n'a pas été fondu, mais seulement pulvérisé, & porté par l'impétuosité du feu électrique dans les pores dilatés du verre qui se resserrant aussi-tôt après, l'ont rendu inaccessible au dissolvant ; ou que s'il a été véritablement fondu, cette fusion instantanée a été aussi chaude que celle qui se fait dans le creuset ; & que si le degré de chaleur qu'il a fallu pour cet effet, échappe à nos sens, nous ne sommes pas en droit de prétendre que cela se soit fait, comme vous dites ; à froid.*

---

588 Nollet, *Lettres sur l'électricité*, 1753, *op. cit.*, lettre 3, p. 44.

589 *Ib.*, p. 46-49, pour cette citation et les suivantes.

Nollet évoque alors une autre expérience qui, de son point de vue, montre que le feu électrique a les mêmes effets que le feu commun, ce qui plaide en faveur de leur identification : *Quand vous avez percé avec le trait de feu électrique des cahiers de papier blanc avez-vous pris garde que le bord du trou, du côté qui a touché le carreau de verre enduit de métal, paroît roussi & comme brûlé ; c'est une observation qu'on peut faire toutes les fois que l'Electricité est un peu forte. Qu'est ce qu'il y auroit de plus, si ce trou avoit été fait avec un fer chaud ? & quand on voit des pareilles marques, est-il possible d'imaginer que ce qui a troué le papier ait agi sans chaleur ?* Et, de ce pas, Nollet pose l'interprétation que Franklin pourrait en donner, afin d'en montrer l'inutile complexité : *Me direz-vous, selon vos principes, que le feu électrique n'a été que la cause occasionnelle de cette demi brûlure, en excitant le feu commun qui residoit dans le papier ?* Complexité à laquelle il faudrait bien se rendre si par ailleurs l'existence des deux feux était établie.

Dans la suite de cette même lettre, Nollet reprend l'opinion de Franklin selon laquelle le feu commun se fait jour à travers de tous les corps alors que le feu électrique ne traverse jamais que la demi-épaisseur du verre le plus mince ; et s'attache à prouver que la matière électrique passe d'une surface à l'autre, par l'épaisseur du verre. Parmi les arguments retenus, Nollet considère la répartition et la dimension des pores du verre telles que les techniques de fabrication des verres permettent de les connaître.

Les dessous de la querelle Nollet-Dalibard [590]

Au fil de cette histoire, nous assistons à une querelle qui oppose Nollet à Franklin, une querelle alimentée en France par Dalibard, le traducteur de l'ouvrage de Franklin sur l'électricité. Mais cette querelle n'est qu'un des épisodes de la querelle qui oppose Buffon à Réaumur, l'importance des travaux de Nollet sur l'électricité n'est niée que parce que Nollet avait été l'élève le plus proche de Réaumur et qu'il était son ami.

- Démontrer l'existence de Dieu par les merveilles de la nature

Voici un projet qui fait des sciences de la nature, une théologie naturelle auquel Réaumur et Nollet peuvent adhérer, mais qui horripile Buffon. Il nous faut, pour aborder cette question, remonter à l'aube du XVIIIe siècle ; en Angleterre, en Hollande, en Allemagne, de nombreux traités de physique et d'histoire naturelle sont présentés comme des théologies naturelles ; ils sont l'œuvre de savants qui cherchent à prouver l'existence de Dieu par les merveilles de la nature : John Ray (1628-1705), Nehemiah Grew (1641-1712), William Derham (1657-1735), etc. Des ouvrages publiés dans le monde protestant furent traduits en français : *L'existence de Dieu démontrée par les merveilles de la nature* (1715) de Nieuwentydt, la *Théologie*

---

590 Locqueneux, *Science classique & théologie*, *op. cit.*; "L'abbé Pluche ou l'accord de la foi et de la raison à l'aube des Lumières", *Sciences & techniques en perpective,* 2, 2, 1998,p. 235-288.

physique ou démonstration de l'existence et des attributs de Dieu (1727) de W. Derham, la *Théologie de l'eau* (1734) de Fabricius, la *Théologie des insectes* (1740) de Lesser.

L'étude des insectes semble la plus propre à contribuer à la gloire de Dieu ; elle mobilise à l'époque l'attention des naturalistes : leur variété, la complexité de leur organisation paraissent les arguments les plus appropriés pour relever toutes les écoles de théologie. Aussi les microscopistes contribueront à faire de l'insecte le cœur d'une mystique physico-théologique. Dans *La recherche de la vérité*, Malebranche combat le mépris dont les insectes sont souvent l'objet : *on a [...] de la peine à se taire sur le mépris que les hommes font ordinairement des insectes, et des autres petits animaux qui naissent d'une matière qu'ils appellent corrompue. C'est un mépris injuste, qui n'est fondé que sur l'ignorance de la chose qu'on méprise, sur le préjugé dont je viens de parler. Il n'y a rien de méprisable dans la nature, et tous les ouvrages de Dieu sont dignes qu'on les respecte, et qu'on les admire, principalement si l'on prend garde à la simplicité des voies par lesquelles Dieu les fait et les conserve. Les plus petits moucherons sont aussi parfaits que les animaux les plus énormes. Les proportions de leurs membres sont aussi justes que celles des autres ; et il semble même que Dieu ait voulu leur donner plus d'ornements pour récompenser la petitesse de leur corps. Ils ont des couronnes, des aigrettes et d'autres ajustements sur leur tête, qui effacent tout ce que le luxe des hommes peut inventer : et je puis dire hardiment que tous ceux qui ne se sont jamais servis que de leurs yeux, n'ont jamais rien vu de si beau, et de si juste, ni même de si magnifique dans les maisons des plus grands princes, que ce qu'on voit avec des lunettes sur la tête d'une simple mouche. L'homme, par exemple, n'a qu'un cristallin dans chaque œil, la mouche en a plus de mille, mais rangés avec un ordre et une justesse merveilleuse. Il est vrai que ces choses sont fort petites, mais il est encore plus surprenant qu'il se trouve tant de beautés ramassées dans un si petit espace ; et quoiqu'elles soient fort communes, elles n'en sont pas moins estimables, et ces animaux n'en sont pas moins parfaits en eux-mêmes : au contraire Dieu en paraît plus admirable, qui a fait avec tant de profusion et de magnificence un nombre presque infini de miracles en les produisant* [591].

En France, l'abbé Pluche fut le principal représentant de ce courant de pensée. L'abbé considère que l'homme est *l'objet des tendres complaisances du Créateur* et que la nature entière est un don de Dieu ; il est convaincu que le langage des Cieux, de la terre et de l'univers entier nous fait entendre *une prédication publique qui annonce partout la gloire de Dieu*. Aussi la vue de la nature est-elle pour lui une *théologie populaire* ; elle mène à la connaissance de Dieu en nous révélant son unité, sa puissance, sa sagesse,

---

591 Malebranche, *De la recherche de la vérité*, 1712, Gallimard, 1979, livre 1, chapitre 6, p. 63-64.

son indépendance, sa bonté et sa providence. *L'unité du principe qui a fait toutes choses se déclare aux yeux des hommes par l'union qu'ils voient entre les parties de la Nature. Ils en sont encore convaincus par l'unité de la fin à laquelle toute la nature se rapporte. Ils ne le sont pas moins par l'uniformité des moyens qui la conservent*[592].

Pour Pluche, tout dans la nature est l'effet d'un choix aussi libre que judicieux mais, parce que Dieu n'est pas versatile, il ne peut y avoir de contradiction entre la régularité des lois de la création et la liberté du créateur. *Dans la nature entière rien n'est l'ouvrage du hasard, ni d'une aveugle nécessité. Ce qui s'y exécute le plus constamment s'y fait toujours très librement. Ce n'est point une nécessité que le soleil reparaisse demain sur l'horizon : ou si c'en est une, c'est parce que le soleil obéit nécessairement à l'ordre très libre du Tout-Puissant qui lui a prescrit sa route comme il l'a voulu, et qui la changera quand il lui plaira avec une liberté toute semblable. Mais cette liberté n'est point capricieuse. Dieu n'en fait pas usage par ostentation, et pour montrer qu'il est le maître. C'est sa bonté qui règle partout l'usage de sa liberté ; et cette vérité si intéressante pour nous, s'offre encore à nos yeux dans toute la nature*[593].

Sur ce point, le sentiment de Pluche rejoint celui des physiciens hollandais ; selon Musschenbroek, *[les lois de la physique] sont constamment toujours les mêmes, car y a-t-il rien de plus constant que la volonté de Dieu, dont elles dépendent. Si elles pouvaient changer, l'homme serait fort malheureux, puisque nous ne serions jamais assurés, et que nous ne saurions même jamais, si les aliments que nous avons trouvés hier être bons pour notre corps, pourraient encore lui convenir aujourd'hui. C'est à l'aide de ces lois, que nous distinguons ce qui se fait naturellement, d'avec ce qui n'arrive que par miracle*[594].

Dans les premières pages de l'*Histoire des insectes*, Réaumur dit que *plusieurs auteurs qui nous ont fait considérer les différents Estres de l'univers, par des endroits par où on ne peut s'empêcher de les reconnoître pour des productions de la puissance & de la sagesse infinie, paroissent souhaiter que les observations sur les insectes se multiplient, parce que les démonstrations de l'existence de Dieu se multiplient en même temps*[595]. Et, dans la préface, de cette œuvre, on peut lire : *Quel spectacle n'offre pas aux Physiciens le vaste tableau du monde ! Les objets les plus communs, ces êtres vils et abjects pour le vulgaire, qu'il regarde avec mépris parce qu'il*

---

592 Pluche, *Spectacle de la nature*, 8 tomes en 9 volumes, Vve Estienne, Paris, 1732-1750 ; tome 3, p. 470.

593 *Ib.*, tome 3, p. 489, 490.

594 Musschenbroek, *Essai de physique*, *op. cit.*, tome 1, p. 9.

595 Réaumur, René-Antoine Ferchault de, *Mémoire pour servir à l'histoire des insectes* ; 7 volumes, Paris, P. Fr. Didot le jeune, 1734-1742 ; tome 1, chapitre 1, p. 4.

ne voit pas la chaîne qui les lie au bien général, qu'il ose appeler des erreurs de la nature, & dont il lui reproche souvent l'existence, présentent à l'œil du Naturaliste des signes éclatans de la puissance infinie du Créateur, & lui fournissent des sujets d'observations sans nombre, dont il s'empresse de grossir le trésor de ses connaissances[596]. Mais, Réaumur n'est pas, comme l'abbé Pluche, un farouche propagandiste de la providence divine : [...] *nous devons être extremement retenus sur l'explication des fins que s'est proposées celui dont les secrets sont impénétrables ; que nous louons souvent mal sa sagesse qui est si fort au-dessus de nos éloges. Décrivons le plus exactement qu'il est possible ses productions, c'est la manière de la louer qui nous convient le mieux*[597].

Le disciple préféré de Réaumur, l'abbé Nollet ne contredirait certes pas les certitudes que Pluche a acquises par l'étude de la nature. Nous pouvons relever quelques unes des idées avancées par Pluche dans la préface des *Leçons de Physique expérimentale* : pour Nollet aussi, *l'avantage le plus précieux, et que toute âme bien née ne manque pas de ressentir en étudiant la Nature, c'est la nécessité où l'on est de reconnaître partout l'Être suprême qui a formé ce vaste univers, et qui préside sans cesse à ses propres œuvres. Plus on avance dans cette étude, plus on est convaincu que ce qui en fait l'objet, n'est point une production du hasard ; tout y annonce une puissance infinie qui étonne, une sagesse profonde qu'on ne peut assez admirer, des intentions et une bonté qui méritent toute notre reconnaissance*[598].

Une voix discordante, Buffon

Entre 1734 et 1739, Réaumur a fait paraître les 6 volumes de ses *Mémoires pour servir à l'histoire des insectes*, un ouvrage qui est dans la même veine que les théologies physiques de l'Europe protestante du nord. Buffon critiquera vertement tous ces providentialistes et faiseurs de théologie des insectes : *Y a-t-il [...] rien de plus gratuit que cette admiration pour les mouches, et que ces vues morales qu'on voudrait leur prêter [...] ? car enfin une mouche ne doit pas tenir dans la tête d'un naturaliste plus de place qu'elle n'en tient dans la nature [...]. Ce n'est point la curiosité que je blâme ici, ce sont les raisonnements et les exclamations [...] c'est la morale, c'est la théologie des insectes que je ne puis entendre prêcher [...] ? La nature n'est-elle pas assez étonnante par elle-même, sans chercher encore à nous surprendre en nous étourdissant de merveilles qui n'y sont pas et que nous y mettons ? Le Créateur n'est-il pas assez grand par ses ouvrages, et croyons-nous le faire plus grand par notre imbécillité ? Ce serait, s'il pouvait l'être, la façon de le rabaisser. Lequel en effet a de l'Être suprême*

---

596 *Ib.*, tome 1, préface, p. 1.

597 *Ib.*, tome 1, p. 25.

598 Nollet, *Leçons de Physique expérimentale*, préface.

la plus grande idée, celui qui le voit créer l'Univers, ordonner les existences, fonder la nature sur des lois invariables et perpétuelles, ou celui qui le cherche et veut le trouver attentif à conduire une république de mouches, et fort occupé de la manière dont se doit plier l'aile d'un scarabée ? [599].

Ici Buffon suggère que les six volumes des *Mémoires pour servir à l'histoire des insectes* que Réaumur a publié entre 1734 et 1742 sont une œuvre inutile. Mais il faut se garder de penser que le seul objet de cet ouvrage soit de chanter la gloire de Dieu ; dans le prospectus, qui sert de préface à l'histoire des insectes, Réaumur met en évidence l'utilité des recherches en entomologie et en une science que, depuis Geoffroy Saint-Hilaire, l'on nomme éthologie : *Ce qui doit rendre l'ouvrage sur les insectes plus précieux encore, c'est que l'auteur s'est appliqué sur-tout à faire connoître ces familles malfaisantes qui ruinent l'espérance des plus belles récoltes, à nous faire découvrir les autres espèces qui peuvent détruire ce redoutable fléau, à rechercher celles dont les opérations enrichissent l'état, à étudier leur origine, leur nourriture afin de les multiplier* [600].

L'œuvre de Buffon présente un panorama du monde vivant, si le talent de l'écrivain a suscité un réel engouement d'un large public, il rencontra la réticence des savants, Réaumur n'est pas convaincu qu'il ait pris le temps d'observer les plantes et les animaux qu'il a décrit. En outre Buffon aborde toujours le monde vivant d'un point de vue anthropocentrique : ainsi commence-t-il son étude des animaux par les animaux domestiques et ne juge-t-il de leur intérêt qu'en fonction de leur utilité pour l'homme. Ajoutons que Buffon aurait du mal à faire croire qu'en étudiant les insectes Réaumur se consacre – pour une fois – à un passe-temps inutile et qu'il ne vise pas à l'utilité : il a publié en 1722, *L'art de convertir le fer forgé en acier*, fait des recherches sur l'incubation artificielle des œufs, construit – avec l'aide de Nollet – des thermomètres dont les indications sont comparables [601], etc.

Autour de 1750, la polémique entre Buffon et Réaumur est âpre ; Buffon décore Réaumur d'expressions indignes de charlatan et de bavard. L'*Histoire naturelle* de Buffon est l'objet de violente attaque d'un ouvrage anonyme les *Lettres à un amériquain* un ouvrage en cinq volumes dont le premier paraît en 1751, Buffon attribue ces lettres à Réaumur, il se trompe, mais de peu, celles-ci sont d'un oratorien, l'abbé Lelarge de Lignac, qui est depuis 1749 et peut-être avant, un ami intime de Réaumur, lequel passe tous les ans ses vacances chez son ami en Poitou du début septembre à la

---

599 cité par Jacques Roger, *Les sciences de la vie dans la pensée française du XVIIIe siècle*, Albin Michel, nouvelle édition 1993 ; p. 560-561.

600 Réaumur, *Mémoire pour servir à l'histoire des insectes, op. cit.*, tome 1, préface, p. 3.

601 Robert Locqueneux, Baromètres, machines pneumatiques & thermomètres, chez & autour de Pascal, d'Amontons & de Réaumur, Paris, L'Harmattan, 2015.

Toussaint[602]. Jacques Roger pense que l'idée de ces lettres leur est venue pendant ces vacances de 1749 alors qu'ils observaient ensemble le polype de Tremblay, reprise d'observations faites par Buffon et Needham ; des observations destinées dans l'esprit de Buffon à réfuter l'ovisme et *animalculisme*. Aux termes d'observations microscopiques mal conduites, Needham et Buffon ont hâtivement affirmé la génération spontanée ; une théorie séduisante pour les matérialistes mais qui l'est beaucoup moins pour les croyants et les déistes : Diderot au temps où il était déiste fondait sa principale objection à l'athéisme sur la critique de la génération spontanée ; converti à l'athéisme, il s'évertue à démontrer que la vie peut sortir de la matière morte, une conviction que renforce son adhésion à la théorie de la génération spontanée. Dans la seconde lettre à un Américain, l'abbé de Lignac, à moins que ce ne soit Réaumur, démontre que les expériences de Buffon et Needham ne permettent pas de conclure ni en l'existence de la génération spontanée, ni contre elle ; ces conseils sont, de l'avis de Torlais, un modèle en science ; mais Buffon était trop imbu de sa personne pour entendre ces sages conseils, ils l'eussent mis sur une voie qu'empruntera Pasteur un siècle plus tard.

Notons en passant que ces *Lettres à un amériquain* ravissent l'abbé Nollet qui en envoie un exemplaire à Jallabert, joignant à cet envoi, un autre exemplaire de la part de Réaumur pour Trembley : *Ce pacquet contient deux exemplaires d'un livre qui parroit imprimé en Allemagne, mais dont on trouve aisément à se pourvoir à Paris. C'est une ample critique de l'Histoire naturelle de Mr. De Buffon ; cet ouvrage est fait par un homme d'esprit et l'on en est fort content icy [à Paris, ce 7 juillet 1751]*[603].

Tout oppose Réaumur et Buffon, le premier est spiritualiste, le second peut être soupçonné de matérialisme ; Réaumur éprouve une joie profonde à observer scrupuleusement la vie des insectes, à opérer des dissections délicates ; quant à Buffon, il n'est pas assuré qu'il ait réellement observé les animaux et les plantes qu'il décrit. En outre, il porte sur les animaux un regard anthropocentrique qui, s'il séduit des éditeurs qui y trouveront matière aux nombreuses publications des *Buffon de la jeunesse*, n'est guère susceptible de plaire aux savants austères : le cheval est *la plus noble conquête que l'homme ait jamais faite*, le chien est le seul en lequel l'homme a trouvé l'amitié, *le chat est un domestique infidèle, qu'on ne garde que par nécessité, pour l'opposer à un autre ennemi domestique encore plus incommode [...]*, la girafe n'est-elle pas *le plus inutile des animaux*, le lion est *le roi des animaux*, le tigre est *le modèle de la cruauté*, etc. Ces citations sont extraites d'un Buffon de la jeunesse rédigé par Pierre Blanchard et dont la troisième édition est parue en l'an XII (1804) ; pour faire bonne mesure,

602 Jacques Roger, *Les sciences de la vie*, *op. cit.*, p. 691.

603 Benguigui, *Théories électriques du …op. cit.*, p. 193.

notons que tous les lieux communs qui se disent des animaux sont nés sous la plume de Buffon. Parce qu'il ne croit pas aux classifications des êtres vivants, Buffon commence son histoire des animaux par les animaux domestiques et l'achève par ceux qui sont les plus étrangers à l'homme. A l'opposé de Buffon, l'un des principaux objets de *l'Histoire des insectes* de Réaumur *devoit être de donner des caractères de classes & de genres, tirés de la forme des insectes, & assez simples pour qu'on pût sur-le-champ décider à quel genre appartient celui qu'on voit pour la première fois [...]*[604].

Ainsi des querelles de biologistes peuvent-elles peser sur un domaine de recherche qui lui est totalement étranger, c'est l'abbé Nollet qui fait les frais de cette querelle...

604 Réaumur, *Mémoire pour servir à l'histoire des insectes* ; *op. cit.*, tome 1, préface, p. 3.

Chapitre 7
Nollet & la défense des effluences & affluences électriques

Du côté de chez Franklin

Un académicien frankliniste : le Roy

Mais l'attaque contre l'abbé Nollet lui est aussi portée au sein de l'Académie des sciences, cette même année 1753, le Roy, académicien lui aussi, présente un mémoire à l'Académie des sciences dans lequel il fait sien le principe admis par Franklin qu'il ne s'établit autour d'un corps quelconque électrisé, qu'un seul courant de matière électrique qui tend à y entrer, si on a ôté du corps qu'on a électrisé une partie de celle qu'il contenait, qui était en équilibre avec celle qui l'environnait, et qui au contraire tend à en sortir, si on a introduit dans le corps une quantité de matière électrique plus grande que celle qu'il contenait naturellement ; d'où il suit qu'on peut également électriser un corps en lui ajoutant du fluide électrique, ce que le Roy nomme, avec Franklin, *électriser en plus, ou par condensation*, ou bien en enlevant au même corps une partie du fluide électrique qu'il contenait, ce qu'il nomme *électriser en moins, ou par raréfaction.* Ajoutant qu'il ne se servira plus *que de cette expression [d'une électricité par raréfaction] qui me paroît plus physique, & exprimer plus clairement ce dont il est question : j'y étois d'autant plus porté, qu'il étoit fort important, comme je l'ai avancé, de bien constater si cette espèce d'électricité existoit ou non*[605].

Dans *l'Histoire de l'Académie*, Grandjean de Fouchy résume ainsi les conséquences que le Roy a tirées du principe qu'il a emprunté à Franklin : *De ce principe si contraire aux affluences & effluences simultanées dont nous venons de parler, il résulte, selon M. le Roy, 1° que le fluide électrique ne vient pas du verre ; 2° que ce n'est pas l'air qui le fournit, au moins principalement ; 3° enfin que ce fluide existe dans tous les corps électrisables par communication, quoiqu'il n'y produise aucun effet jusqu'à ce qu'on en ait ôté une partie ou qu'on y en ait ajoûté de nouveau*[606].

Bien évidemment le Roy en appelle au témoignage de l'expérience pour étayer ses convictions. Sans entrer dans le détail de la mise en œuvre de la première expérience de le Roy, disons que celui-ci veut savoir si, conformément aux principes de Franklin, le corps qui frotte un globe s'épuise de matière électrique à mesure qu'il lui en communique, il était donc nécessaire

605 Le Roy , « Mémoire sur l'électricité », *MARS,* 1753, p. 447-474 ; p. 450, 451.

606 Grandjean de Fouchy , « Sur l'électricité », *HARS,* 1753, p. 6-39 ; p. 18.

que l'un et l'autre soient isolés et n'en puissent recevoir d'ailleurs. Pour cela, le Roy fit construire un bâti propre à porter uniquement le globe de verre et un coussin recouvert d'une feuille d'or qui sert à le frotter, le bâti était posé sur des supports de verre afin d'être isolé du réservoir commun (c'est-à-dire, selon l'expression du temps, le plancher) et puisqu'on ne peut tirer d'étincelle d'un bâti de bois, pour apprécier s'il a de l'électricité en plus ou en moins, le Roy pose sur le bâti une bombe (c'est-à-dire une grosse boule de fer creuse), un fil de fer relie la feuille d'or, le bâti et la bombe. Tout étant ainsi disposé et un conducteur touchant le globe, le Roy entreprit de vérifier les faits que Watson et Jallabert ont observés lorsque le bâti d'une machine électrique est ainsi isolé. Comme eux, il constate qu'aussitôt que le globe est en mouvement, le conducteur et le bâti deviennent électriques, attirent tous deux les corps légers qu'on leur présente et donnent l'un et l'autre des étincelles ; le Roy remarque encore que si quelqu'un, posé sur le sol, touche le bâti, le conducteur devient beaucoup plus électrique, et qu'au contraire si cette personne touche le conducteur, le bâti augmente d'électricité. Voici le résumé donné par Grandjean de Fouchy de la conclusion qu'en tire le Roy : *Quoique ces deux faits, puissent s'expliquer par la raréfaction du fluide électrique dans le bâtis, & sa condensation dans le conducteur, on ne pouvoit cependant en conclure rien de bien positif en faveur de M. Franklin ; car, en admettant l'hypothèse des effluences & affluences simultanées, & supposant par conséquent l'électricité du bâtis & du conducteur de la même nature, les deux mêmes expériences s'expliqueront très facilement, puisque lorsqu'une personne non isolée touche le bâtis ou le coussin, elle lui fournit une plus grande quantité de matière qu'il rend au conducteur, & qu'au contraire, lorsque c'est ce dernier que l'on touche, on augmente la quantité de celle qu'il fournit au coussin & au bâtis, & par conséquent leur électricité ; & c'est en effet l'explication qu'en ont donnée Mrs Jallabert & Watson. Mais M. le Roy ayant observé que si on fait communiquer le bâtis à un corps dont l'autre extrémité s'approche du conducteur, ce corps en tire des étincelles beaucoup plus fortes que celles qu'en tire un homme posé sur le plancher, ce dernier fait, qui lui parut rentrer absolument dans le système de M. Franklin, le détermina à s'en assurer plus positivement*[607].

En effet, dans l'hypothèse de Franklin, le bâti, épuisé de matière électrique par celle qu'il a fournie au conducteur, doit absorber bien plus vivement celle du globe et du conducteur qu'un corps lui transmet que ne le peut faire la personne qui en a la dose naturelle et ordinaire ; en admettant l'hypothèse selon laquelle l'électricité peut être condensée [l'électricité en plus] ou raréfiée [l'électricité en moins], le corps qui relie le bâti au conducteur agit avec la somme des électricités de l'un et de l'autre tandis

607 *Ib.*, p. 20.

qu'un homme posé sur le plancher agit avec la différence de l'électricité du conducteur à la sienne. Parce que ces expériences ne lui parurent pas assez décisives, le Roy voulu s'assurer que le fluide électrique se trouve raréfié dans le bâti et condensé dans le conducteur, pour cela il voulut s'assurer que peut être établi un courant de matière électrique entre le corps où il est condensé à celui où il est raréfié. Et, parce que, selon Franklin, les pointes ont la propriété de pousser comme de tirer le feu électrique, il suivait de ses principes, qu'en opposant l'une à l'autre deux pointes isolées, dont l'une communique avec le conducteur et l'autre avec le coussin on devait voir sortir de la première le feu électrique sous la forme d'une aigrette, puisqu'elle tenait à un corps où le fluide était condensé et d'où il tentait de s'échapper, et qu'on devait au contraire le voir entrer dans la seconde sous la forme d'un point lumineux, puisqu'elle faisait partie du coussin qui en était épuisé et qui l'absorbait avidement. L'expérience fut réalisée et remplit les attentes de le Roy.

L'année 1753 n'était pas encore achevée que Nollet répliquait à l'attaque de le Roy ; ses répliques sont ainsi consignées la même année dans les *Mémoires* et *l'Histoire de l'Académie* ; dans cette dernière, Grandjean de Fouchy ne pouvait que tenir la balance égale entre les deux protagonistes, produire un double plaidoyer et jouer, autant que faire se peut, le rôle de modérateur et laisser à l'avenir de décider du succès de l'une ou l'autre des deux théories en présence. Les observations de le Roy ne suffiront pas à convaincre l'abbé Nollet d'abandonner les effluences et les affluences électriques pour l'électricité en plus ou en moins. Dans son second mémoire à l'Académie de 1753, l'abbé relate que Watson et Beccaria avaient observé que : *quand la machine électrique, & celui qui frotte le globe sont isolés & qu'on présente à l'un ou à l'autre le bout d'un fil de fer, il sort de celui-ci une aigrette de matière enflammée, dont les rayons sont distincts & divergent entre eux, au lieu qu'on n'y aperçoit qu'une lumière pleine, arrondie, beaucoup plus petite, & comme tranquille quand on le présente au conducteur. La différence de ces deux effets [...] parut [au révérend père Beccaria] une découverte importante & un signe infaillible pour distinguer les corps électrisés en moins de ceux qui le sont en plus ; il assure conformément à cette idée, que l'aigrette qui paroît dans le premier cas, & qu'il nomme [le feu électrique] est un courant de matière qui coule du fil de fer vers la machine qui s'épuise, dit-il, en fournissant au globe ; & que le point lumineux du second cas, [...] n'est autre chose que la matière électrique émanée du conducteur, laquelle se porte vers le fil de fer, & qui s'enflamme en y entrant*[608].

Nollet prend acte de la réalité d'une telle observation et en tire parti pour connaître assez sûrement de quel côté la matière électrique coule avec plus

608 Nollet, « Examen de deux questions concernant l'électricité… », *op. cit* , p. 498-500, pour cette citation et la suivante.

de force, lequel des deux courants est le plus fort, le plus apparent. Nollet considère qu'en voulant ériger ce phénomène en principe de l'électricité en plus et en moins, le père Beccaria lui a attribué plus de valeur qu'il n'en a, et qu'il en a interprété les apparences trop favorablement pour le système qu'il avait entrepris de défendre. *Ce qui me fait parler ainsi, nous dit Nollet, c'est qu'après l'avoir long-temps examiné, j'ai trouvé qu'il n'étoit pas constant, & que dans bien des occasions, il se montroit avec les marques certaines de deux courans simultanés. Si le corps qu'on présente au conducteur est mince & fort aigu, le feu qui paroît à la pointe, n'est effectivement qu'un point lumineux ; & comme son mouvement est imperceptible, quiconque a intérêt de supposer que c'est une matière qui entre dans cette pointe, peut le croire, ou s'obstiner à le dire, sans qu'il soit possible de lui prouver le contraire par la seule inspection du fait : mais si ce corps est moins pointu, qu'il fasse partie d'une grande masse, & que l'électricité soit passablement forte, (toutes circonstances qui ne changent point l'espèce) je suis sûr qu'un observateur, sans préjugé, reconnoîtra avec un peu d'attention, que ce feu au lieu d'être arrondi & comme immobile, prend la forme d'une petite flamme allongée qui s'élance par accès vers le conducteur ; & si l'on tient d'une main ce fil de fer isolé au bout d'un bâton de cire d'Espagne, ou autrement, à la distance d'un pied, & que de l'autre main on touche de temps en temps le bout opposé à sa pointe, on verra que le feu dont il s'agit reprend toûjours une nouvelle vigueur par ces attouchemens, ce qui autorise à le considérer comme un écoulement de la matière électrique, que ce fil de fer reçoit ou de l'air qui l'environne, ou des autres corps qui sont assez près de lui.*

Obstiné dans ses égarements, l'abbé ! Que non. Pensez un instant au nombreux phénomènes que ses principes peuvent interpréter. Dans l'*Histoire de l'Académie des sciences* de 1753, Grandjean de Fouchy termine son chapitre de physique générale sur l'électricité par cette phrase : *Telles sont, à peu près, les principales expériences que Mrs l'abbé Nollet & le Roy ont alléguées pour appuyer chacun le parti qu'il soûtenoit ; mais la dispute n'est pas terminée [...] & il y a lieu d'espérer que cette contestation produira encore un grand nombre de faits intéressans & bien des éclaircissemens sur cette matière* [609].

Quant à nous, si nous faisons abstraction de nos connaissances actuelles sur ces questions, pour considérer comme la plupart des amateurs de physique du Siècle des lumières que l'un des deux touche à la vérité et l'autre non, nous pensons que le conseil du secrétaire perpétuel est juste, et que les deux théories ont été nécessaires au progrès des connaissances en électricité.

609 Grandjean de Fouchy , « Sur l'électricité », *HARS*, 1753, *op. cit.*, p. 39.

Quand l'attaque vient d'Italie

En 1754, le révérend père Beccaria[610] fait paraître une lettre sur l'électricité qu'il adresse à l'abbé Nollet, l'ouvrage en italien fut traduit et publié en France par Delor ; nous connaissons la réaction de Nollet par une lettre qu'il adresse à Jallabert le 23 août 1755 : *« L'électricité en plus et en moins, fait des proselytes en Italie, et je vois icy des gens qui goutent cette doctrine*[611]*. Pour moy je vous avoue que je n'y entens rien. Si l'on s'en tenoit à dire que la matière électrique peut se rarefier ou se condenser dans tel ou tel corps, quoy que cela ne me paroisse ny prouvé, ny probable [...], mais qu'un corps, pour cela seul qu'il est comme épuisé de sa matière électrique et qu'il est prest à en répondre d'ailleurs, soit propre à produire ce que nous appellons les signes électriques, répulsions, aigrettes, étincelles, et qui tout ce qui ammène des émanations du dedans au dehors, voila ce que je ne puis comprendre ; à propos de cela, faites moy le plaisir d'examiner si [...] le doigt d'un homme non isolé vis à vis la main étendüe d'un homme qu'on électrise, ne fait pas d'aigrette, et ne produit pas un souffle très sensible et si ce même homme présentant ses doigts, un écu, etc. au globe de verre pendant qu'on le frotte, si, dis je, il ne sort pas visiblement du bout de ses doigts, des franges de matière électrique enflammée, voila des faits que nie le P. Becarria, et sur lesquels j'en appelle à votre jugement et à votre candeur ; [...] c'est pour ma propre satisfaction et pour sçavoir si mes yeux me trompent depuis 10 ans, ainsi que plusieurs bons observateurs qui voyent cela comme moy*[612].

Dans la *Lettre sur l'électricité* qu'il adresse à l'abbé Nollet, le père Beccaria présente un certain nombre d'expériences qui, selon leur auteur, démontrent que le verre est imperméable à l'électricité, nous ne retiendrons ici que la première de ces expériences. Pour ce faire, Beccaria répète l'expérience de Leyde en faisant entrer une extrémité de l'arc conducteur dans une petite boule de verre mince remplie de mercure ou d'eau et fermée hermétiquement, lorsque l'arc est fermé, *il en sort pour l'ordinaire, [...] une étincelle, laquelle fait un trou à la petite boule large d'une, deux ou trois lignes sans autre rupture*[613]. Beccaria en déduit : *On voit par cette expérience que la matiére électrique traverse le verre ; & en le traversant ainsi, elle ne le charge point, mais elle le casse.* Ainsi Beccaria trouve-t-il des raisons de ne point s'arrêter à ce que Nollet oppose à Franklin sur ce sujet. Beccaria doit maintenant donner son interprétation des expériences par

610 Beccaria, *Lettre sur l'électricité adressée à M. l'abbé Nollet*, traduite de l'italien par de Lor, Paris, Ganeau, 1754.

611 Nollet fait allusion à un mémoire présenté à l'Académie : Le Roy, « Sur les deux espèces d'électricité en plus et en moins », *MARS*, 1753, p. 447-474.

612 Lettre de Nollet à Jallabert du 23 aoust 1755, in Benguigui, *Théories électriques* , *op. cit.*, p. 204, 205.

613 Beccaria, *Lettre sur l'électricité*, *op. cit.*, p. 6, 7.

lesquelles Nollet pense avoir démontré que le verre est perméable à l'électricité, nous ne retiendrons ici que l'expérience que nous avons déjà présentée :

Vous prenez un récipient de verre presque d'un pied de hauteur terminé en haut par un goulot ou col ouvert ; vous faites passer par ce col celui d'une bouteille à médecine pleine d'eau & armée de son crochet ; vous unissez ces deux cols avec du mastic, de maniére qu'étant comme scellés hermetiquement, le corps de votre bouteille reste isolé dans le haut du récipient. Vous adaptez ce récipient sur la platine de la machine pneumatique avec de la cire molle, & après avoir fait le vuide, vous conduisez l'Electricité dans votre bouteille par le moyen de son crochet que vous ajustez avec la chaîne, & étant dans l'obscurité, vous observez une infinité de petits jets ou rayons de feu, qui, comme vous le prétendez, passant à travers la bouteille, viennent se réunir à une petite distance, comme en un foyer commun, & forment un jet total qui a sa direction du haut en bas, & qui s'affoiblit à proportion qu'il s'éloigne de son origine ; & cet effet dure tant que l'on veut ; c'est-à-dire, tant que l'on continue à électriser la bouteille.

Or, pour ce qui est des signes électriques que nous avons de la surface d'un verre opposée à celle qu'on électrise actuellement, vous voyez assez bien qu'ils ne proviennent point, suivant Franklin, de la matiére électrique qui passe à travers le verre ; & que, suivant les raisons que j'ai rapportées ci-dessus, ils ne peuvent se tirer de ce verre qu'autant qu'on doit les attribuer à la matiére électrique qui se dépouille d'une surface, pendant que celle qui lui est opposée en reçoit une égale quantité.

Les étincelles qu'on tire des deux surfaces opposées d'un verre que l'on charge actuellement, sont constamment égales ; & cependant l'Electricité de la chaîne n'en est point diminuée ; par conséquent elles ne sont point la matiére électrique qui traverse le verre ; autrement le verre ne se chargeroit point, comme nous l'avons déjà dit ; & dans une telle opération l'Electricité de la chaîne cesseroit ; elles ne sont donc produites que par la matiére électrique qui s'accumule sur la surface du verre qui communique avec la chaîne, tandis, qu'en la surface opposée, elles viennent d'une égale quantité de la même matiére qui s'en dépouille.

A l'égard de la durée des signes mêmes, permettez-moi de vous dire franchement ma pensée. Il me semble qu'après tant & de si belles choses que les Physiciens ont dit sur la subtilité de la matiére, sur l'abondance & la rareté infinie des parties qui se trouvent dans un rayon de lumiére, sur le nombre incroyable d'exhalaisons odoriférentes, qui pendant plusieurs années s'exalent d'un grain de musc, sans que le poids en soit sensiblement diminué, & principalement après que je me suis directement convaincu par l'expérience, que la surface d'un verre contient plus de matiére électrique que le corps d'un homme ; il me semble, dis-je, qu'on ne me doit point opposer comme un paradoxe, que la surface d'un verre puisse continuer pendant quelque tems à luire, à mouvoir des corps légers, à étinceller ; & en un mot à se dépouiller de la matiére électrique qu'elle contient en elle-même[614].

La lettre de Beccaria à Nollet ayant été publiée, il était naturel que la réponse de l'abbé Nollet le soit aussi, elle attendra 1760, l'abbé la fait paraître dans la seconde partie de ses *Lettres sur l'électricité.* Sur la démonstration de l'imperméabilité du verre à l'électricité, Nollet la traite par la plaisanterie : *quand vous alléguez qu'en répétant l'expérience de Leyde avec un arc de fer armé à ses extrémités de petites ampoules de verre pleines de mercure ou d'eau, vous êtes parvenus à les percer ou à les rompre avec l'étincelle électrique ; si j'étois Frankliniste, je vous répondrois que cela prouve seulement combien la matiére électrique est peu propre à se tamiser à travers l'épaisseur du verre, puisqu'elle le brise, ou qu'elle en détache une piece plûtôt que de passer par les pores. C'est à peu près comme si l'on vouloit prouver que les planches sont impermeables à l'air, parce qu'un coup de vent aura été capable d'enfoncer une porte*[615]. Nollet revient sur l'expérience qui donne à voir que le verre laisse passer la matière électrique, celle que nous avons présentée ici : *Je fais passer la matiére électrique d'un conducteur dans un vaisseau de verre scellé hermétiquement ; on y voit couler cette matiére comme un torrent de feu, dont le mouvement progressif se soutient autant de tems que dure l'électrisation : & je demande à M. Franklin si, à l'aspect d'un tel phénomène, on peut raisonnablement nier la transmission du fluide électrique à travers l'épaisseur du verre ; vous me répondez pour lui : Je ne la nierois pas si les preuves que j'ai données de l'imperméabilité du verre, & cette expérience même, ne me forçoient à le nier. Quelles preuves, mon Révérend Pere, avez-vous données de cette prétenduë imperméabilité ? Je sais bien que vous le dites, & que vous le répétez sans cesse ; je sais bien encore combien il est important pour votre systême qu'on le croie, mais qu'il me soit permis de vous le dire une fois pour toutes ; M. Franklin, & vous, n'avez encore ni dit, ni fait rien qui puisse établir en Physique cette étrange supposition*[616].

Le Mémoire sur l'électricité résineuse de Le Roy

En 1755, à la rentrée publique d'après Pâques, Le Roy lit à l'Académie des sciences un « *Mémoire sur l'électricité résineuse, où l'on montre qu'elle est réellement distincte de l'électricité vitrée, comme feu M. du Fay l'avoit avancé ; & qu'elle nous fournit de nouvelles lumières sur les causes de l'électricité naturelle du tonnerre*[617]. Ce mémoire est suivi d'un mémoire

---

614 *Ib.*, 25-29.

615 Nollet, *Lettres sur l'électricité, op. cit.*, seconde partie, lettre 15, p. 134.

616 *Ib*, p. 137, 138.

617 Le Roy, « Mémoire sur l'électricité résineuse, où l'on montre qu'elle est réellement distincte de l'électricité vitrée, comme feu M. du Fay l'avoit avancé ; & qu'elle nous fournit

que Nollet, a lu à l'Académie le 28 août de l'année suivante, mais qui, paraissant dans les *Mémoires de l'Académie* de 1755, est présenté dans l'*Histoire de l'Académie* de 1755 [618], avec celui de Le Roy. Dans son mémoire, suite de son précédent mémoire, Nollet entreprend *d'examiner si l'on est bien fondé à distinguer des électricités en plus & en moins, résineuse & vitrée, comme autant d'espèces différentes* [619].

Le Roy, nous l'avons vu, a adopté la théorie de Franklin ; Grandjean de Fouchy nous rappelle en peu de mots qu'elle est cette théorie et quelles expériences ont convaincu Le Roy de le suivre : *Nous avons dit en 1753 que M. Franklin avoit imaginé une nouvelle hypothèse pour l'explication des phénomènes électriques ; il suppose que tous les corps sont également remplis de matière électrique, qui dans cet état est en équilibre avec celle qui environne ces corps. Pour rompre cet équilibre il ne faut, selon lui, que condenser dans ces corps la matière électrique, ou l'y raréfier : dans le premier cas, elle tendra à en sortir, & les extrémités du corps la lanceront sous la forme d'aigrettes lumineuses dont les rayons seront divergens ; & dans le second, la matière électrique qui environne le corps tendra à y entrer, & y entrera effectivement par les extrémités, mais elle n'y produira point d'aigrettes, elle n'y paroîtra que sous la forme d'une flamme moins vive & arrondie, que les Physiciens qui ont suivi M. Franklin nomment "points lumineux" : ces points lumineux & les aigrettes sont, selon eux, le caractère distinctif des deux électricités. L'électricité "par condensation", ou en plus, fait paroître aux extrémités du corps qui en est animé, des aigrettes brillantes, & n'excite aux corps non électriques qu'on lui présente que des points lumineux : au contraire, l'électricité "par raréfaction, ou en moins", n'excite que des points lumineux aux extrémités du corps qui en est animé, & tire des aigrettes des corps non électriques qu'on lui présente. Ces deux différentes formes que prend la lumière qui paroît aux angles des corps électrisés, a paru à M. le Roy un moyen si sûr d'en déterminer le caractère, qu'il n'a pas hésité à soûmettre à cette règle les deux électricités introduites par M. du Fay [...]* [620].

Ainsi, dans cette théorie, admet-on l'existence d'une matière électrique unique, mais on prend l'habitude, au niveau du langage, de parler d'une électricité par condensation et d'une électricité par raréfaction. Le Roy franchit un pas de plus, en reprenant le vocabulaire de Dufay. Voici les

---

de nouvelles lumières sur les causes de l'électricité naturelle du tonnerre » *MARS*, 1755, p. 264-283 et une planche.

618 Grandjean de Fouchy , « Sur l'électricité », *HARS*, 1755, p. 20-28.

619 Nollet, « Suite du mémoire dans lequel j'ai entrepris d'examiner si l'on est bien fondé à distinguer des électricités en plus & en moins, résineuse & vitrée, comme autant d'espèces différentes », *MARS*, 1755, p. 293-317, et une planche.

620 Grandjean de Fouchy , « Sur l'électricité », *op. cit.*, p. 22-27, pour cette citation et les suivantes.

expériences qui lui font franchir ce pas : *Si l'on prend un globe de verre & un de soufre, & qu'après les avoir placés aux deux extrémités d'un même conducteur on les électrise en les frottant tous deux à la fois, tant que l'électricité sera égale dans les deux globes, le conducteur ne donnera aucun signe d'électricité. Si celle du globe de soufre devient moins forte que celle du globe de verre, on verra des aigrettes au bout du conducteur qui regarde le premier, & les pointes de métal qu'on présentera au conducteur auront à leur extrémité des points lumineux. Si au contraire l'électricité du verre se trouve la plus foible, on verra vers le bout du conducteur qui regarde le globe de verre, des points ronds & lumineux, & les pointes qu'on présentera au conducteur auront à leur extrémité de belles aigrettes. Cette expérience paroît à M. le Roy une preuve sans replique que l'électricité du globe de verre est une électricité en plus, puisqu'elle s'échappe du conducteur sous la forme d'aigrettes, & se jette dans les pointes de métal non électriques qu'on lui présente sous celle de points lumineux, & qu'au contraire l'électricité du globe de soufre est une électricité en moins, puisque ce globe absorbe celle du conducteur, & l'oblige d'attirer par son autre bout celle de l'air, qui y entre sous la forme de points lumineux, & de faire sortir sous la forme d'aigrettes celle que contenoient les pointes métalliques qu'on lui présente ; d'où il suit que la distinction introduite par M. du Fay seroit fondée.*

Après cette expériences et plusieurs autres, Le Roy pense qu'il a établi (1) *que l'électricité du verre est une électricité en plus, c'est-à-dire, qu'en frottant le verre, on y condense la matière électrique qui s'efforce ensuite d'en sortir pour passer dans les corps qu'on lui présente, desquels elle s'échappe sous la forme d'aigrettes, & cette même matière tend à enfiler la route des pointes métalliques présentées au conducteur, où elle entre sous la forme de points ronds et lumineux.* (2) *Que l'électricité du soufre et des autres matières résineuses est au contraire une électricité en moins, c'est-à-dire, qu'en frottant le globe on lui enlève une partie de la matière électrique qu'il contient, ce qui l'oblige à tirer avidement par le conducteur celle de l'air environnant qui entre sous la forme de points lumineux, & même de tirer celle des pointes métalliques qu'on lui présente, & qui en sort sous forme d'aigrettes.*

Les faits retenus par Le Roy qui lui auraient apporté la preuve de l'électricité en plus et en moins ne sont guère susceptibles de convaincre l'abbé Nollet qui entreprend de contester certains d'entre eux et d'interpréter les autres par des courants de matière affluente et effluente. *Il n'est premièrement pas vrai qu'un corps électrisé par du verre attire constamment ceux qui ont été électrisés par du soufre, ou par une autre matière susceptible de l'électricité résineuse : dans plus de six cens expériences qu'en a faites M. l'Abbé Nollet, il s'en trouve au moins deux cens cinquante qui font voir que l'électricité des résines & des gommes repousse souvent les corps qui sont animés de celle du verre, au lieu de les attirer, comme on croyoit qu'il arrivoit toûjours. Il est vrai que cet effet tient à des circonstances que M. l'Abbé Nollet n'a pû encore saisir jusqu'à présent ; mais il est cependant bien sûr qu'en employant les mêmes corps, &, autant qu'il l'a pû, la même façon d'opérer, il a trouvé, comme nous venons de le dire, des résultats variables ; ce qui ne seroit certainement pas arrivé si ces résultats avoient été dûs à deux natures différentes d'électricité. La différence des feux que font paroître les corps électrisés par le verre & par les matières résineuses, ne paroît pas à M. l'Abbé Nollet plus concluante en faveur des deux électricités. Ceux qui les adoptent prétendent que le frottement donnant au verre plus de matière électrique qu'il n'en contient ordinairement, & en ôtant au contraire au soufre, celui-ci absorbe l'électricité des corps qu'on lui présente, & fait par conséquent paroître au bout de ces corps une aigrette brillante, tandis que ces mêmes corps recevant par leur pointe l'électricité surabondante du verre, n'y montrent qu'un point lumineux arrondi & sans rayons. Mais, pour que cette conclusion fût légitime, il faudroit, suivant ce que nous venons de dire, que la direction de ce courant qui produit les points lumineux, allât constamment du dehors au-dedans du corps, & c'est ce qui n'arrive jamais lorsque l'électricité est médiocre, & que le corps est extrêmement pointu, on ne peut guère discerner la direction du courant ; mais si au contraire l'électricité est forte, que le corps soit gros & sa pointe mousse, toutes circonstances qui ne changent rien à la nature de l'électricité, on verra alors ces feux, non comme des points immobiles, mais comme des flammes qui s'élancent en avant avec un souffle qui se fait sentir sur la peau, & qui pousse très-sensiblement la flamme d'une petite bougie.*

Nollet voit dans la théorie de Le Roy l'affirmation de l'existence de deux matières électriques, ce qui, d'un point de vue philosophique, lui semble fort contestable, n'écrit-il pas à ce sujet : *C'est une chose remarquable à la vérité & bien digne de notre attention, que les feux électriques changent communément de forme & de grandeur, suivant qu'ils sont excités par le verre ou par le soufre ; mais avant de regarder ces différences comme les signes certains de deux espèces d'électricités, je voudrois qu'on nous eût fait voir l'impossibilité d'en rendre raison autrement ; car une telle supposition me paroît être le dernier parti à pendre pour un Physicien, qui doit craindre de multiplier les êtres sans nécessité*[621].

L'électricité dans l'Encyclopédie de Diderot et d'Alembert.

C'est Le Monnier qui a écrit la plupart des articles sur *Electricité*, qui parurent dans les volumes 5 et 6 de l'*Encyclopédie* publiés respectivement en novembre 1755 et octobre 1756. Dans l'article *Feu électrique et Fluide électrique ou Matière électrique*, l'auteur donne au départ une définition très

621 Nollet, « Suite du mémoire dans lequel j'ai entrepris d'examiner si l'on est bien fondé à distinguer des électricités en plus & en moins, résineuse & vitrée, comme autant d'espèces différentes », *op. cit.*, p. 304.

générale de ce fluide : *on entend sous ces différentes dénominations, ce fluide très-subtil, très-mobile, qui se trouve répandu dans tous les corps, qui pénètre avec la plus grande facilité la plûpart des milieux ; enfin qui cause immédiatement tous les phénomenes de l'électricité, comme l'attraction et la répulsion des corps legers, l'explosion de l'étincelle, les émanations lumineuses, &c.* [622] Il entre en matière avec un survol des diverses opinions sur la nature de ce fluide : *Les Physiciens sont partagés sur la nature du fluide électrique : les uns considérant ses propriétés singulières & différentes de celles de tous les autres fluides connus, le distinguent absolument des autres, & en font une espece particuliere ; ainsi que les propriétés de l'aimant, qui paroissent bornées à cette pierre & aux corps aimantés, ont fait donner le nom de "magnétique" au fluide subtil qui les produit ; d'autres trouvent dans le "feu électrique" beaucoup des propriétés du feu élémentaire, dont la présence échauffe, agite, & raréfie les corps, qui les pénètre tous par sa grande subtilité, dans lesquels il éprouve cependant différens degrés de résistance ; qui se fixe & se concentre dans quelques-uns, d'où il ne cesse de lancer quelque tems des émanations lumineuses ; d'autres enfin veulent que le feu électrique soit l'éther des anciens ; cet agent universel, que les philosophes grecs regardoient comme l'instrument de toutes les opérations de la nature, & dont le mouvement variable à l'infini leur paroissoit agiter tout le reste de la matiere. Ces derniers commencent donc par établir l'existence d'un fluide subtil & répandu partout, qui reçoit le mouvement immédiatement des mains de Dieu, & le communique à tous les corps solides & fluides, suivant des lois que sa Sagesse infinie a établies pour entretenir l'ordre de l'Univers ; & ils rapportent à la diversité de ces lois, la variété des opérations de la nature. Ainsi les effets de gravité, de ressort, de dureté, de chaleur, de magnétisme, & d'électricité, leur paroissent produits par les mouvemens de cet éther dirigés par le Créateur suivant de certaines lois, qui suffisent pour différencier tous ces effets d'une même cause.* Que soit évoquée la sagesse divine à ce propos n'est pas fait pour nous étonner, en un temps où le spectacle de la nature conduit à l'amour de Dieu, où les livres de sciences peuvent avoir des titres évocateurs : *Théologie de l'eau*, *Théologie des insectes* ; un temps où Newton démontre l'existence de Dieu dans les dernières pages des *Principia* et du *Traité d'optique* [623].

Après avoir fait le tour des expériences sur l'électricité, l'auteur présente fidèlement et sans prendre parti les conjectures de Nollet et de Franklin.

622 « Feu électrique », in *Encyclopédie de Diderot et d'Alembert* ; pour cette citation et la suivante

623 Locqueneux, *Science classique & théologie*, *op. cit.*

Les sentiments de Nollet sur sa querelle avec Dalibard.

En 1760, l'abbé Nollet exprime ses ressentiments envers Dalibard et Le Roy dans l'*Avertissement* qu'il place dans la seconde partie de ses *Lettres sur l'électricité*[624]. Il répond principalement aux apostilles dont Dalibard a "agrémenté" sa traduction des *Lettres* de Franklin : [...] *tantôt il nie les faits que j'ai cités ; tantôt il trouve que j'ai manqué d'intelligence & de précautions dans mes expériences ; d'autre fois il dit tout net, que je n'entends pas l'état de la question. Sur la vérité des faits, j'ose me flatter que les négations de M. Dalibard ne me seront aucun tort dans l'esprit des personnes dont j'ai l'honneur d'être connu ; & parmi les autres, s'il s'en trouvoit quelques-unes qui doutassent de ma fidélité, je les prie de faire attention que tous les résultats dont j'ai fait usage dans l'une & dans l'autre Partie de cet Ouvrage, ont été vérifiés & attestés par des témoins aussi désintéressés que clair-voyants, comme il paroît par le certificat du Secrétaire de l'Académie, imprimé à la fin de chaque Volume. Je sens, comme je le dois, combien j'ai d'obligation à M. Dalibard, de ce qu'il veut bien me dire comment j'aurois dû m'y prendre pour faire certaines expériences, & pourquoi je n'ai point réussi suivant ses vuës. Peut-être trouvera-t-il ses leçons & ses avis superflus, quand il verra par l'acte authentique dont je viens de faire mention, que je n'ai point travaillé seul, mais sous les yeux de gens qui en savoient bien autant que lui, & dont les lumieres auroient abondamment suppléé aux miennes si j'en avois manqué. Mais ne puis je pas, sans ostentation & sans ne prévaloir, représenter ici à celui qui m'impute toute la maladresse d'un novice, que quand M. Delor lui mit en main pour la premiere fois les instruments d'Electricité, il y avoit plus de quinze ans que j'en faisois des leçons publiques, & qu'il vient bien tard pour m'apprendre à faire des expériences.*

[...] Quand au ridicule que M. Dalibard m'accuse d'avoir voulu jetter sur les partisans de son Auteur, je n'ai point cherché à le faire naître ; il se l'est donné lui-même par des affectations qui ne pouvoient gueres manquer d'avoir cet effet. J'ai cru pouvoir revendiquer légitimement ce qu'on vouloit m'enlever, à moi & aux autres Physiciens de l'Europe, pour en faire honneur à un Auteur Américain ; je me suis opposé autant que je l'ai pû, & comme je l'ai dû, à ce que le Public reçut à titre de nouveautés des découvertes ou des connoissances dont il étoit en possession depuis plusieurs années ; j'ai fait sentir, comme il convenoit, la vanité de certaines espérances dont on vouloit nous flatter sans fondement. Est-ce ma faute si M. Dalibard, & ceux qu'il a fait parler, ont entrepris de faire croire que M. Franklin avoit plus fait tout seul en Electricité, que tous les autres Physiciens ensemble ? Est-ce ma faute si M. Dalibard a ignoré ou affecté de ne pas savoir que la plus grande partie des faits publiés par M. Franklin se

624 Nollet, *Lettres sur l'électricité*, *op. cit.*, seconde partie, Paris Guerin & Delatour, 1760 ; Avertissement, p. iij-xij.

trouvoient dans quantités d'Ouvrages imprimés en France, en Allemagne, en Italie, &c ? Est-ce ma faute si M. Dalibard s'est imaginé, & a voulu persuader à tout le monde que désormais nous serions les maîtres de manier le tonnerre à notre gré, & d'en détourner à coup sûr les funestes effets ? Est-ce ma faute si M. Dalibard, plus attaché aux idées de M. Franklin, que M. Franklin lui-même, a donné pour choses démontrées des hypotheses fort hazardées, que l'Auteur lui-même n'a jamais regardées que comme telles ? Est-ce ma faute enfin si M. Dalibard, écrivant d'un ton chagrin & plein d'aigreur, a montré à tout le monde qu'il manquoit d'égard pour des gens qui pouvoient en attendre de sa part, & dont il n'avoit aucun lieu de se plaindre ?[625].

Les prémisses d'une nouvelle théorie, ou d'un retour à Dufay

La contribution de Symmer à l'étude de l'électricité

En 1760, Symmer envoie les mémoires sur l'électricité en plus et en moins, qu'il a publiés l'année précédente dans les *Philosophical Transactions*[626], à l'abbé Nollet qui les fait traduire par Du Tour et les fait imprimer à la fin de 1762. Il en envoie des exemplaires à quelques physiciens, *en les invitant à entrer comme [lui] dans la nouvelle carriere que M. Symmer venoit d'ouvrir, & en les y engageant par l'espérence de multiplier les découvertes & d'enrichir de plus en plus cette belle partie de la Physique*[627]. Il ne les publie qu'en 1767, dans la troisième partie de ses *Lettres sur l'électricité* avec l'examen qu'il en fait.

Les recherches sur l'électricité de Symmer commence par une histoire domestique de bas de laine et de soie, elle vaut d'être contée par son auteur : *Il m'étoit arrivé diverses fois en tirant mes bas le soir, de les entendre pétiller, & d'en voir partir des étincelles dans l'obscurité : je me doutai que ces effets tenoient à l'Electricité, & j'en fus confirmé dans mon idée, en observant qu'ils étoient toujours plus marqués dans les temps que nous savons être les plus favorables aux expériences électriques. Je fis part de cette observation à plusieurs de mes amis, dont quelques-uns me dirent qu'ils avoient aussi remarqué ces pétillements & ces étincelles en pareilles circonstances, & sur-tout en hyver ; mais je ne trouvai personne qui eût songé à examiner ce phénomene en Physicien*[628]. Voici ce qui montre qu'un phénomène ne peut inspirer qu'un esprit averti. Dans ce premier mémoire lu à la Société royale le premier Février 1759, Symmer narre ces premières

---

625 *Ib.*, p. vj-ix.

626 Robert Symmer and John Mitchell, « New Experiments and observations concerning Electricity », *Philosophical Transactions*, 1759, 51, 340-393 ; « Expériences & Observations nouvelles concernant l'électricité », traduction française in Nollet, *Lettres sur l'électricité*, 3e partie, seconde édition, 1770, p. 1-139.

627 Nollet, *Lettres sur l'électricité*, *op. cit.*, 3e partie, Avertissement, p. iv, v.

628 *Ib.*, p. 1, 2.

tentatives avec des bas faits de divers tissus et de diverses couleurs afin de découvrir ceux qui étaient les plus propres à produire l'électricité. Passons sur les différentes tentatives de Symmer, pour ne retenir que celle-ci : *Je pris une paire de bas blancs ; & après les avoir chauffés convenablement, je les mis tous deux à la même jambe ; après les y avoir gardés pendant environ dix minutes, je les tirai, & je les détachai ensuite l'un de l'autre ; mais "aucun des deux ne se montra électrique ; la même épreuve fut faite avec des bas de soie noirs, & le résultat ne fut pas différent". J'en vins enfin à l'épreuve décisive ; je mis un bas noir & un bas blanc à la même jambe, & les y laissai ainsi pendant dix minutes : j'étois impatient de voir le succès de celle-ci, & j'eus lieu d'en être satisfait ; les bas contracterent un degré d'électricité supérieur à tout ce que j'avois observé jusqu'alors. Ayant été tirés de ma jambe, & séparés ensuite l'un de l'autre, ils étoient enflés au point de conserver exactement la forme de la jambe ; & ils se précipitoient l'un vers l'autre*[629].

Le second mémoire lu à la Société royale, le 17 mai 1759, porte sur l'électricité de la soie noire et de la soie blanche ; Symmer ne se hasarde pas à déterminer la cause des phénomènes précédemment observés : il ne cherche pas s'ils sont dûs *à la lumière qui engendre les couleurs ou aux ingrédients qui entrent dans les teintures, ou bien au concours de ces ingrédients & des couleurs qu'ils produisent*[630]. Plus tard, Symmer apprendra que ce problème a été abordé par Dufay et, à la séance de la Société royale du 21 juin, il dit que *Dufay avoit amplement discuté cet objet, & qu'après une multitude d'expériences variées, il avoit conclu que les couleurs, en tant que couleurs, n'avoient aucune influence sur l'électricité, & que tout ce qu'on observoit à cet égard, étoit dû aux altérations que les ingrédients employés dans la teinture produisent sur les corps colorés*[631]. Avant ce mémoire, le troisième, Symmer ne citait pas les travaux de Dufay. Revenons au second mémoire, Symmer précise qu'il a changé sa façon de faire : *le procédé d'électriser des bas en les mettant à la jambe, étant incommode, je l'ai abandonné totalement, & je me contente du degré d'électricité qu'on y excite en les employant en guise de gands, c'est-à-dire en y insérant la main [...]*[632].

Symmer introduit ici les dénominations d'électricités positive et négative, mais précise : *je n'entends autre chose que distinguer simplement deux états différents & opposés ; la signification qu'on attache à l'un & à l'autre de ces termes, me paroît arbitraire ; cependant pour ne pas m'écarter sans nécessité des expressions reçues, je désignerai par*

---

629 *Ib.*, p. 12, 13.

630 *Ib.*, p. 23.

631 *Ib.*, p. 71.

632 *Ib.*, p. 25.

"Electricité positive", cet état que contracte un corps électrisé avec un tube de verre, qui a tout son poli naturel, & que l'on a frotté avec la main ; & par "Electricité négative", j'entendrai l'état d'un corps qui est électrisé [...] avec un bâton de soufre ou de cire d'Espagne : ou, ce qui est la même chose, le corps sera dit électrisé "positivement", lorsqu'il sera disposé à être repoussé par le premier de ces tubes [le tube de verre] ; & "négativement", lorsqu'il sera disposé à être repoussé par [...] le bâton de soufre[633].

Les expériences précédemment faites ont montrées que les bas de soie blanc et noir présentent des signes d'électricité lorsqu'ils sont frottés. La nouvelle série d'expériences met en évidence que *la soie blanche en fait d'électricité differe beaucoup de la soie noire*. Symmer met sur sa main un bas blanc et par-dessus un bas noir et les fait aller à plusieurs reprises en avant et en arrière. Les tirant tous deux ensemble, ils paraissent n'avoir qu'un faible degré d'électricité. Dès qu'il les sépare, il les trouve tous deux vivement électrisés, le blanc positivement, le noir négativement, comme le montrent les effets qui en résultent. *"Les deux bas éloignés l'un de l'autre paroissent enflés", à un point, que quand l'Electricité est vivement animée, ils représentent la forme de la jambe dans toute sa rondeur ; lorsqu'on les approche du visage, on sent l'impression d'un vent frais qui souffle de ce côté-là ; si l'on retient réunis par les talons deux bas blancs ou deux bas noirs ainsi conditionnés, ils se repoussent mutuellement, & forment un angle qui est quelquefois de 30 ou 35 dégrés. "Lorsqu'on présente le bas blanc au bas noir", & vice-versa, "ils s'attirent mutuellement" avec une force proportionnée au dégré d'électricité qu'ils ont acquis ; séparés l'un de l'autre par une distance de 3 pieds, ils s'inclinent ordinairement pour se rejoindre : si elle n'est que de deux pieds & demi, ou de deux pieds, ils s'atteignent ; si on les rapproche encore davantage, ils se précipitent l'un vers l'autre avec une violence surprenante ; "à mesure qu'ils se rapprochent, ils en sont de plus en plus enflés, mais ils en attirent moins fortement les corps étrangers ; quand une fois ils se sont réunis, ils perdent toute leur enflure" ; ils s'applatissent & se joignent aussi intimement l'un à l'autre que si c'étoit des écheveaux de soie [...]. Mais ce qui paroît plus extraordinaire, c'est que si on les sépare, & qu'on les éloigne suffisamment l'un de l'autre, leur électricité ne paroît pas du tout avoir été affoiblie par le choc de leur rencontre ; ils redeviennent enflés, ils attirent & repoussent de nouveau, & se précipitent l'un sur l'autre comme auparavant.*

Symmer entreprend avec ses bas blancs et noirs les expériences que l'on fait habituellement avec les corps électrisés, nous ne les retenons pas toutes. *Lorsque les bas sont séparés, & qu'on leur présente le bout du doigt, ou quelque morceau de métal qui soit menu & arrondi à l'extrémité, ces corps, si l'on est dans un lieu obscur, sont terminés par un feu électrique, d'une*

633 *Ib.*, p. 28-34, pour cette citation et les suivantes.

forme assortie à l'état d'électricité positive ou négative du bas auquel on les présente : si c'est au noir ; du bout du doigt tenu à une distance de 2 ou 3 pouces, il paroît s'élancer une aigrette ou un pinceau de rayons enflammés, qui se dilatent ou divergent en s'avançant, & qui vont frapper contre la surface du bas ; & en même-temps on entend un pépillement. [...] Les mêmes effets ont lieu à l'égard du bas blanc ; mais avec cette différence que le bout du doigt, au lieu de lancer vers le bas une gerbe de rayons enflammés, est terminé par un petit globule d'une lumiere blanche ou bleue ; & lorsque l'électricité est forte, ce petit globe lumineux semble éclater & essuyer une espece d'explosion entre le bas & le doigt ; & le bruit qui l'accompagne est alors plutôt un sifflement, qu'un pétillement[634].

Au cours de ses investigations, Symmer juge nécessaire de déterminer le degré d'intensité de l'électricité, pour le faire il utilise un électromètre de Canton, un instrument qui met en évidence la disposition qu'a un corps électrisé à attirer et à repousser et qui indique encore si son électricité est positive ou négative.

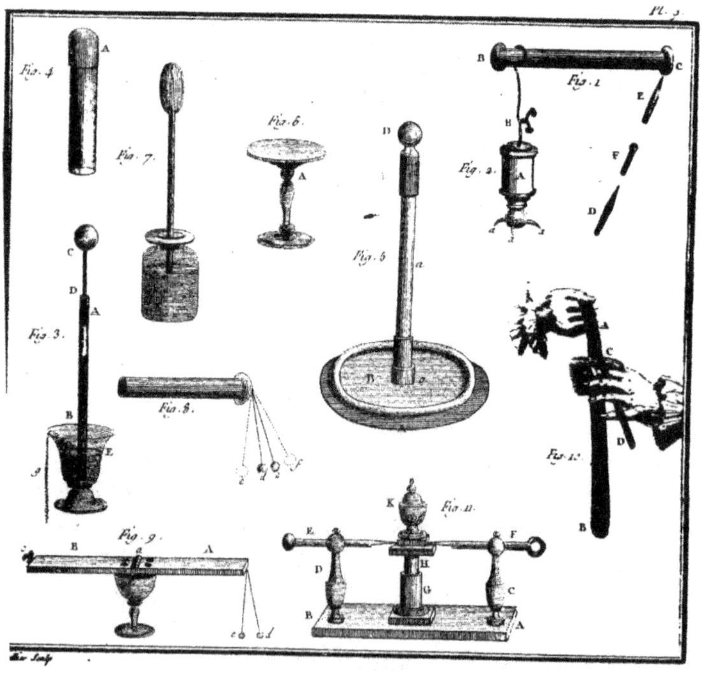

Nous empruntons à Sigaud de la Fond, la description de cet instrument, que dis-je un mode d'emploi, disons plutôt un procédé de fabrication : *Ayez*

634 *Ib.*, p. 38, 39.

deux petites lames de bois bien dressées & bien polies, de six pouces de longueur, six lignes de largeur, & de trois lignes ou environ d'épaisseur ; telles que A & B **(Pl. 9, fig. 9)**. *Que ces deux lames soient jointes ensemble par une charnière ab, de façon qu'elles puissent se plier l'une sur l'autre, & se fermer avec un crochet c. Outre cela, creusez sur chacune & vers la charnière deux petites cavités hémisphériques, suffisamment grandes pour recevoir de chaque côté la moitié de deux petites boules de sureau d & e, suspendues à deux fils de lin bien unis & trempés dans de l'eau salée. Ces fils, ou mieux ce fil plié en deux, doit être arrêté & attaché au bouton de la tablette A, sur laquelle roule le crochet c, lorsque les tablettes sont fermées, & que les boules sont logées dans leurs cavités. Voilà tout l'appareil construit [...]* [635].

Revenons à l'usage qu'en fait Symmer : pour réaliser ses expériences, l'électromètre est posé sur un verre bien séché et légèrement chauffé, ainsi l'électromètre est-il isolé ; les bas blanc et noir ont été électrisés ensemble. (1) Si l'on présente à l'électromètre non chargé *le bas noir à la distance de 2, 3, 4 ou 5 pieds, selon qu'il est plus ou moins complètement électrisé, les balles commencent à être sensiblement attirées ; & si on l'en approche davantage, elles sont violemment agitées* [636], en éloignant le bas les deux balles restent écartées l'une de l'autre, elles se repoussent mutuellement. Si on rapproche ce bas noir, il repousse les balles. L'expérience est maintenant faite avec le bas blanc, celui-ci produit les mêmes effets. Il en résulte donc que, *quelque différence qu'il y ait entre le bas noir & le blanc en d'autres circonstances, ils n'en contractent pas moins un égal dégré d'électricité, lorsqu'on les électrise tous deux ensemble. (2) L'Electrometre étant isolé sur du verre, le bas blanc qu'on y présente, attire d'abord les balles & les repousse ensuite. Quand on vient à le retirer tout-à-fait, les balles continuent à se repousser mutuellement ; & si on le rapproche vers elles, il les repousse comme auparavant. Mais si dans ces circonstances, au lieu du bas blanc on présente le noir, celui-ci commence toujours par attirer les balles, qui l'instant d'après sont repoussées, & qui, lorsqu'on éloignera tout-à-fait le bas noir, resteront encore dans un état de répulsion l'une à l'égard de l'autre. Et si le bas blanc est présenté de nouveau, la même manœuvre se répete de la part des balles & ainsi alternativement, comme si on leur présentoit tour à tour un tube de verre dépoli [ou un bâton de soufre ou de cire d'Espagne] et un tube de verre qui ne l'est pas, c'est-à-dire, le premier positivement, le second négativement, & tous deux à d'aussi grandes distances, & aussi efficacement que le font les tubes de verre.*

635 Sigaud de la Fond, *Précis historique et expérimental des phénomènes physiques*, Paris, rue & hôtel Serpente, 1781 ; p. 592.

636 Nollet, *Lettres sur l'électricité*, *op. cit.*, 3e partie, p. 31-33, pour cette citation et la suivante.

Autre phénomène qui peut être produit avec un appareil aussi simple qu'un bas de soie, blanc ou noir : charger une bouteille de Leyde : *La bouteille de Leyde peut être chargée par les bas, soit positivement, soit négativement, selon que le fil de métal qui s'élève hors de son goulot est présenté au blanc ou au noir ; & dans l'un ou l'autre cas, le pétillement ou le sifflement est plus fort que lorsqu'on leur présente un simple fil d'archal, ou un corps non électrique ; "mais si la bouteille tire l'électricité du bas blanc, & ensuite celle du bas noir, ou vice-versâ, la bouteille n'est point du tout électrisée". Une de mes premieres expériences avec les bas électrisés, fut de les employer à charger la bouteille de Leyde, & quelques essais que je fis au mois de Décembre dernier, m'assurerent du succès. Une gelée étant survenue dans le même mois, je soutirai dans une petite bouteille remplie de vif-argent, l'électricité d'un bas noir, & mon doigt en produisant l'explosion, reçut un coup violent. Avec l'électricité de deux bas, la sensation du coup s'étendit jusqu'aux coudes ; & par le moyen de quatre, j'allumai de l'esprit de vin contenu dans une cuiller que je tenois à la main, & je ressentis le coup depuis les coudes jusqu'à la poitrine : mais il faut observer que dans cette occasion la jambe avoit été employée pour exciter l'électricité des bas*[637].

Nollet peut affirmer qu'une nouvelle carrière est ouverte par Symmer ; en effet, dans le mémoire qu'il lit à la Société royale le 20 décembre 1759, le quatrième, Symmer expose sa théorie sur l'existence de deux puissances distinctes dans l'électricité : *J'ai observé [...] que la distinction des deux états d'électricité positive & d'électricité négative, se représentoit perpétuellement dans tous les phénomènes électriques [...].* l'appareil utilisé par Symmer *consiste en deux corps électriques par eux-mêmes, dont l'un, quand l'électricité est excitée, ne manque jamais de contracter la positive, & l'autre la négative. Les observations que j'ai eu fréquemment occasion de faire relativement à la maniere dont ils agissent dans ces deux différents états, tant sur d'autres corps, que l'un à l'égard de l'autre, m'ont confirmé dans une idée qui s'étoit présentée à mon esprit il y a déjà long-temps.*

Cette idée est que les opérations de l'électricité ne dépendent pas, selon l'opinion généralement reçue, d'une seule puissance positive, mais de deux puissances distinctes, positives & actives toutes deux ; & que c'est par leur contraste, & par l'opposition avec laquelle elles agissent, pour ainsi dire l'une contre l'autre, qu'elles produisent les variétés qui distinguent les phénomènes électriques, en sorte que le corps qu'on nomme électrisé positivement, n'est pas simplement imprégné d'une plus forte dose de matiere électrique que dans l'état naturel, & que celui qui est dit "électrisé négativement" n'en a pas moins ; mais que le premier est revêtu d'une plus ample portion d'une de ces puissances actives, & que le second l'est d'une

637 *Ib.*, p. 39, 41.

plus ample portion de l'autre puissance active, tandis qu'un corps, dans son état naturel, n'est électrisé, que parce que ces deux puissances y sont en équilibre[638].

Ainsi, Symmer propose-t-il l'hypothèse de deux fluides électriques agissant chacun par répulsion sur lui-même et par attraction sur l'autre ; il admet que ces deux fluides se trouvent à l'état de combinaison dans tous les corps, y formant ce qu'il nomme un fluide neutre ou naturel. Symmer reprend pour ces deux fluides, les noms que leur avait donnés Dufay : fluide vitré et fluide résineux. Les phénomènes électriques apparaissent lorsque les deux fluides sont séparés, par un frottement ou une action chimique, mais ils manifestent une grande tendance à se réunir pour former de nouveau le fluide neutre.

Dans ce mémoire, Symmer entreprend d'établir la distinction des deux états d'électricité sur des expériences faites avec la bouteille de Leyde : *Tous ceux qui reconnoissent les électricités positives & négatives, savent que la bouteille chargée réunit ces deux états, dont "l'un est affecté à sa surface intérieure, & l'autre à sa surface extérieure" ; & que lorsqu'on établit une communication de l'une à l'autre, avec un corps non-électrique, qui touchant l'enveloppe par un bout, est rapproché en même-temps par l'autre bout au crochet, ou vice-versâ, on produit l'explosion, & que la bouteille se décharge*. Symmer pense que, lors de la décharge, deux puissances positives distinctes agissent suivant des directions opposées qui se croisent et l'une de ces puissances est l'électricité négative. Il reste à en apporter la preuve par l'expérience ; il faut pour cela que l'intensité de la vertu électrique soit telle que le coup électrique puisse passer au travers d'un corps solide, le percer, y laisser la marque de son passage et que l'on puisse en suivre les traces. Symmer ne disposait pas d'un appareil qui convienne à cet effet, il eut recours à Franklin qui en possédait un.

Mais avant de poursuivre le récit de cette expérience, arrêtons-nous au récit que fait Symmer de sa relation avec Franklin et au commentaire qu'en fait Nollet. *N'étant pas pourvu d'appareil convenable pour produire de pareils effets, j'eus recours à M. Franklin, digne membre de cette Société, qui en avoit un : je lui avois déjà communiqué toutes mes observations à mesure que je les avois faites, & j'avois déjà à me louer de sa candeur & de sa franchise, qui le rendent aussi estimable dans le commerce de la Société, que les progrès qu'il a faits dans l'électricité, & ses découvertes sur le tonnerre & les éclairs, le rendent fameux dans le monde savant. Nous différons d'opinions sur l'article en question ; mais il n'en fut pas moins disposé à contribuer de tout son pouvoir, pour me procurer les éclaircissements que je cherchois*[639]. Nollet se devait de commenter ce

---

638 *Ib*, p. 84-86, pour cette citation et la suivante.

639 *Ib*, p. 90.

propos : *je suis fort aise, écrit-il, que tout cela ait été fait devant M. Franklin : j'ai toujours pensé, & je pense encore, que c'est un homme judicieux & peu entêté de ses opinions ; & je suis persuadé qu'il est plus aisé de le convertir qu'aucun de ses partisans, au moins ceux que je connois*[640].

Reprenons le récit de Symmer là où nous l'avons laissé : *je lui avois vu percer une main de papier, par le moyen du coup électrique ; & comme je m'apperçus que la même main de papier avoit déjà été percée plusieurs fois de la même façon, je le priai de me la laisser emporter chez moi pour examiner à loisir les effets des divers coups qu'elle avoit reçus*[641]. Symmer reprend l'expérience de Franklin en en variant les circonstances ; avec un livre non relié d'une épaisseur égale à la main de papier utilisée par Franklin ; ensuite en inserrant vers le milieu du livre une feuille d'or ou d'étain, puis en en inserrant deux, séparées par deux feuillets.

1°, *Lorsqu'une main de papier dont les feuillets ne sont interrompus par l'interposition d'aucun corps étranger, est percée par le coup électrique, les deux différentes puissances se contiennent sur une trace commune, & il ne faut qu'un seul trou sur le papier pour le passage de toutes deux*[642].

2°, *Lorsqu'une piece de métal amincie, telle une feuille d'or ou d'étain, se rencontre entre les feuillets de papier au moment du choc électrique, les puissances antagonistes se détournent de la trace directe ; & laissant le sentier qui leur eût suffi à toutes deux, si elles n'avoient eu à traverser que le papier uniquement, elles s'avancent, sur des lignes différentes, jusqu'à la piece de métal, & là elles frappent en deux endroits différents éloignés l'un de l'autre d'environ un quart de pouce plus ou moins, (cette distance paroissant être d'autant moindre que les puissances ont plus d'activité,) & tantôt elles la percent, tantôt elles y font seulement des impressions. Dans les deux cas elles y laissent toujours des indices évidents de leurs mouvements vers deux côtés opposés, & selon des directions contraires. C'est cette déviation de la route directe (qui leur eût été commune,) qui nous offre les plus fortes preuves de l'intervention de deux puissances distinctes & antagonistes.*

3°, *Lorsque deux feuilles d'étain sont insérées vers le milieu de la main de papier, & renferment entr'elles plusieurs feuillets ; si l'électricité n'est que médiocre, les puissances antagonistes ne font qu'aller frapper contre les feuilles d'étain, où elles laissent leurs impressions ; lorsqu'elle est plus forte, il arrive communément qu'une des feuilles d'étain est percée, & très-rarement les deux : & selon que je l'ai observé en ces circonstances, l'effet est tel qu'il y a lieu de croire que la puissance qui part de la surface*

---

640 *Ib*, p. 107.

641 *Ib*, p. 90.

642 *Ib*, p. 95-98, pour cette citation et la suivante.

extérieure de la bouteille, agit avec plus d'énergie que celle qui part de la surface interne ; car c'est la feuille d'étain [qui est reliée à la surface extérieure], qui est le plus communément percée. Mais ces différences peuvent dériver aussi du plus grand espace, que la puissance qui part de la surface intérieure de la bouteille a à parcourir, avant d'aborder à la main de papier.

Nollet accompagne de ses commentaires la publication des Mémoires sur l'électricité de Symmer ; aussi donne-t-il son interprétation des phénomènes que Symmer a mis en évidence ou s'il ne le peut, il laisse entendre que les circonstances qui les produisent ne sont pas parfaitement maîtrisées, ses raisonnements rejoignent alors ceux qu'il a développés dans son mémoire à l'Académie du 17 mai 1747. Ainsi, selon Nollet, l'enflure des bas électrisés montre assez clairement que *chacun d'eux est rempli par des émanations qui partant de tous les points de la surface intérieure, s'avancent les unes contre les autres, & se repoussent mutuellement. Le souffle qu'on sent à leur surface extérieure, & leur répulsion réciproque, marque bien encore la réalité de leurs effluences électriques. Ainsi, quoique l'un des deux soit électrique à la manière du soufre, & l'autre à la maniere du verre, ils ont cela de commun, que de tous les points, pour ainsi dire, de leurs surfaces tant interne qu'externe, il émane des rayons de matiere électrique, que j'ai nommé "Effluences". Il est vrai que le bas noir & le bas blanc tous deux électrisés, s'attirent réciproquement pour l'ordinaire ; mais cela n'arrive pas toujours, & l'on n'en pourroit pas conclure en général, que les corps qui ont l'électricité du verre, attirent infailliblement ceux qui sont électrisés à la maniere du soufre ou des résines : car j'ai vu nombre de fois un tube de verre repousser ce qui avoit été électrisé avec un gros bâton de cire d'Espagne ; je lui ai vû attirer aussi de la soie blanche nouvellement frottée* [643].

Nous avons vu que, lors d'une expérience de Symmer, si la bouteille de Leyde tire l'électricité d'un bas blanc et ensuite celle d'un bas noir, celle-ci n'est point du tout électrisée ; Nollet entreprend d'en rendre compte en usant des effluences électriques : *Les différents effets du bas noir & du bas blanc sur la bouteille de Leyde, s'expliqueront très-aisément, si l'on fait attention que cette bouteille a l'une de ses surfaces électrisée à la maniere du soufre, & l'autre à la maniere du verre ; & qu'un corps électrisé de la premiere façon lance hors de lui des rayons de matière électrique, qui sont reçus avec la plus grande facilité dans un corps électrisé de l'autre façon. (C'est un fait prouvé par l'expérience).*

Un corps est électrisé dès que vous établissez en lui des effluences, parce que ces émanations occasionnent dans ses pores des vuides qui déterminent les affluences des environs, & ces deux courants opposés

643 Nollet, *Lettres sur l'électricité*, *op. cit.*, 3e partie, p. 44, 45.

produisent les signes d'électricité. Mais le corps étant dans cet état, si l'on présente, en quelque endroit de sa surface, un milieu plus perméable que l'air pour la matière électrique, les effluences s'acheminent & se portent vers cet endroit : de sorte que le double mouvement de la matiere électrique cesse dans toutes les autres parties, c'est-à-dire que le corps entier se trouve désélectrisé. Or l'expérience nous apprend que rien n'est plus propre à recevoir les effluences d'un corps électrisé à la maniere du verre, que du soufre frotté, ou tout ce qui est équivalent, c'est-à-dire, tout ce qui est électrique, à la maniere des résines.

La bouteille électrisée par le bas blanc qui a l'électricité du verre, doit donc se désélectriser par le bas noir qui a celle des résines, & réciproquement, parce qu'un corps électrisé de cette derniere façon absorbe les effluences de celui qui l'est de l'autre maniere[644].

Symmer a affirmé que les opérations de l'électricité dépendent de deux puissances distinctes positives et actives toutes deux, contrairement à l'opinion générale qui n'en suppose qu'une ; il aurait pu ajouter que l'opinion générale suit Nollet ou Franklin. Nollet s'en défend : *Ceux qui admettent avec moi les effluences & les affluences simultanées, regardent ces deux courants comme deux puissances positives dont les actions directement opposées entr'elles, donnent lieu à tout ce que nous observons en électricité. M. Symmer ne tient apparemment ce langage, que parce qu'il ne connoit point assez les sentiments des Physiciens qui travaillent sur l'électricité en France, en Allemagne, &c.*[645].

Ici Nollet souligne que la théorie de Symmer contredit complètement celle de Franklin : *Au reste, quelle que puisse être la pensée de M. Symmer, on voit clairement, par la maniere dont il s'explique, qu'il n'admet point d'électricité en moins dans le sens des Franklinistes ; & tout ce qu'il dit & fait pour montrer que leur prétention à cet égard n'est point fondée, vient à l'appui de tout ce que j'ai écrit pour la combattre*[646].

Dans la seconde partie de son quatrième mémoire, qui fut lu à la Société royale le 20 décembre 1759, Symmer expose la conclusion de ses recherches : *Sur l'existence de deux puissances distinctes dans l'électricité* ; tout en les confrontant à la théorie de Nollet, ce sera une occasion pour Nollet de présenter une nouvelle fois ses convictions en la matière, et à quel prix, il paie la conciliation des deux.

Nous avons vu que Symmer soumet au coup électrique d'une bouteille de Leyde une main de papier dans laquelle il a inséré deux feuilles d'étain séparées par deux feuillets, il a constaté que les traces laissées par les deux coups électriques partis l'un de la surface interne, l'autre de la surface

---

644 *Ib*, p. 54, 55.

645 *Ib*, p. 100.

646 *Ib*, p. 102.

externe sont différentes. Il ajoutera d'autres expériences que nous ne reprendrons pas ici. Il a fondé sur ces expériences sa conviction de l'existence de deux électricités essentiellement différentes ; mais il n'en convaincra pas Nollet qui ne croit pas *qu'on puisse dire que deux électricités sont "essentiellement" différentes, quand la matiere électrique y est "essentiellement" la même*[647]. Pour Nollet, l'interprétation de ces phénomènes n'est pas dans l'existence de deux électricités essentiellement différentes, mais dans le fait que ces deux courants électriques que Symmer appelle positif et négatif sont de forces inégales, ou bien *parce que la matière électrique se trouvera unie ou mêlée avec quelques vapeurs, ou émanations différentes dans un cas que dans un autre : il me semble que cela n'établit pas des especes séparées, mais seulement des variétés.* Nollet souligne alors que nos connaissances sur la matière ne sont pas encore assez avancées pour que l'on puisse espérer interpréter ces phénomènes. Ainsi Nollet retient-il dans la théorie de Symmer l'existence de deux puissances positives distinctes, et suppose que ces puissances : électricités positive et négative, ne doivent pas être nécessairement considérées comme des entités matérielles. Aussi considère-t-il que la théorie de Symmer et la sienne se concilie très aisément : *Il est vrai que M. Symmer, lorsqu'il écrivoit ses pensées, croyoit être d'un avis différent du mien : il est encore vrai qu'en admettant deux pouvoirs positifs, dans tous les phénomènes de ce genre indistinctement, il pense qu'on doit reconnoître deux sortes d'électricités : mais si l'on se donne la peine de lire les remarques que j'ai jointes à la traduction de son ouvrage, on verra, 1°. que l'opinion de ce Physicien se concilie très-aisément avec la mienne : 2°. que les expériences prouvent bien qu'on peut distinguer deux électricités différentes l'une de l'autre, mais non pas "essentiellement"*[648]. Nous verrons plus loin ce qui fonde la conviction profonde de Nollet qu'il ne peut y avoir qu'un seul fluide électrique.

Rappelons que Franklin a admis que la matière ordinaire est constituée de parties mutuellement attractives et qu'il existe un fluide électrique unique, impondérable, répandu dans tous les corps et constitué de particules mutuellement répulsives et attirées par les particules de la matière ordinaire. Tous les corps contiennent à l'état neutre, une quantité déterminée de fluide électrique ; si cette quantité augmente les corps sont électrisés *en plus*, si elle diminue, les corps sont électrisés *en moins*. Des Franklinistes, tel Barbeu Dubourg, laissent entendre que les hypothèses de Symmer et de Franklin peuvent être aisément confondues ; en effet, Barbeu Dubourg considère que *Franklin, [distingue] une électricité tantôt positive, & tantôt négative, & [assigne] à chacune sa juste place, & son propre caractere, autant que l'état actuel des connoissances physiques peut le comporter* et oppose *l'hypothèse*

---

647 *Ib*, p. 129, 130, pour cette citation et la suivante.

648 Nollet, *Lettres sur l'électricité*, *op. cit.*, 3e partie, p. ix, x.

de Nollet des affluences & effluences simultanées, & l'hypothèse de Franklin de l'électricité positive et négative [649]. Contre cette opinion des Franklinistes, Nollet souligne que quelle que puisse être la pensée de Symmer : *on voit clairement, par la maniere dont il s'explique, qu'il admet point d'électricité en moins dans le sens des Franklinistes* [650] ; ainsi considère-t-il que leur prétention à confondre les deux n'est point fondée, comme ceux-ci peuvent le laisser entendre : *M. Symmer a employé les termes d'électricité en plus & en moins ; mais on s'appercevra aisément qu'il a attaché à ces dénominations, des idées, je ne dis pas seulement différentes, mais tout-à-fait opposées à celles de M. Franklin, & de ceux qui ont pris son parti. Dans toute la première partie de son quatrième Mémoire, il s'est appliqué à établir l'existence de deux pouvoirs actifs dans toutes sortes d'électricité : & il la prouve par des faits concluants, & qui sont, selon moi, absolument incompatibles avec la supposition d'un seul courant de matière électrique, objet essentiel de ceux qui soutiennent les électricités en plus & en moins dans le sens de M. Franklin.*

On retiendra que Symmer proposa l'hypothèse de deux fluides électriques agissant chacun par répulsion sur lui-même et par attraction sur l'autre, qu'il admit que ces deux fluides se trouvent à l'état de combinaison dans tous les corps, y formant ce qu'il nomme un fluide neutre ou naturel. On peut reprendre pour ces deux fluides, les noms que leur avait donnés Dufay : fluide vitré et fluide résineux. Les phénomènes électriques apparaissent lorsque les deux fluides sont séparés, par un frottement ou une action chimique, mais ils manifestent une grande tendance à se réunir pour former de nouveau du fluide neutre.

La contribution d'Æpinus à l'étude de l'électricité

En 1759, Aepinus [651] publie à Saint-Pétersbourg un essai de théorie de l'électricité : *Tentamen Theoriæ Electricitatis et magnetism* , [652] Haüy en publiera l'exposé vingt-huit ans plus tard : *Exposition raisonnée de la théorie de l'électricité et du magnétisme, d'après les principes de M.*

---

649 Lettre de Barbeu Dubourg à M. De Lor, in *Œuvres de M. Franklin, op. cit.*, tome 1, p. 336, 337.

650 Nollet, *Lettres sur l'électricité, op. cit.*, 3e partie, p. 102.

651 Franz Ulrich Theodor Aepinus naît en 1724 à Rostock en Saxe, il fait des études de médecine, puis de physique et de mathématiques, il mène des recherches dans ce domaine et entre à l'académie de Berlin. En 1757, il s'établit à Saint-Pétersbourg, entre à l'Académie impériale des sciences – sera le tuteur d'un fils de Catherine II - et établira des écoles normales dans l'Empire. Ses recherches touchent à différents sujets : l'électricité et le magnétisme, mais aussi l'astronomie, l'optique, la mécanique et les mathématiques. Il meurt à Dorpat en Livonie [Tartu, Estonie] en 1802.

652 Æpinus, *Tentamen Theoriæ Electricitatis et magnetism*, Petropoli, Typis Academiae Scientiarum, 1759.

Æpinus[653]. Ce faisant il inscrit la théorie de Franklin au départ d'une voie de recherche qui aboutit à la théorie électrique de Coulomb.

1. Toute la Théorie de l'Electricité, telle que M. Æpinus l'a développée dans son ouvrage, est fondée sur les deux principes suivans, qui servent également de base à celle de M. Francklin. "Les molécules de la matière électrique se repoussent les unes les autres, même à des distances assez considérables". "Ces mêmes molécules sont attirables par tous les corps connus".

2. Le fluide électrique, par une suite de l'extrême subtilité de ses parties, est capable de pénétrer toutes sortes de corps ; mais il y a de grandes différences entre les corps, relativement à la maniere dont se fait ce trajet à travers leurs pores. Tous ceux qui ne sont point électriques par eux-mêmes, & qu'on appelle, pour abréger, "corps an-électriques", livrent un libre passage à la matière électrique, qui se meut dans leurs pores avec beaucoup de facilité. Quant aux substances "idio-électriques", ou qui s'électrisent par le frottement, M. Franklin pensoit que le verre, qui est du nombre de ces substances, étoit imperméable à la matière électrique. M. Æpinus n'est pas tout-à-fait du même sentiment. Il croit plutôt que la matiere électrique se meut dans le verre, & en pénétre les pores, mais avec beaucoup de difficulté & de lenteur ; & il étend cette propriété à tous les autres corps "idio-électriques", tels que le soufre, les résines, l'air sec, &c. Au reste, lorsque M. Æpinus parle d'attractions & de répulsions, il ne prétend pas que les corps aient la propriété d'agir les uns sur les autres "à distance". Il regarde, au contraire, comme un axiome indubitable cette proposition, "qu'un corps ne peut agir où il n'est pas". Les mots d'attraction & de répulsion, désignent seulement des faits que l'Auteur adopte pour principes, & dont il déduit l'explication des phénomenes, sans rechercher la cause immédiate de ces faits.

3. Chaque corps a une certaine quantité d'électricité qui lui est propre, & que l'on peut appeler "sa quantité naturelle d'électricité". Cette quantité est proportionnelle à la masse. Tant qu'elle reste la même, le corps ne donne aucun signe extérieur d'électricité, d'où il suit qu'il y a équilibre entre la force attractive qu'un corps exerce sur sa quantité naturelle de fluide électrique, & la force avec laquelle les molécules qui composent cette quantité, se repoussent mutuellement. Mais si l'on vient à augmenter ou à diminuer cette même quantité, par quelque moyen que ce soit ; alors l'équilibre étant rompu, le corps dont il s'agit, deviendra susceptible de produire au-dehors divers phénomenes électriques.

4. On dit d'un corps, qu'il est "électrisé positivement", ou "négativement", lorsqu'il a plus ou moins que sa quantité naturelle d'électricité. On se sert aussi, dans les mêmes cas, des termes "d'électrisé

---

653 Haüy, *Exposition raisonnée de la théorie de l'électricité et du magnétisme, d'après les principes de M. Æpinus*, Paris, Veuve Desain, 1787.

en plus", ou "électrisé en moins". Le verre acquiert, par le frottement, une électricité positive sur la surface frottée. Celle que l'on communique, par le même moyen, au soufre, à la Cire d'Espagne & aux matieres résineuses, est négative[654].

Voici, en guise d'entrée en matière, les principes généraux de l'électricité d'Æpinus, qui ont leur point de départ chez ceux de Franklin. Æpinus va prolonger la théorie de Franklin, au départ de ses recherches, il découvre qu'en chauffant une aiguille cristalline de tourmaline, celle-ci devient électrique, positive à l'une de ses pointes, négative à l'autre et que les deux pôles électriques de ce cristal sont semblables à ceux d'un aimant. Ses travaux sur les aimants l'ont amené à supposer l'existence d'un fluide magnétique unique, mobile dans les corps qui peuvent être aimantés et dont les molécules se repoussent entre elles et sont attirées par la matière ; Æpinus va transposer cette hypothèse au fluide électrique. La matière possèderait deux propriétés, l'une d'attraction pour le fluide électrique et pour le fluide magnétique, l'autre de répulsion pour elle-même ; une fois saturée de l'un et de l'autre de ces fluides, elle ne subirait plus que l'attraction universelle. Cette théorie parut bien compliquée à beaucoup et va faire que de nombreux physiciens vont être séduit par la théorie des deux fluides de Dufay. Condorcet pensera que, dans cette théorie d'Æpinus, un seul principe est difficile à admettre : *c'est la répulsion des molécules des corps. Cependant, si l'on fait attention qu'il ne s'agit point ici de répulsions ni d'attractions absolues, mais d'effets qui peuvent tenir à une cause quelconque, par exemple, à l'existence de deux fluides, comme le pensent plusieurs Physiciens, on aura moins de peine à admettre une hypothèse, qui est appuyée par un très grand nombre de faits, & qui d'ailleurs n'est point contraire à la saine Physique*[655].

En outre Æpinus pose la loi de l'action à distance des fluides électriques et magnétiques : *M. Æpinus avoit soupçonné que cette action suivoit la raison inverse du quarré des distances ; il étoit porté à le croire, par analogie seulement, & sans avoir aucune expérience pour l'établir. Aussi employe-t-il quelquefois dans ses calculs la raison inverse de la simple distance, & l'ignorance de la vraie loi l'avoit empêché de porter certains résultats au degré de justesse convenable.*

Nous donnons maintenant une sorte d'épilogue à cet essai d'Æpinus, en évoquant les mémoires de Cavendish. En 1771, Cavendish part du fait, déjà constaté par Priestley, qu'il n'y a pas de charge à l'intérieur d'une sphère conductrice creuse, pour démontrer que les forces entre deux charges sont inversement proportionnelles au carré de la distance qui les sépare, ce

654 *Ib.*, p. 1-4.

655 Condorcet, « Extrait des registres de l'Académie Royale des Sciences au 21 Juillet 1787 », in Haüy, *Exposition raisonnée de la théorie de l'électricité et du magnétisme, d'après les principes de M. Æpinus, op. cit.*, non paginé pour cette citation et la suivante.

qu'avait supposé Priestley, par analogie avec la loi d'attraction universelle [656]. On doit à Cavendish l'idée que la charge électrique que peut emmagasiner un conducteur est proportionnelle à une constante caractéristique : la capacité du conducteur (1776).

Haüy a, lui-même, ajouté à son exposé de la théorie d'Æpinus les résultats des expériences réalisées par Coulomb en 1784 et 1785. Celui-ci a démontré que les attractions et les répulsions entre deux corps électrisés suivent la raison inverse du carré des distances. Nous aurons l'occasion de retrouver un exposé des conjectures d'Æpinus, lorsque nous aborderons le *Traité élémentaire ou Principe de physique* de Brisson

Des théories de Franklin et de Nollet selon Barbeu Dubourg.

Barbeu Dubourg a traduit la quatrième édition anglaise des *Œuvres de Franklin* et les a fait paraître en 1773. D'entrée il y esquisse une « histoire succincte de l'électricité » (elle tient en huit pages) ; cette histoire est si succincte que seuls deux français y figurent : Dufay et Le Monnier, celui-ci, pour une expérience faite à Versailles. Dans une lettre adressée à de Lor par Barbeu Dubourg, et publiée dans les *Œuvres de Franklin*, Barbeu Dubourg entreprend d'esquisser un *parallèle des théories de Franklin et Nollet* : *Voici d'abord le principe d'où je crois devoir partir. De deux hypothèses, la meilleure à mon gré est celle qui, embrassant tous les faits connus, & rendant sensibles leur convenance & leurs différences, les lie entr'eux dans un si bel ordre que non-seulement tous leurs rapports sont faciles à saisir, mais que l'on apperçoit presque du même coup d'œil ce qui peut encore manquer à leur intégrité, & ce qui reste à faire pour remplir quelques interstices, ou rejoindre les anneaux épars de la grande chaîne des vérités physiques. Si l'on veut juger d'après cela entre l'hypothèse de Nollet des affluences & effluences simultanées, & l'hypothèse de Franklin de l'électricité positive et négative, je ne crois pas qu'on puisse rester longtemps en balance. Nollet, en rapportant tout vaguement & indistinctement aux affluences & aux effluences, n'apprend à rien discerner & moins encore à rien prévoir ; il présente un point de ralliement pour tous les faits connus ou à connoître, mais il ne fournit aucun fil pour se tirer du labyrinthe où il faut les chercher. [...]*

Franklin, en distinguant une électricité tantôt positive, & tantôt négative, & assignant à chacune sa juste place, & son propre caractere, autant que l'état actuel des connoissances physiques peut le comporter, répand la lumiere au plus près & au loin, indique la route qu'il faut tenir pour faire de nouvelles découvertes, les rapprocher des anciennes, étendre les limites de la science, & y faire trouver outre l'agrément une utilité sensible. Il dit : faites ceci, & voici ce qui doit arriver : changez telle circonstance, & voilà ce qui en résultera : ainsi vous mettrez telle chose à

656 Henry Cavendish (1731-1810), 1er mémoire in *Philosophical Transactions*, (le 2d mémoire, écrit en 1776, ne sera publié qu'en 1879 par Maxwell).

profit : par-là vous parerez à tel inconvénient. On suit ses documens, & tout arrive de la maniere & dans l'ordre qu'il a annoncé, tout répond à ses vues en Europe, comme en Amérique ; & jusqu'aux phénomenes célestes, tout démontre la solidité des principes que sa modestie ne lui a permis de proposer que comme de simples conjectures [657].

Dans la même lettre, Barbeu Dubourg porte un jugement élogieux sur une partie de la contribution de Nollet à l'électricité : *[...] il faut convenir en l'honneur de M. l'Abbé Nollet, que ses expériences électriques sur les corps organisés, & spécialement sur la végétation & sur la transpiration, sont très-lumineuses & très-intéressantes, & qu'en cela personne ne l'a surpassé, ni même égalé jusqu'à ce jour.* Peut-être veut-il par là faire accroire que son jugement sur la théorie électrique de Nollet est objectif ; mais n'en fait-il pas un peu trop en oubliant les travaux sur l'électricité médicale de Jallabert, de Le Roy et de quelques autres.

De la difficulté d'admettre deux puissances électriques essentiellement différentes pour Nollet.

Que Nollet refuse l'idée qu'il puisse exister deux électricités essentiellement différentes, il en expose les raisons dans une lettre qu'il adresse à Cigna, un docteur en médecine de l'Université de Turin. Il y dit que depuis qu'il se mêle de physique expérimentale, il n'a jamais perdu de vue la maxime des écoles : qu'il ne faut pas multiplier les êtres sans nécessité, que c'est pour se conformer à cette règle qu'il n'admet pas deux espèces de vertus électriques. Dans ses *Leçons de physique expérimentale*, Nollet nous fait part de ces profondes convictions : il est convaincu que : *la Nature ne produit les êtres qu'avec épargne, tandis qu'elle multiplie leurs propriétés avec profusion* [658] ; il est porté à croire que *c'est la même matière qui brûle & qui éclaire, qui nous fait sentir la chaleur & voir les objets ; en un mot, que le feu & la lumière considérés dans leurs principes, sont une seule & même substance différemment modifiée.* Il convient de préciser que Nollet ne confond pas le feu élémentaire avec la flamme qui n'est qu'un corps embrasé. Lorsque dans ses *Leçons de physique expérimentale*, il aborde la question de la "nature de la vertu électrique", Nollet présente des expériences, les premières que nous ayons présentées, dont les effets ne trouvent une explication convainquante que dans l'existence d'une matière en mouvement qui brûle et qui éclaire ; aussi trouve-t-il très probable que la matière électrique soit la même que celle du feu et de la lumière [659].

---

657 Barbeu Dubourg, « Lettre de Barbeu Dubourg à M. De Lor », in *Œuvres de M. Franklin*, 2 volumes, édition française traduite de l'anglois sur la 4e édition par Barbeu du Bourg, Paris, Quillau & Esprit, 1773 ; tome 1, p. 336, 337.

658 Nollet, *Leçons de physique expérimentale*, *op. cit.*, tome 4 ; p. 156, pour cette citation et la suivante.

659 Locqueneux, *Sur la nature du feu aux siècles classiques*, *op. cit.*, p. 175-182.

D'autres approches de l'électricité

L'électricité selon le père Paulian, ou la colère de l'abbé Nollet

L'abondante diffusion des ouvrages de physique du père Paulian dans la seconde moitié du XVIIIe siècle est un phénomène qui illustre bien l'engouement pour les sciences de ce temps ; cependant, nous ne parlerions pas du père Paulian si l'article sur l'électricité de ses dictionnaires de physique n'avait fait l'objet d'une lettre acerbe de Nollet [660].

En 1758, le père Paulian publie un *Dictionnaire de physique portatif [...]* [661] qu'il réédite en 1760 ; et, en 1761, il publie un *Dictionnaire de physique* en 3 volumes [662], l'article sur l'électricité de ce second ouvrage reprend pour une grande part l'article du dictionnaire portatif, mais il y ajoute : un compte rendu des conjectures de différents auteurs : de Descartes, du père Fabri, de Dufay, de Privat de Molières, de Nollet, de Franklin. Mais Nollet ne parle pas de ce compte rendu et s'attache à l'article seul.

L'article sur l'Electricité du bon père est l'objet d'une volée de bois vert que Nollet lui administre dans une lettre qu'il publie dans la troisième partie de ses *Lettres sur l'électricité*. Mais une telle leçon est faite sous l'enveloppe d'une extrême politesse telle qu'elle était pratiquée en ce siècle : *J'ai reçu avec la Lettre obligeante que vous me fites l'honneur de m'écrire le 26 Mai 1761, le Cahier en forme de Prospectus, contenant l'article Electricité, de votre dictionnaire de Physique, & peu de temps après l'Ouvrage entier, dont*

---

660 Aimé-Henri Paulian est né à Nîmes en 1722, entré dans l'ordre des jésuites, il enseigne la physique au collège d'Avignon. Avignon est alors la capitale du Comtat Venaissin, un état du pape. Il devient un simple prêtre lors de la dissolution de la compagnie de Jésus en 1773. Paulian enseigne la physique au Collège d'Avignon, ses ouvrages sur cette matière sont nombreux et eurent de nombreuses éditions ; jusqu'en 1770, ils sont tous publiés en Avignon, ce qui les dispense de l'approbation de l'Académie des sciences ; à partir de 1770, la plupart de ses ouvrages sont publiés à Nîmes, sa ville natale. A la suppression de la compagnie de Jésus, il devient membre de l'Académie de Nîmes et de la société d'agriculture de Lyon. Il finira ses jours dans un village proche de Nîmes. En 1758, le père Paulian publie un *Dictionnaire de physique portatif* en 1 volume, lequel sera réédité en 1760 et réédité en 2 volumes en 1767-1769. Le père Paulian publie en 1761 un *Dictionnaire de physique*, ces dictionnaires eurent de nombreuses rééditions constamment augmentées. En 1763, Paulian publie un *Traité de paix entre Descartes et Newton* en 3 volumes, le premier volume traite de la physique de Descartes, le second, celle de Newton et le troisième, d'un système de son invention qu'il nomme le système Newto-Cartésien. en 1769, il en fait une nouvelle édition avec un titre différent : *Système général de philosophie extrait des ouvrages de Descartes et de Newton*, et y adjoint un quatrième volume : *L'électricité soumise à un nouvel examen.* Peu scrupuleux, Paulian tord à sa fantaisie les physiques de Descartes et de Newton et, après leur avoir fait dire ce qu'il veut, il bâtit son propre système qu'il présente comme la conciliation des deux systèmes. Sous sa plume, dans son *Dictionnaire de physique*, l'électricité de Nollet subit le même traitement. Ajoutons qu'en 1770, le père Paulian publie un *Dictionnaire philosopho-théologique portatif.*

661 Paulian, *Dictionnaire de physique portatif*, Avignon, F.-B. Merande & Veuve Girard, 1758.

662 Paulian, *Dictionnaire de physique*, Avignon, Louis Chambeau, 1761.

les trois tomes me furent remis par MM. Desaint & Saillans [libraires à Paris] : je vous en fis alors mes remerciments & je vous les réitere avec plaisir. Si cet Article imprimé, n'eût point fait partie d'un ouvrage tout prêt à être publié, j'aurois pu, en vous envoyant mes Remarques, comme vous me faisiez l'honneur de me les demander, vous proposer d'y faire quelques changements, & cela se seroit passé entre nous ; mais ce que vous avez écrit sur l'Electricité étant devenu public, avant que je pusse vous dire en particulier ce que j'en pense ; je vous crois trop judicieux pour trouver mauvais que je vous fasse publiquement mes observations en me renfermant toutefois dans ce qui m'est personnel [663].

Paulian évoque les physiciens *les plus sages et les plus retenus* qui ont donné leurs découvertes sur l'électricité que comme de pures conjectures et il cite Nollet, parmi cela, tout en ajoutant : *je n'ai rien vû de meilleur, que ce qu'il a composé sur cette matière ; aussi est-ce presque dans cette seule source que j'ai cru devoir puiser tout ce que je dirai sur cet article [...]* [664]. Ceci amène une protestation de Nollet qui nous éclaire sur la force de ses convictions en la matière : *Vous dites dans votre préambule, que j'ai suivi l'exemple de ces physiciens qui n'ont donné leurs découvertes en électricité, que comme de pures conjectures. Si cela étoit vrai & que mes seuls Ouvrages sur cette partie de la Physique m'eussent assuré l'immortalité, comme vous me faites la grace de le dire dans le même endroit, il faudroit convenir que la récompense auroit prodigeusement surpassé le mérite : non, mon R. P. rien de ce que j'ai fait n'est capable de m'immortaliser ; mais aussi j'ose vous assurer que mes ouvrages sur l'Electricité, ne sont pas de pures conjectures. Il est vrai que mon premier Mémoire sur cette matiere, est intitulé "Conjectures sur la cause des Phénomenes électriques". Mais il a 20 ans de date. Depuis cette premiere tentative qui présentoit pourtant plus que de pures conjectures, j'ai publié, (& vous ne l'ignorez pas sans doute) sur le même sujet, quatre Volumes, dans lesquels on peut voir si je n'ai pas prouvé par les faits les plus surs & les plus évidents, tout ce que j'avois conjecturé alors : il y a plus de 5 ans que les noms de "Conjectures & d'Hypothese" ne conviennent plus à la théorie que j'ai tirée de l'expérience. J'explique les phénomenes électriques par un certain nombre de propositions fondamentales dont chacune a ses preuves ; si l'on veut leur conserver le nom de Systême, bene fit ; mais qu'on se souvienne qu'un Systême n'est pas toujours un assemblage de suppositions hazardées ou simplement probables, celui-ci gît en faits bien constatés & bien décisifs* [665].

Mais passons à l'examen de l'article de Paulian et aux commentaires de Nollet. Avant de présenter les expériences *les plus surprenantes* de

---

663 Nollet, *Lettres sur l'électricité*, *op. cit.*, troisième partie, p. 178-207.

664 Paulian, *Dictionnaire de physique portatif*, *op. cit.*, p. 99.

665 Nollet, *Lettres sur l'électricité*, *op. cit.*, troisième partie, p. 181, 182.

l'électricité, Paulian propose l'ensemble des principes sur lesquels sont fondés ses explications. En fait de principes, il présente à la fois les phénomènes qui sont au départ de tous traités sur l'électricité et des propositions sur la nature de l'électricité. Ainsi, les premiers phénomènes présentés : *1°. Un corps actuellement électrique est un corps que l'on a mis en état d'attirer & de repousser des corps légers [...] ; l'électricité d'un corps se manifeste encore par les bluettes de feu que l'on en tire. 2°. Presque tous les corps peuvent devenir électriques ou par frottement ou par communication. [...]*[666]. Enfin, disons que Paulian commence par présenter les phénomènes qu'on doit s'attendre à voir présentés au départ d'un article sur l'électricité dans un dictionnaire de physique ; mais il convient de remarquer que ce dictionnaire est d'un genre nouveau, c'est le premier en la matière, le premier qui ait été publié, d'où son succès. Quant à ses propositions sur la nature de l'électricité, elles procèdent d'un choix personnel : 7°. *Tous corps électrisés, soit qu'il l'ait été par frottement ou par communication, est entouré d'un fluide très-subtil qui s'étend plus ou moins loin, suivant que l'électricité a été plus ou moins forte. [...]. 8°. Ce fluide sert d'athmosphére au corps actuellement électrisé. Ce fluide n'est pas l'air grossier que nous respirons, puisque les corps s'électrisent parfaitement bien dans le récipient de la machine pneumatique, après que l'on en a pompé l'air. 9°. L'athmosphére des corps actuellement électrisés, est formée par les particules qui s'élancent continuellement de leur sein, & qui se portent plus ou moins loin, suivant que l'electricité est plus ou moins forte. 10°. Le fluide subtil qui compose l'atmosphére des corps électrisés, s'insinue sans peine à travers les corps les plus durs ; l'on dit même que cette matière traverse plus facilement les métaux que l'air ; elle est en cela semblable à la lumière qui traverse plus aisément le verre que l'air.* Voici une remarque sur le passage de la lumière de l'air au verre qui est conforme à l'optique de Descartes et à celle de Newton. Paulian conjecture - c'est lui qui emploie cette expression – que *la matière électrique est répandue partout, & qu'elle n'a besoin que d'un tel degré de mouvement pour se rendre sensible.* Il affirme que : 12°. *La matière électrique est une vraie matière ignée, c'est un vrai feu qui, pour agir avec plus de force, s'unit à des particules hétérogènes qu'il trouve ou dans les corps qu'on électrise ou dans l'atmosphère de ces corps.*

La première critique de Nollet porte sur cette affirmation de Paulian selon laquelle : 16°. *Toute la matière électrique qui sort du globe, ne se rend pas dans le tube de fer blanc ; elle se répand dans l'air, & elle rend à demi-électriques non-seulement celui qui se trouve à une certaine distance, mais encore les corps solides qui entourent la machine, s'ils sont électrisables par communication.* Paulian appuie cette affirmation sur une expérience qui

666 Paulian, *Dictionnaire de physique portatif*, *op. cit.*, p. 99-102, pour cette citation et les suivantes.

montre que : *la matière électrique qui sort du globe de verre & qui ne se rend pas dans le tube de fer blanc, vient électriser celui qui frotte le globe. Les étincelles que l'on tire de son corps sont cependant assés foibles, parce que cet homme n'est électrisé qu'à demi.* A cela, Nollet réplique : *aucun physicien que je sache, n'a jamais prétendu, que toute la matiere électrique, émanée du globe, passât dans un tube de fer blanc disposé pour être conducteur ; de tous ceux qui ont fait des expériences électriques, il en est peu, je crois, qui ignorent, que tout corps électrisable qui se trouve isolé dans la sphere d'activité du verre que l'on frotte, reçoit l'électricité suivant qu'il est plus ou moins susceptible de cette vertu ; & vous êtes dans l'erreur, si vous croyez que la portion de matiere qui se disperse dans l'air ambiant, ne puisse électriser qu'à demi, comme vous dites ; j'ai vû maintes fois une enclume suspendue à plus d'un pied du globe, étinceller, sans comparaison plus fortement que le tuyau de métal qui servoit en même-temps de conducteur pour d'autres fins ; [...]* [667].

Ajoutons que le père Paulian introduit la matière effluente et affluente, mais en cela il veut se démarquer de Nollet et tente de faire accroire à son originalité : *Quoique nous n'admettons pas absolument la même matière effluente & affluente de Mr. L'Abbé Nollet, puisqu'il soutient que la matière ignée qui sort des corps qu'on électrise ne revient pas sur elle-même & ne rentre pas dans le globe pour réparer les pertes qu'il a faites ; cependant pour être & plus courts & plus clairs dans nos explications, nous nommerons dans la suite matière effluente, cette matière qui sort du corps qu'on électrise, & matière affluente, cette matière qui entre dans le corps qu'on électrise & qui sert à réparer les pertes qu'il fait continuellement* [668].

Nollet ne peut croire un instant que les effluences et les affluences de Paulian soient dans un sens différent de celles qu'il a *mis sous les yeux du public, il y a plus de 20 ans : N'attribuez-vous pas comme moi les effluences au frottement du verre ? Ne reconnoissez-vous pas comme moi que les affluences viennent de l'air environnant, ou des autres corps qui avoisinnent le verre frotté ? Ne dites-vous pas avec moi que les affluences ont pour cause la tendance que tout fluide a pour se mettre en équilibre avec lui-même, & pour se répandre dans les endroits où il manque ? Ne dites-vous pas, comme je l'ai enseigné tant de fois, que les affluences réparent les pertes que fait le verre frotté ? En quoi différons-nous donc, en ce que ces affluences peuvent être en partie des émissions du globe, qui retournent à lui ? Mais si ces émissions ont perdu leur mouvement progressif d'effluence, elles font partie de la plénitude de matiere électrique que nous admettons*

---

667 Nollet, *Lettres sur l'électricité*, *op. cit.*, troisième partie, p. 183, 184.

668 Paulian, *Dictionnaire de physique portatif*, *op. cit.*, p. 101.

encore tous deux ; à cet égard j'ai donc encore dit la même chose que vous, & long-temps avant vous ; [...] [669].

Nous n'allons pas parcourir en entier l'article de Paulian et l'ensemble des critiques qu'en fait Nollet, nous ne retiendrons ici que la critique de l'interprétation de la transmission de l'électricité le long d'une corde mouillée : *Pour faire entendre comment l'électricité se transmet au loin par le moyen d'une corde mouillée, vous supposez avec raison, que les pores de ce conducteur sont remplis par des filets de matiere électrique ; mais vous comparez le mouvement qu'ils reçoivent du globe à celui qui se communique par une suite de boules (vous auriez dû ajoûter, élastiques) dont la dernière s'élance en avant, quand on frappe la premiere. Cependant tout ce qui sort d'un conducteur se présente à nos sens comme un véritable écoulement entretenu par les émanations du verre frotté ; il me paroît plus naturel & plus conforme à l'expérience de regarder le corps qui sert de milieu à la vertu électrique, comme un assemblage de petits canaux que les effluences & les affluences partagent entre-elles, & qu'elles enfilent, les uns pour aller de leur source jusqu'aux extrémités du conducteur, les autres, pour arriver de l'air ambiant au verre frotté. Si l'espece de mouvement que nous offre votre comparaison peut avoir lieu, je pense que c'est plutôt dans les phénomenes où il y a choc & répercussion de la matiere électrique ; dans l'explosion des étincelles, par exemple, dans la commotion de l'expérience de Leyde, &c.* [670].

En 1769, Paulian publie *L'électricité soumise à un nouvel examen* [671], qui est en quelque sorte une réponse à la lettre que lui a adressée l'abbé Nollet, lettre que l'abbé a publiée dans la troisième partie de ses *Lettres sur l'électricité* qui paraitront en 1770. D'ailleurs, dans l'avertissement qu'il place en tête de son ouvrage, Paulian annonce que la première partie de son ouvrage ne s'adresse qu'à l'abbé Nollet. Trop tard pour que l'abbé puisse lui répondre.

L'électricité dans les Lettres à une princesse d'Allemagne d'Euler

En seize de ses *Lettres à une princesse d'Allemagne* [672], Euler présente un traité complet sur l'électricité ; Euler y présente un système qui n'appartient qu'à lui et n'y fait référence à aucune conjecture que celles-ci soient de Nollet, de Franklin ou de tout autre physicien, lesquels ne sont même pas cités. *Je me flatte – écrit-il – d'avoir trouvé une route suivant laquelle j'espère de mettre Votre Altesse tellement au fait de cette matière embrouillée, qu'elle acquerra très-facilement une connaissance beaucoup plus parfaite que n'en ont la plupart des physiciens, qui travaillent jour et*

---

669 Nollet, *Lettres sur l'électricité*, *op. cit.*, troisième partie, p. 185.

670 *Ib.*, p. 192, 193.

671 Paulian, *L'électricité soumise à un nouvel examen*, Avignon, Veuve Girard & Franç. Seguin, 1768.

672 Euler, *Lettres à une princesse d'Allemagne*, Genève, Barthelemi Chirol, 3 volumes, 1775.

nuit à approfondir ces mystères de la nature. (lettre du 20 juin 1761). A partir d'une brève évocation des premières expériences sur l'électricité, il montre que tous les corps se partagent en deux classes : *la première comprend les corps qui, par le frottement, deviennent électriques, et l'autre, ceux qui le deviennent par communication, et où le frottement ne produit aucun effet.* (*ib.*) Dans la lettre suivante, Euler traite *du véritable principe de la nature sur lequel tous les phénomènes de l'électricité sont fondés (lettres du 23 juin 1761).* Ce principe, Euler le trouve indubitablement dans une matière subtile que la plupart des physiciens admettent et nomment la matière électrique ; alors que, nous dit Euler, ceux-ci *sont si embarrassés d'en déterminer la nature et les propriétés, que cette grande partie de la physique en devient plutôt embrouillée qu'éclaircie (ib.).* Il paraît évident à Euler que *nous n'avons pas besoin d'en feindre une dans notre imagination*, et que cette matière subtile, c'est l'éther ; Euler rappelle alors qu'il en a établi l'existence en optique : *je crois avoir suffisamment prouvé que les rayons de lumière ne sont pas des émanations actuelles lancées des corps lumineux, aussi peu que le son est une émanation des corps sonores. Il est plutôt certain que les rayons de lumière ne sont autre chose qu'un ébranlement ou agitation dans une matière subtile, de même que le son qui consiste dans une semblable agitation excitée dans l'air. Et, de la même manière que le son est excité et transmis par l'air, la lumière est excitée et transmise par une matière beaucoup plus subtile, qu'on nomme l'éther, et qui remplit par conséquent tous les espaces entre les corps célestes (ib.).* Quant aux propriétés mécaniques de l'éther, Euler les déduit très aisément par la comparaison de la vitesse de la lumière à celle du son, les deux étant causées par des ébranlements d'une matière subtile : *c'est de l'élasticité de l'air relative à sa densité que dépend la vitesse du son, qui parcourt un espace d'environ mille pieds dans une seconde. Si l'élasticité de l'air était plus grande, la densité demeurant la même, la vitesse du son serait plus grande ; et la même chose arriverait si l'air était plus rare ou moins dense qu'il n'est, et que son élasticité fût la même. En général, plus un tel milieu, semblable à l'air, est élastique et moins dense en même temps, plus aussi rapidement seront transmises les agitations qui y seront excitées. Donc, puisque la lumière est transmise tant de mille fois plus vite que le son, il faut bien que l'éther, c'est-à-dire ce milieu dont les ébranlements constituent la lumière, soit plusieurs mille fois plus élastique que l'air, et en même temps aussi plusieurs mille fois plus rare ou plus subtil, l'un et l'autre contribuant également à accélérer la propagation de la lumière (ib.).*

Voici donc une matière fluide, l'éther, semblable à l'air, et comme lui, susceptible de compression et de raréfaction ; Euler affirme que *c'est cette qualité qui nous conduira à l'explication de tous les phénomènes de l'électricité. (ib.)*

Dans l'air, le vent se lève lorsque sa force de se répandre, son élasticité, n'est pas partout la même ; il en est de même pour l'éther : *Dès que l'éther sera dans un endroit plus élastique, ce qui arrive lorsqu'il est plus comprimé qu'aux environs, il s'y répandra actuellement en comprimant celui des environs, jusqu'à ce qu'il soit parvenu partout au même degré d'élasticité. C'est alors qu'on dit qu'il est en équilibre, l'équilibre n'étant autre chose que l'état de repos, lorsque les forces qui tendent à le troubler se contre-balancent les unes les autres (lettre du 27 juin 1761).* Bien sûr, le vent d'éther est beaucoup plus subtil que le vent par lequel l'air se transporte d'un endroit à un autre. A la suite de cela, Euler avance : *que tous les phénomènes de l'électricité sont une suite naturelle du défaut de l'équilibre dans l'éther, de sorte que, partout où l'équilibre de l'éther est troublé, les phénomènes de l'électricité en doivent résulter (ib.)* ; il ajoute : *je dis que l'électricité n'est autre chose qu'un dérangement dans l'équilibre de l'éther.*

Tous les corps, y compris les solides, sont remplis de pores ; ceux-ci, de grandeurs et de figures variées, y occupent beaucoup plus d'espace que les parties solides. Euler pense que la diversité des corps dépend probablement de la diversité de leurs pores. *Donc il y aura sans doute des pores plus fermés, et qui ont moins de communication avec d'autres pores ; de sorte que l'éther qui y est enfermé y est aussi plus engagé, et ne s'en dégage que très-difficilement, quoique son élasticité soit beaucoup plus grande que celle de l'éther qui se trouve dans les pores voisins. Il y aura aussi au contraire des pores assez ouverts et d'une libre communication avec les pores voisins : alors il est clair que l'éther qui se trouve dans ces pores ne s'y tient pas si fermement que dans le cas précédent ; et s'il est plus ou moins élastique que dans les pores voisins, il se mettra bientôt en équilibre (ib.).*

Ici bas, l'éther s'insinue dans les petits interstices que les particules de l'air et de tous les autres corps laissent entre eux et tous les effets de l'électricité sont dus à la manière dont l'éther est mêlé aux corps. Euler distingue deux espèces principales de corps : les uns reçoivent aisément l'électricité par la simple communication : l'eau, les métaux et les corps des animaux, on en déduit que leurs pores sont ouverts ; les autres sont presque insensibles à l'électricité, tel l'air - quand il est sec - le verre, la poix et les résines d'où l'on déduit que leurs pores sont fermés ou entièrement ou en grande partie. Euler affirme alors tous les phénomènes de l'électricité découlent tout naturellement de *ces éclaircissements qu'il a proposés sur la diverse nature des corps à l'égard de l'éther qui y est engagé (lettre du 30 juin 1761). Tout dépend de l'état de l'éther répandu ou dispersé dans les pores de tous les corps, en tant qu'il n'a pas partout le même degré d'élasticité, ou qu'il est plus ou moins comprimé en quelques corps qu'en d'autres ; car alors l'éther, n'étant pas en équilibre, fera des efforts pour s'y remettre. Des endroits où il est comprimé, il tâchera de se dégager autant que l'ouverture des pores le permet, pour se répandre et entrer dans les pores où la compression est moindre ; et cela durera jusqu'à ce qu'il soit remis partout au même degré de compression et d'élasticité, pour y demeurer en équilibre.*

Ici je remarque d'abord que, lorsque l'éther passe d'un corps où il était comprimé, dans un autre où la compression était moindre, il rencontrera dans l'air, entre les deux corps, de grands obstacles, à cause des pores de l'air, presque tout à fait fermés. Cependant il percera par l'air, comme par une matière liquide et très-déliée, pourvu que sa force ne soit pas trop petite, ou l'intervalle entre les corps trop grand. Or, ce passage étant fort gêné et presque empêché par les pores de l'air, il lui arrivera la même chose qu'à l'air lorsqu'on le force de passer bien vite par de petits trous : on entend alors un sifflement, qui est la marque que l'air y est mis dans un mouvement d'agitation qui cause ce son.

Il est donc très-naturel que l'éther, lorsqu'il est forcé de pénétrer à travers les pores de l'air, y doit aussi recevoir une espèce d'agitation. [...] comme une agitation dans l'air produit un son, ainsi une semblable agitation dans l'éther est la cause de la lumière : donc, toutes les fois que l'éther échappe d'un corps pour passer dans un autre, son passage par l'air doit être accompagné d'une lumière qui paraît tantôt sous la forme d'une étincelle, tantôt sous celle d'un éclair, lorsque la quantité est assez grande. Voilà donc la plus remarquable circonstance qui accompagne la plupart des phénomènes électriques qui s'explique avec évidence par nos principes (ib.).

Ainsi un corps devient électrique, soit lorsqu'une grande part d'éther est ajoutée dans ses pores, alors l'éther y est plus comprimé et plus élastique, ou bien lorsqu'une partie de son éther en est chassée, alors l'éther y est plus rare et il y perd une part de son élasticité. Dans l'un et l'autre cas, l'éther n'est plus en équilibre avec celui du dehors, les phénomènes électriques sont la marque de son retour à l'équilibre. Deux situations se présentent donc : ou bien le corps a un excès d'éther, ce qu'on nomme l'électricité en plus ou l'électricité positive, ou bien le corps a un défaut d'éther, ce qu'on nomme l'électricité en moins ou l'électricité négative. Nous retrouvons ici le vocabulaire de Franklin, mais il convient de souligner que les deux approches des phénomènes électriques sont radicalement différentes.

Avant de passer aux expériences et à l'interprétation des phénomènes électriques, Euler ajoute : Naturellement les corps ne sont pas électriques, puisque l'élasticité de l'éther tend à l'entretenir en équilibre : ce sont toujours des opérations violentes qui troublent l'équilibre de l'éther et rendent les corps électriques ; et il faut que ces opérations agissent sur des corps à pores fermés, afin que, l'équilibre étant une fois dérangé, il ne se rétablisse pas au même instant. Aussi voyons-nous qu'on se sert du verre, de l'ambre, de la cire d'Espagne ou du soufre pour y exciter l'électricité (lettre du 4 juillet 1761).

Euler commence par expliquer comment l'équilibre de l'éther est troublé par le frottement dans l'ambre ou dans la cire d'Espagne : L'ambre et la cire d'Espagne ont des pores assez fermés ; or, ceux de la laine avec laquelle on le frotte sont assez ouverts : pendant le frottement, les pores de l'un et de l'autre sont comprimés, et par là l'éther qui y est contenu est réduit à un plus haut degré d'élasticité. Ainsi lorsqu'on frotte un bâton de cire d'Espagne, une partie de son éther passe dans la laine, et le bâton se trouve électrisé en moins : l'éther qui reste étant moins comprimé y a moins de force pour se répandre, mais puisque les pores de l'air qui l'environne sont encore plus fermés que ceux de la cire, l'éther contenu dans l'air ne passe que très lentement dans la cire pour rétablir l'équilibre. Si on présente à ce bâton un petit corps très léger qui a ses pores ouverts, l'éther qui y est contenu, trouvant une issue libre, puisqu'il a plus de force à se répandre que ne lui oppose l'éther enfermé dans le bâton, s'échappe, se fraie un chemin au travers de l'air et entre dans le bâton, pourvu que la distance ne soit pas trop grande. Ce passage se fait difficilement puisque les pores de la cire n'ont qu'une très petite ouverture, l'éther n'a pas un mouvement d'agitation suffisamment fort pour exciter une lumière sensible. On remarque encore que le petit corps saute vers ce bâton comme s'il y était attiré. Euler en explique la cause en considérant que, dans son état naturel, ce petit corps est de tous côtés également pressé par l'air qui l'environne ; mais puisque, dans l'état où il se trouve à présent, l'éther en échappe et perce par l'air dans la direction du bâton, il est évident que l'air de ce côté pressera moins sur le petit corps qu'ailleurs, *et que la pression dont il est poussé vers le bâton l'emportera sur les autres pressions, et le poussera actuellement vers le bâton de la même manière que s'il en était attiré (ib).*

Euler aborde ensuite des expériences plus spectaculaires, pourvu que l'air et les instruments qu'on utilise soient bien secs. En frottant un tuyau de verre avec la main, ou avec un morceau de drap de laine, la compression des pores du verre et du corps frottant fait qu'une partie de l'éther doit passer ou de la main dans le verre, ou, inversement, du verre dans la main, selon que les pores de l'un ou de l'autre sont plus susceptibles de compression dans le frottement. Après cette opération l'éther de la main se remet aisément en équilibre, puisque ses pores sont ouverts ; mais les pores du verre étant assez fermés, l'éther s'y conserve dans son état, soit que le verre en soit surchargé, soit qu'il en soit dépouillé, et parce que les pores du verre sont fermés, l'éther s'y conserve dans son état ; il est donc électrique et produit des phénomènes semblables à ceux de la cire d'Espagne, mais plus forts. Les expériences permettent de constater que le tuyau de verre se surcharge en éther, alors que, dans la précédente expérience, la cire d'Espagne en était dépouillée. Le tuyau de verre conserve son électricité, parce que ses pores et ceux de l'air sont trop fermés pour permettre à l'éther de s'échapper du verre. En approchant de très prêt, un petit corps léger à pores ouverts, une petite feuille d'or par exemple, l'éther du tuyau se fraiera un chemin au travers de l'air, et dans l'obscurité, l'agitation de l'éther provoquera une lumière entre le tuyau et le corps et, si à la place du petit corps, on met un doigt, l'entrée rapide de l'éther dans le doigt y cause une piqûre, si on y tient le visage, on sent une certaine agitation de l'air et quelquefois aussi un léger craquement causé par le passage rapide de l'éther. Euler ajoute : *Votre*

Altesse n'a qu'à se souvenir qu'une agitation dans l'air cause toujours un son, et un semblable mouvement dans l'éther, une lumière, et la raison de ces phénomènes deviendra assez claire (lettre du 7 juillet 1761).

Mais remettons le petit corps léger dans le voisinage de notre tuyau électrique ; et tant que l'éther s'échappe du tuyau pour entrer dans les pores du corps, l'air en sera chassé en partie, et ne pressera pas par conséquent de ce côté aussi fort sur le corps que tout autour ; de là arrivera, comme dans le cas précédent, que le corps sera poussé vers le tuyau ; et puisqu'il est léger, il s'en approchera en effet. D'où l'on voit que cette attraction apparente a également lieu, soit que l'éther du tuyau soit trop élastique ou trop peu, ou bien soit que l'électricité du tuyau soit positive ou négative. Dans l'un et dans l'autre cas le passage de l'éther arrête l'air, et l'empêche d'agir par sa pression. Mais pendant que ce petit corps approche du tuyau, le passage de l'éther devient plus fort, et le corps sera bientôt aussi surchargé d'éther que le tuyau même. C'est alors que l'action de l'éther, qui ne provenait que de son élasticité, cesse entièrement, et que le corps soutiendra de toutes parts une égale pression. L'attraction cessera, et le corps s'éloignera du tuyau, puisqu'il n'y a plus rien qui l'y arrête et que sa propre gravité le met en mouvement. Or, dès qu'il s'éloigne puisque ses pores sont ouverts, son éther superflu échappe bientôt en l'air et il retourne dans son état naturel. Alors le tuyau agira de nouveau comme au commencement, et on le verra de nouveau s'approcher du tuyau ; de sorte qu'il paraîtra alternativement être attiré et repoussé du tuyau ; ce jeu durera jusqu'à ce que le tuyau ait perdu son électricité. Car, puisqu'à chaque attraction, il se décharge de quelque portion de son éther superflu, outre qu'il s'en échappe insensiblement dans l'air quelque chose, le tuyau sera bientôt rétabli dans son état naturel et dans son équilibre, et cela d'autant plus promptement que le tuyau est petit et le corps léger ; ce sera alors que tous les phénomènes de l'électricité finiront (ib.).

Euler décrit ensuite l'atmosphère électrique qui environne les corps électriques, qu'ils soient électrisés en plus ou en moins. Si, par frottement, un bâton de cire d'Espagne a été dépouillé d'une partie de l'éther contenu dans ses pores, l'éther qui y reste a alors une moindre élasticité que l'air qui l'entoure ; alors, nécessairement les particules de l'air qui touche la cire ayant une plus grande élasticité se déchargent un tout petit peu dans les pores de la cire ; de même les particules d'air plus éloignées laisseront échapper quelque portion de leur éther dans celles qui en ont perdu et de proche en proche, jusqu'à une certaine distance l'air sera dépouillé d'une partie de son éther et deviendra lui-même électrique. *Cette portion de l'air qui participe de cette sorte à l'électricité du bâton de cire, est nommée l'atmosphère électrique ; et V. A. comprendra, de ce que je viens de rapporter, que tout corps électrique doit être entouré d'une atmosphère. Car si le corps est électrique en plus ou qu'il ait une électricité positive, de manière que l'éther s'y trouve en trop grande abondance, il y sera plus comprimé et par conséquent plus élastique, comme cela arrive dans un tuyau de verre lorsqu'il est frotté ; alors cet éther plus élastique se décharge tant soit peu dans les particules de l'air qui le touchent immédiatement, et ensuite de là dans les particules plus éloignées jusqu'à un certaine distance : ce qui formera encore une atmosphère électrique autour du tuyau, où l'éther sera plus élastique qu'à l'ordinaire.*

Il est évident que cette atmosphère qui environne les corps électriques en doit diminuer peu à peu l'électricité, puisque dans le premier cas il se crible presque continuellement quelque peu d'éther qui entre de l'air environnant dans le corps électrique, et qui dans l'autre cas sort de celui-ci pour entrer dans l'air. C'est aussi la raison pourquoi les corps électriques perdent enfin leur électricité, et cela arrivera d'autant plus vite que les pores de l'air sont plus ouverts. Dans l'air humide, où les pores sont très-ouverts, toute électricité s'éteint presque dans un instant, mais dans un air fort sec elle se conserve assez long-temps. Cette atmosphère électrique s'aperçoit aussi sensiblement : lorsqu'on approche son visage d'un corps électrisé, on sent comme une toile d'araignée causée par le sentiment du passage léger de l'éther, qui passe ou du visage dans le corps électrique, ou réciproquement de celui-ci dans le visage, selon que l'électricité est en moins ou en plus, ou selon qu'elle est négative ou positive, comme on a coutume de s'exprimer (lettre du 11 juillet 1761).

Dans la lettre précédente, Euler avait expliqué l'alternative attraction et répulsion des corps légers qui se trouvent à proximité d'un corps électrique, dans la présente lettre, il revient sur ce sujet : *V. A. aura remarqué que l'explication que j'y ai donnée de la répulsion cloche, mais l'atmosphère électrique suppléera parfaitement à ce défaut (ib).*

Soit un tuyau de verre surchargé d'éther et un petit corps léger dont les pores sont assez ouverts dans son état naturel. Ce corpuscule étant dans l'atmosphère électrique du tuyau, l'éther plus élastique de l'air se décharge dans les pores du corpuscule, et de l'éther sort du tuyau et passe au travers de l'air dans le corpuscule et la pression de l'air en ce lieu en est diminuée, alors le corpuscule est poussé vers le tuyau comme si celui-ci l'attirait. A mesure qu'il s'en approche, il se surcharge en éther et devient aussi électrique que le tuyau, qui alors n'agit plus sur lui. Le corpuscule contient alors plus d'éther que l'air qui l'environne et son éther superflu s'écoule alors vers l'extrémité de l'atmosphère électrique. Cet écoulement de l'éther abaisse de ce côté la pression de l'air ; dès lors, le corpuscule s'éloigne du tuyau de verre ; et, lorsqu'il atteint le bord de l'atmosphère électrique du tuyau, il est déchargé de son éther superflu et rétabli dans son état naturel, d'où il est à nouveau attiré vers le tuyau et l'ayant atteint, il en est repoussé pour la même raison. Euler en conclut : *C'est donc principalement l'atmosphère électrique qui produit ces phénomènes singuliers, quand nous voyons que les corps électriques attirent et repoussent alternativement les petits corps légers, comme de petits morceaux de papier, ou des parcelles de métal, avec lesquelles cette expérience réussit le mieux, puisque ces matières ont leurs pores très ouverts. Au reste, V. A. verra aisément que ce que je viens de dire sur l'électricité en plus doit également avoir lieu dans l'électricité en moins : on n'a qu'à renverser le passage de l'éther, par lequel la pression naturelle de l'air doit toujours être diminuée (ib.).*

Euler aborde ensuite la communication de l'électricité à une barre de fer par le moyen d'un globe de verre. C'est l'expérience habituelle : un globe de verre qu'on fait tourner bien vite autour d'un essieu et qu'on frotte à la main ou avec un coussin fait d'une matière qui a des pores ouverts ; dans ce frottement, les pores du coussin étant plus comprimés que ceux du verre, l'éther qui y est contenu en est chassé et forcé de s'insinuer dans les pores du verre, où il s'accumule de plus en plus, puisque les pores ouverts du coussin en fournissent toujours de nouveau, y étant continuellement suppléé par l'éther des corps environnants. La boule sera beaucoup plus chargée d'éther que ne peut l'être un tuyau de verre ; aussi les effets de l'électricité, qui sont de même nature, y sont plus considérables.

Une barre de fer est suspendue par des cordes de soie, et mise en contact avec le globe par une chaîne de fer qui, attachée à une extrémité de la barre, a un bout qui traîne sur le globe. En faisant tourner le globe de verre qui frotte contre le coussin, on communique l'électricité à la barre de fer, qu'on ne saurait jamais rendre électrique, quelque peine qu'on se donne à la frotter puisque ses pores sont ouverts. Parce que ses pores sont ouverts, cette barre électrisée produit des phénomènes surprenants : *Quand on présente à la barre un doigt ou une autre partie du corps, on voit sortir de la barre une étincelle très brillante en forme d'aigrette, laquelle entrant dans le corps y cause une piqûre sensible et quelquefois douloureuse. [...] Ces étincelles, qui échappent partout de la barre en approchant d'elle un corps à pores ouverts, allument d'abord l'esprit-de-vin, et tuent de petits oiseaux dont on présente la tête (lettre du 14 juillet 1761).* Si cette barre est mise en contact avec de l'eau par l'intermédiaire d'une chaîne, toute la quantité d'eau est électrisée ; un lac entier pourrait l'être, en le disant, Euler semble dubitatif.

Dans la lettre suivante, Euler montre le principal caractère par lequel on distingue l'électricité positive de la négative. Si une barre a une électricité positive et qu'on lui présente un doigt, la lumière qui sort de la barre paraît sous la forme d'une aigrette et auprès du doigt on voit un point lumineux. Si la barre a une électricité négative et qu'on lui présente un doigt, c'est du doigt que sort l'aigrette lumineuse et on voit un point lumineux auprès de la barre. Ainsi, *toujours où l'éther s'échappe, l'étincelle a la figure d'une aigrette ; mais où l'éther entre dans un corps, l'étincelle est un point lumineux (lettre du 21 juillet 1761).* Euler donne sa propre interprétation de l'expérience de Leyde, *un phénomène tout à fait singulier de l'électricité qui a fait bien du bruit, [...] Le singulier de cette expérience consiste dans la force terrible qui en résulte, et dont plusieurs personnes à la fois peuvent sentir les coups les plus rudes (lettre du 28 juillet 1761).*

Une chaîne métallique est attachée à une barre métallique électrisée ; cette chaîne plonge dans l'eau d'un matras de verre, ce matras est posé dans un bassin rempli d'eau. On enfonce dans l'eau du bassin le bout d'une autre chaîne métallique dont l'autre bout traîne sur le plancher. Lorsque la barre est suffisamment électrisée, si quelqu'un présente le doigt à l'extrémité de la barre, il ressent le coup ordinaire de l'électricité par l'étincelle qui en sort. Mais si cette personne met en même temps l'autre main dans l'eau du bassin, ou s'il touche la chaîne plongée dans cette eau, il ressent un coup incomparablement plus rude qui provoque des secousses par tout le corps. *On peut même faire sentir ces mêmes secousses à plusieurs personnes à la fois ; ces personnes n'ont qu'à se donner les mains, ou il suffit même qu'elles se touchent par leurs habits ; alors la première personne met la main dans l'eau du bassin, ou touche seulement la chaîne dont l'autre bout y est plongé ; ensuite, dès que la dernière personne présente le doigt à la barre, on en voit sortir une étincelle beaucoup plus forte qu'à l'ordinaire, et toutes les personnes sont frappées au même instant de coups très-rudes par tout le corps (ib.).*

Selon Euler, par l'action de la machine électrique, l'éther est comprimé dans la barre, et passe par la chaîne dans l'eau du matras qui devient aussi bien surchargé d'éther que la barre même. Le verre du matras ayant ses pores fermés, l'éther comprimé dans l'eau du matras ne passe pas dans l'eau du bassin. Lorsque la personne dont on a parlé touche d'une main la barre métallique et de l'autre l'eau du bassin ou la chaîne dont le bout plonge dans cette eau alors l'éther comprimé dans la barre, rencontrant des pores ouverts traverse le corps de l'homme et se précipite dans l'eau du bassin. Euler écrit : *Jusqu'ici on ne voit que l'effet ordinaire de l'électricité ; mais pendant que l'éther traverse si rapidement le corps de l'homme, il en sort avec une semblable rapidité par l'autre main ou par la chaîne [qui plonge dans l'eau du bassin], pour se dégorger dans l'eau du bassin, et puisqu'il y entre avec une si grande impétuosité il vaincra aisément l'obstacle qu'oppose le verre, et pénétrera jusque dans l'eau contenue dans le matras. Or, l'eau dans le matras contenant déjà un éther trop comprimé, il acquerra par ce surcroît de nouvelles forces, et se répandra avec impétuosité tant par la chaîne [qui le relie à la barre] que par la barre même ; par conséquent il en échappera [par le doigt de l'homme qui touche ou est très proche de la barre] avec de nouveaux efforts : et comme cela se fait dans un instant, il entrera avec une augmentation de forces dans le doigt pour traverser le corps de l'homme. De là passant de nouveau dans l'eau du bassin, et ensuite pénétrant le matras, il augmentera encore l'agitation de l'éther comprimé dans l'eau du matras et de la barre : et cela durera jusqu'à ce que tout soit remis en équilibre ; ce qui se fera bien vite, à cause de la grande rapidité dont l'éther agit. (ib.).*

La princesse d'Allemagne, le lecteur, l'auteur lui-même sont-ils convaincus ? Là est la question. Euler ne cherche-t-il pas à écarter ses propres doutes à la fin de cette lettre ? *S'il y avait encore quelque doute sur ce que j'ai dit d'abord : que l'éther comprimé dans l'eau du matras ne saurait pénétrer par le verre, et que dans la suite je lui ai supposé un passage assez libre ; tout ce doute s'évanouira par la considération que dans le premier cas tout est tranquille, et que dans le dernier l'éther se trouve dans une terrible agitation : ce qui doit sans doute beaucoup contribuer à forcer les passages les plus fermés (ib.).*

L'électricité dans les *Leçons de physique expérimentale* de Nollet

L'électricité est l'objet des deux dernières leçons de l'ouvrage en six volumes que Nollet a consacré à la physique expérimentale : *Sur l'Electricité, tant naturelle qu'artificielle.* Le sixième volume des *Leçons de physique expérimentale* paraît en 1764, cette même année, est publiée la quatrième édition de l'*Essai sur l'électricité des corps.* Selon l'avis du libraire : *L'Auteur n'y a rien voulu changer, non plus qu'aux précédentes, parce qu'heureusement les recherches qu'il a faites depuis qu'il a publié ces Essai pour la première fois, ne l'ont obligé à aucune correction importante ; [...].* Une cinquième édition, elle-aussi inchangée, paraîtra en 1771, un an après le décès de Nollet. Dans le préambule des deux leçons *Sur l'électricité, tant naturelle qu'artificielle,* celle qui vient du ciel et celle que l'on produit au laboratoire. Nollet relate qu'en 1749 il a conjecturé l'identité de ces deux électricités : *En 1749, j'osai dire que le tonnerre & les éclairs qui font partie de ce formidable météore, n'étoient qu'une grande Electricité, semblable par son essence à celle que nous excitons dans nos laboratoires en frottant certaines substances : ma conjecture que j'avois rendue plausible par des observations assez concluantes, se vérifia trois ans après : des expériences décisives montrerent l'identité que j'avois annoncée ; [...]* [673]. Ici, dans une note de bas de page, Nollet fait référence au mémoire, *Observations sur l'électricité de l'air,* que Le Monnier a présenté à l'Académie des sciences en 1752 ; mais celui-ci n'est pas cité, ni d'ailleurs, les expériences de Franklin, Dalibard et de Romas, qui sont l'objet de ce mémoire ne sont citées. Nollet passe très vite sur l'histoire de l'électricité, ne sont cités que Gray et Dufay, *qui fixerent l'attention des Physiciens sur cette nouvelle source de merveilles, & qui firent de l'Electricité un sujet tellement à la mode, que tout le monde, jusqu'au peuple, voulut s'en instruire & s'en amuser.*

La première de ces leçons est divisée en deux sections : 1- *Sur la nature de la vertu électrique, sur les moyens de la faire naître, & sur les signes par lesquels elle se manifeste.* 2- *Dans laquelle on expose ce que l'expérience a fait connoître de plus certain & de plus propre à nous éclairer sur la cause*

673 Nollet, *Leçons de physique expérimentale, op. cit.,* tome 6 ; p. 234-239, pour cette citation et les suivantes.

générale des phénomènes électriques. La seconde de ces leçons n'a qu'une section : *Sur la cause générale & immédiate des Phénomenes électriques.* Exposer les deux leçons sur l'électricité de Nollet, nous conduirait à de nombreuses redites ; ce qui nous intéresse ici, ce sont les références qu'il fait à d'autres auteurs et dans quelles circonstances il les fait ; nous relèverons aussi les absents, disons le tout de suite : Franklin et Jallabert sont ignorés et leurs théories ne sont pas citées. Nollet accompagne son texte de notes de bas de pages, qui font références aux mémoires et ouvrages sur l'électricité que lui et d'autres ont écrits, mais il cite rarement les auteurs dans le corps du texte.

Très tôt, Nollet affirme sa conviction qu'il n'y a qu'une sorte d'électricité et que l'électricité, la lumière et le feu sont un même fluide diversement modifié, qu'au voisinage des corps électrisés, *la matiere électrique sort du corps électrique en forme de bouquets ou d'aigrettes dont les rayons divergent beaucoup entr'eux*[674], et que *tous les corps qu'on électrise, soit par frottement, soit par communication, reçoivent ou de l'air environnant, ou des autres corps voisins, une matière tout-à-fait semblable à celle qu'ils lancent autour d'eux.* Il semble que cette dernière proposition peut, aux yeux de Nollet, susciter le scepticisme et qu'il éprouve le besoin de faire appel à témoins : Wilson, Waitz, Wincker, Bose, etc. ; il finit par l'exposé des expériences qui l'ont amené à cette proposition, des expériences qu'ont vues un grand nombre d'académiciens.

Appendices

L'électricité dans la Lettre sur le progrès des sciences de Maupertuis[675]

Que dirons-nous de cet autre feu caché dans tous les corps, qu'on a eu dans ces derniers temps l'adresse d'y découvrir, d'en tirer, & de rassembler pour ainsi dire là où l'on veut, pour lui faire faire tous ces prodiges qu'on voit dans les expériences de l'électricité ? Ces expériences sont si merveilleuses, les événemens ont si peu de rapport avec les préparatifs, que nous ne savons quelle route proposer pour les suivre, ni que prescrire sur une matiere aussi délicate & aussi nouvelle. Tout ce qu'on peut faire maintenant, c'est d'accumuler le plus qu'on pourra d'expériences. Fussent-elles faites au hasard, elles pourront répandre du jour sur cette Physique.

Parmi tous les phénomènes de l'électricité il sera difficile d'en trouver un aussi merveilleux que celui que M. Franklin a découvert, s'il est vrai que ce nouveau Promethée ait appris à tirer le feu du Ciel, à faire tomber sur la Terre la foudre en gouttes imperceptibles

674 *Ib.*, p. 355, 361, pour cette citation et la suivante.

675 Maupertuis, *Lettres sur le progrès des sciences*, in *Œuvres*, tome 2, Lyon, 1768, Reprographie, Hildesheim, Georg Olms, *1965* ; p. 423-426.

A peine les premiers miracles de l'électricité étoient-ils découverts, qu'on voulut par eux accélérer la végétation des plantes, faire passer les vertus d'un médicament dans nos corps, guérir les paralytiques : quelques-uns crurent y être parvenus. Il ne paroît pas que les effets ayent répondu à ce qu'on avoit annoncé. L'admiration & le transport que causent des choses aussi surprenantes, ou le desir de les faire encore plus valoir en les appliquant à ce qui nous intéresse le plus, peuvent excuser cette précipitation : mais n'est-ce pas nous procurer d'assez grandes utilités, que d'augmenter nos connoissances, & d'humilier notre esprit ?

Il est encore un autre feu dans les Cieux, plus paisible & plus rare dans ces contrées ; je parle de ce feu ou cette lumiere connue sous le nom d'aurore boréale. Nous ne sommes pas peut-être placés avantageusement pour faire des expériences sur cette lumiere, que nous ne voyons guere ici qu'assez peu élévée sur l'horizon : mais on en pourroit tenter dans ces régions qu'il semble qu'elle inonde, dans ces lieux voisins du pôle où elle paroît au zénith, & où on la voit embraser tout l'hémisphere. On pourroit essayer d'exercer sur cette matiere le même pouvoir qu'on exerce sur la foudre, avec laquelle elle a peut-être assez d'affinité. Je recommanderrois ces expériences aux habitans de ces contrées que j'ai vues, aux habitans de Torneo & de Pello qui jouissent du spectacle de ce merveilleux phénomene toutes les nuits où la sérénité du Ciel leur permet de l'appercevoir.

Les dangers de l'électricité

La première lettre sur l'électricité de l'abbé Nollet est, nous l'avons dit, adressée à une jeune italienne férue d'électricité. Nollet y narre l'expérience de Marly et, avec humour, l'effet de cette expérience sur le peuple, celui-ci *toujours prompt à croire les choses merveilleuses s'y prêta pendant quelque temps [...]*[676]*. Ce singulier Phénomène ne fut pas plutôt annoncé & vérifié, que l'admiration monta jusqu'à l'enthousiasme ; la plûpart de ceux qui l'apprirent ne voyant pas ou se dissimulant l'énorme distance qu'il y a entre le fait & la conséquence qu'on en vouloit tirer, crurent de bonne foi, & sur la parole de ceux qui leur disoient que la foudre du Ciel seroient désormais en la puissance des hommes, & que pour se garantir du Tonnerre, il suffiroit d'orénavant de dresser des pointes sur le sommet des Edifices : quelques personnes même assuroient d'un ton fort sérieux, qu'un voyageur en rase campagne pourroit s'en défendre en mettant l'épée à la main contre les nuées ; les gens d'Eglise qui n'en portent pas, commençoient à se plaindre de n'avoir pas cet avantage ; mais on leur montra dans le livre de M. Franklin, qui étoit comme l'Evangile du jour, « qu'on pouvoit suppléer au pouvoir des pointes, en laissant bien mouiller ses habits ». Ce qui est extrêmement facile en temps d'orage.*

---

676 Nollet, *Lettres sur l'électricité*, *op. cit.*, première partie ; lettre 1, p. 10, 11.

Après avoir cité les expériences faites par Le Monnier à Saint Germain en Laye et les expériences qu'il fit avec Cassini de Thury à l'observatoire de Paris, Nollet met en garde les physiciens italiens sur les dangers de ces expériences et, par association d'idées, il signale les dangers des expériences sur l'électricité les plus communes : *Depuis trois mois, je reçois quantité de lettres des Physiciens de nos Provinces avec qui j'ai l'honneur d'être en correspondance, & je vois qu'après avoir varié les procédés & les manipulations de toute maniere, tous s'accordent à reconnoître pour vrais & bien constatés les résultats dont j'ai fait mention cy-dessus. Et si l'on doit s'en rapporter à la pluralité des voix, il faut y ajoûter une remarque qui me paroît de quelque importance, c'est que les corps isolés en plein air s'électrisent quelquefois très-sensiblement sous des nuages épais, mais sans tonnerre, sans éclairs, & même sans pluye ni grêle ; cette observation fut faite pour la premiere fois de ma connoissance à 18. lieues de Paris dans une maison, où les Sciences sont goûtées, & protégées sans ostentation, & dans laquelle ceux qui les cultivent sont bien reçus, & trouvent de bons modéles à imiter : Pendant presque toute une journée on tira des étincelles du fer exposé & isolé en plein air, quoiqu'on ne vît rien tomber ni sortir des nuages qui couvroient le Ciel.*

Si le R. P. la Torre, ou quelqu'autre Physicien de votre connoissance, se met en devoir, comme je n'en doute pas, de répéter ces expériences, & d'en augmenter le nombre, avertissez-le de s'y prendre avec circonspection ; j'apprens par des lettres de Bologne & de Florence, que ceux qui les y ont faites, s'en sont presque repentis, parce que leur curiosité a été satisfaite au-delà de leurs desirs, par les violentes secousses qu'ils ont éprouvées en essayant de tirer des étincelles du fer électrisé par le tonnerre : voici ce que m'en écrit de Florence un de mes amis [M. Foncier fils, Fermier Général des Etats de Toscane. La lettre est du 25. Août 1752], qui prend un vif intérêt à tout ce qui se passe de nouveau dans la République des lettres, & à qui j'avois fait part des nouvelles découvertes sur l'Electricité ; après les détails circonstanciés d'une expérience faite par le plus habile Electriseur du Pays [M. de la Garde, Directeur de la Monnoye, & fort appliqué depuis long-temps à faire des recherches sur l'Electricité] il ajoûte : « Enfin dans le temps qu'il étoit occupé à attacher une petite chaîne, à l'extrémité de laquelle pendoit une boule de cuivre, à une distance convenable de la grande chaîne, pour pouvoir en détacher les étincelles, par le moyen de ses oscillations, survint un éclair qu'il ne vit point, mais qui enflamma la grande chaîne avec le bruit d'une fusée volante. L'Electricité se communiqua à la chaîne de la boule qu'il engençoit, & lui donna une commotion si violente que la boule lui échappa des mains, & qu'il recula en chancellant quatre pas en arriere : jamais l'expérience de Leyde ne lui avoit donné une si forte secousse. » Vous voyez, Mademoiselle, que cela passe le badinage : d'expérience en expérience nous sommes parvenus à toucher le feu du ciel, mais si par ignorance ou par témérité nos mains profanes en abusent, nous pourrions bien nous en repentir, & que seroit-ce, si quelque fâcheux accident nous causoit des remords, & si dévorés par des regrets superflus, nous allions réaliser le Prométhée de la fable & son vautour !

Puisque j'en suis sur les avis, trouvez bon que j'en ajoûte encore un, qui peut être de quelque utilité, non seulement à ceux qui électrisent, mais encore aux personnes curieuses qui assistent à ces opérations : vous me mandiez, il y a quelque temps, qu'un globe de verre qui paroissoit bien entier, avoit éclaté subitement, & s'étoit mis en pieces d'une façon singuliere entre les mains de M. Sabatelli [un très habile astronome de Naples], qui le frottoit pour le rendre électrique : & vous soupçonniez que cela pouvoit venir d'un effort de l'air qui s'étoit peut-être fortement raréfié au-dedans, à cause de la chaleur excitée par le frottement. Pareil accident m'arriva au mois de Février de cette année, avec un globe de cristal d'Angleterre bien conditionné, épais de plus d'une ligne, & qui me servoit depuis deux ans : l'air étoit parfaitement libre de s'étendre du dedans au dehors par des ouvertures pratiquées exprès à la monture ; & malgré tout cela, je le vis éclater comme une bombe entre les mains de mon valet qui le frottoit, & les morceaux dont les plus grands n'avoient pas plus d'un pouce de largeur, furent lancés de toutes parts à des distances considérables. En faisant des recherches dans les lettres de mes correspondans, j'ai trouvé que le R. P. Béraud à Lyon, M. Boze à Vittemberg, M. le Cat à Rouen, & M. le Président de Robien à Rennes, avoient éprouvé de semblables ruptures, lorsqu'ils s'y attendoient le moins ; & plus je refléchis sur les circonstances, moins je vois d'apparence à expliquer ces especes d'explosions par l'action de l'air, fut-elle aidée même de la force centrifuge, imprimée aux parties du verre, par le mouvement de rotation : mais je crois que ceci est encore un effet de la matiere électrique, qui ébranle, je ne sçais quand ni comment, les parties du globe, & qui les met en état de se quitter & de partir au premier frottement qu'elles reçoivent.

Quelle que soit la cause de cet accident, il peut arriver, puisque nous en avons des exemples ; il est dangereux pour ceux qui sont présens, & nous ignorons dans quelles circonstances nous en sommes menacés : il est donc prudent de s'en défier, & de ne s'approcher des globes de verre que quand ils ont été frottés pendant un certain temps avec des coussinets ; alors on a lieu de croire que les parties ayant résisté aux premiers frottemens, ne sont pas dans le cas d'éclater quoique l'on continue de les frotter : car on a observé que les globes qui ont péri de cette maniere, n'ont soutenu que 5 ou 6 tours de rouë[677].

Nous avons d'autres récits d'expériences dramatiques sur l'électricité du ciel. Prenons celui que fait Euler dans la lettre à une princesse d'Allemagne du 4 août 1761 : *On a d'abord regardé comme visionnaires, ces philosophes*

677 *Ib.*, p. 15-21.

qui se sont imaginés de trouver quelque ressemblance entre les phénomènes du tonnerre & ceux de l'électricité, & l'on a cru qu'ils ne faisoient cela que pour couvrir leur ignorance sur la cause du tonnerre ; mais V. A. sera bientôt persuadée que toute autre explication de ces grandes opérations de la nature sont destituées de fondement. […] je me hâte de lui apprendre, qu'on a découvert des preuves incontestables ; que les phénomènes du tonnerre sont toujours accompagnés des marques les plus évidentes de l'électricité. On place une barre de fer ou d'autre métal sur un pilier de verre ou de quelqu'autre matiére dont les pores sont fermés, afin que quand la barre devient électrique, l'électricité ne puisse en échapper ou se communiquer avec le corps qui soutient la barre ; dès qu'un orage s'élève, & que les nuages prets à tonner avancent jusqu'au-dessus de la barre, on y découvre une électricité très-forte, qui surpasse ordinairement de beaucoup celle que l'art peut produire, tellement que si l'on approche la main, ou quelqu'autre corps à pores ouverts, on y voit éclater, non-seulement une étincelle, mais un éclair très-vif, avec un bruit semblable au tonnerre, dont l'homme qui prète sa main reçoit un coup si violent, qu'il ne sauroit le soutenir. Cela passe la curiosité, & on a bien raison d'être sur ses gardes & de ne pas s'approcher de la barre dans un tems d'orage.

Un professeur de Petersbourg nommé Richmann nous en a fourni le triste exemple. Dès qu'on s'est apperçu d'une liaison si étroite entre les phénomènes du tonnerre & ceux de l'électricité, ce malheureux physicien, pour mieux s'en assurer par les expériences, éleva une barre de fer sur le toit de sa maison, enchassée au bas dans un tuyau de verre & soutenue par une masse de poix. Il attacha à la barre un fil d'archal qu'il conduisit jusque dans sa chambre, afin que, dès que la barre deviendroit électrique, l'électricité se communiquât librement avec le fil d'archal, & qu'il put en éprouver les effets dans sa chambre. V. A. comprend bien, qu'il ne touchât nulle-part que des matières à pores fermés, comme du verre, de la poix, ou de la soye, afin que l'électricité ne pût en échapper. Dans cette disposition il attendit un orage, qui arriva bientôt pour son malheur. On entendit tonner au loin ; Mr. Richmann fut fort attentif à son fil d'archal pour voir s'il n'y découvroit point quelque marque d'électricité. Comme l'orage s'approchoit, il jugea bien qu'il falloit prendre quelque précaution, & ne pas s'approcher témérairement du fil ; mais il en approcha son front par mégarde, & reçut un coup si terrible avec un grand éclat, qu'il tomba roide mort.

Vers le même tems, feu Mr. Le docteur Lieberkuhn & Mr. Le docteur Ludorf voulurent faire ici de semblables expériences, & avoient fixé dans cette vue des barres de fer sur leurs maisons ; mais dès qu'ils furent avertis du désastre de Mr. Richmann, ils se hâterent d'ôter les barres, & je crois qu'ils ont agi fort sagement[678].

678 Euler, *Lettres à une princesse d'Allemagne*, *op. cit.*, tome 2, p. 300-303.

Le « paratonnerre »

Je demande [...] si la connoissance du pouvoir des pointes ne pourroit pas être de quelque avantage aux hommes pour préserver les maisons, les églises, les vaisseaux, &c. des coups de la foudre, en nous engageant à fixer perpendiculairement sur les parties les plus élevées de ces édifices des verges de fer faites en forme d'aiguilles & dorées pour prévenir la rouille, & du pied de ces verges un fil-d'archal abaissé vers l'extérieur du bâtiment dans la terre, ou autour d'un des aubans d'un vaisseau, ou sur le bord jusqu'à ce qu'il touche l'eau ? Ces verges ne tireroient-elles pas probablement le feu électrique en silence hors du nuage, avant qu'il vint assez près pour frapper ? & par ce moyen ne pourrions-nous pas être préservés de tant de désastres soudains & effroyables ? [679].

L'usage médical de l'électricité : Lettre de Jallabert à Nollet d'avril 1748 [680]

Je crois, mon cher amy, vous envoier aujourdhuy mon ouvrage sur l'électricité, ou j'ay inséré le détail de mes expériences sur le paralytique avec quelques observations qui y ont du rapport. [...] Le malade demeure encore dans la même maison qu'il occupoit lors de son accident et le médecin et le chirurgien qui furent appelés à son secours sont pleins de vie.

Au mois de juin 1733, ayant donné en forgeant, un coups de marteau à faux, il tomba à terre, privé de sentiment et de mouvement. Les remèdes les plus efficaces ne produisirent aucun effet, il ne reprit la connaissance que plusieurs jours après et il demeura muet et paralysé de la moitié du corps. Les bains d'Aix en Savoye où on le conduisit au milieu de Juillet, lui rendirent la parole et le mouvement à la cuisse et à la jambe droitte. Les mêmes bains, l'année suivante, augmentèrent sa facilité de marcher et lui donnèrent la faculté de hausser et baisser facilement le bras, et de faire quelques légers mouvements des doigts médius et annulaire ; mais l'avant bras n'a jamais pu le fléchir et le pouce, les doigts index et auriculaire privés de mouvement et colés contre la paume de la main. Le bras, l'avant bras et la main livides et d'une maigreur extrême. La commotion sagement administrée peut être utile. Mais j'attribue la plus grande partie de mes succès aux vives et fréquentes secousses que j'ai donné aux divers muscles. Il seroit difficile de décrire la patience dont j'ai eu besoin. Le long fléchisseur du pouce qui m'a occupé 7 à 8 jours a acquis la faculté. La 3e phalange du pouce est celle qui m'a causé le plus de plaisir ; dès lors, j'ai espéré fermement de rentrer. Mes opérations ont duré depuis de 26

679 Franklin, *Expériences et observations sur l'électricité*, traduite par d'Alibard, seconde édition, *op. cit.*, tome 2, lettre 7, p. 44, 45. [Le mot "paratonnerre" apparaît pour la première fois en avril 1773 dans une lettre adressée à Franklin par son traducteur, Barbeu Dubourg : *Œuvres de Franklin*, *op. cit.*, tome 1, p. 316].

680 Isaac Benguigui, *Théories électriques du XVIIIe siècle, Correspondance Nollet-Jallabert*, *op. cit.*, p. 218, 219.

décembre jusqu'au milieu de mars. 2 h. chaque jour, sans aucune interruption. A présent le malade ne vient plus chés moi que de 8 en 10 jours. Il peut faire tous les mouvements de bras, de l'avant bras, du carpe et des doigts à volonté. Ce qui est à désirer, c'est plus de forces quoique cependant elles soient déjà revenues à un point assés considérable. J'espère que la chaleur de l'été et l'usage fréquent du bras, etc., achéveront de le rendre plus robuste. Mon malade n'a aucun régime et malgré la vivacité du froid, il est toujours venu chés moi et a vaqué à ses affaires. La seule attention que j'ai eu, a été de faire frotter pleinement après et avant l'opération, les parties que je secouois et de prendre garde que le malade ne s'exposa pas trop promptement au frais. Le siège du malade peut être placé sur de la poix. Ou bien vous pouvés vous mettre vous-même sur de la poix et porter le doigt ou une verge de fer aux muscles du malade qui ne seroit pas électrisé et qui peut être couché dans un lit, y produire de fortes convulsions. Je rentre dans ces détails parce que vous le voulés, étant bien persuadé que vous trouverés bientôt des moiens plus propres de rendre ces opérations plus pratiques et plus efficaces.

L'usage médical de l'électricité selon l'abbé Nollet [681]

Il est [...] presqu'indubitable qu'on pourra [...] déterminer la matiere électrique à sortir d'un bras, d'une jambe, de la tête, &c. plûtôt que des autres membres du corps ; puisque ce fluide en sortant ainsi avec précipitation des corps animés, entraîne indubitablement une partie des substances qui se trouvent dans les vaisseaux excrétoires ; il y a lieu de se flatter qu'on pourroit en certain cas, ménager ce moyen assez heureusement, pour desobstruer ces mêmes vaisseaux, & pour les purger de ce qu'ils contiendroient de vicieux. Au reste, quand bien même l'électricité, employée comme je l'ai dit, seroit une nouvelle ressource, pour soulager ou pour guérir ; nous ignorons encore en quelles circonstances on doit particulierement y avoir recours, & jusqu'à quel point on doit s'y fier ; les remèdes les plus salutaires & les plus éprouvés doivent être administrés avec prudence & conduits par des personnes qui en connoissent tout le pouvoir. En même-tems que je propose ces essais à ceux que leur profession & leur place met à portée de les suivre, & de nous apprendre ce qu'on en peut esperer, j'exhorte toutes les autres personnes, qui ne sont que curieuses, ou même personnellement interessées, à les voir réüssir ; je les exhorte, dis-je, à ne s'y point livrer aveuglement, & sans être guidées par des gens de l'art, qui puissent au moins décider des circonstances où l'on peut sans rien craindre, forcer la transpiration d'un malade. [...]

[...] avant Pâques de l'année 1746, nous avions pensé M. Morand, M. De la Sone & moi à électriser des paralytiques, pour voir si en faisant agir sur eux la vertu électrique, nous ne pourrions pas ranimer le mouvement, ou

---

681 Nollet, *Recherches sur les causes particulières des phénomènes électriques*, Paris, les Frères Guerin, 3e édition, 1753 ; p. 409-415.

faire renaître le sentiment dans des membres qui auroient perdu l'un ou l'autre, ou tous les deux. Nous fîmes alors quelques épreuves qui ne furent point absolument sans effet : un de nos malades ressentit après dans un bras qui étoit perclus depuis nombre d'années, des picottemens qu'il n'avoit jamais ressentis auparavant, & qui lui inspirerent un grand désir d'être encore électrisé. Mais ces premieres tentatives, quoiqu'elles nous laissassent quelque espérance de succès, nous firent bientôt comprendre qu'on ne devoit raisonnablement s'en flatter qu'après un travail assidu, & peut-être bien long. Je ne voulois pas entreprendre seul des expériences aussi importantes, & il n'étoit pas juste que je détournasse pour des essais qui pouvoient être infructueux, des personnes dont les secours sont plus sûrs en tout autre cas, & continuellement utiles à la société. Il se passa deux ans avant que M. Morand pût allier avec ses occupations ordinaires, celles que devoit causer une électrisation soutenuë avec assiduité, & d'une durée convenable.

Enfin le succès de M. Jallabert acheva de nous déterminer : dans les premiers jours d'Avril 1748 M. de la Courneuve, Gouverneur de l'Hôtel Royal des Invalides, nous fit donner, selon les intentions de Monsieur le Comte d'Argenson, Ministre de la Guerre, un lieu propre pour nos expériences, & parmi une douzaine au moins de soldats paralytiques, qui nous furent presentés, nous choisimes trois sujets dont l'état fut constaté par écrit, en présence de M. Munier premier Medecin, & de M. Boucot Chirurgien Major de la maison, qui voulurent bien assister à nos épreuves & m'aider de leurs lumieres pendant tout le tems qu'elles ont duré. Le premier soldat nommé Daleur, étoit un homme de 49 ans, paralytique de toute la moitié du corps, du côté gauche depuis trois ans, à la suite d'une blessure au côté droit de la tête, ne pouvant fléchir que très imparfaitement quatre doigts de la main, & le pouce de la même main restant toujours droit, sans aucun mouvement soumis à la volonté. Le second nommé Bardoux, âgé de 27 ans, étoit paralytique de tout le côté gauche ; à la suite d'un coup de feu qui lui a crevé l'œil gauche ; il a toûjours eu depuis une douleur dans toute la face, & surtout vers les sinus surcilliers : il avoit la main & les doigts sans mouvemens, & à moitié fermés, il étoit privé de tout sentiment dans la partie malade. Le troisiéme nommé Quinson, âgé de 48 ans, étoit paralytique de tout le côté gauche depuis 17 ans ; cette paralysie a commencé par une faiblesse que le malade ressentit dans ses membres, sans perdre connoissance.

Expériences faites sur des Paralytiques à l'Hôtel Royal des Invalides :

Daleur fut électrisé de suite, depuis le 9 avril, jusqu'au 16 du même mois, tous les jours pendant 4 heures ; sçavoir, le matin pendant 2 heures, & autant l'après midi. Bardoux le fut de même pendant 50 jours, & Quinson pendant 40. Ce travail ne fut interrompu que deux ou trois fois, par l'occurrence de quelques grandes fêtes. Pour électriser ces malades, on les faisoit asseoir sur une planche suspenduë avec des cordons de soye, & l'on soûtenoit leurs pieds avec des gâteaux de résine, ou avec des espèces d'étriers attachés à la planche qui leur servoit de siège : on leur entouroit le corps d'une chaîne de fer dont le bout repondoit au globe de verre par le moyen duquel on excitoit la vertu électrique. On soûtenoit dans une situation convenable & non gênée, par le moyen d'une bride ou d'un ruban de soye, le membre sur lequel on vouloit opérer ; comme il étoit nud, on avoit soin d'y entretenir un degré de chaleur suffisant, non-seulement par celle du lieu où l'on avoit allumé un poële, mais encore par de fréquentes frictions que l'on faisoit avec des serviettes bien chaudes.

Tandis que le malade recevoit l'électricité du globe de verre, on tiroit continuellement des étincelles, en suivant la direction des muscles extenseurs, fléchisseurs, &c. des parties dont on vouloit ranimer le mouvement : on se servoit pour cela d'une clef de porte, dont on présentoit l'anneau, ou d'une platine de fer, épaisse de 4 lignes, & arrondie par un bout : sans cette précaution, les étincelles douloureuses, même pour la personne qui les excite, auroit rendu l'opération difficile, & fort incommode : malgré cela elle l'étoit encore assez pour ralentir le zele des jeunes Chirurgiens qui s'étoient offerts à nous aider. Quand on avoit tiré des étincelles pendant un certain tems, on appliquoit le malade à l'expérience de Leyde, en lui faisant tenir d'une main le vase de verre qui contenoit l'eau, & en conduisant la main paralytique avec un cordon de soye, jusqu'à la tringle de fer, ou à la chaîne d'où l'étincelle devoit partir ; ce que l'on répetoit ordinairement cinq à six fois de suite, quand le malade vouloit bien le souffrir ; car dans les cas où l'électricité étoit forte, il avoit peine à soutenir deux ou trois de ces secousses.

Nous abandonnâmes au bout de 8 jours, le premier de nos paralytiques nommé Daleur, parce que Mr. Morand & Mr. Boucot, l'ayant examiné avec plus d'attention, jugerent qu'il avoit les articulations enchilosées, & qu'il n'étoit pas vraisemblable que des parties ainsi affectées, pussent reprendre la flexibilité & la souplesse nécessaire au mouvement qu'elles avoient perdu. Les deux autres soutinrent plus long-tems notre espérance par les effets que voici. Les mains qui étoient roides & presque fermées, devinrent plus souples & s'étendirent ; les doigts qui étoient comme collés les uns aux autres, se détacherent peu à peu, & chacun d'eux se plioit ou se redressoit séparément des autres, quand on tiroit une étincelle du muscle d'où dépendoit l'un ou l'autre de ces mouvemens : on faisoit plier de même, ou étendre le poignet & l'avant bras ; nos malades ressentoient des douleurs & des piccotemens pendant les nuits, aux parties mêmes sur lesquelles on avoit travaillé, ou bien à celles qui les avoisinoient, & avec lesquelles elles avoient des rapports immédiats. Enfin la peau devenoit pleine de taches rouges, & ensuite on voyoit des élevûres considérables, aux endroits où l'on avoit excité les étincelles électriques ; nous y avons souvent vû même des vésicules qui se crevoient, & d'où il sortoit une férisité semblable à celles des cloches qu'on fait naître en se brûlant.

Tous ces effets allerent en augmentant pendant les premiers 15 jours, & nous nous flâtions toujours que tous ces mouvemens excités & forcés, pour ainsi dire, par les secousses & par les étincelles, se soumettroient enfin à la volonté du malade. Nous le désirâmes, & nous l'attendîmes en vain pendant six semaines, que nous continuâmes nos épreuves, après quoi les paralytiques ne voyant plus de nouveaux progrès qui soutinssent leur patience ; (car il en faut pour se soumettre à cette espèce de torture,) ne se prêterent plus qu'avec peine, & en se plaignant. Le même motif qui nous avoit fait entreprendre & suivre ce travail quand nous croyions pouvoir les guérir ou les soulager, nous fit tout abandonner, dès qu'il nous parut décidé que nous les faisions souffrir inutilement.

Quoique cette électricité n'ait point eu l'effet que nous avions principalement en vûë ; ceux qu'elle eût d'abord ; & les guérisons réelles qui ont été opérées ailleurs par cette voye, feront penser à toute personne raisonnable, & qui n'aura point intérêt de défendre une autre opinion, que l'électricité employée avec perseverance, & menagée avec une certaine habileté, peut être un remede utile contre la paralysie, & peut-être contre bien d'autres maladies, dont le siége est dans les nerfs ou dans les muscles : pour moi, quoique je n'aye pas réussi autant que je le désirois, je suis bien éloigné de croire qu'on ne puisse pas avoir un succés plus heureux, en répetant les mêmes épreuves ; je compte bien les reprendre dans un autre tems, & quand mon travail seroit encore infructueux, j'en conclurrois que je n'ai point assez de bonheur ou d'habileté, plûtôt que de dire contre la vérité des faits, qu'on ne doit rien attendre de la vertu électrique pour guérir de la paralysie.

Mais en convenant, comme je le dois, des bons effets que l'électricité a eû, & qu'elle peut avoir encore, je ne prétends pas faire de l'électrisation un moyen de guérir à coup sûr, & qu'on doive dès à présent, préférer à d'autres remèdes plus éprouvés : la guérison du paralytique de Genève, [par Jallabert] est presque la seule dont je sois bien certain, & le peu de succès que j'ai eû aux Invalides, après un travail de deux mois qui fut éclairé par d'habiles gens, & soutenu de ma part avec tous les soins & toute l'attention qu'il m'a été possible d'y mettre, me fait craindre que les exemples de paralytiques guéris de cette maniere ne soient fort rares à l'avenir, à moins qu'à force de le tenter, on ne trouve quelque façon d'électriser plus efficacement, qui nous est encore inconnuë : si l'électricité devient jamais un remède en usage, il en sera de lui, comme de tous les autres dont l'application n'est pas toujours aussi heureuse qu'on le souhaite. Quel est le remède dont les effets soient infaillibles ? La même maladie ne devient-elle pas plus ou moins opiniâtre, selon l'état & la disposition du sujet ? J'ai électrisé des Soldats dont la paralysie avoit été précédée de blessures ; c'étoit peut-être une cause qui rendoit le mal incurable, & mes efforts inutiles. La paralysie du Serrurier de Genève, avoit commencé par un coup de marteau donné à faux ; qui sçait si cette secousse, qui paroît avoir occasionné sa maladie, ne laissoit pas plus de ressources au remède que Monsieur Jallabert y appliqua ?

Examen de quelques phénomènes électriques publiés en Italie [682]

L'électricité, après avoir étonné successivement l'Angleterre, la France & l'Allemagne par une infinité de Phénomènes, dont la singularité alloit toujours en augmentant, sembloit avoir choisi l'Italie comme un nouveau Théâtre, sur lequel elle faisoit éclater d'autres merveilles. On avoit bien pensé ailleurs à tirer parti de cette nouvelle propriété des corps, pour le soulagement ou la guérison des malades : mais les tentatives qu'on avoit faites à cet égard, n'avoient eu que des succès peu considérables ; ou bien les avantages réels qu'on en avoit tirés, étoient en très-petit nombre, avoient coûté beaucoup de peine & de temps, & n'avoient fait naître pour l'avenir que des espérances bien restreintes.

L'Italie plus heureuse que les autres pays, sembloit posséder le secret d'électriser salutairement & à coup sûr. Des remedes appropriés à chaque maladie, & renfermés dans les globes, ou dans les tubes de verre, ne manquoient pas, disoit-on, de passer au dehors, dès que le frottement avoit dilaté les pores du vaisseau ; & la vertu Electrique servant de véhicule à ces exhalaisons médicales, les faisoit pénétrer profondément dans le corps du malade, & les portoit infailliblement au siege du mal : les purgatifs passoient de même jusques dans les entrailles, lorsqu'on se faisoit électriser en les tenant dans sa main ; & par-là on s'épargnoit le dégoût qu'on a naturellement pour toutes ces potions désagréables qu'on appelle médecines. Les rhumatisme goûteux, les Sciatiques, les paralysies, les enchiloses, les tumeurs froides, &c. disparoissoient ou diminuoient considérablement par une seule électrisation, ou par deux ou trois seulement ; tantôt avec un simple cylindre de verre frotté, tantôt avec un pareil vaisseau rempli de drogues convenables. Ces faits si importans, publié par des gens d'un mérite reconnu, & attestés par des témoins dignes de foi, nous furent annoncés il y a environ quatre ans par des lettres particulieres ; ils me furent confirmés depuis par des mémoires très-circonstanciés, & enfin le Public en fut instruit par la voie de l'impression.

Ces intéressantes nouvelles ne furent pas plutôt répandues, qu'on se mit de toute part en devoir de répéter les expériences ; mais personne que je sache, ne vint à bout de faire passer les drogues à travers les pores du verre électrisé, à moins que ce soit M. Winkler qui a dit, à ce que l'on prétend, l'avoir fait à Leypsik ; personne ne parvint à purger quelqu'un par le creux de la main ; personne ne fit évanouir les maladies aiguës & invétérées, en deux ou trois légeres électrisations. Je ne fus pas plus heureux que les autres ; & je rendis compte au Public de mon infortune & de mon

682 Nollet, *Essai sur l'électricité des corps*, Paris, H. L. Guerin & L. F. Delatour, 3e édition, 1754 ; p. 220-234.

étonnement, à la fin de mes « Recherches sur les causes particulières des Phénomènes électriques ».

Le désir inexprimable que j'avois de voir des effets si merveilleux par eux-mêmes, & qui le devenoient encore davantage par tous les efforts inutiles qu'on avoit faits pour les voir se répéter hors de l'Italie, entra pour beaucoup dans le dessein que je formai il y a dix-huit mois de voyager au-delà des Alpes.

Un séjour de deux mois & demi que je fis dans le Piedmont, me mit à portée de voir souvent M. Bianchi, célébre Médecin Anatomiste de Turin, & qu'on peut regarder comme le premier Auteur des purgations électriques. J'obtins fort aisément de sa politesse & de sa complaisance, la grace que je lui demandai de répéter avec lui-même toutes ces expériences dont il m'avoit fait part dans ses Lettres & dans ses Mémoires : j'en ai tenu un Journal fort exact, qui a été vérifié à chaque fois par des témoins de nos Opérations, que j'ai déposé dans les registres de l'Académie, & que je supprime ici pour n'en donner que le résultat. Mais le croira-t-on ? Ce résultat se réduit à dire que de trente personnes ou environ de différens sexes, de différens âges & de différens tempéramens que nous avons essayé de purger électriquement en diverses fois, sous les yeux & la direction de M. Bianchi, & avec les drogues qu'il nous avoit choisies lui-même, à son grand étonnement & au mien, personne ne le fut, si l'on en excepte un garçon de cuisine qui nous avoua depuis qu'il avoit pris des bouillons de chicorée, pour une incommodation qu'il avoit alors ; & un autre jeune domestique dont le témoignage nous devint plus que suspect par les extravagances dont il voulut l'enjoliver. Ces deux exceptions que je rapporte à dessein, me rendirent très-circonspect sur le choix des sujets qui servirent à nos expériences, & nous expliquent assez bien pourquoi M. Bianchi, après avoir tant purgé de monde, n'en purgea plus lorsque nous travaillâmes ensemble. Plein de candeur & de bonne-foi, il n'a point soupçonné celle des autres ; vraisemblablement il ne s'est pas tenu assez en garde contre l'imagination échauffée, où l'amour du merveilleux qui domine presque toujours les gens du peuple, & les valets sur qui il a fait la plupart de ses expériences.

Malgré l'amitié que j'ai pour cet excellent Anatomiste, & la haute estime que j'ai conçue de son mérite, l'amour de la vérité ne me permet pas de dissimuler qu'il y a quelque chose de semblable à dire, par rapport aux guérisons qui se trouvent enregistrées sur son Journal ; elles ont été pour le moins exagérées. Je suis prêt à croire, & je souhaite qu'on le croie avec moi, que c'est la faute des malades ou des assistans, qui prévenus peut-être par un trop grand espoir, & possédés par une espece d'enthousiasme, en ont fait écrire beaucoup plus qu'il n'y en avoit ; que d'exemples n'auroit-on point à citer de pareilles illusions ! Mais quoi qu'il en soit, je ne puis m'empêcher de croire, après les recherches que j'en ai faites, que la plûpart des guérisons électriques de Turin, n'ont été que des ombres passagéres qu'on a prises avec un peu trop de précipitation ou de complaisance pour des réalités constantes.

De Turin je passai à Venise avec le même désir de m'instruire au sujet de la transmission des odeurs, des Intonacatures [Les Italiens nomment intonacatures ces enduits de baume ou d'autres drogues, dont M. Pivati a imaginé de garnir la surface intérieure de ses globes ou cylindres électriques] & des guérisons ou soulagements opérés presque subitement par la vertu électrique. On me conduisit chez Mr. Pivati qui en étoit prévenu, & qui avoit convoqué une nombreuse assemblée. Après quelques expériences ordinaires qui avoient peine à réussir, parce qu'il faisoit fort chaud, & que les instrumens n'étoient pas en trop bon état ; occupé de mon objet, & pressé d'un désir qui alloit jusqu'à l'impatience, je demandai à voir transmettre les odeurs : mais quelle fut ma surprise & mes regrets, lorsque Mr. Pivati me déclara nettement "qu'il ne l'entreprendroit pas ; que cela ne lui avoit réussi qu'une fois ou deux, quoiqu'il eût fait, ajouta-t-il, bien des tentatives depuis pour revoir le même effet ; que le cylindre de verre dont il s'étoit servi pour cela, avoit péri, & qu'il n'en avoit pas même gardé les morceaux." Je ne fus pas plus satisfait au sujet de l'expérience des Intonacatures que je voulois vérifier, en pésant exactement le vaisseau devant & après, pour voir si en effet la drogue renfermée s'exhaloit à travers les pores du vaisseau, au point de le rendre plus léger, & de paroître très-amincie, comme il est rapporté dans les Ouvrages imprimés de Mr. Pivati, […] on s'en défendit, en disant qu'il faisoit trop chaud, & qu'il y avoit trop de monde dans la chambre ; que l'électricité seroit trop foible pour cela. Il fut question ensuite de guérisons, & principalement de celle de l'Evêque de Sebenico, qui m'avoit paru la plus éclatante & la plus singuliére. Mr. Pivati convint "que le Prélat n'étoit pas guéri, & que quoiqu'il eût paru notablement soulagé lorsqu'on l'électrisa, tout le monde disoit, (& cela étoit vrai,) qu'il étoit retombé dans son premier état." […]

Lorsque je me trouvai à Bologne, je ne manquai pas de voir Mr. Vératti, dont les expériences […] n'ont pas peu contribué à accréditer la Médecine électrique : & véritablement elles ont dû produire cet effet ; car Mr. Vératti est un sçavant Médecin ; c'est un homme sage, prudent, véridique & reconnu pour tel. L'extrême politesse avec laquelle il me reçut me donna lieu de lui exposer avec confiance les doutes que j'avois sur la transmission des odeurs, sur les effets des intonacatures, sur les purgations électriques, & sur les guérisons presque subites. Mr. Vératti me répondit 1°. "qu'il avoit fait plusieurs épreuves par le résultat desquelles il lui sembloit que l'odeur de la térébenthine, celle du benjoin, s'étoit transmise du dedans au dehors d'un vaisseau cylindrique de verre" semblable à celui qu'il me montra, & qui ce jour-là ne nous fit rien sentir, quoique nous le frotassions fortement avec la main. Sur ce que je lui représentai que ce vaisseau n'étoit bouché que par des couvercles de bois assez minces, & qu'on pouvoit ôter au besoin pour faire entrer ou sortir, & qu'il pourroit être arrivé que ces odeurs poussées par la chaleur, eussent passé par les pores du bois ; il me répondit que cela étoit possible, & que "quoique de fortes apparences l'eussent porté à croire la transmission des odeurs par les pores du verre, il avoit cependant suspendu son jugement sur cet effet, de même que sur les intonacatures, jusqu'à ce que de nouvelles épreuves faites avec plus de précautions, eussent dissipé tous les doutes."

2°. "Que par rapport aux purgations électriques, il avoit dans sa maison un valet & une servante qui avoient été purgés par cette voie ; que ces deux personnes, du moins avoient éprouvé après l'électrisation faite à la maniére de Mr. Bianchi, ce qu'on éprouve quand on a pris médecine ; que cet effet n'ayant eu nulle autre cause apparente que l'expérience qui avoit précédé, le grand nombre de faits de cette espéce arrivés à Turin, l'avoit déterminé à croire que ce qui étoit arrivé à ses deux domestiques, étoit une suite naturelle de cette électrisation ; qu'au reste il éprouveroit cela de nouveau sur un nombre suffisant de personnes d'un autre état ; & que si cette maniere de purger ne soutenoit pas l'idée qu'il avoit prise d'elle, il réformeroit avec franchise ce qu'il en avoit publié dans son Ouvrage imprimé en 1748."

3°. "Enfin M. Vératti m'assûra que les dix guérisons rapportées dans le même Livre dont je viens de faire mention, s'étoient faites exactement de la même maniére qu'elles y sont décrites ;" & elles le sont avec beaucoup de sagesse, & avec cette simplicité qui annonce le vrai. La 5e. me fut racontée & certifiée par le Religieux même qui en fut le sujet, un jour que j'étois allé voir le R. P. Trombelli, Abbé de la maison où il est.

Ces guérisons pour la plupart ne sont pas de celles qui me font tant de peine à croire : on voit au moins qu'elles se sont faites avec progrès ; on y voit le mal se défendre, pour ainsi dire, contre le reméde, ne céder que peu-à-peu ; & la nature ne passe pas comme subitement d'un état à l'autre tout-à-fait différent par le moyen d'une Electricité à peine sensible. Je dis que ces guérisons ne me font pas tant de peine à croire, parce qu'il me paroît naturel, & je l'ai dit il y a longtemps, [dans un Discours lu à la rentrée de l'Académie des Sciences, après Pâques 1746] qu'un fluide aussi actif que la matière électrique, & qui pénètre dans nos corps avec tant de facilité, y produise des changemens en bien ou en mal.

Je n'ai rien appris dans les autres villes d'Italie, qui n'ait encore beaucoup augmenté mes doutes, sur les phénomènes de l'Electricité que j'avois entrepris de vérifier dans le cours de mon voyage. [...]

Chapitre 8
Les théories de l'électricité après Nollet
Du souvenir à l'oubli

Que reste-t-il de la théorie de Nollet dans les ouvrages de physique de Brisson et de Sigaud de Lafond ?

L'électricité dans les ouvrages de Brisson

Nous l'avons dit, à la mort de Réaumur, Buffon a chassé Brisson du Cabinet de curiosité où il poursuivait ses travaux sur les oiseaux. Il fut accueilli dans le cabinet de physique de Nollet et devint physicien. Grâce à Nollet, Brisson obtient en 1768 la place de professeur de physique au Collège de Navarre et en 1770, il lui succède à la place de maître de physique des Enfants de France.

Un an après le décès de Nollet, en 1771, Brisson publie sa traduction de *L'histoire de l'électricité* de Joseph Priestley [683] ; la traduction de l'histoire de l'électricité de Priestley est une histoire à deux voix, celle de l'auteur qui y a sous-estimé la contribution des physiciens français en la matière, et celle de Brisson qui les y replace par ses notes de bas de pages. Dix ans plus tard, il publie un *Dictionnaire raisonné de physique* [684], un ouvrage qui a pu être considéré en son temps comme une mise à jour des articles de physique de l'*Encyclopédie de Diderot et d'Alembert,* lesquels avaient été publiés entre 1751 et 1765.

Lorsqu'en 1781, Brisson publie son dictionnaire, il considère qu'il est le premier à en publier un : en effet, *on peut dire,* écrit-il dans son discours préliminaire, *que nous n'avons point de Dictionnaire de Physique. Le seul ouvrage qui en porte le titre, et qui est du P. Paulian, jésuite, n'en mérite certainement pas le nom. Car, outre qu'il ne contient pas la moitié des articles qu'on y devroit trouver, le plus souvent il ne donne pas la vraie signification des mots dont il traite. A peine y trouve-t-on quelques*

683 Priestley, Joseph, *The History and Present State of Electricity, with Original Experiments*; *Histoire de l'électricité*, traduction et notes critiques de Brisson, 3 tomes, trad. de l'anglais, Paris, Herissant, 1771.

684 Mathurin-Jacques Brisson, *Dictionnaire raisonné de physique*, 2 volumes, Paris, Hôtel de Thou, 1781 ; une seconde édition, revue, corrigée et augmentée par l'auteur, 6 volumes et 1 volume de planches, paraît en l'an VIII de la république [1799-1800], Paris, à la librairie économique. Les articles sur l'électricité sont inchangés d'une édition à l'autre.

définitions. Mais, en revanche, il contient six grands Traités de mathématiques [...]. Ces Traités, qui ne devroient point faire partie d'un pareil ouvrage, ne suppléeront certainement pas aux questions de physique qui n'y sont pas traitées, ou qui n'y sont traitées que trop succintement. Cet ouvrage est encore grossi d'une nombreuse collection d'éloges de plusieurs personnes qui certainement les méritent, et de beaucoup d'autres qui ne les méritent guère ; entr'autres de plusieurs jésuites, dont, sans le P. Paulian, on eût pour toujours ignoré le nom et l'existence. Voilà qui nous dispense d'aller y voir.

Nous nous arrêterons sur l'article *Electricité* pris dans la seconde édition du dictionnaire ; la présentation qui en est faite ne diffère pas suffisamment de celle de la première pour que nous abordions indifféremment l'une ou l'autre ; le fait est notable, l'explication se trouve, comme nous le verrons dans le *Traité élémentaire ou principes de physique* publié entre ces deux éditions du dictionnaire.

Dans son article sur l'électricité, Brisson commence par la description des corps qui s'électrisent par frottement, les corps électriques, et continue par la description de ceux, les non-électriques qui ne le deviennent que par l'approche d'un corps électrisé. D'entrée, Brisson annonce de quelle manière il va présenter cet article : *La plupart des choses que nous avons à dire sur cet article et sur tous ceux qui y ont rapport, seront tirées des différens ouvrages qu'ont publiés sur cette matière l'abbé Nollet, Franklin, du Fay et Jallabert. Dans une matière telle que celle-ci, et où il reste encore beaucoup de difficultés, il seroit bien difficile de prendre un parti d'une manière déterminée. Nous allons exposer les conjectures de ces physiciens ; et chacun pourra adopter celles qui lui paroîtront les plus raisonnables*[685].

Conjectures de Nollet. Les premières conjectures exposées sont celles de l'abbé Nollet *qui admet dans le même temps deux courans de matière électriques, qui se meuvent en sens contraire, l'un de l'autre, et qu'il exprime par ces mots, "Effluences et affluences simultanées" est un de ceux qui paroît assez propre à expliquer presque tous les faits que l'expérience nous a fait connoître. Pour le prouver, nous allons énoncer ceux de ces faits qui sont les plus importans et les plus solidement établis par l'expérience ; et comme l'a fait l'abbé Nollet, en former ensuite des propositions fondamentales, à l'aide desquelles on puisse expliquer presque tous les phénomènes électriques connus jusqu'à présent.*

Nous ne suivrons pas Brisson dans son exposé du système de l'abbé Nollet, ce serait répéter ce que nous en avons déjà dit. L'exposé des conjectures de l'abbé se termine par l'interprétation du mouvement des petits corps légers qui se trouvent dans la sphère d'activité des corps électrisés : *les uns sont emportés vers ce corps électrisé par le courant de "matière*

685 Brisson, *Dictionnaire raisonné de physique*, seconde édition, *op. cit.*, tome 3, p. 46, pour cette citation et la suivante.

affluente" et ainsi paroissent attirés ; et les autres en sont éloignés ou repoussés par le courant de "matière effluente", suivant qu'ils donnent plus ou moins de prise, à l'un ou à l'autre de ces deux courans[686].

Si [un] corps léger, est d'un petit volume, ou d'une figure tranchante, il obéit d'abord à l'impulsion de la matière affluente, et paroit ainsi attiré. S'il est d'un volume assez considérable, ou ayant touché le corps électrique, il le soit devenu lui-même, il obéit à l'action de la matière effluente, et est ainsi repoussé : et ces attractions et répulsions s'opèrent, non-seulement par le même corps électrisé, mais même par une seule et même surface de ce corps, et dans le même temps. Il est impossible de rendre raison de pareilles attractions et répulsions, si l'on n'admet pas dans le même temps ces deux courants de matière électrique, connus sous le nom "d'effluence" et "affluence simultanées". Et quiconque formera un systême, dans lequel on ne trouvera pas l'explication de ce fait, peut, à coup sûr, regarder ce systême comme insuffisant, pour expliquer le mécanisme de l'électricité[687].

Ainsi Brisson fixe-t-il une condition de validité des conjectures susceptibles d'être retenues sur l'électricité avant d'examiner les conjectures de Dufay, de Jallabert et de Franklin.

Conjectures de Dufay. Des conjectures de Dufay, Brisson retient : *1°. Que tout corps électrisé, soit par frottement, soit par communication, étoit entouré d'un tourbillon, qui s'étendoit plus ou moins loin, et au moyen duquel on pouvoit expliquer non-seulement les attractions et répulsions, mais même tous les phénomènes électriques. 2°. Il croyoit qu'il y avoit deux sortes d'Electricités réellement distinctes l'une de l'autre ; savoir, l'une appartenant au verre, au crystal, aux pierres précieuses, etc. et qu'il appeloit "Electricité vitrée" ; et l'autre, appartenant à l'ambre, au jayet, à la gomme copal, et autres résines, et qu'il appeloit "Electricité résineuse".*

Brisson montre que ces deux conjectures sont tirées de l'expérience, mais que ces expériences manquent souvent et que *si Dufay eût vécu plus long-temps, il n'auroit pas manqué d'apercevoir le faux de quelques-unes de ces propositions*[688].

Conjectures de Jallabert. Lorsqu'il expose les conjectures de Jallabert, Brisson use de la paraphrase et place ses remarques critiques au fil de l'exposé ; certaines de ses critiques ont déjà été faites par Nollet qui les a publiées, nous les avons rencontrées, dans le second volume de ses *Lettres sur l'électricité*. Voilà qui nous dispense d'en refaire l'exposé. Aussi n'exposons-nous ici que quelques-uns des récits d'expériences que Brisson a accompagnés de ses critiques.

---

686 *Ib.*, p. 66.

687 *Ib.*, p. 68, 69, pour cette citation et la suivante.

688 *Ib.*, p. 72.

Si les métaux, les plus denses des corps, ne peuvent être rendus électriques par le frottement, ou par la chaleur, c'est que le fluide qui y réside, étant fort rare, le frottement ne peut exprimer de leurs pores, une quantité suffisante de ce fluide, pour former autour d'eux, une atmosphère sensible. Comment cette quantité du fluide, peut-elle donc devenir suffisante, pour former cette atmosphere ; lorsque les métaux sont électrisés par communication ? Le tissu de leurs fibres, trop engrenées les unes dans les autres, & trop serrées, pour être ébranlées par le frottement, peut aussi être un obstacle à leur Electricité[689].

Les corps qui, après s'être approchés d'un corps électrisé, en ont été repoussés et en demeurent éloignés, se portent, au contraire, avec impétuosité vers les corps non-électriques. Ce phénomène, par lequel il paroît que les corps rendus électriques, non-seulement ont acquis la propriété d'attirer, mais aussi celle d'être eux-mêmes attirés par les corps non-électriques, m'a toujours paru embarrassant. Il ne l'est point, lorsqu'on admet les effluences et affluences simultanées. Car si les corps électrisés sont en équilibre au centre de leur athmosphère, comment se porteront-ils vers les corps non-électriques ?

Il y a des expériences qui paroissent […] opposées à notre théorie. Elle suppose que les corps légers sont d'abord attirés, ensuite repoussés ; et l'on voit, au contraire, que, de divers corps légers (comme des brins de poussière à mettre sur l'écriture) placés autour d'un corps électrisé, les uns s'élancent vers lui, au même instant qu'un grand nombre d'autres s'en éloignent. Il est vrai que ce fait est assez opposé à la théorie de Jallabert ; voyons comment il se tirera de là. Mes observations diminuent, à la vérité, le nombre des répulsions et augmentent celui des attractions : mais, à supposer que plusieurs particules sont quelquefois repoussées avant que d'être attirées, ce fait ne peut-il point venir de ce que les brins de poussière à mettre sur l'écriture, embarrassés les uns dans les autres, ne se meuvent pas librement en tous sens ? que ceux qu'aucun obstacle n'empêche de s'approcher du corps électrisé, cèdent à l'action du fluide qui les amène vers lui, tandis que les autres, gênés dans leur impulsion vers le corps électrisé, mais libres de se mouvoir en sens opposé, s'en éloignent ? Les oscillations du fluide électrique sont si promptes, que l'œil ne peut en suivre la succession et les effets ; et enfin les particules qui s'élancent vers le corps électrisé, ne peuvent-elles point imprimer à quelques-unes de celles sur lesquelles elles s'appuient, un mouvement en sens opposé au leur ? Je doute très-fort qu'on trouve cette explication bien claire et bien satisfaisante.

Conjectures de Franklin. Lorsqu'il expose les conjectures de Franklin, Brisson se réfère à la seconde édition des *Expériences et observations sur l'électricité* traduite par d'Alibard, une édition qui n'est pas, rappelons-le,

689 *Ib.*, p. 75, 76, et 78, pour cette citation et les deux suivantes.

comme la première, réduite à la présentation des lettres de Franklin à Collinson, ici encore, Brisson use de la paraphrase et place ses remarques critiques au fil de l'exposé ; naturellement, certaines de ses critiques ont déjà été faites par Nollet dans les lettres qu'il a adressées à Franklin, lettres qu'il a publiées, dans le premier volume de ses *Lettres sur l'électricité.* Voilà qui nous dispense d'en refaire l'exposé. Aussi n'exposons-nous ici, au risque de nous répéter, que deux des récits d'expériences que Brisson a accompagnés de ses critiques.

Citons d'abord le compte rendu d'une partie de l'exposé de Franklin sur le pouvoir des pointes et la critique qu'en fait Brisson : *[...] les pointes ont la propriété de tirer aussi bien que de pousser le fluide électrique à de plus grandes distances que ne le peuvent faire les corps émoussés, c'est-à-dire, que, comme la partie pointue d'un corps électrisé déchargera l'atmosphère de ce corps, ou la communiquera plus loin à un autre corps, de même la pointe d'un corps non-électrisé tirera l'atmosphere électrique d'un corps électrisé de beaucoup plus loin qu'une partie plus émoussée du même corps non-électrisé ne le pourroit faire. Ainsi une épingle tenue par la tête, & la pointe présentée à un corps électrisé, tirera son atmosphere à un pied de distance ; mais, si la tête étoit présentés au-lieu de la pointe, le même effet n'en résulteroit pas. On pourroit demander à M. Franklin la raison de cet effet qui paroît si opposé au premier : car, puisque, suivant le raisonnement qu'il vient de faire, la pointe d'un corps électrisé a moins de force pour attirer & retenir son atmosphere, que n'en a un des côtés de la surface de ce même corps, comment se peut-il faire que la pointe d'un corps non-électrisé ait plus de force, que n'en a un des côtés de sa surface, pour attirer & enlever l'atmosphere d'un corps électrisé ? Il est aisé de sentir l'inconséquence de ce raisonnement. Au reste M. Franklin lui-même ne le regarde pas comme péremptoire, comme on peut le voir par ce qui suit.*

Ces explications du pouvoir & de l'opération des pointes dit encore M. Franklin, lorsqu'elles se présenterent à moi pour la premiere fois, & tandis qu'elles rouloient dans mon esprit, me parurent satisfaire à toutes les difficultés : cependant, depuis que je les ai mises par écrit & rappellées à un examen plus sévere & plus réfléchi, j'avoue de bonne-foi qu'il me reste quelque doute à cet égard. Mais, n'ayant rien de mieux pour le présent à offrir à leur place, je ne les rejette pas absolument ; car une mauvaise solution que l'on lit & dont on découvre les défauts, donne souvent occasion à un lecteur ingénieux d'en trouver une plus parfaite.

Pour faire connoître en entier, la façon de penser de M. Franklin sur l'Electricité, il faut encore ajouter quelque chose, & sur-tout sur la maniere dont s'électrise la bouteille de Leyde. Voici ce qu'il en dit : Le corps non-électrique contenu dans la bouteille, étant électrisé, differre du corps non-électrique électrisé hors de la bouteille, en ce que le feu électrique du dernier est accumulé à sa surface, & forme à l'entour une atmosphere électrique d'une étendue considérable ; au-lieu que le feu électrique est comprimé dans la substance du premier que le verre borne de toutes parts. Ceci est tout-à-fait opposé à ce que nous avons rapporté plus haut, & où M. Franklin dit que la matiere commune a à-peu-près autant de matiere électrique qu'elle en peut contenir, & que quand on en ajoute un peu plus à une portion quelconque, cette quantité ajoutée n'entre point, mais s'accumule à la surface. Aussi, pour éviter la contradiction, M. Franklin met en note ce qui suit :

Nous avons découvert depuis que le feu de la bouteille n'est pas contenu dans le corps non-électrique, mais dans le verre. Tout ce qui est dit dans la suite du haut & du bas de la bouteille, doit s'entendre de ses surfaces intérieure & extérieure, & auroit dû être exprimé de la sorte. Mais cette découverte en est-elle une réelle ? Le feu électrique n'est-il pas dans l'une & l'autre ? Il paroît si bien contenu dans le corps non-électrique renfermé dans la bouteille, qu'on électrise une nouvelle bouteille en versant dedans l'eau contenue dans une bouteille nouvellement électrisée. Ainsi la contradiction que M. Franklin a voulu éviter par cette note, subsiste du moins en partie[690]. &c.

Tout ce que nous venons de dire, suffit pour faire connoître les systêmes sur "l'Electricité" des quatre Physiciens dont nous avons parlé. A l'égard de quelques autres opinions qui ont paru sur cette matiere, comme elles n'ont pas fait grande sensation sur les Physiciens électrisants, et qu'elles n'ont été adoptées par qui que ce soit, nous ne croyons pas devoir en parler[691]. Cette réflexion qui pouvait sembler aller de soi dans l'édition de 1781, peut sembler plus contestable en 1799 ou en 1800.

Avant de nous intéresser à ces quelques autres opinions, jetons un coup d'œil sur les articles *Attraction électrique* et *Répulsion électrique* du même dictionnaire :

Attraction électrique. *Action d'un corps actuellement électrisé, ou plutôt du fluide qui environne ce corps, sur les corps légers qu'on lui présente à une certaine distance. Lorsqu'un corps est actuellement électrisé, soit par frottement, soit par communication, et qu'on lui présente des corps légers, plusieurs de ces corps sont portés précipitamment vers le corps électrisé par une puissance qui demeure invisible. C'est là ce qu'on appelle "Attraction électrique" ; mais cette "Attraction" n'en est qu'une apparente, c'est plutôt une vraie impulsion ; car le corps léger est porté vers le corps électrisé par le courant d'une matière très-subtile, qui part des corps voisins du corps électrisé, et même de l'air ambiant, et qui a une direction déterminée vers ce corps. C'est cette matière que l'abbé Nollet appelle "matière affluente"*[692].

---

690 *Ib.*, p. 87, 88.

691 *Ib.*, p. 91.

692 *Ib.*, tome 1 ; p. 358, 359.

Répulsion électrique*. Action d'un corps actuellement électrisé, ou plutôt du fluide qui sort de ce corps, sur les corps légers qu'on lui présente à une certaine distance. Lorsqu'un corps est actuellement électrisé, soit par frottement, soit par communication, et qu'on lui présente des corps légers, plusieurs de ces corps s'éloignent précipitamment du corps électrisé, ou s'ils s'en approchent d'abord, ils ne manquent guère de s'en éloigner l'instant d'après : c'est là ce qu'on appelle "Répulsion électrique". Ce mouvement est causé par l'action d'un fluide subtil, que le corps électrisé lance de toutes parts, avec plus ou moins de vitesse, en forme de faisceaux des rayons divergens. C'est ce fluide que l'abbé Nollet a appelé "matière effluente"*[693].

Relevons que, pour rendre compte de l'attraction et de la répulsion électriques, Brisson ne fait référence qu'aux seules conjectures de l'abbé Nollet.

Les conjectures d'Æpinus*.* Venons-en à cette autre opinion dont l'audience fut très éphémère mais qui peut être considérée comme une transition entre les théories de Dufay et de Coulomb ; Brisson l'expose dans son *Traité élémentaire ou principes de physique*, après qu'il y ait présenté les conjectures sur l'électricité de Dufay, de l'abbé Nollet, de Jallabert et de Franklin ; cette opinion c'est celle d'Æpinus ; Brisson l'a extraite de l'exposé qu'en a fait Haüy.

En 1789, Brisson publie son *Traité élémentaire ou Principes de physique*[694]. Dans son exposé des principes généraux de la théorie d'Æpinus, Brisson paraphrase celui de l'abbé Haüy, nous ne le reprendrons donc pas ici. C'est avec Brisson que nous prolongeons l'exposé des conjectures d'Æpinus ; avec lui, la paraphrase continue, Brisson ne s'en est pas caché, d'entrée, dans son exposé, il a annoncé que l'exposé de cette théorie était extrait de l'ouvrage de l'abbé Haüy[695]. Mais ce qu'il y a dans l'exposé de Brisson qui n'est pas chez Haüy, c'est que Brisson accompagne l'exposé de chacune des conjectures d'Æpinus, de critiques qui ne manquent pas de sel.

En suivant Brisson, nous reprenons l'exposé de la théorie d'Æpinus, là où nous l'avons laissée, rappelons seulement les deux principes de base : *1°. Les molécules de la matière électrique se repoussent les unes les autres, même à des distances assez considérables 2°. Ces mêmes molécules sont attirables par tous les corps connus. Æpinus divise les phénomènes électriques en deux classes ; la première comprend ceux où le fluide passe*

---

693 *Ib.*, tome 3 ; p. 443.

694 Mathurin-Jacques Brisson, 1723-1806, *Traité élémentaire ou Principes de physique*, 3 volumes, Paris, Moutard, 1789 ; une seconde édition, revue, corrigée et augmentée par l'auteur, en 6 volumes, paraît en 1797, l'an V de la république, Paris, chez Bossange, Masson & Besson. Le chapitre sur l'électricité reste inchangé d'une édition à l'autre. (La pagination est différente d'une édition à une autre, seule la numérotation des paragraphes reste inchangée, c'est à elle que nous ferons références).

695 *Ib.*, tome 3 ; § 2461.

d'un corps dans un autre, qui en a une moindre quantité ; dans la seconde sont ceux où les corps eux-mêmes ont des mouvemens progressifs, par lesquels ils s'approchent ou s'écartent les uns des autres [696].

Il expose d'abord les loix que suit la matière électrique dans les phénomènes de la première classe [697]. Il examine alors l'action d'un corps sur une molécule électrique (par molécule électrique, il faut entendre une particule électrique quasi ponctuelle) située près de la surface de ce corps. *Tant que ce corps est dans son état naturel : la force attractive de sa matière propre, à l'égard de cette molécule, étant égale à la force répulsive que son fluide exerçoit sur cette même molécule, ces deux forces se faisoient équilibre ; et la molécule restoit immobile auprès de la surface du corps, sans être attirée ni repoussée.* Il examine ensuite l'action d'un corps électrisé positivement sur une molécule proche : *à cause de l'accroissement qu'a reçu le fluide renfermé dans le corps électrisé positivement, la force répulsive de ce fluide se trouve augmentée ; et alors son action l'emportant sur celle de la force attractive, la molécule est repoussée. Les autres molécules situées auprès de la surface du corps, étant dans le même cas, la couche entière, formée par ces molécules, sera repoussée, à moins que quelque obstacle ne s'y oppose. Si l'on conçoit tout le fluide renfermé dans le corps, comme divisé en une multitude de couches concentriques, il sera facile de voir que celles de ces couches qui seront situées vers la surface du corps, s'écarteront successivement du centre : en sorte qu'il se fera un "effluvium" continuel de matière électrique jusqu'à ce que le corps n'ait plus que sa quantité naturelle de fluide. Concevons maintenant un autre corps électrisé négativement. Alors la force répulsive du fluide sur une molécule située près de la surface du corps, étant inférieure à la force attractive de la matière propre de ce corps par rapport à la même molécule, l'attraction exercera sur celle-ci une partie de son action ; d'où l'on conclura qu'il y aura une "affluence" continuelle de matière électrique dans le corps, jusqu'à ce qu'il en ait recouvré sa quantité naturelle.* Æpinus ajoute à cela, que lorsque le corps est un corps "idio-électrique", tel qu'un corps de verre, de cire d'Espagne ou de soufre, le fluide électrique s'y mouvant qu'avec beaucoup de difficulté l'affluence et l'effluence y sont sensiblement retardées.

Æpinus termine cette partie de son exposé en évoquant un état d'un corps électrisé qui, selon lui, se présente fréquemment, sans voir que la relation qu'il donne de cet état contredit ses précédents propos : celui-ci lui amène une volée de bois vert de Brisson : *Jusqu'ici nous avons supposé* – c'est ici le propos d'Æpinus - *le fluide uniformément répandu dans le corps électrisé ; mais il arrive souvent qu'il y a surabondance de fluide dans une*

---

696 *Ib.*, § 2462, 2463.

697 *Ib.*, § 2470-2472, pour cette citation et les suivantes.

partie de ce corps, tandis qu'il y a défaut du même fluide dans une autre partie. D'où la réplique de Brisson : *Cette supposition que fait ici Æpinus, est tout-à-fait sans fondement, et même contraire à ses principes. Car, puisque les molécules du fluide se repoussent, quelle est la force qui les condense dans une partie du corps électrisé ? Et puisque ces molécules sont attirables par tous les corps, qu'est-ce qui fait que l'autre partie de ce même corps électrisé perd sa vertu attractive ? Æpinus auroit bien de la peine à répondre à ces deux questions* [698].

Après avoir traité de l'action d'un tel corps ayant une surabondance de fluide électrique dans une partie et un défaut dans l'autre sur une molécule électrique en en variant les circonstances, Brisson cite un cas qu'Æpinus ne peut expliquer et qui est le plus commun et le plus constant de tous : *Tout corps électrisé auquel on présente plusieurs corps légers, attire les uns dans le même instant qu'il repousse les autres, par le même côté de sa surface. "C'est un fait qui ne manque jamais d'arriver, et dont jusqu'ici aucune théorie, si l'on en excepte celle de l'abbé Nollet, n'a pu rendre raison"* [699].

Æpinus passe ensuite aux phénomènes de seconde classe, et il recherche les lois suivant lesquelles deux corps électriques agissent l'un sur l'autre [700]. Soit deux corps A et B, proches l'un de l'autre et ne se touchant pas. Si les deux corps sont dans leur état naturel, toute action étant réciproque, il suffit de considérer celle du corps A sur le corps B. Selon Æpinus, *il y a quatre forces qui entrent comme élémens dans cette action. 1°. La matière propre de A attire le fluide [électrique] de B. 2°. Le fluide de A repousse celui de B. 3°. Le fluide de A attire la matière propre de B. 4°. La matière propre de A exerce aussi sur la matière propre de B une action.*

Selon cette théorie, nous l'avons vu, *chaque corps contient une certaine quantité de fluide électrique, qu'on appelle sa quantité naturelle. Æpinus pense qu'elle est proportionnelle à la masse. Tant que ce corps en conserve sa quantité naturelle, il ne donne aucun signe extérieur d'électricité : il y a donc équilibre entre la force attractive de ce corps sur sa quantité naturelle de fluide électrique, et la force avec laquelle les molécules de ce fluide se repoussent mutuellement* [701]. Il s'ensuit *que l'attraction de la matière propre de A sur le fluide de B est égale à la force répulsive mutuelle des deux fluides. Car [selon Æpinus] il en est ici du corps B vis-à-vis du corps A, comme d'une partie quelconque d'un seul corps à l'égard d'une autre partie du même corps. Ainsi les deux forces dont il s'agit se faisant équilibre, leur effet est comme nul* [702].

---

698 *Ib.*, § 2475.

699 *Ib.*, § 2480.

700 *Ib.*, § 2484.

701 *Ib.*, § 2467.

702 *Ib.*, § 2484-2488, pour cette citation et les suivantes.

Æpinus démontre ensuite que : *la première force est égale à la troisième, c'est-à-dire, qu'autant la matière propre de A attire le fluide de B, autant le fluide de A attire la matière propre de B.*

Il ne reste qu'à déterminer l'action de la matière propre de A sur la matière propre de B : Or la première étant égale et contraire à la seconde, il s'ensuit que l'effet de la troisième est nécessairement balancé par une quatrième, qui lui est pareillement égale et contraire ; mais il ne reste pour la quatrième force que celle qu'exerce la matière propre de A sur celle de B : d'où Æpinus conclut, *1°. Que les molécules de la matière propre des deux corps A et B ont une force répulsive mutuelle [...] ; 2°. Que cette force est égale à l'une quelconque des trois premières forces, c'est-à-dire, qu'il y a égalité entre les quatre forces dont il s'agit.*

Qu'une théorie conduise à admettre qu'il existe une répulsion mutuelle des différentes parties de la matière, voilà ce que Brisson ne peut admettre : *Ceci est par trop opposé à la tendance mutuelle des parties de la matière les unes vers les autres, que tout bon physicien ne manque pas d'admettre et de regarder comme réelle. Aussi Æpinus avoue-t-il la répugnance qu'il a eue d'abord à admettre cette force répulsive, qu'il a cependant admise, croyant avoir de bonnes raisons pour cela. On peut remarquer ici avec quelle facilité on se prête à faire des suppositions forcées, quand on a à soutenir un système qu'on a enfanté.*

Æpinus examine ensuite le cas où le fluide électrique de l'un des deux corps est augmenté, le corps A par exemple. Il reprend les quatre forces mentionnées : *1°. La matière propre de A attire le fluide [électrique] de B. 2°. Le fluide de A repousse celui de B. 3°. Le fluide de A attire la matière propre de B. 4°. La matière propre de A exerce aussi sur la matière propre de B une action.* Il est évident que l'accroissement du fluide électrique de A n'altère en aucune manière la première et la quatrième forces, puisque l'action du fluide électrique du corps A n'y intervient pas. *Il n'y aura donc que la seconde et la troisième forces qui subiront des changemens.* Et qu'en est-il des deux autres forces, le raisonnement d'Æpinus est suffisamment étrange pour qu'on ne se risque pas à l'expliciter plus que lui, citons-le en entier, comme le fait d'ailleurs Brisson qui le reprend d'Haüy : *Or, dans l'état naturel, la seconde force est à la troisième comme le produit des masses des deux fluides est au produit du fluide de A par la masse de B. Mais ces deux produits étant égaux, si l'on augmente d'une même quantité leur facteur commun, qui est la masse du fluide de A, il est clair que l'égalité subsistera toujours. Donc, dans le cas où le fluide de A seroit augmenté, la seconde force feroit équilibre à la troisième ; et comme la première est égale à la quatrième, dont elle balance l'effet, il s'ensuit que le corps A, dans l'hypothèse présente, n'aura pas plus d'action sur le corps B, que s'il étoit dans l'état naturel.*

Et Æpinus cite le cas suivant qui ne se distingue pourtant pas de celui qu'il vient de traiter d'une étrange façon : *Si l'on suppose au contraire que le fluide de B soit diminué d'une certaine quantité, on trouvera que la seconde et la troisième forces sont encore égales, comme dans le cas précédent.*

Brisson marque ici une contradiction d'Æpinus qui cite : *si l'on vient à augmenter ou à diminuer, dans un corps, sa quantité naturelle de fluide, l'équilibre se rompt, et le corps devient susceptible de donner des signes extérieurs d'électricité.* Brisson en tire cette conclusion : *or on convient unanimement qu'un corps, en pareil cas, a une action sur les corps voisins ; donc le corps A doit avoir une action sur le corps B. Le contraire se conclut de la théorie d'Æpinus ; donc, etc.*

Brisson continue son exposé de la théorie d'Æpinus, ponctuant l'interprétation de chacun des phénomènes de ses critiques. Brisson termine cet exposé sur l'expérience de Leyde, soulignant que l'explication qu'en donne Æpinus ressemble beaucoup à celle de Franklin mais qu'elle en diffère cependant sur un point essentiel : Suivant M. Æpinus, toute la vertu de la bouteille réside dans ses garnitures intérieure et extérieure ; suivant M. Franklin, cette vertu réside en entier dans le verre [703].

A partir des différentes théories qu'il a passées en revue, Brisson en extrait trente-six propositions qu'il regarde comme fondamentales et au moyen desquelles il essaie de rendre raison des phénomènes électriques. Nous ne reprendrons pas ici la liste de ces propositions, elles ne différent pas de celles que nous avons rencontrées chez Nollet au cours de notre récit ; nous ne citerons que celles dans lesquelles il choisit le plus explicitement les conjectures de l'abbé Nollet : Citons d'abord les trois premières propositions : (1) *La vertu électrique est l'effet d'une matière en mouvement, soit au-dedans, soit autour du corps électrisé, et que l'on appelle matière ou fluide électrique* [704]. (2) *Cette matière est la même que celle de la chaleur et de la lumière, combinée avec une substance qui lui donne de l'odeur.* [...] (3) *La matière sort toujours, du corps électrisé dans l'air, sous la forme de bouquets ou d'aigrettes composés de rayons divergens entre eux, soit que le corps soit électrisé par le verre, soit qu'il soit électrisé par le soufre ou par quelque résine. C'est ce qu'on appelle matière effluente.* [...] (11) *Tous les corps qu'on électrise, soit par frottement, soit par communication, soit par le verre, soit par les corps résineux, reçoivent, sur-tout des corps an-électriques [corps vivant, métal] qui les avoisinent, une matière semblable à celle qu'ils lancent autour d'eux. C'est ce que nous appelons matière affluente* [705].

Brisson aborde ensuite l'explication des phénomènes électriques, en commençant par indiquer une limite à nos connaissances de ces

703 *Ib.*, § 2508

704 *Ib.*, § 2510-2512, pour cette citation et les deux suivants

705 *Ib.*, § 2520

phénomènes : *Pour produire ces phénomènes, il faut commencer par électriser des corps. Les uns s'électrisent par frottement, les autres par communication. Déterminer d'où vient cette différence dans la manière dont les corps s'électrisent, est, selon moi, une chose, sinon impossible, du moins très-difficile : nous ne connoissons pas assez pour cela la nature des corps. Il vaut donc mieux avouer son ignorance, que de faire de mauvais raisonnemens ou des suppositions forcées*[706].

Ainsi, Brisson renonce à expliquer ce qui distingue *les corps idio-électriques*, tels un tube, un globe ou un plateau de verre, un bâton ou un globe de cire d'Espagne ou de soufre, *des corps an-électriques*, tels les métaux et les corps vivants. Cependant, dans tous ces corps, la matière électrique, qui est la même que celle de la chaleur, est universellement répandue partout : *elle pénètre les corps jusque dans leurs parties les plus intimes ; elle se trouve de même dans les corps voisins, et même dans l'air qui les environne.*

Ainsi lorsqu'on frotte un corps idio-électrique, on met en mouvement les particules de ce corps et la matière électrique qui en remplit les pores, celle-ci s'élance au dehors, et ses effluences se perpétuent tant que dure l'électrisation, *parce qu'une matière semblable remplace continuellement le fluide qui fournit aux effluences* et ce remplacement est ce qu'il appelle *affluences.* Brisson aborde ensuite l'électrisation par communication, pour ce faire, il approche un corps déjà électrisé d'un corps an-électrique isolé, alors, nous dit-il, *la matière électrique qui réside en ses pores, est mise en mouvement par les impulsions qu'elle reçoit de la part des rayons effluens qui s'élancent du corps électrisé : et ce mouvement la porte en avant*, tel un courant d'eau dans un tuyau. Brisson suppose encore que ce mouvement se prolonge et, ici encore, par le fait des effluences et affluences de matière électrique. Brisson déplore qu'un grand nombre de physiciens ne conviennent pas de ce fait ; quant à nous, nous les comprenons très bien.

Brisson continue son exposé en affichant plus explicitement sa fidélité à la théorie de Nollet : ainsi décrit-il l'atmosphère formée de rayons de matières effluentes et affluentes d'un corps électrisé, et s'en sert-il pour interpréter la puissance invisible qui porte des corps légers vers un corps actuellement électrisé, réfutant au passage les interprétations de Franklin et d'Æpinus : *Pour rendre raison de ce phénomène [qu'on appelle attraction électrique], Franklin a supposé une puissance attractive entre les corps et le fluide électrique. Æpinus a supposé une combinaison de quatre forces, pour produire ce petit effet. Toutes ces suppositions sont pour le moins inutiles ; car cette attraction n'en est qu'une apparente, c'est plutôt une vraie impulsion. Car le corps léger est poussé vers le corps électrisé par le courant de matière affluente. Voilà donc une cause mécanique, et dont*

706 *Ib.*, § 2546-2548, pour cette citation et les suivantes

l'existence est prouvée, qui nous dispense d'avoir recours à aucune supposition[707].

Si, parmi les corps légers présentés au corps électrisé, il y en a plusieurs d'attirés, il s'en trouve aussi plusieurs qui s'éloignent précipitamment du corps électrisé, ou qui, s'ils s'en approchent d'abord, ne manquent guère de s'en éloigner l'instant d'après : c'est ce qu'on appelle" répulsion électrique". Brisson y voit, comme pour l'attraction électrique, une cause mécanique ; et cette cause : *c'est l'impulsion de la matière effluente, dont l'existence a été bien prouvée [...], qui oblige le petit corps à s'éloigner.* Le corps électrisé lance autour de lui des rayons de matière effluente et reçoit des corps et de l'air qui l'environnent des rayons de matière affluente. (*Pl 45, fig. 340*).

Fig. 340.

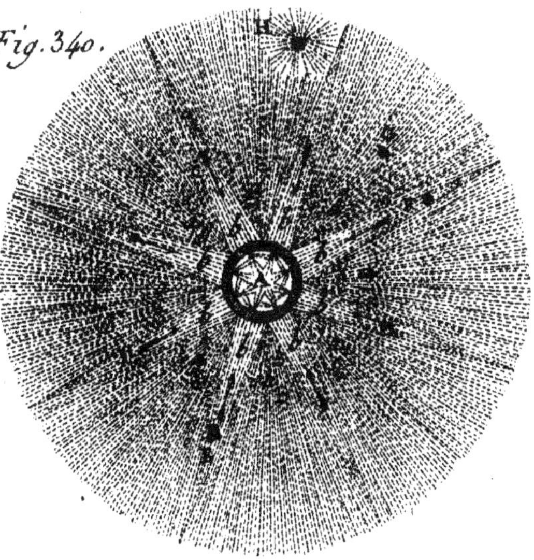

Si [un] petit corps G, au lieu de se trouver dans le courant de la "matière affluente", se trouve en prise au courant a de la "matière effluente" dans un endroit où l'aigrette a assez de densité et de vîtesse, il est d'abord repoussé. Si cette densité n'est pas assez grande, dans l'endroit où se trouve le corps G, il obéira d'abord à l'impulsion de la matière affluente, qui arrive de toutes parts, et s'approchera un peu du corps électrisé A, pour

707 *Ib.*, § 2551-2553, pour cette citation et les suivantes

en être ensuite repoussé si-tôt qu'il arrivera à l'endroit où la densité et la vîtesse de la matière effluente deviendront supérieures à celle de la matière affluente. Le corps F lui-même, s'il est an-électrique, quoiqu'il ne rencontre point, dans la ligne Fb, le courant de matière effluente, ne manquera pas d'être repoussé si-tôt qu'il aura approché ou touché le corps électrisé A, parce qu'il s'électrisera lui-même par communication, & deviendra par-là tout hérissé d'aigrettes, comme on le voit en H ; ce qui le mettra en prise à l'impulsion des rayons effluens du corps électrisé A, contre lesquels les siens s'appuyent : ce qui les tiendra à une certaine distance l'un de l'autre.

Ainsi Brisson constate-t-il une répulsion et *cette répulsion a lieu par une force qui va en décroissant à mesure que la distance augmente.* La loi suivant laquelle cette force décroit, Brisson va la trouver dans les travaux de Coulomb, des travaux que Nollet n'a évidemment pas pu connaître.

En faisant référence à ces travaux, Brisson donne la description de la balance que Coulomb a conçue et fabriquée et qui lui a permis de déterminer cette force.

Peut-être est-il bon d'ouvrir ici une parenthèse sur les travaux de Coulomb. En 1777, celui-ci a publié dans les *Mémoires des savants étrangers*, ses *Recherches sur la meilleure manière de fabriquer les aiguilles aimantées.* Lors de cette étude, il se convainc que *la direction d'une aiguille aimantée ne peut pas dépendre d'un torrent de fluide qui, mû avec rapidité suivant le méridien magnétique, force l'aiguille, par son impulsion, à se diriger suivant ce méridien ; car, [...] l'aiguille éprouve toujours la même action de la part du fluide magnétique, quelque angle qu'elle forme avec sa direction naturelle, qui devrait être la direction du torrent de fluide aimantaire. Cependant, suivant tout ce que nous pouvons connaître des lois des impulsions des fluides, ils agissent différemment, suivant que les corps qu'ils frappent sont posés différemment et présentent une moindre ou une plus grande surface à la direction de leur courant. Ainsi, puisque l'expérience nous apprend que les forces aimantaires du globe terrestre agissent également sur l'aiguille dans toutes les positions, cette action ne peut pas provenir d'un torrent de fluide. En second lieu, [...] la somme des forces qui agissent sur l'aiguille est égale dans les deux sens opposés, il faut, si l'on veut faire dépendre la direction de l'aiguille de l'impulsion d'un fluide, imaginer des torrents opposés qui agiront également dans les sens contraires sans se détruire mutuellement. De pareilles hypothèses paraissent devoir être rejetées de la Physique, comme trop contraires aux principes de la Mécanique.*

Il semble donc qu'il résulte de l'expérience que ce ne sont point des tourbillons qui produisent les différents phénomènes aimantaires, et que, pour les expliquer, il faut nécessairement recourir à des forces attractives et répulsives de la nature de celles dont on est obligé de se servir pour expliquer la pesanteur des corps et la physique céleste[708].

En clair, dès ce premier travail, Coulomb rejette la physique des tourbillons ou des courants de fluide magnétique comme il rejettera les courants de fluide électrique. Ajoutons que, dans cette étude, il est amené à faire des séries de mesures sur les oscillations d'aimants suspendus à des fils fins. Coulomb reprend ses recherches sur la force de torsion et sur l'élasticité des fils de métal et publie en 1784 le résultat de cette recherche dans un mémoire à l'Académie des sciences. Cette recherche l'amènera à construire une balance qui permet la mesure de forces magnétique et électrique très faibles. Entre 1785 et 1789, il publie une série de mémoires sur l'électricité et le magnétisme ; le premier mémoire est consacré à la construction et usage de sa balance, dont la réalisation est fondée sur la propriété qu'ont les fils de métal d'avoir une force de torsion proportionnelle à l'angle de torsion. Dans cette balance, un fil sans torsion est disposé dans l'axe d'un tube de verre vertical et fixé par une pince au sommet de ce tube. Au bas de ce fil est fixé horizontalement un mince barreau magnétique qui peut pivoter dans un large cylindre de verre sur le pourtour duquel sont tracées des graduations. Coulomb peut avec cette balance qui portera son nom, mesurer les forces d'attraction et de répulsion qui agissent entre les pôles de deux minces barreaux aimantés par la mesure de l'angle de déviation du barreau suspendu lorsqu'on approche de l'un de ses pôles, celui d'un autre barreau aimanté. En remplaçant les aimants par de fines tiges aux extrémités desquelles sont fixées des petites boules de sureau électrisées, Coulomb peut mesurer de la même façon les forces de répulsion électrique. Dans ce premier mémoire, Coulomb détermine une loi fondamentale de l'électricité : *La force répulsive de deux petits globes électrisés de la même nature d'électricité est en raison inverse du carré de la distance du centre des deux globes*[709].

A la lecture des mémoires de Coulomb, on peut constater qu'il trouve évident qu'il existe deux sortes d'électricité – il peut mettre en présence des globes électrisés de la même nature d'électricité, ce qui signifie qu'il existe au moins une électricité d'une autre nature ; comme l'aiguille aimantée a un pôle austral et un pôle boréal. En son temps, Coulomb a donc fait, implicitement, un choix parmi les théories électriques qui s'affrontent alors : est-ce un retour aux électricités vitreuse et résineuse de Dufay. Coulomb, semble-t-il, préfère ne pas se prononcer sur cette question.

708 Charles-Augustin Coulomb, « Mémoires sur l'électricité et le magnétisme », [7 Mémoires présentés à l'Académie des sciences de 1784 à 1789, le quatrième mémoire, présenté à l'Académie en 1786, paraît en 1788, les suivants ne le seront pas, pour cause de Révolution], in *Collection de mémoires relatifs à la physique* publiés par la Société française de physique, Paris, Gauthier-Villars, 1884, tome 1 ; p. 8, 9.

709 *Ib.*, p. 110.

Dans le deuxième mémoire, présenté la même année, Coulomb *détermine suivant quelles lois le fluide magnétique ainsi que le fluide électrique agissent soit par répulsion soit par attraction*[710]. Dans le premier mémoire, Coulomb n'a recherché qu'une loi de répulsion entre deux petits globes chargés d'électricité de même nature et a déterminé une loi de répulsion ; dans le second, il étend la loi aux attractions, l'expérience est délicate car deux globes chargés d'électricité de natures différentes tendent à se toucher et à perdre leur charge. Une autre méthode est fondée sur la mesure de la période d'oscillation d'une aiguille isolante portant à l'une de ses extrémités un petit corps électrisé qui se meut sous l'effet de l'attraction d'une sphère chargée d'une électricité d'une nature différente.

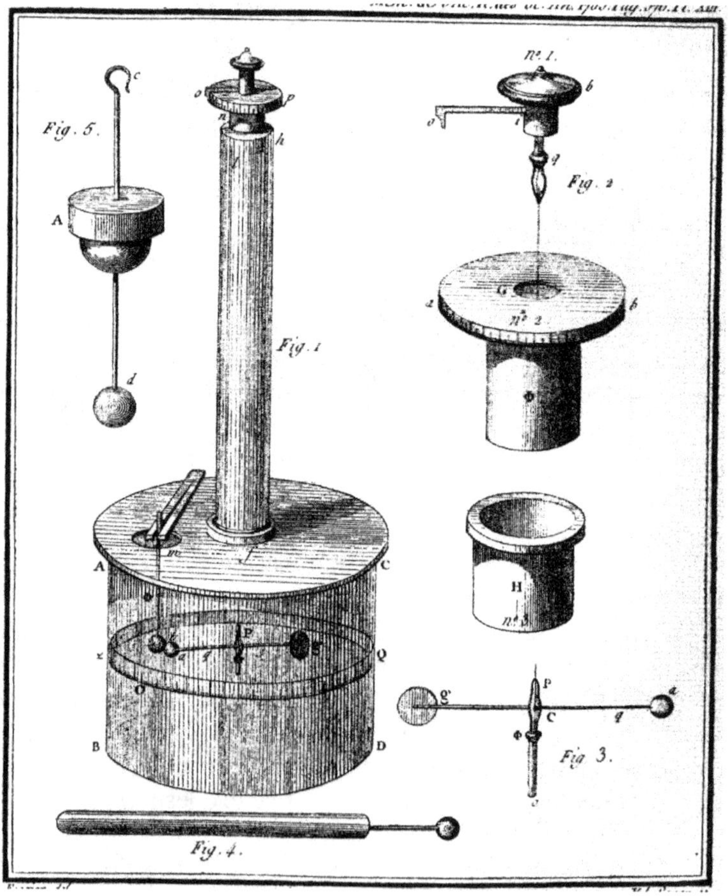

Au terme de ce second mémoire, Coulomb récapitule les résultats qu'il a obtenus : *1° Que l'action, soit répulsive, soit attractive de deux globes*

710 *Ib.*, p. 116.

électrisés et, par conséquent, de deux molécules électriques, est en raison composée des densités du fluide électrique des deux molécules électrisées et inverse du carré des distances. [...] 4° Que la force attractive et répulsive du fluide magnétique est exactement, ainsi que dans le fluide électrique, en raison composée de la directe des densités [sic], et inverse du carré des distances des molécules magnétiques[711].

Au terme de ce second mémoire, Coulomb récapitule les résultats qu'il a obtenus : *1° Que l'action, soit répulsive, soit attractive de deux globes électrisés et, par conséquent, de deux molécules électriques, est en raison composée des densités du fluide électrique des deux molécules électrisées et inverse du carré des distances. [...] 4° Que la force attractive et répulsive du fluide magnétique est exactement, ainsi que dans le fluide électrique, en raison composée de la directe des densités [sic], et inverse du carré des distances des molécules magnétiques*[712].

Nous l'avons vu, Coulomb rejette la physique des tourbillons, il montre une certaine préférence pour l'hypothèse des deux fluides électriques sans jamais expliciter ce choix, et si pour désigner ces deux fluides électriques de nature différente, il lui arrive de nommer l'un, positif et l'autre négatif, c'est pour se conformer aux habitudes de certains de ses lecteurs.

On ne trouve pas dans ses mémoires la moindre allusion à la loi d'attraction newtonienne ; pour lui, attraction et répulsion restent des hypothèses et le fait qu'elles suivent une loi quelconque ne doit être considéré que comme une formule qui traduit un résultat d'expérience.

Fermons cette parenthèse et revenons à Brisson, qui ne s'intéresse qu'au premier mémoire de Coulomb ; après avoir décrit la balance, Brisson s'attache à la loi de répulsion que ce dernier a déterminé dans son premier mémoire. D'après Brisson, la loi de Coulomb selon laquelle, *la force de répulsion suit la raison inverse du quarré de la distance*[713], trouve une interprétation évidente dans les conjectures de l'abbé Nollet : *car cette répulsion est causée par les rayons effluens des deux balles électrisées, qui s'appuyent les uns sur les autres ; or ces rayons, étant divergens entr'eux, ont, à une distance simple, une densité quadruple de celle qu'ils ont à une distance double : ils doivent donc, à cette distance simple, avoir une force quadruple ; car cette force doit être proportionnelle à la densité.* Ainsi, répétons-le, la loi de Coulomb peut être interprétée par la théorie de l'abbé Nollet ; la seule, selon Brisson, *au moyen de laquelle ce phénomène soit expliqué d'une manière satisfaisante*[714]. Nous ne suivrons pas Brisson dans

---

711 *Ib.*, p. 146.

712 *Ib.*, p. 146.

713 Brisson, *Traité élémentaire ou Principes de physique*, *op. cit.*, § 2556, pour cette citation et la suivante.

714 *Ib.*, § 2558.

la suite de son cours sur l'électricité, il le fonde sur les conjectures qu'il a proposées ce qui l'accorde à la théorie de Nollet.

Brisson, traducteur de Priestley. Nous l'avons déjà dit, la traduction de l'*Histoire de l'électricité* de Joseph Priestley par Brisson est une histoire à deux voix. Priestley a privilégié la littérature de langue anglaise ; dans cette histoire, seul parmi les français, Dufay tire son épingle du jeu, l'abbé Nollet n'est pris au sérieux que pour ses travaux qui touche à l'usage médical de l'électricité et à son enquête sur les expériences d'Italie. Priestley a divisé l'histoire des *Expériences & découvertes en électricité* en périodes : *I. antérieures à celles de M. Hawkesbée, II. de M. Hawkesbée, III. de M. Etienne Grey, faites avant celles de M. du Fay, et qui menent l'histoire de l'Electricité jusqu'à l'année 1733, IV. de M. du Fay, V. Continuation & conclusion des expériences de M. Grey, VI. Expériences du docteur Désaguliers*, VII. *Expériences des Allemands & du docteur Watson, avant la découverte de la bouteille de Leyde, dans l'année 1746, VIII. Histoire de l'Electricité depuis la découverte de la bouteille de Leyde, en 1746, jusqu'aux découvertes du Docteur Franklin,* la IXe période, *Expériences & découvertes du Docteur Franklin*, est le pivot de cette histoire ; il y a un avant et un après les travaux de Franklin : la Xe période, c'est l'*Histoire de l'Electricité depuis le temps où le Docteur Franklin fit ses expériences en Amérique, jusqu'à l'année 1766*. La dernière période introduit la théorie des deux électricités : en plus et en moins, ou bien positive et négative, ou à nouveau, vitreuse et résineuse.

Priestley clôt cette histoire par un exposé des différentes théories électriques qu'il divise en trois sections : 1- Les théories qui ont précédé la théorie de Franklin où la théorie de Nollet est longuement et violemment critiquée – ce qui sera l'occasion de longues notes de bas de page de Brisson. 2- La théorie de l'électricité positive et négative, une théorie à un seul fluide où Franklin occupe une place de choix, 3- La théorie des deux fluides électriques ; ici Priestley revient à l'ancienne théorie de l'électricité vitrée et résineuse telle que l'a donnée Dufay. Au terme de son exposé, Priestley tient la balance égale entre la théorie de Franklin et celle de Dufay.

L'électricité dans les ouvrages de Sigaud de la Fond

L'œuvre de Sigaud de la Fond [715] est abondante, citons les *Leçons de physique expérimentale* en 2 volumes qu'il publie en 1767, sa traduction des *Cours de physique expérimentale et mathématique* de Musschenbroek qu'il

---

715 Sigaud de la Fond est né à Bourges en 1740 et y a fait ses études. A Paris, il fut successivement répétiteur de philosophie et de mathématique, démonstrateur de physique expérimentale, d'anatomie et de physiologie au Collège Louis-le-Grand. Il se constitua un cabinet de physique expérimentale et fit des cours publics à l'exemple de Nollet. Plusieurs fois refusé à l'Académie des Sciences il retourne à Bourges en 1779 ; il y obtient la chaire de physique expérimentale du Collège royal, et plus tard à l'école centrale. Il meurt en 1810.

publie en 1769, un *Traité de l'électricité* qui paraît en 1771, les *Elemens de physique théorique et expérimentale* en quatre volumes publiés en 1787.

Nous nous arrêterons sur son *Précis historique et expérimental des phénomènes électriques depuis l'origine de cette découverte jusqu'à nos jours*, publié en 1781 [716]. L'ouvrage est divisé en quatre sections. La première va *de l'origine & des progrès de l'Electricité jusqu'à l'époque de l'expérience de Leyde*, Nollet, constructeur de machines y est vanté : *Plein de génie, sur-tout pour la construction des machines, il en construisit une [la machine électrique] à laquelle il donna la plus grande solidité, toute l'élégance possible, & toutes les commodités qu'on pouvoit désirer dans une machine de cette espèce* [717]. Mais ces louanges sont accompagnées de coup de griffes ; apprenez que *les anglais, plus industrieux, purent néanmoins se garantir de l'embarras qu'entraîne nécessairement après elle une machine aussi volumineuse, sans lui rien faire perdre de sa bonté, qui consiste dans la rapidité avec laquelle on fait tourner un globe d'un certain diamètre* [718]. Et Musschenbroek en construisit qui *ne le doivent point céder en bonté à celle de l'abbé Nollet.*

Sigaud aborde aussi la théorie des deux courants simultanés de matière affluente et de matière effluente de l'abbé Nollet ; parmi la multitude des expériences sur lesquelles se fonde cette théorie, Sigaud en trouve une, chez Hauksbee, *qui paroît on ne peut plus séduisante.*

Faites monter à l'extrémité A **(pl. 4, fig. 2)** *du principal conducteur d'une machine électrique une tige de métal, terminée par une boule de même matière a, sur la circonférence de laquelle vous attacherez des fils de lin de quatre à cinq pouces de longueur. Ayez un cerceau de métal, supposons de fer-blanc BC, & d'un pied au moins de diamètre, dans la circonférence intérieure duquel vous attacherez de semblables fils. Prenez ce cerceau d'une main, à l'aide de son manche D, & présentez-le de manière que son centre réponde à celui de la boule a ; électrisez le conducteur, & vous verrez aussi-tôt les fils attachés autour de la boule a, se dresser & s'écarter les uns des autres sous la forme de rayons divergens, & les fils du cerceau BC se redresser également, & se diriger sous la forme de rayons divergens vers la boule a. voilà donc deux mouvemens opposés, deux directions contraires qui supposent une matière effluente de la boule a, & en même tems une matière affluente de toute la circonférence du cerceau BC* [719].

Après avoir décrit l'expérience d'Hauksbee et considérer qu'elle peut être facilement interprétée par la théorie de Nollet, Sigaud entreprend de

716 Sigaud de la Fond, *Précis historique et expérimental des phénomènes électriques depuis l'origine de cette découverte jusqu'à nos jours*, Paris, rue & hôtel Serpente, 1781.

717 Sigaud de la Fond, *Précis historique &c.*, seconde édition, 1785, p. 29, 30.

718 *Ib.* p. 36, 37, pour cette citation et la suivante.

719 *Ib.*, 86-89, pour cette citation et les suivantes.

réfuter cette dernière : *Les mouvemens alternatifs d'attraction & de répulsion que les corps légers nous font observer à l'approche d'un corps électrisé, peuvent [...] s'expliquer commodément par ces deux courans simultanés. Ils sont approchés, ou mieux, ils sont portés vers la surface du corps électrisé par la matière affluente qui y aborde, & ils en sont repoussés par la matière effluente qui s'en échappe. Rien de plus simple, rien de plus ingénieux au premier aspect que cette hypothèse ; elle est même on ne peut plus méchanique :* mais *en la considérant de plus près, & en l'approfondissant, elle laisse des difficultés insurmontables.*

Contre cette théorie des courants effluent et affluent, Sigaud ne retient pas que ces deux courants doivent nécessairement se détruire réciproquement, comme il arrive à deux fluides qui se meuvent en sens contraire et se rencontrent, puisque, comme l'écrit Musschenbroek, qui embrassa cette hypothèse, *les rayons opposés ces deux courants passent aussi librement les uns entre les autres que les rayons directs d'un faisceau de lumière passent entre ces mêmes rayons réfléchis par la surface d'un miroir sur lequel ils tombent.*

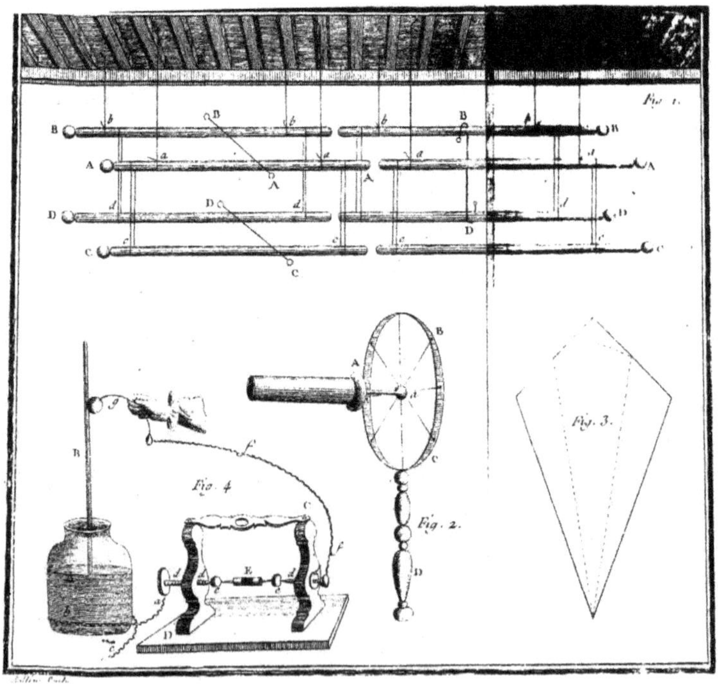

Sigaud emprunte à Watson, qui est, à son avis, *l'un des plus grands partisans du système des affluences et effluences simultanées*, une conséquence de ce système : *il est indispensablement nécessaire que les*

matières effluente & affluente soient en équilibre entr'elles. Il ne peut, ajoute t-il, s'échapper d'un corps idio-électrique une quantité de matière électrique plus grande que celle qui y afflue, & il ne peut y aborder ni y demeurer une plus grande quantité que celle qui s'en échappe. Sans cela le corps idio-électrique en seroit entièrement gorgé. Sigaud trouve dans cette conséquence de la théorie de Nollet les motifs de sa réfutation : *Mais, [...] s'il y a une juste compensation entre les écoulemens de la matière affluente & ceux de la matière effluente, comment arrive-t-il non-seulement que l'état de répulsion soit permanent & celui d'attraction instantané ; mais même comment l'un & l'autre de ces deux états peuvent-ils avoir lieu successivement & si régulièrement ? Comment se fait-il encore qu'un corps repoussé au-delà ou au moins à l'extrémité de la sphère d'activité de la matière effluente, ne soit point aussi-tôt reporté vers le corps électrisé par l'effort de la matière affluente ?* Sigaud affirme : *Ce sont autant de questions auxquelles il n'est point possible de satisfaire dans l'hypothèse de ces deux courans simultanés, & il n'est même encore aucune hypothèse connue dans laquelle on puisse y satisfaire.*

En abordant l'analogie de la matière électrique avec celle du feu et celle de la lumière, Sigaud se réfère aux travaux de Nollet et de Musschenbroek qui en ont traité avec soin. Nollet ayant dit dans son *Essai sur l'électricité* que la matière électrique est parfaitement analogue à la matière du feu et à celle de la lumière, et l'ayant – selon lui – parfaitement démontré par une suite d'observations bien vues et bien exposées, Sigaud les rapporte longuement ; mais s'il les trouve : très justes, très exactes, et très dignes du célèbre physicien qui les a faites, il juge que s'il les avait approfondies davantage, *il eût trouvé des disparités aussi sensibles que les analogies qu'il a indiquées entre la matière du feu & celle de l'électricité* [720]. Ces disparités, nous dit-il, n'ont point échappé à la sagacité de Musschenbroek, selon lui : *la matière électrique ne doit point être confondu avec le feu ordinaire [...] 1°. Parce que le feu ne pénètre que très-lentement la substance des métaux, [...] tandis que la matière électrique pénètre en moins d'une seconde un fil de métal de deux mille deux cent soixante-seize toises de longueur, suivant l'observation de Winkler, & qu'elle pénètre aussi aisément tous les autres corps an-électriques.*

2°. Le feu ordinaire ne s'échappe que très-lentement des corps dont il s'est emparé ; & il faut même plusieurs heures avant qu'il se soit dissipé d'une grande masse métallique, qui en auroit été, pour ainsi dire, abreuvée : au contraire, la matière électrique abandonne sur le champ les plus grandes masses de matière non idio-électrique.

3°. Quelque peu abondant qu'il soit, le feu a la propriété d'échauffer les corps qu'il touche, tandis que le feu électrique ne fait éprouver aucun

720 *Ib.*, 139, 140, pour cette citation et les suivantes.

sentiment de chaleur par son contact, & il n'échauffe point même les corps qu'il pénètre abondamment...

Et Sigaud de continuer à dévider la liste de ces disparités...

Dans la seconde section de son *Précis historique*, Sigaud aborde les faits qui concernent : l'expérience de Leyde et la théorie de Franklin. Précisons tout de suite que Sigaud adhère au système de Franklin dont l'exposé occupe en totalité cette section ; après avoir précisé *les trois états bien différents d'un corps que l'on doit distinguer avec soin : état naturel, état de surabondance, & état de privation. Le premier est constant & invariable, les deux autres souffrent du plus & du moins. Or la bouteille de Leyde se trouve en même tems dans ces deux derniers états, lorsqu'elle est préparée & disposée à faire éprouver la commotion*[721]. A partir de là, Sigaud énonce le principe de la théorie de Franklin, et témoigne de sa totale adhésion : sur *ce qui va paroître sans doute un paradoxe, peut-être révoltant au premier aspect, c'est qu'une bouteille surabondamment chargée de fluide électrique, & propre à faire éprouver la commotion la plus forte, ne contient cependant pas plus d'électricité qu'elle n'en contenoit avant qu'elle fût électrisée par le conducteur de la machine électrique. C'est sur ce principe, que nous allons développer, & dont nous démontrerons la certitude, qu'est fondée la théorie sublime du Docteur Franklin sur la bouteille de Leyde.*

Nous ne suivrons pas Sigaud dans sa présentation de cette théorie ; un seul fait retiendra particulièrement notre attention la question de la perméabilité ou de imperméabilité du verre à la matière électrique ; *une question qui fit beaucoup de bruit parmi les Physiciens électrisans*[722] et qui tient une place centrale dans la querelle de Nollet et de Franklin.

On sait, écrit Sigaud, *avec quelle opiniâtreté, & on me passera cette expression, l'abbé Nollet, dont je révère plus que personne le mérite & les talens supérieurs, s'attacha à combattre l'imperméabilité du verre, & les efforts qu'il fit pour démontrer que le fluide électrique passoit à travers le verre comme à travers les autres corps. Mais le peu de succès avec lequel il attaqua cette propriété, si bien confirmée d'ailleurs, & universellement adoptée de la plus saine partie des Physiciens électrisans, nous dispense d'entrer dans un détail qui deviendroit inutile. La nécessité de faire communiquer la surface extérieure de la bouteille de Leyde avec le réservoir commun pour la charger d'électricité ; l'impossibilité de l'électriser sans cette communication ; le feu qu'on voit s'échapper de cette surface à mesure que l'électricité s'accumule sur la surface opposée ; l'accumulation, si on peut s'exprimer ainsi, de cette matière sur la surface intérieure de la bouteille [...] sont autant de preuves plus convaincantes les unes que les autres de cette vérité, qui trouve peu de contradicteurs actuellement.*

---

721 *Ib.*, 245, 246, pour cette citation et la suivante.

722 *Ib.*, 303, 304, pour cette citation et la suivante.

Nous n'aborderons pas les objets des troisième et quatrième sections : *De l'analogie entre la Matière électrique & celle du Tonnerre, [...]. Des différentes applications qu'on peut faire du fluide électriques.* Dans ces deux sections, Sigaud se met dans les pas de Franklin et de Dalibard.

Le taux de lecture des ouvrages de physique expérimentale des enseignants des écoles centrales d'après une enquête faite en 1799 donne 27 pour Brisson, 12 pour Sigaud, 9 pour Nollet et 1 pour Paulian.

Les acteurs de l'histoire de l'électricité selon Haüy

L'électricité fait l'objet des treizième et quatorzième leçons de physique présentées par Haüy les 5 et 10 mai 1795 à l'Ecole normale de l'An III [723]. L'histoire de l'électricité présentée dans ces deux leçons, c'est l'histoire vue par les maîtres de la physique et de la chimie sous le Consulat et l'Empire ; des sciences organisées et dirigées par Laplace et Berthollet. La première édition de son *Traité élémentaire de physique* ne paraîtra qu'en 1803. Publiée à la hâte à la demande du premier consul, elle ne s'écarte pas trop de son cours à l'Ecole normale. La première chose qui retiendra notre attention dans ses cours, c'est son historique.

L'exposé de Haüy commence ainsi : *L'électricité est une des branches de nos connaissances que les physiciens modernes aient cultivée avec le plus d'assiduité et de succès. Elle n'était encore connue, au commencement de ce siècle que par les attractions et répulsions que le verre, l'ambre, les résines et autres substances semblables exerçaient sur les corps légers que l'on présentait à leur action, et par une faible lueur que le frottement dégageait de ces substances. Environ 30 ans après, les recherches de Dufay et Gray, amenèrent une de ces époques fécondes, où une science commence à se développer par un progrès rapide, et où les découvertes semblent se presser à la suite les unes des autres.*

Un examen plus attentif des phénomènes conduisit à établir la distinction importante entre les corps qui transmettent le fluide électrique, et ceux qui refusent de le propager ; la construction des machines, mieux dirigée, donna de nouvelles facilités pour étudier ses différentes manières d'agir [Haüy pense-t-il à la machine électrique de Nollet ?] *; une découverte imprévue fit ressentir aux êtres animés l'énergie de ce pouvoir intérieur qu'il exerce sur eux, par le simple contact des vases où il s'accumule* [la bouteille de Leyde] *; enfin les physiciens soupçonnèrent que ces phénomènes qu'on s'empressait d'aller voir, même par amusement, n'étaient qu'une imitation en raccourci des explosions de la foudre ; et pour vérifier cette étonnante analogie, Franklin* [nouveau Prométhée] *trouva, dans le pouvoir des pointes, le secret non moins étonnant de dérober la*

723 René-Just Haüy, 1743-1822, *Leçons de Physique à l'Ecole normale de l'an III* ; in *L'école normale de l'an III*, Etienne Guyon dir., *Leçons de physique, de chimie, d'histoire naturelle* ; édition annotée des cours de Haüy, Berthollet et Daubenton, avec introductions, notes et annexes. Paris, Editions ENS rue d'Ulm, 2006.

foudre elle-même au nuage qui la renfermait dans son sein [et non aux Dieux], *et de la présenter à l'expérience sous la forme et avec tous les caractères du fluide mis en action par nos machines* [724].

Haüy revient à Dufay qui a reconnu deux électricités différentes, il ne retiendra que les recherches qui ne s'éloignent pas trop de cette théorie : *A mesure que les faits se multipliaient, on cherchait à en donner des explications et à en saisir la dépendance mutuelle. Dufay avait reconnu deux électricités différentes ; l'une qu'il appelait vitrée, parce qu'elle était produite par le frottement du verre ; l'autre qu'il nommait résineuse, parce qu'on l'excitait en frottant la résine et les autres substances analogues. Il remarqua que les substances animées de chaque espèce d'électricité, se repoussaient, et attiraient celles qui possédaient l'autre espèce d'électricité. C'est pour ainsi dire la clef de la vraie théorie.* Après cette annonce, Haüy revient à Franklin, en soulignant que s'il ne trouve pas la vraie théorie, il reste sur cette voie, c'est du moins le point de vue d'Haüy : *Franklin en présentant l'idée de Dufay sous un point de vue différent, par sa doctrine de l'électricité positive et négative, en fit une application très heureuse à l'expérience de la bouteille de Leyde, dont il ramena la décharge à un simple rétablissement d'équilibre.* [L'auditeur des cours de l'an III, le lecteur des *Leçons de physique*, peut ignorer que Franklin suppose qu'il n'existe qu'un fluide électrique unique en surabondance du coté positif de la bouteille et en déficit de l'autre coté, lorsque la bouteille est chargée]. *Cette manière mécanique de concevoir un fait qui tenait alors le premier rang parmi les merveilles de l'électricité, attira une foule de partisans au philosophe de Philadelphie. Aepinus, l'un des plus distingués d'entre eux, en appliquant le calcul à sa doctrine, la rendit plus rigoureuse, et forma un ensemble mieux lié de toutes les observations déjà connues ; lui-même découvrit plusieurs faits dignes d'attention, et il mérita ainsi doublement de la science, comme géomètre et comme physicien. Il la servait encore d'une autre manière, en préparant la voie au citoyen Coulomb, qui, après être parti du point où Aepinus s'était arrêté, a franchi seul une carrière toute nouvelle. C'est par lui qui, par des expériences aussi décisives qu'ingénieuses, a démontré que les attractions électriques s'exerçaient en raison inverse du carré de la distance, et qui a fait ensuite l'application de cette loi à la manière dont le fluide se partage entre différents corps, et à d'autres phénomènes qui n'avaient été qu'entrevus. Au mérite d'avoir rapproché l'électricité de la grande loi de la nature, la gravitation universelle, il a joint celui d'avoir fait faire les premiers pas au calcul vers des résultats que les efforts d'une sublime analyse pourront élever un jour à leur plus haut degré de précision.* Haüy souligne le fait que la loi de Coulomb est une contribution au newtonianisme ; rappelons que la physique newtonienne triomphe en France

---

[724] *Ib*. p. 165-167, pour cette citation et les suivantes.

avec Laplace en cette fin du XVIIIe siècle. Cette découverte de Coulomb, Haüy la met au crédit de Franklin : c'est le perfectionnement de sa théorie qui a mis Coulomb sur la route qui conduit à Newton : *il [Coulomb] aura la gloire d'avoir perfectionné une théorie qui a illustré Franklin, en la plaçant sur la route qui conduit à Newton.*

Haüy ne s'engage pas sur l'existence d'un fluide électrique unique, comme le suppose Franklin, ou sur l'existence de deux fluides différents. Mais, dans ses leçons, il adopte cette supposition par raison de commodité, et il adopte pour les désigner, les termes d'électricité vitrée et d'électricité résineuse, le langage qu'employait Dufay : *L'hypothèse que nous emploierons, pour expliquer les phénomènes, consiste à considérer avec plusieurs physiciens, le fluide électrique comme composé de deux fluides différents, qui sont neutralisés l'un par l'autre, dans l'état ordinaire des corps, et qui se dégagent lorsque les corps donnent des signes d'électricité. Au reste, il s'en faut de beaucoup que l'existence de ces deux fluides soit fondée sur des raisons aussi recevables que celle du fluide électrique lui-même, que l'on suppose ici résulter de leur réunion. Mais l'adoption de ces fluides conduit à une manière simple et plausible de représenter les résultats de l'expérience, et sauve des difficultés dans lesquelles [...] l'on s'expose à tomber, en essayant une autre hypothèse.*

Haüy se doit d'établir une correspondance entre la manière d'exprimer les interactions entre les molécules des fluides électriques, lorsqu'on suppose qu'il existe deux fluides électriques et lorsqu'on suppose, comme Franklin, qu'il n'en existe qu'un, qui peut être ou surabondant, ou en déficit.

Telle est en général la manière d'agir des deux fluides dont il s'agit, que les molécules de chacun se repoussent mutuellement et attirent celles de l'autre fluide. Il en résulte quatre combinaisons différentes d'actions entre les fluides de deux corps, savoir deux répulsions et deux attractions, d'où dépendent les mouvements par lesquels les corps eux-mêmes s'approchent ou s'écartent l'un de l'autre, [...].

Dans cette même hypothèse, tous les effets attribués jusqu'ici à l'électricité positive, ou à une surabondance du fluide unique que l'on considérait, seront produits par l'action d'un des deux fluides rendu à l'état de liberté ; et les effets que l'on supposait dépendre de l'électricité négative, ou de la soustraction d'une partie du fluide qui faisait tout, seront dus à l'action de l'autre fluide composant.

Mais Nollet, quelle est sa place dans cette évocation historique ? Rassurons-nous, elle y est, hélas pour lui, sous la forme d'une mise en garde contre sa manière d'interpréter les phénomènes électriques : Nous devons prévenir qu'on ne doit pas confondre les deux fluides que nous adoptons ici avec les deux courants, l'un de matière effluente, et l'autre de matière affluente, que Nollet avait imaginés pour expliquer les phénomènes électriques. Ces deux courants appartenaient à un même fluide, et s'élançaient l'un du conducteur vers les corps environnants, et l'autre de ceux-ci vers le conducteur. Ainsi, Nollet explique-t-il les phénomènes électriques par des actions de contact et non par des actions à distance ; voilà qui suffit à le soupçonner de cartésianisme. Haüy introduit ensuite la théorie de Coulomb en la comparant à celle des physiciens qui, selon lui, sont dépassés, tel Nollet ce qui va sans dire *: Il y a loin sans doute de ces hypothèses qui employaient des effluves dont les actions affranchies de toute loi et de toute méthode rigoureuse ne conduisaient qu'à des explications vagues d'une partie des phénomènes, et étaient prises en défaut par les autres, à ces théories fondées sur des forces dont la mesure est donnée par l'expérience, [grâce à la balance de Coulomb] et gouvernées dans leur marche par le calcul, qui leur sert à la fois de guide et de garant.*

Au risque de nous répéter, nous exposons ce que Haüy retient des travaux de Coulomb. En 1784, Coulomb publie ses travaux sur la force de torsion des fils métalliques. Il invente ensuite une balance qui permet de mesurer par la torsion d'un fil métallique, de faibles forces d'interaction [725]. L'instrument permet de mesurer de faibles charges électriques. Ses travaux de 1785 semblent mettre en évidence l'existence de deux fluides électriques qui, de même nature, se repoussent, et, de nature contraire, s'attirent [726]. Il établit que les forces électriques entre deux charges q et q' distantes de r ont pour direction la droite qui joint ces charges et sont proportionnelles à qq'/r^2. [Il établit aussi, en utilisant la même balance et des aimants, les forces d'interactions entre deux pôles d'aiguilles aimantées et considère ces forces comme des actions entre des masses magnétiques, lesquelles, australe et boréale, s'attirent lorsqu'elles sont de nature contraire et se repoussent lorsqu'elles sont de même nature, la force entre deux masses magnétiques m et m', distantes de r, sont dirigées suivant la droite qui joint les masses et sont proportionnelles à mm'/r^2]. Ces lois d'interaction, formellement identiques à la loi d'attraction universelle, confortent le newtonianisme des physiciens français très majoritairement proches de Laplace.

Coulomb montre par le calcul que les charges électriques ne se répartissent que sur la surface des conducteurs, il le vérifie expérimentalement en utilisant un plan d'épreuve [une petite pièce de métal, ronde fixée à l'extrémité du manche isolant] pour prélever une charge électrique sur une portion de surface d'un conducteur et une balance de torsion pour mesurer cette charge ; il peut ainsi déterminer expérimentalement la distribution des charges électriques sur les conducteurs. Les travaux de Coulomb ouvrent la voie à une science mathématisée de ce domaine très limité de l'électricité que nous nommons l'électrostatique.

---

725 Coulomb, « Recherches théoriques et expérimentales sur la force de torsion et sur l'élasticité des fils de métal », *MARS*, 1784, p. 229-269 ; in « Mémoires sur l'électricité et le magnétisme », *op. cit.*, p. 63-103.

726 Coulomb, « Mémoires sur l'électricité et le magnétisme », *op. cit.*, p. 107-318.

Dans sa première leçon, Haüy s'attarde sur l'usage de la balance de Coulomb, notons que ce cours est en avance sur la publication des mémoires de Coulomb, il fut fait dans le laps de temps qui s'écoule entre la lecture des mémoires à l'Académie et leurs publications. Dans sa seconde leçon, Haüy aborde le pouvoir des pointes ; un premier corps d'abord isolé et dans son état naturel est approché d'un second corps chargé d'électricité de l'une ou l'autre espèce, lorsque les deux corps sont suffisamment proches, l'électricité du corps chargé attire l'électricité de l'autre espèce que la sienne et repousse celle de la même, dans certaine circonstance cette action est si forte qu'elle le dépouille de son électricité. C'est ce qui arrive lorsque l'on présente une pointe de métal à un conducteur chargé d'électricité. L'évocation de ce phénomène est encore une occasion de tresser des lauriers ; moins pour ce qu'il a trouvé que pour son aveu d'un échec dans l'interprétation d'une expérience : *Franklin est le premier qui ait observé ce pouvoir des pointes ; et il crut d'abord l'avoir heureusement expliqué, d'après la comparaison entre une pointe et une petite force qui exécute en détail et par des actions répétées ce dont une grande force est incapable, par une seule action dirigée vers la totalité de l'effet. Mais il se défia depuis de son explication, et il en fait l'aveu avec une belle franchise qui est pour les vrais savants une autre manière encore de s'honorer que par des découvertes* [727].

Haüy s'attarde très peu sur ces phénomènes où la sortie rapide du fluide électrique occasionne de belles aigrettes lumineuses dans l'obscurité. Il en voit la cause dans les attractions et répulsions des fluides électriques, mais ne s'interroge pas sur ce qu'on voit. Il aborde aussi l'étude de la bouteille de Leyde, et s'en tient à l'interprétation qu'en a donné Franklin, &c.

Haüy achève ses cours sur l'électricité en faisant la recension des problèmes non résolus, des problèmes qu'abordaient avec plus ou moins de bonheur les théories qu'il a rejetées : *Malgré les progrès qu'a faits de nos jours la théorie du fluide électrique, il s'en faut de beaucoup qu'on ait tout dit. Plusieurs questions importantes se présentent encore à résoudre. Comment le calorique [la matière de la chaleur selon Lavoisier] agit-il pour électriser un corps ? Comment le frottement lui-même produit-il cet effet ? D'où vient la lumière qui accompagne l'étincelle ou l'aigrette électrique ? N'y aurait-il point dans ce cas une véritable combustion ? Quelle est l'influence de l'électricité dans plusieurs phénomènes remarquables, tels que les aurores boréales ? Ces questions et d'autres que nous omettons sont autant de pierres d'attente qui restent sur l'édifice de la théorie, et l'aspect seul des parties délicates où elles ont été laissées annonce la difficulté de trouver et les matériaux qui manquent encore, et des mains propres à les employer avec succès.*

---

[727] *Ib*. p. 174 et 184, pour cette citation et la suivante.

Et l'abbé Nollet, le voici bien oublié, Haüy a influencé pour longtemps la vision de l'histoire de l'électricité qu'ont ceux qui enseignent la physique.

Remarques impertinentes à propos de cette histoire

Ainsi va l'histoire…

Après les travaux de Coulomb, un regard rétrospectif sur l'histoire de l'électricité devient prédominant, cette histoire part des travaux de Dufay, se continue avec Franklin, évoque Aepinus pour arriver à Coulomb, laissant tous les autres acteurs de cette histoire dans la pénombre, si ce n'est l'oubli.

Pour ceux qui reçoivent ensuite l'enseignement de la physique, restons en France, prenons les cours de physique que Haüy professe à l'Ecole normale, la bien nommée, elle est celle qui enseigne ce qu'il faut penser dans toutes les disciplines, physique inclue, là où les interprétations des phénomènes restent les plus ouvertes aux vents de la recherche. Haüy enseigne le seul historique qui vaille, inutile de s'attarder sur des systèmes qui, de son point de vue, sont voués à l'oubli. Ici, sont privilégiées les expériences qui permettent de déterminer les lois d'interaction entre des charges électriques, lorsque ces charges ont atteint un état d'équilibre qui en garantisse l'immobilité : charges ponctuelles, ou quasiment, de la balance de Coulomb, répartition de charges immobiles à la surface d'un conducteur, etc. Passent ici au second plan, les décharges électriques des condensateurs, la découverte de la bouteille de Leyde n'est pas oubliée. Mais l'on ne se préoccupe guère de l'interprétation de ce que l'on voit : les étincelles, les points lumineux, les flammes qui accompagnent les phénomènes de décharges électriques, des phénomènes dont les interprétations, souvenons-nous en, faisaient l'objet d'épais mémoires des Nollet, Le Roy et autres.

Qu'est-ce qu'on voit ?

Nollet y voyait un fluide électrique effluent ou affluent, ou la rencontre des deux, selon les circonstances, ce fluide peut être rendu visible, tout comme le feu et la lumière, ne leur est-il pas identique ; le fluide électrique, le feu, la lumière : un même être diversement modifié.

Franklin y voyait un fluide électrique qui peut être en excès dans un corps ou en manque, si l'on en a soutiré par frottement. C'est ce fluide qu'on voit aller ou venir. Est-ce le même que la lumière ?

Aepinus y voit deux fluides vitreux et résineux ou positifs et négatifs… et Coulomb ne veut que constater des attractions et des répulsions. Mais tous ces phénomènes valent-il bien la peine de se poser tant de questions…

Et nous que voyons-nous dans ces étincelles, ces points lumineux, ces flammes, qui accompagnent les phénomènes électriques ? Des phénomènes qui ne peuvent être interprétés que par la physique quantique, c'est une toute autre histoire !

Et il est dommage qu'en histoire on puisse ne retenir du passé que ce qui nous semble avoir quelques traits qui s'accordent avec quelques-unes de nos connaissances actuelles. Il n'est pas sérieux de retenir Franklin, contre Nollet puisque nous savons qu'aucune des deux ne pouvaient en leur temps rendre compte des multiples phénomènes électriques alors connus. Mais nous constatons que l'un et l'autre pensaient toucher à la vérité, et qu'il est heureux pour la recherche scientifique que, de tout temps, les savants aient pensé pouvoir lever le voile, que leur activité de recherche s'est toujours nourrie de cette illusion d'une réalité plus simple qu'elle ne s'est révélée. Au temps où la physique s'enrichit de phénomènes aussi nouveaux qu'inattendus : les rayons cathodiques, les rayons X, l'effet Zeeman, etc. et qu'il semble qu'à chacune de ces découvertes la nature a livré ses ultimes secrets et qu'on tient le bon bout de l'énigme, un physicien de la variété agnostique, Henri Bouasse, s'en amusait : *je veux admettre que les physiciens s'imaginent le saint des saints visible derrière le rideau pour m'expliquer que tous s'efforce de le tirer. Hélas ! Il est trop lourd pour leurs mains [...] Ne nous plaignons pas de cette éternelle duperie, bienveillante puisqu'elle nous fournit le divertissement passionnant et indéfini dont nous avons besoin pour vivre* [728], mais ce physicien était aussi historien.

728 Cité dans Robert Locqueneux, *Henri Bouasse, un regard sur l'enseignement et la recherche*, diffusé par Blanchard, 2008 ; p. 80.

Appendice – Conversion d'unités

Rapport des anciennes mesures linéaires françaises au mètre légal :

Il faut 12 lignes pour faire un pouce, 12 pouces font un pied et 6 pieds font une toise.

une toise française = 1m, 949040
un pied = 0m,324839
un pouce = 27mm,06994
une ligne = 2mm,25583

Rapport des anciens poids français au gramme :

L'ancienne livre française se divisait en 16 onces, l'once en 8 gros, le gros en 72 grains ; de sorte que la livre valait 9216 grains.

une livre, poids de marc = 489g,505
une once = 30g,5941
un gros = 3g,82426
un grain = 0g,053115

(Ce tableau de conversion est amprunté au *Traité de physique expérimentale et mathématique* de J.-B. Biot [729]).

[729] Jean-Baptiste Biot, *Traité de physique expérimentale et mathématique*, Paris, Deterville, 1816 ; tome 1, p. 528.

Bibliographie, Acteurs de l'histoire

Aepinus, Franz Ulrich Theodor, 1724-1802
Tentamen Theoriae Electricitatis et Magnetismi, 1759.
d'Alembert, Jean le Rond, 1717-1783
Discours préliminaire de l'Encyclopédie (1759), repris de l'édition de 1763, Paris, Vrin, 1984
Arcy, **le Chevalier d'**, Patrice, 1725-1779
« Mémoire sur l'électricité, contenant la description d'un Electromètre, ou d'un instrument servant à mesurer la force électrique », *MARS*, 1749 ; p. 63-74.
Barbeu du Bourg, Jacques, 1709-1779
Œuvres de Franklin, traduites de l'anglois sur la 4e édition, 2 volumes, Paris, Quillau, Esprit & l'Auteur, 1773.
Beccaria, Giovanni Battista, 1718-1781
Lettre sur l'électricité, traduction de Delor, Paris, 1754.
Boyle, Robert, 1627-1691
De mechanica electricitatis productione, (1670), Genève, 1694
Brisson, Mathurin, 1723-1806,
Dictionnaire raisonné de physique, 2 volumes, Paris, Hôtel de Thou, 1781.
Dictionnaire raisonné de physique, 2de édition en 3 volumes et 1 volume de planches, Paris, Librairie économique, an VIII de la République.
Traité élémentaire ou Principes de physique, 3 volumes, Paris, Moutard, 1789.
Cavallo, Tiberus, 1749-1809,
A Complete Treatise of Electricity, London, 1777, *Traité complet d'électricité*, Paris, Guillot, 1785.
Traité du magnétisme, 1787.
Eléments de philosophie normale et expérimentale, 1803.
Théorie et pratique de l'électricité médicale, 1780.
Cavendish, Henry, 1731-1810
« Mémoire sur l'électricité », *Philosophical Transactions*, 1771.
Châtelet du, Emilie, 1706-1749
Les lettres de la marquise Du Châtelet, publiées par T. Besterman, 2 tomes, Genève, Institut et musée Voltaire, 1958.
Condillac Bonnot de, Etienne, 1714-1780
Traité des systèmes, 1749, Paris, Fayard, 1991.

Condorcet de, Jean-Antoine-Nicolas de Caritat, 1743-1794
« Eloge de Franklin », in *Suite des éloges des Académiciens de l'Académie royale des sciences morts depuis l'an 1789,* 1790 & in *Œuvres complètes* de Condorcet, à Brunswick chez Vieweg, et à Paris chez Henrichs, Levrault, Schoell et Cie, An XIII – 1804 ; p. 91-165.
Coulomb, Charles-Augustin, 1736-1806
« Mémoires de Coulomb », in *Collection de Mémoires relatifs à la physique*, publiés par la Société française de physique, tome 1, Paris, Gauthier-Villars, 1884. [in *MARS* : « Balance électrique à torsion & mesure des forces électriques », deux mémoires en 1785, trois mémoires de 1786 à 1788].
Desaguliers, John Théophilus, 1683-1744
« Dissertation sur l'électricité des corps » Bordeaux, Pierre Brun, 1742.
Cours de physique expérimentale, 2 volumes, traduit de l'anglois par le P. Esprit Pézenas, Paris, Jacques Rollin, Charles-Antoine Jombert, 1751.
"Some Thoughts and Experiments concerning Electricity", [anno 1739, vol.xli], N°454, p.186; *Philosophical Transactions of the Royal Society, Abridged*, London, 1809, Vol. VIII, p.346-350.
"Experiments made before the Royal Society, Feb.2, 9 & 10, 1737-8", [anno 1739, vol.xli], N°454, p.193-198; *Philosophical Transactions of the Royal Society, Abridged*, London, 1809, Vol. VIII, p.350-353.
Descartes, René, 1596-1650
Les Météores, [l'un des trois essais joints au *Discours de la méthode*,1637] in *Œuvres de Descartes*, *op. cit.*, tome 6.
Principes de la philosophie, « Escrits en Latin, et traduits en François par un de ses Amis », 1647, *Œuvres de Descartes*, *op. cit.*, tome 9.
Œuvres de Descartes, 11 volumes, publiées par Charles Adam & Paul Tannery, Paris, Vrin, 1996.
Desmarest, Nicolas, 1715-1790
« Discours sur les expériences de M. Hauksbee », 1754, in Hauksbée, *Expériences physico-méchaniques sur différents sujets*, tome 1, *op. cit.*
Du Fay, Charles François de Cisternay, 1698-1739
Mémoires sur l'électricité :
« Premier mémoire sur l'électricité, Histoire de l'électricité », *MARS*, 1733 ; p. 23-35.
« Second mémoire sur l'électricité », *MARS*, 1733 ; p. 73-84.
« Troisième mémoire sur l'électricité », *MARS*, 1733 ; p. 233-254.
« Quatrième mémoire sur l'électricité », *MARS*, 1733 ; p. 457-476.
« Cinquième mémoire sur l'électricité », *MARS*, 1734 ; p. 341-361.
« Sixième mémoire sur l'électricité », *MARS*, 1734 ; p. 503-526.
« Huitième mémoire sur l'électricité », *MARS*, 1737 ; p. 307-325.
Euler, Leonhard, 1707-1783
Lettres à une princesse d'Allemagne, 3 tomes, [les lettres sur l'électricité, in tome 2, lettres 138-154 ; 20 juin-15 août 1761], Genève, Barthelemi Chirol, 1775.

Fontenelle, Le Bovier de, Bernard, 1657-1757
« Sur l'électricité », *HARS*, 1733 ; p. 4-13.
« Sur l'aiman », *HARS*,1733 ; p. 4-17.
« Sur l'électricité », *HARS*, 1734 ; p. 1-8.
« Sur l'électricité », *HARS*, 1737 ; p. 1-6.]
Franklin, Benjamin, 1706-1790
Experiments and Observations Made at Philadelphia in America by Mr Benjamin Fanklin and Communicated in Several Letters to Mr P. Collinson of London, 1751, [Peter Collinson, 1693-1768]; trad. *Lettres à Collinson* , 1753.
Expériences et observations sur l'électricité, Avertissement, Histoire abrégée de l'électricité & traduction de l'anglais par d'Alibard, Paris, Durand, 1ère édition en 1 volume, 1752,
Expériences et observations sur l'électricité, trad. de l'anglais, Paris, Durand, 2e édition revue et augmentée, en 2 volumes, 1756
« Œuvres », traduites sur la quatrième édition par Barbeu Dubourg, 2 volumes, Paris, Quillau, Esprit & l'Auteur, 1773.
« Œuvres publiées par Barbeu du Bourg », (compte rendu), *HARS*, 1773, p. 76-83.
Gilbert, William, 1554-1603
De magnete magneticisque corporibus et de magno magnete tellure, 1660.
Guericke von, Otto, 1602-1686
Experimenta Nova Magdeburgica de Vacuo Spatio, Amsterdam, Joannem Janssonium, 1672.
Grandjean de Fouchy, Jean-Paul, 1707-1788
« Sur les causes de l'électricité », *HARS*, 1745, p. 4-10.
« Sur l'électricité », *HARS*, 1746, p. 1-17.
« Sur l'électricité », *HARS*, 1747, p. 1-32.
« Des effets de l'électricité sur les corps organisés », *HARS*, 1748, p. 1-20.
« Sur un électromètre », *HARS*, 1749, p. 7-11.
« Sur l'effet de l'électricité appliquée à la guérison de quelques maladies », *HARS*, 1749, p. 11-27.
« Sur l'électricité de l'air », *HARS*, 1752, p. 8-12.
« Sur l'électricité », *HARS*, 1753, p. 6-39.
« Sur l'électricité », *HARS*, 1755, p. 20-29.
« Nollet, Lettres sur l'électricité, seconde partie », *HARS*, 1760, p. 31-36.
« Sur quelques phénomènes cités en faveur des Electricités en plus & en moins », *HARS*, 1762, p. 10-25.
« Sur la comparaison des effets du tonnerre à ceux de l'électricité », *HARS*, 1764, p. 1-16.
« Sur l'application curieuse de quelques phénomènes d'électricité », *HARS*, 1766, p. 1-7.

« Sur les barres métalliques préservatrices du tonnerre » *HARS*, 1770, p. 14-17.
« Eloge de M. l'Abbé Nollet », *HARS*, 1770, p. 121-136.
's Gravesande, Willem Jacob, 1688-1742
Elémens de physique ou introduction à la philosophie de Newton, 2 volumes, Paris, C. A. Janbert, 1747.
Introduction à la philosophie contenant la métaphysique et la logique, traduite du latin, Leide, Jean et Herm.Verbeek, 1748.
Gray, Stephen, 1666-1736
Two letters to Mortimer Sec. R. S. concerning Accounts of his Experiments concerning Electricity, 1732.
"A Letter to Cromwell Mortimer, M. D. Secr. *R. S.* containing several Experiments concerning Electricity", *Philosophical Transactions of the Royal Society*, [*Phil. Trans.*] 1731-1732, 37, p.18-44.
"A Letter from Mr. Stephen Gray to Dr. Mortimer, Secr. R. S. containing a farther Account of his Experiment concerning Electricity", *Phil. Trans.*, 1731-1732, 37, p.285-291.
"Two letters from Mr. Stephen Gray, F. R. S. to C. Mortimer, M. D. Secr. R. S. concerning farther Accounts of his Experiments concerning Electricity", *Phil. Trans.*, 1731-1732, 37, p.397-407.
"An Account of some Electrical Experiments intended to be communicated to the Royal Society by Mr. Stephen Gray, F. R. S. taken from his Month by Cromwell Mortimer, M. D. Secr. R. S. on Feb. 14, 1735-6. being the Day before he died", *Phil. Trans.*, 1731-1732, 37, p.400-403.
"Experiments and Observations on the Light, produced by communicating Electrical Attraction to animate or inanimate Bodies; with some of its most surprising Effects", [anno 1735, vol.xxxix], N°436, p.16; *Philosophical Transactions of the Royal Society, Abridged*, London, 1809, Vol. VIII, p.2-5.
"Some Experiments Electricity", [anno 1735, vol. XXXIX], N°439, p.166; *Philosophical Transactions of the Royal Society, Abridged*, London, 1809, Vol. VIII, p.51-53.
"Of the Revolutions which small Pendulous Bodies, by Electricity, make round larger ones from Wext to East, as the Planet do round the Sun", [anno 1739, vol.XXXIX], N°441, p.220; *Philosophical Transactions of the Royal Society, Abridged*, London, 1809, Vol. VIII, p.65.
Hales, Stephen, 1677-1761
Statique des végétaux et celle des animaux, Paris, Imprimerie de Monsieur, 1779, 1780. [La première édition du premier volume, le seul que Buffon ait traduit, est paru sous le titre *La statique des végétaux et l'analyse de l'air* en 1735, l'édition anglaise étant de 1727].

Hauksbée, Francis, 1666-1713
Expériences physico-méchaniques sur différents sujets, 2 tomes, trad. de l'anglais par M. de Brémond, revues & mises à jour, avec un Discours préliminaire, des remarques & des notes par M. Desmarest, Paris, Veuve Cavelier, 1754.
Haüy, René-Just, 1743-1822
Exposition raisonnée de la théorie de l'électricité et du magnétisme, d'après les principes de M. Aepinus, Paris, 1787.
Leçons de Physique à l'Ecole normale de l'an III ; [L'école normale de l'an III, Etienne Guyon dir., *Leçons de physique, de chimie, d'histoire naturelle*, 1795 ; édition annotée des cours de Haüy, Berthollet et Daubenton, avec introductions, notes et annexes. Paris, Editions ENS rue d'Ulm, 2006].
Huygens, Christiaan, 1629-1695
Traité de l'aimant, lu à la séance de l'Académie des sciences du 1er juin 1680 ; in *Œuvres complètes*, tome XXII, Supplément à la correspondance, Varia, Biographie, Den Haag, Martinus Nijhoff, 1950.
Jallabert, Jean, 1712-1768
Expériences sur l'électricité avec quelques conjectures sur la cause de ses effets, Genève, Barrillot & Fils, 1748 ; Paris, Durand & Pissot, 1749.
Correspondance Nollet-Jallabert, in Isaac Benguigui, *Théories électriques du XVIIIe siècle*, Genève, Georg, 1984.
La Cépède de, Bernard-Germain, 1756-1825,
Essai sur l'électricité naturelle et artificielle, Paris, De l'imprimerie de Monsieur, 1781.
Le Monnier, Louis Guillaume, 1717-1799
« Recherches sur la communication de l'électricité », *MARS*, 1746, p. 447-465.
« Observations sur l'Electricité de l'air », *MARS*, 1752, p. 233-243.
Le Roy, Jean-Baptiste, 1719-1800
« Mémoire sur l'électricité où l'on montre par une suite d'expériences, qu'il y a deux espèces d'électricités, l'une produite par la condensation du fluide électrique, & l'autre par sa raréfaction ; & qu'elles ont chacune des phénomènes particuliers qui les caractérisent parfaitement », *MARS*, 1753, p. 447-474 ; 1755, p. 264, 293.
« Mémoires sur les verges ou barres métalliques, destinées à garantir les édifices des effets de la foudre », *MARS*, 1770, p. 53-67, 1 planche
Malebranche, Nicolas, 1638-1715
De la recherche de la vérité, (1712), livre 1, *Œuvres*, tome 1, Geneviève Rodis-Lewis éd., La Pléiade, Gallimard, 1979.
Entretiens sur la métaphysique et la religion, (1711), XIe Entretien, article III. *Œuvres*, tome 2, Geneviève Rodis-Lewis éd., La Pléiade, Gallimard, 1992.

Marat, Jean-Paul, 1743-1793
Recherches physiques sur l'électricité, Paris, De l'Imprimerie de Clousier, 1782.
Maricourt, Pierre de, 12e siècle
Epistola de magnete 1269, éditée à Augbourg en 1562 ; « Le *De Magnete* de Pierre de Maricourt », traduction et commentaire de P. Radelet-de Grave et D. Speiçer, *Revue d'Histoire des Sciences*, 1975, 28-3, p. 193-234.
Morand, Jean-François-Clément, 1726-1784, [& Nollet]
« Expériences de l'électricité appliquée à des paralytiques », *MARS*, 1748, p. 28-39.
Musschenbroek, Pierre, 1692-1761
Essai de physique, 2 volumes, traduit par Pierre Massuet, Leyde, Samuel Luchtmans, 1751.
Newton, Isaac 1642-1727
Principes mathématiques de la philosophie naturelle (*Principia*), traduction de Madame Du Châtelet, 1756 ; Paris, Jacques Gabay, 1990.
Traité d'optique, traduit par Coste, seconde édition française, 1722, fac-similé Paris, Gauthier-Villars, 1955
Nollet, Jean-Antoine, 1700-1770
Programme ou idées générales d'un cours de physique expérimentale, Paris, Le Mercier, 1738.
Leçons de physique expérimentale, 6 volumes, Paris, Le Mercier, 1743-1748.
« Conjectures sur les causes de l'électricité des corps », *MARS*, Mémoires sur l'électricité : 1745, p. 107-151.
« Sur quelques nouveaux phénomènes d'électricité », *MARS*, 1746, p. 1-23.
« Eclaircissemens sur plusieurs faits concernant l'électricité », *MARS*, 1747, p. 102-131.
« Eclaircissemens sur plusieurs faits concernant l'électricité, second mémoire », *MARS*, 1747, p. 149-199.
« Eclaircissemens sur plusieurs faits concernant l'électricité, troisième mémoire », *MARS*, 1747, p. 207-242.
« Eclaircissemens sur plusieurs faits concernant l'électricité, quatrième mémoire : Des effets de la vertu électrique sur les corps organisés », *MARS*, 1748, p. 164-198.
« Expériences et observations faites en différents endroits de l'Italie », *MARS*, 1749, p. 444-488.
Essai sur l'électricité des corps, Paris, H. L. Guerin & L. F. Delatour, 3e édition, 1754.
Recherches sur les causes particulières des phénomènes électriques, Paris, les frères Guérin, 3e éd., 1753.
« Comparaison raisonnée des plus célèbres phénomènes de l'électricité », *MARS*, 1753, p. 429-446.

« Examen de deux questions concernant l'électricité, pour servir de suite au Mémoire, Comparaison raisonnée des plus célèbres phénomènes de l'électricité », *MARS*, 1753, p. 475-502.
« Réponse au supplément d'un Mémoire lû à l'Académie par M. le Roy, le 22 décembre 1753, & imprimé dans ce volume, p. 468 », *MARS*, 1753, p. 503-511.
Lettres sur l'électricité, Paris, H. L. Guerin & L. F. Delatour, 1753 ; une seconde partie (contre la doctrine de M. Franklin) est éditée chez les mêmes en 1760 ; une troisième partie chez P. E. G. Durand, la 2de édition est de 1770.
« Suite du Mémoire dans lequel j'ai entrepris d'examiner si l'on est bien fondé à distinguer des Electricité en plus & en moins, résineuse & vitrée, comme autant d'espèces différentes », *MARS*, 1755, p. 293-317, une planche.
« Réflexions sur quelques phénomènes cités en faveur des Electricités en plus & en moins », *MARS*, 1762, p. 137-160, planches 3, 4 ; p. 270-292, planches 16, 17.
« Application curieuse de quelques phénomènes d'électricité », *MARS*, 1766, p. 323-337.
« Mémoire sur les effets du tonnerre comparés à ceux de l'électricité », *MARS*, 1764, p. 408-451.
L'art des expériences ou avis aux amateurs de la physique, 3 volumes, Paris, Durand, 2e édition, 1770.

Paulian, Aimé-Henri, 1722-1801
Dictionnaire de physique portatif, Avignon, Merande et Vve Girard, 1758.
Dictionnaire de physique, 3 volumes, Avignon, Chambeau, 1761.
L'électricité soumise à un nouvel examen, Avignon, Vve Girard & Franç. Seguin, 1768.
Dictionnaire de physique, 5 volumes, Avignon, J. J. Niel, 9e édition, 1789.

Priestley, Joseph, 1733-1804
The History and Present State of Electricity, with Original Experimens, Londres, 1767 ; *Histoire de l'électricité*, traduction et commentaires de Brisson, 3 tomes, Paris, Herissant, 1771.

Réaumur, René-Antoine Ferchault de, 1683-1757
Mémoire pour servir à l'histoire des insectes ; 7 volumes, Paris, P. Fr. Didot le jeune, 1734-1742.

Régis, Pierre Silvain, 1632-1707
Cours entier de philosophie ou Système général selon les principes de M. Descartes, 1690, Dernière édition augmentée d'un discours sur la philosophie ancienne & moderne, 6 volumes, Amsterdam, Huguetan, 1691.

Rohault, Jacques, 1618-1672
Physique nouvelle, 1667, manuscrit édité par Sylvain Matton édition Michel Blay avec une étude de Xavier Kieft et une note d'Alain Niderst, Milan, Arché, 2009.

Traité de physique, 1671, 2 volumes, Nouvelle édition, Paris, Guillaume Desprez, 1705.
Romas, Jacques de, 1713-1776
Œuvres sur l'électricité, publiées par les soins de l'Académie de Bordeaux, 1911.
Savérien, Alexandre Julien, 1720-1805
Histoire des philosophes modernes, Histoire des physiciens, tome 6, Paris, Bleuet et Guillaume fils, 1773.
Sigaud de La Fond, Joseph-Aignan, 1730-1810
Traité de l'électricité, Paris, Des Ventes de La Doué, 1771.
Précis historique et expérimental des phénomènes électriques depuis l'origine de cette découverte jusqu'à nos jours, Paris, rue & hôtel Serpente, 1781.
Elemens de physique théorique et expérimentale, 4 volumes, Paris, Gueffier, 1787.
Singer, John (George), 1786-1817
Elémens d'électricité et de galvanisme, traduit de l'anglois par M. Thillaye, Paris, Bachelier, 1817.
Symmer, Robert, 1707-1763
« New Experiments and observations concerning Electricity, […] », *Philosophical Transactions*, 1759, 51, 340-393, traduction française de Du Tour in : Nollet, *Lettres sur l'électricité*, troisième partie, *op. cit.*
Watson, William, 1715-1787
Expériences et observations pour servir à l'explication de la nature et des propriétés de l'électricité proposées en trois lettres à la Société Royale de Londres, traduit de l'anglais d'après la 2e édition, 2e partie de *Recueil de traités sur l'électricité*, Paris, Sébastien Jorry, 1748.
Winckler, Johann Heinrich, 1703-1770
Essai sur la nature, les effets et la cause de l'électricité, traduit de l'allemand, 1e partie de *Recueil de traités sur l'électricité*, Paris, Sébastien Jorry, 1748.

Abréviations :
HARS, Histoire de l'Académie royale des Sciences.
MARS, Mémoires de l'Académie royale des Sciences.

Table des matières

Sciences
aux éditions L'Harmattan

Dernières parutions

BAROMÈTRES, MACHINES PNEUMATIQUES ET THERMOMÈTRES
Chez et autour de Pascal, d'Amontons et de Réaumur
Locqueneux Robert
Cet ouvrage présente à la fois une histoire et une anthologie des travaux de quelques physiciens qui ont conçu et fabriqué des baromètres, des machines à vide et des thermomètres, instruments qui, en leur temps (XVIe et XVIIIe siècles), furent des inventions nouvelles. Les travaux de trois auteurs sont privilégiés : Pascal, Amontons et Réaumur avec une remise en contexte de leurs ouvrages, des événements qui les motivent, des travaux qui les inspirent, des questions qu'ils se posent et des phénomènes qu'ils veulent interpréter.
(Coll. Acteurs de la Science, 21.00 euros, 204 p.)
ISBN : 978-2-343-04995-3, ISBN EBOOK : 978-2-336-37182-5

MILLE ANS D'ASTRONOMIE ET DE GÉOPHYSIQUE
D'Aristote au haut Moyen Âge
De Felice Pierre
Le ciel et la terre sont observés depuis la plus haute antiquité. Ne disposant pas d'instruments de mesure appropriés, les hommes proposent des explications incluant l'action divine ou s'en affranchissant. D'Aristote (IVe siècle avant J.-C.) jusqu'à Isidore de Séville (VIe-VIIe siècles après J.-C.), les auteurs grec, latin, médiéval ont compilé et décrit les connaissances de leur temps sur les astres, les phénomènes atmosphériques et géophysiques en tentant de démythifier le monde qui les entoure. Ce livre illustre aussi le difficile processus de naissance de la connaissance.
(Coll. Acteurs de la Science, 14.00 euros, 128 p., Illustré en noir et blanc)
ISBN : 978-2-343-03816-2, ISBN EBOOK : 978-2-336-36544-2

CE MONDE QUI VIENT
Sciences, matérialisme et posthumanisme au XXIe siècle
Basquiat Jean-Paul - Préface de Paul Basquiat
Le monde qui vient sera ce que nous en ferons. Encore faut-il avoir le courage de regarder l'avenir en face. C'est à cet effort salutaire que cet opuscule invite le lecteur. Appuyé sur les recherches les plus pointues, il propose de décrypter sous tous ses aspects le monde nouveau porté par l'évolution des sciences et des techniques.
(Coll. Questions contemporaines, 10.00 euros, 66 p.)
ISBN : 978-2-343-05055-3, ISBN EBOOK : 978-2-336-36475-9

MANUEL DES PROBABILITÉS OU MATHÉMATIQUES DE L'INCERTAIN
Laloire Jean-Claude - Préface de Michel Delecroix
Ce manuel présente les aspects pratiques de l'analyse des données et les aspects théoriques des probabilités. Cela permet à la fois de comprendre les phénomènes observés, d'en déduire une prévision et ainsi de se projeter vers l'avenir avec un maximum de sécurité. Les méthodes proposées s'appliquent aussi bien aux sciences humaines qu'aux sciences biologiques et médicales et sont mises en pratique à l'aide de nombreux exercices corrigés.
(48.00 euros, 504 p.)
ISBN : 978-2-343-04627-3, ISBN EBOOK : 978-2-336-36043-0

VALEUR (LA) DE L'ESPÈCE
La biodiversité en questions
Lherminier Philippe
Philippe Lherminier est généticien; il propose de s'interroger sans faux-semblant sur la valeur de l'espèce. Que perd-on lorsqu'une espèce s'éteint ? Quelle valeur disparaît ? Il y a de multiples réponses : l'espèce vaut parce qu'elle est utile ou inutile, abondante ou rare, connue ou inconnue, ancienne ou récente, proche ou lointaine, ressemblante ou différente de l'homme, comprise ou mystérieuse.
(Coll. Acteurs de la Science, 13.50 euros, 128 p.)
ISBN : 978-2-343-04141-4, ISBN EBOOK : 978-2-336-35913-7

QUESTIONNEMENTS D'UN OCÉANOGRAPHE
Une immersion dans le monde de la recherche et les questions éthiques qu'elle soulève
Pichevin Thierry
Ce livre décrit de l'intérieur le travail de recherche en océanographie physique de Thierry Pichevin, son contexte, ses méthodes et ses enjeux procurant ainsi au lecteur une immersion dans le quotidien d'un chercheur. D'autre part, il procède à l'analyse éthique rigoureuse des questionnements rencontrés, tout en montrant que tout chercheur peut être confronté à des questionnements comparables.
(22.00 euros, 226 p.)
ISBN : 978-2-343-03444-7, ISBN EBOOK : 978-2-336-35786-7

À L'OMBRE DES FORÊTS
Usages, images et imaginaires de la forêt
Sous la direction de Philippe Billet, Claire Harpet et Jean-Philippe Pierron
Qu'est-ce qu'une forêt ? De quoi sont faites les forêts ? Nous construisons tous une image de la forêt empreinte de vécus et d'imaginaires, procédant d'une accumulation de souvenirs, de connaissances et de représentations médiatiques et institutionnelles. A l'aune d'une prise de conscience de la finitude des ressources naturelles et du changement climatique, il est fondamental de savoir ce que la «forêt» veut dire.
(Coll. Éthique, droit et développement durable, 26.00 euros, 248 p.)
ISBN : 978-2-343-02807-1, ISBN EBOOK : 978-2-336-35819-2

UN BOTANISTE AUTOUR DU MONDE
Afrique, Amérique, Australie
Delange Yves
L'auteur, botaniste, nous invite à la découverte des différents milieux naturels peu connus des Européens, notamment ceux encore peu altérés par la civilisation et caractéristiques de formations extrêmement riches sur le plan de la diversité biologique, tels que les mattorales ou hauts plateaux mexicains, le bush, le veld et le fynbos en Afrique australe, ou encore le mulga, le mallee et la jarrah forest australiens.
(Coll. Biologie, écologie, agronomie, 25.00 euros, 256 p.)
ISBN : 978-2-343-03492-8, ISBN EBOOK : 978-2-336-35415-6

CHERCHEURS, ÉTHIQUES ET SOCIÉTÉS
L'avenir de l'avenir
Patrice Thierry
Peu appréhendée par les décideurs, la biologie conditionnera nos sociétés, les rapports entre les hommes, entre eux et l'environnement. Le monde de la recherche est mal connu, parfois mal aimé ou craint. Il semble donc utile d'instituer un débat pour préciser les objectifs, les moyens, l'information et la vulgarisation, la propriété des résultats et l'appréhension des conséquences de la recherche en biologie.
(Coll. Ethique et pratique médicale, 31.00 euros, 298 p.)
ISBN : 978-2-296-57790-9, ISBN EBOOK : 978-2-296-50418-9

CAMILLE ARAMBOURG. UN PALÉONTOLOGUE, DE L'ALGÉRIE À L'AFRIQUE PROFONDE

Hadjouis Djillali - Préface de Yves Coppens

Depuis les plaines sahéliennes d'Oran à la Vallée de l'Omo en Éthiopie, en passant par les côtes du littoral atlantique, jusqu'au Moyen-Orient, Camille Arambourg aura fait connaître, au cours de ses recherches, non seulement les fossiles de l'Afrique mais également ceux des autres régions du monde. Ce livre retrace le parcours de cet homme qui identifia plus de 230 taxons (familles, genres, espèces) de mammifères et de poissons.

(Coll. Acteurs de la Science, 25.00 euros, 242 p.)

ISBN : 978-2-296-96391-7

POUR UN RENOUVEAU DANS L'ENVIRONNEMENT

De l'antiscience à l'Intelligence Artificielle des systèmes complexes

Bouché Marcel B. - Préface de Richard Moreau

Nos institutions écartent toute évaluation environnementale sérieuse par la promotion d'une démarche antiscientifique. Ce livre décrit au contraire les démarches sérieuses des sciences et techniques et la problématique environnementale. La rigueur, qui fait habituellement défaut à ce secteur d'étude, est indispensable pour permettre l'Intelligence Artificielle appliquée rationnellement à nos évaluations environnementales et à la méthode scientifique dans les systèmes complexes.

(Coll. Biologie, écologie, agronomie, 38.00 euros, 384 p.)

ISBN : 978-2-296-96826-4

VOYAGES D'UN BOTANISTE EN EURASIE

France, Scandinavie, Italie, Grèce, Japon, Inde, Cambodge

Delange Yves

L'auteur, botaniste, nous présente ici nombre d'espèces végétales, à travers ses récits de voyages, des pays du nord de l'Europe jusque dans la lointaine Asie, avec des séjours dans différents espaces méditerranéens. Il livre également de nombreuses informations recueillies au cours de rencontres avec différentes cultures, concernant les productions agricoles, l'alimentation, les traditions culinaires, mais aussi diverses spiritualités vouées aux cultes de la nature, en Inde et en Extrême-Orient.

(Coll. Biologie, écologie, agronomie, 21.50 euros, 224 p.)

ISBN : 978-2-343-03491-1, ISBN EBOOK : 978-2-336-35416-3

COELACANTHE (LE), UNE ESPÈCE ANIMALE À L'ÉPREUVE DES MÉDIAS

Barrère Florent

Le coelacanthe est l'objet de bien des fantasmes : affaire commerciale dans les îles Comores ; course au «spécimen» naturalisé dans les muséums ; étude anatomique dans le seul but de conforter l'hypothèse du «grand-père de l'Homme»... Devenu à ses dépens vedette médiatique, le coelacanthe s'extraira de ce marasme par un retour à son objet scientifique initial : dans les années quatre-vingt, le coelacanthe est enfin filmé dans son milieu naturel.

(Coll. Champs visuels, 20.00 euros, 192 p.)

ISBN : 978-2-296-99785-1, ISBN EBOOK : 978-2-296-53096-6

RÉSEAUX (LES) DE NEURONES DE LA CONSCIENCE

Approche multidisciplinaire du phénomène

Rollet Guy

Cet ouvrage vise à la compréhension de la conscience. Il apparaît que les neurosciences computationnelles apportent incontestablement des éléments décisifs. Un réseau de neurones original est conçu pour coder une conscience *stricto sensu*, capable de raisonnement et de prise de décision. Celle-ci peut être orientée par les émotions. La capacité d'agir, la composition du Soi et la verbalisation de la pensée peuvent alors être envisagées.

(Coll. Biologie, écologie, agronomie, 25.00 euros, 240 p.)

ISBN : 978-2-336-00597-3, ISBN EBOOK : 978-2-296-51375-4

SCIENCE (LA), SYMPTÔME DE L'OCCIDENT
Le «comment» des impasses de la recherche scientifique occidentale
Thiebert Lawrence
Et si les scientifiques avaient trop compliqué leur processus de démonstration ? Et si la démonstration, peu concluante, s'embourbait simplement parce qu'elle relève en vrai d'un raisonnement paralogique psychiatrique tel que celui que l'on rencontre dans le discours du paranoïaque, discours logique certes mais qui part d'un postulat faux ? Nous sous-entendons ici que cette hypothèse est fort probable.
(Coll. Pensée Africaine, 13.00 euros, 116 p.)
ISBN : 978-2-296-97025-0, ISBN EBOOK : 978-2-296-50278-9

UNIVERS (L') FASCINANT DES INSECTES
Nos amis, nos ennemis
Mariau Dominique
Cet ouvrage aborde tous les aspects de la vie des insectes et les rôles essentiels qu'ils jouent dans la vie sur terre. Comment définit-on un insecte ? Depuis quand existent-ils ? Que connaît-on sur leurs organes des sens, leurs migrations, leur rôle, qu'il soit positif ou négatif ?
(Coll. Biologie, écologie, agronomie, 22.00 euros, 182 p.) *ISBN : 978-2-296-96144-9*

SCIENCE (LA), CREUSET DE L'INHUMANITÉ
Décoloniser l'imaginaire occidental
Royer Jean-Marc
En 1610, Galilée promeut un mode de connaissance qui se veut une lecture mathématique de l'Univers. Face à lui, l'Église. Un long combat s'engage alors, lois contre lois. Un siècle et demi plus tard, tandis que naît la fabrique industrielle basée sur le charbon, les philosophes optent pour ces «lumières». Ce savoir qui voulait mettre la subjectivité à distance aura réussi au-delà de toute espérance : c'est l'être humain que la rationalité calculatrice a rendu obsolète.
(Coll. Questions contemporaines, 23.00 euros, 218 p.)
ISBN : 978-2-296-96233-0

NATURE, TECHNOSCIENCES ET RATIONALITÉ
Le tryptique du bon sens
Makanga Blanchard
La résolution des problèmes écologiques qui touchent notre planète ne peut être l'exclusivité des technosciences et de l'écologie en tant que discipline scientifique. D'autres disciplines sont capables d'apporter des savoirs aussi sûrs et surtout moins risqués que ceux des sciences expérimentales. La philosophie se propose donc de le faire à travers, notamment, la réflexion éthique basée sur la morale stoïcienne, en faisant de l'environnement un nouvel objet d'étude.
(Coll. Sciences et Société, 23.50 euros, 236 p.)
ISBN : 978-2-296-96960-5

UNDO THE MATH !
How semiotic gaps warp thinking
Idelson Marc
In a study inspired by author's observation of the spiraling out of control use of mathematics by bankers, financiers and economists, the Western world's reliance on arithmetic and geometry is traced back, with support from the works of Medieval historian Alfred Crosby and of Anthropologist of Knowledge Paul Jorion, to its Medieval and Antiquity roots. The author bases on different areas such as philosophy with François Jullien's Chinese thought and Michel Bitbol with his epistemological reflections.
(Coll. Recherches en Gestion, 20.00 euros, 190 p.)
ISBN : 978-2-296-96993-3

L'HARMATTAN ITALIA
Via Degli Artisti 15; 10124 Torino
harmattan.italia@gmail.com

L'HARMATTAN HONGRIE
Könyvesbolt ; Kossuth L. u. 14-16
1053 Budapest

L'HARMATTAN KINSHASA
185, avenue Nyangwe
Commune de Lingwala
Kinshasa, R.D. Congo
(00243) 998697603 ou (00243) 999229662

L'HARMATTAN CONGO
67, av. E. P. Lumumba
Bât. – Congo Pharmacie (Bib. Nat.)
BP2874 Brazzaville
harmattan.congo@yahoo.fr

L'HARMATTAN GUINÉE
Almamya Rue KA 028, en face
du restaurant Le Cèdre
OKB agency BP 3470 Conakry
(00224) 657 20 85 08 / 664 28 91 96
harmattanguinee@yahoo.fr

L'HARMATTAN MALI
Rue 73, Porte 536, Niamakoro,
Cité Unicef, Bamako
Tél. 00 (223) 20205724 / +(223) 76378082
poudiougopaul@yahoo.fr
pp.harmattan@gmail.com

L'HARMATTAN CAMEROUN
BP 11486
Face à la SNI, immeuble Don Bosco
Yaoundé
(00237) 99 76 61 66
harmattancam@yahoo.fr

L'HARMATTAN CÔTE D'IVOIRE
Résidence Karl / cité des arts
Abidjan-Cocody 03 BP 1588 Abidjan 03
(00225) 05 77 87 31
etien_nda@yahoo.fr

L'HARMATTAN BURKINA
Penou Achille Some
Ouagadougou
(+226) 70 26 88 27

L'HARMATTAN SÉNÉGAL
10 VDN en face Mermoz, après le pont de Fann
BP 45034 Dakar Fann
33 825 98 58 / 33 860 9858
senharmattan@gmail.com / senlibraire@gmail.com
www.harmattansenegal.com

L'HARMATTAN BÉNIN
ISOR-BENIN
01 BP 359 COTONOU-RP
Quartier Gbèdjromèdé,
Rue Agbélenco, Lot 1247 I
Tél : 00 229 21 32 53 79
christian_dablaka123@yahoo.fr

Achevé d'imprimer par Corlet Numérique - 14110 Condé-sur-Noireau
N° d'Imprimeur : 127360 - Dépôt légal : mars 2016 - *Imprimé en France*

www.ingramcontent.com/pod-product-compliance
Lightning Source LLC
LaVergne TN
LVHW021152061026
849535LV00002B/437
* 9 7 8 2 3 4 3 0 8 1 8 9 2 *